세계 5대 군사강소국과 한국의 자주국방

김재엽

1979년 6월 25일 출생
성균관대학교 일반대학원 정치학 박사(2010. 국제정치 전공)
대만 국립정치대학 방문학자(2015)
한남대학교 경영 · 국방전략대학원 초빙교수(2016~2019)
현재 환태평양 전략문제 연구소(PRINSS) 대표 및 수석연구원

주요 저서
『자주국방론』(2007)
『천안함 이후의 한국 국방』(2010. 공저)
『국가안보전략 어떻게 수립해야 하나?』(2012. 공저)
『한국의 핵무장』(2017) 등

트위터 @KimJYeop
인스타그램 @kim_jyeop

세계 5대 군사강소국과
한국의 자주국방

2020년 6월 20일 초판 인쇄
2020년 6월 25일 초판 발행

지은이 김재엽 | **펴낸이** 이찬규 | **펴낸곳** 북코리아
등록번호 제03-01240호 | **전화** 02-704-7840 | **팩스** 02-704-7848
이메일 sunhaksa@korea.com | **홈페이지** www.북코리아.kr
주소 13209 경기도 성남시 중원구 사기막골로 45번길 14 우림2차 A동 1007호
ISBN 978-89-6324-705-2 (93390)

값 28,000원

세계 5대 군사강소국과 한국의 자주국방

Little Big Warriors

이스라엘·스웨덴·싱가포르·호주·대만

김재엽

북코리아

“

‘올바름’이라는 가치는 서로 대등한 힘을 가진 자들 사이에서만 유효한 것이다. 강자는 자신의 능력이 허락하는 일을 해내지만, 약자는 상대가 요구하는 대로 따를 수밖에 없다.

”

투키디데스의 『펠로폰네소스 전쟁사』 중에서

“

힘을 가진 자만이 상대방과 동등한 조건에서 협력할 수 있다. 힘이 없는 자에게는 협력의 기회가 주어지지 않으며, 오직 구걸만을 할 수 있을 뿐이다.

”

드와이트 아이젠하워

제34대 미국 대통령. 제2차 세계대전 연합군 총사령관

“

어떠한 나라든지 다른 나라를 도와줄 수는 있어도, 다른 나라와 사활을 함께 해줄 수는 없다.

”

샤를 드골

프랑스 대통령(1959~1969)

[프롤로그]

'영원한 약소국'은 없다!

"선량한 자가 무자비한 자들에게 포위되어 있을 때,
그의 몰락은 불가피하다."

위 문장은 16세기 유럽의 정치사상가 니콜로 마키아벨리가 쓴 불후의 명저(名著) 『군주론』(*Il Principe*)의 제15장에 나오는 내용이다. 당시 유럽은 르네상스(Renaissance)라고 불리는 문화의 부흥기를 맞아 레오나르도 다빈치, 미켈란젤로, 단테를 비롯한 불세출의 예술가들이 미술, 건축, 문학 등 다양한 분야에서 활약하고 있었다. 하지만 정치적으로는 극심한 격변의 시기였다. 특히 마키아벨리의 모국이자 르네상스의 중심지였던 이탈리아는 한때 서양 세계 전체를 지배했던 대(大) 로마 제국의 위용을 잃어버린 채, 피렌체와 베네치아, 밀라노, 나폴리, 교황령 등 5개의 중소 도시국가로 분열되어 스페인, 프랑스를 비롯한 강대국들의 빈번한 침략에 시달리고 있었다.

마키아벨리가 『군주론』을 썼던 것도 이러한 당대의 상황을 반영한 결과였다. 내부의 정치 · 사회적인 분열과 혼란, 외세의 침략으로 고통받는 조국 이탈리아의 통일, 재건을 부르짖으면서 이를 실현시킬 강력한 지도자의 조건, 역량, 그리고 국가 경영의 방법 등을 제시한 것이었다. 그런데 이 대목에서 필자의 머릿속에는 한 가지 의문이 들었다. 과연 『군주론』 속의 이 문장이 단지 16세기의 이탈리아에만 해당하는 이야기일까?

반만년의 유구한 역사를 자랑하는 한민족 역시 세계의 어느 민족들보다 숱한 외세의 침탈에 맞서 왔다. '고요한 아침의 나라'(land of morning calm), '백의민족'(白衣民族), '한 번도 다른 나라를 침략한 적이 없는 평화애호 민족'을 자부하는 민족적인 염원에도 불구하고, 한민족의 역사는 이민족과의 수많은 전쟁으로 점철되어 왔다. 호전적인 이웃나라들이 대륙과 바다를 연결하는 길목에 위치한 한반도의 지정학적 가치에 호시탐탐 눈독을 들여왔기 때문이다.

그 결과 북쪽에서는 중국의 역대 황조(皇朝)들과 여진, 거란, 몽골 등의 유목민족, 동쪽에서는 바다 건너 일본의 침략에 시달렸다. 심지어 한반도는 19세기 말과 20세기 초에는 제국주의 강대국들의 전쟁터로 전락했으며, 마침내는 35년 동안이나 일본의 식민지배 하에서 정치, 경제, 사회적인 박해와 착취를 당하는 고통마저 겪었다. 1945년 제2차 세계대전의 종전으로 마침내 일본의 식민지배에서 해방되었지만, 한민족에게 돌아온 것은 승전국이라는 새로운 점령세력에 의해 강요된 분단이었다. 이는 1950년 6.25 전쟁이라는 3년 동안의 동족상잔으로 이어졌고, 이후 한반도에는 70년 가까이 휴전(休戰)이라는 '총성 없는 전쟁' 상태가 계속되고 있다.

오늘날 한국은 100만 명이 넘는 세계 4위 규모의 재래식 병력과 더불어 핵무기를 비롯한 각종 대량살상무기(WMD: Weapons of Mass Destruction)로 무장한 북한을 상대로 비핵화, 평화 체제의 정립, 그리고 궁극적인 통일을 위해 노력해야 하는 어려운 입장이다. 또한 통일을 달성해낸 이후에도 중국과 일본, 러시아 등 주변 강대국들의 틈바구니 속에서 생존과 평화, 자유를 지켜야 한다는 과제는 그대로 남게 될 것이다. 이처럼 지난 70년 동안 계속되어 온 북한으로부터의 '냉전적' 위협뿐만 아니라, 머지않은 미래에 현실화될 주변 강대국에 의한 '항구적' 위협까지 함께 대비해야 한다는 점이 바로 한국이 당면하고 있는 고민이다.

한국 국민의 한 사람으로서, 필자 역시 군사력을 앞세운 외부 세력의 정치 · 외교적인 횡포와 그에 따른 전쟁의 위험, 공포가 이 땅에 살고 있는 여러 선량한 이들의 안전, 일상생활, 자유를 짓누르고 있는 현실 앞에서,

하루에도 몇 번씩이나 울분과 불쾌함을 느끼곤 한다. 우리가 마음대로 선택한 것도 아닌데, 단순히 힘이 더 큰 나라들을 이웃으로 두고 있다는 이유만으로, 그들의 부당하고 일방적인 요구와 폭언, 협박, 심지어는 군사적인 적대 행위에 고스란히 노출되어 있는 것이다. 무엇보다도 필자는 이처럼 답답하기 짝이 없는 한국의 가혹한 안보 환경을 '고래 싸움에 등 터지는 새우', '강대국들에게 짓눌리는 샌드위치'라는 식의 자기비하(自己卑下), 패배주의(敗北主義)적인 표현으로 묘사하는 모습이 다름 아닌 우리 내부에서, 그것도 유력 언론과 지식인들로부터 마치 당연하다는 듯 나오는 것을 도저히 참을 수 없다.

좋은 싫든, 오늘날 우리가 생활하고 있는 국가들의 사회, 즉 국제사회(國際社會: international community)를 움직이는 기반은 '힘의 논리'다. 이는 국가간 세력의 균형, 혹은 우열 여부가 어느 나라 및 진영(陣營)을 중심으로 형성되느냐에 따라서 각 국가의 행동을 통제, 규율하는 질서의 양상이 결정됨을 뜻한다. 국제사회에서 법과 제도는 단지 질서를 움직일 수 있는 힘을 가진 국가, 혹은 진영에서 결정한 바를 뒷받침하는 도구에 불과한 것이다. 이처럼 힘의 균형, 우열에 따라 좌우되는 국제질서 속에서 국가가 동원할 수 있는 가장 실체화된, 강력한 유형의 힘은 역시 군사력이다. 특히 자국이나 상대국의 국민, 영토, 주권 등에 관한 안전과 직결되는 국가안보(國家安保: national security)를 수호, 관철하는 데 군사력을 대체할 수 있는 수단은 존재하지 않는다.

그렇다면 과연 강력한 군사력은 소수 강대국들만의 전유물인가? 국제사회에서 대다수를 차지하는 소위 약소국들은 단지 강대국의 눈치만을 살피면서, 어느 쪽에게 생존과 자비를 의탁해야 하느냐를 고민하는 가련한 처지를 벗어날 수 없는 것일까? 아니다! 비록 세계 전체, 특정 지역을 지배할 정도의 강대국은 아니지만, 스스로의 안전을 주도적으로 책임질 수 있는 건실(健實)한 방위 역량을 갖추면서, 동맹 및 우방 국가와 국제사회를 위하여 긍정적인 기여를 수행할 수 있는 나라들도 분명 존재하고 있는 것이다. 바로 '강소국'(强小國), 혹은 '중견국가'(中堅國家: middle power)라고 불리는 국가들이다.

그 가운데서도 필자는 특히 5개 국가의 사례에 주목했다. 바로 이스라엘, 스웨덴, 싱가포르, 호주, 그리고 대만이다. 이들 역시 지정학적으로 자신들보다 우월한 국력을 보유한, 적대 및 경쟁 관계의 국가들을 상대로, 장기간의 정치 · 군사적인 대결을 지속하고 있다. 그럼에도 불구하고 이들은 특정 강대국의 군사적 지원, 보호에만 전적으로 의존하지 않고, 각자의 안보 환경과 역량을 반영한 독특한 군사력과 전략, 방위산업 등을 발전시켜 왔다는 공통점을 나타낸다. 그 결과 이들 5개국은 오늘날 세계적으로 자주국방(自主國防)의 모범적인 사례로 평가받고 있다.

필자가 이 책을 쓴 목적은 단순히 한국과는 아무런 상관이 없는 외국의 사례를 피상적으로 소개하기 위함이 아니다. 강대국이 아니라고 해서 국가안보의 핵심적인 역할을 강력한 우방, 동맹국에게 의존하려는 것이 항상 정당화될 수는 없으며, 오히려 스스로의 노력과 의지 여하에 따라서, 불리한 안보환경 속에서도 전쟁의 억지, 승리를 위한 능력의 자립을 포함하는 자주적인 방위력의 확보, 실현이 얼마든지 가능하다는 사실을 보여주기 위한 것이다. 그리하여 한국의 국가안보전략에서 지난 수십 년 동안 당연하게 여겨져 왔던 동맹 미국의 방위 공약에 대한 지나친 의존을 극복하고, 자주국방의 역할을 강화시키기 위해 필요한 노력, 과제를 식별 및 발굴하는 데 기여할 수 있기를 기대한다.

부족함이 많은 이 책의 출간을 흔쾌히 수락해 주신 북코리아 이찬규 대표님, 그리고 제작 과정에서 여러모로 수고를 아끼지 않은 북코리아 직원분들에게 진심으로 감사의 인사를 올린다.

6.25 전쟁 70주기를 맞아서

2020년 6월

저자 김재엽

[차례]

IV. 호주
역전의 용사

V.
대만
대륙에 맞서다

Ⅰ. 이스라엘

자주국방의 대명사

0 20 40km
0 20 40mi
하이파
나사렛
지중해
네타냐
텔아비브
요르단강
서안
예루살렘
가자지구
베르셰바
디모나
이스라엘
요르단
이집트
에일라트

이스라엘은 일반적으로 아랍(Arab), 혹은 '서남아시아'라고 불리는 '중동'(中東: Middle East) 지역에서도 서남쪽 끝에 해당하는 위치에 놓여있다. 보다 구체적으로는 북위 29~33도, 동경 34~35도에 걸친, 칼날 모양의 형태를 나타낸다. 영토의 전체 면적은 총 2만 770km^{2}로 한반도의 약 10%에 불과하다.[1] 한국으로 치자면 경상 남 · 북도를 합한 것보다도 작은 규모인 것이다. 동쪽으로는 요르단강과 갈릴래아 호수, 서쪽으로는 지중해(地中海: Mediterranean Sea)와 이집트의 시나이 반도, 남쪽으로는 홍해(紅海: Red Sea), 그리고 북쪽으로는 레바논, 시리아와 인접하고 있다.

중동 지역은 인류 문명(文明)의 기원(基源)으로 불리는 4개의 고대(古代) 문명 가운데 절반인 2개의 발상지였다. 바로 나일강 유역의 '이집트 문명', 티그리스 및 유프라테스 강 유역의 '메소포타미아 문명'이다. 역사상으로 이 지역은 '비옥한 초승달'(fertile crescent) 지대라고 불렸으며, 고대에서 현대에 이르기까지 중동뿐만 아니라 세계 역사에서 중요한 비중을 차지해 왔다. 그리고 공교롭게도 이스라엘은 남서쪽, 북동쪽으로 이들 두 문명과 마주하며 양쪽을 연결해주는 위치에 놓였다.[2] 이는 이스라엘에게 교통과 무역의 요충지로서 발전할 기회를 제공하는 긍정적 측면도 있었지만, 동시에 대(大)문명의 발상지이자 막강한 국력을 갖춘 강대국들에게 포위되는 불리한 지정학적 조건에 놓이게 됨을 뜻했다. 말하자면 이스라엘, 그리고 국민 대다수를 차지하는 유태인들이 역사상으로 겪게 될 수많은 고난들을 예고하는 대목이었던 것이다.

---

1 해당 면적은 팔레스타인 자치정부가 관할하는 요르단강 서안(西岸: West Bank)과 가자 지구(Gaza Strip), 시리아와의 분쟁 지역인 골란 고원(Golan Heights)을 제외한 것이다. 이들 세 지역은 현재 이스라엘의 군사적 점령 아래에 있으며, 만약 이들까지 포함한다면 이스라엘의 영토 면적은 총 2만 8,023km^{2}로 확대된다. 외교부 아프리카중동국 중동1과, 『이스라엘 개황』(서울: 외교부, 2019), p. 10.

2 소정현, 『격동의 이스라엘 50년』(전주: 신아출판사, 2000), pp. 23-24.

1. 이스라엘의 역사

1) 가나안 땅의 흥망(興亡)

이스라엘과 유태 민족의 역사를 살펴볼 수 있는 가장 오래된, 기본적인 문헌 자료는 기독교와 유태교의 경전(經典)으로 잘 알려진 『성경』(聖經: Holy Bible), 그 가운데서도 구약(舊約: Old Testament)이다. 이에 따르면 유태인들은 시조(始祖)인 아브라함의 인도로 기원전 2000년 무렵 유일신 여호와(Jehovah)가 약속한 '젖과 꿀이 흐르는 땅', 즉 가나안(Canaan) 지역에 처음으로 정착했다.[3] 하지만 이웃의 강대한 부족, 국가들이 세력을 팽창하면서 유태 민족은 서쪽의 이집트로 밀려났고, 노예 상태로 전락하였다. 이후 기원전 13세기에 이르러 모세와 여호수아의 지도에 힘입어 유태 민족은 이집트를 벗어나는 데 성공했고, 마침내 고향 가나안 지역으로 돌아올 수 있었다.

가나안에 돌아온 후에도 유태 민족은 약 200년 동안을 주변의 다른

---

3 구약 성경은 아브라함이 시종 하갈을 통해 장남 이스마엘, 본처(本妻)인 사라를 통해서는 차남 이사악을 각각 얻었다고 기록한다. 이복(異腹) 형제인 이스마엘과 이사악은 각각 아랍인, 유태인의 시조로 알려져 있다. 전홍찬, 『팔레스타인 분쟁의 어제와 오늘』(부산: 부산대학교 출판부, 2003), pp. 22-25.

종족들과 대립, 경쟁하면서 일종의 부족 연맹을 유지해 왔다. 그러던 기원전 10세기, 이집트의 세력이 약화된 것을 기회로 삼아, 시리아 등지를 기반으로 이스라엘 역사상 최초의 통일 왕국이 세워졌다. 특히 다윗 왕의 재위(在位) 시절에는 예루살렘(Jerusalem)을 점령하여 왕국의 수도(首都)로 선포하고, 주변 부족들을 차례로 복속시키면서 점차 세력을 강화시켜 나갔다. 이스라엘은 다윗의 뒤를 이은 솔로몬 왕의 시대에 전성기를 누리며 일약 지역 강국으로 성장했다.

그러나 솔로몬이 죽은 후, 이스라엘은 점차 쇠퇴기에 접어들었다. 기원전 931년 이스라엘 전체를 구성했던 12개의 주요 부족(일명 지파(支派))들 가운데 절대 다수인 10개가 왕국으로부터 이탈을 선언한 것이었다.[4] 이로써 이스라엘은 북부의 '이스라엘 왕국', 솔로몬의 후손들을 따르는 나머지 2개 부족을 포함한 남부의 '유태 왕국'으로 분열되어 약소국으로 전락했다.[5] 이들 가운데 이스라엘 왕국은 중동 지역을 최초로 통일해낸 아시리아 제국의 침략으로 기원전 722년 멸망하였다. 기원전 586년에는 유태 왕국도 아시리아를 타도하고 새로이 중동의 지배자로 부상한 바빌로니아 제국에 침략을 받았다. 네부카드네자르 2세가 지배했던 바빌로니아는 유태 왕국의 수도 예루살렘을 철저히 파괴했고, 유태인들은 바빌로니아의 포로 신세가 되어 유배, 억류당하였다. 이른바 '바빌론 유수(幽囚)'였다.

그로부터 48년이 지난 기원전 538년, 이번에는 바빌로니아가 신흥 강대국 페르시아 제국에게 정복되었다. 페르시아 제국의 왕 키루스 2세는 억류되었던 유태인들의 해방을 선언했으며, 고향인 가나안 지역으로의 귀환

---

4 이스라엘의 12개 부족은 이사악의 아들(즉, 아브라함의 손자)인 야곱 슬하의 아들 12명으로부터 유래했다.

5 남부의 유태 왕국은 분열 이후 영토, 인구 등의 국력에서 북부의 이스라엘 왕국보다 열세를 면치 못했지만, 수도 예루살렘의 존재 덕분에 종교적인 권위를 통한 정통성, 정치적인 안정성 등에서는 우위를 차지할 수 있었다. 이후 유태 왕국이 위치한 남부 주민들이 유태인의 다수를 차지하게 되었다. 이스라엘 왕국의 북부 출신 주민은 '사마리아인'(Samaritans)으로 불리고 있다. 전홍찬(2003), p. 25.

도 허용했다. 기적적으로 해방된 유태 민족은 각고(刻苦)의 노력 끝에 수도 예루살렘을 재건(再建)할 수 있었다. 하지만 기원전 4세기, 서양의 그리스를 통일한 마케도니아 왕국의 알렉산더 대왕이 동방(東方) 정복의 기치 아래 페르시아를 공격했고, 그 와중에 이스라엘도 다시금 외세의 지배에 맞서야 했다.

기원전 1세기에 이르러 지중해 일대의 유럽, 중동 지역들은 차례로 대(大)제국 로마의 지배 아래에 놓이게 되었다. 이스라엘도 예외는 아니었다. 로마는 기원전 63년에 처음 이스라엘을 점령한 후 자신들의 다신교(多神敎) 신앙을 강요했으며, 특히 황제(皇帝)를 신으로 숭배할 것을 요구했다. 이는 유일신 신앙을 강조했던 유태 민족에게는 결코 용인할 수 없는 일이었다. 그 결과 로마의 지배에 항거하는 유태인들의 봉기가 일어났고, 특히 유일신 여호와의 성전(聖殿)이 위치하고 있었던 수도 예루살렘이 저항의 중심지가 되었다.

로마 제국에 대한 유태인들의 저항은 서기 70년, 135년에 발생했던 2차례의 대규모 무장 봉기를 통해 절정을 이루었다. 하지만 자신들의 조국과 신앙을 수호하겠다는 유태 민족의 필사적인 투쟁은 당대 최강의 군사력을 자랑했던 로마 제국의 창칼 앞에서, 철저히 진압당하고 말았다. 뿐만 아니라 로마 제국은 예루살렘과 그 성전(聖殿)을 파괴하고, 예루살렘을 위시한 가나안 지역 일대에서 유태인들을 말살하는 무자비한 보복으로 응답했다.

당시 로마 제국의 지배에 맞섰던 유태 민족의 무장 투쟁 가운데, 서기 73년의 제1차 봉기에서 벌어졌던 '마사다'(Masada) 요새의 필사적인 항전(抗戰)은 오늘날까지도 전해지고 있다.[6] 마사다는 이스라엘 남부 사막의 고원 지대에 세워진 왕궁 형태의 거대한 요새였는데, 서기 70년부터 900여 명에 달하는 유태인 저항군과 가족들이 이곳을 점거하여 3년 동안 로마군

6 최창모, 『이스라엘사』(서울: 대한교과서 주식회사, 2005), p. 165.

고대 유태인들이 로마 제국에
항거했던 마사다 요새

마사다에서 기초훈련 수료의식을
거행하는 이스라엘군 신병들

과 맞서고 있었다. 서기 73년 로마군은 총 1만 명이 넘는 병력으로 마사다 요새에 돌파, 진입하기 시작했다. 결국 승산이 없음을 깨달은 유태인 저항군은 집단 자결로써 비극적인 최후를 맞이하였다.

비록 전멸했지만, 마사다 요새는 오늘날까지 이스라엘과 유태 민족의 저항정신을 상징하는 성지(聖地)가 되었다. 특히 이스라엘군은 신병 기초훈련을 마무리하는 의식을 마사다 요새에서 거행하여 선조들의 희생을 기리고, 국방 의지를 다지는 전통을 유지하고 있다. 이 자리에서 "마사다는 두 번 다시 무너지지 않으리라!"라고 외치는 이스라엘군 장병들의 맹세는 오랜 고난의 역사 속에서 확고해진 이스라엘의 결연한 안보 의지를 잘 보여준다.

2) 시오니즘과 홀로코스트

처음에 기독교 성직자들은 말했다. "너희가 유태교를 믿는 이상, 우리와 함께 살 권리가 없다." 다음에는 통치자들이 말했다. "너희는 우리와 함께 살 권리가 없다." 그리고 나치스가 말했다. "너희는 살아있을 권리조차 없다."

– 라울 힐베르크[7]

로마 제국의 무자비한 탄압으로 예루살렘을 포함한 가나안 지역에서 유태 민족이 설 자리는 더 이상 존재하지 않았다. 이에 따라 수많은 유태인들은 눈물을 머금고 고향땅을 떠나, 세계 각지로 뿔뿔이 흩어져야만 했다. 그러나 유태인들은 세계 각 지역에서 항상 소수일 수밖에 없었고, '초대받지 못한 이방인'으로서 냉대와 멸시, 박해를 받아야만 했다. 특히 대다수의 유태인들이 이주했던 유럽에서는 그 정도가 심했는데, 이는 종교상의 이유를 근거로 한 것이었다. 기독교의 구세주인 예수 그리스도의 신성(神性)을 인정하지 않고, 오직 유태 민족만이 유일신 여호와의 선택으로 구원받게 될 것이라는 유태교 특유의 선민(選民)적인 교리가 유럽인의 대부분을 차지하는 기독교도들의 반감(反感)을 샀기 때문이다.

더 나아가 유럽의 기독교도 사이에서는 유태 민족이 '구세주이신 예수를 박해, 모함하고, 끝내는 십자가에 못 박아 죽음으로 몰아넣은' 원흉이며, 이 점에서 용서받을 수 없는 사악한 족속(族屬)들이라는, 일종의 인종차별적인 주장이 오랫동안 자연스럽게 받아들여져 왔다.[8] 11세기 이후 유럽의 기독교 국가들이 '성지 예루살렘의 탈환'을 내세워 아랍 제국과 벌였던 십자군(The Crusades) 전쟁에서는 이슬람 신자뿐만 아니라, 유태인들도 공격의 대상이 되었다. 기근과 전염병, 경제 불황을 비롯한 정치 · 사회적인

---

7 힐베르크는 오스트리아 태생의 유태인 역사학자로 오스트리아가 1938년 나치스 치하(治下)의 독일에 병합되자 미국으로 망명했다. 그는 2007년 타계할 때까지 유태인에 대한 박해, 탄압 역사를 연구했고, 제2차 세계대전 당시 나치스의 유태인 학살 연구에 관한 세계적 권위자로 평가받는다. Raul Hilberg, *The Destruction of the European Jews* (Teaneck, NJ: Holmes & Meier Publishers, 1985), p. 9

8 기독교 신약(新約: New Testament) 성경의 『마태오 복음서』 제27장 25절은 예루살렘의 군중들이 본시오 빌라도 로마 총독에게 예수의 십자가 처형을 요구하면서 "그(예수)의 피에 대한 책임은 우리와 우리 자손들이 지겠습니다!"라고 외쳤다고 기록한다. 이 내용은 오랫동안 유태인에 대한 박해를 정당화하는 근거로 악용되었다. 최창모(2005), pp. 343-345.

위기가 일어나면, 그 책임을 유태인들에게 돌려 가혹하게 탄압하는, 일종의 '희생양 만들기'도 빈번했다. 이는 유럽의 기독교 문화권에서 '반(反)유태주의'(anti-Semitism)가 오랜 역사상의 기원을 두고 있음을 보여준다.

그럼에도 불구하고 유태 민족은 이국 땅에서 끈질긴 생명력을 유지하였다. 이들 가운데 상당수는 유태인 특유의 신앙, 문화를 끈질기게 고수하면서, 동족들과의 혼인을 지속하며 민족적인 순수성을 이어나가려는 전통주의적인 성향을 나타냈다. 한편으로는 유럽인과 혼인하고, 기독교 신앙과 문화를 수용하여 자연스럽게 유럽인으로 융화되는 길을 선택하는 유태인들도 있었다. 하지만 불행히도 유럽 기독교 세계의 일원으로 살고자 했던 유태인의 소망은 받아들여지지 못했고, 이를 뼈저리게 증명해주는 사건이 1894년 프랑스에서 발생했다.

1894년 9월, 프랑스 육군의 유태인 포병 장교인 알프레드 드레퓌스가 독일에 군사 기밀을 누설했다는 혐의로 체포되었다. 제대로 된 증거가 부족했음에도 불구하고 드레퓌스는 유죄 판결을 받았고, 중남미의 프랑스령 식민지에 유배당했다. 특히 프랑스의 군부, 유력 언론은 드레퓌스가 유태인이라는 점을 집중적으로 부각시키며 공개적인 모욕을 서슴지 않았다. 드레퓌스에 대한 판결이 반(反)유태주의적 편견의 결과물이었음을 보여준 것이다.[9] 드레퓌스 사건은 유태인이 유럽의 기독교 세계에서 동등한 일원으로 융화될 수 있다는 기대를 철저히 무너뜨렸다.

그 결과 유태인들 스스로의 생존을 보장받기 위한 선택은 유태 민족만의 국가를 다시 세우는 것뿐이라는 주장이 제기되기 시작했다. 이른바 '시오니즘'(Zionism)의 등장이었다. '시온'(Zion)이라는 명칭에서도 알 수 있듯이, 이들의 주장은 과거 선조들의 고향 가나안 땅이 위치한 중동의 서남부

9 이후 프랑스는 드레퓌스의 유 · 무죄 여부를 놓고 극심한 정치 · 사회적인 논란을 겪었다. 드레퓌스는 수감 12년 만인 1906년에 복권되어 제1차 세계대전에도 참전했으며, 1935년 타계했다. 그리고 프랑스 군 당국은 사건 101년 만인 1995년에야 드레퓌스는 무죄였으며, 그에 대한 혐의, 유죄 판결이 반(反)유태주의에 기인한 오류였음을 공식적으로 인정했다.

1897년 제1차 시오니즘 총회에 참석한 헤르츨의 모습. 그는 이스라엘 재건의 기틀을 마련한 '제2의 모세'였다.

지역에 유태 민족의 국가를 재건하는 것을 목표로 했다.[10]

시오니즘의 출범을 주도한 대표적인 인물은 헝가리 태생의 언론인 테오도르 헤르츨이었다. 헤르츨은 드레퓌스 사건으로부터 2년 후인 1896년 『유태인의 국가』(*Judenstaat*)라는 저서를 발표하여 자신의 주장을 공개했다. 이듬해인 1897년 8월에는 스위스 바젤에서 17개국 출신의, 약 200명에 달하는 유태인 대표들의 참석 아래 제1차 시오니즘 총회가 개최되었고, 여기서 "조국 시온의 땅으로 돌아가 새로운 나라를 세우자"는 「바젤 선언」(Basel Declaration)을 채택했다.[11] 이스라엘의 재건을 위한 첫 걸음을 내딛은 것이었다.

시오니즘에 참여한 세계 각국의 유태인들은 이제 팔레스타인(Palestine)으로 이름이 바뀐, 그 옛날의 가나안 땅으로의 이주(移住) 운동을 본격화했다. 이미 1882년부터 러시아 출신의 유태인들이 처음 팔레스타인에 정착촌을 형성하고, 1909년에는 집단농장 형태를 띈 유태인 특유의 공동체, 즉 '키부츠'(Kibbutz)가 등장했다. 이후에도 팔레스타인으로 이주하는 유태인들의 수는 늘어났는데, 1914년에는 그 수가 9만 명을 넘어설 정

---

10 시온은 본래 예루살렘의 남서쪽에 위치한 해발 765m의 산 이름에서 유래했다. 이후 다윗을 비롯한 이스라엘의 주요 국왕들이 시온에 묻혔고, 특히 솔로몬 왕이 유일신 여호와의 성전을 세우면서, 시온은 가나안과 더불어 이스라엘을 상징하는 명칭으로 인식되기 시작했다. 최창모(2005), pp. 355-357.

11 헤르츨은 제1차 시오니즘 총회가 개최된 지 7년 만인 1904년, 불과 44세의 나이로 타계했다. 그의 유해는 이스라엘의 건국(建國) 이듬해인 1949년 예루살렘으로 이장되었다. 전홍찬(2003), p. 37.

도였다.

1917년 11월에는 시오니즘 운동이 결정적으로 힘을 얻는 소식이 전해졌다. 영국 외무상 아서 밸푸어가 "영국은 유태 민족의 국가가 팔레스타인 지역에 세워지는 것을 지지한다"고 선포했던 것이다.[12] 이른바 「밸푸어 선언」(Balfour Declaration)이라고 불리는 이 발표는 이스라엘의 재건이 당대 제1의 강대국인 영국의 지지를 얻었음을 보여주었다는 점에서 큰 의의를 가졌다. 특히 1918년 제1차 세계대전 종전 직후, 패전국으로 전락한 오스만 투르크 제국은 지난 수백여 년 동안 지속해 온 팔레스타인 지역의 지배권을 상실했다. 그 대신 1920년부터 영국이 제1차 세계대전 이후 설립된 국제연맹(League of Nations)의 위임을 얻어 팔레스타인을 보호령으로 통치하게 되었다. 당시 국제연맹은 영국에게 팔레스타인의 위임통치권을 부여한 결정이 '「밸푸어 선언」의 이행'을 위한 것임을 명시했다.[13]

하지만 유태 민족은 머지않아 사상 최악의 시련을 맞이하게 되었다. 1930년대에 독일, 이탈리아 등지에서 정권을 차지한 전체주의(全體主義) 세력이 다시금 유태인들에 대한 탄압을 강화하고 나섰던 것이다. 특히 독일에서는 광신적인 아리안 인종 우월주의를 신봉하는 아돌프 히틀러와 그의 추종 세력들이 주도하는 국가사회주의 노동자당, 즉 '나치스'(Nazis)가 정권을 차지하면서 유태인의 기본권을 빼앗고, 수많은 강제수용소(concentration camp)를 세워 유태인들을 가두었다. 이곳에 끌려온 유태인들은 강제적인 노역, 굶주림에 시달렸으며, 독가스 등의 다양한 방법으로 집단 학살을 당했다. 제2차 세계대전으로 여러 유럽 국가들이 독일의 침략, 점령 아래에 놓이면서 나치스에게 살상당하는 유태인의 수는 더욱 늘어났다.

1945년 제2차 세계대전이 끝날 때까지, 유럽에서만 무려 600만 명

---

12 최창모(2005), p. 383.

13 전홍찬(2003), p. 40.

나치스의 강제수용소에서 해방된 유태인 생존자들. 제2차 세계대전에서의 유태인 대학살은 이스라엘 건국의 당위성을 명백히 보여주었다.

이 넘는 유태인들이 나치스의 손에 목숨을 잃었다. 이른바 '홀로코스트'(Holocaust)라고도 불리는 나치 독일의 유태인 대학살은 반(反)유태주의의 가장 극단적인 사례였으며, 특정 집단에 대한 인간의 증오가 얼마나 끔찍한 결과를 초래할 수 있는지를 보여주었다는 점에서, 인류 역사에 결코 씻을 수 없는 오점(汚點)으로 남았다. 무엇보다도 유태 민족에게는 '스스로의 생존을 보장해줄 독자적인 국가의 건설'이 반드시 필요하다는 믿음을 확고히 하는 결정적인 계기가 되었다. 이제 유태인들에게 조국 이스라엘의 재건은 선택이 아닌 필수가 된 것이었다.

3) 1,800년 만의 귀향(歸鄕)

한편으로 팔레스타인 지역에 대한 유태인들의 이주는 꾸준히 증가했다. 특히 유태인들에 대한 박해, 학살이 가중되고 있던 1930년대 유럽의 정치 · 사회적인 여건은 이를 더욱 가속화시켰다. 그 증거로 나치스가 독일의 정권을 잡은 1933년 한해에만 3만 7,337명의 유태인이 팔레스타인으로 이주했고, 해를 넘긴 1934년에는 4만 5,267명, 그리고 1935년에는 6만 6,472명으로 대폭 증가했을 정도였다.[14] 제2차 세계대전이 끝난 다음해인 1946년까지 팔레스타인 지역에 이주한 유태인의 수는 무려 60만 8,000여 명으로 늘어났다. 이는 역시 팔레스타인에서 거주하는 아랍인들의 약 48%에 달하는, 더 이상 무시할 수 없는 수의 인구였다.

그러나 동시에 이는 새로운 문제의 시작을 예고하고 있었다. 팔레스타인 지역에서 유태인들의 인구가 증가하면서, 그동안 이곳의 주인이었던 아랍인과의 갈등이 가시화되기 시작했던 것이다. 아랍인들은 「밸푸어 선언」보다 앞서 존재했던 「맥마흔-후세인 서한」(McMahon - Hussein Correspondence)을 근거로, 팔레스타인에는 아랍인들이 주권(主權)을 갖는 독립 국가가 세워져야 한다고 주장했다.[15] 결국 문제 해결의 책임은 당시 팔레스타인 지역에 대한 위임통치권의 행사 주체이자, 유태인과 아랍인 양측에게 서로 모순된 약속을 남발했던 영국의 몫이 되었다.

당초 영국은 「맥마흔-후세인 서한」, 「밸푸어 선언」을 동시에 만족시킬 수 있는 방안을 마련하고자 했다. 이에 따라 유태인과 아랍인을 모두 포함하는 '연방국가', 유태인과 아랍인이 팔레스타인 지역에서 각자 영토를 보유하는 '분리 독립' 방안을 차례로 제시했다. 하지만 아랍인들은 이들 두 제안을 모두 완강히 거부했다. 그들에게 유태인의 시오니즘은 단지 수천년 전(前)의 케케묵은 역사를 내세워, 서양 제국주의 세력을 등에 업고 자신들의 엄연한 고향이자 터전을 빼앗으려는 침략 행위로 여겨질 수밖에 없었다. 심지어 아랍인들은 유태인의 이주가 급격히 증가하고 있던

---

14 전홍찬(2003), p. 41.

15 「맥마흔-후세인 서한」이란 제1차 세계대전 중인 1915~1916년 사이에 영국의 주(駐)이집트 고등판무관 헨리 맥마흔이 메카의 태수(太守)이자 당대 중동 지역의 정치지도자 후세인 빈 알리에게 10차례 이상 전달한 서한을 뜻한다. 여기서 맥마흔은 "아랍인들이 영국의 편에 참전하여 승리에 기여한다면, 영국은 팔레스타인 지역에서 아랍 국가의 수립을 지원할 것"이라고 약속했고, 이에 따라 아랍인들은 제1차 세계대전에서 오스만 투르크 제국에 맞서 싸웠던 것이다.

1936~1939년 사이에 영국의 위임통치에 항의하는 파업, 유태인 거주 지역에 대한 공격을 감행하기에 이르렀다.

팔레스타인의 유태인들은 영국의 위임통치가 시작된 직후인 1921년부터, '하가나'(Haganah. 방어)라는 이름의 민병대를 각 마을마다 조직하여 아랍인들의 공격에 맞서고 있었다. 그러나 1930년대에 들어 유태인과 아랍인 사이의 갈등, 분쟁이 심화되면서, 팔레스타인에 이주한 유태인들은 하가나를 비롯한 자체 무장 세력을 강화해야 할 필요성을 절감하게 되었다. 이에 따라 그동안 마을별로 분산되어 왔던 하가나의 조직을 통합하고, 보다 많은 무기를 확보하면서, 대원들의 군사 훈련도 강화시켜 나갔다.[16] 아울러 하가나 내부에서 일정 수의 장교급 요원을 선발, 양성하여 인적 구성의 정예화를 추구했는데, 이들은 1941년 '팔마'(Palmach. 타격대)라는 이름의 간부급 군사 집단으로 분화되었다.

한편 아랍인들의 완강한 반대에 직면한 영국은 1939년 5월 '아랍인에 의한 단일 국가 설립' 방안을 제시했다. 10년 안으로 팔레스타인에 아랍인들만이 주권을 갖는 독립 국가를 수립하고, 유태인들의 팔레스타인 이민은 향후 5년 동안 7만 5,000명으로 제한한다는 것이 주요 내용이었다. 이는 「밸푸어 선언」에서 약속되었던 '팔레스타인 지역의 유태 민족 국가 건설'이 백지화되었음을 뜻했으며, 조국 재건의 꿈에 부풀어있던 유태인들은 큰 충격을 받았다.

그러자 이번에는 일부 유태인들이 영국에 반대하는 무장 투쟁을 전개했다. 과격화된 유태인 무장단체들이 팔레스타인 곳곳에서 영국의 공공 기관, 영국인을 겨냥한 테러 활동을 벌였던 것이다. 특히 '이르군'(Irgun. 민족군사조직), '레히'(Lehi. 이스라엘 자유 투사)가 가장 적극적인 활동을 벌였다. 주로 방어적인 민병대에 가까운 하가나와는 달리, 이들 두 단체는 공격적 성

16 김희상, 『中東戰爭』(서울: 전광, 1998), pp. 38-39.

격이 매우 강한, 일종의 비밀 결사조직이라고 할 수 있었다.[17] 1946년 7월 22일에는 이르군 소속 대원들이 영국의 팔레스타인 위임통치 본부가 위치한 예루살렘의 '킹 데이빗(King David. 다윗 왕) 호텔'에 폭탄 테러를 가하여 91명이 죽고, 46명이 부상을 당하는 참사가 일어나기도 했다.

영국은 유태인, 아랍인 모두가 자신들의 팔레스타인 정책을 거부하고 있음을 인정해야만 했다. 이에 따라 영국은 제2차 세계대전의 종전 2년 만인 1947년 2월 18일 팔레스타인 지역에 대한 위임통치를 포기하고, 국제연맹의 뒤를 이어 출범한 국제연합(UN: United Nations)에게 문제 해결의 권한을 맡겼다. 그리고 11월 29일 UN은 제2차 총회를 개최하여 찬성 33개국, 반대 13개국, 기권 10개국으로 '팔레스타인 지역의 분리 독립' 방안을 담은 '총회 결의 181호'(General Assembly Resolution 181)를 채택하였다.[18]

UN 총회에서 채택한 결정의 내용은 당시의 민족별 거주 분포를 기준으로 하여 팔레스타인 지역을 유태인, 아랍인의 영토로 각각 분할한다는 것을 골자로 했다. 이스라엘 왕국의 오랜 수도이자 기독교, 유태교, 그리고 이슬람교에서 모두 중요시하는 성지 예루살렘, 예수의 탄생지로 유명한 베들레헴 두 도시는 특정 국가의 영토에 속하지 않는 '국제도시'로 지정한다는 내용도 포함되었다. 이에 따르면 유태 민족을 위한 독립 국가는 팔레스타인 전체의 56% 면적에 달하는 영토를 차지하게 되어 있었다.[19] 비록 그 가운데 75%는 남부의 사막 지대를 포함한 불모지였지만, 한편으로는 지중해와 인접하는 주요 항구인 하이파(Haifa), 최대 도시인 텔아비브(Tel Aviv), 그리고 북부의 갈릴래아(Galilee) 등지를 확보했다. 이로써 유태 민족은 무려 1,800년 만에 다시 자신들만의 국가를 갖게 되었다. 헤르츨의 주도 아

17 이들 가운데 가장 과격한 무장 단체로 악명을 떨친 레히는 설립자인 아브라함 슈테른의 이름에서 유래한 '스턴 갱'(Stern Gang)이라는 별칭으로도 불렸다. 전홍찬(2003), pp. 43-44.

18 최창모(2005), p. 417.

19 전홍찬(2003), pp. 45-46.

래, 약속의 땅에서 조국을 재건한다는 시오니즘 운동이 반세기만에 그 꿈을 이루는 감격적인 순간이었던 것이다.

하지만 아랍인들은 이 결정에 반발했다. UN 총회에서 팔레스타인의 분리 독립 방안이 채택될 당시 팔레스타인에는 120만 명가량의 아랍인들이 거주하고 있었고, 이는 65만 명 정도였던 유태인보다 2배 가까이 많은 수였다. 그럼에도 불구하고, 인구가 자신들의 절반에 불과한 유태인들이 더 넓은 면적의 영토를 차지한다는 것은 아랍인들의 입장에서 용납할 수 없는 일이었다. 이는 UN 총회 결의안의 채택 당시 반대표를 던진 13개국 가운데 과반수인 7개국(이집트, 이란, 이라크, 레바논, 시리아, 사우디아라비아, 예멘)이 이스라엘 주변의 아랍 국가였다는 점에서도 드러났다.

이제 팔레스타인 내부의 유태인, 아랍인들은 서로 각자의 땅을 지키겠다는 명분으로, 상대방을 몰아내기 위한 전쟁이 불가피하다는 결론에 도달하게 되었다. 요컨대 UN 총회 결의에 의한 팔레스타인 지역의 분리 독립과 이에 따른 영국의 팔레스타인 위임통치 마감은 분쟁의 종식, 해결과는 거리가 먼, 새로운 분쟁의 시작을 예고하고 있었던 것이다.

4) 전쟁 속의 건국

1948년 5월 14일, 영국은 28년 동안 계속된 위임통치를 끝내고 팔레스타인에서 공식적으로 철수했다. 그와 함께 유태 민족의 상징인 '다윗의 별'이 그려진 이스라엘 국기가 팔레스타인 곳곳의 유태인 거주지에서 게양되기 시작했다. 임시 국가위원회 의장 다비드 벤구리온은 텔아비브의 한 박물관에 마련된 공간에서, 시오니즘 운동의 창시자 헤르츨의 초상화가 지켜보는 가운데, 독립 주권국가 이스라엘의 건국을 공식적으로 선포했다. 그리고 미국과 소련을 포함한 세계 각국에서 곧바로 이스라엘의 주권을 승인하였다. 말하자면 지난 2018년은 현대(現代)의 신생 독립국가로서 이

1948년 5월 14일 이스라엘의 건국을 선포하는 벤구리온. 시오니즘의 창시자인 헤르츨의 초상화가 배경에 걸려있다.

스라엘이 건국된 지 70주년이 되는 해였다.

그러나 세계 모든 나라들이 유태 민족의 신생 국가 탄생을 축복했던 것은 아니었다. 특히 팔레스타인 주변의 아랍 국가들은, 이구동성(異口同聲)으로 이스라엘의 건국을 인정할 수 없다고 선언했다. 뿐만 아니라 이스라엘이 건국을 선포한 다음날인 5월 15일을 기하여, 이집트, 요르단, 시리아, 레바논, 이라크 등 5개국을 주축으로 하는 아랍 연합군이 동서남북의 전 방향에 걸쳐 이스라엘을 침공하기 시작했다. 먼저 동쪽에서 ① 요르단이 주도하는 아랍군단(Arab Legion)의 병력 4,500명과 ② 이라크군 3,000명, 서쪽과 남쪽에서는 ③ 이집트군 1만여 명, 그리고 북쪽에서는 ④ 시리아와 레바논에서 각 3,000명이 공격하였다.[20] 총 2만 3,500명가량의 규모였던 것이다.

이에 맞선 이스라엘의 병력 규모는 어떠했는가? 건국 선언을 앞둔

20 이들 가운데 가장 많은 병력을 동원한 이집트는 이스라엘 침공 당일 UN 안전보장이사회에 '팔레스타인에 대한 군사적 개입'을 선언하는 서한을 전달했다. 다음날에는 아랍 국가들을 대표하는 지역 기구인 아랍 연맹(Arab League. 1945년 결성)도 같은 내용의 서한을 보내어 중동 지역의 이슬람 국가들이 이스라엘 침공을 전폭적으로 지지하고 있음을 과시했다. Ahron Bregman, *Israel's Wars: 1947-93* (London, UK: Routledge, 2000), p. 15.

1948년 초를 기준으로, 팔레스타인 내부의 유태인 무장 세력은 총 4만 8,000명에 달했다. 구체적으로는 민병대인 하가나의 대원들이 절대다수인 4만 3,000명, 장교 및 간부급인 팔마에 2,100명, 그리고 비밀 결사단체인 이르군과 레히 소속으로 3,000명이 있었던 것이다.[21] 비록 전체 인구로는 주변 아랍 국가들보다 40배 이상 뒤지는 절대적 열세 상태였지만, 전쟁 당시에 동원된 병력 규모에서는 오히려 이스라엘이 약 2배의 우위를 차지한 상태에서 방어에 임할 수 있었다.

1948년 5월의 건국 직후에 벌어진 아랍 국가들의 침공 당시, 이스라엘이 직면한 최대의 악조건은 바로 열악한 무장 능력이었다. 아랍 연합군이 야포 152문, 탱크 40대, 장갑차 150대, 항공기 59대 등을 동원하여 공격해 온 반면, 하가나를 위시한 이스라엘의 유태인 무장 세력은 기관총 1,550정, 박격포 870여 문, 65mm 구경(口徑)의 구식 야포 5문, 초보적인 대(對)전차 무기 86기, 그리고 소수의 탱크와 항공기만을 보유하여 화력이 매우 부족했던 것이다.[22] 아랍 국가들은 이러한 무장 능력의 우위를 바탕으로, "전쟁이 시작되면 유태인들을 2주일 내에 지중해로 몰아낼 것"이라고 호언장담했다.

하지만 막상 전쟁이 시작되자, 전황은 아랍 국가들의 기대와는 사뭇 다른 방향으로 전개되었다. 당초 아랍 연합국의 계획은 ① 동쪽에서 요르단이 진격하여 지중해로 이르는 서부 해안까지를 점령하고, ② 가장 많은 병력을 동원한 이집트가 서부와 남부를 관통하여 예루살렘을 비롯한 이스라엘 중심부를 공략하고, ③ 이라크와 시리아, 레바논 등은 갈릴래아를 비롯한 북부 지역을 압박하여 하이파 항을 장악하는 것이었다. 이들의 공격은 팔레스타인 내부의 아랍인 거주 지역, 남부 사막 지대를 대상으로는 순

---

21 Bregman(2000), p. 10.

22 심지어 당시 이스라엘은 보병의 기본 무장인 소총의 보유 수량이 2만 2,000여정에 불과하여 전체 무장 대원들 가운데 절반 이하만을 무장시킬 수 있었으며, 이마저도 규격이 서로 달라서 효과적인 운용에 불리한 상태였다. Bregman(2000), p. 16.

제1차 중동전쟁 당시 이스라엘의 하가나 민병대원들(왼쪽)과 전선을 방문한 벤구리온 수상(오른쪽)

조롭게 이루어졌다. 그러나 유태인들이 다수 거주하는 이스라엘의 주요 방어선에 가까워지면서 아랍 국가들의 공격은 차례로 격퇴되었다. 속전속결(速戰速決)로 유태인들을 몰아내겠다던 그들의 자신감이 무색해지는 순간이었다.

이러한 예상 밖의 전황은 아랍 연합국 내부의 정치 · 군사적인 단결 부족에 따른 것이었다. 이들은 '팔레스타인에서 유태인을 몰아낸다'는 기본 목적에는 공감하고 있었지만, 자신들이 보유한 군사력의 효과를 극대화하기 위한 노력은 소홀히 했다. 다시 말해 연합군을 지휘할 총괄적인 지휘체계나 공동의 군사전략이 없었고, 각국은 단지 개별적인 작전 목적을 달성하기 위해, 서로 나뉘어 병력을 운용했던 것이다.[23] 이는 유태인들의 무장 수준이 미약하므로, 전쟁이 일어나면 손쉽게 승리할 수 있다는 아랍 국가들의 자만심에 바탕을 두고 있었다.

반면 이스라엘의 유태인들은 부족한 무장 능력에도 불구하고, 아랍 국가들의 침략에 맞서 필사적으로 분투(奮鬪)했다. 무려 1천년이 넘도록 자신들의 터전을 갖지 못했던 통한(痛恨)의 역사를 간직하고 있었을 뿐만 아니라, 불과 몇 년 전의 제2차 세계대전에서 수백만의 동포들을 나치스의

---

23 김희상(1998), p. 72.

대학살로 잃었던 유태인들에게는 더 이상 물러설 곳이 없는 싸움이었기 때문이다. 이러한 이스라엘의 완강한 저항 앞에서, 외견상의 무장은 우월했지만 단결이 안되고 자만심에 차 있었던 아랍군은 깜짝 놀랐다. 그들은 예상을 넘어서는 유태인 무장 세력들의 항전에 직면하자 몸을 사리기에 급급했고, 좀처럼 이스라엘이 구축한 방어선을 돌파하지 못했다.[24]

시간이 흐를수록 이스라엘에 대한 아랍 국가들의 공격은 기세를 잃었고, 공격에 가담한 국가들은 소극적인 태도로 돌아섰다.[25] 개전 2주일만인 5월 말에 요르단이 예루살렘을 포위 및 점령한 것 정도가 그나마 아랍 국가들이 내세울 만한 성과였다. 이는 '성지 탈환'이라는 점에서 상당한 정치적 상징성을 가질 수 있었지만, 이스라엘을 군사적으로 타도, 제압하겠다는 당초의 목표에는 명백히 미달하는 것이었다.

한편 아랍 국가들의 공격 직후부터 UN을 중심으로 전쟁 중단을 위한 외교적 노력이 진행되고 있었다. 이에 따라 UN에 의해 중재자로 지명된 스웨덴의 외교관 폴케 베르나도테 백작의 휴전안이 개전 약 1개월만인 6월 11일부터 발효되었다. 당시의 휴전은 4주일(즉, 28일) 동안 효력을 가졌으며, 이 기간 동안 이스라엘과 아랍 연합국 양측은 무기의 외부 반입을 비롯한 추가적인 전력 증강이 금지되었다. 그럼에도 불구하고 이스라엘은 휴전 기간을 틈타 유럽 등지로부터 기관포, 야포, 경(輕)탱크, 항공기를 비롯한 다수의 무기들을 은밀히 들여오는 데 성공했다. 이를 통해 이스라엘은 아랍 국가들에 대한 무장 능력의 열세를 단기간 내에 만회할 수 있게 되었다.

이보다 앞선 5월 말~6월 초에는 하가나, 팔마, 이르군, 레히 등 이스라엘 내부의 유태인 무장단체들이 통합되었고, 이들을 총괄적으로 지휘하는 총사령부가 정식으로 발족했다.[26] 오늘날 '이스라엘 방위군'(IDF: Israel

---

24 Bregman(2000), pp. 17-18.

25 김희상(1998), pp. 76-80; 김행복 외, 『20세기 地球村戰爭』(서울: 병학사, 1996), p. 348.

26 Bregman(2000), pp. 18-19; Martin van Creveld, *The Sword and the Olive: A Critical History of the Israeli Defense Force* (New York, NY: PublicAffairs, 2002), p. 81.

Defense Forces)이라고 불리는 이스라엘군이 탄생하는 순간이었다. 이스라엘은 건국과 함께 일어난 주변 아랍 국가들의 침공으로부터 악전고투(惡戰苦鬪) 끝에 영토를 지켜내는 데 성공했고, 생존을 위한 최대 고비를 넘길 수 있게 되었다. 이제 전열을 재정비한 이스라엘이 아랍 국가들의 침공을 좌절시키기 위한 반격에 나설 차례였다.

이스라엘의 첫 반격은 아랍 국가들과의 첫 휴전이 만료되기 직전인 7월 9일에 개시되었다. 당시 이스라엘군은 예루살렘을 포위, 점령한 요르단, 국경 북부를 침공한 시리아, 그리고 국경 남부에서 위협을 가하고 있던 이집트 등을 상대로 공세를 가했다. 비록 이스라엘군의 반격은 소기의 성과를 거두지 못한 채 10일 만인 7월 18일의 두 번째 휴전으로 중단되었지만, 이는 전쟁의 주도권이 이스라엘에게 넘어갔음을 보여주었다. 휴전이 지속되는 동안 해외에서 유태인 지원병들이 이스라엘에 모여들었고, 이들을 무장시킬 무기도 차례로 도입되었다. 그 결과 이스라엘군의 병력 규모는 전쟁이 시작될 당시의 2배에 달하는 약 9만 명까지 늘어났다.[27]

그로부터 약 3개월 후인 10월 15일, 이스라엘군은 아랍 연합군에서 최대 병력을 동원했던 이집트를 상대로 대대적인 반격에 나섰으며, 21일에 이르러 남부 네게브(Negev) 사막의 요충지 베르셰바(Beersheba)를 점령하여 이집트군 주력을 격파하는 승리를 거두었다. 뒤이어 10월 21~31일 사이에는 갈릴래아를 비롯한 국경 북부에서도 공세를 가하여 시리아군, 레바논군을 레바논 영토로 몰아내는 데 성공했다. 요르단군과의 전투에서는 텔아비브에서 예루살렘으로 이어지는 다수의 요충지들을 탈환하는 성과를 거두었지만, 예루살렘에서 요르단군을 몰아내지는 못했다. 그리고 12월 하순부터는 남부 사막지대로의 공격을 재개하여 이듬해인 1949년 3월에 네게브 사막의 최남단이자, 홍해로 연결되는 주요 항구인 에일라트

27 김행복 외(1996), p. 349.

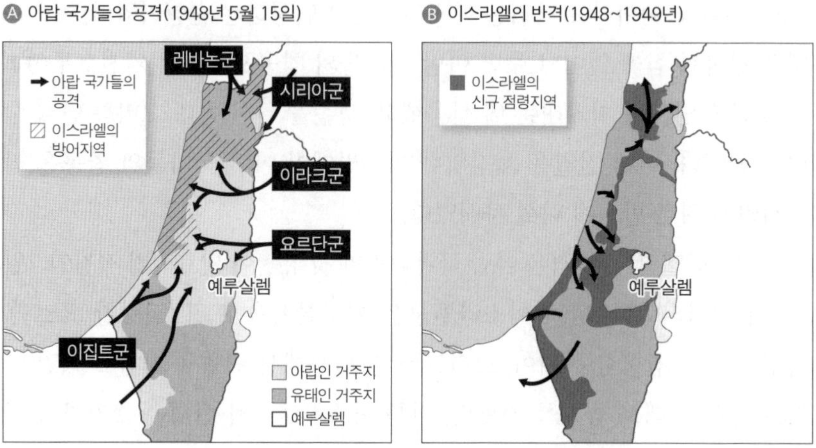

제1차 중동전쟁(1948~1949)의 경과와 이스라엘의 영토 확장

(Eilat)를 차지하였다.[28]

결국 1949년 1월 초에 이집트가 휴전을 제의하고, 이스라엘도 동의하면서 전쟁은 종식 단계로 접어들었다. 그해 7월까지 아랍의 각 참전국들과 이스라엘 사이에 휴전이 성립되면서 마침내 전쟁은 끝났다. 이른바 '이스라엘 독립 전쟁'이라고도 불리는 제1차 중동전쟁이 마무리되는 순간이었다.

이 전쟁으로 팔레스타인 지역 전체의 80%가 이스라엘의 통제권 아래에 놓이게 되었다.[29] 불과 1년 전인 1948년 5월의 건국 당시 이스라엘에게 인정되었던 것보다도 25%나 확장된 면적이었다. 하지만 그 대가로 이스라엘은 전체 인구의 1%에 육박하는 약 6,000명의 군인, 민간인이 목숨을 잃었다. 무엇보다도 무려 100만 명에 육박하는 팔레스타인의 아랍 주민들이 이집트와 요르단이 각각 점유한 서남부의 가자 지구, 동부의 요르단강 서안 지역 등지로 내몰려 난민으로 전락했다.

28 김행복 외(1996), pp.349-350; Bregman(2000), pp. 20-21.

29 Bregman(2000), p. 21.

2. 이스라엘의 전쟁들

이스라엘의 건국 선포를 전후로, 세계 각지에서 이스라엘을 향한 유태인들의 이민 행렬이 이어졌다. 이스라엘이 건국을 선포한 1948년 당시 65만 명 정도였던 이스라엘 내 유태인들의 수는 6년 후인 1954년 152만 6,000여 명으로 2배 이상 늘어났다. 이에 따라 건국 당시에 이미 전체 인구 중 80.6%였던 이스라엘 영토 내의 유태인 비율은 같은 기간 동안 88.6%까지 높아졌다. 전 세계의 유태인 인구를 통틀어서도 이스라엘에 거주하는 유태인의 비중은 5.7%에서 12.8%로 상승했다.[30] 제1차 중동전쟁이 끝난 이듬해인 1950년에는 반역, 국가안보 위협 행위를 저지른 경우를 제외한 '모든 유태인들'에게 모국(母國) 이스라엘로 이주, 귀환할 권리를 부여하는 『유태인 귀환법』이 이스라엘 국회(통칭 '크네셋'(Knesset))에서 만장일치로 통과되었다.[31]

---

30 당시 유태인들의 이스라엘 이민은 오랜 숙원이었던 신생 모국으로의 자발적인 이주뿐만 아니라, 본래 팔레스타인 주변의 아랍 국가에서 거주하다가 이스라엘의 건국으로 고조된 아랍인들의 반감(反感), 배척을 피하기 위한 경우도 적지 않았다. 이강근, 『이스라엘 정치사』(서울: 예영커뮤니케이션, 2008), p. 36.

31 이스라엘은 건국 이래 의원내각제 형태의 정부를 채택, 유지하고 있다. 대통령은 상징적인 국가원수의 직위만을 담당하며, 국회에서 선출되는 수상이 내각의 구성을 비롯한 실질적인 정부 수반의 역할을 수행한다. 이강근(2008), p. 29.

천신만고 끝에 승리를 거두기는 했지만, 이스라엘은 건국과 동시에 벌어졌던 주변 아랍 국가들의 침공으로 자신들이 직면한 안보 환경의 엄중함을 확인해야만 했다. 이는 이스라엘에게 굳건한 방위력의 필요성을 상기시키는 계기로 작용하였다. 그리하여 이스라엘은 언제든 아랍 국가들과의 전쟁이 재발(再發)할 수 있다는 인식 아래, 군사력의 증강에 높은 정책적 우선순위를 부여했다. 한 보기로 이스라엘의 연간 국방비는 제1차 중동전쟁 이듬해인 1950년 8,760만 달러에서 1년 만인 1951년 1억 5,150억 달러로 2배 가까이 늘었다. 국가예산 전체에서 국방비가 차지하는 비중도 1952년 23%에서 4년 만인 1956년에는 34.9%로 11%가 넘게 상승했다.[32]

이러한 대폭적인 군사비 지출을 바탕으로, 이스라엘은 무기 보유 수량을 적극적으로 확충하였다. 먼저 제1차 중동전쟁의 종식을 앞둔 1949년 3월부터 1951년 말까지의 2년 사이에 이스라엘이 도입한 무기의 수량은 탱크 21대, 장갑차 19대, 야포 591문, 기관총 414정, 전투함정 69척(어뢰정 23척 포함), 그리고 항공기 216대 등에 달했다. 이들이 합세하면서 이스라엘군은 1952년 초를 기준으로 탱크 61대, 야포 1,007문, 기관총 1,989정, 전투함정 108척, 그리고 항공기 420대 등을 보유하게 되었다.[33] 비록 주변 아랍 국가들의 전체 무기 보유량에는 여전히 큰 폭의 격차를 나타냈지만, 제1차 중동전쟁 당시의 열악했던 수준과 비교할 때, 이스라엘의 무장 능력이 매우 빠른 속도로 강화되고 있었음을 보여준다.

1) 제2차 중동전쟁(1956년 수에즈 전쟁)

한편 중동에서는 제1차 중동전쟁 당시 최대 규모의 병력을 동원해 이

32 Bregman(2000), p. 36.

33 Bregman(2000), p. 30.

스라엘을 침공했던 이집트에서 1952년 7월 무혈 쿠데타가 발생, 왕정 체제가 무너지는 정치적 격변이 발생했다. 쿠데타를 주도한 '자유 장교단'의 지도자 가말 압델 나세르 대령은 2년 만인 1954년 2월 수상에 선출되어 최고 권력자로 부상했고, 1956년 6월에는 새로 제정된 헌법에 의거하여 대통령이 되었다. 나세르는 자국 경제 · 산업의 근대화를 의욕적으로 추진했고, 그 일환으로 나일강 상류에 수력 발전, 농지 개간(開墾)을 위한 아스완 하이 댐 건설 사업을 발표했다. 총 13억 달러에 달하는 댐의 건설비용은 미국 등이 세계은행(World Bank)을 통해 지원할 예정이었지만, 같은 해 7월 19일 미국에서 본래의 약속을 철회한다는 입장을 밝혔다.[34]

이에 분개한 나세르의 이집트 정부는 8일 후인 7월 27일, 홍해에 건설된 길이 약 193km의 수에즈 운하(Suez Canal)를 국유화할 것이라고 선언했다. 동서양 사이의 해양 운송, 특히 유럽과 중동 지역을 최단거리로 연결함으로써 세계적인 요충 해역(choke point) 기능을 하는 이곳의 통행으로 발생하는 수익을 아스완 하이 댐의 건설에 충당하겠다는 의도였다. 아울러 수에즈 운하의 사용 수익을 건설자인 영국, 프랑스에서 이집트로 귀속시켜 서양 제국주의 시대의 잔재를 일소(一掃)하겠다는 나세르의 민족주의적 정책 노선을 반영한 것이기도 했다.[35]

그동안 수에즈 운하의 운영권과 수입을 차지해 온 영국, 프랑스는 이집트의 국유화 방침에 강력히 반발했다. 양국은 나세르의 수에즈 운하 국유화를 저지하기 위해 자신들이 5개 상임이사국에 속해있던 UN 안전보장이사회(Security Council)에 이 문제를 회부, 운하의 국제관리를 요구했다.

---

34 공식적인 명목은 '아스완 하이 댐 건설의 사업 타당성 부족'이었지만, 그 외에도 이집트가 나세르의 집권 이후 다수의 소련제 무기를 수입하는 등 소련과의 관계를 강화한 것에 대한 미국의 경계가 작용한 것으로 해석된다.

35 수에즈 운하는 프랑스의 외교관 페르디난드 레셉스의 주도로 1869년 11월 완공되었다. 완공 당시에는 운하의 건설 주체인 영국, 프랑스의 합작회사가 99년 동안 운하와 주변 지대에 대한 조차(租借)권을 갖고, 운하의 사용으로 발생하는 수입도 독점하기로 되어있었다. 나세르는 기존의 조차 기한이 만료되기까지 12년이 남은 상태에서 수에즈 운하의 국유화를 선언한 것이었다. 전홍찬(2003), p. 57.

하지만 역시 안전보장이사회의 상임이사국이었으며, 당시 미국과 함께 국제질서를 주도했던 냉전(冷戰: Cold War)의 양대 초강대국인 소련이 거부권을 행사하여 무산되었다. 이에 영국과 프랑스는 군사력을 통해 수에즈 운하를 장악하겠다는 방침을 세우기에 이른다.

이스라엘 역시 이집트의 수에즈 운하 국유화를 자국 안보에 대한 위협으로 인식, 주시하고 있었다. 수에즈 운하는 이스라엘 입장에서도 홍해, 지중해 등 자국 주변의 해역들과 연결되는 핵심 항로인데, 이미 자신들과 전쟁을 겪었던 이집트가 그처럼 중요한 수에즈 운하를 장악한다면 이스라엘은 자칫 봉쇄 상태에 놓일 위험성이 있었던 것이다. 나세르가 수에즈 운하의 국유화를 선언할 당시, 이스라엘의 최남단 항구인 에일라트에서 홍해로 연결되는 유일한 항로인 시나이 반도 남 · 동부의 아카바 만(Gulf of Aqaba)과 티란 해협(Straits of Tiran)을 봉쇄한다는 조치를 함께 발표한 것도 이를 뒷받침했다. 영국과 프랑스는 이 점을 주목했고, 무력으로 이집트의 수에즈 운하 국유화를 저지하려는 자신들의 계획에 이스라엘을 동참시킬 수 있다고 판단하기에 이르렀다. 그리하여 이들 3개국은 비밀리에 협의를 가졌으며, 이스라엘이 영국, 프랑스보다 앞서 수에즈 운하와 주변 지대로의 공격에 나서기로 결정되었다.

당시 이스라엘이 추구했던 전략적 목적은 다음의 2가지로 나뉘었다. 첫째, 수에즈 운하와 주변 지대에 대한 군사적인 통제권을 확보하여 홍해 등 주요 해역으로의 안전한 항행(航行)을 보장받는다. 그리고 둘째, 가자 지구와 시나이 반도 일대를 근거지로 준동하는 아랍계 게릴라, 무장세력들을 제압하여 남부 국경 지역에 대한 안전을 달성한다.[36] 이를 위해 이스라엘은 모세 다얀 총참모장의 지휘 아래, 1956년 10월 말까지 총 10개(기갑 1개, 공수 1개, 보병 6개, 기계화보병 2개)의 여단(旅團)에 소속된 15만 명 이상의 병력을

36 이스라엘은 제1차 중동전쟁 이후 수년 동안, 시나이 반도와 인접한 남부 국경지대에서 팔레스타인 난민들이 다수 포함된 아랍 게릴라들의 빈번한 공격에 직면하고 있었다.

동원하였다.[37]

이스라엘의 수에즈 운하 진격 작전은 10월 29일에 개시되었다. 이날 오후 4시, 공수여단의 낙하산 부대원들이 수에즈 운하로 연결되는 중요 교통 관문인, 시나이 반도 중부의 미도라 고개에 침투했다. 이들은 이집트군 포병, 항공기의 공격을 뚫고서 고개로 나아가기 위한 도로를 확보하는 데 성공했다. 다음날에는 각 1개씩의 이스라엘군 보병 및 기갑여단도 시나이 반도를 향해 신속히 진격했다. 이 과정에서 이집트 기갑 부대와 치열한 전투를 치르기도 했지만, 이스라엘은 순조롭게 시나이 반도 서부로 진격하여 수에즈 운하로 향하는 주요 교통 거점들을 차지했다.[38] 뒤이어 이집트가 증원 부대를 파견하여 대응했고, 이스라엘군은 수에즈 운하를 중심으로 이집트군과 대치 상태에 놓였다.

이스라엘이 이집트에 대한 공격을 시작한 지 하루만인 10월 30일 오후 6시, 영국과 프랑스는 ① 이스라엘과 이집트 양측의 병력 철수, ② 수에즈 운하와 주변 지대를 일시적으로 관리하기 위한 영국, 프랑스 군대의 주둔을 포함하는 중재안을 제시했고, 12시간 내에 회답할 것을 요구했다. 사실 이것은 두 강대국이 수에즈 운하에 군사력을 투입할 명분을 제공하려는 속셈에 불과했으며, 이미 이스라엘과도 사전에 협의된 계획이었다. 이집트가 이를 거부하자, 영국과 프랑스는 기다렸다는 듯이 다음날인 10월 31일 항공기들을 다수 동원하여 이집트의 수도 카이로, 수에즈 운하 인근의 이집트 공군 기지들을 폭격했다. 이로써 이집트의 공군력은 사실상 무력화되었다. 양국은 지중해에서도 여러 척의 해군 항공모함, 순양함을 출항시켜 추가적인 군사 작전을 준비했다.

---

37 다얀은 이스라엘이 건국된 1948년의 제1차 중동전쟁 당시 대대장으로 참전했고, 전후에는 남부사령부 사령관, 총참모부 작전부장 등을 거쳐 불과 30대 후반의 나이였던 1953년에 이스라엘군의 제4대 총참모장으로 임명, 재직 중이었다. 그는 팔마 소속의 부대원 시절인 1941년 당시 프랑스령이었던 시리아 · 레바논에서의 작전 도중 왼쪽 눈을 잃었고, 이후 애꾸눈 안대를 착용하여 유명해졌다. Bregman(2000), p. 38.

38 김행복 외(1996), pp. 352-353.

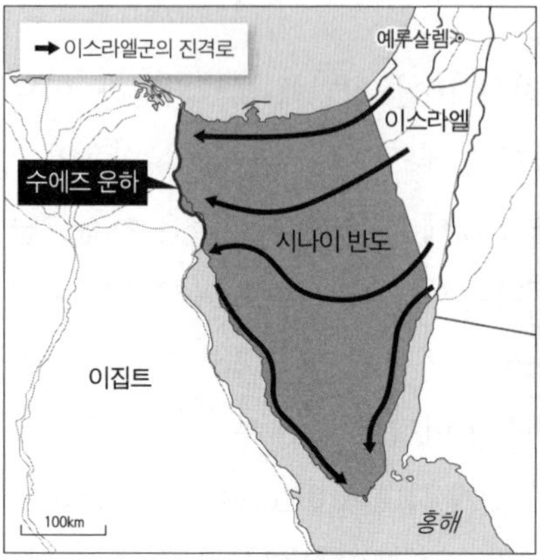

제2차 중동전쟁의 경과(왼쪽)와 당시 이스라엘군 기갑 부대의 모습(오른쪽)

또한 이스라엘은 시나이 반도의 남부 방향으로도 공격을 진행했다. 최남단 항구인 에일라트에서 아카바 만, 티란 해협, 홍해로 이어지는 해상 항로에 대한 이집트의 봉쇄 위협을 원천적으로 제거하겠다는 의도였다. 그리하여 11월 5일 시나이 반도의 최남단인 샬름 엘 셰이크가 이스라엘군에 점령되었고, 이집트가 선포한 주변 해역에 대한 봉쇄를 무력화시켰다.[39] 이보다 앞선 11월 2일에는 가자 지구도 이스라엘군의 점령 아래에 들어갔다. 불과 1주일 남짓한 기간 사이에 시나이 반도의 대부분이 이스라엘의 공격으로 제압된 것이었다. 그리고 영국과 프랑스도 11월 5~6일 수에즈 운하의 북부인 사이드 항을 중심으로 다수의 공수, 보병 부대들이 포함된 지상 병력을 투입하여 수에즈 운하 일대를 점령했다. 군사적 측면에서 이들 3개국의 작전은 거칠 것이 없어 보였다.

하지만 국제사회의 여론은 그들의 편이 아니었다. 수에즈 운하에 대한 영국, 프랑스의 무력 개입은 '서양 제국주의 세력의 시대착오적인 야심'으로 규탄을 받았고, 이스라엘도 두 강대국의 횡포에 편승, 영합한 침략자라는 비판에 직면했다. 특히 양대 초강대국인 미국, 소련으로부터의 압력이 결정적이었다. 소련은 이집트를 지원하기 위한 군사 개입 가능성을 시

39 김행복 외(1996), p. 354.

사했고, 심지어 미국마저 영국, 프랑스, 이스라엘에 대한 군사적 지원을 거부하고 나섰다.[40] 이들 3개국의 이집트 공격으로 자칫 소련의 군사 개입이 현실화되는 것을 우려했기 때문이다.

결국 국제사회의 거센 비판, 초강대국의 압력 속에서 영국과 프랑스, 이스라엘은 11월 7일 UN에서 요청한 이집트와의 정전(停戰)을 받아들였다. 수에즈 운하는 나세르의 뜻대로 이집트 정부에 의해 국유화되었고, 11월 말부터는 시나이 반도에 UN의 긴급 평화유지군(UNEF: United Nations Emergency Force)이 주둔하기 시작했다. 미국은 해군력을 통해 영국과 프랑스, 이스라엘 등에 수에즈 운하와 티란 해협 등을 포함한 공해(公海)상에서의 안전 항행을 보장하겠다고 약속했고, 이에 영국과 프랑스는 12월까지 병력을 철수했다. 이스라엘군도 해를 넘긴 1957년 중에서야 시나이 반도 일대에서의 철수를 완료했다.[41]

이른바 '수에즈 전쟁'이라고도 불리는 제2차 중동전쟁에서 영국과 프랑스, 이스라엘은 군사상으로 명백히 승리를 거두었지만, 미소(美蘇) 두 초강대국을 포함하는 국제사회의 정치 · 외교적인 비판, 압력으로 인해 당초 의도했던 전략적 의도를 달성하는 데 실패하고 말았다.[42] 그럼에도 당시 이스라엘이 거둔 군사적인 성과는 부인할 수 없었다. 이스라엘군은 채 열흘도 안되는 짧은 시일 사이에 한때나마 자국 영토의 약 3배 면적에 달하는 이집트의 시나이 반도를 신속히 점령, 장악하였고, 이집트군의 탱크 100대와 장갑차 100대, 야포 200문 등을 노획했던 것이다. 이 과정에서 이스라

---

40 전홍찬(2003), p. 57.

41 김행복 외(1996), p. 355; 전홍찬(2003), p. 58.

42 제2차 중동전쟁에서의 실패로 영국, 프랑스는 과거 19세기에서 20세기 전반기까지 제국주의 강대국으로서 차지했던 국제사회의 지배적인 지위를 완전히 상실하였다. 영국에서는 당시 전쟁을 주도한 안소니 이든 수상이 약 2개월 후인 1957년 1월 사임했다. 프랑스에서도 의원내각제 형태였던 제4공화국이 정치적 타격을 입으면서 3년 후인 1959년 대통령제에 입각한 제5공화국이 출범했고, 제2차 세계대전의 영웅 샤를 드골이 '위대한 프랑스의 재건'이라는 기치 아래 대통령으로 취임하는 결과로 이어졌다.

엘이 입은 손실은 전사 172명, 부상 700명, 포로 4명, 항공기 15대 정도에 그쳤다.[43] 이는 향후 이스라엘과 주변 아랍 국가들의 전쟁에서 등장할 여러 전격(電擊)적인 전투, 작전들의 예고편이었다고 할 수 있다.

2) 제3차 중동전쟁(1967년 6일 전쟁)

제2차 중동전쟁에서 군사적 열세에도 불구하고 영국, 프랑스의 침략을 좌절시킨 나세르의 이집트는 아랍 민족주의의 영웅이자 지도자로 떠올랐다. 나세르는 이를 발판으로 1958년 이집트와 시리아를 통합하는 '통일 아랍 공화국'(United Arab Republic)의 수립을 선포하였다. 비록 시리아가 1961년의 쿠데타 이후 탈퇴하면서 통일 아랍 공화국은 3년 만에 막을 내렸지만, 아랍 지역에서 나세르와 이집트가 차지하는 지도적 위상은 여전히 굳건했다.[44] 1964년 이집트 카이로에서 개최된 아랍연맹 정상회담에서는 나세르를 위시한 아랍 주요 국가의 지도자들이 '팔레스타인의 해방'이라는 구호 아래 이스라엘 타도를 결의하였다. 그리하여 요르단의 점유 아래에 있던 예루살렘 동부에서 '팔레스타인 해방기구'(PLO: Palestine Liberation Organization)가 발족하여 이스라엘에 대한 무장 투쟁을 천명했다. 이러한 일련의 동향들은 이집트 등 아랍 국가들과 이스라엘 사이에 언제든 전쟁이 발생할 수 있는 일촉즉발(一觸卽發)의 긴장을 고조시켰다.

제2차 중동전쟁으로부터 11년이 지난 1967년, 전쟁의 먹구름이 다시금 중동에 드리워지게 되었다. 당시 이스라엘은 남부 네게브 사막의 개간을 위한 북부 갈릴래아 호수의 송수관 건설, 아랍계 무장단체 지원 문제 등을 놓고 시리아와의 마찰이 가시화되고 있었다. 급기야 그해 4월 7일 이스

43 김행복 외(1996), p. 355; Bregman(2000), p. 39.

44 이집트는 시리아가 탈퇴한 이후에도 나세르의 서거(逝去) 이듬해인 1971년까지 통일 아랍 공화국을 정식 국명으로 유지했다.

라엘은 공군기를 출격시켜 시리아와의 국경 지대에 위치한 반(反)이스라엘 무장단체 근거지의 박격포 진지를 공격했다. 뿐만 아니라 그 과정에서 벌어진 공중전에서는 시리아 전투기 6대를 격추하는 전과를 올렸다.[45] 이에 나세르의 이집트는 1년 전인 1966년 시리아와 체결한 상호방위조약에 의거하여, 동맹국 지원을 명목으로 5월에 들어서 시나이 반도에 2개 사단(師團)을 증원하여 이스라엘에 대한 군사적 압박을 강화했다.[46]

하지만 그 다음에 이집트가 취한 2가지의 조치는 중동에서의 군사적 긴장을 더욱 고조시켰다. 먼저 이집트는 5월 16일 제2차 중동전쟁 이래 약 10년 동안 시나이 반도에 주둔해 온 UN 긴급 평화유지군 3,000여 명의 철수를 요구했다. 이들의 주둔은 분쟁 당사국의 동의에 전제를 둔 것이었고, UN은 이틀만에 이집트의 요구를 수용할 수밖에 없었다. 뿐만 아니라 이집트는 1주일 후인 5월 23일에 시나이 반도 남부의 아카바 만과 티란 해협의 봉쇄를 선언했다.[47] 제2차 중동전쟁의 직전에도 단행되었던 이스라엘에 대한 해상 차단의 재현이었다. 이러한 일련의 조치들은 이스라엘에게 이집트가 전쟁을 결심했음은 물론, 머지않아 전면적인 침공을 감행할 것이라는 명백한 징후로 인식되기에 충분했다.

사태의 심각성을 인식한 이스라엘은 6월 1일 거국 일치내각을 출범시켰고, 제2차 중동전쟁의 총참모장으로 활약했던 다얀이 국방장관에 임명되었다. 당시 이스라엘군은 5월 20일 이래 20여만 명에 달하는 병력이 총동원 상태에 있었다. 주요 무기의 보유 규모는 탱크 800여 대, 야포 등의 중화기 1,140문, 항공기 350대 등에 달했다.[48] 아랍 국가들의 보유량과 비

45 김행복 외(1996), p. 357; Bregman(2000), p. 43.

46 Bregman(2000), p. 44.

47 당시 이집트가 단행한 강경 조치들은 '이스라엘이 시리아와의 전쟁을 위해 대규모의 병력을 동원할 것'이라는 소련측의 정보 제공에 근거를 두고 있었다. 그러나 해당 정보는 이후 오류가 있었음이 드러났다. 김행복 외(1996), pp. 357-358; Bregman(2000), pp. 46-47.

48 김행복 외(1996), p. 363.

교하여 탱크는 32%, 중화기는 62%, 전투기는 47%에 불과한 수준이었다.

한편 이스라엘을 겨냥한 아랍 국가들의 압력은 가중되고 있었다. 5월 30일 요르단이 이집트와의 군사 동맹 관계를 수립하여 이스라엘과의 전쟁에 동참할 것임을 밝혔다. 뒤이어 이라크가 병력 동원을 선언하였고, 쿠웨이트와 알제리에서도 소수의 병력이 참전하여 아랍 전체가 이스라엘을 타도하기 위해 단결하는 분위기를 조성했다.[49] 나세르의 이집트를 비롯한 아랍 국가들은 이스라엘을 포위, 압박해 자중지란(自中之亂)에 빠뜨리고, 지난 1948년에 이루지 못했던 이스라엘 제거의 숙원을 기필코 이룰 것이라고 자신했다. 설령 전쟁이 일어난다고 해도 우월한 규모의 군사력을 앞세워 이스라엘을 충분히 격파할 수 있으며, 지난 제2차 중동전쟁에서 그랬듯이 국제사회의 개입을 통해 자신들에게 유리한 정치 · 외교적 결과를 이끌어낼 수 있다는 계산이었다.[50]

이처럼 절망적인 상황에 이르자, 이스라엘은 놀라운 발상의 전환을 단행하였다. 자신들의 뜻과 무관하게 전쟁이 일어날 수밖에 없다면, 아랍 국가들의 침공을 기다리느니 차라리 먼저 공격하는 편이 방어를 성공시키는 데 훨씬 유리하다는 결론에 도달했던 것이다.[51] 그리하여 이스라엘은 6월 3일에 아랍 국가들에 대한 선제(先制: preemptive) 공격을 단행한다는 결정을 내렸다.[52] 그러나 한편으로는 국방장관으로 임명된 다얀이 첫 기자회

49 Bregman(2000), p. 49.

50 김희상(1998), pp. 326-327.

51 당초 이스라엘은 국제사회의 개입이 이루어지기 전에 신속히 시나이 반도의 남부를 점령하고, 이를 통해 이집트의 해상 봉쇄 포기를 유도한다는 제한적인 목표를 추구하려 했다. 그러나 시리아, 요르단 등 다른 아랍 국가들까지 합세하는 전(全)방위적 포위가 현실화되자, 이스라엘은 이집트를 비롯한 주변 아랍 국가들의 군사력을 분쇄하는 것으로 목표를 확장하였다. 김희상(1998), pp. 328-329.

52 이보다 앞선 6월 1일 이스라엘의 최고 국가정보 기구인 '정보 · 특수작전국(局)'(통칭 '모사드'(Mossad))의 메이어 아미트 국장은 미국을 방문하여 이스라엘이 최악의 경우 아랍 국가들에 대한 선제공격도 불사할 수 있다는 입장을 전달했다. 이에 로버트 맥나마라 당시 미 국방장관은 "어떠한 결정을 내리든 성공하기를 기원한다"고 답했다. 김행복 외(1996), p. 358.

견에서 외교적인 해결에 관한 의지를 강조하고, 휴가 중인 이스라엘군 장병들의 모습을 공개하며 대내외에 평온한 모습을 부각시키려 했다. 곧 시작될 선제공격의 움직임을 감추고, 아랍 국가들을 방심시키기 위한 고도의 기만술이었던 것이다.

6월 5일 아침 7시, 이스라엘 공군의 전투기 40대가 수에즈 운하 서쪽에 위치한 이집트의 주요 공군기지들을 향해 출격하였다. 제3차 중동전쟁이 시작되는 순간이었다. 이들은 레이더 탐지를 회피하기 위해 지중해를 우회하여, 불과 50~150m 이하의 저(低)고도로 비행하였다. 8시를 넘겨 이집트 공군기지 상공에 도달한 이스라엘 전투기들은 활주로에 폭탄을 투하하고, 이렇다 할 방호시설 없이 노출되어 있던 이집트의 항공기들을 기관포로 파괴했다.[53] 이집트군은 장병들의 아침 출근시간에 발생한 이스라엘의 공습에 제대로 대처하지 못했으며, 이집트의 소련제 전투 · 폭격기들은 이륙할 기회조차 갖지 못한 채 순식간에 격파당했다.[54]

이들을 포함해서 이스라엘은 전투기들을 각 40대 규모의 공격조 4개로 편성, 총 18개소(시나이 반도 4개, 수에즈 운하 3개, 카이로 및 나일강 일대 4개 포함)의 이집트 공군 기지들을 약 15분 간격에 걸쳐, 차례로 공격했다. 뿐만 아니라 이스라엘의 전투기들은 공습을 마치고 귀환한 후에도 불과 1시간 사이에 연료, 탄약을 재보급받아 다시 출격하는 강행군을 거듭했다. 출격 횟수(sortie)를 극대화하여 아랍 국가들보다 적은 수의 전투기로도 전쟁 수행의 주도권을 확보하려 했던 것이다.[55] 그 결과 이스라엘은 약 3시간 동안의

---

53 앞서 이스라엘 공군은 남부 네게브 사막에 실치된 모의 훈련장에서 이집트 공군기지의 것을 본뜬 표적들을 제작한 후, 수차례의 훈련을 거듭한 상태였다. 김행복 외(1996), pp. 358-359; 정토웅, 『20세기 결전 30장면』(서울: 가람기획, 1997), pp. 340-342.

54 뿐만 아니라 당시 이집트군은 시나이 반도로의 부대 시찰에 나선 국방장관, 총사령관 등의 군수뇌부가 탑승한 비행기에 대한 오인(誤認) 사격을 방지하기 위해, 레이더를 비롯한 주요 방공전력의 가동을 중단한 상태였다. 이는 이집트를 겨냥한 이스라엘의 공습이 더욱 효과적으로 실시되는 결과로 이어졌다. 김행복 외(1996), p. 359; Bregman(2000), p. 55.

55 이를 위해 이스라엘은 제3차 중동전쟁 당시 10여 대의 전투기만을 영토 내에서의 요격을 위한 방어 임무에 할당했고, 나머지 대다수의 전투기를 이집트 등 아랍 국가들에 대한 공습 임무에

제3차 중동전쟁에서 아랍 국가들에 대한 선제공격의 주역으로 활약한 이스라엘 공군의 프랑스제 미라지-Ⅲ 전투기(왼쪽)와 이스라엘군의 탱크들(오른쪽)

공습으로 이집트가 보유했던 400여 대 규모의 항공전력 과반수를 제압하는 데 성공했다.

이스라엘은 6월 5일 오전의 전격적인 선제 공습을 통해 이집트의 공군력을 무력화한 후, 오후 들어서는 시리아와 요르단에 대해서도 공습을 감행했다. 이들 두 나라는 이집트에 비해 소수의 항공기와 공군 기지만을 보유하고 있었고, 덕분에 이스라엘의 공습은 보다 손쉽게 진행되었다. 그리하여 이스라엘은 개전(開戰) 당일에 아랍 국가들이 보유한 공군력의 대부분을, 공중전이 아닌 지상 공습을 통해 제거하는 대성공을 거두었다. 불과 하루만에 제공권(制空權: command of air), 더 나아가 전쟁 전체의 주도권을 장악하게 된 것이었다.

한편 이스라엘 육군도 전쟁 첫날인 6월 5일부터 시나이 반도를 향해 진격을 시작했다. 공군의 이집트 공습이 시작된 지 1시간 정도가 지난 후의 일이었다. 이스라엘은 이집트군과 마주한 시나이 반도로의 공격을 위해 8개의 기갑여단 가운데 과반수인 5개를 주축으로, 보병 등 여단급 이하의 다른 병과(兵科)별 부대들을 포함하는 임시 사단 3개를 편성하였다.[56] 이들

투입하였다. 전쟁 기간을 통틀어, 이스라엘의 각 전투기들은 하루 평균 7차례의 출격을 실시한 것으로 기록되었다. 정토웅(1997), p. 343; Creveld(2002), pp. 183-184.

56 정토웅(1997), p. 345.

사단을 각각 지휘하게 된 이즈라엘 타르, 아리엘 샤론, 그리고 아브라함 요페는 이미 제2차 중동전쟁에서 여단장으로 참전했던 경험 많은 야전 지휘관들이었다. 타르와 샤론의 사단은 시나이 반도의 북부, 중부에서 이집트군을 정면 공격하고, 요페의 사단이 그 사이에서 우회하여 이집트군의 배후를 타격, 분쇄하거나 증원을 차단하는 역할을 담당했다.

먼저 이스라엘 육군은 1개 여단을 시나이 반도 남쪽으로 전개시켰다. 하지만 이는 이집트군이 이스라엘군의 실제 공격 방향인 북부, 중부에 대해 병력을 투입하는 것을 방지하고, 방어 태세를 분산시키려는 견제 및 기만 목적에 불과했다. 그 사이에 3개 여단(기갑 2개, 공수 1개)으로 편성된 타르의 사단이 북부의 가자 지구로 진격했다. 300여 대의 탱크를 보유한 타르의 사단은 개전 첫날인 6월 5일 지중해와 인접하는 시나이 반도 북부의 교통 요충지 라파를 함락시켰고, 다음날인 6월 6일 오전에는 그로부터 서쪽으로 50km 떨어진 엘-아리슈까지 점령하는 데 성공했다. 한편 샤론의 사단도 2개 여단(기갑 및 보병 각 1개), 200여 대의 탱크를 이끌고 시나이 반도 중부의 핵심적인 도로 교차로가 위치한 아부-아게이라로 진격하였다. 비록 6월 5일의 첫 공략은 무위로 돌아갔지만, 샤론의 사단은 헬기를 이용한 공중강습(air assault) 작전을 통해 6월 6일 아침 마침내 이집트군의 방어 진지를 점령해냈다.[57]

당시 시나이 반도의 이집트군은 보병 부대를 중심으로, 요새화된 진지를 고수하는 수동적인 방어 태세를 갖추고 있었다. 게다가 여단급 이상의 기갑 부대에 소속된 탱크의 수도 이스라엘보다 적었다. 때문에 이집트는 병력의 우위를 제대로 발휘하지 못한 채, 탱크의 적극적 · 집중적인 운용을 앞세운 이스라엘 육군의 진격에 연달아 무너졌다.[58] 여기에 전쟁 첫날

---

57 김행복 외(1996), p. 360; 정토웅(1997), p. 346.

58 당시 이집트군이 보유한 소련제 T-54/55 탱크는 이스라엘이 보유한 미국제 M48 '패튼', 영국제 '센츄리온'보다 기술적으로 동급 내지 이상의 성능을 자랑했지만, 중동의 사막에서는 불필요한 수륙양용 및 난방장치를 그대로 사용하는 등 비효율적으로 운용되었다. 반면 이스라엘은

부터 이스라엘의 선제 공습으로 제공권을 상실한 것까지 더해지면서, 시나이 반도의 이집트군은 전쟁 이틀째인 6월 6일부터 후퇴하기에 급급했다.

전쟁 사흘째를 맞은 6월 7일 시나이 반도 서부의 기디, 미틀라 통로에서는 황급히 후퇴하는 이집트군의 차량들로 교통체증이 일어나기에 이르렀다. 이들은 2개 기갑여단 소속의 탱크 200여 대를 보유한 요페의 사단, 이스라엘 공군기들의 무자비한 공격으로 섬멸(殲滅)당했다.[59] 이날 이스라엘군은 시나이 반도 남쪽의 샬름 엘 셰이크도 아무런 저항 없이 점령, 티란 해협에 대한 봉쇄를 해제시켰다. 그리고 다음날인 6월 8일, 이스라엘군은 수에즈 운하에 도달하여 자신들의 국기를 꽂았다. 불과 4일만에 시나이 반도 전체가 이스라엘의 점령 아래에 놓인 것이다.

이스라엘의 공격은 시나이 반도에만 국한되지 않았다. 전쟁이 시작된 6월 5일 요르단이 텔아비브, 예루살렘 서부 등지에 대해 포격을 가하자 이스라엘군도 응전에 나섰다. 더 나아가 이스라엘은 선제 공습의 성공, 시나이 반도에서의 순조로운 진격을 통해 전쟁 초기부터 주도권을 차지한 것을 바탕으로, 요르단강 서안에서 요르단의 세력을 축출한다는 보다 적극적인 목표를 추구하기에 이르렀다. 이를 위해 전쟁 이틀째인 6월 6일 이스라엘군 3개 사단이 예루살렘 동부를 포위했고, 이곳에 배치된 요르단군 1개 여단과 격렬한 시가전을 벌였다. 예루살렘으로부터 북쪽에 위치한 사마리아 지구의 제닝에서도 이스라엘군 1개 사단이 요르단군 병력과 대치했다.[60] 이스라엘은 이 곳에서의 전투를 지원하기 위해 탱크, 전투기까지 동원하였다.

전투가 벌어진 지 3일째가 된 6월 7일, 요르단군의 병력 대부분은 요르단강을 거쳐 철수했다. 그리하여 이스라엘은 요르단강 서안 지구를 점

자체 개량을 통해 탱크의 주포, 사격통제장치를 강화했으며, 탱크용 운반 차량을 별도로 운용함으로써 이집트에 대한 양적 열세를 극복하는 데 주력했다. 정토웅(1997), pp. 344-345.

59 김행복 외(1996), p. 361; 정토웅(1997), p. 348.

60 김행복 외(1996), p. 362.

제3차 중동전쟁 당시 예루살렘 동부에 입성하는 이스라엘군의 병사들(왼쪽)과 수뇌부(오른쪽. 다얀 국방장관과 라빈 총참모장)

령하는 데 성공했다. 베들레헴과 헤브론, 예리고, 통곡의 벽을 비롯한 구약 성경의 주요 성지들을 포함하는 예루살렘 동부를 손에 넣은 것이다. 1948년의 건국 당시에도 차지하지 못했던 예루살렘 전체가 이스라엘의 통제권 아래에 편입되는 순간이었다.

전황이 이스라엘의 우세로 기울면서 6월 7일 요르단이, 8일에는 이집트가 각각 UN에서 요청한 이스라엘과의 휴전에 동의했다. 하지만 이스라엘은 아직 전쟁을 끝내려 하지 않았다. 바로 이 전쟁의 발단이 되었던 시리아와의 대결이 남아있었기 때문이다. 이스라엘은 갈릴래아를 비롯한 북부 지역에서의 안전을 확보하기 위해, 시리아와 인접한 국경 요충지대인 골란 고원을 점령하고자 했다. 당초 이스라엘군은 6월 8일까지 골란 고원에서 시리아군과 포격 위주의 전투만을 벌였지만, 이집트 및 요르단과의 전투에서 승리가 확정된 6월 9일을 기하여 10개 여단 소속의 병력 2만 명, 탱크 250대 등을 동원해 본격적인 공격에 나섰다. 시리아군도 6개 여단 소속의 병력 약 4만 명, 탱크 260대, 야포 265문 등을 골란 고원에 배치한 상태였다.[61]

---

61 김행복 외(1996), pp. 362-363.

제3차 중동전쟁 당시 이스라엘의 점령지들과 영토 확장

6월 9일의 초반 전투에서 이스라엘군은 골란 고원 북부를 중심으로 공략에 나섰지만, 시리아군의 완강한 방어에 부딪혀 소기의 성과를 거두지 못했다. 그러자 이스라엘군은 공군력에 의한 화력 지원, 골란 고원 남부에 대한 공격을 통해 시리아군의 방어 태세 분산을 강요하였다. 결국 다음날인 6월 10일 시리아군은 골란 고원에서 후퇴하기 시작했고, 그날 오후 6시에 시리아도 휴전에 동의했다.[62]

이른바 '6일 전쟁'이라고 불리는 제3차 중동전쟁의 결과는 세계를 놀라게 했다. 전쟁 직전까지만 해도 이스라엘이 주변 아랍 국가들의 포위, 전쟁 준비로 멸망의 위기에 놓였다는 관측이 우세한 상황이었다. 하지만 이스라엘은 선제공격을 통해 순식간에 전쟁의 주도권을 장악하고, 모든 전선에서 전격적인 승리를 거두어 그러한 예측을 보기 좋게 깨뜨렸다. 전쟁 기간을 통틀어 이집트, 요르단, 시리아를 비롯한 아랍 국가들은 1만 9,600명이 전사, 3만 760명이 부상, 6,584명이 포로가 되고, 451대의 항공기와 990대의 탱크를 손실했다. 반면 이스라엘은 전사 689명, 부상 2,563명, 포로 16명의 인명 피해와 항공기 26대, 탱크 86대를 잃었을 뿐이었다.[63]

이스라엘은 제3차 중동전쟁에서의 승리를 통해 시나이 반도, 요르단강 서안, 그리고 골란 고원 등의 방어 요충지들을 점령하여 영토를 4배 이상으로 넓혔다. 건국 19년 만에 방어에 필요한 시공간적 여유, 즉 종심(縱

62 김행복 외(1996), p. 363; 정토웅(1997), p. 348.

63 정토웅(1997), p. 349.

深)을 획기적으로 확대시키는 성과를 거둔 것이다.[64] 특히 성지 예루살렘 전체를 탈환하는 데 성공한 것은 이스라엘에게 큰 정치적 승리였다. 제3차 중동전쟁에서 이스라엘이 거둔 승리는 세계 전쟁의 역사에서 불멸의 신화로 남을 것이다.

3) 제4차 중동전쟁(1973년 10월 전쟁)

1967년의 제3차 중동전쟁에서 거둔 경이적인 승리에도 불구하고, 이스라엘에 대한 전쟁의 위협이 사라진 것은 아니었다. 이집트와 요르단, 시리아 등 자신들의 영토를 점령당한 주변 아랍 국가들이 복수의 기회를 엿볼 것이 분명했기 때문이었다. 여기에 새로이 이스라엘의 영토로 편입된 시나이 반도, 요르단강 서안, 골란 고원에서 밀려난 40만 명 이상의 아랍인 난민들도 이스라엘을 위협할 수 있는 잠재적 불안 요소였다. 그리고 국제사회의 여론이 더 이상 이스라엘에 대해 동정적인 태도로만 일관하지는 않을 것이라는 점도 부담이었다.

아니나 다를까, 이스라엘은 제3차 중동전쟁에서의 승리로부터 얼마 안되어 주변 아랍 국가들뿐만 아니라, 무장 단체들을 상대로 일련의 저(低)강도(low-intensity) 분쟁에 휘말리게 되었다. 이른바 '소모 전쟁'(War of Attrition)의 시기였다. 첫 번째 주요 대결은 제3차 중동전쟁으로부터 4개월 후인 10월 12일에 벌어졌다. 이스라엘 해군의 군함 '에일라트'(배수량 1,700톤)가 시나이 반도 북부의 공해상을 항해하던 중, 이집트 해군의 소형 함정에서 발사된 소련제 SS-N-2 '스틱스' 대함 미사일의 공격을 받아 침몰한 것이었다.[65] 이 공격으로 47명의 장병들이 전사했다. 이에 이스라엘은 4일

64 김행복 외(1996), p. 363.

65 에일라트는 본래 영국 해군의 것으로 제2차 세계대전에서 북유럽 해상의 작전에 동원되었고, 이후 1955년 이스라엘이 매입했다. 앞선 1967년 7월에는 지중해에서 이집트 해군의 어뢰정 2

후 수에즈 항에 위치한 이집트의 석유 저장, 정제 시설들을 포격 및 초토화하는 것으로 보복하였다.

1968년 9월부터는 이스라엘, 이집트군이 수에즈 운하를 사이에 두고 수시로 전투를 주고받았다. 이집트가 포병 전력을 이용해 공격을 가하면, 이스라엘은 공군에 의한 폭격과 특수부대의 야간 침투를 통해 보복하는 양상이 반복되었던 것이다. 양국의 공방(攻防)은 10월 말까지 계속되었다.[66] 한편으로는 동부에서도 요르단과 기갑 전력을 중심으로 소규모의 전투기 빈발했다. 여기에 요르단(1970년대 초부터는 레바논으로 이전)에 본거지를 둔 PLO가 이스라엘의 통제 지역으로 침투, 게릴라식의 습격을 가하며 이스라엘에 대한 압력을 가중시켰다. PLO를 비롯한 아랍 무장단체들은 이스라엘뿐만 아니라 해외, 특히 유럽 등지에서 비행기 납치, 폭파를 비롯한 테러리즘 활동을 일으켜 국제사회의 관심을 유도하고자 했다. 이들 가운데 특히 잘 알려진 사례가 1972년 독일(당시 서독) 뮌헨의 제20회 올림픽에서 발생한 이스라엘 선수단 피살 사건이다.[67]

이러한 소모 전쟁은 앞선 제3차 중동전쟁까지의 경험으로 이스라엘에 대한 군사력의 열세를 깨달은 아랍 국가들이 선택한 전략적 대안이었다. 전면전쟁을 비롯하여 이스라엘이 단기간 내에 결정적인 승리를 거둘 수 있는 군사 부문의 정면 대결을 회피하고, 대신 장기간에 걸친 소규모의 무력 분쟁을 반복함으로써 인구와 국력 총량에서 아랍 국가들보다 절대적

척을 격침시키기도 했다. 에일라트 함에 대한 이집트의 공격은 해전 역사상 대함 미사일이 군함을 격침시킨 최초의 사례로 기록되었다. 김행복 외(1996), p. 364; Bregman(2000), p. 61.

66 김행복 외(1996), p. 365; Bregman(2000), p. 61.

67 1972년 9월 5일 무장단체 '검은 9월단'의 대원 11명이 올림픽 선수촌에 침입하여 이스라엘 선수단을 인질로 억류했고, 이스라엘에 팔레스타인 수감자 230여 명의 석방을 요구하였다. 다음날의 구조 작전이 실패로 돌아가면서 붙잡힌 이스라엘 선수단 11명(선수 5명 코치 6명 포함)이 피살당하고 말았다. 이후 이스라엘은 10여 년에 걸쳐, 모사드를 통해 검은 9월단의 지도부를 겨냥한 요인(要人) 암살을 실시함으로써 보복했다. Ian Black and Benny Morris, *Israel's Secret Wars: A History of Israel's Intelligence Services* (New York, NY: Grove Weidenfeld, 1991), pp. 269-275.

으로 부족한 이스라엘에게 불리한 조건을 강요하겠다는 것이었다.[68] 아랍 국가들은 이스라엘의 인적, 물적 손실을 누적시켜 제3차 중동전쟁에서 차지한 점령 지역에서의 철수를 수용하거나, 이를 위한 정치 협상에 이스라엘이 응하도록 유도할 수 있다고 기대했다.

이스라엘과 이집트, 요르단 사이의 국지전은 1969년 3월에 재개되었고, 수에즈 운하와 요르단강 서안을 사이에 둔 포격과 공습, 침투가 빈번하게 벌어졌다. 심지어 이스라엘은 북부에서도 시리아와 골란 고원을 놓고 전투를 벌이기에 이르렀다. 사태가 장기화되자 미국이 중재에 나섰다. 윌리엄 로저스 미 국무장관이 '이스라엘에 대한 아랍 국가들의 공격 중지', '제3차 중동전쟁에서의 점령지에 대한 이스라엘군 병력의 철수' 등을 제안한 것이다. 이집트와 요르단에 이어서, 이스라엘도 1970년 7월 말에 미국의 제안을 받아들이면서 소모 전쟁은 약 3년 만에 막을 내렸다. 이 기간 동안 이스라엘은 전사 520명, 부상 2,120명의 피해를 입었고, 아랍 국가에서도 이스라엘의 3배에 달하는 사상자가 발생했다.[69]

미국의 중재안에 따라 이스라엘, 이집트는 수에즈 운하를 경계로 동쪽, 서쪽으로 각각 50km의 비무장지대를 설치하게 되었다. 그러나 얼마 안되어 이집트가 수에즈 운하 서부의 비무장지대에 대공포, 지대공 미사일을 비롯한 다수의 방공(防空) 전력을 배치하기 시작했다. 이스라엘은 이를 구실로 당초 수용했던 제3차 중동전쟁에서의 점령지로부터 철수하는 것을 중지하였다. 이집트에서는 같은 해 9월 나세르가 서거하고, 후임 대통령에 안와르 사다트가 취임했다. 사다트는 집권 초기 이스라엘에 수에즈 운하를 비롯해 제3차 중동전쟁에서 점령한 지역들을 반환할 것을 설득, 촉구하는 외교적 노력을 기울였지만, 가시적인 성과를 이루지 못했다.

외교를 통한 해결이 난항을 겪으면서, 사다트와 이집트 정부는 군사

---

68 Bregman(2000), p. 62.

69 김행복 외(1996), p. 364.

력을 동원하여 이스라엘에게 빼앗긴 실지(失地)를 되찾겠다는 방침을 굳히기에 이르렀다.[70] 이집트는 1970년 미국의 중재를 통해 성립된 이스라엘과의 휴전을 전쟁 준비의 기회로 삼았다. 제3차 중동전쟁에서 이스라엘의 전격적인 공격으로 손실한 탱크, 전투기의 수를 복구하는 것은 물론, 이스라엘군의 강점인 지상과 공중에서의 기동전 수행을 견제, 저지할 수 있는 전력을 강화하는 데 주력했다. 이를 위해 보병이 운용할 수 있는 AT-3 '새거' 대(對)전차 미사일과 RPG-7 휴대용 대(對)전차 로켓, SA-2/3/6 중 · 단거리 지대공미사일, 대공포 등을 소련으로부터 다수 도입하였다.[71]

뿐만 아니라 이집트는 이스라엘과의 전쟁을 준비하는 과정에서 동맹인 시리아, 요르단 등과의 군사적 공조에도 많은 노력을 기울였다. 특히 이스라엘에게 기습적인 선제공격을 허용하여 패배했던 과거 2차례의 전쟁에서 나타난 과오를 거울삼아, 이번에는 자신들이 이스라엘을 상대로 선제공격을 감행, 성공시키는 것을 최우선적 과제로 강조했다.[72] 그리하여 이집트, 시리아를 위시한 아랍 국가들은 수에즈 운하, 골란 고원을 비롯한 여러 전선에서 이스라엘을 동시에 기습 공격한다는 방침 아래, 1973년 초부터 면밀히 전략을 연구, 검토하고, 그에 필요한 전력 확충과 훈련을 진행했던 것이다.

이에 비해 이스라엘은 과거보다 수동적인 방어 전략, 태세를 견지하고 있었다. 이집트와의 최전선이 된 수에즈 운하 동부에는 1969년 이래 '바레브 선'(Bar-Lev Line)이라고 명명된 요새가 구축되어 있었다. 수에즈 운하를 따라 약 150km에 걸쳐서 16개소의 진지(陣地), 지뢰와 철조망이 설

70 사다트는 훗날 자신의 회고록에서 이스라엘에 대한 전쟁 방침을 1972년 11월 말에 결심했다고 밝혔다. Creveld(2002), p. 220.

71 특히 지상 방공전력의 경우, 이집트가 발사대 기준으로 600여 대, 시리아는 200대가 넘는 지대공 미사일을 도입했다. 이는 해당 무기들이 베트남 전쟁, 이스라엘과의 소모 전쟁 등을 통해 군사적 효용성이 입증되었던 점에 착안한 것이었다. 정토웅(1997), p. 365; p. 368; 김희상(1998), pp. 620-623.

72 김희상(1998), pp. 603-605.

치되었으며, 최고 높이가 20m를 넘는 모랫둑을 쌓아 탱크 등의 기계화 차량이 통과하지 못하도록 만들었다. 또한 그 뒤로도 약 10km 이내의 범위에 기갑, 야포 부대를 배치하여 시나이 반도에서 이집트군의 공격에 대응하기 위한 1차 방어력을 제공했다.[73] 주요 전력의 경우, 이스라엘은 탱크 1,700대와 장갑차 3,000여 대를 갖추어 육군의 기갑 · 기계화 전력을 증강하였다. 공군도 당시 기준으로 세계 최강인 미국제 F-4 '팬텀' 전투기 90여 대, A-4 '스카이호크' 공격기 160여 대 등을 도입했다.[74] 앞선 전쟁에서의 승리에 결정적 역할을 했던 지상, 공중에서의 기동전 수행 능력을 더욱 강화하기 위한 것이었다.

1972년을 전후로 이스라엘은 이집트, 시리아를 비롯한 아랍 국가들이 무력 침공을 준비하고 있다는 이상 징후들을 파악하기 시작했다. 수에즈 운하, 골란 고원 등의 접경(接境) 지대에서 병력 동원, 훈련이 빈번하게 나타났던 것이다. 그러나 이러한 활동들이 반복되는 양상을 나타내자, 이스라엘은 차츰 이를 '일상적인 활동 내지 허세'로 간주하며 방심하게 되었다.[75] 사실 이는 아랍 국가들이 이스라엘의 경계를 이완, 약화시키기 위한 일종의 기만술이었고, 이를 통해 이집트, 시리아 등은 이스라엘을 겨냥한 공격 준비에 필요한 병력의 집결, 동원을 더욱 효과적으로 진행할 수 있었다. 여기에는 앞선 전쟁에서의 승리로 이스라엘이 아랍 국가들에 대한 군사적 우월감, 자만심을 갖게 된 측면도 무시할 수 없었다.

1973년 하반기에 들어서자 이스라엘군 당국도 더 이상 아랍 국가들의 전쟁 준비 징후를 부인할 수 없는 단계에 이르렀다. 다얀 국방장관은 9월 말 골란 고원을 시찰하고 나서 경계 태세의 강화를 지시했고, 다비드 엘

---

73 바레브 선이라는 명칭은 요새가 건설될 당시 이스라엘군 총참모장이었던 하임 바레브의 이름에서 유래했다. 정토웅(1997), p. 366; Bregman(2000), pp. 81-82.

74 김희상(1998), pp. 617-620.

75 제4차 중동전쟁 직전 아랍 국가들의 전쟁 준비 징후에 대한 이스라엘의 정보 파악 실패에 관해서는 김희상(1998), pp. 608-616을 참고.

라자르 총참모장도 병력 총동원의 필요성을 제기하였다. 하지만 골다 메이어 수상을 비롯한 당시 이스라엘 정부는 이를 기각했다. 시나이 반도와 골란 고원을 비롯한 완충지대의 확보로 기존의 영토가 안전을 확보한 상태였고, 때문에 설령 아랍 국가들이 선제 침공을 한다고 해도 시공간적으로 이를 충분히 감당할 방어상의 여력이 있다는 판단이었던 것이다. 그렇게 제4차 중동전쟁 시작의 순간이 다가오고 있었다.

운명의 10월 6일. 이날은 이스라엘의 중요 종교 기념일인 '욤 키프르'(Yom Kippur. 속죄의 날)로 상당수의 이스라엘군 장병들이 부대를 떠난 상태였다. 또한 이슬람교에서도 서기 623년 선지자 무하마드가 메카로 입성하여 신정(神政) 지도자로 군림하기 시작한 역사적인 의미를 가진 날이었다. 그리고 군사적으로는 수에즈 운하의 해류가 최저 속도로 떨어져 이집트군이 도하(渡河)를 시도하기에 유리한 시기였다.[76] 이러한 점들이 맞아 떨어지면서, 이집트와 시리아는 이날 오후 2시 5분을 기하여 수에즈 운하와 골란 고원에서 동시에 이스라엘에 대한 전면적인 공격을 감행했던 것이다.

수에즈 운하를 겨냥한 이집트군의 공격은 기대 이상으로 순조롭게 진행되었다. 이집트군은 야포, 항공기를 통해 이스라엘에 기습 공격을 가하는 동시에, 공병(工兵) 부대가 부교(浮橋)들을 설치하여 다수의 병력, 차량들이 신속히 이동하도록 지원했다. 또한 고압 펌프를 이용해 물을 뿌리는 방법으로 바레브 선의 모랫둑을 무력화시켰다. 그 결과 다음날인 10월 7일 이집트군은 바레브 선에 배치된 이스라엘군의 방어진을 제압하고, 5개 사단 소속의 병력 10만 명과 탱크 1,000대, 다수의 대전차 및 대공 유도무기 등을 시나이 반도로 투입하는 데 성공했다.[77] 한편 북부에서는 시리아도 골란 고원에서 맹렬한 포격, 공습을 감행한 데 이어서 500대가 넘는 탱크, 헬기를 이용한 공중강습 등을 앞세워 이스라엘의 방어 부대들을 규모에서

76 정토웅(1997), p. 367.

77 Bregman(2000), p. 86.

압도하며 순식간에 주요 요충지들을 점령하였다.[78]

이스라엘은 큰 충격에 빠졌다. 자신들이 그토록 우려했던 '아랍 국가들에 의한 전(全)방위적인 기습'이 현실화되었기 때문이었다. 초기 전투에서의 고전(苦戰)도 이스라엘을 당혹스럽게 만들었다. 이집트군의 기습 당시 시나이 반도에는 사단급 기갑부대 1개를 중심으로 약 290대의 이스라엘군 탱크가 투입되었는데, 개전 3일째를 맞은 10월 8일까지 과반수인 150대 이상이 파괴당했다. 뿐만 아니라 이집트군을 공격하기 위해 출격한 이스라엘의 전투기들도 하루만에 30대가 넘도록 격추되었다.[79] 이스라엘의 강점인 지상, 공중에서의 전격적인 기동전 수행이 이집트가 치밀하게 준비, 운용한 대(對)전차 및 대공 유도무기들에 의해 저지된 것이었다.

사태가 악화되자, 이스라엘군은 중요한 결정을 내렸다. 양쪽 전선들 가운데 먼저 시리아와의 북부 전선에 전투력을 집중시켜 승부를 결정짓고, 그 다음에 남부 전선에서 이집트를 격퇴한다는 것이었다. 이는 ① 시리아의 전력이 이집트보다 상대적으로 약하여 적은 시간, 노력만으로도 제압할 수 있으며, ② 시나이 반도를 비롯한 남부 전선보다는 골란 고원 등지의 북부 전선이 이스라엘의 본(本) 영토와 더욱 가까워서 대응의 시급성이 컸기 때문이다.[80] 특히 시리아군이 개전 이틀만인 10월 7일 요르단강, 갈릴래아 호수 인근까지 진격한 것도 북부 전선에서의 전투에 보다 높은 우선순위를 두어야 할 필요성을 높였다.

이에 따라 이스라엘은 시리아에 맞서기 위해 새로이 동원된 여단급 부대들과 임시로 편성된 사단, 그리고 공군력을 북부 전선에 우선적으로 증원시켰다. 그리하여 10월 10일까지의 약 3일 동안, 이스라엘은 시리아를 상대로 다수의 기갑 부대들을 중심으로 하는 치열한 지상전을 벌였다.

---

78 정토웅(1997), pp. 369-370.

79 이들의 손실은 당시 이스라엘이 보유한 기갑, 항공 전력의 5%가 넘는 수준이었다. 김행복 외(1996), p. 369; 정토웅(1997), p. 373; Bregman(2000), p. 86.

80 정토웅(1997), p. 371.

1973년의 제4차 중동전쟁 당시 이스라엘군의 전투 모습

당시 시리아의 기갑 부대는 양적 우세뿐만 아니라, 구경 115mm 주포로 무장한 소련제 T-62 탱크까지 200대 이상 갖추어 미국제 M60을 비롯해 105mm 주포를 갖춘 이스라엘의 탱크들을 능가하는 듯 보였다. 그러나 이스라엘은 앞선 제3차 중동전쟁 등을 통해 입증된 기갑 부대 지휘관과 병사들의 풍부한 실전 경험, 공군력의 화력 지원을 앞세워 시리아에 맹공을 퍼부었다.[81] 10월 9~10일에는 이스라엘의 전투기들이 골란 고원 일대에서 시리아 공군과 공중전을 벌였고, 더 나아가 시리아의 수도 다마스쿠스로 비행하여 국방부 청사, 공군 본부 등 시리아군의 주요 지휘부를 공격하기까지 했다.[82]

그리하여 10월 10일, 시리아군은 수백대의 탱크, 장갑차를 잃은 채 퇴각하기 시작했다. 다음날에는 이스라엘군이 갈릴래아 호수 일대에서도 시리아군에 대한 반격을 감행하였고, 순조롭게 골란 고원을 탈환하는 데 성공했다. 이스라엘군은 후퇴하는 시리아군을 소탕, 섬멸하기 위하여 한때 시리아 국경을 넘기도 했지만, 시나이 반도에서 이집트와의 전투가 남아있었기 때문에 중단되었다. 이로써 이스라엘은 북부 전선에서의 안정을 회복

81 김행복 외(1996), p. 370.

82 Bregman(2000), p. 87.

하였다.

또한 이스라엘은 바다에서도 승리를 거두었다. 개전 이틀째인 10월 7일, 시리아 북서부의 라타키아 항과 인접한 지중해 연안에서 이스라엘과 시리아 양국의 경비정 각 5척이 전투를 벌였다. 자국산 단거리 대함 미사일 '가브리엘'로 무장한 이스라엘 해군의 경비정은 시리아의 소련제 미사일정을 모두 격파했고, 전자 교란장비로 시리아 해군이 발사한 스틱스 대함 미사일을 무력화시켜 단 1척도 피격되지 않았다. '라타키아 해전'이라고 불리는 이 전투는 미사일만으로 수행된 사상 최초의 해전이었으며, 이스라엘은 6년 전 스틱스 대함 미사일의 공격으로 에일라트 함을 잃었던 것을 깨끗이 설욕해냈다. 다음날인 10월 8일에도 이스라엘 해군은 이집트 사이드 항에서 이집트의 전투함정 3척을 역시 대함 미사일로 격침시키는 전과를 거두었다.[83] 덕분에 이스라엘은 지중해와 홍해 등 주요 해역에서 시리아, 이집트 등 아랍 국가들의 해군력 활동에 타격을 가하는 데 성공했다.

북부 전선에서 시리아를 격퇴하는 데 성공한 이스라엘은 10월 11일을 기점으로, 이집트와 대치하는 시나이 반도 등 남부 전선에서의 전투에 집중할 수 있게 되었다. 전쟁 초반 이집트군의 대(對)전차, 대공 유도무기에 의한 충격적인 손실에도 불구하고, 이집트군의 진격은 수에즈 운하로부터 불과 수km 이내에 머물러 있었다. 시리아와의 전투를 마무리한 이스라엘군 병력이 시나이 반도에 차례로 증원되면서, 이스라엘은 본격적으로 이집트에 대한 반격을 준비하기 시작했다.

10월 14일, 이집트는 4개 기갑 여단과 1개 기계화보병 여단을 시나이 반도의 중앙부로 투입하였다. 골란 고원을 비롯한 북부 전선에서의 전세(戰勢)가 이스라엘의 우위로 역전된 상황에서, 동맹국 시리아에 대한 이스라엘의 군사적 압력을 완화시키기 위한 것이었다. 이스라엘도 증원된 병력을 앞세워 응전했다. 양측이 동원한 탱크의 수는 약 2,000대에 달했는데,

---

83 이후 제4차 중동전쟁이 끝날 때까지 이스라엘 해군의 전투함정은 단 1척도 격침되지 않았다. 김행복 외(1996), p. 372.

이는 제2차 세계대전 중인 1943년 7~8월 사이에 독일과 소련이 대결했던 쿠르스크 전투 이후로 가장 많은 수의 탱크들이 격돌한 사례였다. 여기서 이집트가 250대가 넘는 탱크를 손실했던 반면, 이스라엘은 불과 20대가량을 잃으면서 승리를 거두었다.[84] 이집트가 동원한 대(對)전차, 대공 유도무기의 사거리 밖에서, 이스라엘의 강점인 기갑 및 기계화보병 전력의 실전 경험, 공군력에 의한 화력 지원이 그 효과를 발휘될 수 있었던 결과였다.

이스라엘은 이집트의 공세를 격퇴한 것으로 만족하지 않고, 보다 대담한 반격을 준비했다. 바로 수에즈 운하 너머의 이집트 영토로 지상 병력을 직접 투입시키는 것이었다. 이집트가 기습 공격을 가한지 10일만인 10월 15일 밤, 4개(기갑 3개, 보병 1개) 여단으로 구성된 이스라엘 육군의 임시 사단 1개가 수에즈 운하 중 · 남부의 대(大)비터 호수를 도하하기 시작했다.[85] 임시 사단의 지휘관은 제3차 중동전쟁에서 타르, 요페와 함께 시나이 반도의 이집트군을 격파했던 기동전의 명수 샤론이었다. 이 과정에서 이집트군은 100대가 넘는 탱크를 동원해 이스라엘군의 도하를 저지하려 애썼지만, 샤론의 사단은 10월 18일까지 도하를 마무리하는 데 성공하였다.

이집트군의 주력은 수에즈 운하를 건넌 상태였고, 덕분에 샤론의 사단은 도하 후에 별다른 저항 없이 이집트에서 3번째로 큰 도시인 남부의 수에즈 시로 진격했다. 당시 수에즈에 남아있던 2만여 명 규모의 이집트군 병력, 300대가량의 탱크를 도시 외곽에서 포위 및 압박하기 위한 것이었다.[86] 아울러 이스라엘은 상당 규모의 병력을 이집트 영토에 투입시키는 데 성공함으로써 이집트, 시리아의 기습 공격에 따른 충격을 일소하고, 전쟁의 주도권을 확실히 회복했음을 과시해냈다.[87]

---

84 김행복 외(1996), p. 370; Bregman(2000), pp. 90-92.

85 Bregman(2000), p. 92.

86 당초 샤론은 이집트의 수도 카이로에 진격할 것을 주장했지만, 이스라엘군 총참모부의 지시에 따라 수용되지 않았다. 정토웅(1997), p. 374.

87 제4차 중동전쟁에서의 수에즈 운하 도하 작전을 성공시킨 샤론은 이후 정계에 진출,

이스라엘군이 수에즈 운하에서의 역(逆)도하를 성공시킨 지 불과 며칠만인 10월 22일, UN 안전보장이사회는 미국과 소련의 지지 아래, 전쟁 당사국들 모두가 현재의 위치에서 전투를 중지하는 내용을 골자로 하는 휴전 결의안을 채택했다. 이에 이집트와 시리아, 이스라엘도 재빨리 동의하면서, 제4차 중동전쟁은 10월 24일을 기하여 끝났다. 휴전이 성립될 시점까지, 이스라엘은 시리아의 수도 다마스쿠스로부터 45km, 이집트의 수도 카이로를 기준으로는 101km 이내로 병력을 진격시켰다.[88]

이른바 '10월 전쟁'이라고도 불리는 제4차 중동전쟁에서 이집트, 시리아를 비롯한 아랍 국가들은 전사 1만 5,000여 명, 부상 3만 5,000여 명, 포로 8,700여 명 등의 인명 손실을 입었다. 이스라엘의 인명 손실은 전사 2,680여 명, 부상 7,250여 명, 포로 310여 명이었다.[89] 한편으로 아랍 국가들은 2,200대가 넘는 탱크와 장갑차, 400여 대의 항공기 등을 잃었지만, 이스라엘의 손실은 200여 대의 탱크, 100대가량의 항공기 등에 그쳤다. 이스라엘이 주로 지상에서의 기갑전, 공중전을 통하여 아랍 국가들의 탱크와 장갑차, 항공기를 파괴한 반면, 이스라엘 탱크와 장갑차, 항공기에 대한 손실은 대부분 아랍 국가들의 대(對)전차 및 대공 유도무기에 의한 것이었다.[90] 이는 현대 전쟁에서 정밀유도무기(PGM: Precision Guided-Munition)가 발휘할 수 있는 효과를 본격적으로 부각시키는 계기를 마련했다.

제4차 중동전쟁은 이스라엘과 아랍 국가들 사이에 영토상의 변경을 발생시키지 않았으며, 이 점에서 군사적 측면에서는 '무승부'라고 할 수 있

2001~2006년 수상으로 재임했다. 그러나 팔레스타인, 아랍 국가들에 대해 강경한 노선을 고수하면서 잦은 대립과 충돌을 촉발시켰고, 그로 인해 국내외의 거센 비판을 받았다.

88 Bregman(2000), p. 92.

89 당시 이스라엘의 인명 손실은 숫자상으로 아랍 국가보다 적었지만, 제3차 중동전쟁과 비교하면 전사 3.8배, 부상 2.8배, 그리고 포로는 19배 이상 늘어난 것이었다. 때문에 아랍 국가들보다 인구가 절대적으로 적은 이스라엘에게 가해진 부담은 상당한 수준이었다. Bregman(2000), p. 92.

90 정토웅(1997), pp. 374-375; Bregman(2000), p. 92.

1977년 이스라엘을 공식 방문한 사다트 이집트 대통령과 베긴 이스라엘 수상(왼쪽).
이듬해인 1978년 두 정상이 외교 관계의 정상화에 합의하는 순간(오른쪽)

었다. 하지만 그동안 계속되었던 이스라엘의 무적(無敵) 신화가 처음으로 타격을 받음으로써 큰 정치적 영향을 일으켰다. 이제 이스라엘은 자신들의 군사적 우위에만 의존해서는 영토와 생존을 보장받기 어렵다는 것을 깨달았고, 주변 아랍 국가들과의 관계 개선을 적극적으로 모색해야 할 필요성을 인정할 수밖에 없었다.

그리하여 제4차 중동전쟁으로부터 4년 만인 1977년 11월, 사다트 이집트 대통령이 아랍 국가의 지도자로는 처음 이스라엘을 공식 방문하여 메나헴 베긴 이스라엘 수상과 회담했으며, 이스라엘 국회에서 연설하였다. 이는 이스라엘과 이집트 양국이 적대 관계의 해소를 위한 대화, 협상에 착수하는 계기를 마련했다. 이듬해인 1978년 9월에는 베긴, 사다트가 지미 카터 미국 대통령의 중재 아래, 양국간의 평화 조약 체결을 통한 외교 관계 정상화에 합의했다.[91] 이로써 이집트는 수에즈 운하, 시나이 반도를 평화적으로 회복하였고, 이스라엘과 정식으로 외교 관계를 수립한 최초의 아랍 국가가 되었다.

91 당시 이스라엘과 이집트의 외교 관계 정상화를 위한 협상, 합의는 미국 대통령의 전용 별장 '캠프 데이비드'(Camp David)에서 약 2주일 동안 이루어졌으며, 일명 『캠프 데이비드 협정』(*Camp David Accords*)으로 불린다. 이 공로로 베긴, 사다트는 같은 해 노벨평화상을 공동 수상했다. 그러나 사다트는 이스라엘과의 관계 정상화로 아랍 국가들뿐만 아니라 이집트 내부에서도 심한 정치적 반발에 직면했고, 3년 후인 1981년 10월 제4차 중동전쟁을 기념하는 군사 퍼레이드 도중에 이슬람 과격주의 성향의 장교들에게 피살당했다. 전홍찬(2003), pp. 79-85.

3. 이스라엘의 안보환경

건국 이래 약 30~40년 동안, 이스라엘은 정치 · 군사적으로 적대 관계인 주변의 아랍 국가들에 의해 사실상의 포위 상태에 놓여왔다. 하지만 제4차 중동전쟁으로부터 수년 만인 1970년대 말 이집트와의 외교 관계 정상화를 시작으로, 중동 지역에서 이스라엘의 실체는 더 이상 부정하기 어렵게 되었다. 특히 그동안 이스라엘을 타도 대상으로 규정해 온 PLO도 냉전이 종식된 1990년대 초에 들어서 이스라엘과의 본격적인 대화, 협상을 벌이게 되었다. 그리하여 1991년 10월 30일, 미소 양국의 초청 형식으로 이츠하크 샤미르 당시 이스라엘 수상과 아랍 3개국(이집트, 시리아, 요르단)의 외무장관, 그리고 팔레스타인측 대표가 스페인 마드리드에서 처음으로 팔레스타인을 비롯한 중동에서의 포괄적 평화 정착을 위한 회담을 개최했다.[92]

이후에도 이스라엘과 PLO 양측은 1992년 말부터 노르웨이 오슬로에서 수개월 동안 비공개 협상을 지속했다. 그리하여 1993년 9월 이츠하크 라빈 이스라엘 수상과 야세르 아라파트 PLO 의장은 중재자인 빌 클린턴 미국 대통령이 동석한 가운데, '영토와 평화의 교환'(Land for Peace)으로 불

92 이보다 앞선 1988년에는 PLO가 예루살렘을 수도로 하는 독립 국가 팔레스타인의 건국을 선포한 바 있었다. 전홍찬(2003), pp. 92-93.

1993년 9월, 평화협정 합의와 함께 악수를 나누는 라빈 이스라엘 수상(왼쪽)과 아라파트 PLO 의장(오른쪽)

리는 협정에 합의하였다. 이를 통해 이스라엘과 PLO는 양측을 공식적인 대화, 협상의 당사자로 인정하였고, 가자 지구와 요르단강 서안에 대한 팔레스타인의 자치(自治)도 인정되었다.[93] 이듬해인 1994년에는 요르단도 이스라엘과 외교 관계를 정상화했다. PLO도 '팔레스타인 자치정부'로 전환되기에 이르렀다.

이러한 외교적 노력들에 힘입어, 여러 아랍 국가들이 그동안 고수해 온 이스라엘과의 적대 관계를 완화, 수정하기 시작했다. 비록 중동 지역에서 이스라엘과 공식적으로 수교(修交)한 국가는 여전히 이집트, 요르단 등 2개국에 불과하지만, 아라비아 반도의 페르시아만(Persian Gulf) 연안 국가들(예: 사우디아라비아, 카타르, 아랍에미리트)을 중심으로 경제, 과학기술 등의 비(非)정치 부문에서 이스라엘과 협력을 모색하고 있는 것이다.[94] 오늘날 아랍 및 이슬람권에서 이스라엘과의 철저한 적대 관계를 지속하고 있는 국가는 시리아, 이란 정도만이 남아있을 뿐이다.

이들 두 적대 국가 가운데 이스라엘과 지리적으로 가장 가까운 위협 세력은 시리아다. 시리아는 갈릴래아 호수, 골란 고원 등지를 비롯한 이스라엘의 북 · 동쪽 지역을 경계로 대치해 왔다. 또한 앞선 4차례의 중동전쟁

93 라빈은 1967년의 제3차 중동전쟁에서 이스라엘군 총참모장으로 다얀 국방장관 등과 함께 이스라엘의 전격적인 승리를 이끌었고, 아라파트는 1969년 이래 PLO 의장으로 재임하며 팔레스타인의 반(反)이스라엘 투쟁을 주도했다. 두 사람은 1993년의 평화협정을 성사시킨 공로로 같은 해 노벨평화상을 수상했다. 그러나 이스라엘 내부의 우파 진영은 라빈의 팔레스타인 자치 허용을 '영토 포기'라고 비판했고, 2년 후인 1995년 라빈은 과격 유태인 청년에 의해 피살당했다. 전홍찬(2003), pp. 94-97.

94 외교부 아프리카중동국 중동1과(2019), pp. 123-124.

가운데 1956년의 제2차 중동전쟁을 제외한 나머지 3차례에서 이스라엘과 대결하는 등, 지난 수십 년간 이스라엘을 상대로 다수의 혈전(血戰)을 치렀다.[95] 특히 1967년의 제3차 중동전쟁으로 이스라엘이 차지한 고도 1,000m의 골란 고원은 요르단 강을 비롯한 이스라엘과 주변 국가들의 하천(河川)들로 유입되는 수자원의 근원지일 뿐만 아니라, 불과 60km 이내에서 시리아의 수도 다마스쿠스를 겨냥할 수 있는 군사적 요충지다.[96] 그 결과 이스라엘이 주변 국가들 가운데 이집트, 요르단과 외교 관계를 정상화했지만, 시리아와는 여전히 정치 · 군사적으로 적대 상태를 지속하고 있는 것이다.

현재 시리아는 공식적으로 정규군 13만 9,000명(육군 10만 명, 해군 4만 명, 공군 1만 5,000명, 방공(防空)군 2만 명 포함)과 민병대를 비롯한 예비전력 10만 명을 보유하고 있다. 또한 전투함정 30여 척, 전투기 220여 대, 그리고 수백 기의 지대공 및 지대지 유도무기를 포함한 상당 규모의 무장을 갖추었다.[97] 그러나 시리아는 2011년 이집트와 튀니지, 리비아를 중심으로 확산된 중동 지역의 민주화 운동(통칭 '아랍의 봄')의 영향, 그동안 내부에서 잠재되어 온 종파(宗派)와 부족간 갈등의 분출로 인해서 최근 수년 동안 내전(內戰) 상태가 계속되고 있다.[98] 조만간 내전이 종식된다고 해도, 시리아가 과거와 같은 수준의 군사력을 회복하기까지는 오랜 시간과 노력이 요구될

---

95 시리아는 1963년의 쿠데타 이래 '아랍 사회주의 부흥당'(통칭 '바트(Ba'ath)당')의 1당 지배체제가 지속되고 있다. 특히 1970년에 대통령으로 취임한 하페즈 알 아사드는 30년간 권좌를 지켰으며, 그가 타계한 2000년 대통령직을 승계한 아들 바샤르 알 아사드가 현재까지 집권 중이다.

96 이러한 중요성을 반영하여, 이스라엘은 1981년부터 골란 고원을 자국 영토로 정식 합병한 바 있다. 전홍찬(2003), pp. 117-118.

97 지상 전력의 경우, 시리아는 2010년대 초를 기준으로 탱크 4,900여 대, 장갑차 3,900여 대, 야포 3,400여 문, 그리고 구 소련제 SS-1 '스커드'를 비롯한 사거리 수백km급의 중 · 단거리 탄도미사일 발사대 80여 대 등을 보유한 것으로 나타났다. 하지만 2011년부터 계속된 내전으로 현재 시리아군이 보유한 주요 무기들의 상당수가 손실되었을 가능성이 높은 것으로 추정된다. IISS, *Military Balance 2019* (London, UK: Routledge, 2019), pp. 368-370.

98 시리아 내전의 국내외적 배경에 관해서는 인남식, 『시리아 안정화 프로세스: 국제정치 역학관계의 함의와 전망』(서울: 국립외교원 외교안보연구소, 2019), pp. 4-17을 참고.

것으로 전망된다.[99]

이란은 지리적으로 이스라엘에서 1,000km 이상 떨어져 있지만, 정치 · 이념적으로 극심한 대립 관계에 놓여있다. 이는 40년 전인 지난 1979년의 이슬람 혁명으로 현재의 신정(神政) 체제가 등장한 결과다. 당시 이란에서는 1941년에 즉위한 이래 권력과 경제적 부(富)의 독점, 비밀경찰 등을 앞세운 폭압적인 통치로 내부의 저항을 받아 온 모하메드 레자 팔레비 국왕이 전국적인 시민 소요의 발생 1개월만인 같은 해 2월에 퇴위하고, 혁명을 주도한 시아파 이슬람교 지도자 루홀라 호메이니가 정권을 장악했다. 호메이니는 '아야톨라'(Ayatollah. 신(神)의 표징)라는 칭호의 종신(終身) 최고 지도자가 되어 이슬람교가 정치, 사회, 문화 등의 모든 부문을 지도하는 국가 체제를 수립하였다.[100] 팔레비 국왕 시절에 추진되었던 친(親)서방, 세속주의 노선은 전면 백지화되었다.

본래 이란은 팔레비의 재위 시절 이스라엘의 수교국들 가운데 하나였다. 그러나 호메이니의 신정 체제가 등장하면서 이스라엘과 단교했다. 이후 이란은 시리아와의 제휴, 무기 제공 등을 통하여 간접적으로 이스라엘을 겨냥한 정치 · 군사적 압박을 지속하는 중이다.[101] 뿐만 아니라 이란은 이스라엘 타도를 추구하는 중동 지역의 여러 비(非)국가 무장단체를 지원하고, 그들을 앞세워 이스라엘에 대한 일종의 '대리전쟁'(proxy war)을 벌

99 현재 시리아군은 정부 친위대의 성격을 갖는 정예 공화국 수비대, 1개 기갑사단, 그리고 수천 명 규모의 특수전 부대를 포함하는 4~5만 명의 병력을 유지하고 있는 것으로 추산된다. 이는 내전 이전의 30% 미만에 불과한 수준이다. Tim Ripley, "From the Rubble: Syria's Military Regeneration," *Jane's Defence Weekly* (July 24, 2019), pp. 26-27.

100 호메이니는 이슬람 혁명 10년 후인 1989년에 향년 87세를 일기로 타계했다. 그의 뒤를 이어 알리 하메네이가 현재까지 30년 동안 이란의 최고 지도자로 군림하고 있다.

101 시리아는 정치와 종교의 분리를 지지하는 세속주의적인 수니파 이슬람교 성향이며, 이 점에서 시아파의 신정 체제가 지배하는 이란과는 종교적인 노선 차이가 존재한다. 그러나 양국 모두 이스라엘과 반목하고 있다는 전략적 이해관계를 공유한다. 이란이 2011년부터 진행 중인 시리아 내전에서 시리아 정부군을 지원하고 있는 것도 시리아와의 협력 관계를 반영하고 있다.

군사 퍼레이드에서 공개된 이란의 탄도미사일(왼쪽)과 발사모습(오른쪽). 이스라엘을 공격권 내에 포함하고 있다.

이고 있다.[102]

오늘날 이란의 군사력은 ① 총 39만 8,000여 명(육군 35만 명, 해군 1만 8,000명, 공군 3만 명)의 정규군, ② 정부의 친위대인 '혁명수비대' 12만 5,000여 명을 중심으로 구성된다. 이들 병력이 보유한 무장은 탱크 1,500여 대, 장갑차 1,200여 대, 야포 6,700여 문, 수상전투함정 120여 척, 잠수함정 20여 척, 전투기 310여 대, 그리고 수백 기의 지대공 및 지대지 유도무기 등을 포함한다.[103] 그 가운데서도 국제사회는 이란이 보유한 대량살상무기, 특히 탄도미사일 전력을 주목, 경계하고 있다. 혁명수비대의 지휘를 받는 이란 탄도미사일의 규모는 발사대 기준으로 약 150대에 달하며, 사거리 수백~1,000km 이상의 중 · 단거리 탄도미사일을 보유 중이다.[104] 다시 말해서 이란은 자국과 인접한 중동 지역의 주변 국가들, 특히 이스라엘을 겨냥하여 독자적인 장거리 타격을 가할 수 있는 군사적 위협능력을 갖춘 것이다.

하지만 이스라엘에게는 위의 2개국보다도 실재적인 안보 위협을 가

---

102 Jack Watling, *Iran's Objectives and Capabilities: Deterrence and Subversion* (London, UK: Royal United Services Institute for Defence and Security Studies, 2019), pp. 16-32.

103 IISS(2019), pp. 340-343.

104 이란 탄도미사일 전력의 다수를 차지하는 '샤하브'(Šahâb. 페르시아어로 '유성'(流星)) 계열의 액체연료 미사일은 북한이 개발한 스커드, 로동(북한식 제식명칭 '화성'-6/7형)의 모방 및 개량형으로 알려져 있다. 현재 이란은 고체연료를 사용하는 신형 단거리 탄도미사일, 정밀 타격 능력이 향상된 순항미사일 등의 개발도 진행하고 있다. Michael Elleman and Mark Fitzpatrick, *Assessing Whether Iran's Ballistic Missiles Are Designed to be Nuclear-Capable* (London, UK: International Institute for Strategic Studies, 2018), pp. 11-18.

하고 있는 세력들이 존재한다. 바로 여전히 이스라엘의 타도를 추구하는 비(非)국가 이슬람 무장단체들이다. 여기에는 ① 레바논을 근거지로 하는 '헤즈볼라'(Hezbollah. 신(神)의 당), ② 가자 지구를 비롯한 팔레스타인 지역에서 준동하는 '하마스'(Hamas. 이슬람 저항운동), 그리고 ③ 대내외의 군소(群小) 이슬람 무장단체 및 테러리즘 집단 등이 포함된다. 앞선 4차례의 중동 전쟁이 끝난 이후, 즉 1980년대부터 이스라엘이 겪은 주요 군사 분쟁들은 주변 아랍 국가보다 이들 무장단체를 상대로 벌어진 경우가 대부분이다.

먼저 헤즈볼라는 이스라엘 북부와 국경을 접하는 레바논이 1975년부터 계속된 내전, 시리아를 비롯한 주변 국가들의 개입 등으로 인해 정치·사회적인 혼란에 빠진 틈을 타 1982년에 결성되었다. 이들은 1979년 이란의 이슬람 혁명 성공에 고취된 시아파 이슬람교 신자가 다수를 차지하며, 레바논 남부를 중심으로 활동하고 있다. 심지어 헤즈볼라는 레바논에서의 내전이 공식적으로 끝난 1990년대 이래 공식 정당의 자격으로 의회, 내각에도 진출해 정치적 영향력을 행사한다.[105]

헤즈볼라의 궁극적인 목표는 레바논을 이란과 같은 이슬람 신정 국가로 만들고, 중동에서 미국 등의 서방 세력을 축출하는 것이다. 그 연장선상에서 헤즈볼라는 이스라엘을 타도하겠다는 뜻을 공공연히 강조하고 있다. 뿐만 아니라 헤즈볼라는 이란으로부터 상당한 군사, 재정 부문의 지원을 제공받는 것으로 알려져 있다. 그리고 세속주의를 지향하는 수니파 이슬람교 성향의 시리아와도 공동의 전략적 목표인 이스라엘 타도를 위해 협력하는 관계다. 이에 따라 헤즈볼라는 이란과 함께 2011년 이래 시리아 내전에 상당 규모의 병력을 파견해 시리아 정부군을 지원하고 있다. 심지어 헤즈볼라는 골란 고원을 비롯한 시리아 남서부의 국경 지대로까지 활동 범위를 확장해 이스라엘에 대한 정치·군사적 압력을 가중시키는 추세다.[106]

---

105 전홍찬(2003), pp. 75-76.

106 Nicholas Blanford and Jonathan Spyer, "Bordering on Chaos," *Jane's Intelligence Review* (February 2018), pp. 8-13.

헤즈볼라(왼쪽)와 하마스(오른쪽)의 대원들. 오늘날 이스라엘의 가장 실재적인 안보 위협이라고 할 수 있다.

헤즈볼라의 무장력은 ① 약 7,000~1만 명의 상비 병력, ② 유사시에 소집되는 최대 2만여 명의 민병대로 구성된다. 이는 중동 지역에 존재하는 비(非)국가 무장세력들 가운데 단연 최대 규모다. 본래 헤즈볼라의 무장 활동은 설립 초기인 1980~1990년대까지만 해도, 주로 자살폭탄 공격을 비롯한 테러리즘에 의존했다.[107] 그러나 2000년대 이후에는 대(對)전차 유도 무기, 휴대용 지대공 미사일, 무인(無人) 항공기, 사거리 수십 내지 100km 안팎의 무유도 로켓과 다연장 로켓포를 비롯하여 웬만한 국가들의 정규군에 필적하는 중(重)무장을 갖추고 있다.[108] 이들 무기는 이스라엘 북부의 국경 지역뿐만 아니라 중부의 주요 도시까지 공격 가능하다.

하마스는 지난 1987년 PLO(현재의 팔레스타인 자치정부)가 기존의 무장 투쟁 노선을 수정하고 이스라엘과의 대화를 모색하는 것에 반발한 수니파 성향의 팔레스타인 이슬람 신자들을 중심으로 결성되었다. 이스라엘의 존재와 정당성을 인정하거나, 이를 전제로 하는 대화, 협상을 거부하며, 무력

---

107 대표적인 사례로는 1983년 10월 레바논의 수도 베이루트에 다국적 평화유지군의 일원으로 배치되어 있던 미 해병 부대의 기지를 폭파시켜 300명이 넘는 사망자가 발생하였고, 1992년 3월 주(駐)아르헨티나 이스라엘 대사관에 대한 자살폭탄 공격으로 20여 명의 사상자를 냈다. 전홍찬(2003), pp. 76-77.

108 일부 연구 및 보고에서는 헤즈볼라가 이란, 시리아로부터 사거리 수백km급의 단거리 탄도 미사일까지 확보했을 가능성을 제기하고 있다. IISS, *Military Balance 2016* (London, UK: Routledge, 2016), p. 491.

투쟁을 통하여 팔레스타인의 모든 지역(이스라엘의 현재 영토 포함)에서 이스라엘의 점령, 지배를 종식시키는 것이 하마스의 목표다.[109] 특히 하마스는 2006년에 팔레스타인 주민 투표에서 자치의회 의석의 과반수(총 133석 가운데 74석(약 56%))를 차지해 자신들의 노선이 팔레스타인 주민들의 지지를 얻고 있음을 과시하였다. 이듬해인 2007년 6월에는 자치정부 내에서 이스라엘과의 대화, 협상을 추구하는 온건파 정당 '파타'(Fatah)의 세력이 요르단강 서안으로 밀려났고, 하마스가 가자 지구를 장악했다.[110]

현재 하마스는 6개의 지역별 여단, 100개 중대(中隊) 등으로 구성되는 총 1만 5,000~2만 명가량의 전투 병력을 보유한 것으로 알려진다. 주요 무장으로는 지뢰, 단거리 대(對)전차 유도무기, 박격포, 사거리 10km급의 '카삼'(Qassam) 수제(手製) 로켓, 그리고 사거리가 20km를 상회하는 각종 다연장 로켓포 등을 보유한다.[111] 헤즈볼라보다는 다소 약하지만, 하마스 역시 상당한 수준의 중(重)무장 능력을 확보함으로써 이스라엘에 대한 군사적 위협을 강화하는 추세에 있는 것이다.

---

109 이에 따라 하마스는 이스라엘 국민과 관련 시설은 물론, 이스라엘과의 대화, 협상에 참가하는 팔레스타인 지도층을 겨냥한 테러와 공격까지 자행하고 있다. 전홍찬(2003), p. 73.

110 외교부 아프리카중동국 중동1과(2019), p. 111.

111 IISS(2019), p. 363.

4. 이스라엘의 군사력 현황

1) 일반적 사항

그렇다면 이들과 대치하고 있는 이스라엘은 어느 정도의 군사력을 보유하고 있는가? 세계적으로 군사, 안보 부문 연구에서 가장 권위있는 통계자료로 인정받고 있는 영국 국제전략문제연구소(IISS: International Institute for Strategic Studies)의 『밀리터리 밸런스』(*Military Balance*. 군사력 균형) 연감 2019년도판에 따르면, 현재 이스라엘의 정규군 병력은 총 16만 9,500명으로 추산된다. 구체적으로는 ① 숫자상으로 가장 많은 육군이 12만 6,000명, ② 해군은 9,500명, 그리고 ③ 공군은 3만 4,000명을 차지한다.[112] 이는 이스라엘의 전체 인구 약 870만 명의 대다수인 75%를 차지하는 유태인 국민 649만여 명 가운데 2.6%에 해당한다. 오늘날 세계의 주요 국가들이 보유한 병력의 규모가 인구 대비 1% 안팎임을 고려하면, 이스라엘은 주변 아랍 국가들보다 절대적으로 적은 인구에도 불구하고 일정 규모의 병력을 확보, 유지하기 위해 상당한 노력을 기울이고 있는 것이다.

이스라엘의 정규군 16만여 명 가운데 39%에 해당하는 약 6만 7,000

---

112 IISS(2019), p. 346.

이스라엘 방위군(IDF)의 문장(紋章)

명은 전문적인 군사 기술, 지식이 요구되는 임무를 수행하는 장교, 부사관 등의 간부급 직업군인들이다. 육군의 20%인 2만 6,000명, 해군의 약 74%인 7,000명, 그리고 3만 명이 넘는 공군 전체가 여기에 해당한다. 육군 소속의 10만 명을 비롯한 나머지 60% 이상의 병력은 의무적으로 병역(兵役)을 수행하는 일반 병사들이다.[113] 이스라엘은 건국 이듬해인 1949년에 제정된 『병역법』에 따라 원칙상 모든 국민들에게 병역 의무를 부과하고 있으며, 그 대상은 나이 18세 이상의 유태인 국민으로 되어있다.[114] 복무 기간은 장교를 비롯한 직업군인이 최소 4년(48개월)이며, 일반 병사는 2년 8개월(32개월)에 달한다.

특이한 것은 의무 복무의 대상에 여성도 포함된다는 점이다. 전 세계적으로 소수의 국가들만이 여성에게까지 병역 의무를 부과하고 있는데, 이스라엘도 여기에 해당한다. 역시 지난 1948년 이스라엘의 건국, 제1차 중동전쟁 당시부터 적용되고 있다. 이는 주변 아랍 국가들보다 적은 인구로 인해 병력 충원에 어려움을 겪어 왔던 이스라엘의 특수성에 따른 것이다.[115] 이스라엘에서 여성의 군 복무기간은 남성보다 짧은 2년(24개월)이며, 일반적으로 같은 여성들로 구성된 부대에서 활동한다. 현재 여군은 이스라엘군 전체 병력의 약 34%를 차지하며, 전투 임무를 포함하여 군 내부 보직

113 IISS(2019), pp. 347-348.

114 이스라엘 국민들 가운데 이슬람교 및 기독교 신자, 아랍인은 병역 의무에서 제외된다. 이는 이슬람교를 믿는 아랍 국가들과 대치하는 상황에서, 비(非)유태교도(특히 아랍인) 장병의 존재가 군 내부의 단결, 일체성을 저해하는 잠재적 위협이 될 것으로 인식하기 때문이다. 대신 이들의 자발적인 입대 지원은 허용된다. 외교부 아프리카중동국 중동1과(2019), p. 56.

115 여성들 가운데 기혼자 및 정식으로 약혼한 자, 정규 교육 기간이 일정 기간 미만인 경우는 병역 의무에서 제외된다. 이스라엘의 여성 군 복무에 관해서는 Creveld(2002), pp. 117-123을 참고.

이스라엘군 남녀 병사들의 모습. 이스라엘은 여성에게도 병역 의무를 부과하는 몇 안되는 국가들 가운데 하나다.

의 88%가 여성에게 개방되어 있다.[116] 여군의 전투, 정보 임무 수행은 지원자들을 대상으로 선발하는데, 이들은 남성 장병과 동일한 기간 동안 복무한다.

이스라엘군의 군종(軍種)들 가운데 최대 규모를 차지하는 육군은 장교를 선발, 교육하기 위한 별도의 사관학교(士官學校)를 운영하지 않는다. 대신 일반 병사들 가운데 지원자를 대상으로 각 병과들마다 설치된 훈련기지(통칭 '바하드'(Bahad))에서 기초 교육을 실시하고, 수료자들은 남부 네게브 사막의 사관후보생 학교(통칭 '라스코프 학교')에 입학한다.[117] 이곳에서 4~7개월 정도의 교육을 수료하면 보병부대 중대장의 자격을 획득하게 된다. 이후 초급 장교들은 각자 지정된 병과에서 복무하는 가운데, 이스라엘 국방대학교(INDC: Israel's National Defense College) 산하의 지휘참모대학에서 상급 부대들에 대한 지휘통제 능력을 배양하는 데 필요한 교육을 받

---

116 박수철, "이스라엘의 여군: 軍 34%가 여군…모든 보직 88% 근무 가능한 환경," 「국방일보」, (2019년 9월 16일).

117 이스라엘군의 제5대 총참모장을 역임했으며, 이스라엘 국방대학교를 설립하는 등 이스라엘군의 교육, 훈련 제도의 발전에 공헌한 하임 라스코프의 이름에서 유래했다. 현재 이스라엘 육군의 병과별 훈련기지는 지난 2014년 네게브 사막에 설치된 복합 군사훈련 단지(통칭 '캠프 아리엘 샤론')에 대부분 위치하고 있다. Alexander von Rosenbach ed, *Jane's World Armies 2010* (Surrey, UK: Jane's Information Group, 2010), p. 371.

는다.

한편 이스라엘 해군과 공군은 별도의 사관학교를 설치, 운영하여 장교의 선발 및 교육을 실시하고 있다. 이는 임무의 수행에서 전문적인 기술, 지식의 비중이 매우 큰 해 · 공군의 특성을 반영한 것이다. 이들 사관학교의 교육 기간은 보통 3년 동안 진행되며, 졸업생들은 위관급 장교로 임관함과 동시에 하아파 대학교(해군), 벤구리온 대학교(공군)의 학사 학위를 취득한다.

이스라엘의 병력 구성에서 나타나는 또 다른 특징은 바로 예비 전력의 높은 비중이다. 현재 이스라엘은 총 46만 5,000여 명의 예비군을 보유하고 있는데, 이는 정규군 병력의 2.7배가 넘는다. 그 가운데 육군이 40만 명으로 전체 예비 전력의 86%를 차지한다. 현역의 육군 장병과 비교하면 약 3.2배에 달하는 규모다.[118] 각 예비군 부대는 의무 복무 기간을 마친 병사, 장교들을 대상으로 등록 및 구성된다. 해당 연령은 남성이 45세, 여성은 38세까지다.

예비군 소속의 장병들은 3개 유형으로 나뉜다. 먼저 현역 복무를 마친 직후에 편입된 제1예비역으로 나이 39세까지를 대상으로 한다. 이들 제1예비역은 평시에 대대(大隊), 여단, 사단에 이르는 단위별 부대에 편성되어 해마다 1주일씩의 기초 군사훈련을 받으면서 전투 기량을 유지한다. 해당 훈련을 이수한 후에는 매년 약 1개월 동안을 집체(集體) 소집 형식으로, 다양한 병과(예: 기갑, 기계화보병, 포병, 공수)의 전투 부대에 동원되어 복무하도록 되어있다.[119] 여기에 매달 한번씩의 비상소집(1일. 연 12일), 매년 4차례의 동원훈련(3일. 연 12일)까지 포함하면, 이스라엘의 제1예비역 장병들은 1년에

---

118 IISS(2019), p. 346.

119 집체 소집에 동원된 제1예비역 장병들은 동원 기간 동안 고용주로부터 전액 임금을 지급받고, 자영업자인 경우에는 정부로부터 보상금을 받도록 되어있다. 외교부 아프리카중동국 중동1과(2019), p. 61; 정주성 · 안석기, "이스라엘의 군과 병역의무," 「週刊國防論壇」, 제866호 (2001년 11월 26일), p. 5.

50일이 넘는 기간마다 주기적으로, 현역 장병들과 동등한 조건에서 국방 임무를 수행하는 것이다.[120]

나이 40세부터는 제2예비역으로 전환되며, 이들은 후방의 비(非)전투 지원 임무를 담당하게 된다. 이후 45세가 되면 민방위대에서 유사시의 재해 복구, 경계 및 치안유지 보조 등의 임무를 수행한다. 54세를 넘으면 비로소 민방위대 소집 대상에서 제외된다. 이스라엘의 제2예비역 장병들과 민방위대도 매달 한번씩의 비상소집, 매년 4차례의 동원훈련을 받지만, 집체 소집 기간은 제1예비역의 절반 이하인 연간 14일로 줄어든다.

이스라엘의 예비군 부대들은 주로 구역별로 조직되며, 이에 따라 동원되는 부대 장병들도 지리적으로 서로 인접하여 거주하는 경우가 많다. 이는 유사시에 보다 신속한 동원 능력을 보장하기 위한 것이다.[121] 그 덕분에 이스라엘은 전쟁이나 그에 준하는 군사적 위기가 발생할 경우, 불과 하루(24시간) 이내에 정규군 병력과 대등한 규모의 예비 전력을 동원하고, 동원 체제에 돌입한 지 사흘(72시간) 만에는 예비 전력의 동원 규모를 현역 대비 2배까지 확충 가능하도록 되어있다.[122]

이를 통해 이스라엘군의 예비 전력, 특히 제1예비역은 건국 이후 현재까지 이스라엘이 수행했던 주요 군사 분쟁에서 주력 전투부대 소속 병사들의 다수를 차지했다. 정규군이 평시의 전쟁 억지, 전쟁 초기의 중요 임무를 수행하는 한편으로, 예비 전력은 무력 분쟁이 확대 및 장기화될 경우에 동원되어 실질적인 전투력을 제공하는 '준(準)정규군'의 역할을 담당하는 것이다. 요컨대 예비 전력은 장교를 비롯한 간부급 직업군인, 현역 병사들과 더불어 이스라엘의 군사력을 구성하는 3대 인적(人的) 요소들 가운데 하나라고 할 수 있다.

---

120 박민형, "상대적 약소국의 전쟁억제와 승리 요인: 예비전력과 전시동원체제," 「국제정치논총」, 제58집 제4호 (2018년 12월), pp. 89-91.

121 정주성 · 안석기(2001), p. 5.

122 박민형(2018), p. 90.

이처럼 독특한 병력 구조는 70여 년 전 이스라엘의 건국 시점부터 유래한 것이다. 당시 벤구리온 초대 수상을 비롯한 이스라엘 정부, 군 수뇌부는 적대적인 주변 아랍 국가들보다 절대적으로 인구가 부족한 상황에서 ① 유사시 단기간 내에 충분한 규모와 전투력을 발휘할 수 있는 병력을 확보하고, ② 평시에는 국가 경제에 지나친 부담을 가하지 않는 방안을 강구했다. 이에 스위스의 사례를 참고로 하여 정규군은 소수의 간부급을 중심으로 정예화하고, 신속히 동원될 수 있는 예비 전력의 잠재력을 극대화함으로써 전쟁 수행에 필요한 전투력을 확보하는 제도를 채택하게 된 것이다.[123]

2) 지휘통제 구조

현재 이스라엘의 육 · 해 · 공 3군에 대한 지휘통제 체계는 상설 군사참모 기관인 총참모부를 중심으로 구성된다. 이스라엘군 총참모부는 이스라엘의 최대 도시인 텔아비브에서 국방부와 같은 청사를 사용하며, 군부(軍部)의 수장인 총참모장을 중심으로 8개의 참모부가 편성되어 있다. 이들은 각 4개의 일반 및 전투 참모부로 나뉜다. 일반 참모부는 ① 인사, ② 계획, ③ 기술 및 군수(軍需), 그리고 ④ 지휘통제 · 통신(C4I: Command, Control, Computer, Communication & Information) 기능으로 분류된다. 전투참모부는 작전부와 육 · 해 · 공군의 사령부를 포함한다. 그리고 이들 참모

123 스위스의 영토는 4만 1,293km^2(한반도 면적의 약 20%, 이스라엘 영토의 약 2배에 해당)이며, 인구는 803만여 명으로 이스라엘과 비슷한 수준이다. 이러한 좁은 영토 면적, 적은 인구는 군의 전체 병력에서 단기간 내에 동원 가능한 예비 전력의 비중을 높이는 데 적합한 조건을 제공한다. 현재 스위스는 총 2만 1,400여 명(장교 등의 간부급 2,950명, 신병교육 형식의 의무 복무 대상자(20세. 교육기간 약 20주) 1만 8,500명 포함)의 정규군을 보유하며, 유사시에 긴급 소집되는 준(準)정규군 성격의 예비군(21~26세. 매년 3주일 동안 동원소집)은 13만 4,000여 명에 달한다. Bregman(2000), pp. 28-29; IISS(2019), pp. 153-154.

텔아비브의 이스라엘 국방부 및 총참모부 청사(왼쪽)와 주요 지휘관 회의 모습(오른쪽)

부 외에 정보국을 별도로 설치, 운영한다.[124]

총참모장은 이스라엘군의 최고위 선임 장성으로서 중장(中將. 3성 장군) 계급이며, 군사력의 건설 및 유지를 위한 군정(軍政) 기능뿐만 아니라 각 실전 부대들에 대한 지휘통제, 즉 군령(軍令) 기능까지 평 · 전시를 막론하여, 총괄적으로 행사하는 막강한 권한을 보유한다. 특히 군령 부문에서는 총참모장이 군사전략, 작전 개념의 수립은 물론, 주요 작전사령부들과 예하의 전투 부대들을 직접 작전통제할 수 있다. 이를 위해 총참모장은 이스라엘군의 최대 군종인 육군의 사령관까지 겸직한다. 한편 부(副)참모장은 총참모장의 위임을 받아 계획, 작전을 비롯한 총참모부 내의 각 기능별 참모부들에 대한 전반적인 운영을 책임진다.

이스라엘군의 총참모장은 초대 야콥 도리(1948~1949년 재임)에서 현재의 아비브 코하비(2019년 1월 취임)에 이르기까지, 총 22명이 재임해 왔다. 이들 가운데 절대다수인 20명이 육군 출신이었고, 나머지 2명은 공군 출신이 임명된 바 있다.[125] 이는 앞서 언급했듯이 총참모장이 육군 사령관을 겸직하

124 외교부 아프리카중동국 중동1과(2019), p. 53.

125 공군 출신의 이스라엘군 총참모장은 하임 라스코프(제5대. 1958~1961년 재임), 단 할루츠(제18대. 2005~2007년 재임)다. 이들 가운데 라스코프는 공군 조종사 경력이 없었지만 2년(1951~1953) 동안 이스라엘 공군의 사령관을 역임했으며, 1956년의 제2차 중동전쟁에서는

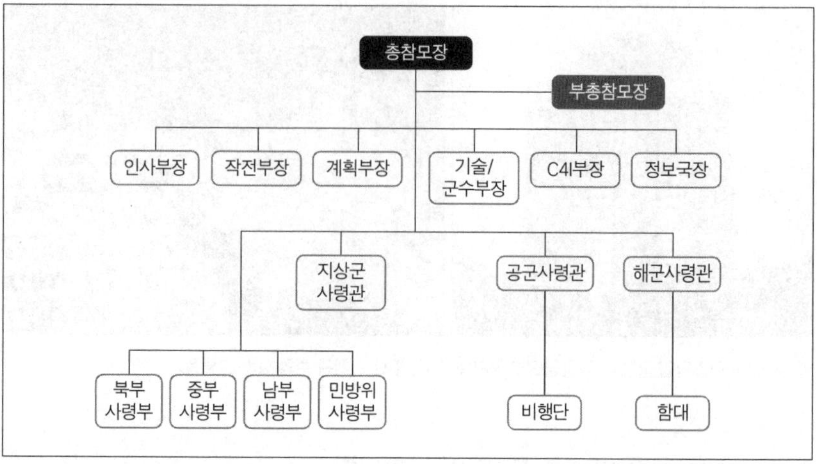

이스라엘군 총참모부와 주요 사령부의 지휘통제 구조
(출처: 외교부 아프리카중동국 중동1과, 『이스라엘 개황』(서울: 외교부, 2019), p. 53)

고, 육군의 주요 전투사령부와 예하의 실전부대들에 대한 군령권까지 직접 행사하는 이스라엘군의 지휘통제 체계 특성을 반영한 것이다.

이러한 지휘통체 체계에서 이스라엘 육 · 해 · 공군의 각 사령부는 총참모부 내에서 작전부와 함께, 4개 전투 참모부를 구성하는 일원으로서의 지위를 차지한다. 각 군별 사령관들의 계급도 소장(少將. 2성 장군)으로 총참모장의 바로 아래 서열이다. 하지만 이스라엘의 해군, 공군은 총참모장의 전투참모 자격으로 각자의 예하 부대들에 대한 지휘통제권을 보장받고 있다.[126] 이에 따라 이스라엘 해 · 공군은 사령부 내에 교육훈련, 군수지원, 전력 계획 등의 비(非)전투 부문은 물론, 작전 및 정보 부문의 전투 참모조직도 보유한다. 대조적으로 최대 군종인 육군의 사령부는 소속 전투부대들에 대한 지휘통제에서 제외된 채, 교육훈련과 전력 계획, 인사 등의 비(非)전투 참모조직만을 갖추고 있을 뿐이다.

기갑 부대 지휘관으로 참전했다. 할루츠는 이스라엘군 역사상 처음으로 공군 조종사 경력을 갖춘 총참모장이 되었다.

126 외교부 아프리카중동국 중동1과(2019), p. 53.

정리하자면 이스라엘군의 지휘통제 체계는 총참모부와 그 수장인 총참모장을 중심으로, 평 · 전시에 걸쳐 총괄적인 군령권을 행사하는 단순화 · 일원화된 형태를 채택하고 있다. 지휘통제의 효율성을 강조하는 '통합군'(統合軍: unified forces)의 특징을 반영한 것이다. 그러나 한편으로는 육군보다 소수인 해군, 공군이 평시의 전력 발전뿐만 아니라, 전시의 전투 수행에서도 각자의 전문성과 자율성을 발휘할 수 있도록 보장하는 특징도 나타낸다. 이 점에서 육 · 해 · 공 3군의 균형에 기반을 두는 '합동군'(合同軍: joint forces)의 성격도 겸비하는 것으로 평가할 수 있다.[127]

이스라엘군의 숫자상 주력인 육군은 예하의 전투부대들을 3개의 군단급 지역별 사령부로 나누어 배치, 편성한다. 이들은 ① 골란 고원을 비롯하여 시리아, 레바논과의 국경 지대를 방어하는 '북부 사령부', ② 요르단강 서안과 가까운 중 · 동부 지역에 대한 방어를 담당하는 '중부 사령부', 그리고 ③ 가자 지구 등 남부 지역에서의 방어를 위한 '남부 사령부'다.[128] 각 지역별 사령부는 육군 소장 계급의 장성이 사령관으로 임명되며, 총참모장의 직접적인 지휘통제 아래에 놓인다.

또한 1992년부터는 역시 소장 계급의 사령관이 지휘하는 민방위 사령부가 설치, 운영되고 있다. 1991년 1~2월의 제1차 걸프전쟁 당시 이스라엘은 사담 후세인이 통치했던 이라크가 발사한 다수의 스커드 탄도미사일 공격을 겪었고, 이를 계기로 후방의 민간 지역에 대한 방호(防護)를 제공, 보장하기 위한 능력의 필요성이 강조된 결과였다. 이스라엘군 민방위 사령부는 텔아비브, 예루살렘, 하이파, 갈릴래아 등 6개의 지역별 방어구(區)로 편성되며, 대량살상무기 공격에 대한 경보, 탐지, 제독(除毒), 보호 장비(예: 방독면) 지급 등의 기능을 수행한다.[129]

127 군의 지휘통제 체계에서 통합군, 합동군의 특징과 차이점에 관해서는 민진, 『한국의 군사조직』 (서울: 대영문화사, 2017), pp. 132-133을 참고.

128 Rosenbach ed(2010), pp. 368-369.

129 Rosenbach ed(2010), p. 368.

3) 각 군별 전력

지난 2018년을 기준으로 이스라엘의 연간 군사비 지출액은 216억 달러로 세계 14위를 기록했다.[130] 세계 3위이자 중동 지역의 최대 군사비 지출국인 사우디아라비아(2018년 기준 829억 달러)를 제외하면, 이스라엘은 군사비 지출에서 다른 아랍 국가들을 앞서고 있는 것이다. 아울러 이스라엘의 군사비 지출은 국내총생산(GDP: Gross Domestic Product) 대비(對比) 5.9%에 달한 것으로 나타났는데, 이는 세계 5위에 해당한다. 이스라엘의 국력 총량, 인구가 주변의 아랍 국가들보다 절대적으로 열세임을 고려하면, 이스라엘이 군사력의 강화, 발전에 얼마나 높은 정책적 우선순위를 부여하고 있는지를 알 수 있다.

이러한 적극적인 군사비 지출을 바탕으로, 이스라엘의 육 · 해 · 공군은 중동 지역에서 자타가 공인하는 최상위권의 군사력을 확보 및 발전시켜 왔다. 비록 병력 규모와 보유 무기들의 수량에서는 여전히 주변 아랍 국가들과의 상당한 격차가 존재하지만, 질적 우위를 바탕으로 양적 열세를 상쇄, 역전시키고 있는 것이다.

(1) 육군

육군의 가장 대표적이면서 주력의 지위를 차지하는 무기는 역시 탱크다. 현재 이스라엘 육군은 현역 기준으로 총 490대의 탱크를 보유하고 있다. 이들은 이스라엘이 독자적으로 개발한 자국산 탱크 '메르카바'(Merkava. 마차(馬車))다. 메르카바는 제4차 중동전쟁 이후 기존의 외국산 탱크들을 대체하기 위해 개발되었으며, 1970년대 말부터 생산 및 전력화되기 시작했다. 이스라엘은 지난 1982년 6월의 레바논 공격에서 메르카바 탱크를 처음으로 실전에 투입했는데, 당시 신예 T-72를 비롯하여 시리아

---

130 IISS(2019), p. 21.

군이 보유한 소련제 탱크들을 상대로 우수한 성능을 과시하였다.[131] 이후 메르카바는 수차례의 개량을 통해, 지난 30여 년 동안 이스라엘이 수행한 다수의 군사 분쟁에 참전하여 주력 탱크의 자리를 굳건히 지키고 있다.

1980년대에 전력화된 메르카바 탱크의 초기형(통칭 메르카바-Ⅰ/Ⅱ)은 105mm 강선포를 주 무장으로 탑재했다. 이후 1990년대에 등장한 메르카바-Ⅲ과 2000년대 초부터 배치된 최신형 메르카바-Ⅳ는 120mm 활강포를 채택하였다.[132] 이를 통해 포탄의 파괴력, 비행 속도를 높여서 보다 강력한 화력을 발휘할 수 있도록 했다. 보조 무장으로는 60mm 박격포도 탑재하여 시가전(市街戰: urban warfare) 대응 능력을 향상시켰다. 기동 능력은 주력인 메르카바-Ⅲ/Ⅳ를 기준으로 최고 속도가 시속 60km이며, 주행 거리는 500km에 달한다.[133] 여기에 탄도 컴퓨터, 전천후(全天候) 표적 탐지 장비를 비롯한 고성능의 사격통제장치를 갖추어 기동 중에도 정확한 사격을 가할 수 있으며, 주야간에 구애받지 않는 작전 수행이 가능하다.

특히 메르카바 탱크는 적의 탱크, 대(對)전차 유도무기 공격에 대한 생존성을 높이는 데 중점을 두었다. 이는 주변 아랍 국가들보다 인구가 적은 이스라엘의 입장에서, 전투 과정에서의 사상자 발생을 최소화해야 할 필요성을 반영한 것이다. 이를 위해 메르카바 탱크의 차체, 포탑 주변에는 특수

---

131 이스라엘은 1982년 6월 3일 영국 주재 이스라엘 대사가 팔레스타인 무장단체의 총격을 받자, 3일 후인 6월 6일 '갈릴래아의 평화'(Peace for Galilee)라는 작전명을 내걸고, 5만 7,000여 명의 병력으로 PLO의 본부가 위치한 베이루트에 대대적인 공격을 감행했다. 당시 레바논에 3만여 명의 병력을 주둔시키고 있던 시리아가 이스라엘의 공격에 맞섰지만, 이후의 전투에서 차례로 패하여 6월 11일 이스라엘과 휴전했다. 시리아군을 격파한 이스라엘은 10주일 동안 베이루트를 포위했고, 결국 PLO는 2개월만인 같은 해 8월 말에 본부를 북아프리카의 튀니지로 옮겨야만 했다. Bregman(2000), pp. 103-115; 전홍찬(2003), pp. 62-63; 김춘택, "이스라엘의 레바논 侵攻 作戰의 分析: 對시리아戰에서의 戰鬪技法을 中心으로," 「軍史」, 제6호 (1983년 8월), pp. 184-189.

132 강인석, "기동무기체계 발전 방향: 전차 체계," 「국방과 기술」, (2005년 7월), p. 41.

133 메르카바 탱크의 디젤 엔진은 메르카바-Ⅰ/Ⅱ가 900마력(馬力)의 성능을 갖추었으며, 이후 개발된 메르카바-Ⅲ/Ⅳ는 각각 1,200마력, 1,500마력의 디젤 엔진을 탑재한다. Samuel Cranny-Evans et al eds, *Jane's Land Warfare Platforms: Armoured Fighting Vehicles 2018-2019* (Surrey, UK: IHS Markit, 2018), p. 141.

이스라엘 육군의 주력 기동전력으로 활약하고 있는 메르카바 탱크(왼쪽)와 나메르 장갑차(오른쪽)

복합 소재를 이용한 장갑이 적용되고 있다. 최신형인 메르카바-Ⅳ는 360° 전 방향에서 적의 공격을 탐지, 경고하고, 요격탄을 발사하는 '트로피'라는 능동 방호체계(active protection system)를 탑재한다.[134] 아울러 메르카바 탱크는 엔진을 비롯한 동력장치를 차체 전방으로 옮기고, 후방에는 승무원들의 탈출구를 설치하여 적의 공격을 받은 후에도 신속히 탈출할 수 있도록 설계되었다.

현재 이스라엘 육군은 현역 소속으로 탱크 490대(메르카바-Ⅲ 160대, 메르카바-Ⅳ 330대)를 배치하고 있다. 이들은 3개 기갑여단의 주력을 차지한다. 이들 외에도 이스라엘은 제1예비역이 운용하는 총 1,120여 대(메르카바-Ⅱ 370대, 메르카바-Ⅲ 570대, 메르카바-Ⅳ 180대)의 탱크를 예비로 보유 중이다. 이를 통해 이스라엘은 유사시에 9개의 기갑여단을 신규 편성할 수 있는 것이다.[135]

장갑차 전력의 경우, 이스라엘은 2000년대 후반에 개발된 200여 대의

---

134 2014년 7~8월 가자 지구에서 발생한 이스라엘과 하마스의 무력 충돌 당시, 트로피 능동방호체계를 탑재한 이스라엘의 메르카바-Ⅳ 탱크는 하마스 대원들이 발사한 다수의 대(對)전차 유도무기를 방어하는 데 성공해 그 성능을 입증해냈다. Cranny-Evans et al eds(2018), p. 139; Eugene Kogan, "Israeli Industrial Solutions," *Military Technology*, Vol. 39 No. 5 (May 2015), p. 47.

135 이스라엘 육군의 기갑 여단은 3개 기갑 대대를 중심으로, 각 1개의 정찰 중대와 대(對)전차 중대, 그리고 1개 전투공병 대대를 포함한다. IISS(2019), p .347.

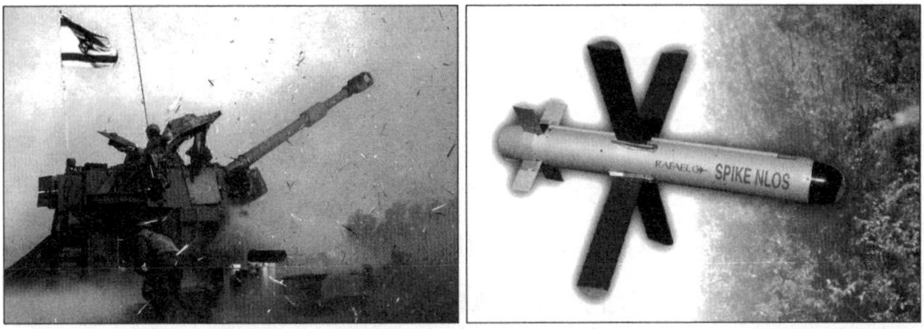

이스라엘 육군의 미국제 팔라딘 자주포(왼쪽)와 자국산 '스파이크' 대(對)전차 미사일(오른쪽). 지상 작전을 위한 화력 지원 임무를 담당한다.

'나메르'(Namer: 표범)를 주력으로 운용한다. 나메르는 메르카바 탱크의 차체를 기반으로 설계, 제작되었으며, 대당 8명의 분대(分隊)급 병력이 탑승한다. 1,200마력의 디젤엔진을 탑재하여 최고 속도는 시속 53km, 주행거리 500km의 기동 능력을 발휘한다. 또한 차체에 복합 소재로 된 장갑을 설치, 적용하여 대(對)전차 유도무기 공격에 따른 생존성을 강화했다. 하지만 자체 무장은 12.7mm 기관총으로 한정된다.[136] 이는 지상 기동 전력의 화력은 탱크를 보유한 기갑 부대에 집중시키고, 장갑차를 운용하는 기계화보병 부대는 병력의 신속한 수송에 초점을 두고 있음을 뜻한다.

이스라엘 육군은 나메르를 비롯하여 총 1,300대가 넘는 장갑차를 현역으로 배치하고 있다. 여기에는 미국제 M113 500여 대, 퇴역한 영국제 센츄리온과 구 소련제 T-55(과거 중동전쟁에서 주변 아랍 국가들의 것을 노획) 등 구형 탱크의 차체를 개조한 600여 대가 포함된다. 이들은 모두 기관총 정도의 경(輕)무장만을 갖추며, 총 5개의 기계화보병 여단을 구성하는 주력이다.[137] 한편으로는 제1예비역의 운용을 위해 약 5,000대에 달하는 미국제 M113 장갑차를 유지하고 있다. 이를 통해 이스라엘은 유사시 8개의 기계

136 Cranny-Evans et al eds(2018), p. 562.

137 이스라엘 육군의 기계화보병 여단은 3개 이상의 기계화보병 대대와 기타 지원 부대로 구성된다. IISS(2019), p. 347.

화보병 여단을 새로이 확보 가능하다. 그리고 정찰, 공병, 지휘통제, 대(對)전차 유도무기 탑재 등의 다양한 임무 수행을 위해 특화된 장갑차들도 제작 및 배치되어 있다.

화력 지원을 위한 포병의 경우, 이스라엘 육군은 현역 기준으로 280문 정도의 야포를 보유한다. 이들은 250문의 미국제 155mm M109A5 '팔라딘' 자주포, 30문의 미국제 227mm M270(통칭 MLRS: Multiple Launch Rocket System) 다연장 로켓포를 중심으로 구성된다. 그 외에 소규모 보병부대의 화력 지원을 위해 250문의 박격포도 보유 중이다. 전통적으로 이스라엘군은 주변 국가들보다 우위를 차지하는 공군력을 통해 지상 작전에서의 화력 지원을 수행하며, 그 결과 육군에서 포병은 상대적으로 낮은 비중을 차지하고 있다.

현역 기준으로 이스라엘 육군은 총 3개의 포병 여단을 편성 중이다. 이들 외에도 제1예비역에서 운용할 총 750여 문(견인포 276문, 자주포 300문, 다연장 로켓포 182문 포함)에 달하는 다양한 구경의 야포, 박격포 1,760여 문을 유지 중이다.[138] 이들은 유사시에 5개 포병 여단을 신규 편성할 수 있는 규모다. 사거리 10km 내외의 자국산 '스파이크' 대(對)전차 미사일도 유력한 화력 지원 수단이다. 이스라엘 육군은 스파이크를 보병, 혹은 장갑차량을 통해서 탑재, 운용하고 있다.

(2) 해군

이스라엘 영토 주변의 경계선 1,340여km에서 해안선은 약 270km, 즉 20% 정도에 불과하다. 그 가운데 대부분은 서쪽의 지중해와 인접하고 있다. 이러한 지리적인 특성으로 인해, 이스라엘의 군사력에서 해군이 차지하는 비중은 상당히 미약한 편이다. 하지만 이스라엘은 해외로부터의 교역, 특히 무기를 비롯한 국방 관련 물자들의 90% 이상을 지중해와 홍해를

---

138 IISS(2019), p. 347.

경유하는 해양 수송에 의존하고 있다. 뿐만 아니라, 이스라엘의 해안 지역에는 발전소, 에너지 저장 및 가공시설 등의 중요 시설과 여러 대도시들이 위치한다.[139] 이러한 점을 고려하면, 이스라엘의 국가안보에서 해군력의 가치, 역할은 결코 간과될 수 없다.

아울러 이스라엘은 2010년대 초부터 지중해 내의 서북부 해역에서 대규모의 천연가스가 매장된 가스전들을 발굴, 개발하는 데 성공했다. 이들 가스전의 수는 4곳이 넘으며, 향후 수십 년 이상 이스라엘의 자체 에너지 수요를 충족시키는 것은 물론, 외국으로의 수출까지 가능한 규모로 추산된다.[140] 이는 이스라엘에게 에너지 자립을 통한 경제, 외교 부문의 이익을 제공하지만, 동시에 해양에서의 새로운 안보 도전이 등장했음을 의미한다. 다시 말해서 주변의 적대 국가, 혹은 무장단체 등의 위협으로부터 가스전을 방어해야 하는 과제가 이스라엘 해군에게 주어진 것이다.

현재 이스라엘 해군의 수상(水上) 전력은 모두 배수량 2,000톤 미만의 소형 전투함정들로 구성되어 있다. 지난 1967년 에일라트 함이 이집트 해군의 대함 미사일 공격으로 격침당한 후, 적의 화력에 쉽게 노출될 위험성이 큰 대형 군함을 대신하여 소형 함정들이 중점적으로 도입되었기 때문이다. 1973년의 제4차 중동전쟁 당시 라타키아 해전을 비롯한 주요 전투에서 이스라엘 해군이 거둔 승리는 그 효용성을 여실히 입증해냈다.

이스라엘 해군의 수상 전력에서 숫자상 주력은 40척이 넘는 소형 경비정, 미사일정이다. 그 가운데 '드보라'(배수량 약 50톤)급 경비정 26척이 가장 많은 수를 차지한다. 이들 초계정은 모두 배수량 100톤 미만의 소형으로 최고 항해속도가 40~50노트에 달하며, 기관총이나 100mm 미만의 박

---

139 Yaakov Katz, "Israel Navy: Navy on a New Level," *Jane's Defence Weekly*, (March 10, 2010), p. 24.

140 이스라엘은 2013년 3월부터 최초의 해저 가스전 '타마르'에서의 천연가스 생산을 시작했다. 외교부 아프리카중동국 중동1과(2019), p. 72; 박국희, "지중해 천연가스 덕에…자원貧國 이스라엘 '에너지 독립'," 「조선일보」, (2014년 7월 21일).

이스라엘 해군 수상 전력의 다수를 차지하는 '드보라'급 경비정(왼쪽)과 '헤츠'급 미사일정(오른쪽)

격포, 어뢰, 대(對)전차 유도무기를 개조한 단거리 대함미사일 등의 무장을 탑재, 운용한다.[141]

또한 1980년대 초부터는 8척의 '헤츠'(만재배수량 약 490톤. 일명 '사르'(Sa'ar)-4.5)급 미사일정을 건조, 배치하였다. 헤츠급은 76mm 함포, 사거리가 100km를 넘는 미국제 '하푼' 대함 미사일을 척당 4~8발 탑재하여 공격력을 강화했다. 아울러 사거리 약 10km의 자국산 '바라크'(Barak. 번개)-1 단거리 함대공 미사일을 수직발사대(VLS: Vertical Launching System)로 최대 32발을 탑재, 발사할 수 있다.[142] 이는 저고도로 접근하는 적의 유 · 무인 항공기, 대함 미사일을 전(全)방향에서 요격할 수 있는 능력을 제공한다.

이스라엘 해군이 보유한 최대 규모의 수상전투함은 지난 1990년대 중반에 전력화된 총 3척의 '에일라트'(일명 사르-5)급 초계함이다. 에일라트급은 배수량 약 1,100톤으로 헤츠급 미사일정에 비해 선체 규모가 2배 이상으로 확장되었다. 대함 및 대지 교전을 위한 주력 무장으로 하푼 대함 미사일을 탑재한 것은 헤츠급과 비슷하다. 하지만 76mm 함포 대신에 근접 대공, 대지 사격을 위한 미국제 20mm 속사(速射) 기관포 '팔랑크스'를

---

141 IISS(2019), p. 348; Nick Brown et al eds, *Jane's Fighting Ships 2018-2019* (Surrey, UK: IHS Markit, 2018), pp. 405-406.

142 Brown et al eds(2018), p. 405.

이스라엘 해군의 최대 수상전투함인 '에일라트'급 초계함(왼쪽). 지중해의 천연가스전 인근 해역을 호위하는 에일라트급의 모습(오른쪽)

탑재, 운용한다. 또한 대공 무장으로는 사거리가 약 80km로 연장된 중거리 함대공 미사일 바라크-8을, 역시 VLS에서 척당 8발 탑재, 운용하고 있다.[143] 이는 함선 스스로의 생존을 확보하는 것에 그치지 않고, 적의 공중 위협을 원거리에서 방어, 요격함으로써 주변 해역의 안전을 보장할 수 있다.

그 결과 에일라트급 초계함은 단순히 해안선을 비롯한 연안 해역에서 방어, 경비 임무를 수행하는 것뿐만 아니라, 지중해 천연가스전을 비롯한 보다 확장된 해역을 대상으로, 보다 지속적인 해군력의 현시(顯示) 및 투사(投射)를 구현하기 위한 능력을 갖추었다. 현재 이스라엘 해군은 에일라트급보다 대형화된 신형 초계함(일명 사르-6)의 건조를 진행 중이다. 신형 초계함은 배수량 약 2,000톤으로 에일라트급의 2배 규모이며, 무장 능력도 76mm 함포와 척당 16발의 대함 미사일, 그리고 척당 32발의 바라크-8 중거리 함대공 미사일 등으로 대폭 강화한다는 방침이다. 건조 척수는 총 4척으로 계획되어 있다.

하지만 이스라엘 해군의 군함들 가운데 가장 위력적인 세력으로 평가받는 것은 잠수함으로 구성되는 수중(水中) 전력이다. 현재 이스라엘 해군은 총 5척의 잠수함을 보유하고 있다. 이들 가운데 3척이 1990년대 후반에 건조된 '돌핀'(수중배수량 1,900톤)급이다. 돌핀급은 재래식 잠수함 기술에서

143 Brown et al eds(2018), p. 404.

'돌핀'급 잠수함의 항해 모습. 이스라엘 해군의 가장 강력한 군함으로 평가된다.

세계 최고를 자랑하는 독일의 209급 수출형 잠수함을 확장, 개량하는 방식으로 제작된 것이다. 주요 무장인 대함 중(重)어뢰의 탑재, 운용을 위해서 척당 10문(직경 533mm 6문, 650mm 4문)의 발사관이 설치된다. 어뢰 발사관을 이용해서 하푼 대함 미사일을 발사할 수도 있다.[144]

2010년대 초에는 기존 돌핀급을 개량한 신형 잠수함 2척을 전력화했다. 개량형 돌핀급은 수중배수량이 2,400톤으로 확장되었고, 특히 연료전지를 이용하는 공기불요 추진장치(AIP: Air Independent Propulsion)를 탑재했다.[145] 그 결과 개량형 돌핀급은 2주일 이상의 지속적인 수중 항해 능력을 갖추었다. 이는 이스라엘 해군이 영토 인근의 연안 해역을 벗어난 원해(遠海)에서의 작전에도 잠수함을 동원할 수 있도록 할 것이다.

현재 이스라엘 해군의 임무는 ① 연안 지역에 대한 감시와 방어, ② 주변 적대 국가와 무장단체에 대한 군용 물자 제공의 차단, ③ 적대 국가와 무장단체를 겨냥한 해상 봉쇄, 함대지 화력 지원 등에 집중되고 있다.[146] 이스

---

144 이스라엘 해군의 잠수함 전력은 지난 1960년대에 제2차 세계대전에서 사용된 영국제 구형 잠수함을 도입한 것으로 시작되었다. 1970년대부터는 수중배수량 600톤급의 독일제 소형 잠수정 3척을 운용했는데, 돌핀급의 도입에 따라 교체되었다. IISS(2019), p. 348; Brown et al eds(2018), p. 402.

145 현재 개량형 돌핀급 3번함의 건조가 진행 중이며, 오는 2020년 이후에 전력화될 계획이다. Brown et al eds(2018), p. 403.

146 Thomas Withington, "Israeli Navy: Excellence, Quality and Determination," *Naval Forces*, Vol.

라엘이 보다 확대된 해역에서, 지속적인 임무의 수행 능력을 갖춘 수상, 수중 전투함정들을 확충하고 있는 추세를 고려하면, 앞으로 이스라엘군 내에서 해군력이 차지하는 전략적 역할, 가치는 더욱 강화될 것으로 전망된다.

(3) 공군

이스라엘 공군은 과거 이스라엘이 경험했던 여러 전쟁에서 눈부신 활약을 펼쳤으며, 승리에 결정적인 역할을 수행했다. 이는 제2차 세계대전 이후의 현대 공중전 역사를 통틀어서도 가장 성공적인 사례들 가운데 하나다. 그 결과 이스라엘의 공군력은 중동 지역에서 단연 최강으로 평가받을 뿐만 아니라, 전 세계적으로도 우수성을 인정받는다. 지금도 이스라엘은 자신들의 공군력 우위를 확고히 유지, 강화하기 위한 노력을 지속하고 있다.

현재 이스라엘 공군의 주력은 총 320여 대의 전투기다. 이들 가운데 다수를 차지하는 것은 미국에서 도입한 80여 대의 F-15 '이글', 220대 이상의 F-16 '파이팅 팰콘'이다.[147] 이들 두 기종은 제작국인 미국이 생산, 배치를 본격화한 직후인 1970년대 후반부터 이스라엘에 도입되기 시작했다. 특히 F-16의 경우, 이스라엘은 미국 다음으로 많은 보유량을 기록하고 있다.

이스라엘의 F-15와 F-16 전투기는 1980년대 이후의 여러 무력 분쟁에서 우수한 성능, 임무 수행 능력을 발휘하여 세계를 놀라게 했다. 특히 1982년 6월의 레바논 공격에서 이스라엘과 시리아가 벌였던 공중전이 대표적이다. 당시 100여 대의 F-15, F-16을 포함한 이스라엘 공군은 시리아의 주력 기종이었던 소련제 MIG-21과 MIG-23 전투기를 상대로, 6월 9일부터 3일 동안 교전했다. 제2차 세계대전 이후 최대 규모로 기록된 이 공중전에서, 이스라엘은 단 1대의 손실도 없이, 무려 80대가 넘는 시리아의

36, No. 3 (2015), pp. 78-79.

147 이스라엘 공군의 F-15 80여 대 가운데 50여 대는 공대공 요격 능력만을 보유하며, 나머지 20여 대는 공대지 타격 능력까지 겸비한 F-15E '스트라이크 이글'이다. IISS(2019), p. 348.

이스라엘 공군의 F-15, F-16 전투기 비행 모습. 중동 지역 최강의 공군력으로 인정받고 있다.

소련제 전투기들을 격추시키는 압도적 승리를 거두었다.[148] 이는 ① 적의 기체가 방사하는 열을 전(全)방향에서 추적, 유도할 수 있는 미국제 AIM-9L '사이드와인더' 단거리 미사일, ② 가시거리 밖(BVR: Beyond Visual Range)의 원거리에서 조종사의 반(半)자동 유도를 통해 적기를 명중시킬 수 있는 미국제 AIM-7F '스패로우' 중거리 미사일을 비롯한 공대공 무장의 우위에 바탕을 둔 결과였다.

이스라엘의 F-15와 F-16 전투기는 사거리 약 20km 이내의 단거리 교전용으로 미국제 사이드와인더 계열 공대공 미사일, 사이드와인더와 동급의 성능을 갖춘 자국산 '파이톤'을 탑재, 운용하고 있다. 또한 원거리 교전을 위해 사거리 50km 이상의, 발사 후에도 자체 추적 장치를 통해 적 전투기로 유도될 수 있는 '발사 후 자동 유도'(fire and forget) 기능을 갖춘, 미국제 AIM-120 '암람'(AMRAAM: Advanced Medium-Range Air-to-Air Missile) 중거리 공대공 미사일로 무장한다.[149] 이들은 전투기의 성능과 함께, 이스라엘 공군이 주변 아랍 국가들에 대해 기술적 우위를 차지하는 기반을 제공하고 있다.

---

148 1982년 6월의 레바논 공격에서 이스라엘 공군이 거둔 경이적인 승리는 같은 시기 남아메리카에서 벌어진 영국, 아르헨티나의 포클랜드 전쟁과 더불어, 현대 공중전에서 기술적 우위의 중요성을 강조하는 대표적 사례로 평가받는다. 김춘택(1983), pp. 182-184; Adam J. Hebert, "The Wars of Eighty-Two," *Air Force Magazine*, (April 2007), pp. 83-84.

149 IISS(2019), p. 349.

아울러 이들 두 전투기는 ① GPS 위성항법장치로 유도되는 미국제 GBU-31 '합동 직격탄'(JDAM: Joint Direct Attack Munition), ② 사거리 약 100km의 미국제 GBU-39 '소구경 유도폭탄'(SDB: Small Diameter Bomb), ③ 지하 시설 파괴 기능을 갖춘 사거리 약 100km의 자국산 AGM-142 '뽀빠이' 공대지 미사일, 그리고 ④ 적외선과 GPS, 관성항법장치 등의 복합적 유도 장치를 적용한 자국산 '스파이스' 유도폭탄 등의 다양한 공대지 정밀 유도무기를 탑재, 운용한다. 이를 통해 이스라엘 공군은 공중전뿐만 아니라, 지상전을 위한 화력 지원에서도 핵심적인 역할을 수행하고 있는 것이다.

현재 이스라엘 공군은 F-15 전투기로 구성된 3개 비행대대, F-16 전투기를 보유한 10개 비행대대를 편성하고 있다. 하지만 이스라엘 공군은 이에 만족하지 않고, 주변 아랍 국가들에 대한 기술적 우위를 더욱 강화하기 위한 노력을 기울이는 중이다. 이스라엘이 2016년 미국제 F-35 '라이트닝-Ⅱ' 스텔스 전투기를 도입한 것도 그 연장선상에 있다. F-35는 적의 레이더에 대한 탐지를 회피, 최소화할 수 있는 스텔스 기술을 갖춘 것이 특징이다. 이는 공군력에 의한 기습 효과를 극대화하여 공중전뿐만 아니라, 적 영토에 위치하는 주요 표적에 대한 전략적 타격 임무를 안전하고 효과적으로 수행할 수 있도록 보장할 것이다.

2018년 5월 22일, 이스라엘 공군은 자신들이 도입한 F-35 스텔스 전투기가 처음으로 실전에 투입되었다고 선언했다.[150] 이는 제작국인 미국 외의 국가에서 F-35가 실전을 수행한 최초의 사례다. 현재 이스라엘 공군은 총 14대의 F-35를 보유 중이며, 이들은 1개 비행대대를 구성하고 있다. 앞으로 이스라엘은 F-35의 도입 수량을 최대 50대까지 확대, 2개 비행대대

150 이보다 앞선 2018년 5월 초, 이스라엘이 골란 고원 인근에 배치된 시리아군의 지대공 유도무기들에 대한 공습을 실시한 적이 있었다. 이 점에서 F-35가 해당 작전에 동원되었던 것으로 여겨진다. Yaakov Lappin, "Israeli Adir Confirms as First F-35s to Perform Operational Missions," *Jane's Defence Weekly*, (May 30, 2018), p. 4.

이스라엘 공군이 도입하고 있는 미국제 F-35 스텔스 전투기. 이스라엘의 공군력 우위를 더욱 강화시킬 것으로 기대된다.

규모로 전력화하는 계획을 진행 중이다.

이스라엘이 자랑하는 공군력의 우위는 전투기들만으로 달성되는 것이 아니다. 이들이 보다 효과적으로 임무를 수행할 수 있도록 보장, 지원하는 비(非)전투 항공기들의 역할도 큰 몫을 담당하고 있다. 그 가운데 첫 번째는 공중 조기경보통제기(AEW&C: Aerial Early Warning and Control)다. 앞서 설명한 1982년 6월 레바논 공격 당시의 공중전에서도, 이스라엘은 미국제 E-2 '호크 아이' 소형 조기경보기를 투입해 시리아 전투기를 원거리에서 탐지, 추적하였고, 이를 통해 전투기들이 유리한 장소, 시기에 교전하여 압도적인 승리를 거둘 수 있도록 했던 것이다.[151]

현재 이스라엘 공군은 총 4대의 공중 조기경보통제기를 보유 중이다. 이들은 1990년대에 전력화된 EL/W-2075 '팔콘', 2000년대에 배치된 EL/W-2085 '에이탐'(Eitam. 사자) 각 2대로 구분된다. 팔콘은 미국 보잉 사(社)의 B-707 대형 여객기, 에이탐은 미국 걸프스트림 사(社)의 G550 중소형 비즈니스 항공기를 기반으로 개조한 것이다. 두 기종은 이스라엘이 자체 개발한 위상배열(phased array) 레이더를 기체의 정면, 혹은 주변에 설치하고, 내부에는 전투기에 대한 정보 제공, 지휘통제용 장비와 관제(管制) 요원들이 탑승한다. 이를 통해 약 300km 밖에서 접근하는 공중 표적 100여 개

151 김춘택(1983), p. 183.

이스라엘 공군의 공중 조기경보통제기 '팔콘'(위)과 '에이탐'(아래). 공중전에서의 정보 우위를 제공하는 역할을 수행한다.

를 동시에 식별, 탐지, 추적할 수 있다. 또한 이스라엘 공군은 역시 B-707, G550 항공기를 기반으로 제작된 4대의 전자전(電子戰: electronic warfare) 항공기를 운용한다. 이들은 전자정보의 수집, 적의 레이더와 방공 전력에 대한 전파교란 등의 방어적, 혹은 공격적인 임무를 수행한다.

공중급유기도 이스라엘 공군의 전투력을 지원하는 데 중요한 역할을 담당한다. 이스라엘 공군은 총 11대의 공중급유기를 보유 중인데, 그 가운데 7대는 B-707 여객기를 기반으로 개조된 KC-707이다.[152] 이들은 공중에서 전투기를 비롯한 각종 항공기에 추가로 연료를 보충하는 '하늘의 주유소' 역할을 수행한다. 덕분에 전투기들이 보다 오랫동안, 넓은 지역을 대상으로 비행할 수 있도록 뒷받침해 공군력의 전략적 역할, 효과를 대폭 확대할 수 있다. 또한 특정 임무를 수행하는 데 필요한 항공기의 수를 절약하여 공군력을 보다 효율적으로 운용하는 데 기여한다. 이는 공군력의 규모가 주변 아랍 국가들보다 상대적으로 작은 이스라엘에게 큰 도움이 될 수 있다.

152 나머지 4대는 미국제 C-130 '허큘리스' 수송기를 개조한 KC-130인데, KC-707보다는 상대적으로 작다. 때문에 전투기보다는 헬기 등의 중소형 기체에 대한 연료 공급을 담당한다. IISS(2019), p. 348.

이스라엘 공군의 KC-707 공중급유기. 전투기의 체공 시간, 작전 범위를 확대시키는 효과를 발휘한다.

이스라엘 공군의 공중급유기가 활약한 대표적인 사례는 지난 1985년의 튀니지 공습 작전이다. 이 작전은 같은 해 9월 25일, 사이프러스에서 이스라엘인 관광객들이 팔레스타인 괴한들에게 납치, 피살당하는 사건에서 비롯되었다. 이스라엘 정부는 이 사건이 PLO의 배후 조종에 의한 것이라는 판단 아래, PLO를 겨냥한 군사적 보복을 결정했다. 그리하여 10월 1일 이스라엘 공군의 F-15 전투기 8대가 지중해 상공을 경유, 비행하여 이스라엘 영토에서 무려 2,000km 이상 떨어진 아프리카 튀니지에 위치한 PLO 본부를 공습했던 것이다.[153] 이 작전에서 KC-707 공중급유기는 F-15 전투기들의 출격, 귀환 도중에 연료를 제공함으로써 장거리 타격 임무가 성공하는 데 단연 필수적인 역할을 수행했다. 이스라엘은 향후 KC-707을 대체하기 위해 미국제 KC-46 '페가수스' 차기 공중급유기 8대를 도입할 계획이다.

현재 이스라엘은 140여 대의 군용 헬기를 보유하고 있는데, 특이하게도 이들은 모두 공군에 의해서 운용된다. 이스라엘의 협소한 영토 면적에서는 전투기를 비롯한 고정익 항공기뿐만 아니라, 헬기를 포함한 모든 항공기의 운용, 지휘통제를 공군에서 담당하는 편이 보다 신속하고 효과적인 작전 수행에 유리하다는 판단에 따른 것이다. 이스라엘군의 헬기는 ① 30mm 기관포와 단거리 공대지 미사일, 로켓 등의 막강 화력을 자랑하는

153 당시의 공습으로 PLO 관계자뿐만 아니라 튀니지 현지인들을 비롯한 30~50명 이상의 사망자가 발생했다. 작전 직후 국제사회의 거센 비판이 뒤따랐지만, 이스라엘 정부는 이를 '정당한 자기 방어적 조치'였다고 강변했다. Black and Morris(1991), pp. 453-455; Frank J. Prial, "Israeli Planes Attack P.L.O. in Tunis, Killing at Least 30; Raid 'Legitimate,' U.S. Says," *New York Times*, (October 2, 1985).

이스라엘의 '아파치' 공격 헬기(왼쪽 위), '팬서' 해상 헬기(오른쪽 위), '수퍼 스탤리온' 대형 기동 헬기(아래). 모두 공군의 지휘통제를 받는다.

미국제 AH-64 '아파치' 공격 헬기 40여 대, ② 병력과 물자의 신속한 이동, 수송을 위한 기동 헬기 80여 대, ③ 미국제 OH-58 '카이오와' 정찰 헬기 10여 대, 그리고 ④ 유럽제 AS565 '팬서' 해상(海上) 헬기 7대 등으로 나뉜다.[154]

(4) 기타

① 미사일 방어

냉전이 종식된 1990년대를 기점으로, 이스라엘이 가장 중점적으로 강화하고 있는 전력 부문들 가운데 하나는 미사일 방어(missile defense)다. 이는 1991년 제1차 걸프전쟁에 기원을 두고 있다. 당시 후세인의 이라크는 1990년 8월부터 쿠웨이트를 침략, 점령하고 있었는데, 5개월만인 1991년 1월부터 미국 주도의 다국적군이 공격을 개시하자 사거리 600km 이상

154 이스라엘의 기동 헬기는 대당 10명 이하의 분대급 병력이 탑승하는 미국제 UH-60 '블랙 호크'(중형) 40여 대, 대당 50명 이상이 탑승하는 미국제 CH-53 '수퍼 스탤리온'(대형) 20여 대를 포함한다. IISS(2019), p. 348.

의 스커드 탄도미사일로 대응했다. 이후 40여일의 전쟁 기간 동안 미군의 주력 부대들이 배치된 사우디아라비아, 그리고 이스라엘을 겨냥하여 80발이 넘는 스커드 탄도미사일이 발사된 것이었다. 이들 가운데 절반에 해당하는 40여 발은 텔아비브를 비롯한 이스라엘의 대도시, 인구 밀집지역을 노렸다.

이라크의 스커드 탄도미사일 공격에 맞서기 위해, 이스라엘은 미국제 '패트리어트'(통칭 PAC-2) 지대공 요격미사일을 긴급히 도입, 배치했다.[155] 본래 PAC-2는 공중에서 접근하는 적의 항공기를 요격하기 위해 개발되었는데, 제1차 걸프전쟁을 맞아 탄도미사일 요격 임무에 투입된 것이었다. 지상의 레이더를 통해 탄도미사일의 비행 궤도를 탐지, 추적한 후, 발사된 요격미사일이 탄도미사일 근처로 접근, 폭파되면, 그 파편으로 탄도미사일의 탄두를 폭발시키는 간접적인 요격 방식이었다.

이 점에서 PAC-2를 이용한 스커드 탄도미사일 요격은 기술적으로 상당히 신뢰성이 낮았다. 제1차 걸프전쟁에서 PAC-2는 이스라엘로 발사된 이라크의 스커드 탄도미사일에 대해 44%의 요격 성공률을 기록했지만, 이는 물리적 피해의 발생을 막는 경우까지 포함한 광의(廣義)의 기준을 뜻했다. 요격미사일을 스커드 탄도미사일의 탄두에 직접 명중시켜 파괴시키는, 보다 엄밀한 의미에서의 기술적 성공은 거두지 못했다.[156] 이러한 뼈저린 경험을 바탕으로, 이스라엘은 탄도미사일을 이용한 주변 아랍 국가들(특히 이란)의 공격에 보다 효과적으로 맞설 수 있는 미사일 방어 능력의 확보, 발전에 많은 노력을 기울이고 있는 것이다.

---

155 당시 다국적군을 주도한 미국은 이스라엘이 이라크의 탄도미사일 공격에 직접적인 반격, 보복으로 대응할 경우, 다국적군에 합류한 아랍 국가들(예: 사우디아라비아)의 병력이 이탈하여 전쟁 수행의 국제적인 정당성이 훼손될 것을 우려했다. 이에 따라 군사 보복의 대안으로 탄도미사일 요격을 위한 PAC-2 지대공 미사일이 이스라엘에 제공된 것이다.

156 이스라엘은 제1차 걸프전쟁에서 이라크의 스커드 탄도미사일 공격으로 10여 명의 인명 피해, 수천 가구의 물리적 손실을 입은 것으로 나타났다. 제1차 걸프전쟁 당시 PAC-2 지대공미사일의 기술적 효용성에 관한 논쟁은 Jeremiah D. Sullivan et al, "Technical Debate over Patriot Performance in the Gulf War," *Science & Global Security*, Vol. 8 (1999), pp. 43-53을 참고.

제1차 걸프전쟁 이후 이스라엘이 미사일 방어 부문에서 거둔 대표적인 성과물은 '애로우' 계열 요격미사일의 개발, 전력화다. 이스라엘은 지난 1986년부터 미국과의 기술 협력을 통해 애로우의 개발에 착수했으며, 제1차 걸프전쟁으로부터 불과 3년 만인 1994년 6월 초기형인 애로우-1 지대공 미사일을 이용한 요격 시험에 성공했다. 1990년 8월의 첫 시험발사에서 실패한 후, 9번째 도전에서 마침내 성공을 거둔 것이었다.[157] 하지만 애로우-1은 탄도미사일 방어 기술의 확보를 위한 시제품에 가까웠으며, 이를 실전배치에 적합한 형태로 개량하는 후속형의 제작, 개발이 뒤따르게 되었다. 바로 애로우-2 요격미사일이다.

애로우-2는 ① 500km 이상의 거리 밖에서 날아오는 다수의 적 탄도미사일을 동시에 탐지, 추적하는 EL/M-2080 '그린 파인' 조기경보용 레이더, ② 차량을 통해서 대당 6발의 요격미사일을 운반, 탑재하는 이동식 발사대, ③ 통신 및 지휘통제소 등으로 구성 및 운용된다.[158] 미사일의 형태는 고체연료를 사용하는 2단 로켓 구조이며, 사거리는 90km 이상이다. 또한 PAC-2가 적 탄도미사일의 접근 방향으로 위치를 변경해야 하는 경사형 발사대를 사용하는 반면, 애로우-2는 수직형 발사대를 사용하여 360° 전(全)방향으로, 보다 신속히 대응할 수 있다.

애로우-2는 기본적으로는 적의 탄도미사일 탄두에 직접 명중하여 요격하는 '직격 파괴'(hit-to-kill) 방식이 적용되며, 요격 고도(高度)는 PAC-2보다 높은 약 50km에 달한다.[159] 이에 따라 PAC-2로 요격을 시도하기에 앞서, 보다 확실히 적의 탄도미사일을 요격할 수 있는 것이 특징이다. 이 점에서 애로우-2는 2017년부터 주한 미 육군 소속으로 한국에 배치 중인

157 최현호, "이스라엘의 대공 방어용 미사일, 주목받는 이유는?" 「월간 항공」, (2013년 1월), p. 47.

158 고경환 · 김윤주, "이스라엘의 MD(Missile Defense) 개발 동향," 「국방과학기술정보」, (2010년 5 · 6월), p. 120.

159 애로우-2는 직격 파괴에 실패할 경우를 대비하여, PAC-2처럼 파편 발생을 통해 적 탄도미사일을 간접 요격하는 기능도 갖추고 있다. 최현호, "확산되는 탄도미사일 위협에 대응하는 세계의 탄도미사일 방어 시스템," 「국방과 기술」, (2014년 8월), p. 30.

이스라엘 애로우 요격미사일의 이동식 발사대

애로우-2의 발사 모습

애로우-3의 발사 모습

미국제 '하강 단계 고(高)고도 지역방공'(통칭 THAAD: Terminal High Altitude Area Defense) 요격미사일과 동급의 성능, 역할을 갖는다고 할 수 있다.

이스라엘은 애로우-1의 개발에 성공한 이듬해인 1995년부터 애로우-2의 개발, 시험발사를 진행하였고, 2000년부터는 실전배치에 돌입했다. 애로우-2는 실전에 배치된 후에도 지속적으로 성능 개량을 실시하였다. 특히 2000년대 후반부터는 새로운 개량형 요격미사일인 애로우-3의 개발이 시작되었다. 애로우-3은 보다 강화된 직격 파괴 기술을 적용했으며, 무게를 애로우-2의 절반 수준으로 감소시켰다. 무엇보다도 애로우-3은 적 탄도미사일에 대한 요격 고도가 100km 이상으로 확장되었다.[160] 이는 사거리가 1,000~2,000km를 넘는 중 · 장거리 탄도미사일을 외기권(外氣圈, exo-atmospheric), 혹은 대기권으로 진입한 직후의 고(高)고도에서 방어할 수 있음을 뜻한다.

애로우-3은 2015년 12월에 처음으로 요격 시험을 성공시켰다. 그로부터 불과 1년여 정도가 지난 2017년 1월, 이스라엘은 애로우-3의 실전배치 돌입을 선언했다.[161] 이는 이란처럼 이스라엘 영토에서 멀리 떨어진 타

160 최현호(2014), p. 30.

161 Jeremy Binnie, "Israel Declares Arrow-3 Operational," *Jane's Defence Weekly*, (January 25, 2017), p. 18.

이스라엘의 신형 중 · 저고도 요격미사일 '다윗의 돌팔매'의 발사대

'다윗의 돌팔매'의 발사 모습

국에서 발사된 중 · 장거리 탄도미사일의 위협에 맞서, 기술적으로 보다 신뢰성이 높은 미사일 방어 능력을 제공할 수 있다는 점에서 큰 의의를 갖는다.

하지만 이스라엘은 이것으로 만족하지 않는다. 애로우가 담당하는 고고도보다 낮은, 중(中) · 저(低)고도에서의 공중 위협에 대응할 수 있는 미사일 방어 능력의 확보, 발전에도 주력하고 있는 것이다. 이를 위해 이스라엘은 2010년대 초부터 '다윗의 돌팔매'(David's Sling)라는 사업명으로, 신형 중 · 저고도 지대공 미사일의 개발을 추진했다.[162] 역시 직격 파괴 방식의 요격 기술을 적용했으며, 레이더와 통신 및 지휘통제소, 중거리 지대공 미사일 '스터너'를 대당 최대 12발씩 탑재, 운용하는 이동식 발사대 등으로 구성된다. 스터너 요격미사일은 최대 160km의 사거리로 비행하며, 요격 고도는 약 30km 이하다. 이는 기술적으로 기존의 PAC-2보다 우수함은 물론, 미국이 2000년대부터 배치, 운용하고 있는 개량형 패트리어트(통칭 PAC-3) 요격미사일과 필적할 정도의 수준으로 평가된다.

이스라엘의 신형 중 · 저고도 요격미사일은 2012년 11월에 처음 시험발사에 성공하였다. 이후 수년 동안의 추가적인 개발 및 시험발사를 거쳐

162 최현호(2013), p. 49.

이스라엘의 '아이언 돔' 대(對)포병 방어 체계(C-RAM)의 요격탄 '타미르'

타미르의 발사 모습

서, 2017년 4월부터 실전배치를 시작했다.[163] 이 미사일은 이스라엘과 인접한 적대 국가(예: 시리아)나 헤즈볼라, 하마스 등의 무장단체에서 개발, 보유하는 사거리 수십 내지 300km 이하의 단거리 탄도미사일과 무유도 로켓 무기, 순항미사일 등을 요격하는 임무를 수행할 것으로 기대된다.

그리고 이스라엘은 이제까지 요격이 불가능하다고 여겨졌던 포병, 무유도 로켓 무기의 위협에도 대응할 수 있는 방어 체계를 현실화하여 주목을 받고 있다. 바로 '아이언 돔'(Iron Dome. 강철 지붕)이다. 아이언 돔은 다연장 로켓포와 박격포 등을 이용한 헤즈볼라, 하마스의 인구 밀집 지역 공격에 따른 피해에 대응하기 위해 2000년대 후반부터 개발에 착수되었다. 최대 100km 밖에서 발사된 다수의 포탄, 로켓을 동시에 탐지 및 추적하는 EL/M-2084 대(對)포병 레이더, 위협 여부를 식별해 대응을 지시하는 지휘통제소, 그리고 사거리 10~30km 이상의 요격탄 '타미르'(Tamir. 키다리)를 대당 20발씩 탑재, 운용하는 발사대로 구성된다.[164]

---

163 Peter Felstead, "IDF Officially Declares David's Sling System Operational," *Jane's Defence Weekly*, (April 12, 2017), p. 20.

164 아이언 돔의 타미르 요격탄은 이스라엘 공군의 파이톤 단거리 공대공 미사일을 기반으로 개량, 발전시킨 것이다. 발사된 적의 포탄, 로켓에 근접하여 폭발한 후, 파편을 발생시켜 공중에서 표적을 제거하는 간접적 요격 방식을 이용한다. Oscar Widlund et al eds, *Jane's Land Warfare Platforms: Artillery & Air Defence 2018-2019* (Surrey, UK: IHS Markit, 2018), pp. 506-507.

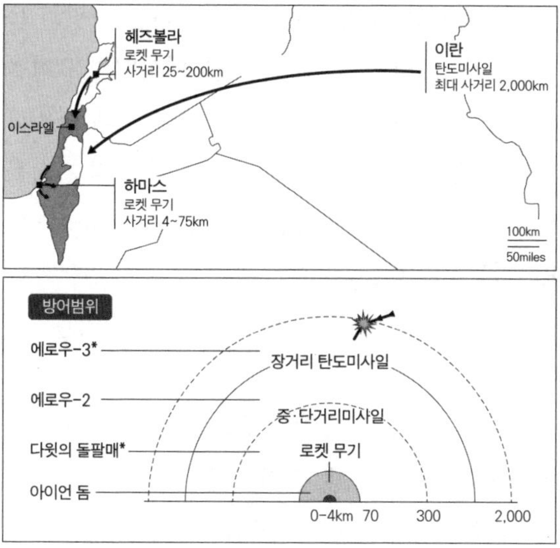

이스라엘에 대한 탄도미사일 위협 현황(위)과 방어 전력의 구성(아래)

이스라엘은 다수의 시험평가를 통해 확인된 성능을 바탕으로, 2011년부터 아이언 돔의 실전배치에 착수했다. 주로 헤즈볼라가 준동하는 레바논과의 북부 국경지대, 하마스의 거점인 가자 지구와 인접한 중 · 남부를 중심으로 배치되고 있다. 아이언 돔은 2010년대에 들어서 발생한 수많은 로켓, 포병 공격들을 효과적으로 방어 및 요격하여 그 우수성을 입증해냈다. 근래의 사례로는 2014년 7~8월 가자 지구에서 발생한 이스라엘, 하마스의 무력 분쟁에서 하마스가 이스라엘의 주요 도시를 겨냥해 발사한 총 980여 발의 로켓, 박격포탄들 가운데 약 75%에 달하는 730발가량이 아이언 돔에 의해 요격된 바 있다.[165] 덕분에 아이언 돔은 현존하는 최고의 대(對)포병 방어 체계(C-RAM: Counter-Rocket, Artillery, and Mortar)로 평가받는다.

현재 이스라엘군은 ① 로켓과 포병 공격을 요격하기 위한 아이언 돔

165 당시 하마스는 총 4,500발이 넘는 로켓, 박격포탄을 발사했다. 그러나 이들 가운데 84%가 넘는 3,780여 발은 이스라엘의 인구 밀집 지역 밖으로 떨어져 피해를 가하지 못했으며, 이스라엘군은 이들에 대한 요격을 시도하지 않았다. Raphael S. Cohen et al, *From Cast Lead to Protective Edge: Lessons From Israel's Wars in Gaza* (Santa Monica, CA: RAND, 2017), p. 132.

10개 포대, ② 중 · 단거리 탄도미사일, 순항미사일을 요격하는 다윗의 돌팔매 2개 포대와 PAC-2 6개 포대, 그리고 ③ 장거리 탄도미사일의 요격을 담당하는 애로우-2/3 3개 포대 등을 배치하고 있다.[166] 이를 통해 이스라엘은 다양한 사거리의 미사일 위협으로부터, 2~3차례 이상의 요격 기회를 확보하여 효과적으로 영토를 방어할 수 있는 '다층화(multi-layered/tier) 미사일 방어 체계'를 구현하고 있는 것이다.

② 우주 배치 정보 자산

앞서 살펴보았듯이, 이스라엘은 영토 면적이 매우 협소하다. 이는 적의 공격에 대한 시공간적인 여유가 부족하며, 단기간 동안의 집중적인 공격만으로도 대다수의 국민, 영토에 대한 안전이 심각하게 위협받을 수 있음을 뜻한다. 때문에 이스라엘은 건국 이래 적의 기습 징후를 포착, 파악하기 위한 정보 수집능력을 확보, 발전시키는 데 많은 노력을 기울여 왔다. 여기에는 타국의 영공 너머에서도 안전하게 정보를 확보할 수 있는 우주 배치 자산들도 포함되어 있다.[167]

이스라엘은 지난 1980년대 말부터 '오펙'(Ofeq. 지평선) 계열로 불리는 정찰용 인공위성을 발사, 운용하고 있다. 첫 성과물인 오펙-1은 1988년 9월에 발사되었으며, 이후 지금까지 10개가 넘는 위성들이 개발, 발사되었다. 현재 이스라엘이 우주에서 배치, 운용하고 있는 오펙 계열 정찰위성은 4개이며, 지구로부터 1,000km 이하의 저궤도를 비행한다. 이들 외에 2개의 민간용 지구관측위성도 잠재적인 정찰위성으로 분류, 평가된다.[168]

이스라엘의 오펙 계열 정찰위성 4개는 기술적으로 각 2개의 전자광학

---

166 각 요격무기의 1개 포대별 규모는 아이언 돔이 발사대 4대(요격탄 80발) 이상, 다윗의 돌팔매는 발사대 6대(요격미사일 70여 발), 그리고 애로우-2/3은 발사대 4대(요격미사일 20여 발) 이상이다. IISS(2019), p. 347.

167 Isaac Ben Israel and Deganit Paikowsky, "The Iron Wall Logic of Israel's Space Programme," *Survival*, Vol. 59, No. 4 (August-September 2017), pp. 158-159.

168 IISS(2019), p. 347.

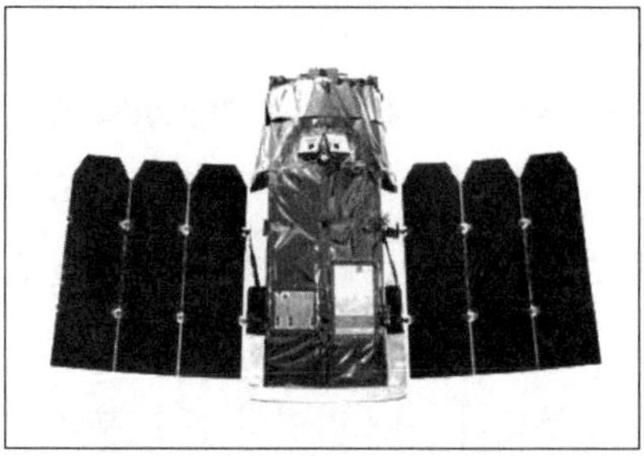

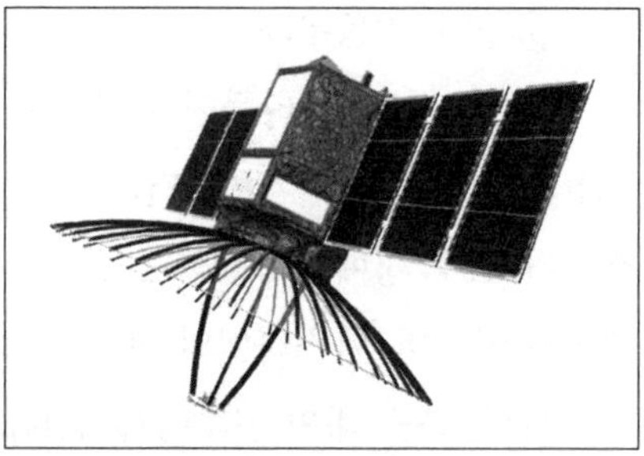

이스라엘의 '오펙' 계열 정찰위성. 전자광학(왼쪽), 레이더 영상(오른쪽) 방식으로 나뉜다.

(electro-optic), 레이더 영상(imaging radar) 방식으로 나뉜다. 전자는 지난 2007년과 2010년에 발사된 오펙-7/9 위성으로 해상도 0.5~0.7m의 정확한 사진을 촬영할 수 있다.[169] 하지만 해가 떠 있는 낮 시간대, 맑은 날씨에만 영상정보를 수집할 수 있다는 점이 한계다. 그 결과 2014년과 2016년에는 합성개구 레이더(SAR: Synthetic Aperture Radar)를 탑재, 주 · 야간과 악천후에 구애받지 않고 정찰 대상을 촬영할 수 있는 오펙-10/11 위성이 발사되었다. 이들 4개 이상의 정찰위성을, 광학과 레이더 영상 방식으로 나누어 운용함으로써, 이스라엘은 특정 군사위협(예: 이란의 대량살상무기 개발, 배치 지역)을 보다 지속적으로 감시하고, 조기경보 능력을 향상시킬 수 있는 것이다.

또한 이스라엘은 '아모스'로 불리는 통신위성도 개발, 운용하고 있다. 현재 배치된 아모스 계열의 통신위성은 총 3개이며, 중동 전체와 지중해, 혹은 그 외의 지역을 대상으로 광대역의 통신 중계를 제공할 수 있다. 이는 보다 광범위한 지역에서, 각종 군사 작전의 수행에 요구되는 정보들을, 적시(適時)에 전달 및 제공함으로써 신속하고 효과적으로 임무를 수행할 수 있도록 보장하는 것이다.

169 정성훈 외, "감시정찰용 지구관측위성 개발동향 및 발전방향," 「국방과 기술」, (2016년 4월), p. 81.

③ 신속 기동부대

세계의 여러 나라들이 유사시에 여러 특수한 임무들(예: 적진(敵陣) 침투, 테러리스트 진압, 인질 구출)을, 단기간 내에 투입되어 수행할 수 있도록 고도로 훈련된 소수 정예부대들을 보유 및 육성하고 있다. 여기에는 이스라엘도 예외가 아니다. 이스라엘의 신속 기동부대들은 다음의 4가지로 분류된다.

첫째, 육군 내의 공수(空輸: airborne) 부대다. 이스라엘의 공수 부대는 건국 및 제1차 중동전쟁으로부터 불과 수년 만인 1955년에 창설되었고, 이후 벌어진 3차례의 중동전쟁을 비롯한 여러 군사 작전에서 맹활약했다. 이들은 수송기와 헬기를 비롯한 각종 항공 자산으로 이동해 주요 거점 지역들을 재빨리 확보, 장악하는 첨병(尖兵) 역할을 수행한다. 이스라엘 육군의 공수 부대는 현역 기준으로 1개 여단(3개 낙하산 대대 포함)이 있으며, 유사시 제1예비역으로 충원되는 4개 여단을 신규 확보할 수 있다.[170] 이들 병력의 수송은 15대의 미국제 C-130 '허큘리스' 중형 수송기를 비롯한 총 60여 대의 중 · 소형 수송기, 80여 대의 기동헬기가 담당한다.

둘째, 육군의 각 병과별 특화부대다. 해당 부대들은 여단급 이상의 기갑, 기계화보병, 포병, 공병 부대에서 정찰, 표적 정보의 확보를 담당하며, 주로 대대급 이하 규모로 편성된다.[171] 한편으로는 가자 지구, 골란 고원을 비롯한 주요 분쟁 지역에서 비공개 첩보 활동, 기습적인 체포 및 진압, 게릴라전과 테러 대응 등을 수행하는 부대들도 있다. 2015년에는 이들 가운데 3개의 대대급 부대가 육군 중부사령부 소속으로 신규 창설된 특공여단에 배속되었다.[172]

셋째, 해군과 공군 소속의 특수부대들이다.[173] 이스라엘 해군은 연안

---

170 IISS(2019), p. 347.

171 Rosenbach ed(2010), p. 370.

172 해당 부대는 일명 '제89여단'으로 불리며, 미 육군의 제75 특공연대(통칭 '레인저(Ranger) 부대')에서 착안한 것으로 알려진다. IISS(2019), p. 347.

173 Rosenbach ed(2010), p. 370; IISS(2019), p. 348.

이스라엘 육군 공수 부대의 훈련 모습. 이스라엘에서 가장 규모가 큰 신속 기동부대다.

이스라엘의 대표적 특수부대인 해군 제13전단(왼쪽), 공군 샬다그 부대(오른쪽) 대원들의 훈련 모습

지역에서의 정찰, 침투, 해상 인질 구출, 주요 항만 시설의 방어 등을 수행하는 특수부대를 편성한다. '제13전단(戰團)'으로 알려진 이 부대는 수상 침투, 잠수, 기동타격 등의 기능으로 전문화된 각 100명 단위의 중대 3개로 구성된다. 이스라엘 공군도 1970년대부터 '샬다그'(Shaldag. 물총새)라는 별칭의 특수부대를 운용 중이다. 샬다그 부대는 공군의 화력 지원을 위한 정찰, 표적의 지정 및 유도, 그리고 이들 임무의 수행에 필요한 근접 기동 및 침투를 담당하고 있다.

그리고 넷째, 이스라엘군 최고의 정예 특수부대인 '특공 정찰대'(Sayeret Matkal)다. 이 부대는 제2차 중동전쟁 이듬해인 1957년에 창설되었다. 총참모부 내 정보국 소속의 부대이며, 총참모장의 직접 지휘를 받는다. 이러한 특수성을 반영하여, 특공 정찰대는 국내외를 막론하고 인질 구

1976년 엔테베 특공 작전에 참가한 이스라엘군 대원들(왼쪽)과 침투 경로(오른쪽)

출과 적진 침투, 핵심 표적(예: 적의 중요 시설, 요인(要人)) 타격, 대(對)테러 작전을 비롯한 매우 위험하고 전략적 중요성이 높은 임무들을 수행한다.[174] 이를 위해 대원들은 고도의 훈련, 상시적인 대비 태세를 갖추며, 이스라엘군 내에서도 가장 높은 수준의 정찰 장비와 개인용 화기를 제공받는다. 유사시의 신속한 투입 능력을 보장받기 위해, 특공 정찰대의 본부에는 헬기 등 각종 항공기의 이착륙을 위한 부대 전용 활주로가 설치되어 있다.

이스라엘군 신속 기동부대의 우수성을 과시한 대표적인 사례는 '엔테베 특공 작전'이다. 1976년 6월 27일 이스라엘에서 이륙한 여객기가 팔레스타인 무장대원과 극좌(極左) 성향의 독일인을 비롯한 7명에 의해 납치되었는데, 이들은 이스라엘에 팔레스타인 수감자들의 석방을 요구하며 아프리카 우간다의 엔테베 공항에서 여객기와 이스라엘인 승객들을 억류했다. 그러자 이스라엘은 사건 1주일만인 7월 4일, 본국에서 무려 4,000km 이상

174 이 점에서 이스라엘군 특공 정찰대는 영국의 '공수 특전단'(SAS: Special Air Service), 미국의 '델타 포스'(Delta Force), 프랑스의 '경찰군 특공단'(GIGN: Groupe d'Intervention de la Gendarmerie Nationale) 등과 함께, 세계 정상급의 특수부대로 인정받고 있다. Rosenbach ed(2010), p. 369.

떨어진 엔테베 공항에 공수 부대, 특공 정찰대의 대원들이 포함된 약 100명 규모의 인질 구출부대를 수송기로 전격 침투시켰다. 이 작전은 납치범을 전원 사살하고, 100명이 넘는 인질들을 거의 모두 구출하는 대성공을 거두었다.[175] 엔테베 특공 작전은 역사상 가장 성공적인 인질 구출 작전으로 기록되며, 이스라엘이 거둔 또 다른 군사적 신화의 한 페이지를 장식했다.

④ 사이버전

컴퓨터와 인터넷, 사이버스페이스(cyberspace. 가상공간)으로 대표되는 현대의 정보통신 기술은 사회의 각 기능들을 연결시켜 시공간적 제약을 크게 줄이고, 보다 빠르고 효율적인 활동이 가능하도록 만들었다. 이는 개개인의 일상생활뿐만 아니라 민간 기업, 정부 공공기관들의 업무에도 큰 영향을 주고 있다. 그러나 이처럼 정보통신 기술에 대한 주요 부문들의 의존도가 높아지면서, 정보통신 체계를 겨냥한 기술적인 교란, 조작, 방해만으로도 광범위한 혼란과 마비, 심지어는 물리적 피해가 발생할 수 있는 가능성이 열렸다. 이는 '사이버전'(cyber warfare)이라는 새로운 유형의 전쟁, 국가안보 위협이 등장했음을 뜻한다.

이스라엘도 사이버전의 위협에 노출되어 있다. 주로 헤즈볼라와 하마스, 이란을 비롯한 아랍계 적대 국가와 단체들에 소속된 해커들이 이스라엘 관공서는 물론, 민간 기업 및 기관들의 인터넷 웹사이트, 내부 통신망 등을 겨냥해 시도하는 사이버 공격이 매일 수십만 건에 달할 정도다. 특히 이스라엘과 이들 사이의 무력 충돌이 발생하는 경우, 공격 빈도는 더욱 증가한다.[176] 이에 이스라엘은 일찍부터 사이버 방위가 갖는 중요성을 인식하고, 범국가적 차원의 사이버 안보 체계를 지속적으로 확립, 발전시키고 있다.

---

175 엔테베 특공 작전에 대해서는 Black and Morris(1991), pp. 339-342.; 양욱, 『그림자 전사, 세계의 특수부대: 그들의 성공과 실패의 역사』(서울: 플래닛미디어, 2009), pp. 123-156을 참고.

176 Sophie Cohen, "Cyber Survivor: Cyber Preparedness Safeguards Israel," *Jane's Intelligence Review*, (July 2017), pp. 52-53.

현재 이스라엘의 사이버 안보 체계를 구성하는 기관들은 다음과 같다. 첫째, 2012년에 설립된 이래 총괄적인 사이버 정책의 권고, 행정관리를 담당하는 '사이버처(處)'다. 둘째, 수상실 직속 기구로서 외부의 사이버 공격으로부터 민간 기업들의 활동 연속성과 국가 중요시설들(예: 에너지, 전기, 의료, 금융)을 보호하는 '사이버 방위국(局)'이다. 셋째, 적의 사이버 공격에 관한 경보의 발령, 정보 공유를 담당하는 '사이버 비상대응팀'이다. 그리고 넷째, 모사드를 비롯한 주요 정보기관들도 외부 세력의 사이버 공격, 간첩 활동에 직접 대응하기 위한 임무를 수행한다.[177]

이스라엘군 내에서 사이버 안보에 직접적으로 기여하는 세력은 ① 총참모부 내의 지휘통제 · 통신 참모부, ② 정보국 산하의 중앙 정보수집단(통칭 '8200 부대')이 대표적이다. 이들 가운데 지휘통제 · 통신 참모부는 군용 정보통신 체계, 시설을 총괄적으로 운영하면서, 외부의 사이버 공격으로부터 방어하는 책임을 맡는다.[178] 중앙 정보수집단은 지난 1950년대에 창설된 이래 무선통신 감청과 암호 해독, 정보 분석을 비롯한 군사용 신호정보(SIGINT: SIGnal INTelligence) 관련 임무를 수행하고 있다. 오늘날에는 임무 수행의 범위가 사이버전으로도 확대되는 추세다.

이스라엘군
정보부대원들의 모습

177 Cohen(2017), pp. 51-52.

178 Cohen(2017), p. 52.

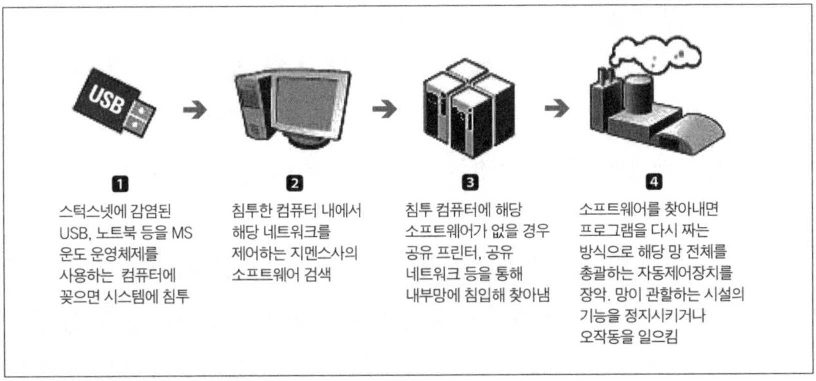

이란 핵시설을 겨냥한 스턱스넷의 사이버 공격(출처: 「서울신문」, 2011년 6월 13일)

이스라엘은 외부의 사이버 공격에 대한 방어뿐만 아니라, 직접적인 군사 작전을 통하지 않고서도 적의 군사 역량에 타격을 가할 수 있는 공격적인 사이버전 수행 능력의 개발, 확보에도 많은 노력을 기울이고 있다. 대표적인 사례는 2010년에 그 존재가 드러난 '스턱스넷'(Stuxnet)이다. 중앙정보수집단이 미국과 공동으로 개발한 것으로 알려진 스턱스넷은 휴대용 데이터 저장장치 등을 통해 이란의 핵시설 운영시설, 체계에 유입되었으며, 우라늄 농축용 원심분리기를 비롯한 주요 핵개발 장비들의 가동 정지, 고장, 기능 저하를 유발시키는 효과를 발휘했다.[179] 이는 사이버전이 단순히 통신체계를 교란, 마비시키는 것으로 그치지 않고, 적의 중요 시설에 물리적인 피해를 야기할 수도 있음을 입증해낸 대표적 사례로 손꼽힌다.

⑤ 핵무장 잠재력

오늘날 전 세계에서 '핵(核)무장국'(nuclear-armed states)으로 분류되는 국가는 8개에 달한다. 제2차 세계대전이 끝나기 직전 일본의 히로시마(広島), 나가사키(長崎)에서 처음으로 핵무기를 사용한 미국, 그 뒤를 이어

179 김상배, 『버추얼 창과 그물망 방패: 사이버 안보의 세계정치와 한국』(파주: 한울아카데미, 2018), pp. 131-132.

핵무기를 개발해낸 러시아와 영국, 프랑스, 중국, 그리고 1998년과 2006년에 처음으로 핵실험을 강행한 인도와 파키스탄, 북한이 여기에 해당한다.[180] 하지만 이들과는 달리 단 한번도 공개적으로 핵실험을 실시한 적이 없었지만, 국제사회에서 핵무장국으로 인정하는 국가가 있다. 바로 이스라엘이다.

이스라엘의 원자력 개발은 건국 직후인 1950년대부터 시작되었다. 본래는 석유를 비롯한 부존자원이 희박했던 입장에서, 원자력을 주요 에너지로 육성하겠다는 경제적 동기에 바탕을 둔 것이었다. 이스라엘은 1953년 프랑스와 양국간 원자력위원회 차원의 기술교류 협정을 체결했는데, 이를 계기로 원자력 관련 기술의 확보를 위한 노력을 가속화할 수 있었다. 특히 1958년부터는 프랑스제 40MW(메가와트)급 연구용 원자로를 포함한 핵시설의 건설도 시작되었다. 당시에는 아직 『핵확산 금지조약』(NPT: Nuclear Non-Proliferation Treaty)으로 대표되는 국제적인 대량살상무기 비확산 질서가 정립되기 전이었고, 이는 향후 이스라엘이 원자력 기술을 군사적인 잠재력으로 전환, 발전시키는 데 유리한 조건을 제공했다.[181]

한편 제2차 중동전쟁을 겪은 후인 1960년대에 들어서 이집트를 비롯한 아랍 국가들은 이스라엘을 타도하겠다는 의지를 공개적으로 드러냈고, 이스라엘의 안보 위협 인식을 고조시켰다.[182] 이에 따라 이스라엘은 본격적

180 8개 핵무장국 가운데 UN 안전보장이사회의 상임이사국 지위를 차지하는 미국, 러시아, 영국, 프랑스, 중국은 국제법상으로 공인된 '핵보유국'(nuclear-weapon states)이다. 다시 말해서 이들 5개국은 핵무기의 포기를 비롯한 비핵화(denuclearization)를 요구받지 않으며, 단지 핵무기와 관련 기술, 물자를 비(非)핵무장국에 제공, 전파하지 않는 비확산(non-proliferation)의 의무만을 갖는 것이다. Andrew Futter, *The Politics of Nuclear Weapons* (Los Angeles, CA: SAGE, 2015), p. 89.

181 한 보기로 1960년 프랑스가 사하라 사막에서 실시한 최초의 핵실험에는 이스라엘 과학자들도 참관인 자격으로 참석했으며, 이를 통해 프랑스의 핵무기 기술에 관한 세부 정보를 제공받을 수 있었다. 부승찬, "이스라엘의 핵개발 결정과 핵전략," 「국가전략」, 제23권 제2호 (2017년 여름), pp. 103-104.

182 특히 이스라엘은 이집트가 1956년부터 소련과의 협력 아래 원자력 개발에 착수한 것이 핵무장으로 이어질 가능성을 경계했다. 하지만 이집트는 이후 핵무기 개발에서 별다른 성과를 거두지

네게브 사막의 디모나에 위치한 이스라엘의 대규모 핵시설의 위성사진(왼쪽)과 핵심 시설인 40MW급 원자로의 모습(오른쪽)

으로 원자력의 군사적 활용 방안을 모색하게 되었다. 때마침 같은 시기에 프랑스가 제공한 원자로와 이를 포함하는 대규모의 핵시설이 이스라엘 남부 네게브 사막의 디모나(Dimona)에서 완공, 가동되기 시작했다. 핵무기의 개발, 생산을 위한 물리적인 기반이 확보된 것이었다.

디모나 핵시설의 핵심인 40MW급 연구용 원자로는 무기급 핵물질인 플루토늄(Plutonium)의 생성에 적합한 중수로(重水爐: heavy water reactor)로 설계, 제작되었으며, 지난 1963년에 처음 가동된 것으로 알려진다. 뿐만 아니라 이곳에는 원자로의 가동 후에 생성되는 사용 후 핵연료에서 플루토늄을 추출, 생산하기 위한 핵 재처리시설까지 지하에 설치되어 있다.[183] 이를 통해 이스라엘은 1967년의 제3차 중동전쟁을 앞두고 실전 동원이 가능한 소수의 핵무기를 확보했을 가능성이 높다고 평가된다. 이러한 디모나 핵시설의 실체는 지난 1986년 10월 5일, 영국 「선데이 타임즈」(*Sunday Times*)의 보도를 통해 공개되었다.[184]

못하였다. 부승찬(2017), p. 104.

183 Robert S. Norris et al, "Israeli Nuclear Forces 2002," *Bulletin of the Atomic Scientists*, Vol. 58, No. 5 (September-October 2002), p. 73.

184 이는 과거 디모나 핵시설에서 근무했던 핵기술자 모르데카이 바누누의 폭로에 의한 것이었다. 사건 직후 바누누는 모사드에 의해 유럽에서 납치, 압송되었고, 반역 및 간첩 혐의로 2004년까지 복역했다. Futter(2015), p. 112.

그렇다면 이스라엘은 얼마나 많은 핵무기를 확보하고 있는가? 이에 대해서는 여러 연구기관, 학자, 언론들마다 추정치가 엇갈린다. 적게는 100개 이하, 많게는 100~200개 이상일 것이라는 주장도 있을 정도다.[185] 이들 핵무기는 육 · 해 · 공의 다양한 탑재, 발사 수단들을 통해 운용될 수 있는 것으로 알려진다. 이른바 '핵전력 삼각체제'(nuclear triad)의 구축을 통해서 핵무기의 생존성을 보장하고, 유사시에 전쟁 억지력을 발휘하는 데 충분한 핵 보복능력을 제공하기 위한 것이다.

이스라엘의 핵무기 탑재, 발사 수단들로 제시되는 무기들은 다음과 같다. 첫째, F-15와 F-16을 비롯한 공군 전투기들이다. 둘째, '제리코'라고 불리는 중 · 장거리 탄도미사일이다. 비록 이스라엘은 제리코 계열 탄도미사일의 존재 여부를 인정하거나 실물을 공개한 바 없지만, 1980년대 말부터 인공위성 발사용으로 사용되고 있는 우주 로켓 '샤빗'(Shavit. 혜성)의 독자 개발, 운용을 통해 탄도미사일 개발에 필요한 기술적 잠재력을 보유하고 있음을 과시했다. 제리코 탄도미사일은 ① 1990년대에 개발된 사거리 1,500~1,800km의 중거리 제리코-2, ② 2010년대부터 전력화를 진행 중인 사거리 4,000km 이상의 장거리 제리코-3이 있는 것으로 알려져 있다.[186] 이들은 고체 연료, 차량 형태의 이동식 발사대를 사용하여 높은 기동성, 생존성을 확보하고 있다고 평가받는다.

그리고 셋째, 해군의 돌핀급 잠수함에서 탑재, 발사되는 '뽀빠이 터보' 순항미사일이다. 이 미사일은 기존의 AGM-142 공대지 미사일을 개량, 발전시킨 것이며, 사거리는 최대 1,500km에 달하는 것으로 평가된다.[187]

---

185 Hans M. Kristensen and Robert S. Norris, "Israeli Nuclear Forces 2014," *Bulletin of the Atomic Scientists*, Vol. 70, No. 6 (November-December 2014), pp. 102-104.

186 앞서 이스라엘은 1960년대 말 사거리 500km의 프랑스제 MD-620 단거리 탄도미사일을 소수 도입했으며, 이를 기반으로 최초의 탄도미사일인 제리코-1을 개발, 배치했다. 제리코-1은 현재 모두 퇴역한 것으로 알려진다. Kristensen and Norris(2014), pp. 106-108.

187 뽀빠이 터보 순항미사일은 해군의 돌핀급 잠수함에 설치된 4문의 650mm 어뢰 발사관을 이용하여 탑재, 운용되는 것으로 알려진다. 일부 언론 보도에서는 이스라엘이 지난 2000년 인도

제리코 계열 탄도미사일의 원형으로 알려진 '샤빗' 우주 로켓(왼쪽)과 '뽀빠이 터보' 잠수함 발사 순항미사일(오른쪽). 이스라엘의 유력한 핵무기 탑재, 발사 수단으로 알려져 있다.

이스라엘에게 뽀빠이 터보의 전력화는 단순한 신무기 확보 이상의 가치를 갖는다. 지상에서 배치, 출격하는 전투기와 탄도미사일은 적의 기습적인 선제공격으로 제압당할 위험성에 노출되지만, 수중에서 활동하는 잠수함은 보다 높은 생존성을 발휘할 수 있다. 때문에 잠수함을 이용한 핵무기의 수중 탑재, 운용 능력은 적의 기습으로부터 안전하게 핵 보복을 가할 수 있도록 보장하고, 이를 통해 핵무기에 의한 억지력의 신뢰성을 대폭 강화하는 것이다.[188] 이들 육 · 해 · 공의 핵무기 탑재, 발사 수단들은 모두 이란을 비롯한 중동 지역의 주요 국가들을 공격권 내에 포함할 수 있다.

위와 같은 핵무장 잠재력을 통한 이스라엘의 전쟁 억지 전략은 이른바 '삼손의 선택'(Samson Option)으로 불린다. 다시 말해서 주변 아랍 국가들의 침략으로 이스라엘의 생존이 보장받지 못하는 사태가 발생한다면, 최후 수단으로 핵무기를 이용한 대량보복을 불사하겠다는 것이다.[189] 이는 이

양에서 뽀빠이 터보의 시험발사를 실시했을 가능성을 제기한다. Tom Z. Collina, "Israel Has Nuclear-Armed Sub, Report Says," *Arms Control Today*, Vol. 42, No. 6 (July-August 2012), p. 34.

188 Kristensen and Norris(2014), pp. 108-111.

189 이러한 전략은 구약 성경 『판관기』에서 유태인 영웅 삼손이 자신의 초인적인 힘으로 이교도의 신전을 무너뜨리고, 이교도들과 함께 죽은 것에서 유래한 내용이다. 부승찬(2017), pp. 106-107.

스라엘을 멸망시키려는 어떠한 시도도 침략국의 파멸로 귀결될 것임을 보장, 경고하는 의미를 갖는다. 궁극적으로는 이스라엘에 대한 침략, 특히 국가 생존을 근본적으로 위협하는 전면전쟁과 대량살상무기의 사용 의도를 원천적으로 분쇄하겠다는 목표를 반영한다. 비록 공식적으로 확인된 바는 없지만, 이스라엘이 과거 제3 · 제4차 중동전쟁에서 최악의 경우에 대비하여 핵무기의 사용을 준비했다는 주장도 일부 존재한다.[190]

하지만 이스라엘은 지금까지 자신들의 핵무장 여부에 대해 "확인도 부인도 하지 않는"(NCND: Neither Confirm Nor Deny) 철저한 모호성 정책을 견지하는 중이다. 이스라엘은 지난 1970년 NPT가 발효되었을 때부터 조인, 가입하는 것을 거부했으며, 1960년대 말부터는 디모나의 핵시설에 대한 외부의 사찰도 용인하지 않고 있다.[191] 한편으로 이스라엘은 1960년대 중 · 후반 미국과의 논의를 통해 "중동에서 핵무기를 '도입'하는 첫 번째 국가가 되지 않겠다"고 밝혔다.[192] 이는 핵무장 여부에 대한 이스라엘의 유일한 공식 입장이다.

불과 한 문장의 짧은 내용이지만, 이스라엘이 밝힌 위의 입장은 다음의 2가지 중요한 의미를 갖는다. 첫째, '도입'(introduction)이라는 중의(重義)적인 표현을 사용하여 핵무장을 위한 잠재력을 유지, 확보할 수 있는 여지를 남기고 있다. 다시 말해서 ① 공식적인 핵무기 보유 선언, ② 핵실험, ③ 핵무기와 탑재, 발사 수단의 존재 확인을 비롯하여 핵무장에 관한 능력, 의지를 공개적으로 드러내는 것은 배제하되, 핵무기 및 관련 능력의 연구, 제조, 비축, 전력화 등을 비공개 상태로 진행하는 것은 불가능하지 않다는

---

190 Kristensen and Norris(2014), pp. 100-102.

191 1998년에 핵실험을 실시한 인도, 파키스탄도 줄곧 NPT 가입을 거부해 왔다. 현재까지 NPT에 가입한 후 탈퇴, 핵무장을 강행한 국가는 북한이 유일하다.

192 이는 본래 1965년에 레비 에쉬콜 당시 이스라엘 수상이 미국에 전달한 외교 전문(電文)에서 유래한 것이다. 이후 1968~1969년 이스라엘이 미국으로부터 F-4 전투기의 도입을 추진하는 과정에서 재확인된 바 있다. Kristensen and Norris(2014), pp. 97-100; Futter(2015), pp. 112-113.

의미다. 그리고 둘째, 만약 중동 지역에서 핵무장 의도를 공식화하거나, 관련 능력을 확보하는 국가(특히 이란)가 등장한다면, 이스라엘도 이에 대응하여 핵무장을 선택할 수 있음을 보여준다.[193] 이를 통해서 이스라엘은 핵무장을 위한 상당 수준의 군사·기술적인 잠재력을 유지, 확보하는 동시에, 국제사회의 비판과 압력을 교묘하게 회피하는 효과를 거두고 있는 것이다.

---

193 이란은 1만기가 넘는 우라늄 농축용 원심분리기, 중수로형 원자로를 비롯해 핵무기의 개발에 사용될 수 있는 대규모의 기술적 잠재력을 보유하고 있다. 지난 2015년 7월에는 이란이 미국 등 UN의 5개 안전보장이사회 이사국들과 경제 제재의 완화를 조건으로, 우라늄 농축을 비롯한 주요 핵개발 활동을 제한, 중단하는 '포괄적 공동행동계획'(JCPOA: Joint Comprehensive Plan of Action)에 합의하기도 했다. 그러나 미국은 도널드 트럼프의 대통령 취임 이후 JCPOA가 이란의 핵무장 능력을 용인한 잘못된 협정이라고 비판했으며, 2018년 5월 탈퇴했다. 이에 이란도 우라늄 농축에 대한 제한을 해제할 것이라고 공언하면서 국제사회의 우려를 높이고 있다. 이동찬, "이란 핵협상의 현재와 미래," 「국방과 기술」, (2019년 9월), pp. 91-96.

5. 이스라엘의 군사전략

지난 2015년 8월, 이스라엘군 총참모부는 사상 최초의 공식 국방전략을 발표한 바 있다. 이 문서에 따르면, 이스라엘이 추구하는 국가 목표는 다음의 4가지로 나뉜다. 첫째, 국가의 생존과 영토의 통합성, 국민의 안전을 비롯한 안전보장의 달성이다. 둘째, 유태 민족의 모국이자 민주주의 체제를 포함하는 핵심적 가치들을 수호하는 것이다. 셋째, 경제 및 사회 부문의 역량을 보존하는 것이다. 그리고 넷째, 국제적인 지위를 강화하면서, 주변 국가들과의 평화를 추구하는 것이다.[194]

이러한 주요 국가 목표들의 달성에 기여하기 위한 이스라엘군의 역할, 운용 원칙은 다음과 같다. 첫째, 확고한 대비 태세의 유지, 과시를 통해 적의 도발을 억지한다. 둘째, 적의 의도와 능력을 식별, 파악하는 정보 및 조기경보를 제공한다. 셋째, 다양한 전장 영역(예: 지상, 해양, 공중, 사이버스페이스)에서 적의 정치 · 군사적 의도를 거부, 격퇴한다. 그리고 넷째, 이스라엘의 전략적 환경을 개선, 강화하는 데 필요한 군사상의 목표를 관철시킨

194 본 연구에서 인용한 이스라엘의 2015년도판 국방전략 내용은 이듬해 미국 하버드 대학교 케네디 행정대학원에서 발간한 영문 번역본에 따른 것임을 밝힌다. Belfer Center for Science and International Affairs, *Deterring Terror: English Translation of the Official Strategy of the Israel Defense Forces* (Cambridge, MA: Harvard Kennedy School, 2016), p. 3.

다.[195] 이는 과거 제4차 중동전쟁에서 이스라엘군 총참모장을 역임했던 다비드 엘라자르가 제시한 3대 전쟁 목표, 즉 ① 적이 추구하는 정치 · 군사적 목표의 저지, ② 적 군사력의 분쇄, 그리고 ③ 보다 개선된 정치 · 군사적 환경에서의 전쟁 종결과도 일맥상통한다.[196]

그렇다면 이스라엘군은 이러한 목표를 구현, 달성하기 위해서 어떠한 군사전략을 추구 및 실행하고 있는가? 이 질문에 대한 해답을 찾으려면, '이스라엘에게 가장 불리한 성격의 군사 분쟁'이 무엇인지를 생각해볼 필요가 있다. 첫째, 이스라엘 영토를 주(主) 전장으로 벌어지는 전쟁이다. 지금까지 살펴보았듯이 이스라엘은 지정학적으로 정치와 역사, 종교 등에서 이질적일 뿐만 아니라 비(非)우호적인 주변 아랍 국가들에 포위된 상태다. 뿐만 아니라 이스라엘의 영토는 동서 방향의 폭이 110여km(한반도의 절반 미만), 남북 방향으로는 420여km 정도일 정도로 협소하다. 여기에 영토와 국경 주변을 구성하는 지형의 대부분은 사막, 평야여서 자연적인 방어물(예: 산맥, 하천)도 기대하기 어렵다.[197] 이러한 점들로 인해, 이스라엘은 외부 세력의 기습적인 공격으로 단기간 내에 영토, 인구의 대부분이 치명적인 피해를 입을 수 있는 위험에 노출되어 있는 것이다.

둘째, 장기간에 걸쳐 지속되는 전쟁, 혹은 그에 준하는 무력 대결이다. 주변 아랍 국가들보다 인구, 경제 규모를 비롯한 국력 총량에서 열세일 수밖에 없는 이스라엘에게, 분쟁의 장기화는 국력의 무리한 소모를 강요할 위험성이 높다. 이는 해당 분쟁에서의 군사적 승패 여부와 무관하게, 이스

---

195 Belfer Center for Science and International Affairs(2016), pp. 11-12.

196 Ariel Levite, *Offense and Defense in Israeli Military Doctrine* (Boulder, CO: Westview Press, 1990), p. 48.

197 이는 영토 내부와 국경의 산악 지대를 천연 방어물로 이용할 수 있는 스위스, 광활한 영토를 통해 적의 침략을 흡수하면서 장기간의 방어에 임할 여유가 있는 러시아에 비해, 이스라엘이 지리적으로 방어에 불리한 입장임을 보여준다. David Rodman, *Defense and Diplomacy in Israel's National Security Experience: Tactics, Partnerships, and Motives* (Portland, OR: Sussex Academic Press, 2005), p. 5.

1981년 이라크 오시라크 원자로 공습(위)과 2007년 시리아 원자로 공습(아래. 「조선일보」, 2009년 11월 4일). 이스라엘의 예방적 자위권이 실행된 대표적인 사례들이다.

라엘이 안보를 유지, 달성하는 데 요구되는 국가 역량을 약화시켜 전략적 입지에 부정적인 영향을 가할 것이다. 그리고 셋째, 빈번하게 반복, 재발(再發)하는 적의 도발이다. 이는 이스라엘에게 물리적 피해의 증대, 누적뿐만 아니라, 국민들 사이에서 자국의 안보 역량과 중 · 장기적인 생존 여부에 대한 신뢰, 자신감을 떨어뜨려 심리적 동요(動搖)를 가중시킬 수 있다.

이에 따라 이스라엘은 위의 3가지 양상을 포함하는 무력 분쟁이 발생하는 것을 예방, 저지하기 위한 군사전략을 수립, 발전시켜 왔다. 다시 말해서 ① 적의 침략으로 영토가 전장화되는 것을 거부하고, ② 최단기간 내에 결정적인 승리를 달성하며, ③ 적의 군사적 도발이 최대한 오랫동안 억지, 중단될 수 있도록 보장하는 것이 이스라엘 군사전략의 지향점인 것이다. 그렇다면 이스라엘 군사전략의 주요 특징은 무엇이며, 어떻게 실행되는가?

첫째, 전쟁 수행 공간을 적의 영토로 전환, 확대한다. 이는 군사력을 영토 내부에 고정, 대기시키면서 적의 공격을 기다리고, 적이 영토를 침입한 후에야 비로소 대응에 나서는 소극적 · 수동적인 방어를 지양한다. 그 대신 전쟁 초기부터 신속한 반격, 혹은 선제공격을 통해 군사력을 영토 밖으로 투사(投射)하고, 적의 영토를 주 전장으로 만드는 적극적인 전쟁 수행 방식을 추구하는 것이다.[198] 이를 통해 이스라엘은 영토와 국민들의 안전을 최대한 확보하면서, 스스로에게 유리한 방법과 장소, 시간에서 전쟁을 수행하기 위한 주도권(主導權: initiative)을 행사할 수 있다. 이는 주변 아랍 국가들의 침략으로 영토의 전장화를 감수해야 했던 건국 직후의 제1차 중동전쟁, 이집트와 시리아의 기습을 받은 제4차 중동전쟁 초반을 제외하면, 그동안 이스라엘이 수많은 무력 대결에서 실천해 온 군사전략의 특징이다.

더 나아가 이스라엘은 자국을 노리는 적의 잠재적인 군사 위협, 특히 핵무기를 비롯한 대량살상무기의 개발, 사용을 저지하기 위해 선제공격도 마다하지 않는 과감함을 보여주었다. 이는 '예방적 자위권'(preventive self-defense)이라고 불린다. 이스라엘의 예방적 자위권 실행은 지난 1981년 6월과 2007년 9월에 이라크, 시리아가 각각 핵무기 개발을 위해 건설하고 있던 원자로를 공군 전투기에 의한 원거리 타격으로 파괴한 것이 대표적이다.

이라크는 후세인이 집권한 1970년대 말부터 프랑스의 기술 지원으로 '오시라크'(Osirak)라는 이름의 연구용 원자로를 건설하기 시작했는데, 이스라엘은 이를 핵무기 개발을 위한 것이라고 의심하였다. 1980년 이라크가 이란과의 전쟁에 돌입하자, 이스라엘은 그 틈을 노려 원자로가 완공되

198 Levite(1990), pp. 49-53; 외교부 아프리카중동국 중동1과(2019), p. 58.

기 전에 공습으로 제거한다는 계획을 세웠다. 그리하여 1981년 6월 7일, 이스라엘 공군은 공중 호위를 위한 F-15 전투기 6대와 직접 공습을 수행하는 F-16 전투기 8대를 출격시켰고, 이들은 무려 1,600km가 넘는 거리를 비행하여 오시라크 원자로를 파괴하는 데 성공했다.[199]

그로부터 26년 후인 2007년 9월 6일의 시리아 원자로 공습 작전에는 공대지 타격을 담당한 F-15 10대, 공중 호위를 위한 F-16과 전자전기 등이 참가했다. 이들은 표적인 원자로 인근에 배치된 레이더를 전파 방해, 공대지 유도무기 등으로 무력화한 후, 아직 완공되지 않은 원자로를 공습으로 파괴했다. 이스라엘은 11년이 지난 2018년 3월에야 당시의 공습이 자신들에 의한 것임을 공식 확인했다.[200]

둘째, 기동전(機動戰: maneuver warfare)의 강조다. 단기간 내에 빠른 속도로, 보다 먼 거리를 움직일 수 있는 육 · 해 · 공의 군사력을 적극적 · 집중적으로 동원, 운용함으로써 가능한 한 조기(早期)에 결정적으로 군사상의 목표를 달성하고, 이스라엘의 전략적 환경을 개선 및 강화할 수 있는 정치 · 외교적 결과를 이끌어낸다는 것이다. 이는 주변 아랍 국가들보다 인구, 경제 규모 등에서 불리한 이스라엘의 국력에 큰 부담을 가할 수 있는 전쟁의 장기화를 예방해야 할 필요성을 반영한다. 아울러 과거 제2차 중동전쟁처럼 국제사회와 강대국들의 개입, 압력으로 인해 당초의 군사적 목표를 달성하지 못한 상태에서 전쟁이 종식되는 것을 막기 위해서도, 기동전을 통한 신속하고 결정적인 승리를 추구하는 것이다.[201]

이스라엘의 기동전 추구는 앞서 설명한 '적 영토로의 군사력 투사(投射), 전장 전환'과도 일맥상통한다. 이는 이스라엘군의 전력 구성, 발전에도

---

199 John T. Correll, "Air Strike at Osirak," *Air Force Magazine*, (April 2012), pp. 58-62.

200 당시 이스라엘이 파괴한 시리아의 원자로는 북한의 기술 지원으로 개발, 건설 중이었던 것으로 의심받고 있다. Kelsey Davenport, "Israel Confirms Syria Reactor Strike," *Arms Control Today*, Vol. 48, No. 3 (April 2018), p.35.

201 Rodman(2005), pp. 12-13.

큰 영향을 주었다. 원거리를 신속하게 기동할 수 있는 능력과 일정 수준의 화력을 겸비하는 육군의 탱크, 공군의 전투기를 중점적으로 확보한 것이 대표적이다.[202] 특히 제3차 중동전쟁에서 불과 6일만에 제공권을 장악하고, 본래 영토의 4배가 넘는 점령지를 확보했던 사례는 이스라엘의 군사전략에서 기동전을 통해 달성된 최고의 성과였다.

또한 이스라엘군의 부대 구조도 기동전에 입각한 군사전략의 수행에 적합하도록 설계, 편성되어 있다. 이스라엘 육군은 평시에 전투력의 기본 단위로서 병력 3,000명 내외인 여단급, 혹은 그보다 작은 규모의 부대들을 보유 및 운영한다. 병력 규모가 1만 명에 육박하는 사단급 이상의 부대는 대부분 유사시에만 임시로 편조(編造)되며, 여단급 이하의 다양한 병과별 부대들로 구성된다.[203] 단위 부대가 보유하는 병력, 무장의 규모를 경량화시켜 신속한 기동 능력을 보장하기 위한 것이다. 이러한 부대 구조, 편성은 과거 수차례의 중동전쟁에서도 그 효과를 입증해낸 바 있다.[204]

그리고 셋째, 적 군사력의 철저한 섬멸을 통해 침략 능력, 의도를 분쇄한다. 이스라엘군의 2015년도판 국방전략에서도 주변 아랍 국가, 혹은 무장단체와의 군사적 대결에서 승리하고, 자신들의 전략적 환경을 개선 및

---

202 건국 당시만 해도 이스라엘군의 전력 구조는 다분히 보병 중심이었고, 그 외의 병과, 부대들은 예비전력의 동원 이전까지 적의 영토 진입을 저지하는 능력을 요구받았다. 그러나 제2차 중동전쟁에서 입증된 기갑, 기계화보병 부대의 활약을 계기로, 이스라엘은 적 영토를 향해 군사력을 신속히 투사(投射)할 수 있는, 탱크와 전투기 중심의 지상, 공중 기동 전력을 본격적으로 확충해 나갔다. Rodman(2005), pp.25-30; 강병철, "이스라엘의 군사력 건설 사례 연구," 「週刊國防論壇」, 제1371호 (2011년 8월 1일), pp. 5-6.

203 이스라엘 육군에서 상시 편성된 사단은 골란 고원, 가자 지구, 갈릴래아, 요르단강 서안 등 분쟁 지역들과의 접경에 배치된 5개만이 있다. 이들은 각 3개 이하의 보병 여단을 보유한다. Rosenbach ed(2010), pp. 368-369; IISS(2019), p. 347.

204 한국도 국방개혁의 일환으로 육군의 부대 구조를 그동안의 사단 중심에서 여단 중심으로 개편하는 계획을 추진하고 있다. 이 계획에 따르면 오는 2030년 이후 약 1,000명 단위인 연대(聯隊)를 폐지하는 대신, 기존 연대급 부대들은 화력, 기동력 등을 보강해 5개 대대를 보유하는 여단으로 전환된다. 이를 통해 다양한 여단들이 임무에 맞춰 사단을 구성하는 '모듈형' 부대 구조를 채택한다는 것이다. 노양규 외, 『미래 지상군 기본전술제대 편성 연구』(서울: 한국국방발전연구원, 2012), pp. 62-64.

강화하기 위한 목표로서 '적 군사력에 대한 섬멸'을 강조하고 있다. 구체적으로는 ① 적의 군사적 역량 제거, ② 이스라엘을 겨냥하는 적 군사 활동의 효과 감소, ③ 적의 전쟁 수행능력과 직결되는 중요 표적과 정부 시설에 대한 타격, 그리고 ④ 전쟁의 지속에 관한 적의 의지 분쇄 등을 포함한다.[205]

이스라엘이 역사상으로 적의 크고 작은 도발에 반드시 군사력을 통한 보복, 반격으로 응답하는 원칙을 견지하고 있는 것도 그 연장선상에서 비롯된 결과다. 이스라엘의 무력 보복은 다음 3가지의 원칙에 의거하여 실시되어 왔다. 첫째, 구체적으로 선별된 적의 특정 표적만을 겨냥한다. 둘째, 적의 도발로부터 최대한 신속하게 실행한다. 그리고 셋째, 적의 도발로 발생한 것보다 압도적으로 큰 피해를 강요한다.[206] 이는 적에게 도발에 따르는 물리적 비용, 심리적 충격을 극대화하는 한편으로, 불필요한 확전(擴戰: escalation)의 위험을 최소화하기 위한 것이다.

이처럼 이스라엘의 군사전략에서 적 군사력에 대한 섬멸을 강조하는 것은 다음의 2가지 효과를 위한 것이다. 첫째, 적의 무장 및 병력 손실을 극대화시켜 이를 복구하는 데 많은 시간과 노력을 강요하고, 그 결과 이스라엘을 상대로 또 다른 침략, 도발을 시도할 기회를 박탈하여 지속적인 전쟁 예방을 달성할 수 있다. 이는 이스라엘이 치러야 할 무력 대결의 빈도를 현저히 감소시켜 국력의 소모, 부담을 줄이는 데 기여한다. 그리고 둘째, 적에게 침략, 도발을 통해 달성하려는 전략적 효과보다 훨씬 큰 비용, 손실을 유발시켜 패배를 인정하도록 유도하고, 추후에 다시 도발하려는 의도마저 불허한다. 이들은 현재의 군사적 승리뿐만 아니라, 장래의 전쟁 억지까지 동시에 달성하려는 것이라고 평가할 수 있다.

정리하자면 이스라엘의 군사전략은 '적 영토로의 군사력 투사(投射), 전장 전환을 통한 영토의 안전 확보', '기동전을 통한 신속하고 결정적인

---

205 Belfer Center for Science and International Affairs(2016), pp. 15-17.

206 양욱, "700만 이스라엘이 1억 아랍을 제압하는 비밀: 必守必殺(국민은 끝까지 지키고 적은 철저히 보복)," 「월간중앙」, (2011년 1월), pp. 94-97.

승리', 그리고 '적 군사력의 섬멸을 통한 지속적인 전쟁 예방의 구현'으로 요약될 수 있다. 이러한 특징들은 협소한 영토 면적, 비(非)우호적인 주변 아랍 국가들의 존재 등과 같은 불리한 지정학적 환경 속에서는, 방어적인 성격의 안보 목적들을 달성하기 위해서도 공세적인 군사전략이 요구된다는 이스라엘의 특수성을 반영한 것이다.[207]

207 이스라엘군의 2015년도판 국방전략도 '방어적인 안보전략'을 명시하는 동시에, "방어적인 군사 태세에 의존해서는 적을 격퇴할 수 없다. 명확한 군사적 성과를 달성하려면 공세적 태세에 따라 군사력을 사용해야 한다"는 내용을 포함하고 있다. Belfer Center for Science and International Affairs(2016), p. 4.

6. 이스라엘의 방위산업

건국 초기의 이스라엘은 주요 무기의 도입, 확보를 전적으로 외국에서의 수입에 의존해야만 했다. 1950~1960년대의 경우, 이스라엘의 무기 대부분은 유럽, 특히 프랑스와 영국에서 도입되었다.[208] 당시 양국은 이스라엘이 해외에서 도입하는 무기의 약 77%를 차지했다.[209] 구체적으로는 프랑스에서 전투기와 경(輕)탱크, 유도무기를, 영국에서는 탱크와 군함 등을 도입했던 것이다. 반면 이스라엘의 자체 방위산업은 국가 소유의 무기 연구개발, 생산 기관을 중심으로, 소총이나 탄약류를 비롯한 초보적인 무기를 자체 생산하거나, 유럽산 무기의 부분적인 성능 개량, 면허 생산을 실시하는 정도에 그쳤다.[210]

---

208 당시 프랑스와 영국이 이스라엘에 대한 무기 판매, 제공에 적극적이었던 것은 경제적인 동기뿐만 아니라, 1956년의 제2차 중동전쟁에 이들 3국이 함께 참전한 것을 통해 드러난 중동 지역에서의 공통적인 전략적 이해관계에 따른 결과였다. 장원준 외, 『주요국 방위산업 발전정책의 변화와 시사점』(서울: 산업연구원, 2014), pp. 197-199; Uzi Rubin, "Israel's Defence Industries: an Overview," *Defence Studies,* Vol. 17, No. 3 (September 2017), pp. 230-231.

209 지일용 · 이상현, "방위산업 후발국의 추격과 발전패턴: 한국과 이스라엘의 사례연구," 「국방정책연구」, 제31권 제1호 (2015년 봄), pp. 158-159.

210 Yaacov Lifshitz, "Defence Industries in Israel," in Andrew T.H. Tan ed, *The Global Arms Trade Handbook* (London, UK: Routledge, 2010), pp. 266-267.

그러나 1967년의 제3차 중동전쟁에서 이스라엘이 전격적인 승리를 거두면서 주변 지역에 점령지를 확보하자, 상황은 돌변했다. 프랑스와 영국이 그동안 계속되었던 이스라엘과의 방위산업 부문 협력을 중단했고, 이스라엘에 대한 무기 수출도 금지한 것이었다. 당시 이스라엘이 아랍 국가들에 대해 감행한 선제공격을 도발 행위로 규정하고, 이를 징벌하겠다는 것이 명목상의 이유였다. 그러나 실제로는 아랍 지역의 이슬람 국가들이 중요 에너지 자원인 석유의 생산을 좌우하는 현실에서, 이스라엘에 대한 무기 판매가 자칫 안정적인 석유의 공급을 위협할 가능성을 우려했기 때문이었다.[211]

1970년대를 기점으로 이스라엘의 가장 중요한 무기 공급, 판매국은 유럽에서 미국으로 바뀌었다.[212] 미국은 이스라엘에 적대적인 아랍 국가들의 다수가 소련제 무기로 무장하고 있는 상황을 고려할 때, 이스라엘의 생존과 방어에 필요한 군사 지원을 제공하는 것이 중동 지역에 대한 정치·군사적인 영향력의 유지, 확보를 비롯한 자신들의 전략적 이익에도 부합한다고 판단했던 것이다. 하지만 이미 프랑스, 영국의 일방적인 무기 수출 거부를 경험한 이스라엘은 주요 무기체계의 획득을 전적으로 외국에 의존하는 것이 얼마나 위험한지를 깨달은 상태였다. 이에 따라 이스라엘은 1970년대에 들어서 주력 무기를 독자적으로 개발, 생산할 수 있는 방위산업의 자주성 강화를 적극적으로 추구했다.

방위산업의 강화, 발전을 통해 주력 무기를 독자적으로 확보한다는 이스라엘의 정책 기조는 1980년대 후반까지 지속되었다. 먼저 이스라엘은 1970년대 초에 프랑스로부터의 도입이 무산된 미라지-V를 모방한 초음속 전투기 '네셔'(Nesher. 독수리)를 60여 대 생산, 전력화했다. 1970년대 후

---

211 이러한 우려는 제4차 중동전쟁이 발생한 1973년 10월, 아랍 산유국들을 중심으로 이스라엘을 지지하는 국가들에 대해 석유 수출을 중단하는 '석유파동'(oil shock)이 발생하면서 현실화되었다.

212 장원준 외(2014), pp. 202-203.

이스라엘의 독자개발 전투기 크피르(왼쪽), 라비(오른쪽)의 비행 모습. 1970~1980년대 방위산업 강화 정책의 대표적인 성과물로 평가된다.

반에는 이를 개량한 '크피르'(Kfir. 아기 사자) 전투기의 독자개발에 성공했고, 200대 이상을 생산 및 운용하였다.[213] 그 뒤를 이어 1986년 말 미국제 F-16과 대등한 성능을 갖춘 '라비'(Lavi. 사자) 전투기를 개발해냈으며, 이듬해에는 성공적으로 시험 비행을 실시하기에 이르렀다. 오늘날 이스라엘 육군의 주력 탱크로 명성을 떨치고 있는 메르카바도 이러한 방위산업의 자주성 강화 기조를 배경으로 개발, 생산된 것이었다.

하지만 1980년대 후반에 이르러, 이스라엘의 방위산업은 갈림길에 놓이게 되었다. 아무리 이스라엘의 군사 부문 기술력이 발전했다고 해도, 인구와 경제 규모를 비롯한 국력 총량이 제한적일 수밖에 없는 이스라엘이 과연 모든 종류의 무기들을 독자적으로, 군이 필요로 하는 시기와 성능에 맞춰서, 감당할 수 있는 비용 이내에서 개발 및 생산할 수 있겠느냐는 의문이 제기된 것이었다.[214] 특히 최대의 맹방(盟邦)인 초강대국 미국이 주요 무

213 이스라엘은 제3차 중동전쟁 직후 프랑스가 무기 수출을 금지하자, 모사드를 통해 미라지-V의 설계도를 입수하여 네셔 전투기의 개발, 생산에 성공했다. 네셔는 1973년의 제4차 중동전쟁에서 상당한 활약을 했고, 1970년대 말에 퇴역한 후 30여 대가 아르헨티나로 수출되어 1982년 영국과의 포클랜드 전쟁에 사용되었다. 크피르는 네셔를 비롯한 노후화된 프랑스제 미라지 계열 전투기를 대체하여 1982년 레바논 공격 등 다수의 작전을 수행했으며, 1990년대 후반 퇴역하였다. Black and Morris(1991), pp. 234-235; Lifshitz(2010), p. 267.

214 당시 무기의 사용자에 해당하는 이스라엘 군부는 무기 획득의 적시성, 경제성을 근거로 방위산업의 자주성 강조에 회의적인 입장을 나타냈다. 반면 이스라엘 정부의 민간 관료들은 무기 도입의 해외 의존이 정치외교적인 변수에 지나치게 취약해질 수 있다는 점에서 방위산업의 자주

기의 제공을 위한 대안으로 등장한 상황에서, 이는 더욱 치열한 논쟁의 대상이 되었다.

그리하여 냉전이 종식된 1980년대 말을 기점으로, 이스라엘의 방위산업은 일대 전환기를 맞이하였다. 방위산업의 자주성에 입각하여 대부분의 주요 무기들, 특히 획득 과정에서 많은 시간과 비용을 요구하는 육·해·공군의 주력 탑승체계들(platforms)을 자체적으로 개발, 생산하는 방침에 수정이 가해졌다. 이스라엘이 야심차게 개발했던 라비 전투기가 성공적인 시험 비행에도 불구하고, 단 3대의 시제기만을 제작한 채 양산(量産)을 포기했던 것도 이를 반영한 결과였다.[215] 대신 이스라엘은 기존 무기체계의 질적 우위를 강화, 향상시키는 데 기여할 수 있는 전력 승수(force multiplier) 효과가 높은 분야를 중심으로, 방위산업을 재편하기 시작했다.[216] 이른바 '선택과 집중' 노선을 채택한 것이었다. 여기에는 정밀유도무기, 정보수집 장비, 그리고 내부 탑재체계 및 소프트웨어 등이 포함되었다.

이스라엘의 방위산업 재편을 통해 발전, 고도화의 계기를 마련한 부문들 가운데 하나는 무인 무기체계다. 비록 라비 이후 더 이상의 독자적인 전투기 개발, 생산은 이루어지지 않았지만, 제한된 경제력으로도 양산에 유리하고, 인명 피해의 부담에서 자유로우며, 고도의 기술력이 적용되는 무인 무기체계에서 항공 부문을 비롯한 방위산업의 새로운 도약과 성장의 기회를 포착한 것이었다.

이스라엘은 이미 1982년 레바논 공격에서 시리아의 방공 전력을 무력화하기 위해 무인항공기를 성공적으로 동원했던 바 있으며, 이후 지금까지 정찰과 공격 등의 여러 임무에서 무인항공기를 활발하게 운용하고 있다.[217] 그 결과 이스라엘의 무인항공기 개발, 운용 능력은 미국과 함께 세계

성 강화를 옹호했다. Lifshitz(2010), p. 267.

215 Rubin(2017), p. 233.

216 Lifshitz(2010), p. 268; 장원준 외(2014), pp. 204-205.

217 이스라엘의 무인항공기는 1982년 레바논 공격에서 공군의 전자전기와 함께 시리아가 북부 국

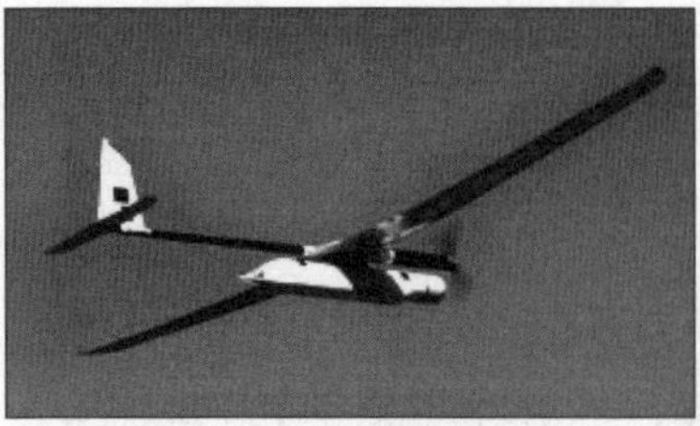

이스라엘이 개발한 무인 무기체계들
① '스카이 락' 소형 무인항공기
② '헤르메스' 중고도 무인항공기
③ '가디엄' 무인 지상차량
④ '프로텍터' 무인 수상함정
⑤ '헤론' 중고도 무인항공기

최고 수준으로 평가받는다.[218] 뿐만 아니라 이스라엘은 육상, 수상을 비롯한 다른 공간에서의 운용을 위한 무인 무기체계도 개발, 전력화하고 있다. 대표적인 사례는 연안에서의 초계, 정찰, 근접 전투를 위한 '프로텍터' 무인 수상함정, 국경 지대에서의 감시, 순찰, 근접 전투 등을 수행할 수 있는 '가디엄' 무인 지상차량 등이 있다.

오늘날 이스라엘의 주요 방위산업체는 '이스라엘 항공우주산업'(이하

경 지대에 배치한 지대공미사일 부대 19개소의 위치에 관한 정보를 수집하고, 이들의 레이더를 작동시켜 스스로의 위치를 드러내도록 유도했다. 이를 통해 이스라엘은 포병, 전투기로 시리아의 지대공미사일 부대들을 불과 하루 만에 신속히 제압하였고, 이는 시리아에 대한 공중전의 압도적 승리로 이어졌다. 김춘택(1983), pp. 181-182; Tamir Libel and Emily Boulter, "Unmanned Aerial Vehicles in the Israel Defense Forces: A Precursor to a Military Robotic Revolution?" *RUSI Journal*, Vol. 160, No. 2 (April-May 2015), pp. 69-72.

218 이스라엘의 무인항공기 전력 현황에 관해서는 Andrew White, "Leading Edge: Israeli UAV Development," *Jane's Defence Weekly*, (July 22, 2015), pp. 26-30을 참고.

IAI: Israel Aerospace Industries), '엘빗'(Elbit Systems), '라파엘'(Rafael), 그리고 '이스라엘 군수공사'(이하 IMI: Israel Military Industries) 등의 4대 주요 기업들과 기타 중소 업체들로 구성된다. 이들 가운데 IAI와 엘빗, 라파엘 3개 업체는 지난 2018년 매출액 기준으로 세계 100대 군수업체에도 포함되었다.[219]

IAI는 1965년 이스라엘 정부가 설립한 국영 업체이며, 이름처럼 항공기 부문이 주력 사업이다. 지난 1970~1980년대에 방위산업의 자주성 강화라는 기조 아래 개발된 네셔, 크피르, 라비 등의 전투기도 IAI의 작품들이었다. 1990년대에 전투기 제작, 개발 사업에서 철수한 후에는 ① 민간 항공기를 기반으로 하는 비(非)전투 지원용 항공기(예: 공중 조기경보통제기, 공중급유기, 전자전기)의 제작, ② 각종 무인항공기의 개발과 생산, 그리고 ③ 애로우 요격미사일로 대표되는 미사일 방어 체계의 개발에 주력하고 있다. 아울러 IAI는 오펙 정찰위성, 아모스 통신위성을 비롯한 이스라엘의 군용 인공위성과 우주 로켓 샤빗을 제작, 개발하여 우주 산업에도 진출했다.[220] 그리고 레이더 개발, 생산 업체인 '엘타'(Elta)를 자회사로 보유하고 있다.[221]

엘빗은 1966년에 설립된 민간 업체로서 주로 컴퓨터, 통신 체계의 제작, 개발을 전문적으로 수행했다. 1980년대에는 라비 전투기와 메르카바 탱크의 개발에도 참여하여 화력통제장치, 통합 비행체계 등을 제작했다. 1990년대 이후의 이스라엘 방위산업 재편을 계기로 다수의 관련 업체들을 인수, 합병하였다. 이를 통해 매출액 기준으로 이스라엘의 최대 방위산업체로 도약했다. 사업 분야는 지휘통제 · 통신 체계, 현용 무기(특히 육 · 해 ·

219 Aude Fleurant et al, "The SIPRI Top 100 Arms-Producing and Military Services Companies 2018," *SIPRI Fact Sheet*, (December 2019), pp. 9-11.

220 박재찬, "세계의 항공우주산업: (11) 이스라엘," 「항공우주」, 통권 제116호 (2012년 가을), pp. 55-57.

221 엘타는 애로우 요격미사일과 공중 조기경보통제기의 장거리 조기경보용 레이더, 오펙 정찰위성의 SAR 레이더, 전투기 및 수상전투함 탑재용 레이더, 아이언 돔의 대(對)포병 레이더 등을 개발, 제작한다.

이스라엘의 4대 방위산업체인 IAI, 엘빗, 라파엘, IMI의 기업 문장들

공군의 탑승체계)의 성능 개량, 감시 및 정찰 장비, 중 · 소형 무인항공기 등으로 다양화되어 있다.[222]

라파엘은 이스라엘이 건국된 1948년, 무기 개발을 위해 설립된 국방부 산하의 기술연구소에서 유래했다. 이후 수십 년 동안 국영 방위산업체로 운영되었는데, 지나친 적자 발생으로 인해 2002년부터 일부 주식이 민간에 매각된 공영기업 형태로 전환되었다.[223] 현재 라파엘은 아이언 돔 대(對)포병 방어체계, 스파이스 유도폭탄 등을 비롯하여 이스라엘이 자랑하는 다양한 지상, 해상, 공중 발사형 정밀유도무기들을 개발, 생산하고 있다.

그리고 IMI는 가장 기본적 무장인 소총과 탄약류를 중심으로, 일부 정밀유도무기와 포병, 장갑, 공병, 방호 체계, 성능 개량 등의 분야에서 활동하고 있다. 특히 세계적인 명성을 자랑하는 '우지'(Uzi) 기관단총을 생산한 업체이기도 하다. 본래 IAI처럼 국영기업이었지만, 지난 2000년대에 민영화되어 엘빗의 자회사로 전환되었다.

이스라엘의 방위산업은 국제적으로도 그 우수성을 인정받고 있다. 국제분쟁과 군비(軍備) 관련 연구로 유명한 스웨덴의 스톡홀름 국제평화연구소(SIPRI: Stockholm International Peace Research Institute)의 발표 자료에 따르면, 이스라엘은 2015~2019년 사이의 최근 5년 동안, 전 세계 무기 수출의 3%를 점유하여 세계 8위의 무기 수출국으로 기록되었다. 이는 앞선

222 장원준 외(2014), pp. 214-215; 국방기술품질원, 『2018 세계방산시장 연감』(진주: 국방기술품질원, 2018), p. 779.

223 장원준 외(2014), p. 214.

2010~2014년 사이에 세계 무기 수출의 1.8%를 차지했던 것보다 수출 규모가 77% 증가한 것이다.[224] 무기 수출의 지역별 비중은 2018년 기준으로 아시아 · 태평양(인도, 한국, 싱가포르, 베트남 포함)이 46%로 가장 많으며, 유럽이 그 다음인 26%, 미국 등 북아메리카가 20%, 그리고 기타 지역은 8%를 차지했다.[225]

이스라엘의 무기 수출은 무인 무기체계, 정밀유도무기, 레이더를 비롯한 정보수집 장비, 그리고 민간 항공기를 개조한 비(非)전투 지원용 항공기 등을 중심으로 한다.[226] 지난 2008~2017년 사이의 기간 동안, 정보수집 장비가 전체 무기 수출의 29% 이상을 차지했으며, 정밀유도무기는 약 41%, 항공기는 9.5%를 차지한 것으로 나타났다.[227] 비록 미국과 러시아, 유럽의 선진국들이 장악하고 있는 군함과 전투기 등 대형 탑승체계 부문의 시장보다는 규모가 작지만, 이스라엘이 기술력과 경제성에서 우위를 차지할 수 있는 '틈새시장'(niche market)임을 적극 활용한 결과라고 할 수 있다.[228] 아울러 이스라엘제 무기의 상당수는 주변 국가, 무장단체와의 실전을 통해 그 기술적 효용성이 검증되었다는 점에서 높은 국제경쟁력을 자랑한다.

덕분에 이스라엘의 전체 방위산업은 지난 2010년을 기준으로 전체

224 이스라엘이 2015~2019년 사이에 달성한 무기 수출량의 증가율은 다른 10대 무기 수출국들과 비교해도 72%의 프랑스, 23%의 미국, 17%의 독일, 13%의 스페인, 6.3%의 중국, 그리고 앞선 2010~2014년 사이의 기간에 비해 무기 수출이 감소한 러시아, 영국, 이탈리아보다 높다. Pieter D. Wezeman et al, "Trends in International Arms Transfer 2019," *SIPRI Fact Sheet*, (March 2020), pp. 2-3.

225 외교부 아프리카중동국 중동1과(2019), p. 66.

226 한국이 도입한 이스라엘제 무기로는 '그린 파인' 탄도미사일 조기경보 레이더, '서처' 저고도 정찰용 무인항공기, 서해 전방 도서(島嶼) 지역의 해병 부대에 배치된 '스파이크' 단거리 대지(對地) 유도무기와 '헤론' 중고도 정찰용 무인항공기, 공군의 '뽀빠이' 공대지 미사일과 '스파이스' 공대지 정밀유도폭탄 등이 있다.

227 국방기술품질원(2018), pp. 782-783.

228 장원준 외(2014), p. 210; 최현수, "이스라엘, 살기 위해 만든 무기…이젠 세계시장 '큰 손'," 「국민일보」, (2016년 7월 16일).

매출의 70% 이상을 해외 수출로 기록한 것으로 나타났다. 이들 가운데 IAI와 엘빗, 라파엘, IMI 등의 4대 기업을 제외한 나머지 중소 방위산업체들도 수출이 매출액에서 차지하는 비중이 90%에 달하고 있다.[229] 다시 말해서 이스라엘의 방위산업은 자국의 군사력을 강화, 발전시키기 위한 무기의 개발 및 생산뿐만 아니라, 경제적인 수익의 창출에서도 실재적인 기여를 하고 있는 것이다.

229 장원준 외(2014), pp. 209-211

7. 도전과 응전

건국 이후의 지난 70여 년 동안, 이스라엘은 생존을 위한 끊임없는 투쟁을 계속해 왔다. 주변 아랍 국가들을 상대로 무려 4차례의 중동전쟁을 겪었으며, 지금도 헤즈볼라와 하마스를 비롯한 무장단체들을 상대로, 크고 작은 분쟁이 계속되고 있는 것이다. 이스라엘의 건국은 영토 주변에 믿을 만한 동맹, 우방 국가라고는 없이, 대부분이 정치와 역사, 종교 등에서 이질적이면서 비(非)우호적인 아랍 국가들에게 포위되다시피 한 매우 불리하고 가혹한 지정학적 조건 아래서 이루어졌다. 그럼에도 불구하고 이스라엘은 지금까지 생존했을 뿐만 아니라, 주변 국가들과의 여러 전쟁에서 승리를 거두었고, 이들에 대해 확고한 군사상의 질적 우위를 자랑하고 있다. 혹자는 이를 '기적'이라고 표현할지도 모른다.

하지만 본 연구에서 살펴보았듯이, 이스라엘이 이룩해낸 수많은 군사적인 성공들은 단순한 기적이 아니었다. 그것은 ① 자국 영토와 국민 피해의 최소화, 전쟁에서의 신속한 주도권 확보를 추구하는 공세 중심의 적극적인 군사전략, ② 주변 아랍 국가들에 대해 기술적 우위를 자랑하는 주력무기들, ③ 유형 군사력의 우수성을 뒷받침할 수 있는 방위산업 역량, ④ 유 · 무형의 잠재적인 군사 역량을 최대한 발휘하도록 보장하는 병력 구성과 지휘통제 구조, 그리고 ⑤ 1,000년이 넘는 영토 상실, 제2차 세계대전에서의 유태인 대학살을 비롯한 뼈저린 역사적 경험을 통해 형성된 "다시는 나라를 빼앗기지 않겠다"는 이스라엘 국민들의 결연한 안보 의지 등을 통해 이룩된 결과였다.

지금까지 70년이 넘도록 굳건히 유지하고 있는 생존과 번영, 특히 그 과정에서 어느 국가들도 감히 흉내 내지 못할 정도의 경이적인 승리와 군사적 신화들만으로도, 이스라엘은 충분히 찬사를 받을 자격이 있을 것이다. 그러나 과거의 승리와 신화가 앞으로의 성공까지 보장하지는 못한다. 이 점은 이스라엘에게도 마찬가지다. 그렇다면 현재와 장래에 이스라엘이 직면할 군사, 안보 부문에서의 도전은 무엇인가? 그리고 이스라엘은 이들에 대해 어떻게 맞설 것인가?

1) 진화하는 위협

가장 먼저 눈여겨볼 점은 이스라엘을 겨냥한 군사적 위협 양상의 변화다. 건국 이래 이스라엘이 1차적으로 직면했던 위협은 주변 아랍 국가들에 의한, 재래식 군사력 중심의 전면전쟁이었다. 앞서 발생한 4차례의 중동전쟁도 바로 그러한 성격의 위협이었다. 그러나 오늘날에는 헤즈볼라와 하마스 등 무장단체들에 의한 '복합전'(hybrid warfare) 위협, 지리적으로는 멀리 떨어져 있지만 대량살상무기의 개발, 무장 능력을 갖춘 이란의 위협이 보다 부각되는 추세다.

냉전이 종식된 1990년대를 기점으로 이스라엘의 정치 · 군사 지도부는 주변 아랍 국가들에 의한 전면전쟁의 위협을 충분히 억지, 방어할 수 있는 군사적인 우위를 확보했다는 판단에 도달했다. 대신 이스라엘은 가자지구, 요르단강 서안 등 팔레스타인 지역에서 발생하는 주민과 무장단체들의 소요, 게릴라전, 테러리즘 활동 등의 저(低)강도 분쟁에 대응하는 것을 강조하였다. 이에 따라 육군은 여단급 이하의 소규모 보병 부대가 순찰, 검문, 수색 및 색출, 소탕 작전을 실시하여 팔레스타인에서의 치안 유지를 지원하고, 테러리즘 공격을 예방하는 데 주력했다.[230]

대조적으로 정규전이나 그에 준하는 고(高)강도 분쟁에 대비하기 위한 전력의 개선, 확충은 우선순위가 낮아졌다. 사단급 이상 규모의, 기갑 및 기계화보병 부대를 대상으로 하는 예산, 훈련도 대폭 축소되었다. 한편 팔레스타인 등지에서 활동하는 무장단체들의 지휘 거점, 훈련 및 무장시설, 지도급 인사를 겨냥한 선제 · 보복 타격, 외부로부터의 군용 물자 유입 차단 등의 고(高)강도 임무는 공군이 주로 담당했다. 이러한 이스라엘의 군사 태세는 2006년 7~8월 레바논을 중심으로 발생한 헤즈볼라와의 무력 대결에서 시험대에 올랐다.[231]

분쟁의 발단은 2006년 7월 12일 레바논과의 북부 국경을 순찰하고 있던 이스라엘군의 차량이 헤즈볼라의 습격을 받아 다수의 병사들이 피살당하고, 2명이 납치된 사건에서 비롯되었다. 이스라엘 정부는 '방향 전환'(Change of Direction)이라는 작전명으로 헤즈볼라에 대한 군사적 응징을 선언했으며, 피랍(被拉) 병사들의 석방과 헤즈볼라의 무장해제를 목표로 제시했다. 이스라엘군은 1개월가량의 기간 동안 공군력을 중심으로 ① 레바논 남부에 위치한 헤즈볼라의 주요 군사 기지, ② 베이루트의 헤즈볼라 지휘 및 통신시설, 그리고 ③ 레바논의 주요 항구와 공항, 도로 등을 포함하는 7,000개 이상의 표적을 공격하였다.[232]

---

230 David E. Johnson, *Hard Fighting: Israel in Lebanon and Gaza* (Santa Monica, CA: RAND, 2011), pp. 25-26; p. 40.

231 앞선 1982년 6월의 레바논 공격과 구분하기 위해 '제2차 레바논 전쟁'(1982년의 경우는 '제1차 레바논 전쟁')으로 불리기도 한다.

232 당시 이스라엘은 헤즈볼라가 보유한 가장 강력한 화력인 200~300mm급 이상의 중 · 장거리 다연장 로켓과 발사대, 단거리 탄도미사일 대부분을 초기 공습으로 제거하는 성과를 거두기도 했다. Benjamin S. Lambeth, *Air Operations in Israel's War Against Hezbollah* (Santa Monica, CA: RAND, 2011), pp. 78-79; p. 99.

하지만 이스라엘은 예상 밖의 상황에 직면했다. 헤즈볼라의 가공할 만한 역습이 벌어진 것이었다. 헤즈볼라는 이스라엘의 공습이 시작된 초기의 10일 동안 하루 평균 150~180발가량의 다연장 로켓포 공격을 가했는데, 레바논과 인접한 이스라엘 북부의 국경 지역에 상당 규모의 인적, 물적 피해를 일으켰다. 이스라엘 전체 인구의 1/3에 해당하는 200만 명 이상의 주민들이 헤즈볼라의 로켓 무기 공격에 노출되었고, 실제 공격을 받은 6,000여 가구(家口)의 주민 30만 명이 대피해야 했다.[233] 심지어 전투 3일째인 7월 14일에는 이스라엘 해군의 에일라트급 초계함 1척이 헤즈볼라가 발사한 사거리 100km급의 이란제 대함미사일에 피격, 4명이 전사하였다.

당시 헤즈볼라는 1개월을 넘긴 분쟁 기간을 통틀어 총 4,200발 이상의 로켓을 이스라엘 영토로 발사했는데, 이는 하루 평균 130여 발에 해당하는 규모의 공격이었다. 헤즈볼라의 로켓 공격은 대부분 구경 122mm의 단거리 다연장 로켓포에 의한 것이었다. 이들은 크기가 상대적으로 작고, 발사 준비에 필요한 시간이 짧으며, 기동성이 높아서 그 존재와 발사 징후를 탐지, 추적하는 데 어려움이 컸다. 덕분에 헤즈볼라는 이스라엘의 강력한 공습 속에서도 다수의 단거리 다연장 로켓포를 보전했으며, 이스라엘을 겨냥해 로켓 공격을 지속할 수 있었다.[234] 이스라엘 공군력의 분투에도 불구하고, 헤즈볼라는 여전히 이스라엘에 상당한 인적, 물적 피해를 가할 수 있는 능력을 유지했던 것이다.

결국 이스라엘은 헤즈볼라의 로켓 공격을 중단, 제압하려면 이들이 배치된 레바논 남부 지역으로 육군을 투입해야 함을 깨달았다. 이에 따라 7월 22일부터 4개(기갑 2개, 보병 및 공수 각 1개 포함) 사단을 중심으로 편성된

---

233 헤즈볼라와의 분쟁 기간을 통틀어 이스라엘은 민간인 30~40여 명이 사망했고, 부상자의 수는 1,330여 명에 달했던 것으로 나타났다. 이들 대부분은 헤즈볼라가 발사한 로켓 공격에 의한 것이었다. IISS, *Strategic Survey 2007* (London, UK: Routledge, 2007), p. 229.

234 또한 헤즈볼라는 상당수의 다연장 로켓포를 지하 벙커, 도심 지역에 배치 및 은닉하여 이스라엘의 공습을 피했다. Johnson(2011), pp. 83-86.

헤즈볼라의 다연장 로켓포 부대(왼쪽)와 2006년 분쟁 당시 헤즈볼라의 로켓 공격을 받고 있는 이스라엘 도시(오른쪽)

3만여 명의 육군 병력이 동원되었다.[235] 하지만 이들은 지하시설과 시가지에 매복한 헤즈볼라 대원들의 대(對)전차 유도무기, 지뢰, 급조폭발물(IED: Improvised Explosive Device) 공격을 받았다. 이 과정에서 이스라엘 육군의 탱크 46대(5대 파괴 포함)가 피격되고, 병사 30여 명이 전사했다.[236] 그로 인해 레바논 남부에 대한 이스라엘 육군의 진격은 그 속도와 범위가 현저히 위축되었고, 헤즈볼라의 로켓 공격을 막기 위한 노력도 무위로 돌아가고 말았다.

이후 8월 11일 UN 안전보장이사회가 채택한 결의안 1701호에 의거해, 8월 14일을 기하여 이스라엘과 헤즈볼라 사이에 휴전이 발효되었다. 분쟁이 시작된 지 34일 만이었다. 하지만 이스라엘은 일개 무장단체에 불과한 헤즈볼라를 상대로, 당초 선언했던 목표를 달성하지 못한 채 전투를 끝내야만 했다. 사실상 이스라엘의 패배였으며, 1973년의 제4차 중동전쟁 이래 가장 실망스러운 군사적 실패였다.

2006년 헤즈볼라와의 악전고투(惡戰苦鬪)를 계기로, 이스라엘은 정규군 수준의 중(重)무장 능력과 게릴라전, 테러리즘이 전장 내에서 동시에,

---

235 Johnson(2011), pp. 67-70.

236 2006년 헤즈볼라와의 전투 기간을 통틀어 전사한 이스라엘군 장병의 수는 약 120명으로 추산된다. 다시 말해서 전체 전사자의 30%가량이 시가전에서 발생한 것이다. IISS(2007), p. 230.

선택적으로 적용 및 실행되는 복합전의 실체를 확인할 수 있었다.[237] 특히 이스라엘은 헤즈볼라가 다연장 로켓 무기를 비롯하여 단기간 내에 상당 규모의 인적, 물적 피해를, 광범위한 지역을 대상으로 강요할 수 있는 군사력을 갖추었다는 점에 경악했다. 이들 전력은 이스라엘군의 주요 무기들보다 낮은 비용과 기술적 수준만으로도, 그동안 이스라엘이 차지해 온 군사적 우위에 손상을 가할 수 있음을 보여주었다.[238]

더욱 큰 문제는 그러한 위협을 신속히 제거, 분쇄하는 데 실패하면서 무력 분쟁이 장기화되고, 이스라엘의 국민, 영토에 대한 피해가 가중되는 것을 막지 못했다는 점이었다. 이스라엘 내부에서는 헤즈볼라에 대한 패배가 단순한 일회성의 군사적 실패를 넘어, 지금까지 유지되어 왔던 전쟁 억지 능력의 근본적인 훼손, 약화로 이어질 가능성에 대한 위기의식이 고조되었다.

이에 절치부심(切齒腐心)한 이스라엘은 헤즈볼라와의 분쟁에서 드러난 군사상의 문제점들을 보완, 개선하는 데 많은 노력을 기울였다. 먼저 육군은 정규군 기준으로 훈련 시간을 2배로 늘렸고, 그 가운데 80%를 중(重)무장 능력을 갖춘 적과의 고(高)강도 분쟁에 대응하기 위한 능력 향상에 배정했다.[239] 포병과 기갑, 기계화보병 부대들을 포함하는 여단급 이상의 실사격 제병(諸兵) 협동훈련도 강화되었다.

뿐만 아니라 육군과 공군의 합동 작전능력을 강화, 발전시키기 위한 노력도 적극 추진했다. 적의 지속적인 공격을 중단시키고, 무장 능력을 제거하기 위해서는 공군의 장거리 타격에만 의존하지 않고, 지상전을 통해 적 근거지를 직접 파괴, 격멸해야 할 필요성이 확인되었기 때문이다.

이에 따라 이스라엘 육군의 지역별 사령부와 공군은 상호 기지 방문

237 복합전의 특징에 관해서는 Frank G. Hoffman, "Hybrid Warfare and Challenges," *Joint Forces Quarterly*, Issue 52 (January 2009), pp. 36-39를 참고.

238 Belfer Center for Science and International Affairs(2016), p. 9.

239 Johnson(2011), p. 101.

과 참모 장교를 교환, 파견한 것을 시작으로, 정기적인 작전 관련 토론을 실시했다. 또한 육군과 공군의 합동 기동, 실사격 훈련을 증대시켜 상호간의 교류, 협력으로 도출된 전술 및 작전상의 교훈을 체계적으로 구현, 확인하는 기회를 마련하였다.[240] 그리고 육군의 여단급 이상 사령부에는 공군 장교들로 구성되는 합동 항공통제대를 편성했다.[241] 이는 지상전 수행에 필요한 공군의 화력, 정보수집 지원을 보다 신속하고 충분히 제공받을 수 있도록 보장하기 위해서였다.

그동안 이스라엘 주변에서는 다시금 무력 충돌의 위험성이 제기되고 있었다. 헤즈볼라와 더불어 이스라엘 타도를 추구하는 무장단체 하마스가 팔레스타인 자치 의회의 구성을 위한 주민 투표에서 승리를 거두고, 이듬해인 2007년부터 가자 지구를 장악한 후 이스라엘을 겨냥한 로켓, 박격포 공격을 본격화했던 것이다. 이스라엘은 가자 지구에 대한 물자, 연료의 공급을 제한 및 차단하는 봉쇄 조치로 대응했는데, 하마스는 2008년 11~12월에 로켓, 박격포 공격을 430발 이상으로 증대시키는 것으로 맞섰다.[242]

하마스의 로켓 공격이 재개된 지 8일만인 12월 27일, 이스라엘은 '무쇠 망치'(Cast Lead)라는 작전명으로 하마스에 대한 군사 작전을 개시했다. 핵심 목표로 '하마스에 의한 적대 행위의 장기간 무력화'를 제시했고, 이는 ① 하마스의 군사적 위협 능력에 대한 대폭적인 손실 강요, ② 이스라엘을 겨냥한 테러, 로켓 공격의 감소, ③ 전쟁 억지태세의 강화, 그리고 ④ 민간 인구, 시설에 대한 불필요한 피해의 최소화와 타(他) 전선으로의 분쟁 확대 방지 등으로 구체화되었다.[243]

---

240 Lambeth(2011), pp. 226-227.

241 Johnson(2011), pp. 135-137; Benjamin S. Lambeth, "Forging Jointness Under Fire: Air-Ground Integration in Israel's Lebanon and Gaza Wars," *Joint Forces Quarterly*, Issue 66 (September 2012), pp. 52-53.

242 Anthony H. Cordesman, *The Gaza War: A Strategic Analysis* (Washington, D.C: Center for Strategic & International Studies, 2009), p. 13.

243 Johnson(2011), p. 111.

하마스에 대한 이스라엘의 공격은 공군의 주도로 시작되었다. 작전 첫날 이스라엘 공군의 전투기, 공격 헬기가 150여 개의 표적을 타격했고, 이후 7일 동안 500개가 넘는 표적들을 파괴한 것이다.[244] 이들 표적은 주로 가자 지구에 위치한 하마스의 지휘 및 통신시설, 훈련장, 로켓 제조시설, 무기고, 그리고 이집트와의 국경 지역에 분포하는 수송용 땅굴들을 포함했다. 해당 기간 동안 이스라엘 공군이 공습에 동원한 전체 탄약에서 공대지 정밀유도무기의 비중은 81%에 달했는데, 이를 통해 전체 표적의 95%를 명중시키는 성과를 거두었다.[245]

작전 8일째인 2009년 1월 3일부터는 이스라엘 육군도 가자 지구로의 작전에 돌입하였다. 지난 2006년 헤즈볼라와의 대결이 공군력 단독의 작전을 전제로 시작되었던 반면, 이번에는 작전의 사전 기획 단계부터 지상전의 수행을 준비, 포함시키고 있었다. 이스라엘 육군은 남부 사령부의 지휘 아래, 총 6개(보병 4개, 기갑 및 공수 1개)의 여단을 가자 지구의 북부, 동부, 남부로 나누어 진격시켰다.[246] 이들 부대는 가자 지구로 진입한 후 포병과 공군의 전투기, 공격 헬기에 의한 화력 지원, 그리고 전투공병 차량 등을 앞세우며 하마스가 설치한 방어용 진지(陣地)와 장애물, 지뢰, IED를 제압, 파괴하면서 기동했다.[247] 또한 폭이 좁은 통로, 시가지로의 진입을 회피하여 하마스 대원들의 기습적인 매복, 습격 시도를 예방했다. 이는 2006년 헤즈볼라와의 대결에서 겪었던 과오를 반영한 결과였다. 서부 해안에서는 이스라엘 해군의 수상 전투함정들이 함포와 대함미사일로 대(對)지상 화력 지원을 실시했고, 20해리 이내의 해역을 항행금지구역으로 선포하여 외부

---

244 Cordesman(2009), pp. 19-20.

245 이는 2006년 헤즈볼라와의 대결 당시 공습에서 전체 탄약의 36%만이 정밀유도무기였던 것보다 약 2.3배 증가된 것이었다. Lambeth(2011), pp. 242-243; 신완교, "이스라엘, 가자지구 군사작전 교훈," 「合參」, 제39호 (2009년 4월), p. 23.

246 Johnson(2011), pp. 114-116.

247 Matt M. Matthews, "The Israeli Defense Forces Response to the 2006 War with Hezbollah: Gaza," *Military Review*, Vol. 89, No. 4 (July-August 2009), p. 47.

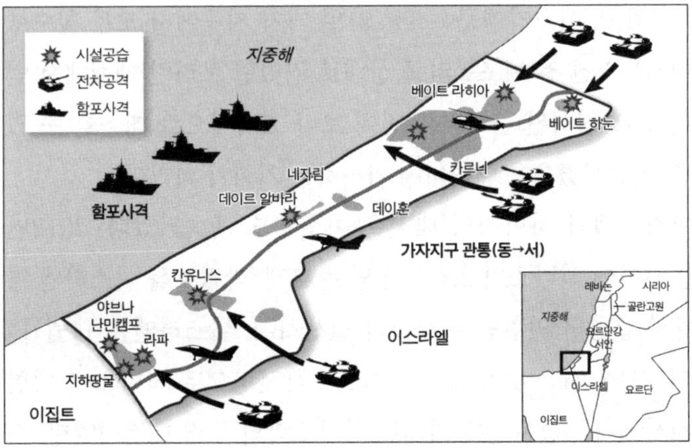

이스라엘의 2008년 12월~2009년 1월 대(對)하마스 공격 작전의 진행도
(출처: 신완교, "이스라엘, 가자지구 군사작전 교훈," 「合參」, 제39호(2009년 4월), p. 24)

군용물자가 하마스에 유입되는 것을 저지했다.[248]

그 결과 이스라엘은 하마스의 군사적 저항 능력을 성공적으로 분쇄, 제압했다. 이는 분쟁 기간을 통틀어 하마스의 로켓 공격이 점차 감소했던 것에서도 입증된다. 분쟁이 시작된 처음 6일 동안 하마스가 이스라엘 영토로 발사한 로켓은 하루 평균 48발이었지만, 이스라엘 육군이 본격적으로 가자 지구로 진격한 후의 5일(1월 2일~6일) 사이에는 하루 평균 33발로 줄었다. 그리고 이후 휴전이 성사되기까지의 12일(1월 7일~18일) 동안, 하마스는 하루 평균 17발의 로켓을 발사하는 데 그쳤다.[249] 가자 지구에서 이스라엘군의 지상전 수행이 하마스의 로켓 공격 시도를 무력화하는 데 효과를 거두었음을 보여준 것이다.

작전 3주째에 들어선 1월 17일, 이스라엘 정부는 주요 군사 목표들이 달성되었다는 판단 아래 일방적인 휴전을 선언했다. 하마스와의 휴전은 다

248 신완교(2009), p. 24.

249 당시 하마스는 분쟁 기간을 통틀어 총 650발의 로켓을 이스라엘 영토에 발사했으며, 이는 하루 평균 23발에 해당하는 규모였다. Lambeth(2011), p. 250.

음날부터 발효되었고, 이스라엘군은 1월 21일 가자 지구에서 모두 철수했다. 이스라엘에게는 2년 전 헤즈볼라를 상대로 겪었던 쓰라린 패배에서 얻은 교훈을 기반으로, 진화된 군사적 도전에 보다 효과적으로 대응할 수 있는 능력을 확보, 발전시켰음을 대내외에 과시하는 기회가 되었다.

그러나 이스라엘과 하마스의 대결은 이후에도 계속되었다. 2012년 11월 11~13일 사이에 하마스가 200발이 넘는 로켓, 박격포를 이스라엘 영토에 발사하여 수십명의 민간인 부상자가 발생하자, 이스라엘은 11월 14일부터 '방어의 기둥'(Pillar of Defense)이라는 작전명으로 하마스에 대한 군사 보복을 개시했다. 3년여만에 재개된 하마스와의 무력 대결이었다. 작전의 주요 목표에는 하마스의 로켓 공격 능력 약화와 이를 통한 국민, 영토의 안전 확보, 하마스의 추가적 도발 의지 분쇄, 그리고 궁극적인 전쟁 억지 태세의 회복 등이 제시되었다.[250]

이스라엘은 1주일 동안의 공습으로 가자 지구에 위치한 1,500개 이상의 표적을 공격했다. 여기에는 하마스의 지도급 고위인사, 로켓 배치 지점, 지휘소, 무기고, 그리고 땅굴 등이 포함되었다.[251] 또한 이 분쟁은 아이언 돔 대(對)포병 방어체계의 효용성을 실전에서 본격적으로 검증하는 기회를 제공했다. 당시 하마스가 발사한 1,450여 발(인구 밀집 지역 밖에 떨어진 870여 발 포함)의 로켓 가운데, 아이언 돔은 주요 도시를 겨냥한 420발 이상을 요격했다. 다시 말해서 방어 성공률이 85%에 달했던 것이다.[252]

결국 이스라엘과 하마스의 두 번째 대결은 작전 8일째인 11월 21일, 이집트 등의 중재를 통해 양측이 휴전에 동의하면서 중단되었다. 육군 부

---

250 Cohen et al(2017), pp. 38-39.

251 하마스 군 지휘부의 2인자격인 아흐메드 자브리도 당시 이스라엘의 공습으로 피살되었다. Cohen et al(2017), pp. 46-47.

252 덕분에 작전 기간 동안 발생한 이스라엘 민간인의 사망은 6명으로 억제되었다. 2006년 헤즈볼라와의 대결과 비교해서 적의 로켓 공격은 약 25% 수준의 규모였지만, 인명 피해는 10% 이하에 그쳤던 것이다. Cohen et al(2017), pp. 57-58.

대의 투입 없이, 공습만으로 단기간 내에 실행 및 종식된 작전이었다.[253] 한편으로는 로켓 무기를 이용한 하마스의 이스라엘 위협 능력이 규모, 범위 측면에서 모두 강화되었다는 점도 드러났다. 당시 하마스가 사용한 로켓 무기 가운데 가장 위력적인 사거리 70km 이상의 이란제 333mm 다연장 로켓포 '파즈르(Fajr. 페르시아어로 '새벽')-5'가 이스라엘의 최대 도시인 텔아비브, 심지어는 수도 예루살렘 인근까지 도달했던 것이 대표적인 사례였다.[254]

이스라엘이 하마스를 상대로 단행한 가장 최근의 대규모 군사 작전은 지난 2014년 7~8월에 벌어졌다. 같은 해 6월 요르단강 서안에서 유태인 학생 3명이 납치 후 피살되고, 그에 대한 보복으로 예루살렘 동부에서 팔레스타인 소년이 잔인하게 살해당하면서 팔레스타인 주민들의 반발이 고조되는 사건이 벌어졌다. 하마스는 이를 명분으로 삼아 7월 초에 들어서 이스라엘 남부에서의 로켓, 박격포 공격을 감행했다. 특히 7월 7일 하마스의 로켓 공격이 60발을 넘어서자, 이스라엘은 하루만인 7월 8일부터 '변경(邊境) 보호'(Protective Edge)라는 작전명으로 하마스를 겨냥한 군사적 응징에 돌입하였다.

하마스를 겨냥한 이스라엘의 작전은 이번에도 공군력을 통해 시작되었다. 전투가 시작된 이틀 사이에 540개가 넘는 표적을 타격한 것을 시작으로, 이스라엘 공군은 9일 동안의 공습으로 가자 지구에 위치한 1,500개 이상의 표적을 공격했다.[255] 이들은 하마스의 로켓 배치 지점과 무기고, 지휘소, 훈련장, 그리고 주요 지휘관들을 포함했다. 여기까지는 2012년 11월의 작전과 비슷한 양상을 나타냈다. 그러나 7월 17일, 13명의 하마스 대원

253 당시 이스라엘은 전투의 장기화에 대비해서 최대 5만 7,000명의 예비전력을 추가 동원할 계획을 세웠지만, 조속한 휴전의 성사로 실행되지 않았다. Cohen et al(2017), pp. 47-49.

254 Cohen et al(2017), p. 57.

255 당시 이스라엘 공군은 사전에 파악, 식별된 주요 표적들에 대한 공격을 작전 초기의 2~3일 동안에 대부분 수행했다. 이후의 공습은 작전의 진행 과정에서 새로 파악된 표적들을 대상으로 실행되었다. Cohen et al(2017), p. 91; p. 94.

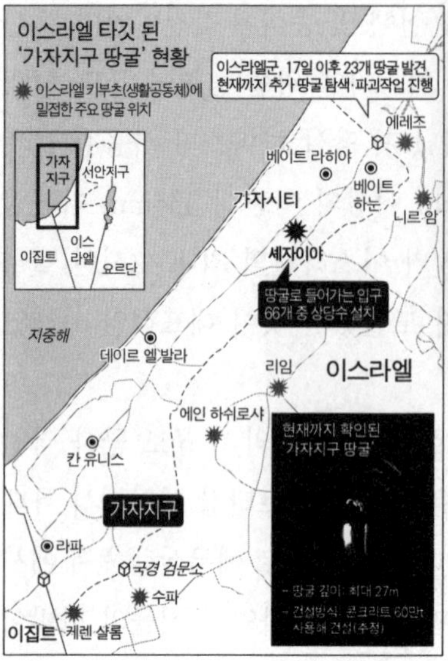

2014년 7월의 가자 지구 전투에서 드러난 하마스의 땅굴(왼쪽. 「연합뉴스」, 2014년 7월 23일)과 이스라엘군 병사(오른쪽)

들이 땅굴을 통해 가자 지구 인근의 이스라엘 마을에 침투하는 사건이 발생하였다. 이들은 신속히 진압되었지만, 하마스의 땅굴이 가자 지구와 인접한 이스라엘 영토로의 기습 등 공격적인 목적을 위해서도 사용될 수 있다는 점에서 충격을 주었다. 이를 계기로 이스라엘군은 가자 지구의 접경에 설치된 땅굴들을 파괴, 제거하기 위해 육군 병력을 투입한다는 결정을 내렸다.

이스라엘은 가자 지구와의 접경 지역에 배치된 기존의 1개 사단에 더하여, 각 1개씩의 보병 및 기갑 사단을 추가로 동원하였다. 이들은 10개(보병 5개, 기갑 4개, 공수 1개) 여단으로 나뉘어 가자 지구의 전(全)방향으로 진입했다.[256] 가자 지구에서의 지상전은 2주일이 넘게 계속되었고, 주요 임무는 하마스가 구축한 전체 길이 100km의 땅굴들(이스라엘 영토로 연장된 32개 포함)

256 Cohen et al(2017), p. 86; p. 89.

을 찾아내어 파괴하는 것이었다.[257] 이 과정에서 몇몇 육군 부대들은 하마스와 교전하기도 했다. 특히 가자 지구 동부의 거점 지역이자, 이스라엘 영토를 향해 구축된 땅굴 6개의 입구가 위치한 셰자이아에서는 7월 19~20일 이스라엘 육군의 1개 보병 여단과 하마스 대원들이 치열한 전투를 벌이면서 양측 모두 다수의 사상자를 냈다.

이스라엘군 병력은 8월 3일에 이르러 가자 지구에서의 철수를 완료했다. 하마스의 땅굴 파괴를 비롯하여 주요 군사 목표의 대부분을 달성했다는 판단에 따른 조치였다. 8월 5일에는 이집트가 제의한 휴전안에도 동의했다. 하지만 이후에도 수일 동안 하마스가 이스라엘에 산발적인 로켓 공격을 가하고, 이스라엘이 반격하는 일이 반복되면서 양측 사이의 유혈 분쟁이 재개될 수 있다는 우려가 제기되었다. 결국 이스라엘과 하마스의 3번째 전투는 시작된 지 50일을 넘긴 8월 26일에야 비로소 끝을 맺었다.

2014년 하마스를 상대로 치른 3번째 대결은 이스라엘에게 2006년 헤즈볼라와의 분쟁 이후 가장 많은 비용을 발생시켰다. 전투 과정에서 60명이 넘는 장병들이 전사했고, 6명의 민간인이 목숨을 잃었다. 경제 부문에서도 민간, 공공 부문을 합쳐서 총 4억 9,800만 달러에 달하는 손실이 발생된 것으로 추산되었다.[258] 뿐만 아니라 하마스의 군사적 위협, 특히 로켓 공격 능력이 증대되고 있음을 재확인시켰다. 하마스는 분쟁 기간 동안 이스라엘에 발사할 수 있는 로켓, 박격포탄의 규모를 하루 평균 100~150발가량으로 유지했으며, 이번에도 텔아비브와 예루살렘, 하이파 등 가자 지구에서 멀리 떨어진 이스라엘의 주요 도시에 로켓 공격을 가할 수 있음을 과시했다.[259]

---

257 Cohen et al(2017), p. 101.

258 구체적으로는 하마스의 직접 공격으로 발생한 직접 손실 5,500만 달러, 경제 활동에의 교란으로 발생한 간접 손실 4억 4,300만 달러를 포함한 것이다. Cohen et al(2017), p. 125.

259 비록 하마스의 로켓 공격 규모, 범위가 확대되었지만, 그로 인한 이스라엘의 인적, 물적 피해는 아이언 돔 대(對)포병 방어체계의 활약으로 상당 수준 억제되었다. 특히 가자 지구로부터 10km 이내의 접경 지역에서는 아이언 돔의 방어 성공률이 90% 이상으로 나타났다. Cohen et

이들 전투를 통해 나타난 교훈들을 바탕으로, 이스라엘은 헤즈볼라와 하마스의 복합전 위협에 보다 효과적으로 대응할 수 있는 능력을 발전, 향상시키기 위한 노력을 지속하고 있다. 한 보기로 이스라엘 육군은 기존의 여단보다 타격 능력, 생존성이 대폭 강화된 '제병 협동 전투단'의 편성을 추진할 것이라고 밝혔다. 각 여단을 보병, 기갑, 포병 등의 병과별 대대들로 재구축한다는 것이 주요 내용이다.[260] 지금까지는 유사시에 다양한 병과의 여단으로 구성된 임시 사단을 편성하여 고(高)강도의 전투에 투입하는 방식이었는데, 이를 여단급 부대에 적용한다는 것이다.

사단보다 규모가 작은 여단급 부대의 전투력을 증대시켜 헤즈볼라, 하마스의 도발에 대한 지상 전력의 동원, 대응 속도를 높이고, 이들이 장악한 지역(예: 레바논 남부, 가자 지구)에서도 우세한 전투력을 발휘함으로써 승리를 위한 결정적인 전과(戰果)를 달성한다는 것이 이스라엘군의 목표다. 이를 뒷받침하기 위해, 이스라엘은 각 여단에 보다 강화된 정보수집, 화력을 제공할 수 있는 무기들의 보급을 진행 중이다. 여기에는 ① '스카이 락' 소형 정찰용 무인항공기, ② 기존의 팔라딘 자주포보다 기동성이 높은 자국산 '아트모스(ATMOS)-2000' 155mm 차륜형 자주포, ③ 사거리 40km 이상의 '로마크'(Romach. 창(槍)) 160mm 다연장 유도로켓 등이 포함된다.[261]

한편으로 이스라엘군은 그동안 낮은 우선순위를 차지했던 육군의 포병, 특히 중 · 장거리 정밀유도무기 전력을 강화하는 추세다. 앞서 살펴보았듯이, 전통적으로 이스라엘은 장거리 타격 능력이 우수한 공군이 지상작전을 위한 화력 지원 임무의 상당부분을 수행했다. 하지만 헤즈볼라, 하

---

al(2017), pp. 133-135.

260 또한 이스라엘군은 나머지 부대들을 ① 적진으로의 기습적인 침투 임무를 수행하는 공수 및 특공여단 등의 '신속기동 전투단', ② 평시 국경에서의 경비, 감시를 주로 담당하는 예비전력으로 구분, 운용한다는 계획이다. 이는 대다수의 여단급 전투부대들이 중(重)무장 능력을 갖춘 적과의 고(高)강도 전투 임무 수행에 전념할 수 있도록 보장하기 위한 것이다. Yaakov Lappin, "IDF Ground Forces Unveil Major Changes," *Jane's Defence Weekly*, (March 7, 2018), p. 10.

261 Lappin(2018), p. 10.

이스라엘의 '프레데터 호크' 신형 단거리 탄도미사일(왼쪽), EXTRA 다연장 유도로켓(오른쪽)의 발사 모습. 헤즈볼라, 하마스의 로켓 위협에 대한 신속대응 능력의 강화를 위해 개발되었다.

마스의 로켓 무기들이 발사 후 불과 1~2분 이내의 짧은 시간에 이스라엘의 주요 도시를 타격할 수 있음을 고려하면, 공군력은 이들의 위협에 신속히 대응하는 데 불리하다는 지적을 받아왔다. 아울러 이스라엘의 전투기들이 배치된 공군 기지들이 더 이상 헤즈볼라, 하마스에 의한 단기간 내의, 대규모 로켓 공격에서 안전하지 못하다는 점도 무시할 수 없게 되었다.

그 결과 이스라엘군은 2010년대 후반부터 '사거리 연장형 로켓무기'(통칭 EXTRA: EXTended Range Artillery)로 불리는 신형 다연장 유도로켓, '프레데터 호크'로 명명된 단거리 탄도미사일을 개발, 배치하기 시작했다.[262] 이들은 사거리가 각각 150~300km에 탄두 중량은 0.2톤 이하로 한정되고, 300mm급 이상의 다연장 로켓포에서 탑재, 발사되며, GPS와 관성항법장치 등의 정밀 유도장치를 통해 오차범위가 10m 이내일 정도로 정확성이 우수하다. 특히 무장 탑재와 이륙 등의 준비 시간이 소요되는 공군의 전투기보다 훨씬 신속하게 헤즈볼라, 하마스의 로켓 공격에 반격할 수 있는 능력을 제공할 것으로 기대된다.

---

262 또한 이스라엘군은 향후 육군 내부에 기존의 포병 부대와는 별도의 '지대지 미사일 부대'를 편성할 것임을 밝혔다. Yaakov Lappin, "IDF Buying More Guided Artillery Rockets," *Jane's Defence Weekly*, (September 5, 2018), p. 16.

2) '승리'만으로는 부족하다

70여 년 전의 건국 당시, 이스라엘은 국제사회로부터 적지 않은 동정과 연민, 공감을 얻었다. 1,000년이 넘도록 강제로 고국에서 쫓겨나 유랑해야 했으며, 바로 직전에 일어난 제2차 세계대전에서는 600만 명이 넘는 동족들의 대학살로 인한 전멸의 위기를 벗어난 생존자들이 일치단결하여 세운 국가였기 때문이다. 뿐만 아니라 세계 각국은 이스라엘이 건국 후에도 적대적인 주변 아랍 국가들에 맞서, 훨씬 적은 영토와 인구, 국력만으로, 여러 차례의 전쟁에서 승리하면서 생존을 유지해낸 것에 경탄을 금치 못했다. 그야말로 '다윗과 골리앗'의 신화가 재현된 것이었다.

하지만 오늘날 국제사회와 여론은 더 이상 이스라엘에게 동정적이지 않다. 그동안 이스라엘이 필사적으로 스스로의 생존, 안전을 추구하는 과정에서 또 다른 희생양이 되어야 했던 팔레스타인 주민들의 고통, 수난이 부인할 수 없는 실상으로 드러나고 있기 때문이다. 2017년을 기준으로 가자 지구, 요르단강 서안을 비롯한 팔레스타인 자치정부 관할 지역의 아랍 주민들은 210만 명이 넘는다. 여기에 요르단, 시리아, 레바논 등지로 내몰린 이들의 수까지 합치면, 무려 530만 명 이상의 팔레스타인 출신 아랍인들이 고향에서 밀려나 난민 상태에 놓여있는 것이다.[263]

1990년대부터 이스라엘과 팔레스타인 자치정부는 양측이 주권국가로서, 평화적으로 공존한다는 목표 아래, 대화와 협상을 지속 및 시도해 왔다. 이는 '양(兩)국가 해법'(two-state solution)으로 불리고 있다. 하지만 ① 주요 분쟁지역 이내의 유태인 정착촌 처리,[264] ② 예루살렘 동부 지역의 귀

---

263 인남식, 『이스라엘-팔레스타인 평화협상의 추이와 향후 전망: 양(兩)국가 해법의 미래』(서울: 국립외교원 외교안보연구소, 2018), p. 23.

264 이스라엘은 제3차 중동전쟁 직후 점령한 요르단강 서안, 가자 지구, 골란 고원 등지에 유태인 정착촌을 건설했으며, 2017년 기준으로 74~79만 명(이스라엘 전체 인구의 약 9%)이 거주 중이다. 이러한 유태인 정착촌의 존재는 이스라엘이 해당 지역들에 대한 영유권을 기정사실화하고, 팔레스타인의 독립과 건국을 용인하지 않으려는 의도를 반영한 것이라고 비판받는다. 인남

이스라엘의 공습으로 불타는 팔레스타인의 건물(왼쪽)과 이스라엘군 탱크에 돌을 던지는 팔레스타인 소년(오른쪽). 세계의 여론은 이스라엘에 점차 비판적으로 변해가고 있다.

속,[265] ③ 팔레스타인 이외 지역에 거주하는 난민들의 귀환 여부[266] 등의 쟁점들에 대해 양측이 좀처럼 이견을 해소하지 못하면서, 오늘날까지 갈등이 계속되고 있는 실정이다.[267]

한편으로는 팔레스타인의 아랍 주민들도 침묵을 거부하고 있다. 지난 1987년 12월과 2000년 9월에 각각 촉발되어 수년 동안 가자 지구, 요르단강 서안에서 계속되었던 2차례의 봉기(일명 '인티파다'(Intifada))는 팔레스타인 지역이 이스라엘의 점령 아래에 놓여 있으며, 그것이 환영받지 못하고 있음을 세계에 명백히 보여주었다. 특히 이들 사건으로 이스라엘 당국과 팔레스타인 주민들이 정면으로 충돌해 수많은 인명 피해가 발생하면서, 국제사회의 여론은 점차 이스라엘에 비판적으로 변해갔다. 그동안 이스라엘

식(2018), pp. 18-21.

265 예루살렘 동부는 1967년 제3차 중동전쟁 이래 이스라엘의 관할 하에 있지만, 실질적으로는 대부분이 아랍인 거주 지역으로 남아있다. 현재 이스라엘, 팔레스타인 자치정부가 예루살렘 전체를 각자의 '영속(永續)적인 수도'로 규정하고 있는 것도 이 문제에 관한 타협을 어렵게 하고 있다. 인남식(2018), pp. 21-22.

266 이스라엘은 팔레스타인 난민들이 모두 귀환한다면 이스라엘 영토 내에서 유태인과 아랍계 주민의 수가 역전되고, 그로 인해 '유태인 국가'로서 이스라엘의 국가 정체성과 안보에 치명적 위협이 가해질 것이라는 점을 들어서 강력히 반대하는 입장이다. 인남식(2018), pp. 23-24.

267 팔레스타인의 지위 결정을 비롯한 이스라엘, 팔레스타인 자치정부의 협상 경과에 대해서는 외교부 아프리카중동국 중동1과(2019), pp. 109-113을 참고.

은 '아랍 전체에 대항하여 홀로 맞선 불굴의 투사(鬪士)'로 여겨졌지만, 이제는 '팔레스타인의 힘없는 아랍인들을 탄압하는 압제자'라는 오명(汚名)을 쓰게 된 것이었다.

이스라엘에 대한 비판은 헤즈볼라, 하마스 등을 대상으로 하는 군사작전에서도 거세지고 있다. 이들 분쟁에서 수백 내지 수천명씩 발생하는 무고한 민간인들의 피해가 국내외의 주목을 받으면서, 그에 대한 책임이 이스라엘에게 쏠리고 있기 때문이다. 가장 최근인 2014년 7~8월 하마스와의 전투에서는, 50일이 넘는 분쟁 기간을 통틀어 가자 지구에 거주하는 2,133명이 목숨을 잃었는데, 그들 가운데 민간인은 1,489명으로 무려 70%에 육박한 것으로 나타났다.[268] 뿐만 아니라 가자 지구 인구의 28%에 해당하는 50만 명가량이 이스라엘의 공격으로 대피하였고, 10만 8,000여 명은 자신들의 집을 잃기까지 했다.

물론 이러한 결과들이 전적으로 이스라엘의 잔인함, 호전성에 따른 것들이라고 단정지을 수는 없다. 인구 밀집지역에 주요 무기와 병력을 배치, 은닉하면서 민간인들을 일종의 '인간 방패'(human shield)로 악용하고 있는 헤즈볼라, 하마스 등의 무장단체도 결코 이에 관한 책임에서 자유롭지 못하기 때문이다.[269] 그럼에도 불구하고 국제사회의 비판은 그들보다 군사적으로 우위에 있음이 명백한 이스라엘에게 집중되고 있다. 이는 앞으로도 이스라엘이 평·전시에 적대 세력의 위협에 대항하기 위한 군사적 행동의 자유, 주도권을 제약하는 요인이 될 것이다.[270]

---

268 해당 통계는 UN의 조사, 발표에 따른 것이다. 대조적으로 이스라엘측은 작전 당시 가자 지구에서 발생한 사망자는 1,590여 명이며, 그들 가운데 75%인 1,190명 이상은 하마스 대원들이라는 발표를 제시했다. Cohen et al(2017), p. 125.

269 Belfer Center for Science and International Affairs(2016), p. 9; Cohen et al(2017), p. 33.

270 이에 따라 이스라엘군은 전쟁의 억지, 승리에 필요한 주도권을 보장받기 위하여 군사 작전의 실행에 관한 정치·외교적, 법적 측면의 정당성을 확보하고, 국내외의 지지를 얻는 것을 강조하는 추세다. 구체적으로는 전투 지역의 주민들에게 사전 경고를 발송하여 대피하도록 유도하고, 적의 표적 선택과 공격을 비롯한 작전 수행에서 법률상의 자문을 강화하고 있는 것이다. Belfer Center for Science and International Affairs(2016), pp. 22-23; pp. 26-28; 국방기술품

그동안 이스라엘은 세계의 다른 국가들보다 매우 불리한 조건 속에서, 스스로의 생존과 안전을 달성하기 위해, 다른 국가들을 넘어서는 비상(非常)한 노력과 열정으로 세계를 놀라게 했다. 그 과정에서 거둔 여러 차례의 군사적 승리들은 오늘날 이스라엘이 누리고 있는 생존, 안전을 실현하는 데 매우 중요한 역할을 해냈다. 하지만 동시에 이스라엘은 한가지의 명백하고도 냉엄한 현실에 직면하고 있다. 바로 군사상의 우위, 승리만으로는 계속되는 정치 · 군사적 분쟁과 그로 인한 안보 위협의 지속을 근본적으로 해소할 수 없다는 점이다.[271]

이스라엘은 주변의 적대 세력이 무력으로 자신들을 파멸시키려는 어떠한 시도든지 효과적으로 억지 및 분쇄할 수 있는 군사력을 유지, 발전시키는 한편으로, 팔레스타인과의 평화 공존을 실현, 보장하는 데 필요한 정치 · 외교적인 노력을 보다 적극적으로 기울일 필요성이 절실하다. 이는 지난 수십 년 동안 이스라엘에 대한 안보 위협의 근원이었던 주변 아랍 국가들과의 대립, 적대 관계를 해소함으로써 안보환경을 획기적으로 개선시키는 것과 직결되는 과제다. 지난 1970년대 말 이집트와의 외교 관계를 정상화한 베긴, 1990년대 초 · 중반 팔레스타인과 역사적인 타협을 선택한 라빈 수상이 그러했듯이.

일찍이 『손자병법』(孫子兵法)은 "가장 바람직한 전략은 매번 전쟁을 해서 이기는 것이 아니라, 전쟁을 치르지 않고서 목적을 달성하는 것"(百戰百勝 非善之善者也° 不戰而屈人之兵 善之善者也)이라고 역설한 바 있다. 지금의 이스라엘이 특히 명심해야 할 교훈이라고 할 수 있을 것이다.

질원(2018), pp. 771-772.

271 Uri Bar-Joseph, "The Paradox of Israeli Power," *Survival*, Vol. 46, No. 4 (Winter 2004/2005), p. 152.

Ⅱ. 스웨덴

무장중립국

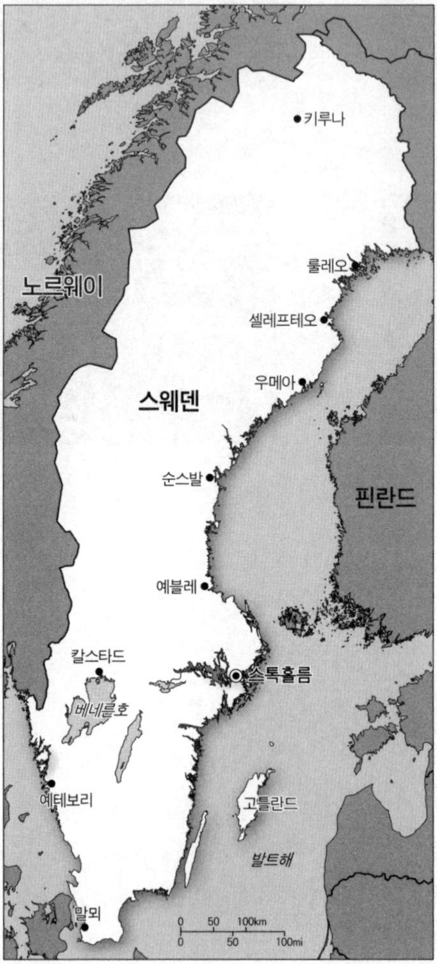

© 2020 wikipedia.org

스웨덴은 '스칸디나비아'(Scandinavia), 혹은 '노르딕'(Nordic) 지역으로 불리는 유럽 북부에 위치하고 있다. 보다 구체적으로는 북위 55~70도, 동경 11~25도에 걸쳐 남북으로 길게 뻗어있는 형태다. 영토의 전체 면적은 44만 9,964km²로 한반도의 약 2배에 달하며, 스칸디나비아의 나머지 3개국(노르웨이, 덴마크, 핀란드)보다 넓은 북(北)유럽(Northern Europe) 최대 규모다.[1] 동쪽으로는 보트니아 만(灣)과 일부 지상 국경을 통해 핀란드와 접한다. 동남쪽으로는 발트해(Baltic Sea) 너머로 발트 3국(리투아니아, 에스토니아, 라트비아)과 폴란드가 위치하고 있다.[2] 서남쪽으로는 스카게라크, 카테가트 두 해협 너머로 유틀란트 반도의 덴마크, 독일 북부와 연결된다. 그리고 서쪽으로는 자연적 국경선인 스칸디나비아 산맥을 통해 노르웨이와 인접하고 있다.

지리적으로 스웨덴은 북유럽에 속하지만, 한편으로는 독일과 폴란드를 비롯한 중(中)유럽(Central Europe), 발트 3국 등의 동(東)유럽(Eastern Europe)과 해양을 통해 연결, 인접하는 위치에 놓여있다. 특히 스웨덴의 동·남부와 광범위하게 접하고 있는 발트해는 서남쪽의 두 해협을 통해 북해(北海: North Sea), 더 나아가 대서양(大西洋: Atlantic Ocean)으로 연결될 수 있다.[3] 이는 유럽 대륙에서 영국, 프랑스, 스페인 등의 서(西)유럽(Western Europe)과 중유럽, 혹은 동유럽의 강대국(특히 러시아)이 해군력을 통해 자신들의 정치·군사적인 영향력을 상대방에게 행사하려면, 발트해를 필수적으로 통제, 장악해야 함을 뜻한다.

그 결과 스웨덴은 과거 수백 년 동안 유럽에서 발생한 주요 전쟁들에 참전하거나, 직간접적인 영향을 받아왔다. 또한 스웨덴이 스스로의 안전, 정치·외교적인 자주성을 보장받기 위하여, 유럽에서의 대규모 전쟁

---

1 외교부 유럽국 서유럽과, 『스웨덴 개황』(서울: 외교부, 2019), p. 4.

2 발트 3국은 제1차 세계대전의 종전을 전후로 독립했지만, 제2차 세계대전 초반 소련에 의해 병합되었다. 이후 1990년대 초 냉전의 종식, 소련 해체를 계기로 독립국의 지위를 회복하였다.

3 임덕순, 『政治地理學 原理: 理論과 實際』(서울: 법문사, 1997), p. 165; pp. 168-169.

과 정치 · 군사상의 목적을 위한 동맹, 진영에 동참하지 않는 '비동맹'(非同盟: non-alignment), '중립'(中立: neutrality) 노선을 추구 및 유지하는 결과로 이어졌다. 무엇보다도 스웨덴의 비동맹, 중립 노선은 타국에 의한 보장에 의존하는 것이 아닌, 독자적인 방위 역량에 기반을 두는 '무장 중립'(armed neutrality)이라는 점에 주목할 필요가 있다.

1. 스웨덴의 역사

1) 바이킹의 후예들

스웨덴의 존재가 역사상으로 처음 기록된 것은 기원전 1만 년에서 8,000여 년 무렵으로 거슬러 올라간다. 빙하기가 끝나면서 남부로부터 사람들이 이동을 시작한 것이다. 이후 기원전 500년 무렵까지 유목과 농경 생활을 비롯한 석기 시대를 거쳐 청동기 시대로의 발전을 이루었고, 서기 800년 무렵에 이르는 철기 시대까지 보다 많은 인구가 주변의 유럽 대륙에서 건너왔다.

서기 5~6세기에 들어서는 스웨덴을 비롯한 스칸디나비아 지역에서 초보적인 국가의 형태가 형성되기 시작했다. 그들 가운데서도 우플란드(Uppland) 지방을 중심으로 번성했던 '스베아'(Svear) 족(族)이 다수 세력을 차지했다.[4] 스베아 족은 스웨덴 중부를 중심으로 여러 부족들을 규합해 일종의 연합 부족국가를 형성했으며, 발트해까지 세력을 확장하였다. 이에 따라 스베아 족은 오늘날 스웨덴인의 기원이 되었다. '스웨덴'(Sweden; Sverige)이라는 국명(國名)도 그들로부터 유래한 것이다.

---

4 변광수, 『북유럽사』(서울: 대한교과서 주식회사, 2006), p. 36.

바이킹의 선박(왼쪽)과 초기 스칸디나비아인들이 사용한 투구(오른쪽)

800년대, 즉 9세기에 이르러서는 유럽의 여러 지역에서 스칸디나비아의 위력을 실감하게 되었다. 북유럽의 여러 부족들이 원거리 항해를 통해 발트해 주변, 심지어는 북해와 지중해를 비롯한 보다 먼 지역으로까지 진출했기 때문이다. 이들은 '바이킹'(Viking)이라고 불린다. 바이킹은 수심이 얕은 해역에서도 항해할 수 있는 독특한 선박을 보유했으며, 여기에 우수한 항해술, 전투 능력까지 앞세워 유럽의 여러 해안과 강 연안 등지에 출몰하였다.[5]

바이킹의 해상 원정은 평화로운 무역, 혹은 잔혹한 습격이나 약탈을 비롯한 여러 형태로 실시되었다. 때로는 특정 지역 일대를 점령하고, 자기 부족들의 인구 대부분을 집단으로 이주시켜 새로운 터전으로 삼기까지 했다. 영국에서는 700년대 말 덴마크, 노르웨이 등 스칸디나비아 서부 출신의 바이킹들이 해안을 빈번히 습격하여 동 · 북부 지역에 정착했고, 덴마크 출신의 크누트 왕이 1016년부터 1035년까지 영국을 정복, 지배하였다.

---

5 스웨덴 동부 출신의 바이킹은 동유럽으로, 덴마크와 노르웨이, 스웨덴 남서부 출신의 바이킹은 서유럽과 남유럽 일대로 원정을 실시했다. 이는 각 부족들의 지리적 조건을 반영한 결과로 여겨진다. 변광수(2006), p. 39.

프랑스의 해안들과 수도 파리를 넘보던 노르만 족도 911년 프랑스에 복속(服屬)하는 대가로 북서부의 노르망디(Normandy)를 할양받았다.[6] 바이킹의 활발한 해상 원정으로 스칸디나비아 지역은 자신들의 지리적 활동 범위를 확장시킴은 물론, 경제적으로도 큰 이익을 차지할 수 있었다.

당시 서유럽은 로마 제목의 멸망 이후 가장 큰 세력을 차지한 프랑크 왕국이 카를로스 대제(大帝)의 타계 후 정치 · 사회적인 분열을 겪고 있었다. 게다가 동유럽에서는 아직 이렇다 할 세력을 가진 국가가 없는 상태였다. 때문에 유럽 각 지역들은 오랜 기간 동안 바이킹의 원정에 무력하게 노출되었고, 그들에게 바이킹은 공포의 침략자, 해적(海賊)으로 인식되었다.

하지만 1000년대에 들어서면서 바이킹의 세력은 점차 퇴조하였다.[7] 프랑크 왕국의 분열 이후에 등장한 영국과 프랑스 등 서유럽의 왕조들이 점차 잘 훈련된 군대를 보유, 양성하게 되었고, 바이킹의 원정에 대항할 수 있는 역량도 강화되었기 때문이다. 이에 따라 바이킹의 시대는 200여 년 만인 11세기 중반에 막을 내렸다. 그로 인해 스칸디나비아 지역은 다시 나머지 유럽 지역들과는 교류가 약화되면서 고립 상태로 돌아갔다.

한편 바이킹 시대가 막을 내릴 즈음, 스칸디나비아 지역에서는 현재와 같은 국가들 사이의 경계, 분화가 형성되기 시작했다. 북해와 가까운 서부에 노르웨이와 덴마크가 등장하고, 발트해를 둔 동부에는 스웨덴이 세력을 굳히게 된 것이다.[8] 말하자면 오늘날까지 이어지고 있는 북유럽 국가들의 경계는 무려 1,000년이 훨씬 넘는 역사상의 배경에서 비롯되었다고 할 수 있다.

---

6 변광수(2006), pp. 44-45.

7 변광수(2006), pp. 45-46.

8 변광수(2006), p. 47.

2) 칼마르 동맹에서 독립까지

13세기 후반에 들어서 독일 북부에서는 일단(一團)의 도시들이 일종의 연합을 형성하기 시작했다. 뤼베크를 중심으로 쾰른, 브레멘, 함부르크 등이 포함된 이들 도시 연합은 공동의 상업권을 유지, 확보하고, 다른 지역의 경제력이 침투하는 것을 막겠다는 취지로 등장한 것이었다. 이들은 '한자(Hansa. 독일 고어(古語)로 '호송(護送)단') 동맹'이라고 불리게 되었다. 한자 동맹은 본래 경제적인 목적의 공동체였지만, 점차 정치적 연맹체의 성격을 강하게 나타냈다. 특히 한자 동맹은 해상 운송을 비롯한 무역 과정에서의 안전을 확보한다는 명목으로 독자적인 함대, 요새 등의 군사력까지 갖추기에 이르렀다.

한자 동맹이 경제, 정치 등의 각 부문에서 세력을 떨치면서, 가장 큰 위협을 느낀 것은 스칸디나비아 지역의 국가들이었다. 지리적으로 가까울 뿐만 아니라, 경제력과 무력을 함께 갖춘 독일 북부의 도시 연맹이 그 힘을 자신들에게 겨눌 가능성을 경계했던 것이다. 이러한 우려는 한자 동맹의 영향력이 발트해 방면까지 확장되면서 현실화되었다. 심지어 스웨덴에서는 1363년 독일 출신의 알브레크트가 일부 귀족들의 지지로 왕위에 오르고, 독일 영주들에게 여러 토지를 넘겨주어 내부의 불만을 사는 지경에 이르렀다.

그러자 스웨덴의 귀족 세력은 당시 노르웨이, 덴마크의 공동 군주(君主)였던 마르가레테 1세 여왕에게 원조를 청했고, 3개국의 연합군은 1389년 알브레크트를 스웨덴의 왕위에서 몰아내었다.[9] 하지만 이것으로 만족하지는 않았다. 한자 동맹으로 대표되는 독일계의 세력에 맞서기 위해서는

---

9 마르가레테 1세는 본래 덴마크 왕실의 딸이었고, 노르웨이 국왕 호콘 6세와 결혼했다. 이후 1375년과 1380년에 부왕(父王), 남편이 차례로 세상을 떠나자, 마르가레테 1세는 어린 아들 올라프의 섭정 자격으로 덴마크, 노르웨이 양국의 실질적인 지배권을 행사하였다. 그리고 1387년 아들마저 불과 17세의 나이로 죽으면서 정식으로 덴마크, 노르웨이의 여왕에 동시 즉위했다.

스칸디나비아 국가들이 하나의 정치세력으로 단결해야 한다는 필요성이 제기되었던 것이다. 마침 이들 3국은 언어와 풍속, 생활환경 등에서 공통점이 많았을 뿐만 아니라, 귀족을 비롯한 지배 세력들도 서로 친척 관계를 맺고 있어서 정치적 연합체를 구성하는 데 유리한 배경을 제공했다.

이에 따라 1397년 스웨덴과 노르웨이, 덴마크 3국의 지도층은 마르가레테 1세의 주도 아래, 당시 15세에 불과했던 친척 에리크를 공동의 군주로 인정하는 연합 왕국의 성립을 결의했다. 이로써 '칼마르 동맹'(Kalmarunionen)이 결성되었다.[10] 당대 유럽의 최대 왕국으로 등장한 칼마르 동맹은 덴마크가 주도권을 갖는 가운데, 노르웨이와 스웨덴이 덴마크의 지배 아래에 놓이는 구조를 나타냈다. 칼마르 동맹은 에리크 왕의 섭정 자격으로 실질적인 지배권을 행사했던 여걸(女傑) 마르가레테 1세가 1412년 타계할 때까지, 15년 동안 안정적으로 운영되었다.

하지만 친정(親政)을 시작한 에리크 왕이 발트해에서 한자 동맹과의 대결, 전쟁을 지속하기 위해 과중한 세금을 부과하면서, 점차 내부의 반발이 높아졌다. 1470년에는 스텐 스투레 1세가 귀족들의 지지를 얻어 섭정 자격으로 스웨덴의 독자적인 통치권을 차지했다. 이에 덴마크가 무력으로 스웨덴을 침공했지만, 1년 후인 1471년 브룬케베리 전투에서 스웨덴이 덴마크에 대승을 거두었다.[11] 덕분에 스웨덴은 20년 동안 기존의 연합 왕국이 유지되는 가운데, 사실상의 독립을 누릴 수 있었다.

그럼에도 불구하고 덴마크, 노르웨이는 스웨덴에 대한 통치권과 영향력을 강화하려 애썼다. 이는 시간이 지날수록 높아지고 있던 스웨덴 내부의 독립 열망과 상충되는 것이었다. 결국 양측의 첨예한 입장은 1520년에 정면으로 충돌하게 되었다. 새로이 덴마크의 왕으로 즉위한 크리스티안 2세가 대규모의 병력을 동원하여 스웨덴을 침공, 점령하고, 최대 도시인 스톡

---

10 칼마르 동맹이라는 명칭은 당시 스칸디나비아 3개국의 결의가 이루어진 스웨덴 동남부의 칼마르(Kalmar)에서 유래했다. 변광수(2006), p. 77.

11 변광수(2006), p. 81.

스웨덴 독립의 영웅 구스타프 바사(왼쪽)와 1523년 6월 그의 스톡홀름 입성을 묘사한 그림(오른쪽)

홀름(Stockholm)을 비롯한 여러 지역에서 스웨덴의 지도 세력들과 반대파를 잔혹하게 처형했던 것이다.[12]

덴마크의 강압적인 점령, 폭정은 도리어 독립에 대한 스웨덴의 요구를 더욱 굳건하게 만들었다. 그리하여 1521년 1월, 24세의 귀족 구스타프 바사가 지휘하는 농민 병사들이 궐기했다. 초기에 불과 1,000명 정도였던 바사의 병력은 각 지역에서 계속된 승리를 통해 그 규모가 증강되었고, 8월에는 바사가 스웨덴 전 지역의 독립전쟁 지도자로 추대되기에 이르렀다. 여기에 한자 동맹의 일원인 독일 도시 뤼베크도 바사의 지원 요청을 받아들였다. 이를 통해 바사와 스웨덴군은 군함과 외국 용병의 지원을 제공받을 수 있었다.

그 결과 바사가 이끄는 병력은 1523년 6월 17일, 스톡홀름을 탈환하는 쾌거를 이루었다.[13] 이로써 스웨덴은 덴마크를 몰아내기 위한 2년 동안의 독립전쟁에서 승리했다. 이보다 앞선 6월 6일에는 바사가 국왕 '구스

---

12 특히 크리스티안 2세는 1520년 11월 7~9일 스톡홀름에서 귀족과 상공인, 종교지도자 등 100명이 넘는 이들을 처형했는데, 이는 '스톡홀름 대학살'(Stockholms blodbad)이라고 불린다. 변광수(2006), pp. 85-86.

13 이보다 앞선 1523년 1월, 크리스티안 2세는 덴마크 내부의 반란으로 인해 왕위를 숙부 프레드릭에게 넘겨주었다. 그는 1559년에 타계했다.

타프 1세'로 즉위함과 동시에, 스웨덴의 독립이 선포되었다.[14] 칼마르 동맹이 126년 만에 공식적으로 해체되고, 스웨덴이 독립국으로 재탄생하는 순간이었다. 지금도 스웨덴은 매년 6월 6일을 '독립 기념일'(Sveriges nationaldag)로 경축하고 있다.

3) 군사 강국의 전통

1618년에 이르러 유럽의 주요 국가들은 천주교, 개신교로 나뉘어 전쟁을 벌이기 시작했다. 100년 동안 종교개혁(宗教改革)을 놓고 계속되어 온 갈등이 급기야 전쟁으로 비화되고 만 것이었다. 이른바 '30년 전쟁'의 시대였다. 전쟁이 시작될 당시, 스웨덴은 독립전쟁의 영웅 구스타프 1세의 손자 아돌프가 '구스타프 2세'로 즉위한 지 7년째를 맞고 있었다. 또한 스웨덴을 비롯한 북유럽 국가들의 대부분이 마르틴 루터의 교리(教理)를 따르는 개신교 진영에 합류한 상태였다.

스웨덴이 30년 전쟁에 본격적으로 개입, 참전하게 된 것은 1630년에 들어서였다. 이전까지 스웨덴은 천주교 진영의 일원인 폴란드와의 전쟁을 통해 발트해에서의 세력을 유지하고, 개신교 진영을 간접적으로 지원하는 역할만을 담당했다. 하지만 천주교 진영의 맹주(盟主)인 독일 신성로마제국이 승리를 거듭하고, 발트해까지 그 세력을 확대하면서, 스웨덴도 더 이상 이를 방관할 수만은 없게 되었다. 특히 독일 북부로 병력을 투입했던 덴마크마저 신성로마제국에 패퇴하자, 스웨덴은 '독일의 개신교도 지원'이라는 명분을 내세워 참전을 결정하기에 이르렀다.

당시 유럽에서는 16세기 이래 화약 무기가 제공하는 군사적 효과를 적극적으로 활용하고, 이를 반영하여 전술과 부대 구조를 수정, 발전시키

14 변광수(2006), p. 95.

려는 노력이 기울여지고 있었다. 스웨덴도 30년 전쟁에의 참전을 결정하기 이전부터, 구스타프 2세의 진두지휘 아래 의욕적인 군사 개혁을 진행해 왔다. 먼저 스웨덴은 약 400명으로 구성된 대대급의 기본 전투부대에서 전통적인 창, 당대의 신무기인 화승총으로 무장한 병사의 비중을 종래의 3 : 1에서 1 : 1로, 거의 대등하게 재편하였다. 아울러 무게 0.3톤에 길이 1.2미터로 말, 병사가 운반할 수 있도록 경량화된 야포를 개발, 전력화했다.[15] 말을 타고 싸우는 기병(騎兵)의 무장도 커다란 창 대신, 총과 검으로 간소화시켰다. 덕분에 스웨덴군은 화력과 기동력을 동시에 강화할 수 있었다.

6열(列) 형태의 전투 대형(隊形)을 이용한 일제사격 전술도 구스타프 2세의 군사 개혁에서 나타난 주요 성과였다. 당시 스페인의 지배에 대항한 네덜란드의 지도자 오라녜 공(公) 마우리츠가 고안한 10열의 전투 대형을 기초로, 보다 발전된 형태의 전술을 채택한 것이었다. 화승총으로 무장한 보병들이 3개 열씩 동시에 사격하고, 보병의 재장전이 진행되는 동안 포병은 2~3회의 공격을 가하는 방식이었다. 그리고 창을 갖춘 병사들은 총과 포의 사격으로 타격을 입은 적군을 향해 돌진, 백병전을 벌여서 승부를 결정짓는 역할을 담당했다.[16] 이는 화약 무기를 통해 강화된 파괴, 살상 능력을 집중적으로 발휘하는 데 중점을 둔 것이었다.

구스타프 2세는 1630년 여름 2만 명이 넘는 스웨덴군을 직접 이끌고 독일 북부에 상륙했다. 처음 1년 동안을 방어 진지의 보강, 개신교 진영 동맹국들의 추가적인 병력 확보에 주력한 후, 구스타프 2세와 스웨덴군은 참전 2년째인 1631년부터 본격적인 전투에 돌입했다. 첫 전투는 같은 해 9월 17일, 독일 동부의 브라이텐펠트(Breitenfeld)에서 벌어졌다. 상대는 당대의 명장으로 유명했던 신성로마제국의 요한 폰 틸리 백작이었다.

---

15 초기에 개발된 야포는 지나치게 대형이어서 이동, 운반에 불리했으며, 주로 성곽이나 요새를 공격하기 위한 공성(攻城) 무기로 용도가 제한되었다. 정토웅, 『한 권으로 보는 전쟁사 101장면』(서울 :가람기획, 1997), p. 169.

16 정토웅(1997), p. 169; 박상섭, 『근대국가와 전쟁』(파주: 나남, 1996), pp. 106-107.

30년 전쟁에 참전한 구스타프 2세와
스웨덴군의 전투를 묘사한 그림.
스웨덴은 30년 전쟁을 통해 유럽의
군사 강국으로 도약했다.

이 전투에서 구스타프 2세의 스웨덴군은 보병과 포병, 기병의 원활한 협동 작전, 일제사격과 포병의 우위를 앞세운 화력의 집중을 유감없이 발휘하였다. 틸리의 신성로마제국군은 수십개의 열로 구성된 밀집 대형의 보병들을 중앙에 배치했지만, 이들은 스웨덴군의 화승총과 야포가 퍼붓는 집중 공격으로 제압당했다. 전투 결과, 신성로마제국군은 전체 병력 3만 5,000명의 과반수인 2만 명 이상을 잃으며 참패했다.[17] 반면 스웨덴군의 사상자는 3,500여 명에 그쳤다. 브라이텐펠트 전투는 스웨덴군의 우수성을 전 유럽에 과시했으며, 화약 무기를 이용한 군사력의 강화, 발전 효과를 입증하는 계기가 되었다. 이 점에서 스웨덴과 구스타프 2세의 브라이텐펠트 전투 승리는 세계 전쟁의 역사에서도 중요한 의미를 갖는다.

브라이텐펠트 전투의 승리를 계기로, 스웨덴군은 독일 남부로 진격하였다. 여기에 프랑스도 개신교 진영에 합류하면서, 스웨덴은 프랑스로부터 전쟁 수행에 필요한 상당 수준의 원조를 제공받을 수 있었다.[18] 이후 스웨덴은 1632년 11월 16일 독일 동부의 뤼첸(Lützen)에서 신성로마제국과 다

17 정토웅(1997), p. 171.

18 프랑스는 천주교 신자가 지도층, 일반 국민의 대다수를 차지하지만, 30년 전쟁에서는 천주교 진영의 중심 세력으로 참전한 경쟁국 스페인, 신성로마제국을 견제하기 위해 개신교 진영을 도와 싸웠다. 여기에는 당시 프랑스의 재상(宰相)이었던 추기경 리슐리외가 종교보다 국가간의 세력 논리를 강조했던 점도 큰 영향을 주었다. 변광수(2006), p. 138.

시 격돌했다. 당시 신성로마제국의 군대는 용맹한 용병 대장 알브레히트 폰 발렌슈타인이 이끌고 있었다. 스웨덴군은 다시금 승리했지만, 이전의 전투보다는 많은 사상자를 잃는 대가를 치렀다. 무엇보다도 이 전투에서 구스타프 2세가 전사한 것은 스웨덴에게 매우 큰 타격이었다.

걸출한 군사 지도자인 구스타프 2세의 사망에도 불구하고, 스웨덴은 개신교 진영의 주도 세력으로서 30년 전쟁에 계속 참전했다. 그 결과 1648년 『베스트팔렌 조약』(*Treaty of Westphalia*)의 체결로 30년 전쟁이 끝날 당시, 스웨덴은 거액의 전쟁 배상금뿐만 아니라 독일 및 폴란드의 북부, 발트해 동부 연안(현재의 발트 3국에 해당)을 포함하여 발트해 일대에 걸친 여러 항구, 연안 지대들을 영토로 편입시켰다.[19] 말하자면 스웨덴은 30년 전쟁에서의 군사적 기여, 활약을 통해, 명실상부한 발트해의 지배자로 도약한 것이다. 이러한 군사 강국으로서의 전통은 오늘날까지 스웨덴이 무장 중립 노선을 추구할 수 있는 밑바탕이 되고 있다.

4) 시련기

30년 전쟁을 계기로 스웨덴은 일약 북유럽을 대표하는 강대국이 되었으며, 특히 발트해를 경유하는 서유럽과 중 · 동유럽의 해상 교역로에 대해 지배적인 영향력을 행사하였다.[20] 하지만 유럽의 강대국으로서 스웨덴의 전성기는 오래 유지되지 못했다. 발트해 연안의 여러 국가들이 스웨덴에게 넘어간 영토를 호시탐탐 노렸던 것이다. 독일 지역의 최대 세력으로 등장한 프로이센, 황제 표트르 1세의 주도 아래 강대국으로의 중흥(中興)을 꾀하고 있던 러시아가 바로 그들이었다.

---

19 변광수(2006), p. 142.

20 변광수(2006), pp. 175-176.

러시아를 비롯한 주변 국가들의 도전은 1700년대의 시작과 함께 본격화되었다. 20년이 넘게 계속되는 '북방 대전쟁'(Stora nordiska kriget)이 시작된 것이었다. 초반에 우세를 차지한 쪽은 스웨덴이었다. 러시아가 발트해를 향해 병력을 집결시키고 있다는 정보를 입수하자, 즉위한 지 불과 3년째였던 18세의 젊은 국왕 칼 12세가 직접 1만 명의 병력을 이끌고 1700년 11월 30일 러시아와의 국경 지대에 위치한 나르바(Narva)에서 러시아군을 격퇴한 것이었다.[21] 스웨덴은 여세를 몰아 러시아와 동맹 관계였던 폴란드까지 진격, 수도 바르샤바를 점령했다. 그러나 러시아는 전열을 재정비하는 한편으로, 스웨덴이 차지하고 있던 발트해 동부 연안 지역들에 대해 1707년까지 지속적인 공격을 가했다. 이에 따라 스웨덴은 점차 발트해에서 수세에 몰리게 되었다.

이에 칼 12세는 1708년부터 4만 명이 달하는 스웨덴군을 지휘하여 러시아 본토로의 원정에 나섰다. 러시아군의 주력을 격멸하고, 이를 기반으로 러시아가 스웨덴의 세력 우위에 감히 도전하지 못하도록 확정지으려 했던 것이다. 그러나 스웨덴군이 러시아 영토 서부에 진입한 이후에도, 러시아는 스웨덴과의 전투를 회피한 채 요충지들을 초토화시키며 병력, 물자의 소모를 강요했다. 여기에 러시아 특유의 혹한(酷寒)도 스웨덴군에게 큰 타격을 주었다.

스웨덴과 러시아의 결전은 칼 12세의 원정이 시작된 이듬해인 1709년 6월 27일, 우크라이나 동부의 폴타바(Poltava)에서 벌어졌다. 당시 스웨덴군은 처음 원정에 나설 당시의 절반 수준인 약 2만 명 정도로 약화되어 있었던 반면, 표트르 1세가 이끄는 러시아군의 병력은 그 2배가 넘는 4만 9,000명에 달했다. 결국 스웨덴은 이 전투에서 치명적인 패배를 당했다.[22] 폴타바 전투에서의 패배 이후, 그동안 스웨덴이 차지해 온 발트해 동부

21 변광수(2006), p. 178.

22 변광수(2006), pp. 181-182.

연안, 핀란드 남동부도 러시아의 손아귀에 들어갔다.

뿐만 아니라 주변의 유럽 국가들도 스웨덴을 겨냥한 공세에 나섰다. 그들에게 스웨덴은 더 이상 두려운 상대가 아니었고, 스웨덴의 패배를 기회로 발트해에서 각자의 이권을 차지하려 들었던 것이다. 칼 12세는 이러한 위기를 타개하기 위해 1716년부터 노르웨이를 공략했지만, 2년 만인 1718년 11월 30일 전사하고 말았다. 한편으로 스웨덴은 러시아 해군의 공격으로 주요 항구들이 공격, 약탈당하는 수모마저 겪었다. 그나마 스웨덴은 수도 스톡홀름의 방어에 성공한 것으로 안도해야만 했다.

결국 스웨덴은 1719~1721년 사이에 러시아를 비롯한 주변 국가들과 차례로 강화(講和) 조약을 체결했다. 그동안 발트해 일대를 중심으로 차지했던 영토를 양도하고, 관련된 각종 이권들을 포기한다는 내용의 굴욕적인 조건이었다.[23] 하지만 전쟁의 명백히 패배자였던 스웨덴에게는 달리 선택의 여지가 없었다. 스웨덴은 북방 대전쟁에서의 패배로 강대국의 지위를 상실하고 말았다. 대신 이 전쟁에서 승리한 러시아가 발트해 일대에서의 지배권을 차지했고, 서유럽 국가들과 어깨를 나란히 하는 강대국으로 도약했다.

그로부터 약 80년 후인 19세기 초, 스웨덴은 다시금 고난을 겪게 되었다. 당시 유럽은 공화주의 혁명이 발생한 프랑스와 이를 견제, 분쇄하려는 왕정 국가들 사이의 대립이 1790년대 초부터 계속되고 있었다. 특히 프랑스의 지도자 나폴레옹 보나파르트는 당대 최강이자 무적의 군 사령관으로서 여러 전쟁을 승리로 이끌었고, 1804년에는 프랑스 황제로 즉위하기까지 했다. 스웨덴에서는 1792년 이래 구스타프 4세가 국왕으로 재위 중이었다.

당초 스웨덴은 영국, 러시아와 함께 프랑스에 대항하는 동맹의 일원이었다. 그러나 러시아, 프로이센 등이 나폴레옹의 프랑스군에 번번이 패

---

23 변광수(2006), pp. 185-186.

배하면서, 1807년 7월 러시아가 프랑스와의 동맹 관계 수립을 포함하는 화해를 수용했다. 그럼에도 스웨덴은 영국과의 동맹을 바탕으로 하는 반(反)프랑스 노선을 고수하려 했다. 이에 러시아는 1808년 2월, 전격적으로 스웨덴을 침공해 아직 핀란드 북서부를 중심으로 유지되고 있던 스웨덴의 영토를 점령하였다. 그리하여 스웨덴은 이듬해인 1809년 9월 러시아와 체결한 강화 조약을 통해 핀란드를 비롯한 기존 영토의 1/3이 빼앗기는 것을 용인할 수밖에 없었다.

그뿐만이 아니었다. 러시아와의 굴욕적인 강화 조약 체결을 앞둔 같은 해 3월, 구스타프 4세는 패전에 대한 책임을 묻는 귀족들의 반란에 직면했으며, 결국 왕위를 숙부 칼 공작에게 넘겨주고 말았다. 후임 국왕이 된 칼 13세는 당시 60대의 고령이었는데, 슬하의 자녀가 이미 사망하여 후계자가 없는 상태였다. 이에 나폴레옹 휘하의 프랑스군 고위 장성이었던 장 밥티스트 베르나도트가 스웨덴의 새로운 왕위 계승자로 추대되었다. 프랑스 출신의 왕위 계승자를 통해 나폴레옹의 지원을 확고히 보장받으려는 스웨덴 내부의 기대를 반영한 것이었다.

베르나도트는 1810년 스웨덴에 도착해 스웨덴식 이름인 칼 요한으로 개명했고, 이미 고령이었던 국왕 칼 13세의 섭정으로서 스웨덴의 실질적 지도자가 되었다. 그러나 일단 스웨덴의 지도자가 된 후, 그는 자신의 모국이었던 프랑스의 대리인이기를 거부했다. 오히려 1812년 나폴레옹이 (100여 년 전 스웨덴의 칼 12세가 그러했듯이) 러시아 원정에서 참패하자, 나폴레옹의 프랑스에 대항하는 영국, 러시아 주도의 동맹에 스웨덴도 합류한다는 결정을 내렸다. 심지어 베르나도트는 이듬해인 1813년 나폴레옹의 유럽 지배를 종식시킨 라이프치히 전투에도 반(反)프랑스 동맹군의 일원으로서, 직접 스웨덴군을 이끌고 참전하기까지 했다.[24]

나폴레옹의 프랑스가 패배한 후, 스웨덴은 프랑스의 동맹이었던 덴마

---

24 변광수(2006), pp. 246-247.

나폴레옹 휘하의 장군 '장 베르나도트'에서 스웨덴 국왕이 된 '칼 14세'의 초상화

크를 공격했다. 그리하여 1814년 1월, 스웨덴은 덴마크와의 조약을 통해 노르웨이를 차지하게 되었다. 같은 해 5월 17일 노르웨이가 독립을 선언하며 스웨덴의 지배를 거부했지만, 베르나도트가 지휘하는 스웨덴군은 수주일 만에 노르웨이의 저항을 분쇄했다. 결국 노르웨이는 독자적인 헌법을 인정받는다는 조건 아래, 스웨덴의 국왕을 공동의 군주로 옹립하는 연합 왕국을 수립하는 데 동의해야만 했다.[25] 이는 1905년 노르웨이가 정식으로 독립할 때까지 91년 동안 지속되었다.

베르나도트는 1818년 2월에 마침내 스웨덴의 국왕 칼 14세로 즉위했다. 모국 프랑스에게는 배신자였지만, 자신이 새로이 책임진 스웨덴의 국가이익(國家利益: national interest)에 충실했던 그는 재위 26년 만인 1844년 향년 81세로 극적이었던 일생을 마감하였다. 그를 시조(始祖)로 하는 '베르나도테'(Bernadotte) 왕가(王家)는 이후 200년이 넘은 현재까지 스웨덴 왕실의 지위를 유지하고 있다.

5) 두 차례의 세계대전

스웨덴은 19세기 후반에 이르러 유럽에서 발생하는 어떠한 전쟁에도 개입하지 않는다는 중립 노선을 본격적으로 실천에 옮겼다.[26] 당시 스웨덴

25 변광수(2006), p. 248.

26 양현모, "스웨덴의 인문 · 사회적 환경," 김윤권 편저, 『스웨덴의 행정과 공공정책』(파주: 법문사, 2008), p. 17.

의 결정은 1870년대에 프로이센을 중심으로 통일을 달성하며 중유럽뿐만 아니라 유럽 전체의 강대국으로 부상한 독일, 그리고 동유럽의 지배적 강대국인 러시아 사이에서 균형을 유지하겠다는 방침에 따른 것이었다. 하지만 실제로는 18세기 이래 스웨덴과 여러 차례의 전쟁을 치르면서 발트해 일대를 장악한 러시아의 위협에 맞서기 위해, 독일과의 우호협력을 좀 더 강조하는 성격을 나타내고 있었다.[27]

1914년 8월 제1차 세계대전이 발발하자, 스웨덴은 국회의 전폭적인 지지를 바탕으로 신속히 중립 원칙을 채택했다.[28] 덴마크, 노르웨이를 비롯한 다른 스칸디나비아 국가들도 이에 동참했다. 그럼에도 불구하고 스웨덴은 전쟁의 주요 당사국이었던 독일과의 교역을 지속하였다. 이는 경제적인 목적뿐만 아니라, 유럽 동부 전선에서 러시아와 대결 중이었던 독일의 승리가 자신들의 전략적 이해관계에 부합한다는 판단을 반영한 것이었다. 이에 러시아와 함께 독일에 맞선 영국, 프랑스 연합국은 독일에 대한 스웨덴의 무역을 경계했으며, 특히 영국은 강력한 해군력을 앞세워 북해에서의 해상 봉쇄를 단행했다.[29] 그로 인해 스웨덴은 전쟁 기간 동안 무역 활동의 위축, 경제적 어려움을 감수해야만 했다.

제1차 세계대전이 끝난 지 2년 후인 1920년 국제연맹이 창설되자, 스웨덴은 다른 스칸디나비아 국가들과 함께 가입했다. 협상과 중재를 통한 '국제 분쟁의 평화적 해결'을 추구하는 국제연맹의 존재가 자신들의 안전보장에 긍정적으로 기여할 수 있으며, 기존의 중립 노선과도 충분히 양립된다고 기대했던 것이다.[30]

---

27 김인춘 · 김욱, "유럽통합과 스웨덴 중립노선: 역사, 성격, 진화," 「한국과 국제정치」, 제24권 제4호 (2008년 겨울), p. 231.

28 고재남, "스웨덴의 외교 · 안보정책," 김윤권 편저, 『스웨덴의 행정과 공공정책』(파주: 법문사, 2008), p. 339.

29 김인춘 · 김욱(2008), p. 232; Krister Wählback, *The Roots of Swedish Neutrality* (Stockholm, SE: Swedish Institute, 1986), pp. 23-25.

30 변광수(2006), p. 320.

하지만 1939년 9월 1일 히틀러의 나치스가 통치하는 독일의 폴란드 침략으로 제2차 세계대전이 발발하면서, 스웨덴의 중립 노선은 다시금 중대한 시험대에 직면하게 되었다. 스웨덴은 독일이 폴란드를 침략한 당일부터 즉시 중립을 선언했으며, 이틀 후인 9월 3일에는 노르웨이, 덴마크 정부까지 포함된 스칸디나비아 3개국의 공동 중립 선언도 채택되었다.[31] 3개월 후인 12월부터는 사회민주당의 페르 알빈 한손 수상을 중심으로 주요 정당들이 참여하는 거국 일치내각을 구성하였다.[32] 내각에 참여한 스웨덴의 정당들은 ① 중립 노선의 고수, ② 중립의 유지, 보장을 위한 무장력의 필요성 등에 공통된 입장을 나타냈다.

당시 스웨덴의 거국 일치내각 구성은 이오시프 스탈린의 소련이 11월 30일 핀란드를 침공한 직후에 단행된 것이었다.[33] 비록 스웨덴에 대한 직접 공격은 아니었지만, 독일과 더불어 발트해 일대에서 스웨덴과 맞서고 있던 소련이 바로 인접한 핀란드의 영토를 공격한 것은 스웨덴에게도 상당한 위협으로 인식될 수밖에 없었다. 이에 따라 스웨덴은 중립 노선에 의거하여 공식적인 참전은 하지 않되, 핀란드에 탄약과 소총, 야포, 항공기 등 상당 규모의 무기와 군용 물자를 제공했다.[34] 에른스트 린데르 소장이 지휘하

---

31 Mikael af Malmborg, *Neutrality and State-building in Sweden* (New York, NY: Palgrave, 2001), p. 137.

32 한손은 이후 제2차 세계대전의 종전 이듬해인 1946년 타계할 때까지 스웨덴 수상으로 재임했다. 그는 평범한 노동자 출신으로 20세기 초 스웨덴 사회민주당의 청년 당원으로 정계에 입문하였고, '민중의 집'(Folkhemmet)이라는 표어 아래 오늘날까지 스웨덴을 대표하는 사회보장 제도, 복지 정책을 확대하는 데 기여했다. 그는 현대 스웨덴 역사에서 가장 중요한 지도자들 가운데 한명으로 평가받고 있다. 변광수(2006), p. 329.

33 소련은 향후 독일과의 군사적 대결에 대비하기 위한 완충지대를 확보하려는 의도로 핀란드에 일부 영토의 할양, 주요 항구에 대한 조차권, 병력 주둔 등을 요구했다. 하지만 러시아의 식민 지배에서 독립한 지 불과 20년 정도밖에 안되었던 핀란드는 이를 완강히 거부했으며, 이에 소련은 핀란드 침공을 강행했던 것이다. 변광수(2006), p. 326.

34 Malmborg(2001), p. 139; Ryszard M. Czarny, *Sweden: From Neutrality to International Solidarity* (Cham, CH: Springer, 2018), pp. 40-41.

1939~1940년의 겨울전쟁에서 핀란드를 지원하기 위해 참전한 스웨덴 의용군(왼쪽)과 의용군의 사령관 린데르(오른쪽)

는 8,000여 명의 의용군도 핀란드를 지원하기 위해 출정하였다.[35] 스웨덴의 의용군은 1940년 3월 소련과 핀란드의 전쟁(통칭 '겨울전쟁')이 끝날 때까지 약 3개월 동안 함께 싸웠다.[36]

제2차 세계대전의 발발 2년째인 1940년이 되자, 스웨덴의 중립 노선에 대한 위협은 더욱 악화되었다. 독일의 침략이 북유럽으로 확대된 것이었다. 같은 해 4월 독일은 덴마크를 전격 침공, 점령하였고, 뒤이어 노르웨이까지 공격했다. 영국을 겨냥하여 북해, 대서양에서 해군력(특히 잠수함)을 전진 배치할 기지를 확보하기 위해서였다.[37] 노르웨이는 영국, 프랑스 등 연합국으로부터 이렇다 할 군사 지원을 제공받지 못한 채, 단기간만에 독일의 점령 아래에 놓였다. 약 2개월 후인 6월 말에는 프랑스마저 난공불락이라고 자랑하던 방어 요새 '마지노선'(Ligne Maginot)이 독일의 전격(電擊)

35 당시 핀란드로 출정한 스웨덴 의용군에는 소수의 노르웨이, 덴마크 출신 병력도 포함되어 있었다. Malmborg(2001), p. 139; Czarny(2018), p. 40.

36 핀란드는 겨울의 혹한, 울창한 삼림 지대를 비롯한 자연적 조건에 바탕을 둔 방어 전략을 통해, 우월한 병력 규모를 앞세워 침공한 소련군에 상당한 손실을 가하였다. 이 전쟁으로 핀란드는 기존 영토의 10%를 소련에게 빼앗겼다. 하지만 같은 시기에 소련에게 병합당한 발트 3국과는 달리, 핀란드는 소련의 침공으로부터 국가의 생존, 주권을 보전할 수 있었다.

37 변광수(2006), pp. 329-331.

적인 공격으로 붕괴되면서 무력하게 패배, 항복하고 말았다. 바다 건너 영국을 제외한 대부분의 유럽 국가들이 히틀러의 독일에게 굴복한 것이었다.

스웨덴은 주변 국가들이 차례로 독일의 지배 아래에 놓이는 것을 지켜봐야만 했다. 일단 자국 영토가 공격당하는 것은 면했지만, 사실상 정치 · 군사적으로 독일에게 포위된 것이나 마찬가지였다. 더욱 큰 문제는 외부의 군사적 원조를 기대하기도 어려웠다는 점이었다. 여기에 스웨덴의 경제가 독일과의 무역에 상당 수준을 의존하고 있었다는 점도 심각한 정치 · 외교적 압력으로 작용했다.

결국 스웨덴은 프랑스가 항복한 직후인 1940년 7월, 독일이 요구한 군사 목적 교통로의 제공을 수용하였다. 이에 따라 독일은 스웨덴의 철도를 통해 노르웨이에 배치된 병력, 군용 물자를 수송할 수 있게 되었다.[38] 독일은 이듬해인 1941년부터 소련을 전면 공격하기 시작했는데, 여기서도 노르웨이의 독일군 병력을 동원하기 위해 스웨덴의 철도가 사용되었다. 뿐만 아니라 스웨덴의 주력 자원인 철광석도 독일에 상당 규모로 수출되었으며, 결과적으로 무기 생산을 비롯한 독일의 전쟁 수행에 일조했다는 비판을 받았다. 이는 스스로 밝혔던 중립 원칙에 위배된 것이었고, 스웨덴에게는 두고두고 오점으로 남게 되었다.

이후 전세가 영국과 미국을 비롯한 연합국의 우위로 역전되면서, 스웨덴의 행보에도 변화가 나타났다. 스웨덴은 연합국의 거듭된 요청으로 독일에 대한 군용 교통로의 제공을 3년 만인 1943년 7월 중단했고, 독일과의 교역도 점차 축소시켰다.[39] 또한 스웨덴은 영국 등 연합국의 독일 공습을 수행하는 항공기들이 자국 영공을 통과하는 것도 허용했다. 연합국의 유럽 상륙, 독일에 대한 반격이 본격화된 1944년 말에는 주변 국가에서 약 20만

---

38 이후 3년 동안, 약 214만 명의 독일군 병력, 철도 차량 10만대 분량의 군용 물자들이 스웨덴을 통과해 노르웨이와 다른 점령 지역으로 수송되었다. Malmborg(2001), p. 140.

39 한때 연합국은 스웨덴에 독일과의 외교관계 단절도 요구했지만, 스웨덴은 이를 거부했다. 고재남(2008), p. 341.

명의 난민들이 독일의 점령으로부터 피난했는데, 대부분이 스웨덴에 체류하게 되었다.[40] 여러 우여곡절을 겪었지만, 스웨덴은 제2차 세계대전의 포화(砲火) 속에서 영토, 생존을 지켜낼 수 있었다.

6) 냉전 시대

1945년 제2차 세계대전이 종식되었지만, 스웨덴을 비롯한 여러 유럽 국가들에게는 새로운 도전이 기다리고 있었다. 바로 전쟁 이후 세계의 양대 초강대국으로 떠오른 미국, 소련이 주도하는 전 세계적 차원의 정치, 이념 대립이 시작되었던 것이다. 이른바 냉전의 시대였다. 특히 종전 직후인 1940년대 말까지 유럽의 중부, 동부에서 여러 국가들이 차례로 소련의 정치 · 군사적인 영향을 받는 공산주의 위성국가(衛星國家)로 전락했고, 이에 맞서 서유럽 국가들은 1949년 미국을 중심으로 하는 집단 방위기구, 즉 '북대서양 조약기구'(NATO: North Atlantic Treaty Organization)를 결성했다.[41] 이는 유럽이 냉전의 최전선으로 바뀌었음을 뜻했다.

이처럼 냉전 체제는 유럽 국가들에게 미국, 소련 사이의 양자택일을 강요했지만, 그럼에도 불구하고 스웨덴은 비동맹, 중립 노선을 고수하려는 노력을 포기하지 않았다. 이에 따라 스웨덴은 종전 후인 1948년 가을부터 1949년 1월 사이에 다른 스칸디나비아 국가들과 공동의 방위연합체 수립을 위한 논의를 벌였다. 하지만 이 구상은 미국, 서유럽 진영과의 외교 · 군사적인 관계 정립 방향에 관한 이견(異見)으로 무산되었다. 스웨덴이 미소 양 진영의 영향력으로부터 독립된 세력으로서 북유럽 국가들의 공동 방위

---

40 이러한 난민들은 패주하는 독일군이 자신들의 점령 지역을 조직적으로 파괴, 초토화하는 과정에서 발생했다. 변광수(2006), pp. 336-337.

41 이주영 · 김성형, 『현대 유럽의 역사: 제2차 세계대전부터 현재까지』(서울: 삼지원, 2002), p. 34; pp. 59-61.

연합체를 추구했던 반면, 노르웨이와 덴마크는 소련의 위협에 맞설 군사적 지원을 보장받기 위해서 미국, 서유럽 진영과 일정 수준의 협력을 강조했던 것이다.[42]

결국 노르웨이, 덴마크는 NATO에 가입했다.[43] 대조적으로 스웨덴은 냉전 체제가 현실화된 상황에서도 '평시 비동맹, 전시 중립'을 지향하는 전통적인 대외정책 노선을 견지할 것임을 재천명했다.[44] 이를 뒷받침하기 위해, 스웨덴은 NATO 가입을 거부했다. 뿐만 아니라 스웨덴은 냉전 시대 유럽의 대표적인 지역 협력기구였던 '유럽 경제공동체'(EEC: European Economic Community. 1958년 창설)에도 가입하지 않았다. EEC가 외형상으로는 경제협력 기구였지만, 회원국들의 대부분이 NATO에도 가입한 친미 성향의 국가였고, 그로 인해 불가피하게 소련에 대항하는 정치 · 외교적 연맹체의 성격을 나타냈기 때문이었다.[45] 이 점에서 스웨덴의 EEC 가입 거부는 유럽 내에서 중립 노선 유지에 관한 자신들의 정책 의지를 보다 명확히 강조하려는 의도를 반영한 것이었다.

한편으로 스웨덴은 1946년에 창설 2년째를 맞이한 UN에 가입했으

---

42 특히 노르웨이와 덴마크는 제2차 세계대전에서 독일의 직접적인 침략, 점령을 경험한 직후였고, 이 점에서 자국 안보를 보다 확실하게 보장할 수 있는 수단으로서 동맹의 필요성이 절실한 입장이었다. Malmborg(2001), p. 154; Czarny(2018), pp. 55-56; John Logue, "The Legacy of Swedish Neutrality," in Bengt Sundelius ed, *The Committed Neutral: Sweden's Foreign Policy* (Boulder, CO: Westview Press, 1989), pp. 52-53.

43 하지만 노르웨이, 덴마크는 NATO에 가입하면서도 평시에 동맹국을 비롯한 외국 군사력의 병력 배치, 자국의 군사 기지 사용을 허용하지 않겠다고 밝혔다. 더 나아가 노르웨이는 '긴박한 위협 상태, 전쟁이 현실화된 경우'를 제외하고 NATO 핵무기의 배치, 반입을 용인하지 않을 것임을 선언했다. 이는 NATO의 방위 공약을 보장받는 동시에, 소련과의 불필요한 정치 · 군사적 긴장, 대립의 위험부담을 최소화하려는 의도에 따른 것이었다. 변광수(2006), pp. 359-361.

44 이는 "전시의 중립을 보장받기 위해, 평시에는 어떠한 정치 · 군사적 동맹에도 가담하지 않는다"는 원칙으로 요약된다. 이른바 '동맹으로부터의 자유'(alliansfrihet)라고도 불린다. Czarny(2018), p. 59.

45 대신 스웨덴은 1960년 영국, 스위스, 노르웨이, 덴마크, 오스트리아 등 EEC에 가입하지 않은 국가들과 함께 '유럽 자유무역연합'(EFTA: European Free Trade Association)을 창설했다. 김인춘 · 김욱(2008), pp. 235-236.

며, 적극적으로 국제평화, 중재 외교를 펼쳤다. 유럽을 벗어난 국제적 차원의 현안들(예: 분쟁, 인권, 군비통제)에 관해서는 독자적인 주장을 내세우고, 이를 실행하는 데 필요한 국제사회의 노력에도 호응하고 나서겠다는 것이었다. 1963년 4월 토르스텐 닐손 외무장관이 발표한 '적극적 중립 정책'(active policy of neutrality)은 이러한 스웨덴의 외교 노선을 반영한 결과였다.[46] 또한 스웨덴은 다그 함마르셸드 제2대 UN 사무총장(1953~1961년 재임)을 배출하였고, 6.25 전쟁에서도 야전병원을 파견해 한국과 UN군을 지원했다.[47] 그 결과 스웨덴은 국제사회에서 '평화지향적 국가', '공정한 중재자'로서의 명성을 얻었으며, 중립 노선에 관한 대내외의 신뢰를 강화하는 성과를 거둘 수 있었다.

동시에 스웨덴은 냉전 체제 속에서 비동맹, 중립 노선의 유효성을 보장하기 위해, 독자적인 방위력을 확보, 발전시키려는 노력을 지속했다. 스웨덴은 냉전 기간을 통틀어 매년 국방 부문에 GDP 대비 3~5% 수준의 예산을 투입하였다.[48] 이를 통해 스웨덴은 웬만한 NATO 회원국들에 뒤지지 않을 정도의 독자적인 군사력을 보유했던 것이다. 냉전이 막바지에 이르렀던 1987년을 기준으로, 스웨덴은 당시 전체 인구의 약 0.8%에 해당하는 총 6만 7,000명의 정규군(징집병 4만 8,900여 명 포함)과 20여 개의 여단(전시 기준. 평시에는 44개의 병과별 연대 편성)을 비롯하여 980여 대의 탱크, 600대의 장갑차, 야포 1,000여 문, 수상전투함정 40여 척, 잠수함 13척, 그리고 전투기

---

46 특히 1969~1986년 사이의 기간 동안 스웨덴 수상으로 두 차례, 11년에 걸쳐 재임한 올로프 팔메는 베트남 전쟁 당시 미국의 폭격, 동유럽의 자유화 운동에 대한 소련의 무력 탄압을 공개적으로 비판하는 등의 독자적인 외교 노선으로 국제사회의 주목을 받았다. 팔메 수상은 1986년 2월 정체불명의 괴한에게 피살당했다. Malmborg(2001), p. 161; 고재남(2008), p. 341.

47 함마르셸드 사무총장은 1961년 아프리카 콩고에서의 내전을 중재하던 중에 비행기 추락 사고로 사망했다. 그는 사후에 노벨평화상을 수상했고, UN 본부에도 그의 이름을 딴 도서관이 있다. 변광수(2006), pp. 363-364.

48 Czarny(2018), pp. 159-160; Joseph Kruzel, "New Challenges for Swedish Security Policy," *Survival,* Vol. 30, No. 6 (November-December 1988), p. 539.

1950년대에 개발된 스웨덴의 연구용 원자로(왼쪽)와 미사일(오른쪽). 스웨덴은 냉전 초반에 핵무기의 개발을 추진한 바 있었다.

270여 대 등으로 무장했다.[49]

뿐만 아니라, 스웨덴은 냉전 시절 한때나마 핵무기의 개발을 추진하기도 했다. 스웨덴은 제2차 세계대전의 종전을 앞둔 1945년 8월 미국의 원자폭탄이 일본 히로시마, 나가사키에 투하된 직후부터 핵무기의 군사적 위력에 주목하였고, 국방부 산하에 무기 연구개발 기관인 '국가방위연구소'(FOA: Försvarets forskningsanstalt)를 설치하여 관련 연구를 시작했다.[50] 당시 스웨덴의 핵무기 개발 계획은 기본적으로 타국과 동등한 군사기술력을 유지, 확보한다는 동기에서 비롯된 것이었다.[51]

1950년대 후반까지 스웨덴은 핵무기의 개발과 생산, 전력화에 필요한 상당 수준의 유 · 무형적인 기반을 확보하였다. 여기에는 ① 핵무기의 재료에 해당하는 플루토늄의 생산을 위한 원자로의 제작, ② 원자로의 가동 및

---

49 아울러 스웨덴은 냉전 시절 유사시 3일(72시간) 이내에 70~80만 명의 예비전력을 동원할 수 있는 체제를 갖추고 있었다. IISS, *Military Balance 1987-1988* (London, UK: International Institute for Strategic Studies, 1987), pp. 87-89.

50 스웨덴의 국가방위연구소는 이후 2001년에 국립항공연구소(FFA: Flygtekniska försöksanstalten)와 통합되었고, 현재 '방위연구청'(FOI: Totalförsvarets forskningsinstitut)으로 운영 중이다.

51 Paul M. Cole, "Atomic Bombast: Nuclear Weapon Decision-making in Sweden, 1946-72," *Washington Quarterly*, Vol. 20, No. 2 (Spring 1997), pp. 234-235.

운영을 위한 자국 내에서의 우라늄 채굴, ③ 핵탄두의 설계, ④ 핵무기의 배치, 운용에 관한 군사적 계획의 수립, 그리고 ⑤ 핵무기의 생산에 소요되는 예상 비용의 평가 등을 포함했다.[52] 일단 핵무기가 생산된다면, 스웨덴은 공군의 항공기와 미사일 등의 수단으로 핵무기를 탑재, 운용할 계획이었다.

하지만 스웨덴 정부는 1957년 이래 약 10년 동안, 핵무기의 본격적인 생산 여부에 관한 결정을 계속 유보했다. 여기에는 다음과 같은 요인들이 작용했다. 첫째, 핵무기의 생산, 전력화로 인한 경제적 비용 부담으로 기존의 재래식 군사력을 중심으로 하는 방위력의 유지가 어려워질 우려가 제기되었다. 둘째, 핵무기를 배치, 보유할 경우, 훨씬 우월한 규모의 핵전력을 보유한 소련의 공격 가능성이 높아질 뿐만 아니라, 국제사회에서 스웨덴이 추구하는 중립 노선의 신뢰성이 크게 손상되는 정치 · 외교적인 부작용을 감수해야 했다. 그리고 셋째, 복지 정책에 높은 우선순위를 부여하는 주요 정당과 정치 지도자들, 반핵(反核) 성향의 시민운동과 여론 등의 비판에 따른 국내의 정치 · 사회적인 논란도 무시할 수 없는 영향을 주었다.[53]

결국 위와 같은 점들을 근거로, 스웨덴은 1968년 핵무기의 생산을 포기함은 물론, 그동안 진행했던 핵무기 개발 계획도 완전히 중단 및 철회한다는 결정을 내렸다. 아울러 스웨덴은 같은 시기에 등장한 NPT에도 가입했다. 국제사회에 더 이상 핵무장을 추구하지 않을 것임을 명백히 하기 위해서였다. 이로써 스웨덴은 20여 년 만에 핵무기 개발을 자발적으로 포기하였다.[54]

---

52 Cole(1997), p. 237.

53 전성훈, "스웨덴의 안보 · 핵정책에 관한 연구," 「국가전략」, 제4권 제1호 (1998년 봄 · 여름), pp. 137-143.

54 핵무기 개발의 취소와는 별개로, 스웨덴은 2019년 말을 기준으로 3개의 원자력 발전소에서 총 7기의 원자로를 운영 중이다. 현재 원자력은 스웨덴 전체 전력(電力)의 44%를 생산하며, 수력발전(전체 전력의 46% 생산)과 더불어 가장 중요한 에너지원의 역할을 담당하고 있다. 스웨덴은 2020년 중으로 원자로 1기의 가동을 중단하고, 오는 2040년대까지 총 6기의 원자로만을 운

40년이 넘도록 전 세계를 둘로 갈라놓았던 냉전 체제는 1989년을 기점으로 무너지기 시작했다. 같은 해 11월의 베를린 장벽 붕괴는 이듬해 동서독의 통일로 이어졌고, 12월에는 체코슬로바키아와 헝가리, 루마니아 등 동유럽 각국에서 공산 정권들이 몰락했다. 2년 후인 1991년에는 공산 진영의 맹주인 소련마저 해체되었다. 그리고 1992년 유럽에서는 역내(域內) 국가간의 협력을 기존의 경제 부문뿐만 아니라 사회, 외교안보 부문까지 확대하는 역사적인 『마스트리히트 조약』(*Maastricht Treaty*)이 체결되었다. 이에 따라 1993년부터 EEC가 '유럽연합'(EU: European Union)으로 재탄생했다.

이러한 국제, 지역 질서의 변혁(變革)을 맞이하여, 스웨덴도 기존의 중립 노선에 대한 일정 수준의 수정을 가하였다. 그동안 가입을 거부했던 EU(냉전 시대의 EEC)에 1995년 가입한 것은 이러한 변화를 대표하는 사례였다. 스웨덴의 EU 가입은 EU의 창설 원칙들 가운데 하나인 역내 국가들과의 '공동 외교안보정책'(CFSP: Common Foreign and Security Policy) 수용을 전제로 한 것인데, 이는 스웨덴이 전통적으로 유지해 온 유럽 내에서의 중립 노선과 상충될 수 있었다. 그럼에도 불구하고 스웨덴이 EU 가입을 결정한 것은 ① 역내 경제협력, 통합의 심화가 제공하는 경제적 기회의 활용, ② 냉전의 종식으로 그동안 EU가 갖고 있던 '친미, 반공(反共) 진영 국가들의 연합체'로서의 정치 · 외교적 성격이 약화된 점, 그리고 ③ 비(非)전통적 안보 위협(예: 테러리즘, 자연재해, 난민)의 비중 증대와 이에 대항하기 위한 역내 국가들과의 협력 필요성 등을 반영한 결과였다.[55]

그 결과 스웨덴은 냉전의 종식 이후, 유럽 내부의 분쟁, 안보 현안에 대해서도 적극적으로 참여하기 시작했다. 1990년대 중 · 후반 유럽뿐만 아니라 전 세계적인 근심거리였던 보스니아, 코소보 등 발칸반도 내전에서의

영할 계획이다. 외교부 유럽국 서유럽과(2019), pp. 83-84.

55 김인춘 · 김욱(2008), pp. 238-241.

1990년대 발칸반도에서 평화유지 임무를 수행하는 스웨덴군. 스웨덴은 냉전 이후 역내 안보 협력에도 적극 참여하고 있다.

평화유지 활동을 위한 다국적군에 스웨덴군 병력이 파견된 것이 대표적이었다. 아울러 스웨덴은 NATO가 냉전 시절 대립했던 러시아, 동유럽 국가들과의 군사적 신뢰구축을 위해 1994년부터 추진한 '평화를 위한 동반자관계'(PfP: Partnership for Peace) 계획에도 동참했다.[56] 이에 앞서 스웨덴은 1990년대 초부터 중립 노선의 핵심으로서 '군사적 비동맹'(military non-alignment)을 강조하게 되었다.[57] 이는 냉전 이후 중립 노선의 수정에 따른 결과로 평가할 수 있다.

56 고재남(2008), p. 344; Czarny(2018), p. 237.

57 고재남(2008), p. 343; 김인춘 · 김욱(2008), p. 240.

2. 스웨덴의 안보환경

앞서 살펴본 이스라엘과 비교하면, 스웨덴은 지정학적으로 상당히 유리한 안보환경에 놓여 있는 것으로 평가된다. 여기에는 스칸디나비아 국가들을 비롯한 여러 주변 국가와의 우호적인 관계가 큰 역할을 하고 있다. 노르웨이와 덴마크, 핀란드 등 스칸디나비아 국가들은 역사상으로 스웨덴과 전쟁, 혹은 주종 관계를 겪기도 했지만, 19세기 초 나폴레옹 전쟁 시기 이후의 지난 200여 년 동안 우호 관계를 유지, 발전시켜 왔다. 특히 20세기에 발생한 두 차례의 세계대전, 냉전은 스칸디나비아 국가들이 각자 추구하는 대외정책 노선의 일정한 차이에도 불구하고, 유사한 지정학적 환경에 놓인 입장에서 협력 관계를 강화시켜야 할 필요성을 환기시켰다.[58]

이에 따라 스칸디나비아 지역의 5개국(스웨덴, 노르웨이, 덴마크, 핀란드, 아

58 스칸디나비아 국가들의 대외정책 노선은 ① NATO 회원국인 친미 성향의 노르웨이와 덴마크, ② 러시아의 인접국으로서 제2차 세계대전 이후 러시아(냉전 시대의 소련)와의 원만한 관계 유지를 선호하는 핀란드, 그리고 ③ 비동맹, 중립 노선을 추구하는 스웨덴으로 분화되어 있다. 하지만 이러한 차이는 역설적으로 냉전 시대에 유럽, 더 나아가 전 세계적인 차원에서의 세력 균형을 형성하여 스칸디나비아 국가들이 안보, 평화에 관한 공통의 목표를 달성하는 데 기여했다. 이는 '노르딕 밸런스'(Nordic Balance: 북방에서의 균형)라고도 불린다. 노르딕 밸런스 개념에 관해서는 김진호 · 강병철, "스웨덴과 핀란드의 중립화의 정치: 국제-지역-국내정치의 다이내믹스,"「유럽연구」, 제25권 제3호 (2007년 겨울), pp. 62-65를 참고.

이슬란드)은 냉전 초기인 1952년부터 회원국의 국회에서 선출되는 총 87명의 대표로 구성된 '북유럽 이사회'(Nordic Council)를 창설, 회원국들의 부문별 협력에 관한 권고를 도출, 채택하고 있다.[59] 1971년에는 북유럽 이사회의 권고 사항을 집행하기 위해 회원국 정부의 주요 정책 분야(예: 재정, 교육, 노동, 환경, 문화)의 각료들이 참가하는 '북유럽 각료 이사회'(Nordic Council of Ministers)가 2년마다 개최되기 시작했다.[60] 이들 기구와는 별도로 스칸디나비아 국가들은 매년 2차례의 정상회담을 개최하며, 필요시에 외교 및 국방장관 회의를 개최하고 있다.

군사 부문에서도 스칸디나비아 국가들의 협력 관계는 확대, 심화되는 추세에 있다. EU는 지난 2005년부터 회원국들이 제공하는 병력으로 구성되는 2,500명 이하 규모의 전투단(Battlegroup)을 편성, 대내외의 정치 · 군사적 분쟁 및 위기에 동원할 수 있는 일종의 신속대응 전력으로 운용하고 있다. 현재까지 편성된 EU의 전투단은 총 18개인데, 이들 가운데는 2008년에 편성된 '북유럽 전투단'(Nordic Battlegroup)도 포함되어 있다. 스웨덴이 전체 병력의 70%가 넘는 1,000여 명을 제공하는 가운데, 핀란드와 노르웨이, 발트 3국, 아일랜드의 소수 병력이 포함되는 구조다.[61] 또한 2009년 11월에는 '북유럽 방위협력체'(NORDEFCO: NORdic DEFence COoperation)가 출범했다. 스칸디나비아 5개국의 국방장관들이 주관하는 국방정책 위원회, 군사참모부 등의 상설 조직을 기반으로 전략개발, 교육, 훈련, 작전 등

---

59 북유럽 이사회가 설립될 당시, 소련은 이를 자신들에 대항하려는 목적에 따른 것으로 의심했다. 이에 핀란드는 소련과의 관계 악화를 우려해 북유럽 이사회가 창설된 1952년에는 불참했고, 이후 1955년에야 가입했다. 변광수(2006), p. 379.

60 북유럽 이사회는 회원국들의 협력 분야에서 정치, 군사 부문을 제외하며, 권고 기능만을 갖는다는 점에서 실효성의 의문이 제기되기도 한다. 그러나 한편으로는 회원국들의 자율성을 존중하면서, 합의 가능한 부문을 대상으로 협력 관계의 실질적인 발전, 심화에 기여할 수 있다는 긍정적인 평가도 존재한다. 변광수(2006), pp. 380-381; 외교부 유럽국 서유럽과(2019), pp. 54-55.

61 특이하게도 스칸디나비아 국가들 가운데 덴마크는 EU 회원국임에도 북유럽 전투단에 불참한 반면, EU 회원국이 아닌 노르웨이는 북유럽 전투단에 동참하고 있다. Jani Koskinen, "Armed Forces Modernisation in Scandinavia," *Military Technology*, Vol. 36, No. 4 (April 2012), p. 82.

의 주요 부문에서 군사적 협력 관계를 촉진, 발전시키는 것이 특징이다.[62]

그렇다면 스웨덴 이외의 스칸디나비아 국가들은 어느 정도의 군사력을 보유하고 있는가? 먼저 NATO 회원국의 일원인 노르웨이는 정규군 2만 3,200여 명(육군 8,100명, 해군 3,900명, 공군 3,600명, 합동지원군 7,000명 포함), 예비전력 성격의 향토방위대 4만 명을 보유하고 있다. 주요 무장으로 육군은 탱크 36대, 장갑차 500여 대, 야포 220여 문 등을 보유 중이다.[63] 해군은 연안경비정(해안경비대 소속) 13척, 배수량 수십톤급의 쾌속정과 270톤급 미사일정 각 6척, '프리티오프 난센'(만재배수량 5,200톤)급 호위함 4척,[64] 그리고 '울라'(수중배수량 1,100톤)급 잠수함 6척 등을 보유한다.[65] 공군의 주력 기종은 50여 대의 미국제 F-16 전투기이며, 현재 F-35 스텔스 전투기의 도입을 진행하고 있다.[66] 또한 대잠(對潛) 작전용으로 6대의 미국제 P-3 '오라이언' 고정익 해상초계기, 8대의 유럽제 NH-90 중형 해상 헬기를 운용한다.

덴마크는 정규군 1만 4,500명(육군 6,900명, 해군 2,200명, 공군 2,900명, 합동

---

62 한편으로 북유럽 방위협력체는 스칸디나비아 국가들의 군사 동맹을 지향하지 않으며, 각 회원국이 추구하는 외교 및 국방정책 기조, 그리고 기존의 국제기구(예: NATO, EU) 참가에 따른 군사적 의무 이행을 제약하지 않을 것임을 강조한다. Håkon Lunde Saxi, *Nordic Defence Cooperation after the Cold War* (Oslo, NO: Norwegian Institute for *Defence Studies,* 2011), pp. 19-21.

63 IISS, *Military Balance 2019* (London, UK: Routledge, 2019), p. 133.

64 프리티오프 난센급 호위함은 2000년대에 미국제 이지스(Aegis) 전투체계를 중심으로 제작, 건조되었으며, VLS에서 탑재, 운용되는 척당 32발의 미국제 '개량형 시 스패로우'(통칭 ESSM: Evolved Sea-Sparrow Missile) 중거리 함대공미사일, 8발의 자국산 '해상 타격 유도탄'(NSM: Naval Strike Missile) 스텔스 대함미사일 등으로 무장한다. 이는 스칸디나비아 국가의 수상전투함들 가운데 최강이며, 유럽 전체를 통틀어서도 수준급의 전력으로 평가받는다. 총 5척이 건조되었지만, 2018년 11월 훈련 도중에 1척이 유조선과의 충돌 사고로 침몰했으며, 이후 폐기 처분이 결정되었다.

65 울라급 잠수함은 독일에서 건조된 후 1990년대 초에 전력화되었으며, 척당 8문의 발사관에서 533mm 대함 중(重)어뢰를 탑재, 운용한다. 현재 노르웨이 해군은 독일제 212급(수중배수량 1,800톤) 잠수함과 유사한 성능의 신형 잠수함을 도입하는 계획을 진행 중이다. IISS(2019), p. 134.

66 노르웨이 공군은 현재까지 10여 대의 F-35를 확보했으며, 최대 50대 이상을 도입한다는 계획이다. IISS(2019), p. 134.

스칸디나비아 국가들의 주요 무기들. 노르웨이 해군의 '프리티오프 난센'급 이지스 호위함(왼쪽 위), 덴마크 공군의 F-16 전투기(오른쪽 위), 핀란드 육군의 파르티아 장갑차(아래)

2,500명 포함), 예비전력 4만 5,700명의 병력을 보유하고 있다. 주요 무장은 육군이 탱크 30여 대, 장갑차 270대, 야포 24문 등으로 노르웨이보다는 작은 수준이다.[67] 해군은 배수량 200톤급 경비정 6척, 76mm 함포를 주요 무장으로 하는 1,700톤급 초계함 3척과 3,500톤급 호위함 4척, 노르웨이 해군의 프리티오프 난센급에 비견될 수 있는 '이베르 휘펠트'(만재배수량 6,600톤)급 호위함 3척,[68] 그리고 해상 수송 및 전투 임무의 수행 능력을 겸비하는 '압살론'(배수량 4,500톤)급 다목적 지원함 2척 등을 보유한다. 잠수함은 보유하지 않고 있다. 공군의 주력은 40여 대의 미국제 F-16 전투기이며, F-35의 도입도 계획하고 있다. 이러한 점은 역시 NATO 회원국인 노르웨이와 비슷하다. 대잠 작전용으로는 헬기 9대(영국제 '링스' 6대, 미국제 MH-60

---

67 IISS(2019), p. 100.

68 이베르 휘펠트급 호위함은 프랑스의 탈레스 사(社)가 제작한 장거리 함대 방공 레이더를 탑재하며, 76mm 함포와 척당 50여 발의 미국제 중 · 장거리 함대공미사일, 8발 이상의 미국제 하푼 대함미사일 등으로 무장한다.

'시 호크' 3대)를 보유 중이다.[69]

핀란드의 경우, 정규군이 2만 1,500명(육군 1만 5,300명, 해군 3,500명, 공군 2,700명)에 달하며, 준(準)군사(paramilitary) 전력으로 국경수비대 2,700명을 보유하고 있다. 예비전력의 규모는 총 21만 6,000명으로 노르웨이, 덴마크보다 훨씬 많다.[70] 이는 러시아와 직접 국경을 마주하고 있는 상황에서, 유사시 영토 방어를 위한 전력을 신속하고 충분히 확보해야 할 필요성을 반영한 것이다. 육군의 주요 무장은 탱크 180대(예비전력 목적으로 보관 중인 100대 포함), 장갑차 820여 대, 야포 680여 문(자주포 40여 문, 견인포 320여 문, 다연장 로켓포 50여 문, 박격포 270여 문) 등을 보유한다.[71] 이는 노르웨이, 덴마크보다 대규모이며, 역시 러시아와의 국경 방어를 위한 필요성에 따른 것이다.

핀란드의 해군력은 수상전투함정이 배수량 100톤 미만의 쾌속정 12척, 200톤급의 미사일정 8척 정도에 불과하며, 잠수함도 없을 정도로 스칸디나비아 국가들 가운데 최약체로 평가받는다.[72] 대신 핀란드 해군은 기뢰(機雷) 함정 15척(기뢰부설함 5척, 소해(掃海)함 10척)을 보유 중인데, 이는 유사시 러시아 해군의 해상 접근을 저지, 차단하기 위한 경제적 수단으로서 기뢰를 적극 운용할 가능성을 나타낸다. 공군은 60여 대의 미국제 F/A-18 '호넷' 전투기를 주력으로 보유한다. 이들은 최대사거리가 약 300km에 달하는 미국제 '합동 원거리 공대지 순항미사일'(JASSM: Joint Air-to-Surface Standoff Missile)을 비롯한 각종 정밀유도무기를 운용한다.

현재 스웨덴을 비롯한 스칸디나비아 국가들이 최대의 군사 위협으로

---

69 IISS(2019), p. 100.

70 핀란드군의 예비전력 가운데 약 79%를 차지하는 17만 명은 육군 소속으로 편성된다. 또한 국경수비대도 현역의 4배가 넘는 1만 1,500명의 예비전력을 동원할 수 있도록 되어있다. IISS(2019), p. 103.

71 핀란드군이 보유한 자주포 가운데는 지난 2017년에 도입을 결정한 한국제 K-9 155mm 자주포도 포함되어 있다. 핀란드는 향후 총 48문의 K-9 자주포를 도입할 예정이다. IISS(2019), p. 103.

72 이에 핀란드는 2020년대 초부터 노르웨이, 덴마크 해군의 주력함에 필적하는 무장 능력을 갖춘 3,000톤급 호위함 4척을 건조, 전력화하는 계획을 추진하고 있다. IISS(2019), p. 104.

평가하는 세력은 단연 러시아다. 스웨덴은 NATO에 가입하지 않는 등 공식적으로는 비동맹, 중립 노선에 입각한 대외정책을 추구하지만, 입헌군주제에 바탕을 둔 의회민주주의와 다당제를 비롯한 정치 · 사회적 자유화, 다원주의를 국가 체제의 핵심 가치로 수용하고 있다. 아울러 세계적 수준의 복지 제도로 대표되는 경제 부문의 공공성 강조에도 불구하고, 스웨덴의 경제 질서는 엄연히 자유 시장경제를 근간으로 한다. 이러한 점들은 스웨덴이 냉전 이래 미국, 서유럽 국가들과 체제 동질성을 바탕으로 폭넓은 전략적 이해관계를 공유하고, 그 반대 세력인 러시아를 주요 위협으로 인식하는 근거가 되고 있다.[73]

비록 전 세계의 절반을 호령했던 냉전 시대의 위용에 비해서는 상당히 약화되었지만, 러시아는 군사력에 관한 한, 여전히 자타가 공인하는 세계 정상급의 강대국이다. 현재 총 병력 규모가 90만 명에 달하는 러시아군은 서쪽으로 유럽, 동쪽으로는 아시아까지 확장된 세계 최대의 영토에 걸쳐서, '합동 전략사령부' 개념을 적용한 5개의 군관구(軍管區: military district)로 분산, 편성되어 있다. 이들 가운데 스칸디나비아 지역과 직접적으로 맞서는 세력은 서유럽과 대치한 '서부 군관구'다.[74]

러시아군 서부 군관구는 러시아 제2의 대도시 상트 페테르부르크(St. Petersburg)에 사령부를 두고 있으며, 병력 규모는 약 10만 명(지상 전력 5만여 명 포함)에 달하여 냉전 이래 러시아군의 주력 지위를 차지해 왔다.[75] 서부

---

73 냉전 당시 스웨덴은 공식적인 비동맹, 중립 노선에도 불구하고, 소련의 군사 활동에 관한 정보 수집, 소련 위협에 대응하는 군사 훈련 장소와 군용 시설의 이용 등에 대해서 비공식적으로 NATO에 협력을 제공했다. 이를 통해 스웨덴은 소련의 침공에 맞서기 위한 NATO의 군사 지원을 약속받았다. 이러한 스웨덴과 NATO의 협력 관계는 냉전의 종식 이후인 1994년 스웨덴 정부의 조사 위원회를 통해 공개되었다. Malmborg(2001), pp. 149-157.

74 나머지 4개 군관구는 ① 흑해 및 카스피해 연안, 아랍과의 국경을 관할하는 '남부 군관구', ② 중앙아시아를 비롯한 내륙 지역을 관할하는 '중부 군관구', ③ 동아시아, 태평양과의 인접 지역을 관할하는 '동부 군관구', 그리고 ④ 해군 북양 함대를 중심으로 확충된 '북극 합동 전략사령부'다. Defense Intelligence Agency, *Russia Military Power: Building a Military to Support Great Power Aspirations* (Washington, D.C.: Defense Intelligence Agency, 2017), p. 14.

75 상트 페테르부르크는 18세기 초 러시아의 강대국화를 주도한 황제 표토르 1세에 의해 세워진

발트해에 배치된 러시아 해군의 전투함정들. 스칸디나비아, 서유럽 국가의 해군력과 직접 대치하고 있다.

군관구 소속의 지상 전력은 3개 야전군 소속의 사단 7개(기갑 3개, 기계화보병 1개, 공수 3개), 여단 18개(기갑 1개, 기계화보병 3개, 포병 4개, 지대지미사일 3개, 방공 3개, 공병 1개, 특수전 1개 포함)로 구성된다.[76]

서부 군관구의 해군력을 제공하는 발트 함대는 칼리닌그라드(Kaliningrad)의 사령부를 중심으로 배치 중이며, 나머지 3개(태평양, 북양, 흑해) 함대와 함께 러시아 해군의 주력으로서 서유럽의 해군력과 가장 직접적으로 대치하고 있다.[77] 보유 전력은 재래식 잠수함 2척, 배수량 2,000톤 이상의 중 · 대형 수상전투함 8척(구축함 2척, 호위함 6척), 1,000톤 이하의 소형 전투함정 25척, 기뢰함정 12척, 상륙함정 13척, 전투기 30여 대, 그리고 해군보병 소속의 여단 4개(상륙, 기계화보병, 포병, 지대지미사일)와 연대 5개(방공 3개, 기계화보병 1개, 지대함미사일 1개) 등을 포함한다.[78] 공군력의 경우, 서부 군관구는 60여 대의 공대공 요격기와 80여 대의 전폭기, 60여 대의 공격 헬기, 그리고 사거리 100km 이상의 S-300/400 장거리 지대공미사일

도시이며, 러시아 제정(帝政) 시대의 수도였다. 소련 공산 정권 시절에는 공산 혁명의 지도자 블라디미르 레닌의 이름을 딴 '레닌그라드'(Leningrad)로 불렸고, 냉전이 종식된 1990년대부터 다시 본래의 명칭으로 돌아갔다.

76 러시아군 서부 군관구의 전력 현황은 IISS(2019), p. 203; p. 205; Tim Ripley, "Force Posture: Baltic States Face Uneven Threat from Russia's Western Military District," *Jane's Intelligence Review*, (November 2019), pp. 6-13을 참고.

77 칼리닌그라드는 리투아니아, 폴란드 사이에 위치하며, 러시아 본토와는 400km 이상 떨어져 있는 월경지(越境地: exclave)다. 본래 독일 영토였으나 제2차 세계대전 이후 소련 영토로 편입되었고, 소련이 해체된 후에도 러시아의 영토로 남았다. 비록 면적 223km^2, 인구 40여만 명에 불과한 작은 지역이지만, 발트해로의 진출을 위한 중요 항구이자 군사 기지로서 높은 전략적 가치를 갖는다. 임덕순, 『地政學: 理論과 實際』(서울: 법문사, 1999), pp. 218-220.

78 IISS(2019), p. 204.

을 갖춘 방공 연대 7개 등을 보유하고 있다.

냉전 이래, 스칸디나비아 지역에 대한 러시아의 군사적인 관심, 우선 순위는 스웨덴보다 나머지 3개국, 즉 핀란드와 노르웨이, 덴마크에 집중되어 왔다. 먼저 핀란드는 러시아와 북서쪽으로 직접 국경을 접하고 있으며, 이 점에서 러시아는 역사상으로 자국 영토의 안전을 위해 핀란드가 적대적인 국가, 진영의 정치 · 군사적 세력권에 편입되는 것을 저지하는 데 많은 노력을 기울였다. 러시아가 19세기 이래 100년이 넘도록 핀란드를 점령, 지배하고, 제2차 세계대전 초반 핀란드를 침공해 약 3개월 동안의 겨울 전쟁을 일으켰던 것도 이를 반영한 결과였다.[79]

노르웨이의 경우, 육상 국경을 기준으로 콜라(Kola) 반도를 비롯한 북극에서 러시아와 약 200km를 접하고 있다. 하지만 그보다 더욱 주목되는 것은 노르웨이 서부에서 남부 해안으로 연결되는 노르웨이해(Norwegian Sea)가 갖는 군사상의 가치다. 바렌츠 해(Barents Sea)를 비롯한 북극 해역에는 러시아 해군의 최대 세력인 북양 함대가 배치되어 있다. 북양 함대는 러시아 유일의 항공모함 '어드미럴 쿠즈네초프'(배수량 4만 3,000톤), 원자력 추진식 잠수함 23척(탄도미사일 탑재 8척, 해상 공격용 15척 포함), 배수량 1만톤 이상의 순양함 2척, 배수량 수천톤급의 구축함 7척 등을 보유 중이다.[80] 이는 러시아 해군이 보유한 모든 원자력 추진식 잠수함의 약 66%(탄도미사일 탑재형을 대상으로는 약 80%), 순양함의 50%, 그리고 구축함의 약 47%에 해당하는 전력이다.

---

79 이러한 경험들은 핀란드가 제2차 세계대전 이후 소련(현재의 러시아)과의 우호관계 유지를 자국 안보의 핵심 과제로 강조하고, 다른 스칸디나비아 국가들보다 소련에 친화적인 성격의 대외정책 노선을 추구하는 배경이 되었다. 한편으로 핀란드의 대(對)소련 정책은 서유럽 등 반공 진영으로부터 '유화정책'이라는 비판을 받았으며, 오늘날까지 "인접 강대국에 대한 약소국의 굴종적인 행태"를 뜻하는 '핀란드화'(Finlandization)라는 용어의 기원이 되었다. 김진호 · 강병철(2007), pp. 65-68.

80 뿐만 아니라 러시아 해군 북양 함대는 예하에 3개 여단의 해군보병 부대, 80대 이상의 전투기, 그리고 20여 대의 대잠 작전용 해상초계기 등을 보유하고 있다. 이들 전력은 노르웨이가 보유한 군사력 전체를 능가하는 수준이다. IISS(2019), pp. 203-204.

이처럼 강력한 북양 함대는 북극에서 북해, 더 나아가 북대서양 등지의 해역으로 진출하여 ① 미국 등 NATO의 해군력이 유럽으로 접근, 증원되는 것을 저지하는 방어적 임무뿐만 아니라, ② 서유럽과 세계 각국에 러시아의 해군력을 투사(投射)하는 공격적인 임무도 수행할 수 있다. 노르웨이해는 이를 위해서 필수적으로 통과, 확보해야 하는 해상 항로에 해당한다.[81] 때문에 노르웨이는 유사시 북양 함대를 비롯한 러시아의 군사력이 자국 주변의 해역, 혹은 영토를 겨냥하여 공격을 시도할 가능성에 노출되어 있는 것이다.[82] 노르웨이의 남부에 위치한 덴마크도 그 연장선상에서 러시아의 공격을 받을 가능성이 존재한다.

이에 비해, 러시아가 스웨덴을 공격하려는 군사적 동기는 다음의 3가지에 한정될 것이다. 첫째, 노르웨이 등 주변 국가를 공격하는 과정에서의 최단거리를 확보하기 위해 발트해 일대의 스웨덴 주변 해 · 공역을 침범, 통과하는 경우다. 둘째, 주변 국가들의 영토로 투입할 대규모의 상륙 전력을 수용할 수 있도록 발트해와 인접한 스웨덴의 연안 지대, 혹은 인근 도서 지역을 습격, 점령하는 경우다. 그리고 셋째, 발트해로 접근, 이동하는 NATO군을 저지하기 위해 스웨덴의 주요 군사기지, 특히 공군 비행장을 탈취 및 점거하는 경우다.[83] 앞서 살펴본 다른 스칸디나비아 국가들과 비교하면 우선순위가 낮은, 제한적인 성격의 목표인 것이다. 이는 스칸디나비아 지역에 대한 러시아의 군사적인 관심, 목표가 노르웨이, 핀란드 등의 주

---

81 근래의 사례로는 2016년 10월 항공모함 '어드미럴 쿠즈네초프'를 포함한 러시아 해군 전투단이 시리아 내전에서 시리아 정부군을 지원하기 위해 북극의 모항(母港)에서 출항, 노르웨이해와 북해를 경유하여 지중해로 진입했고, 약 2개월 동안 공습 작전을 수행한 후 귀환한 바 있다. 당시 영국을 비롯한 NATO 회원국들은 러시아 해군 전투단의 항해 과정에서 군함, 해상초계기 등을 투입하여 근접 감시 활동을 벌였다. Tim Ripley, "Russian Carrier Sails for the Med," *Jane's Defence Weekly*, (October 26, 2016), p. 15.

82 이는 제2차 세계대전 당시 독일이 영국을 겨냥한 해군 전진기지의 확보를 위해 노르웨이를 침공, 점령했던 것과 비슷하다. Brigitte Sauerwein, "Norwegian Defence at Fjords' Length," *International Defence Review*, (September 1989), pp. 1155-1156; 서춘식, "북구 3국의 국방정책 비교연구: 억제와 방어를 중심으로," 「陸士論文集」, 제51집 (1996년 12월), pp. 352-353.

83 Kruzel(1988), pp. 532-533.

변 국가들에게 분산된 결과라고 할 수 있다.

아울러 유럽에서 전쟁, 혹은 그에 준하는 정치 · 군사적 분쟁이 발생한다면 미국과 서유럽, 러시아 양측의 핵심 군사력은 주로 유럽 대륙에 집중될 가능성이 높다. 그로 인해 유사시 러시아가 스웨덴을 겨냥하여 실제 동원할 수 있는 군사력의 규모, 수준은 더욱 한정될 것이다.[84] 이러한 점은 막강한 군사력을 보유한 러시아의 존재에도 불구하고, 스웨덴이 국가의 생존과 주권, 영토 전체의 안전과 직결되는 대규모 전면 전쟁의 위험 부담을 낮추면서, 그보다 제한적인 수준의 군사적 위협을 억지, 방어하는 데 주력하는 국방전략을 수립, 실행할 수 있는 배경을 제공한다.

84 서춘식(1996), p. 359; Nils Andrén, "The Security and Defence of Sweden," *RUSI Journal*, Vol. 121, No. 2 (June 1976), p. 28.

3. 스웨덴의 군사력 현황

1) 일반적 사항

그렇다면 오늘날 스웨덴은 어느 정도의 군사력을 보유하고 있는가? 영국 IISS가 발행하는 『밀리터리 밸런스』 연감 2019년도판에 따르면, 현재 스웨덴의 정규군 병력은 총 2만 9,750명이다. 구체적으로는 ① 육군이 6,850명, ② 해군은 2,100명(상륙부대 소속 850명 포함), ③ 공군은 2,700명, 그리고 ④ 비(非)전투 부문(예: 수송, 군수지원, 정보, 의료)의 합동부대 소속이 1만 8,100명으로 가장 많다.[85] 스웨덴의 전체 인구가 1,004만 명 정도임을 고려하면, 인구 대비 0.3%보다 적은 규모의 정규군을 보유하고 있는 것이다. 또한 냉전의 종식 직전과 비교할 때, 약 44% 수준으로 축소된 규모다.

스웨덴군의 문장

병력의 구성을 살펴보면, 2010년 기준으로 육군의 약 35%가 장교를

85 IISS(2019), p. 150.

스웨덴군 남녀 장병들의 모습

비롯한 간부급의 직업군인이며, 나머지는 일반 병사들이다.[86] 현재 18세 이상의 남녀 스웨덴인 가운데 매년 4,000여 명의 인원이 징병제를 통해 선발되며, 이들은 육 · 해 · 공군에서 현역 병사로 복무한다. 현역병의 의무 복무기간은 각 군별로 차이가 있지만, 최소 4개월에서 최대 11개월 동안이다.[87] 현역 병사들 가운데 여군의 비율은 전체 약 16%로 추산된다.[88]

스웨덴의 군사력을 구성하는 또 다른 세력으로 '향토방위대'(Hemvärnet. 일명 '국토방위군'(Nationella skyddsstyrkorna))가 있다. 스웨덴군 향토방위대는 본래 제2차 세계대전 기간인 1940년 5월에 창설되었으며, 현역 복무를 마친 일반 병사, 혹은 퇴역 장교 가운데 자발적으로 지원하는 이들을 대상으로 충원된다. 향토방위대 소속 대원들의 대부분은 평소 생업에 종사하다가, 유사시 수시간 내에 소집 및 동원되어 후방에서의 방어 임무를 수행한다. 말하자면 '시간제(part-time) 예비전력'인 것이다. 아울러 향토방위대는 스웨덴의 다양한 기능별(예: 사격, 교통, 낙하산, 항공, 무선통신, 수

86 Alexander von Rosenbach ed, *Jane's World Armies 2010* (Surrey, UK: Jane's Information Group, 2010), p. 682.

87 냉전 시대 스웨덴군의 의무 복무 기간은 육 · 해군 소속 병사가 최소 7개월 반에서 최대 15개월, 공군 소속 병사는 8~12개월로 규정되었다. IISS(2019), p. 150.

88 외교부 유럽국 서유럽과(2019), p. 59.

스웨덴군 향토방위대 대원들의 모습. 후방 지역의 방어를 위한 예비전력 역할을 수행한다.

색견) 민간단체 및 협회들로부터 자발적인 인적, 물적 협력을 제공받는다.

현재 스웨덴군 향토방위대는 약 2만 2,000명의 대원을 보유하고 있다. 이는 육군 현역 장병의 수보다 3배 이상 많으며, 전체 정규군 병력의 약 74%에 해당하는 규모다.[89] 스웨덴군 향토방위대는 총 40개의 대대급 부대로 구성된다. 각 대대는 약 300~700명의 병력을 보유하며, 주로 소총과 기관총, 단거리 대(對)전차 유도무기, 박격포, 기동차량 등의 무장을 갖춘 경(輕)보병 부대들이다. 한편으로는 각 부대별로 특정 임무(예: 정찰, 교통, 화생방 방호, 군수지원)의 수행을 위한 중대급 이하의 소부대를 보유한다. 이들 부대는 스웨덴 각 지역에 4개(북부, 중부, 남부, 서부) 군구(軍區)로 나뉘어 배치된다.[90] 각 군구의 사령부는 연대급으로 편성된다.

스웨덴 영토의 후방에서 주요 정치, 경제, 사회적 기간 시설과 거점을 방어하고, 외부의 침공을 거부 및 격퇴하는 것이 향토방위대의 주요 임무다. 다시 말해서 단기간 내에 영토를 점령, 탈취하려는 적의 의도를 좌절시키고, 장기간의 저항을 통해 적의 침공 지속 능력, 의지를 분쇄하여 궁극적

89 만약 정규군과 향토방위대를 합산하여 '스웨덴군'으로 규정한다면, 향토방위대는 총 5만여 명 규모의 스웨덴군 병력 전체에서 약 41%를 차지하는 셈이다. IISS(2019), p. 150.

90 특히 향토방위대 중부 군구의 사령부는 수도 스톡홀름의 방어, 왕실 호위를 담당하는 육군 근위연대(Livgardet) 본부에 위치하고 있다. Rosenbach ed(2010), p. 683.

으로는 적을 스웨덴 영토에서 몰아내는 역할을 수행하는 것이다. 또한 향토방위대는 각종 비(非)군사적 안보 위협(예: 자연재해, 범죄, 정치 · 사회적 소요 사태)에도 대응하기 위해 경찰의 치안 유지, 수색 및 구조 활동 등을 지원할 수 있다. 이를 통해 스웨덴은 현역 정규군이 전방에서의 신속대응 임무에 주력하는 한편으로, 향토방위대가 후방을 비롯한 영토 대부분의 실질적인 방위를 담당하는 '군사력 운용의 분업화'를 달성하고 있는 것이다.[91]

스웨덴군 향토방위대의 대원들은 기본적인 전투 수행 능력의 유지를 위해, 1년에 최소한 4일 동안의 군사훈련을 이수하도록 되어 있다. 장교의 경우, 연간 최소 복무 기간이 13일(약 2주일)로 규정된다. 한편으로는 향토방위대 내에서도 전체 약 20%인 5,000명가량을 '특수 행동단'으로 선발, 편성하고 있다.[92] 특수 행동단 소속의 대원들은 일반 향토방위대원보다 신속한 동원, 고(高)강도의 임무 수행을 위한 대비 태세를 갖춘다. 그리고 이를 위해서 보다 많은 훈련을 소화하며, 더 우수한 군용 장비 등을 제공받는다.

2) 지휘통제 구조

현재 육 · 해 · 공군 등 스웨덴의 군사력에 대한 지휘통제권을 보유, 행사하는 주체는 군부의 수장이자 스웨덴군 유일의 대장(大將: 4성 장군) 계급인 '총사령관'(Överbefälhavaren)이다. 전통적으로 스웨덴군의 총사령관직은 공식 국가원수인 국왕이 겸임해 왔지만, 근대에 들어서 직업군인 출신의 총사령관이 별도로 임명되어야 할 필요성이 커졌다. 특히 제1차 세계대전 이후 각국에서 기존의 육군, 해군에 더하여 공군을 새로운 군종으로 창설했고, 스웨덴도 1926년에 공군을 신설하였다. 이는 각자의 공간에서

---

91 이 점에서 스웨덴군 향토방위대는 정규군의 육 · 해 · 공 3군과 더불어, 사실상의 4번째 군종으로 평가받기도 한다.

92 Rosenbach ed(2010), p. 683.

스톡홀름에 위치한 스웨덴군 총사령부 청사

스웨덴군의 현직 총사령관 바디엔(공군 대장)

작전을 수행하는 전력들을 통합적으로 운용할 수 있도록 군 지휘통제 구조를 재편해야할 근거가 되었다.

그리하여 제2차 세계대전의 발발 직후인 1939년 12월, 육군의 올로프 토르넬 장군이 스웨덴군의 초대 총사령관으로 임명되었다. 이후 현재까지 스웨덴군의 총괄적 지휘통제권자로서 총사령관에 재임한 이들은 총 12명이다. 그 가운데 과반수인 8명의 총사령관이 육군 출신이었다. 공군 출신은 지난 2015년에 임명된 미카엘 바디엔 현직 총사령관을 포함해 3명이 있었으며, 나머지 1명이 해군 출신이었다. 다시 말해서 육 · 해 · 공군이 8 : 1 : 3의 비율을 차지해온 것이다.[93]

스웨덴군은 냉전이 종식된 후인 지난 1994년에 각종 군사 기구를 통폐합하고, 지휘통제 구조를 재편하는 조치를 단행했다. 이에 따라 육 · 해 · 공 3군이 독자적으로 보유, 운영했던 사령부, 참모부를 통합한 단일 총사령부가 출범하였다. 스웨덴군 총사령부는 총사령관을 수장으로 하는 가운데, 이를 보좌하는 중장 계급의 참모장(총사령부 본부장 겸직)과 민간인 사무총장이 각각 임명된다. 예하에는 육 · 해 · 공군 주요 작전 부대들의

93 다만 1986년 이래 재임한 최근 33년 동안의 스웨덴군 총사령관 6명은 육 → 공 → 육 → 해 → 육 → 공 출신으로 임명되었다. 이는 동일 군종 출신의 연임을 지양하고, 군의 지휘통제 체계에서 육 · 해 · 공 3군의 균형을 추구하는 취지로 평가할 수 있다.

지휘통제를 직접 담당하는 합동사령부(Insatsledningen), 그리고 각 기능별(예: 군사정보, 인사, 법무, 관리, 의료, 공보, 훈련 및 전력발전) 참모국이 설치, 운영되고 있다.[94]

스웨덴군 총사령부의 합동사령부는 소장 계급인 사령관의 지휘통제를 받는다. 합동사령부 사령관은 총사령관의 직접 지휘 아래, 평 · 전시 스웨덴 영토에 배치된 병력뿐만 아니라, 해외 파병부대에 대해서도 작전권을 행사한다.[95] 합동사령부는 육 · 해 · 공 3군의 전투사령부를 통하여 각 군의 개별 작전 부대들을 지휘한다. 각 군별 전투사령부에는 준장(准將. 1성 장군) 계급의 사령관이 임명된다.

한편 스웨덴 육 · 해 · 공군의 참모총장은 소장 계급이며, 해당 군종을 대표하는 선임 장성의 지위를 갖는다. 그러나 이들은 훈련 및 전력발전 담당 참모국의 일원으로서 교육훈련이나 군수지원, 무기 획득 등 소속 군의 평시 전력 관리와 운영, 발전을 위한 군정 권한만을 행사할 뿐이다. 다시 말해서 스웨덴의 각 군별 참모총장은 자신들이 보유한 병력, 부대의 작전 지휘 및 운용 체계에서 제외되어 있는 것이다.

정리하자면, 스웨덴군은 육 · 해 · 공 3군의 독자성, 자율성보다는 군령권의 집중 및 일원화를 강조하는 지휘통제 체제를 채택하고 있다. 이는 다분히 통합군 형태에 해당한다. 이러한 지휘통제 구조는 스웨덴의 정규군 병력이 불과 3만 명에도 못 미치는 소규모임을 고려할 때, 지상과 해양, 공중의 전력에 대한 지휘통제 권한을 각 군별로 분산시키는 것보다는 단일 사령부에 집중하는 편이 신속하고 효율적인 작전 수행에 유리하다는 판단을 반영한 결과다.

---

94 Rosenbach ed(2010), p. 683.

95 반면 스웨덴군 향토방위대의 사령관은 총사령부 합동사령관과 같은 소장 계급이며, 역시 총사령관의 직접 지휘를 받는다. 이에 따라 향토방위대는 합동사령부의 지휘통제 대상에서 제외된다.

3) 각 군별 전력

지난 2018년을 기준으로 스웨덴은 총 62억 2,000만 달러의 군사비를 지출했다. 이는 GDP 대비 1.1%에 해당하는 수준이다.[96] 냉전의 종식 직전까지 GDP의 약 3%에 달하는 군사비를 지출했던 것과 비교하면, 30여 년 만에 무려 1/3 수준까지 비중이 떨어진 것이다. 이러한 추세는 병력 규모의 감축과 더불어, 냉전이 종식된 후 군사 부문에 관한 재정 및 정책적인 우선순위를 지속적으로 낮춰 온 유럽 국가들의 전반적인 기조와 일맥상통한다. 그렇다면 오늘날 스웨덴이 보유하고 있는 군사력은 어느 정도인가?

(1) 육군

현재 스웨덴 육군은 대대급 이하의 다양한 병과별 부대들을 보유하고 있다. 여기에는 기갑 및 기계화보병 대대 7개, 경보병 대대 2개, 포병 대대 2개, 공수 대대 1개, 공병 대대 2개, 방공 대대 2개, 정찰 대대 1개, 그리고 수송 및 화생방 방호 중대 각 1개 등을 포함한다.[97] 이들 부대는 평시에 지역, 병과 기준으로 편제된 8개 연대 소속으로 배치되어 훈련을 받으면서 대비 태세를 유지한다. 유사시에는 대대급 이하 규모의 각 병과별 부대들을 보유하는 여단급 신속대응 부대가 남부와 북부에 각 1개씩 편성, 동원된다.[98]

먼저 육군의 가장 대표적 무기인 탱크의 경우, 스웨덴 육군은 총 120대를 보유하고 있다. 이들 탱크는 모두 독일제 '레오파르트(Leopard. 표범)-2'다. 당초 스웨덴은 냉전이 종식된 후인 1994년 독일군이 한때 운용

---

96 역시 2018년을 기준으로 다른 스칸디나비아 국가들이 지출한 군사비와 비교하면 덴마크(42억 5,000만 달러), 핀란드(34억 1,000만 달러)보다는 많지만, 노르웨이(68억 달러)보다는 적은 액수다. 여기에 GDP 대비 군사비의 비중은 스웨덴이 스칸디나비아 국가들 중에서 가장 낮은 것으로 나타났다. IISS(2019), p. 82; p. 150.

97 IISS(2019), p. 151.

98 IISS(2019), p. 80.

했던 160대의 레오파르트-2를 일부 개량한 후 임대하여 배치했는데, 이들과는 별개로 스웨덴의 지형, 기후 조건을 반영해서 설계, 제작된 개량형을 1990년대 말부터 도입한 것이다.[99] 이렇게 전력화된 스웨덴 육군의 레오파르트-2는 'Strv-122'라는 제식명으로도 불린다.

스웨덴 육군의 주력 무기들 중 하나인 독일제 '레오파르트-2' 탱크

스웨덴 육군의 레오파르트-2 탱크는 120mm 활강포를 주요 무장으로 탑재하며, 고성능의 사격통제장치, 항법 장치, 전천후 표적 탐지 장비 등을 갖춘다. 이를 통해서 어떠한 시각, 계절에서든지 정밀하고 위력적인 화력을 제공할 수 있다. 기동 능력은 1,500마력의 디젤 엔진을 탑재하여 최고 속도가 시속 68km, 주행 거리는 550km에 달한다. 그리고 직간접적인 피탄에 대한 생존성을 유지, 보장할 수 있도록 장갑 방호력을 강화시켰다.[100] 이러한 특징들 덕분에, 레오파르트-2는 서유럽뿐만 아니라 전 세계적으로도 최고 수준의 탱크들 가운데 하나로 평가받는다.[101]

한편 스웨덴 육군의 장갑차 보유 수량은 1,400여 대로 탱크보다 10배 이상 많다. 이는 냉전의 종식 이후 대규모 전면 전쟁의 가능성이 낮아졌다는 판단을 전제로, 탱크 중심의 기갑 부대보다는 보병을 빠르고 안전하게 투입할 수 있는 장갑차 등 기계화보병 부대를 강화하여 경제성, 신

99 스웨덴이 임대한 레오파르트-2 160대 가운데 20대는 공병 임무용으로 개조되었고, 나머지는 2011년에 모두 독일로 반환되었다.

100 강인석, "기동무기체계 발전 방향: 전차 체계," 「국방과 기술」, (2005년 7월), pp. 36-37.

101 레오파르트-2는 1979년 독일(당시 서독) 육군에서 처음으로 생산, 배치되었으며, 1992년에 양산이 종료될 때까지 4가지의 개량형이 개발되었다. 뿐만 아니라 유럽, 아시아를 비롯한 세계 10여 개국에 2,000대가 넘는 수량이 수출되었다. 여기에는 노르웨이와 덴마크, 핀란드 등 스칸디나비아 국가들도 포함된다.

스웨덴 육군의 CV90 보병전투용 장갑차(왼쪽)와 차륜형 병력수송용 장갑차(오른쪽)

속 대응 능력을 동시에 향상시킨다는 방침에 따른 것이다. 장갑차의 구성은 ① 경량 탱크에 준하는 대(對)전차 작전 능력을 갖춘 보병전투용 장갑차(IFV: Infantry Fighting Vehicle)가 390여 대이며, ② 보병의 수송 능력에 초점을 둔 병력수송용 장갑차(APC: Armoured Personnel Carrier)는 1,080여 대로 73% 이상을 차지한다.

스웨덴 육군의 보병전투용 장갑차에서 주력으로 활약 중인 것은 1990년대 초에 스웨덴이 영국과 공동으로 개발한 CV90이다. 이 장갑차는 탱크처럼 캐터필러(caterpillar: 무한궤도) 형태의 궤도형 기동 장치를 사용하며, 주요 무장으로는 적 장갑차량에 대한 관통 능력을 갖춘 40mm 기관포와 7.62mm 기관총을 보유한다. 탑재하는 디젤 엔진의 성능은 550마력으로 레오파르트-2 탱크의 약 1/3에 불과하지만, 최고 시속 68km의 속도와 900km의 주행 거리는 레오파르트-2와 동급 수준이다.[102] 그리고 내부에는 8명의 분대급 병력이 탑승한다.

장갑차 전력의 과반수인 병력수송용 장갑차는 궤도형 400여 대, 6~8륜 바퀴를 사용하는 차륜형 310여 대, 그리고 일정 수준의 장갑 방호능력

102 CV90은 보병전투용 외의 임무를 위해 제작된 파생형(예: 지휘통제, 정찰, 자주(自走) 대공포)을 포함해서 총 540여 대가 생산되었다. Samuel Cranny-Evans et al eds, *Jane's Land Warfare Platforms: Armoured Fighting Vehicles 2018-2019* (Surrey, UK: IHS Markit, 2018), p. 684.

스웨덴 육군 포병의 주력인 '아처' 차륜형 자주포(왼쪽)와 아처의 사격 모습(오른쪽)

을 갖춘 4륜형의 고(高)기동 전술차량 360대로 각각 나뉜다.[103] 이들 가운데 궤도형 및 차륜형 병력수송용 장갑차는 모두 10명 안팎의 분대급 병력을 수송하며, 자체 무장은 소구경 기관총 정도로 한정된다. 특히 차륜형은 최고 시속 100km의 고속 기동능력을 자랑한다.

스웨덴 육군은 총 300문 이상의 포병 전력을 보유한 것으로 나타난다. 하지만 이들의 대다수는 보병 부대에서, 사거리 10km 이하의 단거리 화력지원용으로 운용하는 280여 문의 81mm 및 120mm 박격포다. 보다 원거리에서의 화력을 지원하기 위한 야포는 24문의 자주포만을 보유하고 있을 뿐이다. 바로 '아처'(Archer. 사수(射手)) 차륜형 자주포다. 아처는 냉전 시절인 1978년에 개발된 자국산 FH-77 155mm 견인포를 6륜 차량에 탑재하는 형태로 1990년대 중반부터 본격적인 개발이 시작되었다. 기존의 견인포에 기동성을 부여하여 생존성, 신속대응 능력을 향상시키는 동시에, 획득 비용을 절약하기 위한 것이었다.[104] 그로부터 상당 기간의 개발 과정이 소요된 후, 2016년부터 비로소 생산, 배치가 이루어졌다.

아처를 탑재, 운용하는 34톤 중량의 6륜 차량은 325마력의 디젤 엔진

---

103 스웨덴 육군이 보유한 차륜형 병력수송용 장갑차는 모두 핀란드의 공영 방위산업체 파트리아 사(社)에서 제작한 것이다. IISS(2019), p. 151.

104 최현호, "새롭게 주목받고 있는 차륜형 자주포 시장: 신속배치 능력과 저렴한 비용으로 확산 추세,"「국방과 기술」, (2013년 6월), p. 54.

을 탑재하여 최고 시속 70km, 주행 거리 500km의 우수한 기동성을 발휘할 수 있다. 사거리는 35~40km이며, 사거리 연장형 포탄을 사용할 경우에는 60km까지 공격 가능하다. 지속 포격 기준으로는 분당 1.25발(즉, 4분 이내에 5발)의 포격을 수행하지만, 단기간 내의 긴급 대응이 필요할 때는 분당 최대 8발까지 포격할 수도 있다.[105] 그리고 탄도 컴퓨터를 포함한 자동화된 사격통제장치, 관성항법장치, 통신 장비 등 고성능의 지휘통제 체계를 갖추어 신속하고 정확한 작전 수행을 뒷받침한다.

현재 스웨덴 육군은 2개의 포병 대대에서 각 12문씩의 아처를 배치, 보유하는 방식으로 운용 중이다. 당초 노르웨이에서도 공동으로 아처를 도입할 계획이었지만, 전력화가 늦어지면서 2013년에 이를 취소한 바 있다.[106] 이에 따라 스웨덴 육군은 노르웨이가 도입하려고 했던 수량까지 포함해서 총 48문의 아처를 배치한다는 방침이다. 또한 CV90 보병전투용 장갑차의 차체를 이용한 120mm 자주(自走) 박격포도 2020년까지 40문을 생산, 배치하는 계획이 진행 중이다.

한편으로 스웨덴군은 지난 2011년부터 통합 특수전 부대를 편성, 운용하고 있다.[107] '특수작전 기동단'(SOG: Särskilda Operationsgruppen)으로 불리는 이 부대는 앞선 1990~2000년대에 창설되어 정찰, 특공 임무를 각각 담당해 온 중대급 이하 규모의 특수전 부대 2개를 통합한 것이다. 스웨덴군 특수작전 기동단은 총사령관의 직접 지휘를 받으며, 적의 중요 위협에 대응하기 위한 정보 수집, 적진 침투, 신속대응 및 타격, 테러 진압, 인질 구출 등의 임무들을 수행한다. 또한 해외 분쟁지역에서의 평화유지 임무에

---

105 Oscar Widlund et al eds, *Jane's Land Warfare Platforms: Artillery & Air Defence 2018-2019* (Surrey, UK: IHS Markit, 2018), pp. 136-137.

106 이후 노르웨이는 2017년에 한국제 K-9 자주포의 도입을 결정했다. 같은 시기에 도입을 결정한 핀란드처럼, 노르웨이도 총 24문의 K-9 자주포를 도입할 계획이다. 이들은 지난 1960년대에 도입된 미국제 구형 M109 155mm 자주포를 대체한다. Widlund et al eds(2018), pp. 135-136.

107 IISS(2019), p. 152.

스웨덴군 특수전 부대원들의 훈련 모습

파견되어 현지의 치안 유지, 군사교육 및 훈련 등을 담당하기도 한다. 그리고 이들의 임무를 지원하기 위하여 해상 및 공중 기동, 신호정보 등의 전투지원 부대가 편성된다.

(2) 해군

스웨덴 해군은 20세기 전반기까지만 해도 배수량 1,000톤이 넘는 중형급 이상의 수상전투함들을 상당수 보유한 바 있었다. 하지만 냉전 초반인 1960년대를 기점으로, 스웨덴은 축소 지향적인 해군력 건설을 추구하기 시작했다.[108] 이는 스웨덴이 덴마크의 유틀란트 반도, 노르웨이의 존재로 인해 지리적으로 대양과는 분리된 상태이며, 유력한 군사 위협인 소련(현재의 러시아)의 거대한 해군력에 양적, 질적으로 대등하게 경쟁하는 것은 비현실적이라는 판단 때문이었다.[109] 때문에 스웨덴의 해군력 건설은 발트해 일대의 영토 인근 해역에서 적의 군함들을 직접 파괴할 수 있도록 대함

---

108 Niklas Granholm, "A Small Navy in a Changing World: The Case of the Royal Swedish Navy," in Michael Mulqueen et al eds, *Small Navies: Strategy and Policy for Small Navies in War and Peace* (Surrey, UK: Ashgate, 2014), pp. 170-172.

109 1981년 10월 소련 해군의 '위스키'(수중배수량 1,300톤)급 재래식 잠수함이 스웨덴 최대의 해군 기지가 위치한 남부 연안의 '칼스크로나'(Karlskrona) 항 인근까지 접근했다가 암초에 좌초, 발각된 사건이 발생했다. 이는 냉전 시대에 스웨덴이 소련의 해군력과 맞선 대표적 사례였다. Granholm(2014), p. 172.

미사일과 어뢰 등으로 무장한 소형 전투함정, 연안에 배치되는 지대함 화력을 강화하는 데 주력했다. 대조적으로 연안을 벗어난 원해(遠海)로의 해군력 투사(投射), 주요 항로의 방어 등을 수행하기 위한 능력의 확보는 배제되었다.

이에 따라 한때 스웨덴이 보유했던 중형 수상전투함은 1980년대 초 · 중반까지 모두 퇴역했다. 이후 스웨덴 해군의 수상 전력은 30년이 넘도록 배수량 1,000톤 미만의 소형 함정을 중심으로 구성되고 있다.[110] 이들 가운데 다수를 차지하는 세력은 배수량 20톤 이하의 쾌속정 약 130척, 배수량 50톤급의 경비정 수척, 그리고 배수량 300톤급의 미사일정 4척이다.

CB90이라는 제식명으로 알려진 스웨덴 해군의 쾌속정은 척당 20명의 병력, 혹은 3톤 이하의 화물을 적재할 수 있으며, 무장 능력은 12.7mm 기관총으로 한정된다. 또한 워터제트(water-jet) 방식의 추진기관을 탑재해 프로펠러 형태의 스크루를 이용하는 기존의 함선들보다 월등히 빠른 최고 시속 50노트의 고속 항해가 가능하다.[111] 이를 통해 연안에서의 고속 경비, 초계 활동이나 인근 도서 지역으로의 신속한 병력 투입 등을 수행한다. 지난 1990년대에 도입된 경비

스웨덴 해군의 CB90 쾌속정(위)과 미사일정(아래). 수상 전력의 숫자상 주력을 차지하고 있다.

110 스웨덴 해군이 보유한 함선들 가운데 배수량 1,000톤을 넘는 것은 ① 잠수함 구조함 '벨로스'(6,100톤), ② 수송함 '트로세'(2,100톤), ③ 정보수집함 '오리온'(1,400톤), 그리고 ④ 다목적 지원함 '칼스크로나'(3,100톤) 등 소수의 비(非)전투 지원함정으로 국한된다. IISS(2019), p. 151.

111 CB90 쾌속정의 항속거리는 240해리이며, 이는 시속 30노트의 항해 속도를 기준으로 한다. Nick Brown et al eds, *Jane's Fighting Ships 2018-2019* (Surrey, UK: IHS Markit, 2018), p. 812.

스웨덴 해군의 수상 전력을 대표하는 '비스비'급 스텔스 초계함

정(일명 '태퍼'급)은 12.7mm 기관총 외에 폭뢰, 기뢰를 갖추어 연안에 침투하는 적 잠수함에 대항할 수 있다.

스웨덴 해군의 미사일정은 1980년대 중반에 전력화된 '스톡홀름'급과 이후 1990년대 초부터 배치 중인 '가브레'급 각 2척이 있다. 이들은 공통적으로 57mm 함포와 사거리가 20km인 척당 4발의 400mm 대잠 어뢰, 그리고 사거리 110km의 자국산 RBS-15 대함 미사일 등을 탑재, 운용한다.[112] 대함 미사일과 대잠 어뢰의 운용 능력을 확보하여 보다 우월한 무장 능력을 갖춘 적의 수상 및 수중 전력을, 원거리에서도 공략할 수 있도록 한 것이 특징이다.

오늘날 스웨덴 해군이 보유한 가장 강력한 수상전투함은 2000년대부터 전력화된 총 5척의 '비스비'(만재배수량 630톤)급 스텔스 초계함이다. 레이더를 비롯한 적의 다양한 정보 수집 장비에 포착, 추적되는 것을 회피하기 위해서 선체의 반사면적을 최소화하고, 전자기파와 적외선, 음향 등 각종 신호가 외부로 방출되는 것을 억제하는 데 설계의 초점을 두었다.[113] 구체적으로는 굴곡 부위보다 경사를 적용해 선체 형태를 단순화시키고, 레이더

112 스톡홀름급 미사일정은 척당 4발의 대함 미사일을 탑재하며, 가브레급의 대함 미사일 탑재 규모는 그 2배인 8발로 늘어났다. Brown et al eds(2018), pp. 810-811.

113 Stefan Nitschke, "Stealth in Modern Naval Warfare," *Naval Forces*, Vol. 25, No. 6 (2004), pp. 38-39.

전파를 흡수할 수 있는 특수 소재를 사용했다. 아울러 주요 무장을 내부에 탑재, 수납하고, 레이더 등의 탐지 장비와 항해 및 통신용 안테나를 통합해서 선체 상부에 설치하였다.

비스비급은 57mm 함포, 8발의 RBS-15 대함 미사일, 4발의 400mm 대잠 어뢰, 기뢰 등을 탑재, 운용하여 대함 및 대잠 작전, 기뢰전을 비롯한 다양한 임무를 수행할 수 있다.[114] 아울러 워터제트 방식의 추진기관을 채택해 최고 시속 35노트의 고속 항해가 가능하다. 이를 통해 비스비급은 연안에서 적의 수상, 수중 전력에 좀처럼 노출되지 않으면서 생존성을 확보하고, 필요시에는 신속하고 기습적으로 공격을 가할 수 있는 기술적인 우위를 차지할 수 있는 것이다. 비스비급의 이러한 특징들은 세계 각국의 해군에서 수상전투함의 개발에 스텔스 기술을 적용, 채택하는 데 많은 영향을 주었다.

한편 수중 전력의 경우, 스웨덴 해군은 총 5척의 잠수함을 보유하고 있다. 이들은 1980년대 말에 건조된 '쇠데르만란드'급 2척, 1990년대 중반 전력화된 '고틀란트'급 3척이다. 모두 수중배수량 1,600톤 규모의 중형 재래식 잠수함이다. 비록 보유 척수가 10척을 넘었던 냉전 시대에 비해서는 절반 이하로 축소된 것이지만, 스웨덴 해군의 잠수함은 북유럽에서 최강으로 평가받는다.

쇠데르만란트급과 고틀란트급은 모두 주요 무장으로 533mm 대함 중(重)어뢰, 400mm 대잠 어뢰를 탑재한다. 척당 어뢰 발사관의 수는 쇠데르만란드급이 9문, 고틀란트급은 6문이다.[115] 반면 잠대함 미사일의 탑재, 운용 능력은 없다. 이들 가운데 고틀란트급은 세계 최초로 실용화된 AIP 추

---

114 반면 적의 항공기, 대함 미사일을 요격하기 위한 대공포, 함대공 미사일은 아직 없다. 비스비급은 향후 개량 과정에서 함대공 무장의 탑재 가능성을 고려해 일부 여유 공간을 남겨두고 있다. Brown et al eds(2018), p. 809.

115 어뢰 발사관의 구성은 대함(533mm)과 대잠(400mm)이 각각 2 : 1로 나뉜다. 다시 말해서 쇠데르만란드급은 대함 6문과 대잠 3문, 고틀란트급은 대함 4문과 대잠 2문이다. Brown et al eds(2018), pp. 807-808.

북유럽 최강의 수중 전력으로 평가받는 스웨덴 해군의 고틀란트급(왼쪽), 쇠데르만란드급(오른쪽) 중형 잠수함

진체계를 채택한 재래식 잠수함이라는 점에서 주목을 받았다. 고틀란트급의 AIP 추진체계는 출력 75*kW*(킬로와트)의 스털링(Sterling) 외연(外燃) 기관 2대를 이용하며, 5노트의 저속 항해를 기준으로 수주일 동안의 지속적인 잠항 능력을 제공한다.[116]

지난 2005년 미 해군 태평양 함대는 스웨덴의 고틀란트급 1척을 임대하여 약 2년 동안 다수의 대잠 훈련에서 가상 적함으로 활용했다.[117] 향후 적대 세력의 연안에서 등장할 수 있는, 항해 정숙성이 우수한 재래식 잠수함의 위협을 염두에 둔 것이었다. 이는 고틀란트급의 기술적인 우수성을 국제적으로 과시하는 계기가 되었다. 2000년대 초에는 쇠데르만란드급 2척도 고틀란트급의 것보다 성능이 향상된 개량형 AIP 추진체계를 탑재하도록 개량되었다.[118] 이로써 스웨덴 해군의 수중 전력은 보다 장기간의 잠항 능력을 바탕으로 발트해 일대의 주요 해역에서 적의 해군력을 효과적으로 거부, 차단할 수 있게 된 것이다.

스웨덴 해군은 노후화된 쇠데르만란드급을 대체하기 위하여 2척 이

116 스털링 외연 기관을 기반으로 한 고틀란트급의 AIP 추진체계는 이후 일본 해상자위대가 2000년대 후반부터 건조, 배치한 '소류'(蒼龍. 수중배수량 4,200톤)급 잠수함 10척에도 탑재되었다. 스털링 외연 기관과 기타 AIP 추진체계의 기술적 특징에 관해서는 손영동, "잠수함 AIP 추진체계 개발 동향," 「국방과학기술정보」, (2007년 7 · 8월), pp. 100-103을 참고.

117 Granholm(2014), p. 176.

118 Brown et al eds(2018), p. 808.

스웨덴 해군 상륙단의 기동 모습(왼쪽)과 연안 방어용 RBS-17 단거리 지대함 미사일(오른쪽)

상의 차기 재래식 잠수함을 개발, 건조할 계획이다. 일명 A26으로 불리는 스웨덴의 차기 잠수함은 선체 규모가 수중배수량 2,100톤 이상으로 확대되며, 전통적인 대함 교전뿐만 아니라 정찰, 특수전 부대의 수송을 비롯해서 보다 다양한 임무를 수행할 수 있도록 제작된다.[119] 아울러 A26은 신형 스털링 외연 기관을 이용한 AIP 추진체계를 탑재, 항해 속도 6노트를 기준으로 18일 이상의 잠항 능력을 보유할 것이다.

그 외에도 스웨덴 해군은 자체적인 보병 부대를 운용하고 있다. 바로 타국의 해병대(海兵隊: Marine Corps)에 해당하는 '상륙단'(AMF: Amfibiekåren)이다. 이 부대는 본래 20세기 초부터 연안 지역의 방어를 담당하는 해안 포병부대로서 설치, 편성되었다. 병력 규모는 냉전의 종식을 앞둔 1987년 기준으로 5개 여단 소속의 2,650명에 달했으며, 각종 해안포와 지대함 미사일 등으로 무장했다.[120] 하지만 냉전 이후에는 연안에서의 고정적인 방어를 탈피하고, 영토 인근의 도서 지역으로 투입, 전개될 수 있는 신속 기동 부대로 전환되었다.

119 Brown et al eds(2018), p. 807; Kate Tringham and Richard Scott, "Underwater Aspirations: European Conventional Submarine Programmes," *Jane's Defence Weekly*, (October 22, 2014), pp. 24-25.

120 IISS(1987), p. 88.

현재의 상륙단은 지난 2000년에 출범했다. 병력 규모는 850명으로 1개 연대에 해당하는데, 냉전 종식 직전의 1/3 수준으로 축소된 것이다.[121] 상륙단의 주력인 1개 보병 대대는 소총 중대 3개, 정찰 등의 특수 임무를 수행하는 특공 중대 1개 등으로 구성된다. 여기에 상륙용 함정을 운용하는 1개 중대도 있으며, 유사시에는 향토방위대 소속의 3개 대대를 지원받는다. 이들 병력은 시속 35노트, 척당 20명을 수송하는 3척의 영국제 '그리폰' 공기부양정 등 다양한 소형 상륙함정을 이용해 기동한다.[122] 그리고 자체 화력 지원과 연안 방어를 위해 81mm 박격포, 사거리 10km 이하의 자국산 RBS-17 단거리 지대함 미사일을 보유한다.

(3) 공군

스웨덴 공군은 냉전 시절 북유럽뿐만 아니라, 유럽 전체를 통틀어서도 상위권인 수백대의 전투기를 보유했다. 냉전이 종식되면서 보유 수량은 대폭 줄어들었지만, 스웨덴은 여전히 북유럽에서 가장 강력한 공군력을 자랑하고 있다.

현재 스웨덴의 공군력을 대표하는 주력 기종은 JAS-39 '그리펜'(Gripen) 전투기다.[123] 그리펜은 냉전 말기인 1988년에 처음으로 시제기의 시험 비행을 실시했고, 1990년대 후반부터는 본격적으로 양산을 시작하여 현재까지 약 120대를 전력화했다. 이들 가운데 90여 대가 6개 비행대대 소속으로 배치 중이며, 나머지 20대 이상의 수량은 체코와 헝가리에 임대된 상태다.[124]

---

121 IISS(2019), p. 151.

122 Brown et al eds(2018), p. 812.

123 그리펜의 제식명 JAS는 각각 '요격'(Jakt), '공격'(Attack), '정찰'(Spaning)을 뜻하는 스웨덴어의 머리글자에서 착안한 것이다. 또한 기종명인 그리펜은 사자의 몸, 독수리의 머리와 날개를 가진 상상의 동물 '그리핀'(Griffin)에서 유래했다. 이러한 점들은 그리펜 전투기가 개발 당시부터 공중, 지상, 해상에서의 전투를 포함하는 다목적 임무의 수행을 요구받았음을 의미한다.

124 IISS(2019), pp. 151-152; Jim Dorschner, "Joint Effort: Europe's Gripen Fleets," *Jane's Defence*

그리펜은 터보팬(turbofan) 방식의 추력 8톤급 단발 제트 엔진을 탑재하는 소형 전투기로 최고 비행속도는 마하 2, 작전 반경은 약 800km에 달한다. 비록 자체 중량은 7톤 미만에 불과하지만, 그에 육박하는 규모의 다양한 무장을 탑재할 수 있다. 그리펜의 공대공 무장은 미국제 사이드와인더 단거리 미사일, 암람 중거리 미사일과 더불어 유럽 국가들이 공동으로 개발한 사거리 30km 이하의 IRIS-T 단거리 미사일, 사거리 100km 이상의 '미티어' 장거리 미사일을 포함한다.[125]

특히 그리펜은 2016년 현존 전투기들 가운데 처음으로 미티어 미사일의 실전 운용능력을 입증하는 데 성공했으며, 이를 통해 미 공군의 주력 전투기보다도 원거리에서 공중전을 수행할 수 있는 능력을 확보하였다.[126] 공대지 무장의 경우, 그리펜은 사거리 20km급의 AGM-65 '매버릭' 단거리 공대지 미사일, SDB 중거리 유도폭탄을 비롯한 미국제 무기뿐만 아니라, 스웨덴 해군의 수상 전투함에서도 사용하는 자국산 RBS-15 대함 미사일을 탑재, 운용할 수 있다. 이처럼 그리펜은 육 · 해 · 공을 망라하여, 최대 100km가 넘는 사거리 내에서 적의 위협에 대응할 수 있는 우수한 다목적 전투기인 것이다.

그리펜 전투기는 1990년대의 전력화 이후 다양한 성능 개량을 실시했다. 2010년대 초에 제시된 최신판 개량형(통칭 '그리펜-E/F')은 ① 다수의 적 항공기를 동시에 탐지, 추적할 수 있는 능동형 전자주사식(AESA: Active Electronically Scanned Array) 위상배열 레이더, ② 레이더를 사용하지 않고

Weekly, (May 11, 2016), p. 24.

125 IRIS-T 단거리 공대공 미사일의 개발에는 독일과 이탈리아, 스웨덴 등이 참여했으며, 현재 유럽을 포함한 10개국 이상에서 도입 중이다. 미티어 장거리 공대공 미사일은 램제트(Ramjet) 기술을 적용하여 미국제 암람을 능가하는 비행 속도, 사거리를 구현해냈다. 이를 통해 미국과 서유럽을 비롯한 서방권에서 가장 강력한 공대공 무기로 평가받는다. Dorschner(2016), p. 25.

126 현재 미티어 장거리 공대공 미사일은 스웨덴 외에 영국, 프랑스, 스페인에서 운용되고 있다. Nicholas de Larrinaga, "Meteor in Service on Sweden's Gripens," *Jane's Defence Weekly*, (July 20, 2016), p. 8.

스웨덴 공군의 주력 '그리펜' 전투기의 비행 모습(왼쪽)과 무장 탑재 모습(오른쪽)

서도 원거리에서 적 항공기가 비행 과정에서 배출하는 열을 탐지, 추적하는 '적외선 탐지 · 추적 장비'(IRST: Infra-Red Search and Track) 등을 새로이 탑재한다.[127] 이는 러시아 등 세계 각국에서 도입되고 있는 스텔스 전투기와의 공중전에서도 기술적 균형을 유지, 확보하려는 스웨덴 공군의 노력을 반영하고 있다.[128] 스웨덴 공군은 오는 2026년까지 60대 이상의 개량형 그리펜을 도입할 계획이다.

비(非)전투 지원용 항공기들도 스웨덴의 공군력을 뒷받침하는 역할을 담당한다. 그 가운데 핵심적인 비중을 차지하는 기종은 총 3대를 운용 중인 S-100 '아르거스' 공중 조기경보기다. 아르거스는 1990년대에 자국산 민간 중형 항공기를 기반으로, '에리아이'(Erieye)라는 별칭의 자국산 위상배열 레이더를 기체 상부에 고정 탑재하는 형태로 제작되었다. 비록 360°에 걸친 전(全)방위적인 공중 감시에는 한계가 있지만, 고도 20km 이상을 비행하는 적의 항공기와 발사체를 400km 내외의 범위에서 탐지, 추적할

127 IRST의 채택, 운용은 레이더 외의 장비로 적의 스텔스 전투기를 탐지 및 추적하는 능력을 확보하는 동시에, 레이더의 사용으로 인해 적의 스텔스 전투기에게 존재가 노출될 위험성을 낮추는 효과를 발휘한다. Dorschner(2016), p. 26.

128 러시아 공군은 미국에 이어 세계에서 2번째로 개발된 스텔스 전투기를 2010년 1월 처음으로 공개했다. Su-57이라는 제식명으로 알려진 러시아의 스텔스 전투기는 오는 2020년부터 양산, 배치가 시작될 전망이다. Defense Intelligence Agency(2017), p. 81.

스웨덴 공군의 S-100 공중 조기경보기(왼쪽). 그리펜 전투기와의 비행 모습(오른쪽)

스웨덴의 유럽제 NH-90 대잠 헬기(왼쪽)와 미국제 UH-60 기동 헬기(오른쪽). 모두 공군 소속이다.

수 있다. 이를 통해 공중전의 수행에 필요한 정보우위를 보장하는 것이다.

이와 함께 스웨덴 공군은 수송기 9대(공중급유 임무용 1대 포함), 전자정보 수집용 정찰기 2대, 저고도 정찰을 위한 미국제 RQ-7 '섀도우' 무인항공기 8대 등을 보유 중이다.[129] 이들 기종은 S-100 공중 조기경보기와 함께 1개 혼성 비행대대 소속으로 편성된다. 아울러 스웨덴군이 보유한 모든 헬기들도 공군에서 총괄 지휘하는데, 이는 앞서 살펴 본 이스라엘의 사례와 비슷하다. 스웨덴군의 헬기는 ① 병력 및 물자의 수송을 위한 기동 헬기 48대(중형 28대, 소형 20대), ② 해상에서 적 잠수함을 추적, 소탕하는 대잠 헬기 5대로 구성된다. 이들은 지난 1998년 육·해군의 헬기 부대들을 흡수, 통합하여 창설된 공군 헬기 비행단의 3개 비행대대에서 운용한다.

---

129 IISS(2019), p. 152.

4. 스웨덴의 군사전략

스웨덴은 지난 2세기 동안 두 차례의 세계대전, 냉전이라는 전 세계적 이념 대립 속에서도 비동맹, 중립에 입각한 대외정책 노선을 견지하였다. 이는 스웨덴이 주변 국가 및 강대국들에게 위협으로 인식될 우려를 해소, 완화시켜 해당 국가들과의 군사적인 대립을 사전에 예방하는 데 기여했다. 또한 외교적 측면에서도 스웨덴이 평 · 전시에 보다 강화된 행동의 자유를 누릴 수 있도록 뒷받침했다. 그 결과 비동맹, 중립 노선은 국제사회에서 스웨덴의 국가 정체성과도 같은 위상을 차지하게 되었다.

유의할 점은 중립국으로서 스웨덴의 지위는 국제적인 조약, 혹은 강대국들에 의해 보장 및 공인되거나, 자체 법률을 통하여 의무화된 것이 아니라는 사실이다.[130] 다시 말해서 스웨덴이 추구하는 비동맹, 중립 노선은 어디까지나 자국의 안전을 보장받기 위해 자발적으로 선택된 결과라고 할 수 있다. 이에 따라 스웨덴의 비동맹, 중립 노선은 전적으로 스스로의 역

130 대조적으로 스위스는 나폴레옹이 몰락한 후 1815년 소집된 빈 회의(Wiener Kongress)에서 강대국들로부터 중립국 지위를 공인받은 바 있다. 오스트리아도 제2차 세계대전의 종전 6년 만인 1955년에 4대 승전국(미국, 소련, 영국, 프랑스)과의 『오스트리아 국가조약』(*Österreichischer Staatsvertrag*) 체결로 주권을 회복한 후, 국회에서 헌법의 일부로서 '외국과의 군사적 동맹 및 외국 군사기지의 수용 배제'를 포함하는 중립 선언을 통과시켰다. 서춘식(1996), p. 357.

량, 특히 타국의 침략에 맞설 수 있는 군사력의 뒷받침을 받는 무장 중립의 성격을 갖는 것이다.[131] 역사상의 주요 전쟁에서 여러 국가들이 전쟁의 위험에서 벗어나기 위해 중립을 선포했지만, 충분한 방위력을 갖추지 못하면서 강대국의 침략, 점령을 받았던 사례는 중립 노선의 유효성을 보장하기 위한 수단으로서 군사력의 중요성을 역설하고 있다.[132]

냉전 이래 스웨덴은 '제한성'(marginality) 개념에 입각한 군사력의 건설, 운용을 추구해 왔다. 이는 주변 국가들에 비해서 상대적으로 낮은 스웨덴의 지정학적 중요성, 유사시 미국 주도의 NATO와 러시아의 군사적 대결 및 역량이 서유럽을 비롯한 유럽 대륙에 집중될 가능성이 높은 점 등을 고려하면, 우세한 군사력을 보유한 정치 · 이념적 적대 세력(특히 러시아)이 스웨덴의 영토 전체를 점령, 석권하려는 목적으로 전면적인 침략을 시도할 위험성은 낮을 것이라는 판단에 전제를 두고 있다.[133] 그 결과 스웨덴은 제한적 규모, 수준에서 이루어지는 적의 침략을 격퇴 및 좌절시키고, 이를 통해 자신들에 대한 침략 시도가 실익을 거두지 못할 것임을 대내외에 확신시킬 수 있도록 군사력을 건설, 운용한다는 방침을 견지해온 것이다.[134]

---

131 Czarny(2018), p. 58.

132 제2차 세계대전의 경우, 전쟁이 끝날 때까지 중립을 유지한 국가는 스웨덴과 스위스, 아일랜드, 스페인, 포르투갈 등 소수에 불과했다. 특히 스위스는 독일의 침략에 대비하여 전쟁 기간 동안 산악 지역의 요새화, 민병대 동원 등의 방위태세 강화 조치를 취하였다. 김용빈, "무장중립국 스위스의 제2차 세계대전시 국가비상대비 사례와 교훈," 「전략연구」, 제25권 제1호 (2018년 3월), pp. 189-196.

133 다시 말해서 스웨덴에 대한 군사적 침략은 유럽에서 발생하는 대규모 정치 · 군사적 분쟁의 일환으로서 발생할 것이며, 오직 스웨덴만을 겨냥한 공격의 가능성은 희박하다는 판단이다. Czarny(2018), pp. 58-59; Tomas Ries, "Sweden's Defense at the Crossroads," *International Defence Review*, (December 1989), pp. 1619-1620; Nils Andrén, "Swedish Defense: Traditions, Perceptions, and Policies," in Joseph Kruzel and Michael H. Haltzel eds, *Between the Blocs: Problems and Prospects for Europe's Neutral and Nonaligned States* (Cambridge, UK: Cambridge University Press, 1989), pp. 181-182.

134 스웨덴은 냉전 초기에 군사력의 건설, 운용 목표를 '외부 우방 국가들의 군사 지원이 이루어질 때까지 적의 영토 침공, 점령을 최대한 지연시키는 것'으로 규정했다. 그러나 비동맹, 중립에 입각한 대외정책 노선과의 일관성을 위하여, 1960년대부터는 외부의 군사적인 지원을 전제로 하지 않고서 적의 침략을 격퇴하는 것을 기본 방침으로 채택했다. 서춘식(1996), p. 358; Joseph

이러한 안보 목적을 달성하기 위한 스웨덴의 군사전략은 다음의 3대 축으로 구성, 실행되고 있다. 첫째, '원격 방어'다. 이는 평 · 전시에 적의 군사적 위협을 영토로부터 가능한 한 원거리에서 식별, 파악해내고, 이를 차단 및 요격함으로써 영토의 안전을 최대한 확보하는 것이다. 말하자면 영토 방어를 위한 1단계 방어선을 구축하는 역할을 담당한다. 이를 구현하기 위해서는 영토 밖으로, 신속하게 전개 및 기동할 수 있는 전력이 요구된다. 구체적으로는 해 · 공군력, 혹은 정밀유도무기를 비롯한 장거리 타격 전력이 포함될 수 있을 것이다.

하지만 스웨덴은 지난 1960년대 말 핵무기 개발의 중단을 선언한 이래, 더 이상 타국의 영토를 공격, 파괴하기 위한 대량살상무기의 확보를 추구하지 않고 있다. 따라서 스웨덴의 원격 방어에 탄도 · 순항미사일 등을 이용한 타국 영토로의 선제공격이나 반격, 보복이 포함될 가능성은 매우 희박하다. 뿐만 아니라 스웨덴의 해군력은 연안 방어를 위한 전력의 확보, 발전에 주력해 왔으며, 원해(遠海)로의 해군력 투사(投射) 능력은 기대하기 어려운 상황이다. 이러한 점들을 고려하면, 스웨덴군의 원격 방어 수행은 공군력이 단연 핵심적인 비중을 차지할 것이다.[135]

둘째, '경계 방어'다. 원격 방어에 비해서는 군사력의 투사(投射) 범위가 제한적이지만, 적의 침략이 영토에 직접적인 피해를 일으키기 전에, 영토의 주변 및 경계에서 격퇴시키는 것을 목적으로 한다. 이는 원격 방어가 실패할 경우를 대비한 2단계 방어선에 해당한다. 이를 위해서는 적의 군사력을 지상 국경선이나 연안 지대, 영토와 가까운 해역 및 도서 지역에서 분쇄, 격멸할 수 있는 능력이 요구된다. 스웨덴이 기계화보병 부대를 중심으로 육군의 기동성, 신속대응 능력을 강화하고, 해군력의 연안 방어 능력을

Kruzel, "Sweden's Security Dilemma: Balancing Domestic Realities with the Obligations of Neutrality," in Bengt Sundelius ed, *The Committed Neutral: Sweden's Foreign Policy* (Boulder, CO: Westview Press, 1989), p. 71.

135 Kruzel(1988), pp. 536-537.

강조하는 것도 경계 방어의 실행을 보장하기 위한 노력으로 평가할 수 있다.[136]

그리고 셋째, '영토 방어'다. 앞서 설명한 원격, 경계 방어를 통한 1 · 2단계의 방어에도 불구하고 스웨덴의 영토가 적의 직접적인 침략을 받는다면, 마지막 3단계로 영토 내부에서의 군사적 저항을 실시하는 것이다. 이를 통하여 ① 적의 초기 공격으로 인한 인적, 물적 피해를 최소화하고, ② 적의 군사력이 스웨덴 영토를 단기간 내에 점령, 석권하는 것을 저지하면서, ③ 장기간의 저항으로 적 전력의 소모를 강요한다.[137] 그리하여 적이 스웨덴에 대한 군사적인 침략, 점령이 성공할 수 없음을 인정하고, 스웨덴 영토에서 물러나도록 유도하는 것이 궁극적인 목적이다. 이러한 영토 방어는 육 · 해 · 공 3군을 비롯한 정규군뿐만 아니라, 향토방위대 등 예비전력까지 동참하는 방식으로 수행된다.[138]

이처럼 3단계 방어 개념에 입각한 스웨덴의 군사전략은 앞서 살펴본 이스라엘의 군사전략과 상당한 차이점을 나타낸다. 특히 적 영토에 대한 공격, 군사력 투사(投射)를 사실상 배제하고, 최악의 경우에는 자국 영토가 전장화될 가능성을 전제로 장기간의 군사적인 저항을 준비한다는 점은 스웨덴이 이스라엘보다 공세성이 낮은 군사전략을 추구하고 있음을 보여준다. 이는 주변 국가들과의 우호적인 관계를 통한 방어상의 시공간적인 여유 확보, 자국을 겨냥한 군사적 위협의 제한성 등을 바탕으로 방어 중심의 군사력 건설, 운용으로도 충분히 전쟁 위협을 억지, 격퇴할 수 있다는 스웨덴의 낙관적인 판단을 반영한 결과로 평가된다.

한편으로 스웨덴은 '총력 방위'(Total Defence)라는 포괄적인 안보 개념을 채택, 추구하고 있다. 이 개념은 제2차 세계대전에서의 경험을 바탕

---

136 Kruzel(1988), p. 536; Steven L. Canby, "Swedish Defence," *Survival*, Vol. 23, No. 3 (May-June 1981), pp. 119-121.

137 Rosenbach ed(2010), p. 684.

138 Kruzel(1988), pp. 535-536.

으로 정립된 것인데, 군사력을 포함하는 모든 국력 요소들을 전쟁이나 그에 준하는 안보 위협의 대응, 극복을 위해 동원하는 것을 특징으로 한다.[139] 여기에는 군사 부문의 방위뿐만 아니라, 다음의 3개 분야도 포함된다.

먼저 첫째는 경제 부문의 방위(economic defence)다. 정치 · 군사적인 분쟁이 확대, 장기화되어 대외 교역에 장애가 생길 가능성에 대비하여 식량, 에너지, 각종 생활필수품 등의 중요 물자를 확보 및 비축하는 것이다. 둘째는 민간 부문의 방위(civil defence)다. 적의 공격으로 발생하는 인적, 물적 피해를 예방 및 최소화하고, 유사시에도 일상적인 생활을 영위할 수 있도록 보장하는 물리적 · 제도적인 노력(예: 전국적인 조기경보체계, 대피시설 구축)을 기울이는 것이다. 그리고 셋째는 심리 부문의 방위(psychological defence)다. 분쟁과 위기의 지속으로 인한 유 · 무형적인 불편 속에서도 국민들 사이의 공포, 불안감을 완화하고, 국가 내부의 단결, 항전 의지를 유지 및 강화하는 것이다.

139 Kruzel(1989), p. 83.

5. 스웨덴의 방위산업

스웨덴은 자국의 비동맹, 중립 노선을 보장하기 위하여 지난 수십 년 동안 독자적인 방위력을 꾸준히 육성, 발전시켜 왔다. 여기에는 주요 무기들을 스스로 연구, 개발, 생산할 수 있는 방위산업 역량도 포함되어 있다. 스웨덴 방위산업의 역사는 중립 노선을 선언하기 이전의 수백년 전부터 설립 및 활동한 유수의 군함, 화포 제조업체들에서 그 유래를 찾아볼 수 있다.[140] 다이너마이트의 개발자이며 오늘날 노벨상의 제정자로 유명한 알프레드 노벨도 19세기 스웨덴의 유력 군수사업가였다. 스웨덴은 제2차 세계대전의 개전을 앞둔 1930년대를 기점으로 방위산업의 양적 성장을 본격화했다.

냉전 시대에도 스웨덴의 방위산업은 양적, 질적으로 발전을 이어나갔다. 냉전이 막바지에 이르렀던 1980년대에 스웨덴은 전체 보유 무기의 70%를 자체적으로 개발, 생산할 수 있었던 것으로 나타났다.[141] 당시

---

140 Isaak Zulkarnaen, "Swedish Defence Industry Remains Strong," *Asian Defence Journal*, (April 2008), p. 44.

141 이는 같은 시기에 이스라엘이 기록했던 무기 자급률 44%보다 높은 것이다. Kruzel(1989), p. 85; Marc R. Devore, "Arms Production in the Global Village: Options for Adapting to Defense-Industrial Globalization," *Security Studies*, Vol. 22, No. 3 (July-September 2013), p.

냉전 시대에 스웨덴이 독자 개발한 Strv-103 무(無)포탑 탱크(왼쪽 위), '드라켄' 전투기(오른쪽 위), '비겐' 전투기(아래)

스웨덴이 개발한 무기들 가운데는 ① 포탑이 없는 독특한 형태로 설계된 Strv-103 탱크, ② 초음속 전투기 J-35 '드라켄'(Draken. 용)과 JA-37 '비겐'(Viggen. 번개) 등이 대표적이다. 이는 미국과 소련, 영국, 프랑스 등의 강대국들을 제외하고 각종 주력 무기들을 독자적으로 개발, 생산하는 매우 드문 사례로서 세계의 주목을 받았다.

스웨덴의 독자적인 방위산업 육성, 발전은 1차적으로 자국이 필요로 하는 무기를 외부의 외교 · 경제적인 환경이나 압력과 무관하게, 안정적으로 확보 및 조달하기 위한 것이다. 과거 스웨덴은 제2차 세계대전을 앞두고 탱크, 항공기 등의 주요 무기를 미국과 이탈리아 등지에서 도입하려고 했지만, 무산된 바 있었다.[142] 이러한 경험은 스웨덴이 방위산업의 강화 필요성을 절감(切感)하는 계기를 제공했다. 아울러 스웨덴은 비동맹, 중립에 입각한 대외정책 노선을 뒷받침하려는 노력의 일환으로서도 건실한 방위

546.

142 Devore(2013), p. 562.

산업의 중요성을 강조하고 있다. 다시 말해서 주요 무기의 도입을 특정 국가에 의존한다면 국방, 더 나아가 외교를 비롯한 대외정책 전반이 해당 국가에게 종속될 위험성이 높아지고, 이는 스웨덴이 추구하는 비동맹, 중립 노선의 신뢰성을 약화 및 훼손시킬 것이기 때문이다.

그리고 스웨덴이 보유한 민간 산업, 특히 제조업 부문의 역량도 독자적인 방위산업의 육성, 발전을 위한 기반을 제공한다. 스웨덴은 산업기계, 자동차, 조선(造船), 항공기, 정보통신 등 유수의 제조업 분야에서 유럽뿐만 아니라 세계적 수준의 기술력을 자랑하는 업체들을 상당수 보유하고 있다.[143] 이들 가운데는 방위산업 부문에서도 활동 중인 경우가 적지 않다. 덕분에 스웨덴은 이스라엘이 끝내 철수했던 군함, 항공기 등 육 · 해 · 공군의 탑승체계를 포함한 주요 무기의 개발, 생산에서 높은 자급률을 나타내고 있는 것이다.

스웨덴에서 가장 대표적인 방위산업체는 '사브'(Saab)다. 사브는 지난 1937년 항공기 엔진 제작에 참여한 것을 시작으로 항공 산업에 진출했으며, 드라켄과 비겐, 그리고 현재의 그리펜에 이르는 스웨덴 공군의 주력 전투기들을 개발, 생산해 왔다. 역시 스웨덴 공군에서 운용하는 S-100 공중조기경보기도 사브의 민간 중형 항공기 사브-340을 기반으로 개조, 제작된 것이다.[144] 이후 사브는 다른 방위산업체와의 인수, 합병을 통해 정밀유도무기, 전투함정, 군용 정보통신 등으로 사업 영역을 확장했다. 한편으로는 유럽의 다른 방위산업체들이 포함된 공동 무기개발에도 적극 동참하고 있다. 대표적인 사례로는 독일과 공동으로 개발한 사거리 300km 이상의

---

143 스웨덴의 유력 제조업체로는 자동차의 볼보(Volvo)와 스카니아(Scania), 정보통신의 에릭슨(Ericsson) 등이 있다. 외교부 유럽국 서유럽과(2019), p. 64.

144 본래 사브는 20세기 초 열차와 승용차를 생산하는 차량 전문 업체로 시작했으며, 20세기 후반 화물차량 전문 업체인 스카니아와의 합병을 통해 볼보와 더불어 스웨덴을 대표하는 자동차 업체로도 명성을 얻었다. 하지만 이후 자동차 사업 부문은 모두 매각되었다. 박재찬, "세계의 항공우주산업: (10) 스웨덴," 「항공우주」, (2012년 여름), p. 63

스웨덴 최대의 방위산업체 사브의 문장(왼쪽)과 사브가 개발, 생산하는 그리펜 전투기의 조립 모습(오른쪽)

'타우러스' 공대지 순항미사일,[145] 프랑스의 주도 아래 유럽 6개국(이탈리아, 스페인, 그리스, 스위스 포함)이 개발에 참가하고 있는 무인전투기 '뉴론' 등이 있다.[146]

2018년 기준으로 사브는 32억 4,000만 달러의 매출을 기록했는데, 이는 세계 군수업체들 가운데 30위(유럽 내에서는 9위)다.[147] 사브 외에도 스웨덴은 유수의 방위산업체를 보유 중이다. 여기에는 ① 화포(火砲)와 유도무기 제조를 전문으로 하는 '보포스'(Bofors), ② 장갑차 등의 지상 군용 차량을 생산하는 '해그룬즈'(Hägglunds), ③ 해군의 수상 및 수중 전투함정을 건조하는 '코컴스'(Kockums), ④ 레이더를 비롯한 정보수집, 군용 정보통신 장

145 현재 유럽에서는 독일, 스페인이 타우러스를 도입했다. 스웨덴 공군의 그리펜 전투기도 기술적으로 타우러스의 탑재, 운용 능력을 보유하지만, 아직 스웨덴군은 도입하지 않고 있다. 한국 공군은 북한의 대량살상무기 위협 대응을 위해 2016년부터 총 170발의 타우러스 미사일 도입을 진행 중이며, 2018년에는 90발의 추가 도입을 결정했다. 한국 공군의 타우러스 미사일은 F-15K '슬램 이글' 전폭기에서 탑재, 운용된다. 이창기 · 민세준, "장거리 공대지 유도탄의 발전 동향과 획득 필요성," 「週刊國防論壇」, 제1519호 (2014년 6월 16일), pp. 4-5.

146 뉴론 무인전투기의 개발 계획은 지난 2003년에 발표되었다. 첫 시험비행은 2012년에 실시되었고, 2016년에는 스텔스 기술의 검증을 위해 프랑스 해군의 항공모함 전투단과 공동 훈련을 수행했다. 한편으로 사브는 2000년대 이래 스웨덴의 독자적인 무인전투기 개발을 위한 기술실증기 제작에도 참가 및 기여했다. 임상민, "무인전투기(UCAV) 개발동향 및 발전방향," 「국방과학기술정보」, (2007년 5 · 6월), pp. 124-125; pp. 127-128.

147 Aude Fleurant et al, "The SIPRI Top 100 Arms-Producing and Military Services Companies 2018," *SIPRI Fact Sheet*, (December 2019), p. 9.

비 및 체계를 개발, 생산하는 '에릭슨 전파 시스템', 그리고 ⑤ 스웨덴의 유력 자동차 업체 볼보의 자회사로서 군용 항공기의 제작, 생산을 담당하는 '볼보 에어로'(Volvo Aero) 등이 있다.[148]

1990년대 냉전의 종식을 계기로, 스웨덴의 방위산업은 일대 전환기에 직면하였다. 유럽과 전 세계적 차원에서의 정치 · 군사적 대립, 분쟁 위협이 낮아지면서 군사 부문의 예산 지출, 병력 규모가 대폭적으로 감축되었고, 이는 방위산업의 수요 축소로 이어졌던 것이다. 단적인 예로 냉전이 막바지에 달했던 1980년대에 스웨덴의 방위산업은 2만 7,000명의 인력을 고용했지만, 1990년대에는 그 절반에 가까운 1만 4,000명으로 줄어들었다.[149]

이러한 위기를 타개하기 위해, 스웨덴 방위산업은 2가지의 선택을 했다. 첫째, 방위산업체들의 인수와 합병을 중심으로 하는 구조조정을 독려했으며, 이 과정에서 외국 업체들의 참여도 수용하였다.[150] 이에 따라 해그룬즈와 보포스가 영국의 대형 군수업체 BAE 시스템즈에, 코컴스는 독일의 잠수함 건조업체 HDW 사(社)에 각각 인수되었다. 스웨덴 최대의 방위산업체 사브도 에릭슨 전파 시스템과 보포스의 사업 일부를 인수해 자회사로 편입시켰다. 2014년에는 사브가 독일 HDW 사(社)에 인수되었던 코컴스를 매입했는데, 이는 스웨덴의 주력 군함 건조업체가 다시금 자국 자본의 통제권으로 복귀했다는 의미를 갖는다.[151]

그리고 둘째, 자국산 무기의 적극적인 해외 수출이다. 냉전 시절 스웨

148 Joris Janssen Lok, "Northern Lights: Scandinavian Defence Industry," *Jane's Defence Weekly*, (May 4, 2005), pp. 24-26.

149 Marc R. Devore, "Reinventing the Arsenal: Defense-Industrial Adaptation in Small States," *Korean Journal of Defense Analysis*, Vol. 28, No. 1 (March 2016), p. 39.

150 Zulkarnaen(2008), p. 46; Devore(2013), pp. 566-567.

151 1999년에 코컴스를 인수한 HDW 사(社)는 지난 2010년 무렵 싱가포르, 호주의 잠수함 도입 사업에 코컴스가 건조한 스웨덴제 잠수함의 판매를 배제하고, 대신 자사에서 개발한 신형 잠수함을 제안했다. 이 사건을 계기로 스웨덴 정부는 코컴스로 대표되는 독자적인 군함 개발, 건조 역량이 외국의 경쟁 업체에 의해 손실될 수 있다는 위험성을 인식했고, 사브와의 협력을 통해 코컴스를 재인수했던 것이다. Devore(2016), pp. 40-41.

미 육군 부대에서 운용하는 스웨덴제 '칼 구스타프' 휴대용 대(對)전차 로켓

브라질에 수출된 그리펜 전투기의 비행 모습

덴은 비동맹, 중립 노선에 의거하여 스칸디나비아 국가, 중립국에만 원칙적으로 무기 수출을 허용했다. 하지만 1990년대 냉전의 종식으로 전 세계적인 이념 대립이 완화, 해소된 것을 계기로, 스웨덴은 무기 수출에 관한 기존의 정치 · 외교적인 제약을 축소하기 시작했다.[152] 스웨덴제 무기는 무기 자체의 성능, 가격뿐만 아니라, 다른 강대국들보다 무기 도입에 따르는 정치 · 외교적인 위험부담이 낮은 중립국이라는 점에서 적지 않은 후발 국가들의 주목을 받고 있다.

이러한 노력에 힘입어, 다양한 스웨덴제 무기들이 세계 각국에 수출되었다. 여기에는 ① 일본과 호주, 인도, 독일 등 수십개국이 채택한 '칼 구스타프' 84mm 휴대용 대(對)전차 로켓, ② 스칸디나비아 국가들을 비롯한 유럽 6개국이 수백대를 보유 중인 CV90 보병전투용 장갑차, ③ 태국과 파키스탄, 사우디 아라비아, 아랍 에미리트에서 총 9대를 도입한 S-100 공중 조기경보기,[153] ④ 태국과 남아프리카 공화국, 브라질에 수십대가 판매

152 Devore(2013), p. 568.

153 또한 S-100 공중 조기경보기에 탑재되는 스웨덴제 에리아이 레이더는 브라질, 그리스, 멕시코 공군에서 총 10대를 운용하는 EMB-145(브라질 엠브라에르 사(社)가 제작한 중형 항공기를 기반으로 개발) 공중 조기경보기에도 사용되고 있다.

되고 있는 그리펜 전투기,[154] 그리고 ⑤ 태국과 폴란드, 독일 등지에 수출된 RBS-15 대함 미사일 등이 대표적이다.

덕분에 스웨덴은 2000년대 이래 생산되는 무기의 과반수를 해외에 수출하고 있다. 또한 2010년대 초를 기준으로 무기 수출의 80%가 기존의 스칸디나비아, 중립국 이외의 국가들을 대상으로 이루어졌을 정도로 시장을 다변화했다.[155] 인구 1인당 무기 수출액에서는 이스라엘과 함께 세계 정상급을 기록하는 것으로 나타난다. 그 결과 2013년 기준으로 스웨덴 방위산업의 고용 인원은 2만 명을 기록했다. 냉전 직후 1만 4,000명으로 추락했던 것과 비교하면, 40% 이상 신장된 것이다.[156]

154 그리펜 전투기는 핀란드, 스위스 등지에서도 신형 전투기 도입 사업 후보로 거론되고 있다. Dorschner(2016), p. 24.

155 한편으로 스웨덴 내부에서는 비민주적 정부가 통치하는 아시아, 중동의 일부 국가들에 대한 무기 수출의 허용 여부를 놓고 정치적 논란이 빚어지기도 했다. Devore(2013), p. 568.

156 Devore(2016), p. 39.

6. 도전과 응전

1) 러시아의 역습

1990년대 냉전의 종식은 세계 각국에 전쟁 공포로부터의 해방, 평화에 대한 기대를 한껏 드높였다. 특히 유럽에서는 공산 진영의 맹주였던 소련의 해체를 계기로, 그동안 NATO를 중심으로 소련과 대치했던 서유럽 국가들의 다수가 자신들이 유지해 온 상당 규모의 병력, 무장, 군사비 지출을 대폭 감축하기 시작했다. 전면적인 전쟁의 위협이 낮아진 만큼, 이제껏 군사 부문에 투입했던 재정과 인적, 물적 자원들을 경제와 복지 등의 타 부문으로 전환해도 괜찮다고 판단했기 때문이다.[157] 이른바 '평화 배당금'(peace dividend)의 시대였다. 여기에 소련의 뒤를 이은 신생 러시아가 1990년대의 체제 전환 과정에서 정치 · 경제적 혼란을 벗어나지 못하고, 강대국으로서의 위상이 추락한 것도 유럽 국가들의 낙관적인 판단을 뒷받침했다.

---

157 하지만 2010년대에 들어서 러시아와의 정치 · 군사적 대립이 다시금 현실화되면서, 냉전의 종식 이후 지속된 유럽 국가들의 군사 부문 삭감은 심각한 안보 취약성을 야기했다는 비판을 받게 되었다. 양모듬, "冷戰 끝난 이후 20년 내내 軍縮…푸틴 못 막는 '종이호랑이' 나토," 「조선일보」, (2014년 4월 18일).

스웨덴도 이러한 시대적 흐름에서 예외가 아니었다. 먼저 냉전의 종식을 앞두고 GDP 대비 약 3%에 달했던 군사 부문 지출이 2014년에 절반에도 미달하는 1.2%로 떨어졌다. 정규군의 규모는 5~6만 명에서 2만여 명 수준으로 축소되었으며, 전투 부대의 수와 주요 무기들의 보유량도 격감했다.[158] 2010년 7월에는 징병제를 폐지하고, 매년 4,000명의 병사를 지원병으로만 선발하는 전면 모병제(all-volunteer force)를 도입했다. 이에 따라 후방 지역의 방어를 위한 예비전력도 불과 2만 2,000여 명 규모의 향토방위대에 의존하게 되었다.

직접적인 영토 방위에 대한 비중이 축소되면서, 스웨덴군은 1990년대 이래 해외에서의 국제안보 지원을 위한 군사 활동을 강화했다. 발칸반도 내전으로 대규모의 학살이 발생한 보스니아, 코소보 등지에서 다국적 평화유지군의 일원으로 참가한 것은 그 시작이었다. 2001년 9.11 테러 사태와 1개월 후 미국이 주도한 아프가니스탄 공격이 실행되자, 스웨덴은 NATO 회원국들이 다수 참가한 '국제 치안지원군'(ISAF: International Security Assistance Force)에 장갑차, 헬기 등이 포함된 수백명의 병력을 파견하여 아프가니스탄의 치안, 재건을 지원했다.[159]

2009~2010년 스웨덴 해군은 소말리아 인근의 동아프리카 아덴만에서 준동하는 해적들을 소탕하기 위한 다국적 해상작전에 일부 경(輕)무장 지원함을 파견했다. 그리고 2011년에는 리비아에서 무아마르 가다피 정권의 자국민 학살을 저지하기 위해 미국, NATO 주도의 다국적 군사 작전 '단결된 수호자'(Unified Protector)가 실시되었다. 스웨덴 공군도 그리펜 전투기를 투입하여 작전 기간 동안 지중해에서 공중 정찰, 초계 임무를 수행

158 2014년 기준으로 스웨덴군의 전반적인 전투 부대 규모는 30년 전인 1985년의 6%에 불과한 것으로 나타났다. 구체적으로는 향토방위대가 25%, 해군은 30%, 그리고 공군 전투기는 50% 수준으로 축소된 것이다. Czarny(2018), pp. 166-169.

159 ISAF는 2014년 해체되었지만, 스웨덴은 그 뒤를 이어 개시된 NATO 주도의 '확고한 지원'(Resolute Support) 계획에도 동참하여 아프가니스탄 현지 병력을 위한 군사교육, 자문을 수행하고 있다. Czarny(2018), pp. 239-240.

했다.[160] 이는 지난 1960년대의 아프리카 콩고 내전에서 UN 평화유지군의 일원으로 동참한 이후, 스웨덴 공군이 약 50년 만에 처음 실전에 투입된 사례로 기록되었다.

하지만 이러한 평화로운 시간들은 영원히 지속되지 못했다. 사라진 것으로 여겨졌던 러시아와의 정치 · 군사적 대립이 다시금 현실화되었기 때문이다. 유럽 국가들이 평화의 단꿈에 취해 있을 때, 러시아는 지난 2000년에 집권한 블라디미르 푸틴 대통령의 진두지휘 아래 강대국으로의 재기(再起)를 위한 칼날을 갈고 있었다. 냉전이 종식된 후, 한때 소련의 위성국가였던 중 · 동유럽의 여러 국가들은 차례로 NATO, EU에 가입해 서방권의 일원으로 합류했다.[161] 러시아는 NATO와 EU의 동진(東進)을 단순한 세력 경쟁에서의 열세뿐만 아니라, 미국 등 서방권이 자국 영토를 겨냥해 전략적 포위를 시도하려는 안보 위협으로 인식, 경계하였다.[162]

그러던 2008년 러시아는 조지아 내부의 남(南)오세티아 지역에서 활동하는 친(親)러시아 반군(叛軍)들이 조지아 정부군에 의해 진압되자, 8월 7일 해당 지역 내의 자국민 보호를 명분으로 조지아를 전격 침공했다. 총 7만 명 이상의 러시아 육 · 해 · 공군 병력이 투입되었고, 전쟁은 불과 5일 만에 러시아의 승리로 끝났다.[163] 이를 통해 러시아는 NATO, EU를 앞세운 미국 등 서방권의 영향력이 자국 영토의 주변, 특히 지리적으로 자신들의 서

160 당시 미국과 NATO의 군사 개입은 가다피 정권의 축출로 이어졌고, 가다피는 같은 해 10월 군중들에게 붙잡혀 목숨을 잃었다. Czarny(2018), p. 239.

161 먼저 1999년(NATO 창설 50주년) 폴란드와 헝가리, 체코가 동유럽 국가로는 처음 NATO에 가입했다. 2004년에는 불가리아와 루마니아, 슬로바키아, 슬로베니아, 그리고 구 소련의 일원이었던 발트 3국이 NATO의 일원이 되었다. 한편 같은 해에 EU도 폴란드와 체코, 슬로바키아, 헝가리, 발트 3국, 슬로베니아 등을 회원국으로 받아들였다. 이후 2007년에 불가리아, 루마니아가 EU에 가입했으며, 2009년에는 크로아티아와 알바니아가 NATO에 가입했다.

162 고재남, 『제3기 푸틴 정부의 신 외교 · 안보 전략과 실제』(서울: 국립외교원 외교안보연구소, 2016), p. 23.

163 우평균, "유라시아 분쟁에서의 러시아의 개입: 조지아 전쟁과 우크라이나 사태," 「국제정치연구」, 제17집 제2호 (2014년 12월), pp. 78-82.

남부와 인접한 남부 코카서스 지역까지 확장되거나, 해당 지역의 국가들(예: 우크라이나, 조지아)이 자신들의 전략적인 세력권에서 이탈하는 것을 저지하기 위해 군사력도 동원할 수 있다는 능력, 의지를 대내외에 드러냈다. 하지만 이것은 더 심각한 대립의 전주곡에 불과했다.

2014년 2월 우크라이나에서 빅토르 야누코비치 대통령의 친(親)러시아 정부가 야당, 시위대와의 충돌 끝에 퇴진하고, 친(親)서방적인 과도정부가 수립되었다. 이 사건으로 우크라이나는 서유럽 등 서방권과의 협력 강화를 지지하는 서부, 러시아에 우호적인 동부로 나뉘어 심각한 국론 분열 양상을 나타냈다. 그러던 3월 6일 러시아계가 인구의 과반수를 차지하는 우크라이나 남부, 흑해 연안의 크림 반도가 우크라이나로부터의 분리 독립을 선언했다. 3월 21일에는 러시아가 주민들의 자발적인 요청을 수용한다는 명분 아래, 크림 반도의 병합을 공식화했다.[164] 이는 러시아가 우크라이나의 영토 주권을 명백히 침해(侵害)한 것이었으며, 서방권을 비롯한 세계 각국은 충격을 받았다.

뿐만 아니라 같은 해 4월부터는 우크라이나 동부(일명 '돈바스'(Donbass))에서도 친(親)러시아 성향의 분리주의 반군 세력이 등장하기 시작했다. 우크라이나 정부가 진압 작전에 착수하자 반군은 무장 저항에 나섰으며, 우크라이나는 사실상 내전 상태에 빠졌다.[165] 미국과 서유럽 등 서방권은 크림 반도의 병합, 우크라이나 동부 지역의 분리주의 운동을 비롯한 일련의 사태가 러시아의 배후 조종, 지원에 의한 것이라고 규탄했다. 이

---

164 당시 크림 반도에서는 야누코비치의 실각 직후인 2월 말부터 이미 러시아를 지지하는 무장세력이 정부청사와 의회, 공항 등의 주요 시설들을 장악한 상태였다. 우평균(2014), p. 83; 이우진 외, 『2014년 러시아의 우크라이나 개입: 군사적 개입의 정책 · 전략적 특징을 중심으로』(계룡: 육군군사연구소, 2015), p. 13.

165 우크라이나 동부에서의 내전으로 2019년 말까지 1만 3,000여 명의 사망자, 100만 명 이상의 난민이 발생했다. 2019년 12월 10일 우크라이나와 러시아는 프랑스, 독일의 중재 아래 3번째 휴전에 합의하였다. 그러나 양국은 동부 지역의 자치권 부여 등에 관해서 여전히 이견을 나타내고 있다. 이우진 외(2015), pp. 13-15; pp. 23-26; 유철종 외, "푸틴-젤렌스키, '우크라 동부 전면적 휴전 · 추가 포로교환' 합의," 「연합뉴스」, (2019년 12월 10일).

로써 유럽은 러시아가 다시금 자신들에 대한 정치 · 군사적 위협 세력으로 복귀했다는 냉엄한 현실에 직면했다.

2014년 7월 스웨덴의 전자전기에 근접 비행을 시도하는 러시아 전투기(위), 같은 해 10월의 잠수함 침투 사건에 대한 수중 수색을 실시하고 있는 스웨덴 해군 함정들(아래)

스웨덴도 러시아와 유럽 국가들 사이에 재개된 대립, 분쟁의 영향권에서 자유롭지 못했다. 이미 우크라이나 사태가 발생하기 1년 전인 2013년 3월 29일, Tu-22 '백파이어' 초음속 폭격기 2대와 Su-27 '플랭커' 전투기 4대로 구성된 러시아 공군의 전투 편대가 발트해를 건너서 스웨덴 남부 영공의 근처까지 비행하는 사건이 벌어졌던 것이다.[166] 놀랍게도 스웨덴 공군은 이들을 요격할 전투기를 단 1대도 출격시키지 못한 것으로 드러났다. 이듬해인 2014년 7월 16일에는 발트해 동부의 공해 상공에서 러시아 Su-27 전투기가 스웨덴 공군의 전자전기를 향해 10m 이내로의 위협적인 근접 비행을 시도했다. 스웨덴을 겨냥한 러시아 전투기의 위협적인 비행은 9~10월에도 반복되었다.[167]

스웨덴은 바다에서도 러시아의 위협이 재현되고 있음을 깨달았다. 2014년 10월 16일, 스톡홀름과 가까운 연안의 수중에서 국적불명의 괴선

166 당시 러시아 공군의 전투 편대는 수도 스톡홀름을 비롯한 스웨덴의 주요 도시들을 겨냥하여 가상 공습 훈련을 실시했다는 의심을 받고 있다. Gareth Jennings and Richard Scott, "Swedish Redux: Sweden's Defence Posture," *Jane's Defence Weekly*, (November 25, 2015), p. 31.

167 9월 17일 러시아 공군의 Su-24 '펜서' 전폭기 2대가 스웨덴 남동부 연안의 욀란드(Öland) 섬 상공으로 침범하는 사건이 있었다. 10월 3일에는 역시 발트해에서 러시아 전투기가 스웨덴 정찰기에 불과 수미터 이내로 근접 비행하며 위협했다. Paul Dibb, *Why Russia is a Threat to the International Order* (Canberra, AU: Australian Strategic Policy Institute, 2016), p. 30

박이 포착된 것이었다.[168] 곧바로 스웨덴 정부가 해당 사건을 '외부 세력에 의한 수중 활동'으로 규정하였고, 스웨덴 해군은 10일 동안 주변 해역들에 대해 강도 높은 수중 수색을 실시했다. 당시 사건에서 적어도 1척 이상의 잠수함정이 스웨덴 영해를 침범한 것으로 추정되었지만, 끝내 괴선박의 정체를 밝히지는 못했다. 러시아 해군의 소행이었다는 추정이 가장 유력하게 제기되었는데, 러시아는 이를 완강히 부정했다.

그로부터 약 4년 후인 2018년 4월 초에는 러시아 해군의 수상전투함들이 발트해에서 미사일의 실사격을 포함한 기동 훈련을 실시했다. 스웨덴은 당시 러시아의 훈련이 주력 해군 기지가 위치한 남부 칼스크로나 항과 매우 인접한 해역까지 접근해서 실시되었다는 점에 상당한 우려를 나타냈다.[169] 이는 스웨덴을 겨냥한 무력시위로 비춰지기에 충분한 일이었다.

이들 사건을 계기로, 스웨덴은 러시아에 의한 군사적 위협의 심각성에 다시금 주목하게 되었다. 특히 스웨덴은 발트해와 인근 지역에서 러시아에 의한 군사적인 활동, 위협이 증대되는 추세에 있다는 점을 경계하고 있다. 이는 역시 발트해 연안에 위치하는 스웨덴이 유럽 등 서방권과 러시아 사이의 정치 · 군사적인 대립에서 최전선에 놓이는 입장이 될 것임을 뜻하기 때문이다.

냉전 시절 소련 영토의 일부였던 발트 3국은 지난 1990년대 초 냉전의 종식, 소련의 해체를 전후로 주권을 회복했고, 2004년에는 NATO와 EU에 가입하였다. 그러나 이들은 지리적으로 유럽의 주요 국가들과 멀리 떨어져 있는 반면, 러시아와는 직접 국경을 접하고 있으며, 작은 영토와 미약한 인구, 병력 등으로 인해 자력(自力)으로는 도저히 러시아의 군사

---

168 이는 냉전의 종식 이후 외부 세력의 잠수함이 스웨덴의 영해를 침범한 것으로 확인된 첫 번째 사건이었으며, 냉전 시절인 1981년의 소련 잠수함 좌초 사건으로부터 33년 만의 일이었다. Jennings and Scott(2015), pp. 29-30; Dibb(2016), p. 29.

169 Samuel Osborne, "Russian Live Missile Tests Force Latvia to Close Airspace over Baltic Sea: 'It's Hard to Comprehend'," *Independent*, (April 5, 2018).

력에 맞설 수 없다.[170] 지난 2017년부터 '강화된 전진배치'(EFP: Enhanced Forward Presence) 구상에 따라 미국과 기타 NATO 회원국들로 구성된 다국적 전투단이 폴란드, 발트 3국에 배치되고 있지만, 이들은 약 1,000명 규모의 대대급 부대 4개에 불과하다.[171] 발트 3국의 방어에 필요한 실질적인 군사력의 제공보다는, 유사시에 보다 대규모의 병력 증원을 보장하기 위한 정치 · 외교적 수단, 즉 '인계철선'(tripwire)에 더 가까운 것이다.

이러한 발트 3국의 전략적인 취약성은 향후 러시아에 의한 군사적 침략의 위험을 높이는 요인이 되고 있다. 러시아가 ① 칼리닌그라드 지역의 안전 확보, ② NATO의 세력 확장에 대한 방어적 조치, ③ 러시아계 주민의 보호 등을 명분으로 내세워 전격적으로 발트 3국을 침공, 점령한 후, 서방권 국가들에게 이를 인정하도록 정치 · 외교적 타협을 강요할 가능성이 있다는 것이다.[172] 그 결과 발트 3국은 크림 반도, 우크라이나의 뒤를 이어, 유럽에서 러시아의 다음 침략 대상이 될 가능성이 높은 지역으로 거론되는 중이다. 현재 러시아가 칼리닌그라드, 발트 3국과의 국경을 비롯한 발트해 인근 지역을 중심으로 사거리 수백km급의 장거리 지대지, 지대공, 지대함 미사일을 증강 배치하여 유사시 NATO의 군사력 개입을 저지, 차단할 수 있는 능력을 확충하고 있는 것도 이러한 우려를 뒷받침한다.[173]

---

170 미국 랜드(RAND) 연구소가 2016년에 발표한 연구에서는 러시아군이 36~60시간(즉, 2~3일) 이내에 발트 3국의 수도 및 주요 지역들을 장악할 수 있으며, 이는 NATO군의 효과적인 방어에 큰 부담을 가할 것이라고 경고했다. David A. Shlapak and Michael Johnson, *Reinforcing Deterrence on NATO's Eastern Flank: Wargaming the Defense of the Baltics* (Santa Monica, CA: RAND, 2016), pp. 4-6.

171 발트 3국과 폴란드에 배치되는 4개의 NATO군 전투단은 미국과 영국, 독일, 캐나다가 각 전투단의 병력 대부분을 담당하면서 나머지 10여 개 회원국들의 소수 병력이 참가하는 형태로 구성된다. 이들 부대는 6개월 간격으로 순환 배치되고 있다. John R. Deni, "Is NATO's Enhanced Forward Presence Fit for Purpose?" *Orbis*, Vol. 63, No. 1 (Winter 2019), pp. 95-96.

172 2015년 기준으로 발트 3국 내에서 러시아계 주민의 비중은 라트비아, 에스토니아에서 전체 인구의 약 25%, 리투아니아에서는 6%를 차지한다. 김성철, "우크라이나 사태 이후 발틱3국의 안보 딜레마: 러시아의 개입 가능성," 「中蘇硏究」, 제40권 제4호 (2016/2017년 겨울), p. 174; pp. 200-203.

173 러시아가 배치 중인 무기들 가운데는 사거리 500km 이상의 SS-26 '이스칸데르' 탄도미사일도

그렇다면 이처럼 고조되고 있는 발트해와 인근 지역에서의 군사적 긴장, 대립은 스웨덴의 안보에 어떠한 도전을 가할 것인가? 만약 발트 3국에 대한 러시아의 침공이 현실화된다면, NATO 등 서방권의 군사력, 특히 해 · 공군력은 대부분 발트해를 경유해서 동원되어야 한다. 이 경우 스웨덴과 주변의 해 · 공역도 NATO의 전력 증원 경로에 포함될 가능성은 매우 높다. 그 결과 발트 3국으로 지원 전력을 투입하려는 NATO, 이를 저지하려는 러시아 양측의 무력 충돌은 발트해를 중심으로 벌어질 것이며, 이는 스웨덴의 해상 및 공중 수송을 교란, 마비시켜 원활한 경제 활동에 타격을 가할 것으로 우려된다.[174]

더욱 심각한 문제는 러시아가 NATO의 발트해 전력 증원을 차단, 저지하려는 시도의 일환으로 스웨덴에 대한 직접적인 공격을 시도할 가능성도 배제할 수 없다는 점이다. 구체적으로는 ① 스웨덴 연안 해역의 인근 도서 지역을 기습적으로 점령하거나, ② 발트해 일대에서의 해상 및 공중 봉쇄를 단행하고, ③ 스웨덴의 주요 군사기지와 항구를 파괴, 제압해서 NATO가 이들 시설을 활용하여 발트해로 군사력을 증원할 가능성을 박탈하는 등의 시도가 가능할 것이다.[175] 물론 이러한 침공 시나리오는 이미 냉전 시대부터 그 가능성이 제기되어 왔으며, 새로운 위협이라고 하기는 어렵다. 하지만 냉전이 종식된 후 20년 이상 지속되어 온 스웨덴의 군사력 감축을 고려하면, 이들 위협에 효과적으로 대응하기 위한 방위 역량이 심각

포함되어 있다. 미국 등 서방권은 해당 미사일의 배치가 냉전 말기인 1987년 체결된 미국과 소련의 『중거리 핵전력(INF: Intermediate-range Nuclear Forces) 폐기 조약』에 위배된다고 반발해왔다. 결국 『INF 폐기 조약』은 미국의 탈퇴로 32년 만인 2019년 8월을 기해 무효화되었다. Robert Dalsjö et al, *Bursting the Bubble: Russian A2/AD in the Baltic Sea Region* (Stockholm, SE: Swedish Defence Research Agency, 2019), pp. 25-44.

174 특히 스웨덴 인근의 해 · 공역 대부분이 발트해 일대에 배치되고 있는 러시아군의 장거리 지대지, 지대공, 지대함 미사일들의 사거리 이내에 포함된다는 점은 이러한 위험성을 높일 것이다. Dalsjö et al(2019), pp. 70-71.

175 Czarny(2018), pp. 170-173.

하게 약화된 상태임을 결코 부정하기 어려울 것이다.[176]

2) 방위력의 회복을 향하여

이처럼 유럽에서 러시아가 다시금 실재적인 정치 · 군사적 위협으로 부각되고, 발트해 일대 지역이 서방권과 러시아의 또 다른 분쟁 대상으로 주목받으면서, 스웨덴도 이전보다 높은 경각심을 나타내고 있다. 이미 스웨덴은 최근 수년 동안 발생한 일련의 군사적 사건들을 통해서 러시아에 의한 군사적 위협의 실체뿐만 아니라, 이에 맞서기 위한 방위력이 약화되었다는 엄연한 사실을 절실히 확인한 바 있었다.

그 결과 스웨덴은 201년대 중반을 기점으로 방위력의 회복, 확충을 위해 다양한 노력들을 기울이기 시작했다. 여기에는 스웨덴의 독자적인 군사력의 강화, 발전에 관한 조치뿐만 아니라, 스칸디나비아 국가들을 비롯한 역내의 주요 우방 국가, 그리고 NATO와의 군사 부문 협력을 강화하는 것도 포함되어 있다.[177]

먼저 우크라이나 사태 이듬해인 2015년 4월, 스웨덴 정부는 2016~2020년 사이의 5년 동안 2,240억 크로나(미화(美貨) 260억 달러)의 예산을 국방 부문에 투입하겠다는 계획을 국회에 제출했다.[178] 이는 해당 기간 동안에 군사비를 11% 인상한다는 의미였는데, 냉전의 종식 이후 무려 20여

---

176 예를 들면 현재 스웨덴 해군은 수도 스톡홀름 등 남부 연안 지역으로 향하는 남동부 방향의 침공에는 대응할 수 있지만, 이를 넘어서는 여러 방향에서의 해상 공격은 방어하기 어려운 것으로 평가된다. Czarny(2018), pp. 169-170.

177 이러한 정책 방침은 2014년 10월부터 스웨덴의 국방장관으로 재직하고 있는 페테르 훌트비스트의 이름을 따 '훌트비스트 독트린'(Hultqvist Doctrine)이라고도 불린다. Charly Salonius-Pasternak, "Cold Comfort: Finland and Sweden Bolster Military and Intelligence Capabilities," *Jane's Intelligence Review*, (July 2018), p. 11.

178 이후 스웨덴 주요 정당들의 합의에 의거하여, 102억 크로나 이상의 예산이 국방 부문에 추가 배정되었다. Jennings and Scott(2015), p. 30; Czarny(2018), p. 177.

고틀란트 섬의 지리적 위치(위)와 고틀란트 섬에 재배치된 스웨덴군 병력의 모습(아래)

년 만에 군사비의 실질적인 인상이 이루어진 것이었다. 이로써 스웨덴은 냉전이 종식된 후 계속되어 왔던 군사 부문의 감축에 제동을 걸고, 영토의 직접적인 방어를 위한 군사력의 강화, 발전이 다시 강조되기 시작했다.

그 일환으로 스웨덴은 고틀란트(Gotland) 섬의 방어 태세를 강화했다. 고틀란트 섬은 총면적 약 3,180km^{2}로 스웨덴 남동부 연안에서 90km, 발트 3국과는 130km 정도 떨어진 위치에 있다. 다시 말해서 고틀란트 섬은 발트해의 중앙부에 해당하며, 스칸디나비아와 발트 3국을 연결하는 중요한 해상 요충지인 것이다. 만약 고틀란트 섬이 러시아에 점령, 장악된다면, 수도 스톡홀름을 비롯하여 스웨덴의 인구 대부분이 거주하는 남부 연안 지역은 러시아의 군사 위협에 직접 노출될 수밖에 없다.[179] 뿐만 아니라 러

179 러시아는 지난 2015년 3월 21~25일에 3만 3,000명의 병력이 동원된 군사훈련을 실시했다. 당시 훈련은 '서방권의 배후 조종에 의한 반(反)정부 봉기'에 대응하여, 러시아군이 고틀란트 섬을 비롯한 스웨덴과 주변 스칸디나비아 국가들의 도서 지역을 점령한다는 가상 시나리오에 바

시아가 발트해 일대를 봉쇄하여 유사시 발트 3국을 지원하기 위한 서방권의 군사력 증원을 저지, 좌절시킬 수 있는 능력을 더욱 강화할 것이다.

스웨덴은 냉전 시절 고틀란트 섬에 기갑, 포병, 해안포 부대 등을 보유한 육군 1개 여단을 중심으로 하는 정규군 병력을 배치했다. 이후 냉전이 종식되면서 2005년 고틀란트 섬에 배치된 정규군 부대는 해체되었고, 대신 소수의 향토방위대가 섬의 방어를 담당해 왔다. 하지만 우크라이나 사태를 비롯해 러시아에 의한 군사적 위협이 다시금 부각되면서, 2018년부터 총 300명 규모의 육군 병력이 고틀란트 섬에 재배치되기 시작했다.[180] 해당 부대는 각 10대 이상의 레오파르트-2 탱크와 CV90 보병전투용 장갑차를 보유한 기갑, 기계화보병 중대 1개씩을 중심으로 구성된다.

영토 방어를 위한 신무기의 도입도 적극화되었다. 대표적인 사례는 지상 방공, 연안 방어 부문이다. 그동안 스웨덴의 지상 배치 방공 전력은 ① 40mm 자주 대공포와 휴대용 지대공 미사일을 비롯한 사거리 10km 이하의 저고도 및 단거리 요격 무기, 그리고 ② 1960년대에 도입된 사거리 50km급의 미국제 '호크' 중거리 지대공 미사일 정도로 국한되어 왔다. 이에 스웨덴은 지난 1991년 제1차 걸프전쟁에서의 활약으로 유명한 미국제 패트리어트 계열 지대공 미사일의 도입을 결정했다. 사거리 100km 이상으로 적 항공기 요격 임무를 기본으로 하는 PAC-2 100발, 직격 파괴 능력을 통한 탄도미사일 요격 기능에 특화된 PAC-3 200발을 도입해서 1개 방공 대대를 배치한다는 계획이다.[181] 이는 노후화된 기존의 호크 지대공 미

탕을 두었던 것으로 알려진다. Czarny(2018), p. 246; David Blair, "Russian Forces Practised Invasion of Norway, Finland, Denmark and Sweden," *The Telegraph*, (June 26, 2015).

180 Czarny(2018), pp. 175-176; Gerrard Cowan, "Swedish Defence Strategy: Sweden Turns Territorial," *Jane's Defence Weekly*, (July 26, 2017), p. 21.

181 스웨덴군이 도입하는 패트리어트 계열 지대공 미사일은 총 12대의 발사대를 보유하는 4개 포대(즉, 1개 포대가 발사대 3대를 보유) 규모로 전력화된다. Oscar Widlund, "Scandinavian Umbrella: Sweden's Ground-based Air-defence," *Jane's Defence Weekly*, (February 27, 2019), p. 31.

지상 차량에서 탑재, 발사되는 스웨덴군의 RBS-15 대함 미사일. 연안 방어 능력의 강화를 위해 전력화되고 있다.

사일을 대체함은 물론, 러시아의 공군력 및 탄도 · 순항미사일 위협에 대한 효과적인 방어 능력을 확보하기 위한 것이다.

연안 방어에서는 지대함 미사일을 다시 전력화하고 있다. 스웨덴은 지난 2000년 해군 소속의 해안 포병부대를 상륙단으로 전환하면서 과거 냉전 시절에 보유했던 다수의 해안포, 지대함 미사일을 전력에서 제외시킨 바 있었다. 그러나 러시아의 군사 위협에 맞서기 위한 방위력 강화의 일환으로서, 스웨덴군은 2016년 지대함 미사일 전력의 재도입을 발표했다.[182] 이에 따라 고틀란트 섬을 비롯한 연안 지역에 자국산 RBS-15 대함 미사일의 지상 배치형이 도입, 운용되기 시작하였다.

새로 전력화되는 스웨덴군의 지대함 미사일은 해군의 지휘통제를 받으며, 지상 차량에서 대당 4발을 탑재, 발사하여 기동성과 생존성을 겸비한 것이 특징이다. 이로써 스웨덴군은 기존의 해군 수상전투함, 공군 그리펜 전투기와 함께 육 · 해 · 공에서의 입체적인 대함 미사일 운용 능력을 확보하며, 이를 통해 적의 해상 위협에 대응할 수 있는 능력을 양적, 질적으로 강화시킬 것으로 기대된다.

2000년대 이후 개발된 RBS-15 대함 미사일의 개량형은 사거리가

182 Cowan(2017), pp. 21-22; Robin Hughes, "Norse Power: The RBS15 Forges ahead," *Jane's International Defence Review*, (September 2018), p. 57.

200km 이상으로 증대되었고, 지상 표적에 대한 공격 능력도 확보했다.[183] 이러한 특징은 향후 스웨덴군이 적의 해상 전력뿐만 아니라, 지상 표적을 겨냥하여 반격, 보복 임무를 수행할 수 있는 능력을 제공할 것으로 기대된다. 한편으로는 그리펜 전투기에서 탑재, 운용이 가능한 타우러스 공대지 순항미사일을 도입하여 스웨덴이 독자적으로 적의 영토에 대한 보복, 타격 능력을 확보해야 한다는 주장도 제기되는 중이다.[184]

아울러 스웨덴은 2010년에 폐지되었던 징병제를 부활시켰다. 수년 동안 모병제를 시행한 결과 연평균 2,500명 정도의 병력을 확보했는데, 이는 매년 4,000명에 달하는 충원 목표치의 약 63%에 불과하다.[185] 스웨덴 정부는 현재 유럽에서의 고조된 정치 · 군사적 긴장, 대립을 고려할 때, 모병제로는 충분한 병력의 확보가 어렵다는 판단에 도달했으며, 결국 2018년 1월을 기하여 징병제를 다시 도입하게 된 것이다.

2018년 5월에는 스웨덴 국방부 산하의 민방위청(MSB: Myndigheten för samhällsskydd och beredskap)에서 제작한 20쪽 분량의 『전쟁 및 위기시의 행동 수칙』(*Om krisen eller kriget kommer*) 책자가 일반 국민들에게 공개, 배포되었다. 주요 내용은 총력 방위에 입각한 포괄적 안보 태세의 개념과 중요성, 공습 경보 신호와 대피시설, 거짓 정보에 대한 주의, 비상 물자 등에 관

스웨덴 정부가 2018년 배포한 대국민 전시(戰時) 행동 수칙 책자. 냉전이 종식된 이후로는 처음 발간되었다.

---

183 Hughes(2018), pp. 58-61.

184 Jennings and Scott(2015), p. 32.

185 Bruce Jones, "Sweden to Reintroduce Conscription," *Jane's Defence Weekly*, (March 8, 2017), p. 14.

한 것들이다.[186] 스웨덴은 냉전 시대에 비슷한 용도의 책자를 몇 차례 발간한 적이 있었지만, 냉전의 종식을 앞둔 1991년을 끝으로 중단되어 왔다. 그러나 유럽에서 러시아의 군사적 위협에 대한 경각심이 높아지면서, 20여 년 만에 다시 발간되었다.

2019년 5월 스웨덴의 주요 정당들이 참가한 국방위원회는 향후 5년 동안(즉, 2025년까지) 요구되는 방위력 강화, 발전에 대한 제언들을 포함하는 보고서를 국방장관에게 제출했다. 해당 보고서는 현재 유럽의 정세를 비롯한 제반 안보 환경을 고려할 때, 스웨덴에 대한 직접 공격이 발생할 가능성을 배제할 수 없으며, 이에 대비하기 위한 전략과 역량을 확보해야 한다고 밝혔다. 이를 위한 구체적 방안으로서 다음의 내용들이 제시되었다.[187] 첫째, 현재 5~6만 명 수준인 현역, 예비전력의 전체 병력 규모를 9만 명까지 확충한다. 둘째, 징병제를 통한 병력 충원을 현재의 2배인 8,000명으로 늘린다. 셋째, 기계화보병 여단과 대대급 상륙부대 각 1개씩을 신규 확보하는 등 병과별 부대들을 증강한다.[188] 넷째, 육군은 여단급 이하의 주요 단위부대를 총괄적으로 지휘통제할 사단급 사령부를 신설한다. 그리고 다섯째, 이러한 계획들을 뒷받침하기 위해 군사 부문의 지출을 GDP 대비 1.5%까지 인상한다.

이러한 자체적인 방위력 강화, 개선과 더불어, 스웨덴은 역내외 우방 국가들과의 군사 협력을 보다 심화시키려는 노력도 기울이고 있다. 먼저 스웨덴은 노르웨이와 덴마크, 핀란드 등 지리적으로 가장 인접한 스칸디나

---

186 이철재, "중립국 스웨덴, 전시 매뉴얼 배포한 까닭," 「중앙일보」, (2018년 5월 27일).

187 Nicholas Fiorenza, "Swedish White Paper Calls for Doubling of Defence Effort," *Jane's Defence Weekly*, (May 22, 2019), p. 12.

188 새로 창설되는 상륙부대는 병력 800명을 보유하며, 스웨덴 제2의 대도시이자 스칸디나비아 지역의 최대 항구 예테보리(Göteborg)를 비롯한 서남부 해안에 배치될 계획이다. 이는 발트해에서 북해, 대서양 등으로 연결되는 해협과 인근 연안 지역을 방어하기 위한 것이다. Lee Willett, "Mutual Benefit: US-Sweden Co-operation in the Baltic," *Jane's Defence Weekly*, (August 7, 2019), pp. 24-25.

스칸디나비아 국가들과의 합동 군사훈련에 참가한 스웨덴의 그리펜 전투기(왼쪽. 노르웨이의 F-16, 핀란드의 F/A-18 전투기 포함)와 CV90 보병전투용 장갑차(오른쪽)

비아 국가들과 군사 부문에서의 제휴, 협력 관계를 강화하는 추세다. 이들 국가가 침공, 점령당하거나, 군사적 저항 능력을 상실한다면, 스웨덴도 전략적인 포위 상태에 놓이면서 훨씬 가중된 안보 위협에 직면할 것임에 분명하다. 때문에 스웨덴은 영토 방어에 필요한 시공간적인 여유를 최대한 확보하기 위하여, 스칸디나비아 국가들과 군사상의 공조 능력 발전을 강조하는 것이다.

스웨덴과 스칸디나비아 국가들의 군사적 제휴, 공조가 강화되는 추세를 반영하는 대표적인 분야는 다국적 군사 훈련이다. 여기에는 2006년부터 노르웨이의 주최로 1~2년 간격으로 개최되는 동계 합동 훈련인 '냉정한 대응'(Cold Response), 2013년부터 흘수해에 실시되는 공군력 훈련 '북극 도전'(Arctic Challenge) 등이 포함된다.[189] 근래의 사례로는 2016년 2~3월의 '냉정한 대응' 훈련에 총 1만 5,000여 명의 병력이 참가했으며, 2017년 5월 실시된 '북극 도전' 훈련에는 100대 이상 항공기가 동원되었다. 그리고 2017년 9월에는 스웨덴이 주최한 '오로라(Aurora) 17' 합동 훈련이 3

189 이들 두 훈련은 스칸디나비아 국가들뿐만 아니라 미국, NATO 회원국을 비롯한 역내외 동맹, 우방 국가도 참가할 수 있다. Heather A. Conley et al, *Enhanced Deterrence in the North: A 21st Century European Engagement Strategy* (Washington, D.C: Center for Strategic and International Studies, 2018), p. 21.

주일 동안, 병력 2만 명 이상의 규모로 실시되었다.[190] 이들 훈련은 스웨덴과 주변 스칸디나비아 국가들이 평시부터 공동의 군사 대비 태세를 유지, 발전시키고, 러시아의 군사적 위협에 보다 강력한 억지력을 발휘할 수 있도록 기여할 것이다.

더 나아가 스웨덴은 미국, NATO와의 군사 협력 강화에도 이전보다 적극적인 자세를 나타내고 있다. 러시아와 서방권의 정치 · 군사적 대립에서 발트해가 최전선으로 부각되고 있는 현재의 상황을 고려한다면, 러시아의 위협에 대한 효과적인 억지, 방어 태세를 보장받기 위해서는 미국, NATO의 지원이 필수적이라는 인식이 높아지고 있는 것이다. 이에 따라 스웨덴은 2014년 9월 미국 등 NATO 회원국의 병력이 자국 영토에서 군사 훈련을 실시하거나, 유사시에 임시 배치되는 것을 허용하는 협정에 서명했다. 이 협정은 2년 만인 2016년 5월 국회의 비준을 받았다.[191]

또한 스웨덴은 최근 수년 동안 NATO가 스칸디나비아, 발트해 지역을 대상으로 실시하는 대규모 군사훈련에 활발히 참가하고 있다. 대표적 사례는 ① 1971년부터 발트해에서 진행되는 해군력 중심의 '발트 작전'(BALTOPS: BALTic OPerationS) 훈련, ② 2018년 10~11월 노르웨이와 북해, 발트해 일대에서 진행된 '세 갈래의 창날'(Trident Juncture) 합동 훈련이다.[192] 특히 스웨덴은 '세 갈래의 창날' 훈련에 비스비급 스텔스 초계함 2척,

---

190 오로라 17 합동 훈련은 스톡홀름과 주요 항구, 고틀란트 섬 등지의 방어 임무를 상정하여 실시되었으며, 스칸디나비아 국가들과 발트 3국, 미국, 프랑스, 독일 등 11개국이 참가했다. 이는 스웨덴이 냉전 이후 실시한 최대 규모의 군사훈련이며, 같은 시기에 러시아군이 실시했던 '자파드(Zapad: 러시아어로 '서부') 2017' 훈련에 대응하는 성격으로 평가되었다. Salonius-Pasternak(2018), p. 11; Conley et al(2018), p. 21.

191 Czarny(2018), pp. 241-242; Charles Duxbury, "Sweden Ratifies NATO Cooperation Agreement," *Wall Street Journal*, (May 25, 2016).

192 당시 '세 갈래의 창날' 훈련에는 NATO의 29개 회원국 전체와 스웨덴, 핀란드가 참가했으며, 여기에는 병력 5만 명, 전투함정 65척, 항공기 250대 등이 포함되었다. 이는 냉전 시절인 1980년대 이래 NATO가 30여 년 만에 실시한 최대의 군사훈련이었다. Willett(2019), pp. 22-26.; Nicholas Fiorenza, "NATO Strategy: Realigning the Alliance," *Jane's Defence Weekly*, (March 13, 2019), p. 23.

그리펜 전투기를 비롯하여 육 · 해 · 공 3군의 병력 2,000여 명을 참가시켰다.

한편 스웨덴 내부에서는 그동안의 비동맹, 중립 노선에서 벗어나 NATO에 가입할 것을 주장, 지지하는 여론도 이전보다 늘어나는 추세다.[193] 그러나 스웨덴 정부는 NATO 가입 의향이 없음을 거듭 확인하고 있다. 스웨덴이 NATO에 가입한다면 러시아의 위협 인식을 고조시켜 유럽 전체의 정치 · 군사적인 긴장, 갈등이 악화되고, 향후 러시아가 스웨덴을 겨냥하여 군사적 도발을 시도할 위험성이 더욱 높아지는 등 안보에 부정적인 영향이 훨씬 클 것이라고 판단하기 때문이다.[194] 이는 스웨덴이 미국, NATO와 보다 폭넓고 진전된 수준의 군사 부문 협력을 추구하되, 전략적인 위험부담이 큰 NATO 가입은 지양할 것임을 나타낸다.

2010년대 중반부터 러시아와 서방권의 정치 · 군사적인 대립이 재현되면서, 유럽 각국은 다시금 냉전 시절을 연상시키는 전략적 불안정을 경험하고 있다. 이는 지난 200년이 넘도록 비동맹, 중립 노선을 통해 스스로의 안전, 평화를 유지했던 스웨덴에게도 큰 도전이 될 것임에 분명하다. 이러한 상황 속에서, 스웨덴은 자국의 생존과 정치 · 외교적 자주성을 보장받기 위한 기반으로서, 독자적인 방위력의 강화, 발전이 갖는 중요성을 새롭게 확인하고 있는 것이다.

---

193 스웨덴 민방위청이 실시한 여론조사에 따르면, NATO 가입에 대한 스웨덴 내부의 찬성 응답은 2011년부터 증가세에 들어섰고, 우크라이나 사태가 발생한 2014년부터는 43~48% 사이로 나타나고 있다. 비록 과반수에는 미달하지만, 33~35% 이내인 반대 응답보다는 많은 것이다. 반면 스웨덴의 전통적인 비동맹, 중립 노선에 대한 지지는 2011년 과반수인 57%였는데, 6년 후인 2017년에는 36%로 20% 이상 하락한 것으로 나타났다. Salonius-Pasternak(2018), p. 10.

194 Cowan(2017), p. 23.

Ⅲ. 싱가포르

동남아시아의 첨단 요새

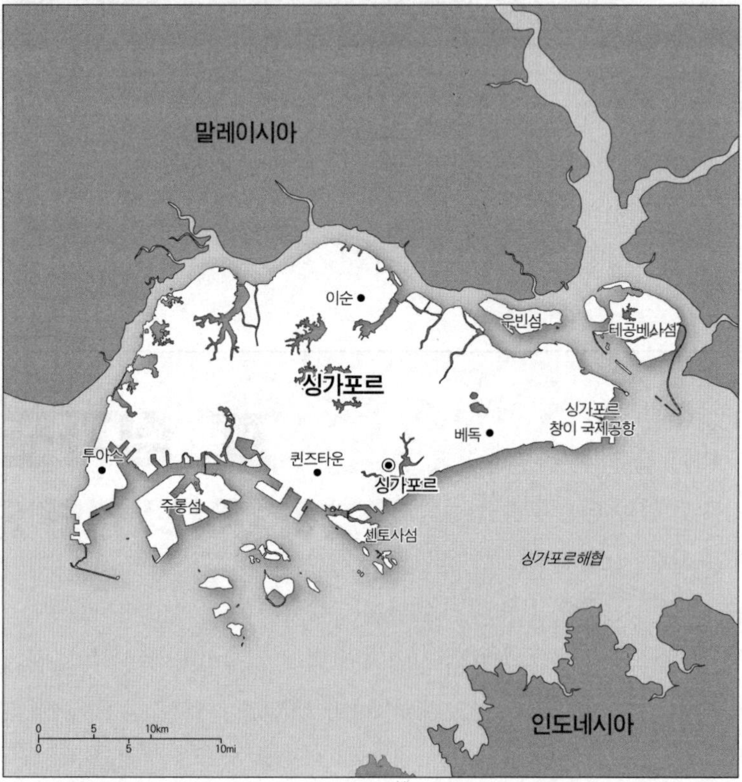
말레이시아
이순
우빈섬
테공베사섬
싱가포르
싱가포르
창이 국제공항
베독
투아스
퀸즈타운
싱가포르
주롱섬
센토사섬
싱가포르해협
인도네시아
0 5 10km
0 5 10mi

싱가포르는 동남아시아, 보다 구체적으로는 말레이 반도(Malay Peninsula)의 남쪽 끝에 위치한 작은 섬이다. 영토의 전체 면적은 719km^{2}로 북위 1도 이내, 동경 103~104도에 걸쳐 있다.[1] 이는 약 1,100km^{2}에 달하는 면적을 보유한 홍콩(香港: Hong Kong)의 65% 이하이며, 한국 제주도의 절반보다도 작다. 싱가포르 영토의 대부분을 차지하는 본도(本島)는 동서 방향의 폭이 약 50km에 달하고, 남북 방향으로도 30km가 안될 정도로 협소하다. 해안선의 길이는 주변의 작은 섬들을 포함해도 190여km에 불과하다. 한마디로 말해서 영토라고는 도시 하나밖에 없는 것이다.

이처럼 작은 싱가포르는 북쪽으로 말레이 반도의 말레이시아 영토(일명 '서(西)말레이시아)와 조호르 해협(Straits of Johor)을 통해서 불과 1km 정도 떨어진 위치에 있다. 서쪽과 남쪽으로는 말라카 해협(Strait of Malacca), 인도네시아 영토의 일부인 수마트라(Sumatra) 섬과 바다를 통해 이어진다. 그리고 동쪽에는 남중국해(南中國海: South China Sea)와 말레이시아, 인도네시아, 브루나이의 영토로 나뉜 보르네오(Borneo) 섬이 위치하고 있다.[2]

지리적으로 싱가포르가 속해 있는 동남아시아 지역은 지난 수백년 동안 격동의 시대를 경험해 왔다. 17세기 이래 아시아에서의 상업적 이익, 식민지 확장을 꾀하려는 서양 국가들의 활동 거점이 되어왔으며, 그로 인해 오랫동안 서양의 식민 지배를 받아야 했다. 제2차 세계대전 기간인 1940년대에는 '대동아 공영권'(大東亞共榮圈)이라는 구호를 내건 일본 제국주의의 침략, 점령 아래에 놓이기도 했다. 전후에는 동남아시아의 여러 국가들이 독립의 기쁨을 누렸지만, 그들 역시 20세기 후반기의 국제질서 대부분을 지배한 냉전 시대의 영향으로부터 자유롭지는 못했다. 미국에 의한

---

1 싱가포르의 본래 면적은 620km^2 이하였는데, 계속된 간척 사업을 통해 현재의 면적으로 확장되었다. 외교부 남아시아태평양국 동남아과, 『싱가포르 개황』(서울: 외교부, 2018), p. 8.

2 보르네오 섬은 말레이시아가 전체 면적의 약 26%인 북부를 '동(東)말레이시아'라는 명칭으로 차지하며, 70% 이상의 면적은 인도네시아의 '칼리만탄'(Kalimantan) 지역에 속한다. 그리고 나머지 극히 일부 지역만이 브루나이의 영토로 되어있다. 보르네오 섬의 면적은 전 세계의 도서 지역들 가운데 3위이며, 수마트라 섬은 6위다.

1960~1970년대의 베트남 전쟁이 그 본보기였다. 그리고 냉전의 종식 이후에도 동남아시아는 아시아의 새로운 지배 세력으로 떠오른 중국, 유일 초강대국의 자리를 지키려는 미국 사이에서 벌어지는 치열한 전략적 경쟁의 최전선들 가운데 하나로 부각되고 있다.

그렇다면 이러한 동남아시아 지역의 격변 속에서, 불과 하나의 도시만을 기반으로 탄생한 싱가포르는 어떻게 지난 반세기가 넘도록 생존을 유지하고, 세계 각국이 주목할 정도의 발전을 이룩해낼 수 있었는가? 또한 이를 달성하는 데 싱가포르의 군사력은 어떠한 역할을 해냈으며, 앞으로 어떻게 진화될 것인가?

1. 싱가포르의 역사

"나는 일생 동안 4개의 국가(國歌)를 부르며 살았다. 〈신이여, 여왕을 구하소서〉(*God Save the Queen*. 영국), 〈기미가요〉(君が代. 일본), 〈나의 조국〉(*Negara Ku*. 말레이시아), 그리고 〈전진하라, 싱가포르〉(*Majulah Singapura*. 싱가포르)가 그들이다."[3]

이 말은 싱가포르의 국부(國父)로 추앙받는 리콴유(李光耀) 초대 수상의 자서전에서 나온 것이다. 그의 말처럼 싱가포르는 길게는 19세기 초부터 200년 동안, 짧게는 20세기 전반기를 시작으로 지난 수십 년에 걸쳐, 그 나름의 독특한 역사와 도전들을 경험했다. 이를 이해하기 위해서는 먼저 싱가포르가 어떻게 세계에 알려지기 시작했는가를 살펴볼 필요가 있을 것이다.

3 Lee Kuan Yew, *From Third World to First: The Singapore Story 1965-2000* (New York, NY: HarperCollins Publishers, 2000), p. 685.

1) 식민 통치가 낳은 항구 도시

싱가포르의 존재가 역사에 처음 등장한 것은 13~14세기 무렵으로 거슬러 올라간다. 1365년 자바(Java) 섬 주민들의 문헌(文獻)에서 '테마섹'(Temasek. 바닷가 마을)이라고 기록된 것이 그 시초라고 할 수 있다.[4] 그러다가 14세기 후반부터는 점차 '싱가푸라'(Singapura. 인도 산스크리트어로 '사자의 도시')로 불리기 시작했다.[5] 이는 13세기에 수마트라 섬의 왕자 트리부르나가 이 섬에 표류, 상륙했을 당시 사자로 보이는 동물을 목격했던 것에서 유래한다.

이후 1511년 포르투갈이 당시 말레이시아를 지배하던 조호르 왕국의 영토인 말라카를 점령하자, 조호르의 지도층은 말레이 반도의 남부로 후퇴했다. 싱가포르도 이들이 피신한 곳들 가운데 포함되어 있었다. 그리하여 조호르 왕국은 말레이 반도 남부, 수마트라 섬 동부 등을 근거지로 하여 포르투갈과의 대결을 이어나갔다. 그러나 1587년에 조호르 왕국은 끝내 포르투갈의 공격으로 패망하고 말았다.[6] 이 과정에서 싱가포르도 포르투갈에 의해 초토화되었으며, 오랫동안 그 존재가 잊혀졌다.

그로부터 200여 년이 지나고 19세기가 도래했다. 당시 동남아시아는 17세기 이래 네덜란드가 인도네시아 일대를 식민지로 삼으면서 정치, 경제 등에서 강력한 세력을 행사하고 있었다. 19세기 초반의 싱가포르는 불과 1,000명가량의 해적, 바다의 유랑민들만이 거주하는 조그마한 어촌에 지나지 않았다. 하지만 오래지 않아서 싱가포르의 엄청난 잠재력에 주목한 이가 나타났다. 그는 토머스 스탬포드 래플즈라는 영국인이었다.

---

4 오늘날 테마섹이라는 이름은 싱가포르의 국영 투자 회사이자 주요 국유기업들의 소유주인 '테마섹 홀딩스'(Temasek Holdings. 1974년 설립)에도 붙여져 있다.

5 양승윤 외, 『싱가포르: 동남아의 선진 복지국가』, (서울: 한국외국어대학교 출판부, 2004), pp. 33-34.

6 외교부 남아시아태평양국 동남아과(2018), p. 11.

래플즈는 17세기 이래 동방에 대한 영국의 무역, 식민지 건설에서 첨병 역할을 담당해 온 영국 동인도회사(British East India Company)의 고위 간부였으며, 1818년부터는 수마트라 섬 남서쪽에 위치한 벵클루 주의 부(副)지사로 재직하고 있었다. 당시 영국의 동남아시아 진출은 포르투갈과 스페인, 네덜란드에 비하여 늦은 편이었고, 그로 인해 중국 등 동아시아와의 교역을 위해 인도네시아 등지에 설치된 네덜란드령 항구들을 주로 이용했다. 이 과정에서 영국은 네덜란드에 높은 관세, 항구 사용료를 지불해야 하는 불편함을 겪었다. 이에 영국은 그동안 동남아시아에서 네덜란드가 차지하고 있던 독점적인 지위를 약화시키고, 동아시아로의 안정적인 무역 거점을 확보하는 데 골몰했다.[7] 래플즈는 서양의 선박들이 아시아로 향하는 데 가장 많이 이용되는 말라카 해협의 남부에서 영국의 필요를 충족시킬 수 있는 장소를 찾아 나섰다.

그리하여 1819년 1월 29일, 래플즈는 싱가포르에 상륙했다. 여기서 래플즈는 말레이 반도의 남쪽에 위치한 싱가포르가 영국이 추구하는 '동방 진출을 위한 해양 교두보의 확보'에 매우 적합한 입지 조건을 차지하고 있음을 간파했다. 남쪽 해안의 수심(水深)이 깊어서 항구를 건설하는 데 유리하고, 말레이 반도와 수마트라 섬, 자바 섬을 비롯한 동남아시아 주변 해역의 중앙부를 차지하여 아시아를 오가는 선박들을 유치하는 데 유리하기 때문이었다.

이에 따라 래플즈는 당시 말레이 반도의 남부를 지배했던 실권자 압둘 라만을 설득, 1주일만인 2월 6일 영국 동인도회사가 싱가포르에서 재외상관(商館)을 건설하는 권리를 인정받는 내용의 조약을 성사시켰다.[8] 이는 싱가포르가 근대적인 항구 도시로 개발되는 출발점이 되었다. 말하자면 지난 2019년은 동남아시아를 대표하는 국제적인 무역 중심지로서 싱가포르

---

7 영국은 앞선 1786년에 말레이 반도 북서쪽의 페낭(Penang)을 항구로 확보했지만, 말라카 해협에서 상당히 떨어져 있다는 한계가 있었다. 양승윤 외(2004), pp. 36-37.

8 양승윤 외(2004), p. 39.

싱가포르를 항구 도시로 개발한 주역 래플즈의 초상화(왼쪽)와 싱가포르에 세워진 래플즈의 석상(오른쪽)

가 등장한 지 200주년이 되는 해였던 것이다.

싱가포르는 래플즈의 관할 아래, 1819년부터 4년 동안 근대적인 항구 도시로 탈바꿈하기 시작했다. 항구와 조선소뿐만 아니라 시장, 교회, 학교, 창고, 재판소 등이 설치되었다. 래플즈는 '무(無)관세 자유무역', '자유로운 이민'이라는 2개의 핵심 원칙에 따라 싱가포르를 개발하였다. 이에 힘입어 싱가포르는 재빨리 동남아시아의 유력한 중계 무역 항구로 성장했다. 1821년 총 800만 스페인달러 규모였던 싱가포르의 무역량은 3년 후인 1824년 1,140만 스페인달러로 약 43% 증가했으며, 인구도 같은 기간에 4,700여 명에서 1만 6,800여 명으로 3배 이상 늘어난 것이었다.[9]

1824년 3월에는 영국과 네덜란드 사이에 조약이 체결되었다. 동남아시아에서 싱가포르와 인도, 말레이 반도를 비롯한 서부를 영국이 차지하고, 인도네시아 일대를 포함하는 동부는 네덜란드가 지배권을 행사한다는 내용이었다.[10] 이는 그동안 동남아시아에서 지배적인 영향력을 보유했던 네덜란드가 영국의 싱가포르 점유를 인정한다는 정치적 의미를 갖고 있었다. 뿐만 아니라 영국 동인도회사는 5개월 후인 같은 해 8월, 싱가포르와

---

9 덕분에 래플즈는 오늘날까지 싱가포르의 개척자로서 높이 평가받고 있다. 래플즈가 처음 상륙한 지점에는 그를 기념하는 석상이 세워져 있으며, 그의 이름에서 유래한 여러 지명들(예: 건물, 학교, 거리)이 싱가포르에 존재하고 있을 정도다. 양승윤 외(2004), p. 41.

10 양승윤 외(2004), p. 41.

주변 도서 지역들을 할양받는 조약도 성사시켰다.[11] 이들 지역은 현재의 싱가포르 영토 대부분을 포함한다.

그 결과 싱가포르는 영국의 식민지로 편입, 확정되었다. 2년 후인 1826년 싱가포르는 페낭, 말라카 등과 함께 영국의 '해협 식민지'(Straits Settlement)로 통합되었다. 싱가포르에 대한 영국의 개발이 7년 만에 마무리된 것이었다. 이후 싱가포르는 영국 동인도회사의 관할 아래에 놓였지만, 1858년 동인도회사의 해체를 계기로 당시 영국의 식민지였던 인도의 일부로 편입되었다. 1867년부터는 영국 정부에서 임명, 파견하는 총독(總督: governor)이 지배하는 직할 식민지로 전환되었다.[12]

19세기 내내 싱가포르는 성장을 지속했다. 이는 자유 무역항으로서 싱가포르 특유의 강점과 더불어 당대 최강의 제국주의 강대국이자 산업혁명을 주도했던 종주국 영국의 경제력, 증기기관으로 대표되는 선박의 기술적 발전, 1869년 이집트 수에즈 운하의 개통을 통한 동서양의 해상 운송 증대, 그리고 말레이 반도에서 생산되는 고무, 주석의 개발 등과 같은 요인들에 힘입은 결과였다.[13] 영국의 아시아 식민 지배에서 싱가포르가 갖는 전략적 가치는 더욱 중요해졌고, 싱가포르는 '동방의 지브롤터'(Gibraltar of the East)라는 별칭을 얻기에 이르렀다.[14]

이 과정에서 아시아의 각 지역에서 이민자들의 유입도 증가했다. 처음에는 지리적으로 가장 가까운 말레이계 주민들이 다수를 차지했지만, 점차 인도계와 중국계 화교(華僑)들도 싱가포르에 이주해 왔다. 특히 화교들은 1827년부터 말레이계를 앞질러 싱가포르의 인구에서 최대 세력이 되

11 김한식, 『동남아 정치 : 어제, 오늘 그리고 내일』, (서울: 모시는사람들, 2004), p. 141.

12 양승윤 외(2004), pp. 41-42.

13 김한식(2004), p. 142; 양승윤 외(2004), pp. 44-45.

14 지브롤터는 스페인이 속한 이베리아 반도 남부의 지역으로 18세기 초부터 영국이 점유하고 있다. 이 지역은 대서양과 지중해를 연결하는 해상 요충지이며, 영국의 군사 기지가 설치되어 있다.

었다. 1860년대에 싱가포르 전체 인구의 65%를 차지했고, 약 60년 후인 1921년에는 76%를 점유했던 것이다.[15] 싱가포르를 선택한 중국계 이민자들은 대부분 중국 남부 출신들이었는데, 아편전쟁(阿片戰爭)을 비롯해 19세기 이래 국내외적으로 정치 · 사회적 혼란에 빠져있던 중국을 떠나 빈곤에서 벗어날 일터를 찾으려 했던 이들이 대부분이었다.

2) 일본의 점령 시절

싱가포르는 영국의 식민 지배 속에서 경제적인 성장, 번영을 이어나갔으며, 인구도 꾸준히 증가했다. 20세기에 막 들어선 1901년에 23만 명을 넘었고, 1921년에는 43만여 명, 1931년 57만여 명, 그리고 1940년에 이르러서는 77만 명 이상에 달했을 정도였다.[16] 그럼에도 불구하고 이들 주민에게 '싱가포르인'이라는 독자적인 정체성, 소속감은 매우 희박했다. 그들에게 싱가포르는 단지 돈을 벌기 위해 일시적으로 머무는 경제적 기회의 터전이었을 뿐, 일생을 함께 하면서 위험을 무릅쓰고 지켜야 할 고향, 모국이라고 인식되지는 않았던 것이다. 하지만 곧 싱가포르에 들이닥칠 전쟁의 참상(慘狀)은 싱가포르 주민들의 인식에 큰 변화를 일으키게 된다.

당시 아시아는 1930년대부터 현실화된 전쟁의 위험에 직면하고 있었다. 그 주범은 바로 19세기 말과 20세기 초에 중국 청(淸) 황조, 러시아와의 전쟁을 통해 한반도를 식민지로 침탈한 일본이었다. 일본은 1931년 만주사변(滿洲事變)으로 중국 동북부를 점거하고, 괴뢰국가인 만주국(滿洲國)을 세우는 수법으로 중국에 대한 침략 의도를 드러낸 상태였다. 더 나아가 일본은 1937년 7월부터 중국과의 전면전쟁, 즉 중일전쟁(中日戰爭)에 본격적

---

15 이때부터 싱가포르는 중국계가 전체 인구의 3/4 이상을 차지하는 인구 구성을 지속하고 있다. 양승윤 외(2004), p. 51.

16 양승윤 외(2004), p. 50.

으로 돌입하였다. 특히 일본군은 같은 해 12월부터 이듬해인 1938년 2월까지 당시 중국의 수도였던 난징(南京)에서 수십만 명의 무고한 민간인들을 잔인하게 학살한 '난징 대학살'(南京大屠殺)로 세계를 경악시켰다.

하지만 일본의 기대와는 달리, 중일전쟁은 장기화되었다. 중국의 광대한 영토를 속전속결(速戰速決)로 정복하려는 일본의 의도가 빗나가기 시작한 것이었다. 그럼에도 불구하고 일본은 중국에 대한 정복 야욕을 포기할 생각이 없었고, 오히려 전쟁을 계속하는 데 필요한 자원들(예: 석유, 고무, 주석)을 공급할 수 있는 다른 지역까지 눈독을 들였다. 일본이 노린 새로운 침략 대상은 바로 동남아시아였다.[17]

그 시작으로 일본은 1940년 9월 베트남 북부의 공격에 나섰다. 당시 인도차이나(Indochina) 지역을 식민 지배하고 있던 프랑스는 히틀러의 독일에 점령당한 상태였고, 덕분에 일본은 별다른 저항 없이 베트남을 비롯한 인도차이나의 공략에 나설 수 있었던 것이다. 하지만 이러한 일본의 움직임은 19세기 이래 동남아시아에서 식민지를 차지하고 있던 영국, 네덜란드, 미국 등 서양 국가들과의 갈등을 불가피하게 만들었다. 이에 따라 미국이 1941년 7월 일본에 석유를 포함한 주요 원자재의 수출을 전면 금지하는 경제 제재를 단행했으며, 영국과 네덜란드도 동참했다.[18]

그러자 일본은 더욱 극단적인 길을 선택했다. 기습 공격으로 미국 등 서양 국가들이 태평양 일대에 배치한 군사력을 제압해서 일시에 주도권을 장악하고, 신속히 점령지를 확대하여 서양 국가들로부터 아시아에 대한 정치 · 군사적 지배권을 인정받겠다는 결정을 내린 것이었다. 그리하여 1941년 12월 7일, 일본 해군의 항공모함 6척에서 출격한 수백대의 항공기가 태평양의 미 해군 핵심 기지인 하와이 섬의 진주만(Pearl Harbor)을 기습, 초

---

17 강승문, 『싱가포르 역사 다이제스트 100』, (서울: 가람기획, 2017), p. 270.

18 당시 미국(America)과 영국(Britain), 네덜란드(Dutch) 등 서양 국가들과 중국(China)이 일본에 단행한 경제 제재는 'ABCD 포위망'이라고도 불리었다.

토화했다.[19] 일본의 아시아 침략이 중국에서 태평양으로 확대되는 순간이었다.

진주만에 대한 공습과 때를 같이 하여, 일본은 서양 국가들이 차지하고 있던 아시아의 다른 지역들에도 전(全)방위적인 공격을 개시했다. 여기에는 영국령이었던 말레이 반도와 보르네오 섬, 홍콩, 네덜란드령 인도네시아(자바 섬, 수마트라 섬 등지), 그리고 미국령 필리핀 등이 포함되어 있었다. 당시 영국은 8만 7,000여 명의 육군(현지 주민들로 구성된 의용군 포함), 주력함 10척을 보유한 동양함대, 240대 이상의 항공기를 보유한 극동공군을 동남아시아에 배치 중이었다.[20] 하지만 이들 전력은 일본의 기습 공격으로 무력하게 분쇄되었다. 특히 진주만 공습 직후인 12월 10일에는 영국 해군이 자랑하는 배수량 3~4만톤급의 대형 군함 '프린스 오브 웨일즈'와 '리펄스'가 일본 항공기의 어뢰 공격으로 격침당하기도 했다.

총 3개 사단 소속의 병력 2만 6,000여 명을 앞세운 일본군은 공격 약 2개월째인 1942년 1월말에 이르러 말레이 반도의 대부분을 점령하였다. 살아남은 영국군 병력은 싱가포르로 퇴각하였다. 싱가포르에서는 일본의 침공에 맞서기 위해 주민들로 구성된 의용군이 결성되었다. 그러나 이들은 일본군을 상대하기에 역부족이었다. 일본군은 2월 8일부터 싱가포르 북서부 해안으로 상륙을 개시하였고, 싱가포르의 저항은 1주일을 넘기지 못했다. 결국 2월 15일, 영국 말레이 주둔 사령관 아서 퍼시벌이 일본 육군 제25군의 야마시타 도모유키(山下奉文) 사령관에게 항복했다.

일본의 점령 직후, 싱가포르는 '쇼난도'(昭南島)로 개칭되었다.[21] 일본

---

19 일본의 진주만 공습은 1년 앞선 1940년 11월 영국 해군이 이탈리아 타란토 항의 군함들을 공격하기 위해 항공모함을 동원했던 사례를 참고한 것이었다. 이들 두 작전은 해전에서 항공모함의 위력을 입증해낸 계기가 되었다.

20 하지만 당시 영국은 군사력의 대부분을 독일과의 전쟁을 위해 본국 및 지중해에 집중시킨 상태였고, 때문에 동남아시아에서는 제한적인 전력만이 배치되어 있었다. 양승윤 외(2004), p. 63.

21 쇼난도라는 명칭은 '쇼와(昭和. 히로히토(裕仁) 당시 일본 천황의 재위기(1927~1988)에 쓰인 연호(年號)) 시대에 얻은 남쪽의 섬'이라는 의미에서 유래한 것이다.

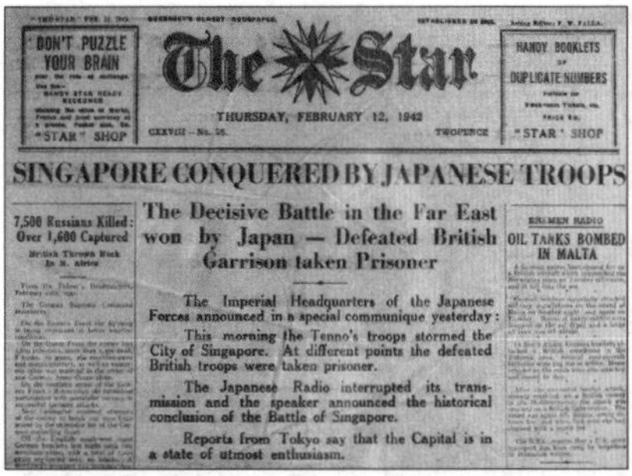
"DON'T PUZZLE YOUR BRAIN
"STAR" SHOP

The Star

THURSDAY, FEBRUARY 12, 1942

TWOPENCE

HANDY BOOKLETS OF DUPLICATE NUMBERS
"STAR" SHOP

SINGAPORE CONQUERED BY JAPANESE TROOPS

7,500 Russians Killed: Over 1,600 Captured

British Thrown Back In N. Africa

The Decisive Battle in the Far East won by Japan — Defeated British Garrison taken Prisoner

The Imperial Headquarters of the Japanese Forces announced in a special communique yesterday:

This morning the Tenno's troops stormed the City of Singapore. At different points the defeated British troops were taken prisoner.

The Japanese Radio interrupted its transmission and the speaker announced the historical conclusion of the Battle of Singapore.

Reports from Tokyo say that the Capital is in a state of utmost enthusiasm.

BREMEN RADIO

OIL TANKS BOMBED IN MALTA

1942년 2월 싱가포르 함락을 보도하는 신문기사(왼쪽)와 싱가포르를 점령한 후 행진하는 일본군의 모습(오른쪽)

역시 동남아시아에서 싱가포르가 차지하는 중요 항구로서의 가치를 잘 알고 있었으며, 자신들의 전쟁 수행에 필요한 각종 자원들을 동남아시아에서 안정적으로 확보하겠다는 의도의 일환으로 싱가포르를 점령한 것이었다.[22] 이에 따라 싱가포르에 대한 일본의 지배는 기본적으로 점령군에 의한 군정의 성격을 나타냈다. 특히 일본은 헌병(憲兵. 군사경찰) 부대를 치안 및 주민 통제 활동에 동원하여 저항 세력들을 강압적으로 색출, 구금하는 일을 빈번하게 자행하였다.

당시 싱가포르의 주민들은 일본의 점령으로 온갖 고초를 겪어야만 했다. 영국인을 비롯해서 싱가포르에 억류된 수많은 백인들은 수용소에 감금되어 박해를 받거나, 강제 노역에 동원되는 등 일본군의 노골적인 적대에 시달렸다. 말레이계 주민들도 병력, 노동력의 보충을 위한 강제적 동원 대상에 포함되었다. 반면 영국의 식민 통치에 대해 반감을 품고 있던 인도계 주민들은 일본에게 공조 대상으로 여겨졌고, 상대적으로 나은 대우를 받았다.

일본의 싱가포르 점령으로 가장 큰 피해를 입었던 이들은 전체 인구의 대다수를 차지하는 화교였다. 이들은 모국인 중국을 침략한 일본에 대

22 양승윤 외(2004), p. 64.

해 높은 적개심을 나타냈으며, 일본 역시 싱가포르의 화교들을 잠재적인 적대 세력으로 간주하여 탄압했던 것이다. 특히 싱가포르가 일본에 점령된 직후의 약 1개월 동안인 1942년 2~3월 사이를 중심으로, 수만 명의 화교들이 일본군에 의해 조직적으로 학살당했다.[23] 이른바 '숙칭(肅清. 중국계 숙청) 대학살'이라고 불리는 이 사건은 일본이 싱가포르에서 저지른 가장 악명 높은 전쟁범죄로 기록되었다.

일본의 점령은 경제적 측면에서도 싱가포르에게 큰 타격을 주었다. 그동안 싱가포르 경제에서 핵심적인 비중을 차지했던 유럽, 미국 등 서양 국가들과의 교역이 중단되었고, 점령자인 일본은 그 공백을 자국의 대기업들을 중심으로 하는 독점 경제로 대체하려 했다. 하지만 이는 싱가포르에서 물가의 상승, 식량을 비롯한 주요 물자의 부족, 굶주림, 그리고 실업의 증가를 가져왔다.[24] 싱가포르 주민들은 일본군의 강압적인 탄압뿐만 아니라, 경제난이라는 2중의 어려움에 직면했던 것이다.

하지만 일본의 아시아 침략은 오래 지속되지 못했다. 일본은 진주만 공습으로부터 6개월 후인 1942년 6월 미국과의 미드웨이(Midway) 해전에서 항공모함 4척을 비롯한 다수의 주력함을 잃었다. 이후에도 일본은 과달카날(Guadalcanal. 솔로몬 제도의 일부) 섬을 비롯한 태평양 각 지역의 전투에 패배했으며, 태평양에서 더 이상 점령지를 확대하지 못하였다. 여기에 군사력을 대규모로 확충, 증대시킨 미국의 반격으로 기존의 점령지들마저 차례로 상실하기 시작했다. 특히 1944년 10월 필리핀 레이테 만(Leyte Gulf) 해전의 패배를 계기로, 일본은 동남아시아에서의 점령지를 모두 잃고서 자국 영토의 방어에만 주력해야 하는 상황으로 몰렸다.

그리고 1945년 8월 15일, 일본은 마침내 연합국에 대한 항복을 공식 선언했다. 앞선 8월 6일과 9일 미국의 원자폭탄이 히로시마, 나가사키를

---

23 일본은 당시의 피해자 수가 약 5,000명이라고 주장하지만, 학계에서는 5~10만 명에 달할 것으로 추산하고 있다. 양승윤 외(2004), p. 65; 강승문(2017), pp. 294-296.

24 양승윤 외(2004), pp. 66-67.

1945년 9월 싱가포르에서 거행된 일본군의 항복 모습. 3년이 넘도록 계속된 일본의 싱가포르 점령이 끝나는 순간이었다.

철저히 파괴한지 1주일 정도가 지난 후였다. 이로써 일본은 주변 국가들을 상대로 저지른 수십 년 동안의 식민지배, 침략, 전쟁범죄 등에 대한 응분의 대가를 치르게 되었다. 그로부터 다시 1개월이 지난 9월 12일에는 싱가포르에 주둔 중이던 일본군도 공식적으로 항복했다. 3년 7개월 동안 계속되었던 일본의 싱가포르 점령은 이렇게 끝났다.

제2차 세계대전 당시 일본의 싱가포르 점령은 현재까지 싱가포르가 외부 세력에 의해 군사적으로 점령된 유일한 사례로 기록되어 있다. 3년 이상 계속된 일본의 점령과 그로 인한 경험들은 싱가포르 주민들에게 스스로의 안전, 재산을 보장하기 위한 방위 능력의 중요성을 절실히 확인시켜 주었다. 지금까지는 영국의 식민 통치를 전제로 제공되는 방어에 의존했지만, 이제는 자체적인 능력과 노력을 통해서 스스로를 지켜야 함을 깨닫게 된 것이었다.[25] 동시에 주민들이 싱가포르를 자신들의 생활 터전이자 지켜야 할 고향, 모국으로 인식하는 소속감, 정체성이 강화되는 계기를 마련하였다.

25 양승윤 외(2004), pp. 67-68.

3) 말레이시아의 일원으로 독립하다

1945년 제2차 세계대전의 종식, 일본의 항복으로 싱가포르는 일단 영국의 식민지로 복귀했다. 하지만 이를 맞이하는 싱가포르 주민들의 인식은 이전과는 크게 달라져 있었다. 일본에 의한 점령을 겪으면서, 주민들은 싱가포르의 방어, 보호에 관한 영국의 능력과 의지에 의구심을 품게 되었다. 이는 싱가포르에서 주민들의 정치적 역할이 보다 확대되어야 한다는 일종의 민족주의, 정치적 자각(自覺)이 높아지는 결과로 이어졌다. 영국도 전쟁 이후 국력의 소모, 국제적인 위상의 약화 등으로 인해 과거처럼 세계 각 지역의 많은 식민지를 유지하는 것이 어려워진 상태였다. 이러한 현상들은 싱가포르가 머지않은 장래에 식민 통치에서 벗어날 가능성을 예고했다.

제2차 세계대전의 종식 이후, 영국은 동남아시아의 기존 식민지들이 단계적으로 독자 정부를 수립할 수 있도록 지원하는 방식의 정책 수정을 추진했다. 이에 따라 1948년 2월 1일부터 말레이 반도 일대가 자치권을 획득하였다. 하지만 싱가포르에서는 영국의 직접적인 식민 통치가 유지되었다. 이는 영국이 아시아에서의 경제 · 군사적 거점으로서 싱가포르의 가치를 좀처럼 포기하지 않으려 했음을 뜻했다. 아울러 같은 시기 말레이 반도에서 준동하는 공산주의 세력의 무장 활동도 영향을 주었다.[26] 말레이 반도의 공산주의 세력이 싱가포르로 영향력을 확대하려는 것을 저지하기 위해서도 영국의 직접 통치가 유지되어야 한다는 논리였다.

싱가포르에 대한 영국의 자치권 부여는 종전 3년 만인 1948년, 최초의 주민 선거를 통해 현지 입법의원 22명 가운데 6명(전체 약 27%. 나머지는 총독 등이 임명)을 직접 선출한 것으로 시작되었다. 1951년에는 다시 입법의원

---

26 말레이 반도의 공산 세력은 영국 식민지배의 즉각적인 종식 등을 요구했으며, 말레이 자치 정부가 출범한 1948년부터 정글 지대를 근거지로 게릴라전을 펼쳤다. 영국과 말레이 자치 정부도 비상사태를 선포하여 공산당 진압에 나섰다. 그 결과 말레이 반도는 일종의 내전 상태에 놓였으며, 양측의 무력 대결은 1960년까지 계속되었다. 김한식(2004), p. 144.

25명 가운데 9명(전체 36%)을 주민의 직접 선출로 확대했다. 그로부터 4년 후인 1955년에는 영국 외교관 조지 랜들이 제시한 방안에 따라서 입법위원 32명 가운데 78%가 넘는 대다수를 주민들의 직접 선거로 선출하고, 9명의 각료들 중에서 입법의원 6명을 임명해 주민들의 참정권을 대폭 강화했다.[27] 이 선거를 계기로 여러 정당들이 등장했는데, 그 가운데는 리콴유가 이끄는 '인민행동당'(PAP: People's Action Party)도 있었다.[28]

이듬해인 1956년부터는 싱가포르의 주요 정당 대표들이 포함된 대표단이 영국 정부와 자치, 독립에 관한 협상을 시작했다. 이른바 '헌법회의'라고 불리는 당시의 협상은 1957년까지 계속되었으며, 여기서 싱가포르의 독립이 원칙적으로 결정되었다. 그 시작으로 51명으로 확대되는 싱가포르 입법회의 의원 모두를 주민들의 직접 선거로 선출하며, 의원내각제 방식의 자치정부가 외교, 국방 등을 제외한 자치권을 행사하는 결정도 내려졌다.[29] 이를 바탕으로 1959년 실시된 최초의 싱가포르 총선거에서 인민행동당이 입법회의 의석 전체의 80%가 넘는 41석을 차지하는 압승을 거두었고, 36세의 리콴유가 자치정부의 수반(首班)으로 선출되었다.[30] 이때부터 리콴유와 인민행동당은 싱가포르의 지배적인 정치 지도세력으로 등장했다.

자치권을 획득한 싱가포르는 '어떤 형태로 독립할 것인가?'라는 과제에 직면했다. 다시 말해서 싱가포르 단독의 독립 국가로서 영국의 식민 통

27 이러한 참정권의 확대는 영국의 식민 통치 지속을 반대하는 싱가포르 내부의 여론, 특히 공산주의 세력의 선전을 불식시키려는 의도를 반영한 것이었다. 양승윤 외(2004), p. 73; 외교부 남아시아태평양국 동남아과(2018), p. 13.

28 리콴유는 1923년 싱가포르의 화교 집안에서 태어났다. 그는 20대 초반의 나이로 일본의 점령을 경험했고, 종전 후 영국 케임브리지 대학교로 유학하여 변호사 자격을 취득했다. 그리하여 1951년 싱가포르로 돌아와 본격적인 정치 활동을 시작, 1954년 인민행동당의 출범에 동참하였다.

29 양승윤 외(2004), pp. 76-77; 외교부 남아시아태평양국 동남아과(2018), p. 13.

30 이보다 앞선 1957년에는 인민행동당 내부의 공산주의 동조 세력들이 대거 숙청되었다. 이를 통해 인민행동당의 정책 노선은 온건 및 반공 성향으로 개편되었고, 리콴유가 당 내부의 주도권을 확보했다. 양승윤 외(2004), pp. 77-78.

1963년 싱가포르를 포함하는 말레이시아 연방의 출범을 기념하는 행사.

치를 종식하느냐, 아니면 이미 영국으로부터 독립한 말레이 반도, 즉 '말라야 연방'(Federation of Malaya, 1957년 8월 31일 건국)에 합류하느냐의 양자택일(兩者擇一)에 관한 문제였다. 싱가포르 주민의 대다수를 차지하는 중국계는 전자를 선호했지만, 리콴유가 이끄는 자치정부, 집권 인민행동당은 후자를 지지하고 있었다. 이는 ① 말레이 반도와 싱가포르가 정치적으로 분리된 상태로는 영국의 식민 통치에서 벗어날 수 없다는 의구심, ② 인구 규모가 작은 싱가포르의 경제적인 자립 가능성에 대한 회의적인 관측, 그리고 ③ 싱가포르 단독의 독립이 내부 공산주의 세력의 발흥(發興)으로 이어져 동남아시아 지역의 안정을 위협할 것이라는 우려 등을 근거로 했다.[31]

한편 1961년 5월 27일 말라야 연방의 툰쿠 압둘 라만 수상이 싱가포르, 보르네오 섬 북부 등지를 포함하는 연방 국가의 창설안을 제시하였다. 리콴유의 싱가포르 자치정부도 이에 찬성하고 나섰다. 비록 이 과정에서 인민행동당의 좌파 진영이 반발하고 70%의 당원들이 이탈하는 진통을 겪었지만, 1962년 9월의 주민 총투표에서 자치정부가 내세운 말라야 연방 합류가 73%의 찬성을 얻으면서 일단락되었다.[32]

---

31 특히 1949년 중국 본토가 공산화되면서, 싱가포르 인구의 대다수를 차지하는 화교들이 중국 공산주의의 영향권에 놓일 가능성이 우려되었다. 양승윤 외(2004), pp. 78-79.

32 외교부 남아시아태평양국 동남아과(2018), p. 13.

그리하여 1963년 9월 16일, 싱가포르와 보르네오 섬 북부, 말레이 반도를 포함하는 연방국가 말레이시아(Malaysia)가 출범했다.[33] 이로써 약 140년 동안 계속되었던 영국의 식민 통치도 끝났다. 외견상으로는 말레이와의 통합을 바탕으로 싱가포르의 생존, 안정을 보장받겠다는 리콴유와 자치 정부의 뜻이 관철된 것처럼 여겨지는 듯 했다. 그러나 싱가포르에게는 아직도 가야 할 길이 남아있었다.

4) 강요받은 건국

1963년 말레이시아에 합류할 당시, 싱가포르는 말레이시아 연방의회의 전체 159개 의석 가운데 10% 이하인 15석을 할당받았다. 또한 싱가포르는 자치정부를 유지하면서 재정, 교육, 노동 등의 내정(內政)과 일상적인 정책의 시행에서 상당한 자치권을 행사할 수 있게 되었다. 그리고 세금 징수액의 40%를 연방 중앙정부에 납부하는 의무가 부과되었다.[34] 이들은 대체적으로 싱가포르에게 유리한 조건이었다. 말레이시아 연방의 출범으로부터 5일 후인 9월 21일에 실시된 싱가포르의 사상 2번째 총선거에서도 인민행동당이 의석 전체의 약 73%인 37석을 차지하고, 리콴유가 자치정부의 수반으로 재선되었다. 이러한 결과는 리콴유와 자치정부가 관철해낸 말레이시아와의 통합이 싱가포르 주민들의 지지를 받고 있음을 다시금 확인시켰다.

리콴유는 앞선 1962년 말라야 연방과의 통합 여부에 관한 주민 총투표를 앞두고 "싱가포르와 말레이는 정치, 경제, 군사 등의 주요 부문들에서

33 말레이시아라는 국명은 '말레이'와 '싱가포르'의 명칭을 합쳐서 나온 것이며, 1965년 싱가포르가 분리된 후에도 유지되고 있다.

34 이는 싱가포르에서 징수된 세금의 절반 이상을 자치정부가 차지한다는 뜻이었다. 양승윤 외(2004), p. 81; 강승문(2017), p. 381.

분리될 수 없는 관계에 있다. 따라서 어느 누구도 양측 사이에 인위적인 장벽을 세울 수 없다"고 호소하면서 '통합에 의한 독립'의 당위성을 역설한 바 있었다.[35] 이는 말레이시아와의 통합이 싱가포르의 생존, 안정을 위해서 필수적이라는 리콴유의 강한 소신을 나타낸 것이었다. 하지만 그의 뜻과는 달리, 싱가포르와 말레이시아의 관계는 점차 2개의 가시적인 장애에 직면하게 되었다.

첫 번째 문제는 다민족 국가로서 말레이시아 내부의 민족간 권리에 관한 것이었다. 중국계가 인구의 대다수를 차지하는 싱가포르는 말레이시아를 구성하는 3대 민족(말레이계, 중국계, 인도계)이 서로 동등한 권리를 인정받아야 한다고 주장했다. 하지만 말레이시아에서 인구가 가장 많고, 정치지도층의 다수를 차지하는 말레이계 주민들은 기존의 '말레이계 우대 정책'(Ketuanan Melayu)을 고수하려 했다.[36] 더 나아가 라만 수상을 비롯해 말레이계가 주도하는 연방정부는 싱가포르가 화교를 비롯한 말레이시아 내부의 소수 민족을 대표하는 세력으로 성장하고, 궁극적으로는 말레이계에 도전하여 말레이시아 전체의 정치적 주도권을 차지하려 들 것이라고 경계했다.[37]

두 번째로 싱가포르와 말레이시아는 경제 정책을 놓고도 갈등을 빚었다. 싱가포르는 자체 공업화에 필요한 활로를 확보하기 위해 말레이시아와의 광역(廣域) 공동시장 창설을 요청했다. 그러나 말레이시아 연방정부는 본토(本土)에 해당하는 말레이 반도의 개발, 산업화에 보다 높은 우선순위를 두었고, 싱가포르가 요청한 공동시장의 창설은 12년에 걸쳐서 점진

---

35 양승윤 외(2004), p. 83.

36 이러한 정책은 말레이계가 말레이시아 인구의 대다수를 차지하고 있음에도 자본 소유를 비롯한 경제력에서는 미약한, 민족간의 경제적 불평등에 따른 반감(反感)으로 인한 것이었다. 김한식(2004), pp. 296-297.

37 강승문(2017), p. 386; 김성진, 『리콴유: 작지만 강한 싱가포르 건설을 위해』, (파주: 살림, 2007), p. 25.

적으로 진행시킨다는 결정을 내렸다.[38] 게다가 연방정부는 양측의 공동시장을 도입하는 조건으로, 그동안 싱가포르가 유지해 온 자유 중계무역항의 지위를 포기할 것을 요구했다. 이는 싱가포르가 말레이시아와의 통합으로 기대했던 주요 목표들 가운데 하나가 무의미해짐을 의미했다.

이처럼 싱가포르와 말레이시아 사이의 갈등, 불신이 깊어지는 상황에서, 결정적인 악재(惡材)가 발생하였다. 말레이시아 연방의 출범 이듬해인 1964년 7월 21일 싱가포르 중부의 겔랑에서 이슬람교의 선지자 무하마드의 탄신일을 축하하는 말레이계 주민들의 행진이 진행되던 도중, 화교와 말레이인들 사이에 물리적 충돌이 벌어졌다. 1주일 동안 계속된 이 사건으로 23명이 사망했고, 454명이 부상을 입었다.[39] 그로부터 약 2개월이 지난 9월 3일에 또 다시 다수의 화교, 말레이인이 유혈 충돌을 벌였다. 이번에도 사망 13명, 부상 109명의 수많은 인명 피해가 발생했다.

1964년에 발생한 화교, 말레이계 양측 사이의 폭력 사태는 싱가포르와 말레이시아의 관계에 치명적인 타격을 가했다. 이제 말레이시아는 싱가포르를 '국가 통합을 저해하는 암적 요소'로 규정하게 되었다. 본래 싱가포르와 말레이시아의 통합은 동남아시아에서 공산주의의 확산을 저지하겠다는 목적에 따라 이루어진 것이었는데, 그것만으로 양측을 대표하는 민족 간의 대립과 불신을 극복하기에는 역부족이었다.

해를 넘긴 1965년 8월 7일, 리콴유는 말레이시아 수도 쿠알라룸푸르의 수상 관저에서 라만 말레이시아 수상과 회동했다. 그동안 악화되어 온 양측의 갈등을 어떻게든 해결하기 위한 노력이었다. 하지만 이 자리에서

---

38 양승윤 외(2004), p. 81; 강승문(2017), pp. 384-385.

39 싱가포르는 당시 폭력 사태가 발생했던 7월 21일을 '민족 화합의 날'(Racial Harmony Day. 1997년 지정)로 선포하고, 해마다 다양한 행사를 통해 자국 내의 민족간 이해, 교류를 촉진하는 노력을 기울이고 있다. 또한 타 민족에 대한 증오, 차별을 부추기는 주장 및 행위를 국가의 질서, 안보에 대한 중대 위협으로 규정, 엄벌하고 있다. 그 결과 1970년대부터 싱가포르에서는 대규모의 타 민족간 폭력 충돌 발생이 억제되어 왔으며, 중국계가 다수를 차지하는 인구 구성에도 불구하고 동남아시아 내에서 모범적인 다민족 국가로 평가받고 있다. 김한식(2004), pp. 297-298; 강승문(2017), p. 387.

AVERAGE DAILY CERTIFIED SALE EXCEEDS 150,000

The Straits Times

atlas

PAGE ONE LEADER

Now look to the future

Tengku pledges support for admission to Commonwealth and United Nations

What it means—at a glance

Singapore is out

SINGAPORE today separated from Malaysia, following an amendment to the Constitution approved unanimously by both Houses of Parliament under a certificate of urgency.

Tengku: It was my idea...

Bitter battle

Secret signing

INSIDE

STOP PRESS

1965년 8월 싱가포르와 말레이시아의 분리를 보도하는 신문 기사

싱가포르 건국을 발표하는 리콴유의 모습

리콴유는 라만으로부터 충격적인 서한을 전달받았다. "우리의 친선, 말레이시아의 안전과 평화를 위한 선택은 '싱가포르와의 결별' 뿐이다"라는 내용이었다.[40] 이는 싱가포르가 말레이시아에서 축출될 것임을 뜻했다. 이로써 2년 동안 지속되었던 싱가포르, 말레이시아의 통합은 끝내 깨어지고 말았다. 싱가포르의 말레이시아 연방 합류를 위해 필사적인 노력을 기울였던 리콴유에게는 쓰라린 좌절의 순간이었다.

그로부터 이틀 후인 8월 9일 오전 10시, 신생 독립 국가로서 싱가포르의 건국이 공식 발표되었다. 같은 시각 말레이시아에서도, 라만 수상이 같은 내용의 성명을 통해 싱가포르의 독립, 주권을 승인할 것임을 밝혔다. 뒤이어 미국과 영국, 호주를 비롯한 세계 각국에서 싱가포르의 독립을 인정한다고 선언했다.[41] 싱가포르는 1개월만인 9월 21일 UN 회원국으로 가입했고, 10월 15일에는 영국과 그 식민지 출신의 독립국들을 포함하는 '영(英)연방'(Commonwealth of Nations)의 일원이 되었다.[42]

---

40 Lee Kuan Yew, *The Singapore Story: Memoirs of Lee Kuan Yew* (New York, NY: Prentice Hall, 1998), p. 642.

41 오늘날 싱가포르는 매년 8월 9일을 건국 기념일로 경축하고 있다. 강승문(2017), pp. 394-395.

42 외교부 남아시아태평양국 동남아과(2018), p. 14.

당시 싱가포르가 말레이시아에서 분리된 것은 말이 좋아 '독립'이지, 실질적으로는 말레이시아로부터의 '추방'이었다. 대부분의 국가들이 스스로의 의지를 바탕으로 외세의 압제에 맞서 독립을 쟁취해냈던 것과는 달리, 싱가포르의 건국은 타의에 의해 강요된 것이나 다름없었다. 이는 독립이 발표된 당일(즉, 1965년 8월 9일) 정오에 리콴유가 기자들과의 회견에서 싱가포르, 말레이시아의 분리 배경을 설명하던 도중에 그만 눈물을 참지 못하고, 20분 동안 회견이 중단되는 소동을 빚었던 것에서도 드러난다.[43] 인구 약 200만 명의 일개 도시에 불과했던 싱가포르에게 독립은 축하, 환희보다는 생존과 장래에 관한 불안, 그리고 두려움에 더 가까웠던 것이다.

5) 홀로서기의 길

지난 140년이 넘도록 싱가포르는 영국의 식민 지배, 말레이시아 연방이라는 울타리 안에서 생존, 안정을 추구해 왔다. 하지만 신생 국가 싱가포르에게는 더 이상 그러한 울타리가 존재하지 않았다. 이처럼 싱가포르에게 독립, 건국은 이전까지 경험하지 못했던 낯선 길이었다. 비록 자신의 의지에 따른 것은 아니었지만, 이제 싱가포르는 스스로의 힘으로 생존과 안정, 번영을 달성해야 하는 입장에 놓였음을 더 이상 부정할 수 없었다. 그리고 이러한 막대한 책임이 불과 42세의 젊은 지도자 리콴유에게 맡겨진 것이었다.

싱가포르는 독립 4개월 후인 1965년 12월 22일 '싱가포르 공화국'(Republic of Singapore)이라는 공식 국명을 채택했으며, 대통령을 상징적인 국가원수로 규정하는 의원내각제 정부 체제를 확립했다. 초대 대통령에는 말레이계 출신의 유소프 빈 이샥이 선출되었다. 한편 실질적 정부 수반

43 Lee(1998), pp. 15-16.

인 수상에는 리콴유가 계속 재임했으며, 그는 이후 1990년에 퇴임할 때까지 무려 8차례의 총선거를 연속으로 승리하면서 30년 이상 싱가포르의 지도자로 군림했다.

건국 당시 싱가포르는 무엇보다도 정치, 경제, 사회 등 각 분야에서의 내부 안정을 실현해야 할 과제에 직면한 상태였다. 협소한 국내 시장으로 인해 실업률이 10%가 넘었으며, 1인당 국민소득은 1,000달러에도 미달할 정도로 대다수의 국민들이 빈곤에 허덕였다. 이는 공산주의자들과 연계된 노동조합의 과격 활동을 부추겼다. 여기에 말레이시아와의 분리를 촉발시킨 민족간의 갈등도 잠재적 불안 요인으로 남아있었다. 뿐만 아니라 대외적으로는 말레이시아와 인도네시아를 비롯하여 민족, 언어, 문화 등의 측면에서 이질적인 주변의 국가들에게 포위된 상태였다.[44] 이러한 도전들을 극복하지 못한다면, 국가로서 싱가포르의 생존은 결코 보장받을 수 없었다.

이에 싱가포르 정부는 화교, 말레이계, 인도계 등 민족과 언어가 서로 다른 국민들 사이의 통합, 일체성을 확립하기 위하여, '모든 언어와 종교, 민족의 동등함'에 바탕을 둔 다민족 국가로서 문화적 다양성을 적극 수용하였다.[45] 이를 위해 영어가 싱가포르의 공용어로 채택되었고, 한편으로는 각 민족 집단의 모국어 교육도 강조했다. 아울러 집권 인민행동당의 정치적 우위를 십분 활용하여 노동자의 파업권을 제한하고, 그동안 공산주의 운동의 기반이었던 노동조합을 대폭 약화시키는 법적 · 제도적인 조치들을 단행하였다.[46] 이는 오늘날까지 싱가포르가 다른 동남아시아 국가들보

44 이를 두고 리콴유는 싱가포르가 "말레이인들의 바다 위에 놓인 화교들의 섬"(a Chinese island in a Malay Sea)과 같다고 표현했다. Lee(1998), p. 23; 김한식(2004), p. 305.

45 이러한 싱가포르의 다민족, 다문화 노선은 건국 이듬해인 1966년에 채택된 「싱가포르인의 선서」(*Singapore Nation Pledge*)에서 "우리 싱가포르인은 인종, 언어, 종교를 초월하여 한 국민이며, 정의와 평등에 기반을 둔 민주적인 사회를 건설해 우리나라의 행복, 번영, 그리고 진보를 실현할 것임을 맹세합니다"라는 내용으로 반영되었다. 이 선서는 지금도 건국 기념일을 비롯한 주요 국가 행사에서 낭독되고 있다. 김한식(2004), p. 297; 강승문(2017), p. 400.

46 양승윤 외(2004), pp. 86-87.; 강승문(2017), pp. 399-401.

다 정치, 사회 부문에서 높은 안정성을 누리는 기반을 마련했다.

싱가포르는 경제개발에도 주력했다. 당시 동남아시아의 여러 신생 국가들이 보호무역, 수입대체 위주의 폐쇄적인 경제성장을 추구했던 것과는 달리, 싱가포르는 적극적으로 외국의 유력 다국적기업, 민간 자본을 유치하고, 이를 기반으로 수출 지향적인 공업화를 추진하였다.[47] 덕분에 싱가포르는 기존의 중계무역 항구로서의 기능에 더하여 제조업, 정유, 금융, 항공 등으로 산업 영역을 확대 및 다양화, 고도화하는 성과를 거두었다. 1960년대 말에 이르러서는 사실상의 완전고용 상태를 달성할 정도였다.[48] 그 결과 싱가포르는 20세기 후반 한국, 대만, 홍콩과 더불어 '아시아의 4마리 용'이라는 별칭이 붙을 정도로 국제적인 주목, 찬사를 받는 신흥 공업국(NIEs: Newly Industrialized Economies)으로 도약했다.

그러나 한편으로 싱가포르는 국가 생존을 위한 또 다른 과제를 해결해야 했다. 바로 독자적인 방위력의 확보였다. 건국 당시 싱가포르에는 두 종류의 군사력이 존재했다. 첫째, 동남아시아의 공산주의 세력에 대응하여 배치, 활동하던 영국군 극동사령부(Far East Command) 소속의 육 · 해 · 공군과 호주, 뉴질랜드 등 영(英)연방 회원국들의 병력이었다.[49] 그리고 둘째, 싱가포르가 말레이시아의 일원이었던 시절 배치되었던, 총 700명 규모의 말레이시아 육군 1개 보병 연대(2개 대대 보유)였다. 이들 부대는 장교, 일반 병사들의 대다수가 말레이계 출신이었고, 정치적으로 말레이시아의 영향권 내에 있었다. 리콴유를 비롯한 싱가포르 정부는 말레이시아가 분리

---

47 독립 7년째인 1972년을 기준으로 외국 기업 및 합작회사들은 싱가포르 제조업체 수의 1/4, 산업 생산의 약 70%, 수출의 83%, 그리고 고용의 절반 이상을 차지했다. 싱가포르에 투자하는 외국 자본의 국적도 영국뿐만 아니라 미국, 일본, 홍콩, 대만, 호주, 말레이시아, 서유럽 등으로 다변화되었다. 강승문(2017), p. 411.

48 강승문(2017), p. 412.

49 본래 영국은 제2차 세계대전 이후 말레이 일대를 중심으로 아시아 지역의 병력을 배치, 유지해왔지만, 1957년 말라야 연방(이후 말레이시아)이 영국에서 독립하면서 병력의 대부분을 싱가포르로 재배치했다. Tim Huxley, *Defending the Lion City: The Armed Forces of Singapore* (Crows Nest, AU: Allen & Unwin, 2000), p. 3.

싱가포르군의 창설 초기인 1960년대에 도입된 탱크(위)와 전투기들(아래)

독립 이후에도 여전히 잔류하고 있던 자신들의 병력을 앞세워 싱가포르의 정치 · 외교적인 자주성을 침해, 제약하거나, 심지어는 무력 병합을 시도할 가능성을 우려했다.[50] 이에 싱가포르는 자체 군사력의 건설을 서둘러 추진하였다.

먼저 싱가포르는 독립 2개월 후인 1965년 10월, 내무 · 국방부(Ministry of Interior and Defence)를 설치하여 국내 치안을 위한 경찰력, 국방을 위한 정규군을 함께 관할하도록 했다. 이듬해인 1966년에는 1,100명의 장교, 병사를 모집했으며, 이들을 기반으로 싱가포르군 최초의 여단을 창설했다.[51] 같은 해에는 장교와 부사관 등 장병들의 교육, 훈련을 담당하는 '싱가포르 군사훈련소'(SAFTI: Singapore Armed Forces Training Institute)도 설립되었다. 또한 이스라엘에서 파견된 군사 고문단의 도움으로 교육

50 Lee(2000), p. 6; 김성진(2007), pp. 28-29.

51 Huxley(2000), p. 10; 강승문(2017), p. 408.

및 훈련 제도, 전술을 체계화하는 노력을 기울였다.[52] 뒤이어 싱가포르에 남아있던 말레이시아군의 1개 보병 연대가 철수했다.

한편 1968년 1월, 영국이 경제적 부담 등을 이유로 말레이시아, 싱가포르를 비롯한 동아시아 지역의 병력을 오는 1969~1970년까지 모두 철수한다는 계획을 발표했다.[53] 이는 싱가포르가 독자적인 방위력의 건설, 강화를 가속화해야 할 근거를 제공하였다. 이보다 앞선 1967년 3월, 싱가포르 정부는 18세 이상 연령의 남성을 대상으로 병역 의무를 부과하는 징병제의 도입을 발표했다. 6개월만인 같은 해 9월 최초의 징집 대상자 9,000명이 입대, 훈련을 받았다. 이듬해인 1968년 싱가포르 해 · 공군의 모체인 싱가포르군 '해양 사령부', '방공 사령부'가 각각 창설되었다.[54] 1970년에는 싱가포르 국방부가 내무부에서 분리, 별개의 정부 부처로 출범했다.

영국의 병력 철수는 당초 계획보다 몇 년 지연되었지만, 결정 자체는 번복되지 않았다. 결국 싱가포르에 배치되었던 영국군은 1976년까지 철수를 완료했다.[55] 그동안 싱가포르는 이미 1971년을 기준으로 보병과 기갑, 기계화보병, 포병, 통신, 공병 등의 각 병과별 부대를 포함해 17개 대대를 보유한 정규군 1만 6,000명과 예비전력 1만 1,000명을 확보하고 있었다.[56] 건국 15년째를 맞는 1979년에는 정규군의 규모가 3만 6,000명(육군 3만 명,

---

52 당초 싱가포르는 인도, 이집트에 병력의 교육을 담당할 군사 고문의 파견을 요청했지만, 이들 국가는 싱가포르의 인접국이자 동남아시아에서 상위권의 영토, 인구를 보유한 말레이시아, 인도네시아와의 관계를 고려하여 거부했다. 대신 싱가포르와 비슷한 안보환경(즉, 주변 국가들보다 영토와 인구 규모에서 압도적으로 불리하며, 이슬람교 신자가 다수를 차지하는 국가들과 대치하고 있는)에 놓인 이스라엘에서 요청을 받아들였다. 이스라엘의 군사 고문단은 이후 1974년까지 싱가포르에서 활동했다. Huxley(2000), p. 11.

53 당시 싱가포르의 영국군 기지는 2만 5,000명의 싱가포르인을 고용했고, 싱가포르 GDP의 20%를 점유하고 있었다. 때문에 영국의 병력 철수는 싱가포르에게 안보, 경제 두 측면에서 타격을 가할 수밖에 없는 문제였다. 강승문(2017), pp. 405-407.

54 싱가포르군 해양 사령부와 방공 사령부는 창설 7년 만인 1975년에 독립 군종인 해군, 공군으로 승격했다.

55 Huxley(2000), p. 38.

56 Lee(2000), p. 24.

싱가포르의 경제적 번영을 상징하는 래플즈 플레이스의 번화가

싱가포르의 상징 '머라이언'(Merlion(바다사자))

해군과 공군 각 3,000명 포함), 예비전력은 4만 5,000명으로 더욱 확장되었다.[57] 다시 말해서 8년 만에 정규군은 약 2.3배, 예비전력도 4배 이상으로 늘어난 것이었다.

또한 싱가포르는 연안 방어를 위한 경비정, 영공 방어 임무를 수행할 수 있는 요격기 등 다양한 항공기를 도입하여 해·공군력의 강화에도 상당한 성과를 거두었다. 특히 1970~1980년대에는 대함 미사일을 탑재, 운용하는 배수량 600톤급의 독일제 초계정 6척, 120대가 넘는 미국제 A-4 공격기가 도입되었다.[58] 이들은 싱가포르군이 영해, 영공의 방어를 넘어서는 보다 적극적·공격적인 임무를 수행할 수 있는 능력을 제공했다. 이러한 방위력의 양적, 질적인 발전은 같은 시기에 본격화된 싱가포르의 경제성장을 바탕으로 한 적극적인 군사비 증액에 힘입은 결과였다.[59]

독립 55주년을 맞이하는 오늘날, 싱가포르는 홀로서기에 성공했다.

---

57 전제국, 『싱가포르: 도시국가에서 글로벌 국가로』, (서울: 봉명, 2002), p. 231.

58 Huxley(2000), pp. 20-21.

59 싱가포르는 건국 4년째인 1968년 100만 달러의 군사비를 지출했으며, 이는 GDP 대비 2.3%의 비중을 차지했다. 그로부터 12년 만인 1980년 싱가포르의 군사비는 1,119만 달러로 11배 이상 늘었고, GDP 대비 비중도 4.5%로 2배 가까이 인상되었다. 이후 1990년 싱가포르는 3,080만 달러의 군사비를 지출하여 10년 만에 약 3배로 증액시켰다. GDP에서 군사비가 차지하는 비중은 5.1%로 더욱 높아졌다. 전제국(2002), p. 233.

말레이시아에서 강제로 분리되었을 당시만 해도 그 존립 가능성조차 불투명했던 이 작은 도시국가가 3,200억 달러 이상의 GDP, 5만 7,000달러가 넘는 1인당 국민소득(이상 2017년 기준), 그리고 세계 1위의 국가경쟁력을 자랑하는 동남아시아 최고의 부국(富國)이자 세계적인 경제 강국으로 도약한 것이다.[60] 뿐만 아니라 싱가포르는 정부 및 공공 기관의 높은 청렴도, 깨끗한 환경, 엄격한 법 집행과 치안 체계를 통해 세계 정상급의 정치 · 사회적인 안정, 질서를 유지 및 향유하는 국가라는 명성도 얻었다.[61]

한편으로 싱가포르군은 신생 국가의 안전을 수호하는 역할과 더불어, 국가 통합을 위한 기능도 함께 담당했다. 중국계와 말레이계, 인도계 등 다양한 민족으로 구성된 싱가포르인들이 군대 내에서 서로 동등한 조건으로, 종교와 언어의 차이로 인한 차별을 받지 않으면서, 같은 공동체의 일원으로 함께 활동하는 경험을 제공했던 것이다. 이는 싱가포르 국민들 사이에서 새로운 국가 정체성과 일체감이 형성, 정착되는 계기를 마련하였다.[62] 이 점에서 싱가포르의 건국, 발전에서 싱가포르군이 기여한 바는 결코 작지 않다고 할 수 있다.

---

60 싱가포르의 국가경쟁력 순위는 2019년 10월에 발표된 스위스 세계경제포럼(WEF: World Economic Forum)의 최신판 연례 보고서를 기준으로 한 것이다. 싱가포르는 WEF의 앞선 국가경쟁력 평가에서도 2017년 세계 3위, 2018년에는 2위로 평가받은 바 있다. 외교부 남아시아태평양국 동남아과(2018), pp. 73-74; Klaus Schwab, *The Global Competitiveness Report 2019* (Geneva, CH: World Economic Forum, 2019), pp. 506-509.

61 그러나 싱가포르는 내부 질서 유지를 명목으로 정치 활동, 집회, 언론에 대한 제도화된 통제를 실시하고 있다. 공식적으로는 의원내각제에 입각한 다당제를 채택하고 있지만, 건국 이래 인민행동당의 절대적 우위가 지속되고 있다. 이러한 점들은 싱가포르가 냉전 시절의 공산주의 국가들에 못지않은 독재, 반(反)인권 국가라는 비판의 근거가 되고 있다. 싱가포르의 국가 체제에 관한 비판적인 고찰, 논의는 고길곤, 『싱가포르 다시 보기: 싱가포르의 정치 · 행정 시스템 분석』(고양: 문우사, 2017)을 참고.

62 또한 싱가포르는 독자적인 방위력의 확보 과정에서 실업 문제를 비롯한 건국 초기의 경제적 어려움을 완화, 해소하는 효과도 기대했다. 이는 징병제의 도입을 통해 싱가포르군의 양적 성장을 가속화하는 동기, 배경으로 작용하였다. 김성진(2007), pp. 30-32; 강승문(2017), p. 409.

2. 싱가포르의 안보환경

건국 당시에 직면했던 국내외의 여러 불확실성, 도전에도 불구하고, 싱가포르는 전 세계가 주목할 정도의 국력 성장과 발전을 이룩해냈다. 하지만 싱가포르가 마주하고 있는 안보환경은 여전히 50여 년 전의 건국 시점과 본질적으로 비슷한 양상을 나타내고 있다. 이는 동남아시아 지역의 독특한 지정학적 조건에 따른 결과다.

동남아시아는 전체 면적이 454만km^2 이상으로 전 세계 지표면의 3% 정도에 해당한다. 또한 세계 전체 인구의 약 8%인 6억 4,170여만 명의 인구가 거주하고 있는, 결코 작지 않은 지역이다.[63] 지리적으로는 ① 인도차이나, 말레이 반도를 포함하는 '연안 및 내륙' 지역, ② 필리핀과 보르네오, 자바, 수마트라 섬 등을 비롯한 '도서' 지역으로 나뉜다. 여기서 싱가포르는 후자에 속한다.

하지만 동남아시아 지역의 11개 국가들은 대부분이 각자의 종교, 언어, 문화를 유지하는 다양한 민족들로 구성되어 있다. 이러한 문화적인 다양성(혹은 이질성)은 각국의 영토 내에서 주민, 지역들 사이에 분열과 반목

63 다시 말해서 동남아시아는 인구가 각 10억 명이 넘는 동북아시아(중국 포함), 남아시아(인도 포함) 지역 다음으로 많은, 세계 3위의 인구 거주지역인 것이다.

을 야기하면서 정치 · 사회적인 갈등, 불안정을 부추기는 요인으로 작용한다.[64] 그로 인해 동남아시아 국가들의 상당수가 민족, 종교 등의 문제에 따른 내부 분쟁을 겪고 있는 실정이다. 심지어 일부 국가들(예: 필리핀, 태국, 인도네시아, 미얀마)의 경우, 중앙 정부에 반기(反旗)를 든 무장 세력들의 게릴라식 저항이 수십 년 동안 지속되고 있다.

역사상으로 수많은 강대국들이 동남아시아 지역을 상대로 외교, 경제, 군사 등 주요 부문에서의 개입, 영향력 행사를 시도해 왔다. 지리적으로 대륙과 해양의 경계에 위치하고 있는 동남아시아는 양측의 세력이 상대방에 대한 전략적인 우위, 발언권을 보장받기 위해서 반드시 장악해야 할 대상으로 여겨졌던 것이다. 말하자면 동남아시아 지역은 '지정학적 우위의 조건으로서 연안, 도서 지역에 대한 지배'를 강조하는 소위 '주변지역'(rimland) 이론의 대표적 사례라고 할 수 있다.[65] 설상가상으로 동남아시아 국가들이 안고 있는 내부적인 갈등, 분열은 외부 세력의 정치 · 군사적 개입에 효과적으로 맞설 수 있는 능력에 심각한 제약을 가했다.

이러한 점들은 동남아시아가 강대국들의 세력 경쟁에 보다 쉽게, 빈번히 노출되는 결과로 이어졌다. 동남아시아 지역이 19세기에서 20세기 전반기까지 영국과 네덜란드, 프랑스, 미국 등 서양 제국주의 세력의 식민지배를 받고, 제2차 세계대전 당시 일본의 침략과 군사적 점령 아래에 놓였던 것도 이를 배경으로 한 것이었다. 식민지배의 종식, 독립이 이루어진 후에는 미국과 영국, 프랑스 등 서방 반공국가들의 주도로 '동남아시아 조약기구'(SEATO: SouthEast Asia Treaty Organization)가 결성되었고, 이

64 이러한 동남아시아 국가 내부의 정치 · 사회적인 불안정은 일부 국가에서 쿠데타를 비롯한 군부의 정치 개입, 권위주의적 통치가 발생하는 배경이 되었다. 태국과 인도네시아, 미얀마 등이 대표적 사례다. 김한식(2004), pp. 17-19.

65 주변지역 이론은 20세기 전반기에 활동했던 미국의 정치학자 니콜라스 스파이크먼이 제시한 것이다. 그의 이론은 냉전 초기에 미국이 소련 등 공산 진영에 대한 '봉쇄 정책'(containment policy)을 구상, 실행하는 기반을 제공했다. 김한식(2004), pp. 21-23.

는 1960~1970년대 베트남 전쟁으로 이어졌다.[66] 그리고 냉전의 막바지인 1970~1980년대에는 미국과 소련이 각각 필리핀의 수빅(Subic), 베트남의 캄란(Cam Ranh)에 해군 기지를 설치하여 대치하기도 했다.[67]

국가안보 측면에서 싱가포르가 직면하고 있는 대표적인 도전은 크게 2가지로 나뉜다. 첫째는 지리적으로 가장 가까이 위치한 말레이시아, 인도네시아 양국의 존재다. 이들 가운데 말레이시아는 약 33만km^{2}의 영토 면적, 3,180만 명이 넘는 인구를 보유하고 있다. 인도네시아는 자바와 수마트라, 보르네오를 비롯한 다수의 섬들로 구성된 영토 면적이 190만km^{2}를 넘으며, 인구도 2억 6,270여만 명에 달하는 동남아시아 최대 국가다. 여기에 비하면, 영토라고는 도시 하나가 고작인 싱가포르는 감히 비교조차 되지 못할 정도의 절대적인 열세에 놓여있는 것이다.

공식적으로 싱가포르는 건국 직후인 1960년대 후반에 말레이시아, 인도네시아 양국과 정식 외교관계를 수립했으며, 경제 부문을 비롯한 여러 방면에서 우호, 협력 관계를 유지 및 발전시키고 있다. 1967년 8월 동남아시아를 대표하는 지역기구인 '동남아시아 국가연합'(통칭 아세안(ASEAN): Association of SouthEast Asian Nations)이 창설될 당시에도, 싱가포르는 말레이시아, 인도네시아 등 4개국과 함께 참여한 바 있다.[68] 1971년에는 아시아 · 태평양 지역에서 영(英)연방 회원국들을 겨냥한 무력 위협에 공동 대응하기 위한 영국 주도의 '5개국 방위협정'(FPDA: Five Power Defence

66 SEATO는 프랑스가 베트남 등 인도차이나의 식민 지배를 포기한 직후인 1954년 9월 미국, 영국, 호주, 뉴질랜드, 프랑스 외에 태국, 필리핀, 파키스탄이 가입하면서 8개국으로 출범했다. 이후 1973년 미국의 베트남 전쟁 철수를 계기로 그 실효성이 약화되었고, 베트남의 공산화 통일로부터 2년 만인 1977년 해체되었다.

67 필리핀 수빅만의 미 해군 제7함대 기지는 냉전이 종식된 직후인 1992년 폐쇄되었다. 베트남 캄란만에서도 소련이 해체된 1990년대 이래 러시아 해군의 배치가 대폭적으로 감소했고, 남은 병력도 2002년에 모두 철수했다. 윤진표, 『현대 동남아의 이해』, (서울: 명인문화사, 2016), pp. 42-43.

68 현재 아세안에는 동티모르(2002년 인도네시아에서 분리 독립)를 제외한 동남아시아의 나머지 10개국이 회원으로 가입되어 있다. 외교부 남아시아태평양국 동남아과(2018), p. 14.

Arrangement)에 싱가포르, 말레이시아도 동참했다.[69]

하지만 이러한 노력에도 불구하고, 말레이시아와 인도네시아가 싱가포르에 대한 안보 위협으로 잔존할 가능성은 여전히 남아있다. 말레이시아와 인도네시아 내부에서는 소수의 중국계 주민들이 경제적 부(富)의 상당 부분을 차지하고 있는 것에 대한 반감(反感)이 높은 편이다. 때문에 양국에서 화교들은 정치적 기회를 제약받거나, 공개적인 폭력 및 박해에 노출되어 왔다. 이런 상황에서, 화교가 인구의 대다수를 차지하는 싱가포르는 말레이시아, 인도네시아에게 민족, 문화, 종교 등의 측면에서 매우 이질적이며, 그에 따른 갈등 및 경계의 대상으로 여겨질 위험성이 높다.[70]

싱가포르의 입장에서 최악의 상황은 말레이시아, 인도네시아에서 극단적인 이슬람교, 혹은 민족주의 성향의 정부나 지도자가 등장하고, 양국이 싱가포르를 이념적 · 종교적인 적으로 규정하여 적대적 대외 및 군사 노선을 실천에 옮기는 것이다.[71] 이는 싱가포르에 대한 안보 위협을 극대화시키는 결과로 이어질 것임에 분명하다. 특히 싱가포르는 한때 같은 나라였지만, 내부 갈등으로 인해 분리되는 진통을 경험했던 말레이시아에 의한 위협을 경계하는 입장이다. 말레이시아는 지리적으로 싱가포르와 가장 가까울 뿐만 아니라, 싱가포르가 사용하는 수(水)자원의 절반 가까이를 공급하고 있다.[72] 만약 말레이시아가 이를 무기화하려 든다면, 싱가포르 안보에 치명적인 타격이 될 수밖에 없다. 아울러 양국은 1979년부터 '페드라 브랑카'(Pedra Branca) 섬의 영유권을 놓고 약 30년 동안 분쟁을 벌이기도 했

69 나머지 2개국은 역시 영(英)연방의 일원인 호주, 뉴질랜드다. Huxley(2000), pp. 37-38.

70 Shang-Su Wu, *The Defence Capabilities of Small States: Singapore and Taiwan's Responses to Strategic Desperation* (New York, NY: Palgrave Macmillan, 2016), p. 22.

71 Huxley(2000), p. 43.

72 말레이시아와 싱가포르는 지난 1962년에 100년 기한의 장기 용수(用水) 공급협정을 체결한 바 있다. 그러나 양국의 경제개발에 따른 수자원 수요의 증대로 인해, 2000년대부터 용수의 공급 규모, 가격 등의 조건을 놓고 이견을 빚고 있다. Huxley(2000), p. 44; 양승윤 외(2004), pp. 120-122.

다.[73]

그렇다면 이들 말레이시아, 인도네시아는 어느 정도의 군사력을 보유하고 있는가? 말레이시아는 정규군 11만 3,000명(육군 8만 명, 해군 1만 8,000명, 공군 1만 5,000명 포함)과 예비전력 5만 1,600명을 보유하고 있다.[74] 이들 외에 내부 치안 유지를 위한 경찰보병대 1만 8,000명, 해양경찰 4,500명 등의 다양한 준(準)군사(paramilitary) 병력도 편성 중이다. 육군의 주요 무장은 탱크 60여 대, 장갑차 1,180여 대(정찰용 210여 대, 보병전투용 130여 대, 병력수송용 830여 대 포함), 야포 170문(견인포 134문, 다연장 로켓포 36문 포함), 박격포 250여 문, 헬기 10여 대, 단거리 요격 무기(휴대용 지대공미사일, 대공포) 60여기 등이 있다.[75] 해군은 수상 전력으로 경비정 23척, 미사일정 8척, 초계함 4척, 그리고 배수량 1,000~2,000톤급의 호위함 10척을 보유한다.[76] 잠수함의 경우, 2009년부터 프랑스제 '스코르펜'(수중배수량 1,700톤 이상)급 재래식 잠수함 2척을 운용하고 있다. 그리고 공군은 전투기 47대, 정찰기 5대, 수송기 30여 대, 헬기 50여 대 등을 보유 중이다.[77]

한편 인도네시아의 군사력은 정규군 39만 5,500명(육군 30만 400명, 해군 4만 5,000명, 해병대 2만 명, 공군 3만 100명), 예비전력 40만 명으로 구성된다.[78] 육군

---

73 페드라 브랑카 섬은 싱가포르에서 동쪽으로 44km, 말레이시아와는 14km 떨어져 있다. 양국은 2003년에 이 문제를 국제사법재판소(ICJ: International Court of Justice)에 회부하는 데 합의했고, 결국 ICJ는 2008년 5월 싱가포르의 영유권을 인정하는 판결을 내렸다. 김동욱, "'페드라 브랑카 판결'과 독도영유권," 「合參」, 제36호 (2008년 7월), pp. 18-21.

74 IISS, *Military Balance 2019* (London, UK: Routledge, 2019), p. 288.

75 말레이시아 육군이 보유한 장갑차들 중에는 지난 1990년대에 도입한 한국제 K200 병력수송용 장갑차 100여 대도 포함되어 있다. IISS(2019), p. 289.

76 말레이시아 해군 호위함의 대다수인 8척은 함포, 대함 미사일 등의 함대함 작전용 무장을 주로 탑재, 운용하며, 대공 요격은 30mm급 대공포와 단거리 함대공 미사일에 의존한다. 때문에 입체적인 해전 수행 능력, 생존성이 부족하다. IISS(2019), pp. 289-290.

77 말레이시아 공군의 전투기는 미국제 19대(구형 F-5 '타이거' 11대, F/A-18 8대 포함)와 러시아제 28대(MIG-29 '풀크럼' 10대, Su-30 '플랭커' 18대가 혼재되어 있다. IISS(2019), p. 290.

78 이는 동남아시아 지역에서 2위 규모의 병력이다. 동남아시아 최대의 병력을 보유한 국가는 베트남(총 48만 명 이상)이다. IISS(2019), p. 272.

말레이시아 육군의 탱크(왼쪽 위)와 해군 호위함(오른쪽 위), 인도네시아 공군의 전투기(아래)

의 주요 무장은 탱크 420여 대, 장갑차 약 840대(정찰용 140여 대, 보병전투용 60여 대, 병력수송용 630여 대 포함), 야포 240여 문(견인포 130여 문, 자주포 70여 문, 다연장 로켓포 30여 문 포함), 박격포 950여 문, 헬기 80여 대(공격용 14대 포함), 단거리 요격 무기(휴대용 지대공미사일, 대공포) 500기 이상 등을 포함하고 있다.[79]

아울러 인도네시아는 동남아시아 최대 규모의 해군력을 자랑한다. 수상 전력은 경비정 60여 척, 미사일정 20여 척, 초계함 20척 등 배수량 1,000톤 이하의 소형 전투함정이 다수를 차지하고 있다. 배수량 1,000~2,000톤 이상의 호위함급 수상전투함은 13척을 보유 중인데, 이들 가운데 절반인 6척은 1960년대에 건조된 네덜란드 해군의 퇴역함을 인수한 것이다. 나머지 절반 정도가 2000년대 이후 전력화된, 비교적 신형 군함들이다. 잠수함은 수중배수량 1,400톤급의 재래식 4척을 보유하고 있다. 이들은 독일제 209급, 한국제 '장보고'급 재래식 잠수함 각 2척으로 나뉜다.[80] 여기에 척당 수백명의 병력을 수송할 수 있는 배수량 2,000톤 이상의

79 IISS(2019), p. 273.

80 한국의 장보고급 잠수함은 독일제 209급 잠수함의 독자 개량형이며, 2011년 인도네시아가

상륙함도 23척을 보유 중이다.[81] 그리고 공군은 전투기 49대, 공격기 45대, 해상초계기 6대, 수송기 50대, 헬기 40여 대 등을 보유한다.[82]

싱가포르의 국가안보에 대한 두 번째 주요 도전은 말라카 해협의 지정학적 중요성이다. 말레이 반도의 남쪽, 수마트라 섬 사이에 형성된 말라카 해협은 인도양에서 남중국해로 이어지는 최단거리의 항로(航路)로서 중동의 수에즈 운하와 호르무즈 해협(Strait of Hormuz), 중남미의 파나마 운하 등과 더불어 세계적으로 그 중요성이 매우 큰 요충 해역이다. 이 점은 가장 좁은 지점의 폭이 3km 이하에 불과한 이 해협을 거쳐서 매년 9만척, 즉 하루 평균 약 250척의 선박들이 항해한다는 것으로도 알 수 있다.[83] 또한 1990년대 이래 전 세계의 해상 무역에서 1/3, 석유 수송의 50%가량을 담당하는 선박들이 말라카 해협을 경유하고 있다.[84] 이는 수에즈 운하의 3배, 파나마 운하의 15배나 되는 규모다.

특히 중동 지역에서 생산된 석유, 천연가스를 한국과 중국, 일본 등의 아시아 국가로 수송하는 거의 모든 선박들은 말라카 해협을 통과하는 것으로 나타난다.[85] 때문에 아시아 국가들에게 말라카 해협의 안전 여부는 안정적인 에너지 자원 공급, 확보와 직결되는, 중요한 안보 현안일 수밖에 없

3척을 도입하면서 처음으로 해외 수출에 성공했다. 2019년 4월에는 인도네시아 해군이 장보고급 3척의 추가 도입을 결정했다.

81 인도네시아 해군의 상륙함 가운데 최대 규모인 '마카사르'(배수량 7,300톤)급 4척은 지난 2000년대에 한국 조선업체의 참여로 건조되었으며, 필리핀과 미얀마, 페루에서도 도입했다. 척당 500명의 병력, 10여 대의 탱크 및 장갑차량, 상륙정 2척을 수송할 수 있고, 2대 이상의 헬기가 동시에 이착륙할 수 있는 비행 갑판도 보유한다.

82 인도네시아 공군의 전투기는 미국제 F-16 33대, 러시아제 Su-27/30 16대로 나뉜다. 공격기 45대는 영국제 호크-109/209 30대, 한국제 T-50 '골든이글' 15대를 포함하며, 이들은 훈련기로도 사용된다. IISS(2019), p. 275.

83 Euan Graham, "Maritime Security and Threats to Energy Transportation in Southeast Asia," *RUSI Journal*, Vol. 160, No. 2 (April-May 2015), p. 22.

84 Jürg E. Kürsener, "Straits of Malacca and Singapore: Unique Choke Point," *Naval Forces*, Vol. 28, No. 2 (2007), p. 24.

85 Graham(2015), pp. 20-21.

다. 만약 말라카 해협을 통한 해상 수송이 자연 재해, 혹은 특정 국가나 세력의 의도적인 차단, 봉쇄로 인하여 교란 및 마비된다면, 다수의 국가들이 해군력을 비롯한 물리적 수단을 동원하여 대응에 나설 것임에 분명하다.

그리고 싱가포르는 바로 이처럼 중요한 말라카 해협의 중간 지점에 위치하고 있다. 다시 말해서 말라카 해협을 이용한 해양 운송은 반드시 싱가포르를 경유해서 이루어질 수밖에 없는 것이다. 이는 싱가포르가 말라카 해협에서 발생할 수 있는 분쟁의 위험에 직접적으로 노출되어 있으며, 말라카 해협을 대상으로 하는 주요 국가들의 해상 분쟁이 싱가포르의 안보에도 치명적인 위협을 가하는 결과로 이어질 위험성이 높음을 뜻한다.

건국 이래 싱가포르는 다음의 3개 원칙에 입각한 외교정책 노선을 견지하고 있다. 첫째, 특정 국가, 세력에 대한 공개적인 반대를 전제로 하는 외교 · 군사적인 동맹에 가담하는 것을 거부하는 '비동맹' 원칙이다. 이는 싱가포르가 주변 동남아시아 국가들뿐만 아니라, 주요 국가들로부터 안보 위협으로 인식될 여지를 최소화하여 불필요한 분쟁의 위험성을 예방하기 위한 것이다. 둘째, 타국의 정치체제, 이념, 종교 등에 구애받지 않고, 싱가포르의 독립과 주권을 인정하는 어떠한 국가와도 외교, 경제 등의 각 부문에서 교류 및 협력하는 '실용주의' 원칙이다. 싱가포르의 초대 외교장관 S. 라자라트남이 1972년에 '세계 도시'(Global City)라는 명칭으로 밝힌 대외정책 구상은 그 대표적인 사례다.[86]

그리고 셋째, 동남아시아 지역에서 둘 이상의 주요 국가들이 서로 경쟁, 견제함으로써 특정 강대국에 의한 압도적인 세력 우위의 형성을 방지하는 '세력균형' 원칙이다. 이는 과거의 영국처럼 동남아시아에 대한 전략적 개입 능력과 의지를 갖춘 외부 세력의 존재를 필요로 한다.[87] 그 결과 싱

86 전제국(2002), pp. 214-215.

87 이에 대해 리콴유는 싱가포르 건국 이듬해인 1966년의 한 연설에서 "아시아의 문제를 아시아인의 손에만 전적으로 맡긴다면, 아시아는 역내 국가들 사이의 무제한적인 경쟁, 극한 대결의 무대로 전락할 것이다. 이는 싱가포르의 파멸로 귀결될 것"이라고 주장하여 외부 강대국에 의

가포르는 세계 제1의 강대국인 미국이 동남아시아를 비롯한 동아시아 지역에서 외교, 군사, 경제 등 주요 부문에 대해 적극적으로 개입하는 것을 지지, 독려하고 있다. 특히 싱가포르는 미국과 1990년 군사시설 이용에 관한 양해각서(MOU: Memorandum of Understanding), 『전략적 기본협정』(*Strategic Framework Agreement*) 등을 차례로 체결, 미국의 '주요 안보협력 우방국'(major security cooperation partner)에 포함되었다.[88] 이들 협정에 의거하여 싱가포르는 자국 해 · 공군 기지의 군수지원 시설에서 약 200명의 미군 병력을 수용하고 있으며, 동남아시아에서 작전을 수행하거나 인도양, 중동으로 이동하는 미군 전투함정과 항공기들의 중간 기착지 역할을 담당한다.[89]

이처럼 싱가포르는 내부적으로 불안정성의 여지가 많은 동남아시아의 지정학적 환경 속에서, 스스로의 생존과 번영을 보장하기 위한 외교적 노력을 적극적으로 실행해 왔다. 이는 '우호국의 최대화와 적대국의 최소화'(maximum of friends and a minimum of enemies)라는 목표로 요약된다.[90] 하지만 이러한 노력에도 불구하고, 싱가포르가 직면하고 있는 안보환경의 태생적인 취약점, 특히 말레이시아와 인도네시아를 비롯한 인접 국가들과의 국력 격차에 본질적인 변화를 일으키는 것은 좀처럼 기대하기 어렵다. 때문에 이를 극복하기 위한 수단으로서 독자적 방위력의 강화, 발전은 싱가포르의 국가안보에서 매우 중요한 역할을 하는 것이다.

한 개입이 싱가포르의 안보에 보다 긍정적이라는 견해를 피력했다. 전제국(2002), p. 220.

88 Department of Defense, *Indo-Pacific Strategy Report: Preparedness, Partnerships, and Promoting a Networked Region* (Washington, D.C: Department of Defense, 2019), p. 30.

89 싱가포르는 냉전의 종식으로 필리핀 수빅만의 미 해군 기지가 폐쇄된 1990년대 초부터 미국이 자국의 군사 기지, 시설을 이용할 수 있는 권리를 확대시켰다. 현재 싱가포르에는 매년 100척 이상의 미 해군 함정들이 기항하고 있다. 외교부 남아시아태평양국 동남아과(2018), p. 39; p. 65; IISS(2019), p. 305.

90 전제국(2002), p. 213; 변창구, "싱가포르의 실용주의적 안보외교: 전략적 특성과 함의,"「대한정치학회보」, 제20집 제2호 (2012년 10월), p. 211.

3. 싱가포르의 군사력 현황

1) 일반적 사항

싱가포르군의 문장

그렇다면 오늘날 싱가포르는 어느 정도의 군사력을 보유하고 있는가? 영국 IISS가 발행하는 『밀리터리 밸런스』 연감 2019년도판에 따르면, 현재 싱가포르의 정규군 병력은 총 7만 2,500명이다. 구체적으로는 ① 육군이 5만 명, ② 해군은 9,000명, 그리고 ③ 공군은 1만 3,500명이다.[91] 싱가포르의 전체 인구가 약 600만 명임을 고려하면, 인구 대비 1.2%에 해당하는 정규군을 보유하고 있는 것이다. 물론 싱가포르의 전체 인구를 기준으로는 적지 않은 비중을 차지하지만, 인접 국가들의 병력과 비교하면 말레이시아군의 64%, 인도네시아군의 18%에 불과한 규모다.

병력의 구성을 살펴보면, 전체 장병들의 39%가 넘는 2만 8,500명이

91 IISS(2019), p. 303.

건국 기념일(매년 8월 9일)에 행진하는 싱가포르군 병사들의 모습

장교, 부사관 등 간부급의 직업군인이다.[92] 이는 앞서 살펴본 이스라엘군의 병력 구성 비율과 비슷한 수준이며, 싱가포르군의 인력 구조가 상당히 정예화되어 있음을 반영하고 있다. 구체적으로 육군은 전체 병력의 30%인 1만 5,000명이 간부급이며, 나머지 70%를 차지하는 3만 5,000명이 병역 의무에 따라 징집된 일반 병사들이다. 해군의 경우, 전체 병력에서 1/3에 달하는 3,000명은 간부급, 1,000명은 일반 병사, 그리고 과반수인 나머지 5,000명은 상근 예비역으로 구성된다. 그리고 공군은 전체 병력의 77%가 넘는 1만 500명이 간부급이며, 나머지 3,000명만이 일반 병사다.

싱가포르는 건국 2년 후인 1967년에 제정된 관련 법률에 의거하여, 나이 18세 이상의 국적 및 영주권 보유 남성들에게 병역 의무를 부과하고 있다. 복무 기간은 일반 병사의 경우 2년 이하(22~24개월), 장교는 최소 2년 6개월(30개월)이다.[93] 인접 국가인 말레이시아, 인도네시아가 지원자들을 대상으로 정규군을 구성하는 것과는 대조적이다. 이는 동남아시아의 다른 국가들보다 인구가 절대적으로 적은 싱가포르의 상황을 고려할 때, 충분한 방위력의 확보를 위해서는 징병제를 통한 병력 충원이 요구된다는 판단을

92 IISS(2019), pp. 303-304.

93 여성은 의무 복무 대상에서 제외되지만, 지원 입대는 가능하다. 현재 싱가포르군에서 여군이 차지하는 비중은 전체 병력의 약 5.5%인 4,000여 명이다. 외교부 남아시아태평양국 동남아과(2018), pp. 60-61; IISS(2019), p. 303.

반영한 것이다.

싱가포르군 병사들은 군에 입대한 후의 첫 3개월 동안 신병 훈련을 이수하며, 나머지 기간은 자택에서의 출퇴근 형식으로 군 복무를 수행한다. 약 2년에 걸친 의무 복무를 마친 이들은 예비전력으로 편입된다. 예비군 소속으로 활동하는 연령은 일반 병사 출신이 40세, 장교는 50세까지로 되어 있다.[94] 싱가포르의 예비전력 규모는 총 31만 2,500명으로 정규군의 4.3배가 넘는다. 각 군별 구성은 육군이 30만 명으로 예비군 전체의 96%를 차지하며, 현역 육군 장병의 6배에 달한다.[95] 해 · 공군 예비전력의 수는 각각 5,000명과 7,500명이다.

육군 예비전력의 부대는 1개 사단(3개 보병여단 보유)과 독립된 1개 보병여단으로 구성되며, 이들은 다시 각 병과별 대대로 나뉜다. 구체적으로는 경보병(이하 대대급) 56개, 정찰 6개, 기계화보병 6개, 포병 12개, 공병 8개, 그리고 특수전 1개 등을 포함한다.[96] 또한 싱가포르는 예비군으로 편성된 지 10년이 넘은 이들 가운데 자발적인 지원자들로 구성된 '시민 방위대'(PDF: People's Defence Force)를 설치, 운영하고 있다. 시민 방위대는 2개 사령부 예하의 10여 개 보병 여단을 보유하며, 주로 연안 지역과 국가 핵심시설의 방어를 비롯한 후방 방위 임무를 담당한다.[97]

이러한 싱가포르의 예비전력 규모는 말레이시아, 인도네시아 등 인접 국가들과 비교해도 대등한 수준을 유지하고 있다. 다시 말해서 인도네시아가 보유한 예비전력의 78%에 해당하며, 말레이시아보다는 오히려 6배 이상으로 많은 것이다. 비록 인구의 절대적인 열세로 인해 정규군의 수는 불가피하게 인접 국가들과 큰 격차가 존재할 수밖에 없지만, 이를 만회하기

---

94 외교부 남아시아태평양국 동남아과(2018), p. 61.

95 IISS(2019), p. 303.

96 IISS(2019), p. 303; Alexander von Rosenbach ed, *Jane's World Armies 2010* (Surrey, UK: Jane's Information Group, 2010), p. 634.

97 Huxley(2000), p. 126; Rosenbach ed(2010), p. 634.

위해 예비전력의 잠재력을 최대한 활용하겠다는 싱가포르의 의도를 반영하고 있다.[98] 역시 이스라엘의 사례와 비슷하다.

싱가포르는 유사시 예비전력의 군사적인 유효성을 보장할 수 있도록 신속한 동원 태세, 그리고 예비군 장병들의 기량 유지에 필요한 훈련 및 교육 제도를 실행하고 있다. 싱가포르의 예비군 장병들은 매년 40일(약 6주일) 동안 동원 소집되어 훈련을 이수하는데, 훈련은 총 3단계에 걸쳐서 진행된다. 이는 ① 병사 개개인과 소규모 팀 단위의 전투 능력을 배양하는 '강화' 단계, ② 일정 규모의 부대 기준에서 전투 능력을 점검, 평가하는 '정예화' 단계, 그리고 ③ 작전 능력의 상시적인 발휘, 통합 능력을 보장하기 위한 '유지' 단계로 나뉜다.[99] 이를 뒷받침하기 위하여 싱가포르는 보병, 기갑, 포병, 공병 등의 각 병과별 예비군 훈련소도 설치 및 운영한다.

아울러 싱가포르는 외국에도 상당수의 군사 훈련소를 확보하고 있다. 도시 하나에 불과한 자국 영토만으로는 군사 훈련 시설을 충분히 마련하기 어렵다는 점을 반영한 것이다. 이에 따라 싱가포르는 태국과 대만에 육군의 보병 및 포병, 공병 부대, 브루나이에 헬기 부대, 호주에 육군 중장비 및 항공기 부대, 그리고 프랑스와 미국에 항공기 부대의 훈련소를 설치, 운영 중이다.[100]

2) 지휘통제 구조

1960년대 후반 싱가포르군이 창설될 당시만 해도, 병력 전체를 총괄

---

98 박민형, "전쟁 억제와 예비전력: 싱가포르 사례를 중심으로," 「국방연구」, 제61권 제3호 (2018년 9월), p. 70.

99 각 훈련 단계의 이수에는 3~4년 정도가 소요된다. 또한 예비군 훈련에 동원된 이들에게는 훈련 기간 동안에도 보상 수당을 지급하여 경제적인 불이익이 없도록 보장하고 있다. 박민형(2018), pp. 71-74.

100 Rosenbach ed(2010), p. 635; IISS(2019), p. 305.

2018년 싱가포르 국군의 날(매년 7월 1일) 기념식에 출석한 각 군의 사령관들. 맨 왼쪽이 현재의 싱가포르군 국방총장인 멜빈 옹(육군 중장).

지휘하는 별도의 사령관직은 없었다. 1967년까지는 초대 내무 · 국방부 장관을 역임한 고켕쉬(吳慶瑞)가 군 사령관의 역할까지 도맡아야 했다. 이후 싱가포르군의 규모, 전력이 확장되고, 육 · 해 · 공 3군의 구조가 정립되면서, 이들 병력에 대한 군령권을 보유 및 행사할 사령관도 필요해졌다. 그 시작으로 군 참모국장(Director of General Staff)이 신설되어 1968~1974년 사이에 2명이 역임했고, 1974년에는 이를 참모총장(Chief of General Staff)으로 변경했다.[101] 그리고 1990년에는 싱가포르군의 참모총장직이 국방총장(Chief of Defence Force)으로 개칭되어 현재에 이르고 있다.

국방총장은 싱가포르군의 최고위 선임 장성이며, 계급은 중장이다. 또한 정부 산하의 군사위원회, 국방위원회 등에 군부의 대표로서 참석해 국가안보 관련 정책의 수립, 결정에 기여한다.[102] 무엇보다도 싱가포르군 국방총장은 예하의 육 · 해 · 공 3군의 총장을 두며, 이들을 경유하여 군 전체를 총괄적으로 지휘통제한다. 1990년 이래 재직해 온 싱가포르군의 역

---

101 Huxley(2000), p. 75.

102 싱가포르 군사위원회는 1972년에 설립된 군의 최고 정책기구로 국방장관이 주관하며, 국방차관과 차관보, 국방총장, 육 · 해 · 공 3군의 총장 등으로 구성된다. 또한 싱가포르 국방위원회는 국방 및 외교안보에 관한 정부의 최고 의사결정기관으로 1998년 수립되었고, 매 3개월마다 분기별로 개최된다. 국방위원회는 수상이 위원장을 맡으며, 내무 및 외무부 장관과 국방총장 등이 참여한다. 외교부 남아시아태평양국 동남아과(2018), pp. 59-60.

대 국방총장은 총 10명이다.[103] 이들 가운데 2018년에 임명된 멜빈 옹 현직 국방총장을 포함해서 과반수인 8명이 육군 출신이며, 나머지 2명은 공군 출신이다. 해군 출신 국방총장은 아직 없다.

이러한 국방총장의 업무를 지원하기 위하여, 싱가포르군은 육 · 해 · 공 3군 합동으로 조직된 군사참모 기관인 국방참모본부를 설치, 운영한다. 싱가포르군 국방참모본부는 국방총장을 직접 보좌하는 준장 계급의 합동 참모장, 각 기능별(작전, 기획, 인사, 군수지원, 정보) 합동 참모부, 그리고 육 · 해 · 공군의 전비(戰備) 태세 관리를 위한 합동 감찰실 등으로 편성되어 있다.

싱가포르의 육 · 해 · 공군 총장은 소장 계급이며, 국방총장의 지시에 의거하여 예하의 주요 작전 부대들을 감독, 지휘통제한다. 한편으로 각 군의 총장들은 준장급의 참모장과 주요 기능별 참모 조직들로 구성된 본부를 보유, 편성하고 있다. 각 군의 본부는 6개(작전, 기획, 정보, 군수지원, 훈련, 인사)의 참모부로 구성된다.[104] 이러한 점들은 싱가포르군이 전체 병력 10만 명에 미달하는 소규모임에도 불구하고, 육 · 해 · 공 3군의 전문성과 자율성에 바탕을 둔 합동군 형태의 지휘통제 구조를 채택하고 있음을 보여준다.

3) 각 군별 전력

지난 2018년을 기준으로 싱가포르는 총 110억 달러의 군사비를 지출했다. 이는 GDP 대비 약 3.2%에 해당하는 수준이며, 말레이시아와 인도네시아 등 인접 국가들을 비롯한 동남아시아 지역에서 가장 많은 군사비

---

103 1990년 싱가포르군의 초대 국방총장으로 임명된 윈스턴 추 중장은 앞선 1974년부터 참모총장으로 재임해 왔으며, 이후 국방총장으로도 2년 동안 재직하면서 무려 10년 이상 싱가포르 군부의 수장 역할을 수행했다.

104 각 군 본부의 기능별 참모부는 대령급 장교가 관할한다. 외교부 남아시아태평양국 동남아과(2018), pp. 61-62.

지출 규모다.[105] 비록 타국보다 인구와 병력 규모가 절대적으로 부족하지만, 동남아시아 최고 수준을 자랑하는 경제력을 바탕으로 군사력의 질적 우위, 정예화를 달성하겠다는 싱가포르의 정책적 의지를 반영하고 있는 것이다. 그렇다면 오늘날 싱가포르는 어느 정도의 군사력을 보유하고 있는가?

(1) 육군

현재 싱가포르 육군은 각 1만 3,000명 규모의 사단 4개를 중심으로 구성되어 있다. 이들은 혼성 사단 3개, 신속대응 사단 1개로 나뉜다.[106] 기본형에 해당하는 혼성 사단은 기계화보병 여단 2개, 기갑 여단 1개, 대대급 이상의 포병단 1개, 방공 대대 1개, 그리고 야전지원단(정비, 수송, 의료 포함) 1개 등을 보유한다. 신속대응 사단은 헬기를 통해 이동하는 공중강습 여단 1개, 고속정으로 투입되는 상륙 여단 1개를 포함한 3개 여단으로 편성되어 기동성이 우수하다.[107]

싱가포르 육군이 보유한 탱크는 총 540대가 넘는다. 이는 말레이시아, 인도네시아의 것보다 많은 규모다. 하지만 이들 가운데 60%가 넘는 350대는 1970~1980년대에 도입한 프랑스제 AMX-13 경(輕)탱크다.[108] AMX-13은 구경 75mm 주포를 탑재하여 현대적인 지상전을 수행하기에는 화력이 부족하며, 이에 따라 현역 임무에서의 비중이 축소되었다. 한편으로는 100대 이하의 영국제 센츄리온 탱크도 보유 중이지만, 역시 현역에서 제외되어 예비전력으로 분류된다.

---

105 구체적으로 말레이시아의 2018년 군사비 지출은 38억 7,000만 달러로 싱가포르의 약 35%에 불과하다. 인도네시아는 2018년 기준으로 동남아시아 2위인 73억 2,000만 달러의 군사비를 지출했지만, 이는 싱가포르의 약 67%일 뿐이다. IISS(2019), p. 303.

106 IISS(2019), p. 303.

107 Huxley(2000), p. 125; Rosenbach ed(2010), p. 634.

108 싱가포르는 1970년대 초 이스라엘, 인도에서 사용된 AMX-13 200대를 도입했고, 1980년대에는 원 생산국인 프랑스로부터 150대를 추가 도입하였다. Huxley(2000), pp. 130-131.

싱가포르 육군 기갑 전력의 핵심인
독일제 레오파르트-2 탱크

현재 싱가포르 육군의 기갑 전력에서 주력의 지위를 차지하는 무기는 독일제 레오파르트-2 탱크다. 이들은 지난 2000년대 후반 독일 육군이 사용했던 96대를 인수한 후, 싱가포르에서 자체 개량하는 방식으로 전력화되었다.[109] 비록 양적 기준에서는 싱가포르가 보유한 전체 탱크의 20% 미만에 불과하지만, 120mm 주포와 첨단화된 사격통제장치, 항법 장치, 전천후 표적 탐지 장비, 그리고 고성능의 기동 능력 등을 갖춘 세계 최고 수준의 탱크다. 무엇보다도 싱가포르는 말레이시아, 인도네시아 등 인접 국가들의 육군이 보유한 동급의 최신형 탱크보다 많은 수량의 레오파르트-2를 확보 중이다.[110] 이 점에서 레오파르트-2 탱크는 싱가포르 육군이 기갑 전력의 질적 우위를 발휘할 수 있도록 보장하는 역할을 담당하는 것이다.

한편으로 싱가포르 육군은 2,100대가 넘는 장갑차를 보유하고 있다. 이는 탱크의 약 4배에 달하는 수준이며, 역시 말레이시아와 인도네시아가 보유한 수량보다 많다. 구체적으로는 보병전투용 장갑차가 590여 대로 전

109 이후 싱가포르는 2010년대에도 공개되지 않은 수량의 레오파르트-2를 추가 도입했다. 일부 언론 보도에 따르면, 싱가포르 육군은 추가 도입분을 포함해 160대가 넘는 레오파르트-2 탱크를 보유하고 있는 것으로 추산된다. Kelvin Wong, "Full Spectrum Force: Singapore Army Kits up for Wider Challenges," *Jane's International Defence Review*, (June 2017), pp. 39-40.

110 말레이시아 육군의 최신형 탱크인 폴란드제 PT-91(러시아제 T-72의 파생형)은 48대에 불과하다. 인도네시아 육군도 독일제 레오파르트-2 탱크를 보유 중이지만, 싱가포르보다는 약간 적은 79대에 그치고 있다.

싱가포르의 '바이오닉스' 보병전투용 장갑차(왼쪽)와 '테렉스' 병력수송용 장갑차(오른쪽). 싱가포르 육군의 기계화보병 전력에서 주축을 담당한다.

체 장갑차의 30% 이하이며, 나머지 대다수인 병력수송용 장갑차가 기계화보병 전력을 뒷받침하고 있다. 보병전투용 장갑차에서 거의 대부분을 차지하는 500대는 1996년부터 양산, 배치된 싱가포르의 자국산 '바이오닉스'(Bionix)가 차지한다. 바이오닉스 장갑차는 궤도형 기동 장치를 사용하며, 주요 무장으로 25mm 기관포와 7.62mm 기관총을 보유한다. 탑재하는 디젤 엔진의 성능은 475마력으로 최고 시속 70km의 속도, 415km의 주행 거리로 기동할 수 있다.[111] 그리고 내부에는 7명의 분대급 병력이 탑승한다.

싱가포르 육군의 병력수송용 장갑차는 2/3가 넘는 약 1,100대가 궤도형인데, 과반수인 700여 대는 지난 1970년대에 도입된 미국제 M113 장갑차다. 그 외에 4륜 이상의 바퀴를 사용하는 차륜형 장갑차 430여 대, 일정 수준의 장갑 방호능력을 갖춘 고기동 전술차량 61대가 배치되어 있다.[112] 차륜형 장갑차의 경우, 2000년대 이래 135대가 양산, 배치된 자국산 '테렉스'(Terrex) 장갑차가 주력의 지위를 차지하고 있다. 테렉스는 8륜형의 차체로 제작되었으며, 450마력의 디젤 엔진을 사용하여 최고 시속 105km의 속도, 600km의 주행 거리로 기동한다.[113] 자체 무장은 7.62mm 기관총으

111 Samuel Cranny-Evans et al eds, *Jane's Land Warfare Platforms: Armoured Fighting Vehicles 2018-2019* (Surrey, UK: IHS Markit, 2018), pp. 662-663.

112 IISS(2019), p. 304.

113 Cranny-Evans et al eds(2018), p. 1038.

로 한정된다. 그리고 대당 11명의 병력을 수송할 수 있다.

아울러 싱가포르 육군은 790문이 넘는 포병 전력을 보유 중이다. 이들 가운데 80%에 육박하는 630여 문은 81mm 이상의 박격포(자주(自走)형 90여 문 포함)로 10km 내외의 단거리 화력지원만이 가능하다. 사거리 수십 km급의 실질적 화력 지원을 위한 야포 전력은 105/155mm 견인포 88문, 155mm 자주포 54문, 그리고 227mm 다연장 로켓포 18문을 포함하는 총 160문에 달한다.[114]

싱가포르 육군의 자주포와 다연장 로켓포 전력은 지난 2000년대에 각각 전력화된 자국산 '프리머스'(Primus), 미국제 M142 '고기동 로켓포 체계'(통칭 HIMARS: High Mobility Artillery Rocket System)로 단일화되어 있다. 이 점에서 프리머스와 HIMARS는 싱가포르 육군 포병 전력의 양대 주력이라고 해도 과언이 아닐 것이다. 프리머스 자주포는 바이오닉스 보병전투용 장갑차와 같은 차체를 사용한다. 또한 550마력의 디젤 엔진을 사용하여 최고 시속 50km의 속도, 350km의 주행 거리로 기동한다.[115] 사거리는 최대 30km이며, 분당 6발의 포격이 가능하다. 그리고 자동화된 사격통제장치와 관성항법장치, 통신 장비 등 고성능의 지휘통제 체계를 탑재하여 화력 지원의 신속성, 정확성을 보장하고 있다.

미국제 HIMARS는 MLRS 다연장 로켓포의 절반 규모이며, 차체 형태도 궤도형에서 6륜형 차량으로 바뀌었다. 이에 따라 대당 화력은 사거리 70km 이상의 227mm 로켓 6발로 축소되었다. 대신 기동 능력은 최고 속도 시속 85km, 주행 거리 480km로 도심과 시가지에서도 신속히 동원, 배치되어 화력 지원 임무를 수행하는 데 유리하다. 이들 외에 싱가포르 육군은 이스라엘제 스파이크 미사일, 스웨덴제 칼 구스타프 휴대용 로켓 등의 다양한 대(對)전차 유도무기를 화력 지원용으로 확보, 배치하고 있다.

---

114 IISS(2019), p. 304.

115 Oscar Widlund et al eds, *Jane's Land Warfare Platforms: Artillery & Air Defence 2018-2019* (Surrey, UK: IHS Markit, 2018), p. 64.

싱가포르 육군 포병의 주력인 '프리머스' 자주포(왼쪽)와 미국제 HIMARS 다연장 로켓포(오른쪽)

싱가포르 육군의 특공 대대(왼쪽)와 대(對)테러 부대(오른쪽) 부대원들의 훈련 모습

그리고 싱가포르 육군은 특수전 부대도 편성, 운용하고 있다. 가장 대표적인 부대는 건군 초기인 1969년 설치된 1개 대대 규모의 특공부대다. 해당 부대는 5개 중대로 구성되며, 적의 군사력과 근접한 전방에서의 정보 수집, 침투, 신속 대응 및 타격 등의 임무를 수행한다. 이를 위해 부대원들은 낙하산을 이용한 공중 강하, 상륙 능력을 비롯한 고도의 전투 기능을 갖추도록 훈련받는다.[116] 1984년부터는 인질 구출, 테러 진압 임무에 특화된 1개 중대 규모의 대(對)테러 특수부대도 운용 중이다.

싱가포르 육군의 특수전 수행 능력은 지난 1991년 3월 26일 발생한

116 Huxley(2000), p. 126; Rosenbach ed(2010), p. 634.

싱가포르 항공 117편 납치 사건의 진압 작전 성공으로 증명된 바 있다. 당시 123명의 승객, 승무원들을 태운 항공기가 말레이시아에서 이륙한 직후 4명의 파키스탄인 괴한들에게 공중 납치되어 싱가포르의 창이(Changi) 국제공항에 착륙했는데, 싱가포르 육군의 특공 대대와 대(對)테러 부대의 부대원들로 편성된 진압 부대가 불과 5분 동안의 작전으로 인질범 전원을 사살하고 모든 승객, 승무원들을 무사히 구출해낸 것이다.

현재 싱가포르군은 2009년부터 육군의 특공 대대와 대(對)테러 부대, 그리고 해군의 수중 작전부대 등을 통합적으로 지휘통제하는 합동 특수전 사령부, 즉 '특수작전 임무사령부'(SOTF: Special Operations Task Force)를 설치, 운용하고 있다.[117] 한편으로는 인근 도서 지역의 방어, 단기간의 특정 임무를 수행하기 위한 임무별 합동 사령부도 편성 중이다.[118] 싱가포르 육군은 이들 3개의 합동 사령부를 지원하기 위해, 2016년부터 해외 평화유지와 재난 구조, 인도주의적 지원 등의 비(非)전투 임무 수행에 특화된 대대 규모의 '지상 배치 지원 부대'(ADF: Army Deployment Force)를 설치하였다.

(2) 해군

지리적으로 싱가포르는 영토의 전 방향이 바다로 둘러싸인 도서 국가다. 하지만 협소한 영토 면적으로 인해 해안선의 전체 길이는 150km 정도에 지나지 않는다. 그럼에도 불구하고 싱가포르의 안보에서 바다가 차지하는 중요성은 단순히 영토 주변의 연안을 방어하는 것으로 국한되지 않는다. 다른 아시아 국가들과 마찬가지로, 싱가포르도 무역, 에너지 자원의 수급을 비롯한 외부 세계와의 교역을 전적으로 해상 운송에 의존하고 있다.

---

117 Jermyn Chow, "Special Forces to Work under One Command," *Straits Times*, (July 1, 2009).

118 이들은 '도서 방위 임무사령부'(IDTF: Island Defence Task Force), '합동 임무사령부'(JTF: Joint Task Force)로 각각 불린다. 외교부 남아시아태평양국 동남아과(2018), p. 61; Robert Czulda, "Transformation into a 21st Century Force: Defence for and from Singapore," *Military Technology*, Vol. 42, No. 2 (February 2018), p. 22.

특히 싱가포르는 석유, 천연가스 등 주요 에너지 자원의 수송에서 매우 높은 중요성을 차지하는 말라카 해협의 바로 중앙에 위치하며, 그로 인해 국제적인 해양 분쟁의 위협에 노출되어 있는 입장이다.

이에 따라 싱가포르는 영토 방어의 연장선상에서 연안 해역에 대한 방어 능력을 제공, 유지하는 것뿐만 아니라, 원해(遠海)로 연결되는 해상교통로(SLOC: Sea Lines Of Communication)에서 자국의 선박들을 호송(護送)할 수 있는 군사적 능력을 요구받게 되었다.[119] 싱가포르 해군이 말레이시아, 인도네시아 등의 다른 동남아시아 국가들보다 작은 규모에도 불구하고, 상당 수준의 해군력 투사(投射) 능력을 확보하는 데 주력하는 것도 이러한 배경에 바탕을 두고 있다.

현재 싱가포르 해군은 예하에 5개(함대, 연안 방어, 특수전, 군수지원, 교육·훈련)의 사령부를 편성한다.[120] 이들 가운데 연안 방어 사령부(MSTF: Maritime Security Task Force)는 해안에서의 감시, 경계 임무를 수행하며, 이를 위하여 3개 전대(戰隊) 규모의 함정들을 보유한다. 여기에는 2개 전대의 경(輕)무장 경비함정, 1개 전대의 기뢰 함정이 포함된다. 함대 사령부는 대함 미사일을 비롯한 중(重)무장 능력을 갖춘 중·소형 전투함, 상륙함으로 각각 구성되는 2개 전단과 1개 전대 규모의 잠수함 부대를 지휘통제한다.

싱가포르 해군에서 연안 방어의 주력은 1990년대 중·후반에 전력화된 7척의 '피어리스'(만재배수량 500톤)급 경비정이 담당하고 있다. 피어리스급의 주요 무장은 76mm 함포, 12.7mm 기관총이다. 함대공 방어는 사거리 4km인 프랑스제 '미스트랄' 휴대용 지대공 미사일에 의존하고 있다. 항해 속도는 시속 15~20노트다.[121] 또한 이스라엘제 무인 수상함정 '프로텍

---

119 Swee Lean Collin Koh, "Seeking Balance: Force Projection, Confidence Building, and the Republic of Singapore Navy," *Naval War College Review*, Vol. 65, No. 1 (Winter 2012), p. 77.

120 Nick Brown et al eds, *Jane's Fighting Ships 2018-2019* (Surrey, UK: IHS Markit, 2018), p. 761.

121 본래 피어리스급 경비정은 총 12척이 건조되었지만, 점차 퇴역이 진행되고 있다. Brown et al eds(2018), p. 766.

싱가포르 해군의 연안 방어 주력을 담당하는 '피어리스'급 경비정(위)과 후속함으로 개발된 '인디펜던스'급 초계함(아래)

터'도 소수 도입하였다.

싱가포르 해군은 기존의 피어리스급을 대체할 신형 연안 전투함정으로 '인디펜던스'(배수량 1,250톤)급 초계함을 개발, 건조하였다. 인디펜던스급은 '연안 임무용 함정'(LMV: Littoral Mission Vessel)이라는 사업명으로 개발되었는데, 선체 규모가 피어리스급의 2배 이상으로 확장되어 무장 능력, 작전 범위를 배가시킬 수 있게 되었다. 주요 무장은 76mm 함포, 12.7mm 기관총 등으로 피어리스급과 비슷하다. 대신 사거리 20km의 프랑스제 '미카' 단거리 함대공 미사일을 VLS에서, 척당 12발씩 탑재, 운용하여 공중 위협에 대한 생존성을 강화했다.[122]

아울러 인디펜던스급은 레이더 등의 탐지 장비, 항해 및 통신용 안테나를 통합해서 선체 상부에 설치하는 스텔스 기술을 적용하였다. 인디펜던스급은 2015년에 1번함이 진수되었고, 총 8척의 전력화가 진행 중이다. 피어리스급과 인디펜던스급은 1990년대에 전력화된 '베독'(배수량 360톤)급 소해정 4척과 함께, 연안 방어 사령부의 지휘통제를 받는다.

---

122 Brown et al eds(2018), p. 765.

싱가포르 해군의 화력을 강화시킨
'빅토리'급 초계정

싱가포르 해군은 연안을 벗어난 원해(遠海)에서, 적 군함과의 전투를 비롯한 고강도 임무를 수행할 수 있는 수상 전력의 확보, 발전에도 많은 노력을 기울이고 있다. 해당 전력은 함대 사령부 소속의 수상전투함 전대 2개가 담당한다. 이들 가운데 하나는 1990년대 초부터 배치 중인 6척의 '빅토리'(만재배수량 600톤)급 초계정으로 구성된다.

비록 선체 규모 1,000톤 미만의 소형 함정이지만, 빅토리급은 상당히 균형 잡힌 무장 능력을 갖추고 있다. 구체적으로는 ① 76mm 함포, ② 사거리가 100km를 상회하는 척당 2발 이상의 미국제 하푼 대함 미사일, ③ 척당 6발의 324mm 대잠 경(輕)어뢰, 그리고 ④ 사거리가 약 10km인 척당 10여 발의 이스라엘제 '바라크-1' 단거리 함대공 미사일 등을 포함한다.[123] 빅토리급은 싱가포르 해군에서 대함, 대공, 대잠의 입체적인 작전을 수행할 수 있는 최초의 수상전투함이었으며, 이 점에서 싱가포르의 해군력이 연안 방어를 넘어서는 수준으로 발전, 강화되는 계기를 마련했다.[124]

오늘날 싱가포르 해군의 수상 전력을 대표하는 주력함은 바로 2000년대 중·후반에 전력화된 '포미더블'(배수량 3,200톤)급 호위함 6척이다. 포

123 싱가포르 해군은 지난 1970년대에 독일에서 건조된 '시 울프'(배수량 220톤)급 미사일정 6척을 도입, 동남아시아에서 처음으로 대함 미사일의 운용 능력을 갖추었다. 하지만 시 울프급의 무장 능력은 사거리 40km 이하의 이스라엘제 가브리엘 단거리 대함 미사일로 제한되었다. 빅토리급은 이들 시 울프급을 대체하기 위해 건조되었다. Brown et al eds(2018), p. 764.

124 Ridzwan Rahmat, "Island Ambition: Singapore's Navy Charts Its Course amid an Increasingly Uncertain Future," *Jane's Navy International*, (September 2017), p. 31.

싱가포르 해군 수상 전력의 핵심인
포미더블급 호위함의 항해 모습.

미더블급은 프랑스 해군의 '라파예트'급 호위함을 개량, 발전시키는 형태로 설계 및 제작되었다. 특히 레이더를 비롯한 선체 상부구조물의 설계에서 라파예트급보다 진보된 스텔스 기술을 적용시킨 것이 특징이다.

포미더블급의 주요 무장은 빅토리급 초계정도 탑재하는 76mm 함포, 척당 8발의 하푼 대함 미사일, 척당 6발의 324mm 대잠 경(輕)어뢰를 포함한다. 여기에 사거리가 15~30km에 달하는 유럽제 '아스터-15' 단거리 함대공 미사일을, VLS에서 척당 32발씩 탑재, 운용하여 다수의 적 대공 위협을 효과적으로 방어할 수 있다.[125] 프랑스의 탈레스 사(社)가 제작한 포미더블급의 '헤라클레스' 다기능 위상배열 레이더는 약 500개의 수상, 공중 표적을 250km 이내의 전(全)방향에서 동시에 탐지 및 추적하고, 이들과 교전하기 위한 화력 유도까지 수행할 수 있다. 그리고 척당 1대씩의 미국제 S-70 '시 호크' 대잠 헬기를 탑재하여 적 잠수함에 대한 지속적인 감시, 추적, 교전 능력을 확보하였다.

125 Rahmat(2017), p. 31; Brown et al eds(2018), p. 763.

싱가포르 해군 최대의 군함인
'인듀어런스'급 상륙함

이처럼 포미더블급 호위함은 수상, 수중, 공중 위협에 효과적으로 대응할 수 있는 우수한 입체적 해전 수행 능력을 갖추었으며, 동남아시아에서 가장 우수한 성능의 수상전투함으로 평가받는다. 이를 통해 포미더블급은 싱가포르 해군이 말라카 해협에서의 해상교통로 보호를 비롯한 원해(遠海) 작전을 수행하는 데 단연 핵심적인 역할을 담당하는 것이다. 포미더블급 6척은 싱가포르 해군 함대 사령부 예하의 1개 수상전투함 전대를 구성하며, 빅토리급 초계정과 함께 싱가포르 해군의 가장 유력한 화력 투사(投射) 수단으로 활약하고 있다.

또한 싱가포르 해군의 함대 사령부는 상륙함정으로 구성된 1개 전대도 편성, 운용한다. 상륙함정은 배수량 100톤 내외의 소형 상륙정 20여 척, 1990년대 말에 도입된 총 4척의 '인듀어런스'(만재배수량 8,600톤)급 상륙함을 포함한다. 인듀어런스급은 현재 싱가포르 해군이 보유한 최대 규모의 군함으로 척당 350명의 대대급 병력, 18대의 탱크, 20대의 일반 차량, 그리고 4척의 상륙정 등을 수송할 수 있다. 아울러 유럽제 '수퍼 푸마' 중형 기동헬기 2대의 동시 이착륙이 가능한 갑판, 1대를 수납할 수 있는 격납고도 설치되어 있다.[126] 자체 무장은 76mm 함포, 25mm 기관포 2문, 12.7mm 기관총, 미스트랄 휴대용 지대공 미사일 등의 제한적인 수준에 그친다.

126 싱가포르 해군은 지난 1970년대부터 미 해군에서 퇴역한 만재배수량 4,000톤급의 구형 상륙함 5척을 도입, 운용했다. 인듀어런스급 상륙함은 이들을 대체하기 위해 제작, 건조되었다. Huxley(2000), p. 164; Brown et al eds(2018), p. 767.

이러한 인듀어런스급의 특징은 적이 군사적으로 점유하고 있는 해안으로부터 벗어나 안전을 확보하는 가운데, 헬기와 상륙정 등의 기동 수단들을 이용해서 병력과 수송 물자들을 신속히 운반할 수 있도록 한다. 또한 대규모의 선체가 제공하는 원해(遠海)로의 항해 능력을 바탕으로, 해외에서의 비(非)전투 및 다국적 임무에 활발히 파견되고 있다. 2004년 인도네시아 아체(Aceh) 등지에서 발생한 쓰나미(지진해일) 구호(救護) 활동을 위한 의료 인력, 물자의 수송, 2009년 이래 동아프리카 아덴만에서의 해적 소탕을 위한 다국적 해상작전 등을 수행한 것이 대표적인 사례다.[127]

수중 전력은 싱가포르 해군에서 가장 역사가 짧은 분야다. 1990년대 말에 이르러서야 스웨덴 해군에서 퇴역한 수중배수량 1,200톤급의 소형 재래식 잠수함 4척을 도입한 것이 시작이었다. '챌린저'급으로 명명된 이들 잠수함은 주요 무장으로 사거리 15~20km의 533mm 대함 중(重)어뢰와 400mm 대잠 어뢰를 탑재, 운용하며, 어뢰 발사관은 척당 6문(대함(533mm) 4문, 대잠(400mm) 2문)씩 설치되어 있다.[128] 현재 챌린저급은 처음 도입했던 척수의 절반인 2척만이 배치 중이며, 이들도 수년 이내에 퇴역할 예정이다.

챌린저급의 노후화에 대응하여, 싱가포르 해군은 다시 스웨덴 해군이 운용했던 2척의 잠수함을 도입, '아처'급이라는 명칭으로 2010년대 초부터 전력화했다. 아처급 잠수함은 수중배수량 1,600톤 규모로 챌린저급보다도 선체가 큰 중형 잠수함이며, 척당 9문(대함 6문, 대잠 3문)의 어뢰 발사관을 설치하여 무장 능력이 강화되었다.[129] 특히 스웨덴의 고틀란트급이 사용하는 스털링 외연 기관 방식의 AIP 추진체계를 설치하는 개량을 실시했다. 이를 통해 아처급은 저속 항해를 기준으로 2주일 이상의 장기간 잠항 능력을 확

127 Rahmat(2017), p. 31.

128 Brown et al eds(2018), p. 762.

129 아처급의 이탈리아제 533mm 대함 중(重)어뢰는 사거리가 최대 50km까지 연장되었다. Rahmat(2017), p. 33; Brown et al eds(2018), p. 761.

싱가포르 해군의 첫 잠수함이었던 구형 '챌린저'급(위)과 현재의 주력인 '아처'급 잠수함(아래)

2019년 2월에 진수된 싱가포르 해군의 첫 인빈서블급 잠수함. 총 4척이 도입될 예정이다.

보하였다.

더 나아가 싱가포르 해군은 챌린저급을 완전히 대체하기 위해 4척의 독일제 신형 잠수함 도입을 진행 중이다. '인빈서블'급으로 명명된 이 잠수함은 수중배수량이 2,200톤으로 더욱 늘어났고, 연료전지 방식의 AIP 추진체계를 탑재한다.[130] 다만 주요 무장은 척당 8문의 발사관에서 탑재, 운용되는 533mm 대함 중(重)어뢰만을 보유하여 대함 미사일의 운용 능력은 여전히 없는 것이 한계다.

---

130 Brown et al eds(2018), p. 762.

싱가포르 해군은 2019년 2월에 인빈서블급 중형 잠수함의 1번함을 진수시켰다. 오는 2024년까지 계획된 4척 모두를 해군에 인도하고, 노후화된 챌린저급을 완전히 대체한다는 방침이다.[131] 이에 따라 싱가포르 해군은 2020년대 중반부터 AIP 추진체계가 제공하는 지속적인 잠항 능력을 기반으로 생존성, 기습 능력이 월등히 높은 잠수함 6척으로 무장하게 된다. 비록 역사는 짧지만, 싱가포르 해군의 수중 전력은 주변 국가들에 대한 해군력의 질적 우위를 유지, 강화하는 데 일익(一翼)을 담당할 정도의 발전을 이어가고 있는 것이다. 이러한 노력들은 싱가포르 해군이 '가장 우수한 소규모 해군'(Best Little Navy)으로 평가되는 밑바탕이 되고 있다.

(3) 공군

싱가포르가 동남아시아 지역에서 차지하고 있는 군사력의 질적 우위는 공군력에서도 두드러지게 나타난다. 현재 싱가포르 공군은 6개(항공전투, 방공작전, 무인항공기, 지상 · 해상 지원, 훈련, 전력발전)의 사령부를 중심으로 구성된다.[132] 특히 항공전투 사령부(Air Combat Command)는 주력 기종인 100여 대의 전투기, 즉 약 60대의 미국제 F-16과 40대의 F-15SG를 주축으로 한다. 이러한 전력 구성은 앞서 살펴본 이스라엘 공군과도 비슷한 편이다.

싱가포르 공군이 처음 도입한 F-16은 지난 1980년대 중반에 전력화된 20대의 초기형(통칭 F-16A/B)이었다. 이들은 단거리 공대공, 공대지 무장만을 탑재할 수 있었다. 1990년대에 들어서 싱가포르는 기존의 주력 공대공 요격기로 운용되었던 미국제 F-5 '타이거' 전투기 30여 대의 교체를 결정했고, 이를 위해 2000년대 초까지 보다 성능이 강화된 신형 F-16(통

131 Gabriel Dominguez and Ridzwan Rahmat, "TKMS Holds Launch Ceremony for RSN's First Type 218SG Sub," *Jane's Defence Weekly*, (February 27, 2019), p. 16.

132 Alan Warnes, "Packing a BIG Punch: The Republic of Singapore Air Force Detailed," *Military Technology*, Vol. 42, No. 2 (February 2018), p. 24.

싱가포르 공군이 총 60대를 보유하고 있는 F-16 전투기의 비행 모습

칭 F-16C/D)을 차례로 도입하였다.[133] 현재 싱가포르 공군이 보유한 60대의 F-16은 3개 비행대대 규모로 배치 중이며, 이들은 인접 국가인 말레이시아, 인도네시아의 동급 기종들(예: 미국제 F/A-18, 러시아제 MIG-29)보다 많은 수량이다.[134]

싱가포르 공군의 F-16 전투기는 터보팬 방식의 추력 13톤급 단발 제트 엔진을 사용하여 최고 비행속도가 마하 2에 달하며, 작전 반경은 700km 이상이다. 기본적으로는 공중전을 통해 적 항공기의 침범을 저지하는 요격기의 역할을 담당한다. 하지만 필요할 경우에는 지상, 해상에서의 작전을 지원하는 임무도 수행할 수 있다. 이에 따라 F-16은 대당 7톤 이상의 다양한 무장 탑재 능력을 갖추고 있다.[135]

F-16의 공대공 무장은 단거리 공중전을 위한 미국제 사이드와인더 계열 공대공 미사일뿐만 아니라, 50km 이상의 원거리에서 적 전투기를 명중시킬 수 있는 스패로우 반(半)자동 및 암람 자동 유도식 중거리 공대공 미사일을 포함한다. 여기에 각종 일반 및 유도폭탄, 사거리 20km의 매버

133 개량형 F-16의 도입을 계기로 구형화된 F-5는 2015년까지 모두 퇴역하여 예비 전력으로 전환되었다. 또한 초기형 F-16도 2000년대 초반에 모두 퇴역했으며, 일부는 태국에 양도되었다. Huxley(2000), pp. 143-145.

134 IISS(2019), p. 304.

135 Huxley(2000), pp. 144-145.

싱가포르 공군의 F-15SG 전폭기. 동남아시아에서 가장 강력한 전투력을 자랑한다.

릭 단거리 공대지 미사일, 하푼 대함 미사일 등의 탑재, 운용도 가능하다. 이러한 능력들은 싱가포르가 주변 국가들과의 공중전에서 기술적인 우위를 차지할 수 있도록 뒷받침해줄 것이다.

또한 싱가포르 공군은 2000년대에 들어서 우수한 공대지 타격 능력을 갖춘 대형 전폭기의 도입을 추진하였다. 지난 1970년대에 도입했던 미국제 A-4 공격기를 대체하고, 공군력으로 적 영토를 직접 보복, 반격할 수 있는 능력을 확보함으로써 외부 세력의 잠재적인 침략 시도를 억지 및 분쇄하기 위한 역량을 강화시킨다는 의도를 반영한 것이었다. 이에 따라 싱가포르는 2005년 미국제 F-15E '스트라이크 이글'을 기반으로 제작된 F-15SG를 선택했다.[136] F-15SG는 2009년부터 도입이 시작되었으며, 현재까지 총 40대가 2개 비행대대 규모로 배치 중이다. 역시 말레이시아, 인도네시아가 보유한 동급 기종(예: 러시아제 Su-27/30)보다 많은 수량이다.

F-15SG 전폭기는 추력 13톤급의 터보팬 엔진 2개를 탑재하는 쌍발 제트기이며, F-16보다 빠른 최고 마하 2.5의 속도로 비행할 수 있다. 무엇보다도 F-15SG는 대형화된 기체를 바탕으로 작전 반경이

136 싱가포르의 F-15SG 도입은 2002년 한국 공군의 차기전투기(F-X) 사업에서 역시 F-15E를 기반으로 하는 F-15K '슬램 이글' 전폭기의 도입이 결정된 지 3년 만에 이루어졌다. 현재 미국 외에 F-15E 계열 전폭기를 보유한 국가는 한국, 이스라엘, 사우디아라비아, 카타르, 그리고 싱가포르 등 5개국뿐이다. 조문곤, "동남아시아 항공력의 맹주 싱가포르," 「월간 항공」, (2013년 10월), p. 83.

1,000~1,200km, 무장 탑재규모는 대당 13톤으로 늘어났다. 이는 F-16의 약 2배에 해당하는 수준이다. 무장 능력의 질적 측면에서도 F-15SG는 F-16보다 큰 폭으로 강화되었다.

공중전 수행을 위한 F-15SG의 주요 무장은 F-16에서도 탑재, 운용되는 사이드와인더 계열, 암람을 비롯한 고성능의 중·단거리 공대공 미사일을 포함한다. 또한 미국 레이시온 사(社)가 제작한 AN/APG-63(V)3 AESA 위상배열 레이더로 다수의 적 항공기를 원거리에서 동시에 탐지, 추적할 수 있다. 그리고 적 항공기가 비행 과정에서 배출하는 열을 탐지, 추적하는 IRST를 이용하여 스스로의 존재를 노출시키지 않고서 적 항공기를 포착 가능하다.[137] 이러한 능력들은 공중전에서 F-15SG의 정보 우위, 생존성을 강화하는 데 기여할 것이다.

아울러 F-15SG는 지상, 수상 타격 임무에 동원될 수 있는 각종 정밀유도무기의 탑재, 운용 능력도 보유하고 있다. 여기에는 GPS 위성항법체계를 통한 정밀유도 기능을 갖춘 JDAM 유도폭탄, 매버릭 단거리 공대지 미사일, 그리고 최대 사거리가 130km에 달하는 미국제 AGM-154 '합동원거리 유도폭탄'(통칭 JSOW: Joint Stand-Off Weapon) 등을 포함한다.[138] 이러한 무장 능력들 덕분에, F-15SG는 동남아시아에서 가장 강력한 전투력을 보유한 항공기로 평가받고 있다.

싱가포르 공군은 이러한 자신들의 질적 우위를 보다 강화시키려는 노력을 지속하는 중이다. 오는 2030년 이후 기존의 주력 기종인 F-16을 교체할 신형 전투기로 미국제 F-35 스텔스 전투기를 도입한다는 것이다. 싱가포르가 도입을 추진하는 대상은 단거리 이륙 및 수직 착륙(STOVL: Short

---

137 Kelvin Wong, "Phoenix Rising: Singapore's Air Force Strives to Maintain Technological Edge," *Jane's International Defence Review*, (August 2018), p. 49.

138 JSOW는 지상, 해상에 배치되는 적 방공 전력의 요격권 밖에서 안전하게 발사되어 표적을 명중시킬 수 있도록 개발되었다. 이러한 특징의 공대지 유도무기를 '스탠드 오프'(stand-off. 원거리) 무기라고 하며, 100km 이상의 사거리로 비행할 수 있는 것이 공통점이다. Wong(2018), p. 49.

Take-Off and Vertical Landing) 기능을 갖춘 F-35B다.[139] 기존의 전투기들보다 좁은 공간에서도 이착륙이 가능하여 영토 면적이 작은 싱가포르에서 배치, 운용하기에 적합한 점을 반영한 것이다. 싱가포르는 우선 4대의 F-35B를 도입하여 자체적인 시험, 평가를 진행하고, 그 결과를 반영하여 추가적인 도입 수량을 결정할 예정이다.

한편으로 싱가포르 공군은 비(非)전투 지원용 항공기의 확보, 발전에도 상당한 비중을 할애하고 있다. 먼저 정보수집 능력의 경우, 1980년대에 미국제 E-2 공중 조기경보기 4대를 도입했다.[140] 이는 1982년 6월 이스라엘의 레바논 공격에서 E-2 공중 조기경보기를 이용한 정보 우위의 달성, 확보가 공중전에서의 압도적 승리에 기여했던 점에 주목한 결과였다. 그로부터 약 30년 후인 2010년대 초부터는 이스라엘이 제작한 G550 공중 조기경보통제기 4대가 전력화되었다.[141] 300km 밖의 거리에서 접근하는 다수의 적 공중 표적을 탐지, 추적할 수 있는 G550은 싱가포르가 공중전에서 기술적 우위를 차지하는 데 핵심적인 비중을 차지한다. 특히 인접 국가인 말레이시아, 인도네시아에 아직 동급의 역할을 수행하는 기종이 없음을 고려하면, G550이 발휘하는 군사적인 중요성은 더욱 높아진다.

무인항공기도 싱가포르 공군이 운용하는 주요 정보수집 자산이다. 싱가포르는 지난 1980년대에 이스라엘제 저고도 무인정찰기 '스카우트'를 도입해 처음으로 무인항공기를 감시, 정찰 임무에 사용하기 시작했다. 1990년대에는 역시 이스라엘에서 개발, 생산된 저고도 무인정찰기 '서처'

139 현재 F-35B 전투기는 제작국인 미국과 영국, 이탈리아 등에서 해군의 항공모함 탑재기로 운용하기 위해 도입을 진행하고 있다. 일본도 2척의 '이즈모'(出雲. 배수량 약 2만톤)급 헬기 모함을 개조하여 F-35B를 탑재, 운용하는 계획을 발표했다. 이에 따라 일본은 2023년까지 F-35B 18대를 도입하고, 도입 수량을 최대 42대까지 확충한다는 방침이다. Charissa Yong, "US Government Paves Way for Sale of F-35B Fighter Jets to Singapore," *Straits Times,* (January 11, 2020).

140 조문곤(2013), p. 83.

141 G550 공중 조기경보통제기의 도입으로 기존의 E-2 공중 조기경보기는 퇴역했다. Czulda(2018), p. 21.

싱가포르 공군의 주요 정보수집 자산인 이스라엘제 G550 공중 조기경보통제기(위)와 무인정찰기 '헤론'(아래)

를 약 40대 도입하였다.[142] 현재 싱가포르 공군은 2010년대 중 · 후반부터 8대의 '헤론', 9대의 '헤르메스-450'을 주력 무인정찰기로 보유 중이다. 모두 이스라엘제이며, 10km 이상의 중고도에서 장시간을 체공하면서 감시 및 정찰 임무를 수행하는 중형 무인항공기다. 이들은 비행대대 3개(헤론 2개, 헤르메스-450 1개)로 편성되어 있으며, 지난 2007년 설치된 무인항공기 사령부(Unmanned Aerial Vehicle Command)가 지휘통제한다.[143]

뿐만 아니라 싱가포르 공군은 전투기를 비롯한 주요 항공기들의 작전 범위, 체공 시간을 연장시킬 수 있는 공중급유기도 운용하고 있다. 그 시작으로 1980년대에 C-130 중형 수송기를 개조한 KC-130 5대를 도입, F-5와 A-4를 비롯한 소형 전투기의 작전을 지원했다. 1990년대 말에는 미국 공군이 사용했던 4대의 KC-135 '스트라토 탱커' 공중급유기를 도입하여 KC-130을 대체했다.[144] KC-130보다 기체가 훨씬 대형화된 KC-135의 도

142 Huxley(2000), p. 146; Wong(2018), p. 51.

143 기존의 스카우트, 서처 저고도 무인정찰기는 헤론과 헤르메스-450이 도입되면서 퇴역했다. IISS(2019), pp. 304-305.

144 현재 KC-130은 헬기의 공중급유를 담당하거나, 5대의 C-130 수송기와 함께 병력 및 화물의

싱가포르 공군의 현역 공중급유기인 미국제 KC-135(왼쪽)와 후속 기종인 유럽제 A330(오른쪽)

입은 이후 진행된 F-16 및 F-15SG 전투기의 전력화와 함께, 싱가포르 공군의 전력을 비약적으로 강화시키는 계기를 마련했다.

현재 싱가포르 공군은 노후화된 KC-135를 대체할 신형 공중급유기의 도입을 진행 중이다. 2014년 3월, 싱가포르는 유럽 에어버스 사(社)의 A330 '다목적 공중급유 · 수송기'(MRTT: Multi-Role Tanker Transport)를 후속 기종으로 선택했다.[145] A330은 대당 300명의 병력, 47톤의 화물을 운반할 수 있는 대규모의 수송 능력을 갖추고 있다. 다시 말해서 F-16 20여 대, F-15 10여 대가 사용하는 데 필요한 연료를 공급할 수 있는 것이다. 싱가포르 공군의 A330 공중급유기는 2018년 8월에 1호기가 인수되었으며, 총 6대를 도입할 계획이다.

아울러 싱가포르는 육 · 해군의 작전을 지원하기 위해 다양한 헬기 및 고정익 항공기를 운용한다. 여기에는 ① 19대의 미국제 AH-64 '아파치' 공격 헬기, ② 51대의 각종 기동 헬기, ③ 해군 호위함에서 탑재 가능한 8대의 대잠 헬기, 그리고 ④ 5대의 네덜란드제 포커-50 해상초계기 등이 포

수송 임무를 수행한다. Huxley(2000), p. 147; Warnes(2018), p. 25.

145 이듬해인 2015년 한국도 A330 MRTT의 도입을 결정했으며, 2018년 11월의 1호기 도입을 시작으로 총 4대를 도입하였다. 한국 공군에서의 기종명은 KC-330 '시그너스'다. Warnes(2018), p. 25.

싱가포르군의 공격 헬기(왼쪽 위)와 기동 헬기(오른쪽 위), 해상초계기(아래). 모두 공군에서 관할한다.

함된다.[146] 이들 기종은 2008년에 설치된 싱가포르 공군의 지상 · 해상 지원사령부(Participation Command)에서 지휘통제한다.[147] 이는 이스라엘, 스웨덴의 사례에서도 나타났듯이, 영토가 협소하고 항공기의 보유 수량이 제한적인 상황에서는 공군이 모든 항공기에 대한 지휘통제권을 행사하는 편이 보다 효율적이라는 판단에 따른 것으로 평가된다.

그리고 싱가포르 공군은 지대공 미사일을 비롯한 지상 방공 전력의 운용도 담당한다. 먼저 10km 이하의 저고도에서, 영토 이내로 침범한 적의 공중 위협은 대공포, 휴대용 지대공 미사일 등을 보유한 5개 방공대대가 대응한다. 여기에 사거리 20~50km의 이스라엘제 '스파이더' 단거리 지대공 미사일도 1개 방공대대, 발사차량 10여 대 규모로 배치 중이다.[148] 고

146 IISS(2019), pp. 304-305.

147 외교부 남아시아태평양국 동남아과(2018), p. 62.

148 스파이더는 이스라엘제 '파이톤', '더비' 공대공 미사일을 지상 차량으로 탑재, 운용하도록 개조한 것이다. 현재 싱가포르 공군은 F-16과 F-15SG 등의 전투기에서 사용하기 위한 파이톤 단거리 공대공 미사일도 보유 중이다. IISS(2019), pp. 304-305; Ong Tiong Boon et al, "The Future of Singapore's Ground-Based Air Defense," *POINTER*, Vol. 40, No. 1 (2014), pp. 18-

싱가포르군의 아스터-30 장거리 지대공 미사일 발사차량(왼쪽 위)과 아스터-30의 발사 모습(오른쪽 위), '스파이더' 단거리 지대공 미사일 발사차량(아래)

도 10~20km 내외의 중 · 고고도에서, 영토 주변을 위협하는 적의 공중 위협은 미국제 호크 중거리 지대공 미사일, 유럽제 아스터-30 장거리 지대공 미사일로 구성된 1개 방공대대에서 요격한다. 특히 아스터-30은 최대 사거리가 100km 이상이며, 수직발사대 형태의 발사 차량에서 대당 8발을 탑재, 운용한다.[149] 이를 통해 아스터-30은 노후화된 호크 지대공 미사일을 대체하고, 다층화된 지상 방공 전력을 구축하는 데 기여할 것이다. 이들 전력은 싱가포르 공군의 방공작전 사령부(Air Defence and Operations Command)가 관할한다.

19.

149 아스터-30 지대공 미사일의 1개 포대는 발사차량 4대(즉, 미사일 32발)를 포함하며, 현재 싱가포르 공군이 도입한 아스터-30 지대공 미사일은 4개 포대 규모로 알려져 있다. Wong(2018), p. 53; IISS(2019), p. 305.

4. 싱가포르의 군사전략

지난 2000년 1월 싱가포르 국방부는 『21세기 싱가포르의 국방』(*Defending Singapore in the 21st Century*)이라는 정책 백서를 통해 싱가포르의 국방정책 목표로 3가지를 제시했다. 첫째, 주권과 영토의 통합성을 수호하는 것이다. 둘째, 평화와 안정의 향유를 보장하는 것이다. 그리고 셋째, 지역의 평화와 안전에 기여하는 것이다. 또한 이러한 목적을 달성하기 위해 '외교와 억지'(diplomacy and deterrence)를 국방정책의 양대 축으로 삼을 것임을 밝히고 있다.[150] 동시에 싱가포르군의 핵심 임무로서 ① 평시 방위력과 작전 태세의 유지를 통한 전쟁 억지, ② 유사시 신속하고 결정적인 승리의 달성을 명시하였다.[151]

위와 같은 싱가포르의 안보, 국방 정책 기조는 자국의 생존을 위협할 수 있는 어떠한 유형과 수준의 분쟁도 사전에 예방하는 것이 최선이며, 이를 구현하기 위하여 외교를 통한 평화적 해결뿐만 아니라 군사력의 운용, 발전에도 주력하겠다는 의지를 보여준다. 앞서 설명했듯이, 싱가포르는 겨

150 Ministry of Defence, *Defending Singapore in the 21st Century* (Singapore, SG: Ministry of Defence, 2000), p. 12.

151 Ministry of Defence(2000), p. 45.

우 도시 하나만을 영토로 보유하고 있을 정도로 방어에 필요한 시공간적 여유가 극히 부족하다. 게다가 주변에는 민족, 문화, 종교 측면에서 이질적이며, 영토 면적과 인구가 훨씬 우세한 인접 국가인 말레이시아, 인도네시아에 포위된 상태다.[152]

이러한 점들을 고려할 때, 만약 싱가포르가 적에게 기습 공격을 허용한다면, 단기간 내에 영토 전체가 파괴, 점령되고, 다수의 국민들이 살상당할 위험성이 매우 높아질 것임에 분명하다.[153] 이미 싱가포르는 지난 제2차 세계대전에서 일본의 침략으로 불과 10여일만에 항복했던 역사상의 경험을 통해, 방어상의 불리함과 취약성을 드러낸 바 있었다.[154] 그 결과 싱가포르는 단순히 적의 직접적인 영토 침략을 허용한 후 방어에 나서는 것은 승산이 없으며, 어떠한 군사적 침공도 감당하기 어려운 인적, 물적 피해와 손실로 귀결될 것임을 적에게 보장하여 침공 의도를 원천적으로 좌절시켜야 한다는 군사적인 과제에 직면했다. 건국 이래 싱가포르가 추구해 온 군사력의 발전, 운용은 이를 구현하기 위한 노력에 따른 것이었다.

건국 초기인 1960년대 후반부터 1980년대까지의 기간 동안, 싱가포르 국방당국은 이른바 '독(毒)새우'(poisonous shrimp)라는 별칭의 군사전략 노선을 채택해 왔다. 동남아시아 지역과 세계를 바다로 비유한다면 인접국인 말레이시아, 인도네시아를 비롯한 여러 국가들이 크고 작은 물고기처럼 공존하는 가운데, 소수의 강대국은 고래나 상어와 같은 포식자로 군림하는 것이다. 이들에 비하면 싱가포르는 크기와 힘이 훨씬 미약한 새우

---

152 Michael Raska, *Military Innovation in Small States: Creating a Reverse Asymmetry* (New York, NY : Routledge, 2016), p. 136.

153 단적인 예로, 싱가포르와 국경을 접하는 말레이 반도 남부에 말레이시아군의 포병 부대가 배치되면, 싱가포르의 거의 모든 영토가 공격권에 노출될 수 있을 정도다. Huxley(2000), pp. 31-32; Wu(2016), pp. 22-23.

154 Richard A. Deck, "Singapore: Comprehensive Security - Total Defence," in Ken Booth and Russell Trood eds, *Strategic Cultures in the Asia-Pacific Region* (New York, NY: St. Martin's Press, 1999), p. 251.

같은 존재에 불과할 뿐이다. 하지만 아무리 조그마한 새우라고 해도, 독을 지니고 있다면 보다 커다란 물고기, 고래조차 선불리 잡아먹으려 하지 못한다. 특히 새우가 평소부터 강렬한 색깔을 드러내며 자신에게 독이 있음을 과시한다면, 그 효과는 더욱 높아질 수 있다.[155] 싱가포르의 독새우 전략은 바로 이러한 점에 착안한 것이다.

그 결과 건국 초기의 싱가포르는 아무리 영토, 인구가 우세한 적이라고 해도 단기간 내에 영토를 점령하려는 시도를 저지하고, 영토를 침범한 적에게 감당하기 어려운 피해를 강요하는 것을 군사전략의 최우선적 과제로 강조하였다. 이른바 '적이 삼키기는 쉽지만, 소화하지는 못하도록'(easy to swallow, but impossible to digest) 만들겠다는 것이다.[156] 여기에 따르면 싱가포르군은 유사시 1차적으로 연안을 비롯한 영토 주변에서 적의 침공을 저지하는 데 주력하되, 적 군사력이 영토 내부로까지 진입할 경우에는 정규군뿐만 아니라 예비전력을 포함한 다수의 인구가 시가지를 비롯한 곳곳에서 필사적인 군사적 저항을 감행한다는 방침이었다.[157] 이는 적의 병력 손실을 극대화하고, 싱가포르 영토를 점령하려는 시도를 좌절시켜 철수하도록 유도하기 위한 것이다.[158] 아울러 건국 초기 싱가포르 육 · 해 · 공군의 전력이 영토 방어를 위한 소극적인 임무만을 수행할 수 있었던 점을 반영한 결과이기도 했다.

그러나 1980년대에 들어서 싱가포르는 군사전략의 전환 필요성에 주

---

155 리콴유도 싱가포르의 건국 이듬해인 1966년 6월의 한 연설에서 '큰 물고기는 작은 물고기를 잡아먹고, 작은 물고기는 새우를 잡아먹는다'(大魚吃小魚 , 小魚吃蝦米)는 중국 속담을 인용하면서, "하지만 자신보다 강한 물고기들 사이에서도 살아남는 새우들이 있다. 그러한 새우들은 독을 품고 있으며, 자신을 삼키려는 물고기에게 고통을 주어 도로 뱉어내도록 만들 수 있기 때문이다"라고 말했다. 당시 리콴유의 말은 독새우 전략의 유래로 알려진다. 전제국(2002), pp. 228-229.

156 Bilveer Singh, *Arming the Singapore Armed Forces: Trends and Implications* (Canberra, AU: Aushalian National University, 2003), p. 26.

157 Deck(1999), p. 249.

158 Raska(2016), p. 141.

목하기 시작했다. 1983~1984년 사이에 싱가포르군 국방참모본부의 참모장을 역임한 리셴룽(李顯龍. 현재 싱가포르 수상)의 주장이 대표적인 사례다.[159] 리셴룽은 기존의 독새우 전략이 영토 내부에서의 저항을 전제로 하여 궁극적인 승리를 기대하기 어려우며, '자살 혹은 항복'(suicide or surrender)이라는 양 극단의 선택만이 가능한 패배주의적인 전략이라고 비판했다. 이에 따라 싱가포르가 적의 침략에 대한 방어의 성공을 확실히 보장받고, 효과적으로 전쟁 억지를 달성하기 위해서는 영토 이내에서 저항하는 것에 머물지 않고, 침략을 가한 적의 영토를 겨냥하여 신속하고 결정적인 반격을 가할 수 있도록 군사전략을 전환해야 한다는 주장이 제기되었다.[160]

그리하여 싱가포르는 1990년대를 기점으로 적에 대한 보복, 반격 능력에 바탕을 둔 군사전략을 본격화하기 시작했다. 이는 '전진 방어'(forward defence), 혹은 '고슴도치(porcupine) 전략'이라고도 불린다.[161] 특히 싱가포르가 같은 시기에 해 · 공군력의 강화를 통하여 군사력 투사(投射) 능력의 범위를 영토 너머로까지 확장하고, 주변 국가들의 영토를 신속히 타격할 수 있는 능력을 확보 및 발전시키는 추세에 들어선 것도 군사전략을 보다 적극적 · 공세적인 성격으로 전환할 수 있도록 뒷받침했다.[162] 비

159 리셴룽은 1952년 리콴유 초대 수상의 아들로 태어났다. 그는 영국 케임브리지 대학교에서 컴퓨터공학을 전공하였고, 미국 하버드 대학교 케네디 행정대학원에서 공공정책학 석사 학위를 취득했으며, 1971년부터 13년 동안 육군 장교로 복무한 후 준장으로 퇴역했다. 뒤이어 1984년 집권 인민행동당에 입당하여 정계 활동을 시작했고, 부친인 리콴유가 수상직을 떠난 1990년부터는 부수상으로 재직하였다. 그리고 2004년 고촉통(吳作棟. 1990~2004년 수상 재임)의 후임 수상으로 취임, 현재까지 재직 중이다.

160 이러한 점은 1997년 싱가포르 국방부의 마티아스 야오 정무차관이 "침략을 시도한 적에게 무력 대결의 초반부터 '결정타'(knock-out punch)를 가할 수 있어야 한다"고 주장한 것에서도 나타난다. Huxley(2000), p. 57.

161 Deck(1999), pp. 249-250.

162 현재 싱가포르는 공군에서 가장 강력한 전투력을 갖춘 F-15SG 전폭기의 보유수량 30%인 12대를 일부 공격헬기, F-16 전투기 등과 함께 미국에 배치하고 있다. 이는 조종사들의 훈련뿐만 아니라, 유사시 주변 국가들의 침략에 신속히 보복, 반격할 수 있는 능력을 국외에 보전시켜 억지력을 유지 및 확보하려는 목적도 포함된 것으로 해석된다. Raska(2016), p. 142; IISS(2019), p. 305.

록 싱가포르 정부가 공식적으로 인정한 바는 없지만, 일각에서는 싱가포르가 유사시 적 군사력의 영토 접근, 침공을 원천적으로 좌절시키기 위해 선제공격의 실행을 군사전략에 포함시킬 가능성도 있을 것으로 평가하고 있다.[163]

싱가포르는 건국 직후인 1960년대 말부터, 지리적으로 가장 인접한 말레이시아와의 무력 분쟁 가능성에 대비한 방위 전략을 수립, 발전시켜 왔다. 여기서는 말레이시아 내부에 정치 · 사회적인 불안정이 발생하거나, 말레이시아 정부가 싱가포르에 대해 극단적인 적대 노선을 실행(예: 수자원 공급의 중단)하여 양국의 군사적 대결이 불가피해지는 상황을 전제로 한다. 이 경우, 싱가포르는 말레이시아의 침공으로부터 최대한 신속하게 군사 대응을 실시할 것이다. 먼저 공군이 영공 방어와 더불어 말레이시아의 공군기지를 타격, 초토화시켜 제공권을 확보하는 데 주력한다. 육군도 공중강습, 상륙, 특수전 부대 등을 중심으로 헬기와 상륙함정을 통해 싱가포르와 국경을 접한 말레이 반도 남부에 병력을 투입하는 반격을 감행한다. 그리고 해군은 말레이시아의 역습으로부터 영해의 방어, 해상교통로 보호를 위한 임무를 수행하는 한편으로, 말레이시아의 해군력을 견제, 차단하는 작전을 펼칠 것이다.[164]

이러한 전략을 통해 싱가포르가 달성하려는 목적은 2가지로 나뉜다. 첫째, 영토 방어를 보장할 수 있는 일정한 면적의 완충 공간을 확보하여 말레이시아가 침공을 확대, 지속하려는 시도를 분쇄한다. 또한 둘째, 싱가포르의 중요 안보 현안인 말레이시아 남부의 수자원 공급원을 보장받는다.[165] 한편으로 싱가포르는 주변 동남아시아 국가들(예: 인도네시아)이 말레이시아의 편에서 군사적 개입을 시도할 가능성에 대비하여, 해 · 공군력 중심의

---

163 Wu(2016), p. 32.

164 이러한 전략은 싱가포르군 지휘참모대학에서 학습, 훈련되고 있는 것으로 알려져 있다. Huxley(2000), pp. 58-60.

165 Raska(2016), pp. 142-143.

원거리 전력 투사(投射)를 실시할 것이다.[166]

그러나 말레이시아 남부로의 군사력 투입, 전개는 분쟁 이후 싱가포르의 안전을 보장하는 데 유리한 정치 · 외교적 합의를 이끌어내기 위한 한시적 · 제한적인 목적에 그칠 가능성이 높다. 싱가포르가 해당 지역을 항구적으로 점령, 병합하려는 시도는 자칫 말레이시아와의 무력 분쟁을 장기화시켜 국력을 무리하게 소모시키고, 국제사회에서 싱가포르의 입지가 약화되는 결과를 초래할 것이기 때문이다. 무엇보다도 이러한 싱가포르의 적극적 · 공세적인 군사전략은 말레이시아를 비롯한 인접 국가들이 자국에 적대적인 정치 · 군사적 노선을 추구하려는 시도를 거부, 좌절시키는 억지 효과를 발휘하는 데 궁극적인 목적이 있음을 명심해야 한다.[167]

싱가포르의 안보, 국방 전략에서 주목할 또 다른 특징은 '총력 방위'(Total Defence)다. 이는 앞서 살펴본 스웨덴의 사례와 비슷한데, 싱가포르는 지난 1984년부터 총력 방위 개념을 자국의 안보, 국방 전략에 본격적으로 도입 및 적용하기 시작했다. 또한 1998년부터는 매년 2월 15일을 '총력 방위의 날'로 지정, 각 학교의 학생들을 대상으로 교육 및 훈련을 실시하는 등 관련 태세의 유지, 발전을 위한 지속적인 노력을 기울이고 있다.[168]

싱가포르의 총력 방위는 군사, 민간, 경제, 사회, 그리고 심리 등 5개의 부문들로 구성된다.[169] 다시 말해서 군사 부문과 더불어 4개의 비(非)군사 부문이 안보, 국방의 영역에 추가되는 형태인 것이다. 아울러 앞서 살펴본 스웨덴과 비교하면, 사회 부문이 더해졌음을 보여준다. 2019년 2월에는 싱

166 Huxley(2000), p. 61.

167 Huxley(2000), pp. 62-63.

168 싱가포르가 '총력 방위의 날'로 지정한 2월 15일은 제2차 세계대전 중인 1942년 싱가포르가 일본의 침략으로 함락당한 날짜에서 유래했다. 이는 자국 역사상 유일하게 외부 세력의 군사적 점령 아래에 놓였던 날을 상기시키고, 이를 바탕으로 전(全)국민적인 국방 노력, 참여의 중요성을 강조하기 위한 것이다. Huxley(2000), p. 25.

169 Ministry of Defence(2000), p. 12; Ron Matthews and Nellie Zhang Yan, "Small Country 'Total Defence': A Case Study of Singapore," *Defence Studies,* Vol. 7, No. 3 (September 2007), pp. 380-381.

싱가포르의 총력 방위와
5개 부문들

가포르 정부가 사이버스페이스를 비롯한 '디지털' 부문을 총력 방위의 6번째 영역으로 추가할 것임을 발표했다.[170]

먼저 민간 부문의 방위는 전쟁이나 그에 준하는 안보 위협이 현실화될 경우, 민간인들의 안전과 생활양식, 재산 등에 대한 피해를 최소화하기 위한 것이다. 특히 싱가포르는 협소한 영토 면적으로 인해 군사 기지와 민간 시설이 서로 밀집되어 전·후방의 구분이 무의미하며, 유사시에는 민간인들의 안전도 취약해질 수밖에 없는 상황이다.[171] 그 결과 대피 시설의 확보와 유지, 비상 물자(예: 음식물, 식수, 연료, 혈액)의 원활한 배분은 주요 안보 위협으로부터 국민 다수의 생존을 보장하고, 적의 침략에 장기간 저항할 수 있는 능력을 강화하여 전쟁 억지의 달성에 기여할 수 있다.[172] 현재 싱가포르의 민간 부문 방위에서 핵심적인 역할을 수행하는 세력은 내무부 산하의 '민방부대'(Civil Defence Force)다.[173]

경제 부문의 방위는 전쟁을 비롯한 안보 위기 상황에서도 음식물과

---

170 Hariz Baharudin, "Digital Defence to be Sixth Pillar of Total Defence," *Straits Times,* (February 15, 2019).

171 Huxley(2000), p. 26.

172 Wu(2016), p. 32.

173 싱가포르 민방부대는 1982년에 창설되었으며, 주로 화재 진압을 비롯한 방재(防災), 수색 및 구조, 민방위 시설의 관리 등을 수행한다. 전체 인원은 6,100명이며, 약 92%인 5,600명은 의무복무 대상자 가운데 군 입대에서 제외된 이들로 충원된다. IISS(2019), p. 305.

식수, 연료, 전기 등 기본적인 국가 기능, 국민 생활과 직결되는 물적 요소들을 안정적으로 공급 및 확보할 수 있는 능력을 보장하는 데 중점을 둔다. 뿐만 아니라, 생산 및 용역을 비롯한 주요 경제 활동이 원활하게 유지될 수 있게끔 지원하여 전쟁 수행에 필요한 인력, 물자의 동원 능력을 뒷받침하는 것도 포함된다.[174]

사회 부문의 방위는 다민족 국가로서 싱가포르의 특수성을 반영하고 있다. 다시 말해서 언어와 종교, 문화가 서로 다른 국민들 사이의 반목과 분열, 갈등 가능성을 잠재적인 안보 위협으로 인식하고, 이를 최대한 예방 및 억제하겠다는 노력이다.[175] 싱가포르가 건국 이래 추구해 온 문화적 다양성의 수용 노선도 이러한 맥락에서 이해될 수 있다.

그리고 심리 부문의 방위는 전쟁 등의 안보 위협에 맞서기 위한 싱가포르 국민들의 단결, 저항 의지를 유지 및 강화하기 위한 것이다. 구체적으로는 ① 싱가포르의 역사와 국가적인 성취들에 대한 자긍심, 충성도를 높여서 국민 개개인의 주인 의식, 안보 및 국방 활동에의 자발적인 참여를 독려하고, ② 국민들에게 유사시 자국의 생존과 방어 가능성에 대한 자신감, 확신을 심어주는 노력 등을 포함한다.[176]

---

174 Huxley(2000), p. 26; Wu(2016), p. 31.

175 Huxley(2000), pp. 25-26.; Wu(2016), p. 31.

176 Huxley(2000), p. 25.

5. 싱가포르의 방위산업

싱가포르는 건국 직후인 1960년대 후반부터 과거 영국의 식민 지배 시절에 세워졌던 군용 정비, 제조 시설들을 인수하기 시작했다. 이들은 싱가포르군의 창설 과정에서 군수지원 능력을 구축, 확보하는 데 보탬이 되었다.[177] 뒤이어 싱가포르는 독자적인 방위력의 건설, 확보를 뒷받침할 수 있는 능력을 마련하기 위한 방위산업의 육성 필요성에도 주목하기 시작했다.

초기 싱가포르의 방위산업은 탄약, 총기류를 비롯한 기본적인 무장을 자체 생산하고, 외국에서 수입된 탱크와 장갑차, 야포, 군함, 항공기 등의 주력 무기들을 정비하는 수준에 국한되었다. 한편으로는 군의 다양한 기술적인 수요를 충족시킬 수 있도록, 1967년부터 1973년 사이에 정부 자본으로 여러 방위산업체들이 설립되기에 이르렀다.[178] 이를 통해 싱가포르는 1980년대까지 ① 육 · 해 · 공군의 주력 탑승체계에 대한 성능 개량과 창정비(overhaul), ② 지상 장갑차량과 야포, 소형 전투함정, 비(非)전투 지원함

177 Wu(2016), pp. 33-34.

178 Huxley(2000), pp. 185-186; Andrew T. H. Tan, "Singapore's Defence Industry: Its Development and Prospects," *Security Challenges*, Vol. 9, No. 1 (March 2013), pp. 66-67.

정의 독자적인 설계, 생산 능력을 확보하여 자체 방위산업 역량을 한층 진화시켰다.[179] 같은 시기에 이루어진 외국 업체들과의 기술 및 자본 협력, 제조업의 기술적인 고도화도 싱가포르 방위산업의 발전에 기여했다.

1990년대에 들어서 싱가포르는 방위산업에 대한 대폭적인 구조조정을 단행했다. 특히 그동안 정부 자본으로 설립, 운영되어 왔던 부문별 방위산업체들의 지분 일부를 민간 자본에 매각, 공영기업으로 전환시켰다. 더 나아가 1997년에는 이들 공영 기업을 합병, 단일화된 거대 방위산업체를 출범시키기에 이르렀다.[180] 이것이 바로 오늘날 싱가포르의 방위산업을 대표하는 '싱가포르 기술(이하 ST: Singapore Technology) 엔지니어링'이다.

ST 엔지니어링은 4개의 부문별 계열사를 보유한다. 첫째, 탄약과 총기류, 야포, 장갑차를 비롯한 지상 무기체계의 개발, 생산, 유지를 담당하는 ST 랜드 시스템즈다. 둘째, 각종 군함을 설계, 제작, 관리하는 ST 마린이다. 셋째, 항공기의 정비, 성능개량을 수행하는 ST 에어로 스페이스다. 그리고 넷째, 군용 통신기기와 소프트웨어, 감시 및 정찰의 수행을 위한 전자장비를 개발, 제작하는 ST 일렉트로닉스다.[181]

이러한 ST 엔지니어링의 사업 분야는 사실상 싱가포르가 수행하는 방위산업의 거의 모든 활동을 총망라한다고 해도 과언이 아니다. 그 결과 싱가포르 정부에서 실시, 진행하는 국방 부문의 조달, 획득 사업에서 ST 엔지니어링과 계열사들이 주요 업무의 대부분을 담당하는 가운데, 그 외의 다른 중소 업체들이 보조적인 협력 방식으로 참여하는 양상을 나타내고 있다.[182] 또한 ST 엔지니어링은 2018년에 총 15억 4,000만 달러의 매

---

179 Wu(2016), p. 34.

180 Huxley(2000), pp. 186-187.

181 Tan(2013), pp. 70-74.; Mark Daly, "Singapore's Defence Industry Builds on a Tough-minded Approach to Procurement," *Jane's International Defence Review*, (May 2005), pp. 62-65.

182 2018년 기준으로 ST 엔지니어링은 2만 2,000명(해외 20여 개국의 직원 약 7,000명 포함)을 고용하고 있으며, 20개가 넘는 중소 방위산업체와 협력 관계를 맺고 있다. 국방기술품질원, 『2018 세계방산시장 연감』(진주: 국방기술품질원, 2018), p. 1061.

ST Engineering

싱가포르의 대표적 방위산업체인 ST 엔지니어링의 문장(왼쪽)과 싱가포르 육군 탱크의 창정비 모습(오른쪽)

출을 기록하여 세계 군수업체들 가운데 61위에 올랐다.[183] 그리고 싱가포르 국방부 소속으로 주요 무기의 도입, 연구개발을 비롯한 전력 획득 계획의 수립, 집행을 담당하는 '국방과학 · 기술청'(DSTA: Defence Science and Technology Agengy), 군사 기술의 연구개발을 수행하는 '국립 방위연구소'(Defence Science Organisation National Laboratories)도 ST 엔지니어링 등의 방위산업체들과 긴밀한 협력 관계를 맺고 있다.[184]

오늘날 싱가포르의 방위산업이 담당하는 기능은 다음의 3가지 유형으로 나뉜다. 첫째, 무기체계의 개발과 제작, 생산을 독자적으로 수행하는 방식이다. 여기에는 ① 육군이 사용하는 개인화기와 장갑차, 야포, ② 상륙함을 비롯한 해군의 비(非)전투 지원함정, ③ 무인 체계, 그리고 ④ 주요 무기에 탑재되는 군용 소프트웨어와 통신, 지휘통제 체계 등이 포함된다. 둘째, 외국에서 설계된 무기체계를 국내에서 생산, 제작하는 방식이다. 주로 해군의 주력 전투함정들을 도입, 전력화하는 데 적용된다. 그리고 셋째, 기존 무기체계의 성능을 개량하고, 장기간의 운용을 위해 창정비 등의 수명 연장 조치를 실시하는 방식이다. 이는 외국에서 도입된 항공기와 구형 탱크, 장갑차, 해군 함정 등 육 · 해 · 공군의 주요 탑승체계들을 대상으로 한

183 Aude Fleurant et al, "The SIPRI Top 100 Arms-Producing and Military Services Companies 2018," *SIPRI Fact Sheet*, (December 2019), p. 10.

184 싱가포르의 국립 방위연구소는 건국 초기인 1972년에 설립되었으며, 1997년부터 현재의 명칭으로 바뀌었다. 국방과학 · 기술청은 2000년 3월 설립되었다. 국방기술품질원(2018), p. 1061.

다.[185]

비록 싱가포르는 일부 핵심적인 무기체계들(예: 잠수함, 항공기)의 획득을 여전히 외국에서의 직도입에 의존하고 있지만, 방위산업이 싱가포르의 군사력에 기여하는 바는 결코 적지 않다. 일정 수준의 독자적인 무기 개발, 설계, 생산 능력을 갖춤으로써 자국의 군사적 필요를 반영하는 무기체계를, 조기에 전력화할 수 있도록 뒷받침하기 때문이다.[186] 아울러 주력 무기들을 장기간에 걸쳐 유지, 운용할 수 있는 능력을 제공하여 방위력을 보다 경제적으로 확보, 발전시키는 효과를 발휘한다. 싱가포르의 방위산업이 대형 무기체계의 직접적인 생산보다는 이들의 설계, 유지 및 보수, 성능 개량 등의 기능에 특화되어 있는 것도 이러한 점을 반영한 결과다.[187]

---

185 Wu(2016), p. 56; Siemon T. Wezeman, *Arms Flows to South East Asia* (Solna, SE: Stockholm International Peace Research Institute, 2019), pp. 37-38.

186 Wu(2016), pp. 56-57.

187 Tan(2013), p. 75; 국방기술품질원(2018), p. 1061.

6. 도전과 응전

싱가포르의 건국 50주년 기념일을 불과 4개월 정도 앞둔 2015년 3월 23일, 싱가포르인들에게 비보(悲報)가 전해졌다. 초대 수상 리콴유가 향년 91세로 타계했다는 소식이었다. 반세기 전 정치 · 사회적인 불안정, 빈곤 속에서, 스스로의 독립 의지가 아닌 강제적인 분리 형식으로 주권 국가가 되었던 일개 도시를 동남아시아 최고의 경제 강국으로 발전시킨 불세출의 지도자가 세상을 떠난 것이었다.[188] 3월 29일 국장(國葬)으로 거행된 리콴유의 장례식은 싱가포르 국민들뿐만 아니라 세계 각국의 정부, 전 · 현직 지도자들의 애도(哀悼) 속에서 엄수되었다. 싱가포르에게는 그야말로 한 시대가 막을 내리는 역사적인 순간이었다.

굳이 리콴유의 죽음을 거론하지 않더라도, 오늘날 싱가포르는 국가안보 측면에서 거센 도전을 맞이하는 중이다. 여기에는 다른 동남아시아 국가들의 안보환경에도 지대한 영향을 가하는 공통적인 요인이 자리하고 있

188 리콴유는 1990년 수상직을 떠난 후에도 '선임 장관'(Senior Minister)으로서 후임 수상 고촉통의 자문 역할을 수행했고, 2004년 아들 리센룽이 수상으로 취임하자 '내각 고문'(Minister Mentor)으로 2011년까지 재직하면서 싱가포르 정부에 영향력을 행사하였다. 이러한 그의 행적은 국내외에서 '권력 독점', '부자(父子) 권력 세습'이라는 비판을 받기도 했다. 현경숙, "'국부' 잃은 싱가포르…리콴유 전 총리 애도 물결," 「연합뉴스」, (2015년 3월 23일).

2015년 3월 리콴유의 부음(訃音)을 보도하는 신문 기사(왼쪽)와 장례식에서 운구되는 리콴유의 유해(오른쪽)

다. 바로 남중국해에서의 전략적 경쟁과 그에 따른 분쟁이다.

1) 남중국해 분쟁

남중국해는 북쪽으로 중국의 하이난 섬(海南島)과 대만, 서쪽으로 베트남, 동쪽으로 필리핀, 그리고 남쪽으로는 말레이시아, 브루나이 등 8개국과 인접하는 해역이다. 길이 3,000km에 폭은 1,000km로 총 350만km^2의 거대한 면적을 차지하는데, 이는 미국 영토 전체의 1/3에 해당한다. 내부에는 127개의 무인도와 산호초, 사주(沙洲: 모래톱), 저지대 및 암초가 존재한다.[189] 이들은 각각 동사(東沙), 서사(西沙), 중사(中沙), 그리고 남사(南沙) 등 4개의 산호초 군도(群島)로 구분되고 있다.

오늘날 동남아시아 지역의 거의 모든 국가들은 남중국해와 인접하고 있으며, 이 점에서 지리상으로 남중국해의 직간접적인 영향권 내에 포함되어 있다. 단지 내륙 국가인 라오스, 말레이 반도로부터 서쪽으로 떨어져 있

189 정갑용, "남중국해 해양분쟁의 국제법적 쟁점," 「海事法硏究」, 제27권 제2호 (2015년 7월), p. 36.

는 미얀마 등 2개국만이 예외일 뿐이다. 동시에 남중국해는 광둥 성(廣東省)을 비롯한 중국 남부의 연안 지역들과도 직접 연결될 수 있는 해상 통로다. 요컨대 남중국해는 동남아시아 일대는 물론, 중국 대륙에 대해서도 지정학적인 영향력을 행사할 수 있는 위치를 차지한다. 이 점에서 남중국해는 '동아시아의 지중해'인 것이다.

동아시아 지역의 안보질서에서 남중국해가 높은 전략적 가치를 차지하는 배경은 크게 2가지로 나뉜다. 첫째, 남중국해는 인도양과 태평양을 연결하는 국제적인 해상 운송의 거점이다. 앞서 설명한 말라카 해협의 지정학적 중요성은 이를 역설하는 대표적인 사례다. 그리고 둘째, 남사군도(南沙群島: Spratly Islands)를 중심으로 분포하는 석유, 천연가스 등의 에너지 자원 개발 잠재력이다.[190] 이들은 남중국해와 지리적으로 인접한 국가들 사이에서 영유권을 차지하기 위한 경쟁을 촉발시키고, 그로 인한 정치 · 군사적인 분쟁의 위험성을 높이는 요인이 되고 있다.

현재 남중국해를 대상으로 영유권을 주장하는 국가는 중국, 베트남, 필리핀, 말레이시아, 브루나이, 대만 등 6개국이 있다. 특히 가장 면적이 넓은 남사군도에 대해서는 6개 당사국 모두가 전체, 혹은 일부를 대상으로 영유권을 주장한다.[191] 2014년 말을 기준으로 남사군도 내부의 도서, 산호초, 암초들 가운데 27개가 베트남의 점유 아래에 있으며, 필리핀이 8개, 중국은 7개, 말레이시아가 5개, 그리고 대만이 1개를 각각 점유하는 중이다.[192]

---

190 남사군도의 석유, 천연가스 매장 가능성은1968년 UN 아시아극동경제위원회(ECAFE: Economic Commission for Asia and the Far East)의 보고를 통해 처음으로 제기되었다. 이후 1989년에는 중국 지질광산부에서 남사군도에 총 177억톤의 석유가 매장된 것으로 추정 발표했다. 이는 쿠웨이트의 석유 매장량보다도 40억톤 이상 많으며, 단일 지역 기준으로 세계 4위의 매장량에 해당한다. 유철종, "남중국해 남사군도(南沙群島) 영토분쟁에 관한 연구," 「정치 · 정보연구」, 제8권 제2호 (2005년 12월), p. 4.

191 Sarah Raine and Christian Le Mière, *Regional Disorder: The South China Sea Disputes* (London, UK: Routledge, 2013), p. 13.

192 류동원, "중국의 남중국해 전략 변화: 새로운 확대전략의 실천과 특징," 「中蘇研究」, 제39권 제

이들 분쟁 당사국 가운데 남중국해에서의 영유권 주장, 확보에 가장 공세적인 행보를 나타내고 있는 국가는 단연 중국이다. 중국은 남중국해 전체 면적의 약 90%에 해당하는 해역 및 지형들을 포함하는, 총 9개의 점선으로 표시된 9단선(九段線: nine-dash line) 이내를 자신들의 독점적 · 배타적인 관할권으로 규정하는 입장이다.[193] 심지어 중국은 남중국해에 대한 실효적 지배 능력을 확보, 강화하기 위해 주변 당사국들과의 직접 대결까지 불사하였다. 예를 들어 중국은 지난 1974년, 1988년에 베트남과의 해전을 치르면서 서사군도(西沙群島: Paracel Islands)를 장악했다. 1990년대 이후에는 남사군도에서도 자신들의 점유, 관할 영역을 확대하여 나갔고, 그 과정에서 필리핀 등과 심각한 외교 · 군사적인 갈등을 빚었다.[194]

2010년대에 들어서, 남중국해에서의 영유권에 관한 중국의 입장은 더욱 강경해졌다. 남중국해가 자신들의 국가안보, 특히 영토 주권과 직결되는 '핵심이익'(核心利益: core interests)에 해당한다는 입장을 국제사회에 반복, 강조하기 시작한 것이다.[195] 이는 중국이 남중국해에서의 관할권 유지, 강화에 대해 타국과 타협, 양보할 의사가 매우 희박해졌음을 뜻하며, 최악의 경우에는 군사력의 동원을 비롯한 초강경 대응도 배제하지 않겠다는 의지를 피력한 것으로 해석될 수 있다.

특히 중국이 남중국해에서의 관할권 강화를 위해 인공섬의 건설, 군사력의 직접 배치 등을 비롯해 분쟁 지역들에 대한 '군사화'(militarization)를 추구하면서, 분쟁 당사국들을 비롯한 국제사회의 우려는 더욱 높아지고 있다. 중국은 2013년부터 남사군도에서 점유하고 있는 산호초, 암초 등을 매립하여 인공섬으로 확장하고, 활주로와 부두, 방어용 진지 등을 신축 및

3호 (2015년 가을), pp. 187-188.

193 류동원(2015), pp. 191-194; 이대우, 『남중국해 해양영토분쟁과 미중 갈등』(성남: 세종연구소, 2014), p. 15.

194 Raine and Le Mière(2013), pp. 41-45; 류동원(2015), p. 196.

195 이대우(2014), p. 16.

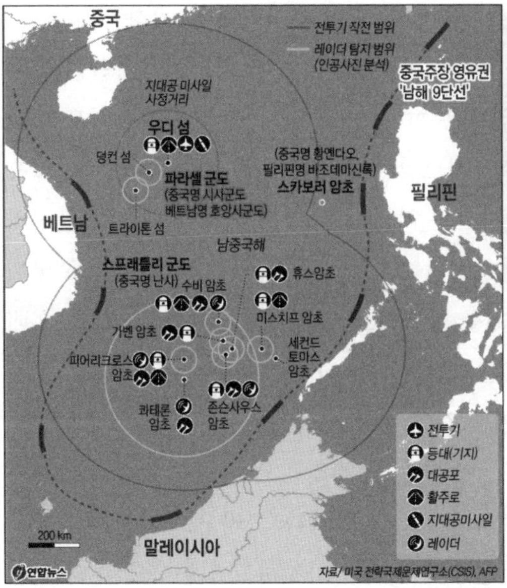

남중국해에 건설된 중국의 군사시설 분포도(왼쪽. 「연합뉴스」, 2019년 4월 30일)와 군사시설 건설 전후의 비교(오른쪽)

확충하여 군용 무기들의 수용 능력을 갖추기 위한 활동을 진행 중이다.[196] 이들 지역에는 레이더를 비롯한 정보수집 장비, 대공포의 설치 가능성도 예상된다. 뿐만 아니라 중국은 2016년부터 베트남과 분쟁 중인 서사군도에도 지대공, 지대함 유도무기의 배치를 시작했다.[197]

이러한 남중국해의 군사화를 통해 중국이 기대할 수 있는 전략적 효과는 3가지다. 첫째, 남중국해 일대에서 군사상의 정보 수집, 기동, 방호 능력을 향상시켜 장래에 발생할 수 있는 군사 분쟁에서, 상대측에 대한 우위를 제공받는다. 둘째, 남중국해에서 확보한 기존의 관할권을 유지, 기정사실화하는 데 유리한 물리적 조건을 구축한다. 그리고 셋째, 향후 남중국해에서 보다 확대된 관할권을 주장하거나, 이와 관련된 정치 · 군사적인 조치

---

196 류동원(2015), pp. 205-206; 구자선, "남중국해 인공섬 관련 갈등 분석," 「주요국제문제분석」, No. 2015-22 (2015년 8월 20일), pp. 8-10.

197 남중국해에 대한 중국의 군사화 동향에 관해서는 Tim Huxley and William Choong eds, *Asia-Pacific Regional Security Assessment 2019* (London, UK: International Institute for Strategic Studies, 2019), pp. 128-131을 참고.

(예: 해 · 공군력의 활동 범위, 빈도 증대)를 취할 근거를 마련할 수 있다.

남중국해를 대상으로 진행되고 있는 중국의 정치 · 군사적인 강압에 대한 동남아시아 국가들의 입장은 어떠한가? 먼저 중국과 직접적으로 영유권 분쟁 관계에 있는 필리핀, 베트남은 중국에 대한 비판을 숨기지 않으며, 중국에 맞서기 위한 국제사회와 역외(域外) 주요 국가들(예: 미국, 일본)의 개입 및 지원을 지지한다. 필리핀이 2013년 1월 중국을 상대로 남중국해 영유권 분쟁에 관한 중재(仲裁)를 청구하고, 3년 후인 2016년 7월 12일 네덜란드 헤이그의 상설중재재판소(PCA: Permanent Court of Arbitration)로부터 유리한 중재 판정을 이끌어낸 것이 대표적 사례다.[198]

반면 캄보디아와 라오스, 미얀마 등 지리적으로 남중국해 분쟁과의 연관성이 적은 국가들은 중국에 우호적인 편이다. 그리고 나머지 국가들은 경제, 군사 등 국력 총량에서 월등히 우세를 차지하고 있는 중국과의 대결을 회피하기 위해 남중국해 분쟁에 관해 대체로 중립적인 자세를 추구하고 있다.[199] 이러한 입장 차이는 동남아시아의 역내 국가들이 남중국해에서 중국의 강압에 맞서 단결, 협력하는 것을 어렵게 만들 전망이다.

이들 가운데 싱가포르는 남사군도를 비롯한 남중국해 영유권 분쟁의 직접적인 당사국은 아니지만, 동남아시아 국가들 중에서 '항행의 자유'(freedom of navigation), '국제법의 준수'(rule of law) 원칙을 지속적으로 강조하는 대표적인 국가다.[200] 또한 싱가포르는 2016년 7월 중국의 남중국해

---

198 당시 상설중재재판소는 중국이 남중국해 영유권의 근거로 내세우는 9단선은 국제법상의 효력을 갖지 못하며, 남중국해에 위치하는 모든 지형들도 국제법이 인정하는 관할권을 갖지 못하는 암초에 불과하다고 판정했다. 이들 판정은 남중국해에서 독점적 · 배타적인 영유권을 행사하려는 중국의 주장이 국제법적 측면에서 정당성이 없음을 적시(摘示)한 것이었다. 그러나 중국은 이를 '구속력이 없는 무효'로 규정, 평가절하하면서 전면 거부할 것임을 밝혔다. 김재관, "남중국해 판결의 국제정치적 함의와 전망: 남중국해 판결 관련 핵심 쟁점을 중심으로," 「국제정치논총」, 제56집 제3호 (2016년 9월), pp. 320-324.

199 Raine and Le Mière(2013), pp. 111-113; 배긍찬, 『미 · 중 경쟁과 ASEAN의 전략적 대응: 남중국해 분쟁을 중심으로』(서울: 국립외교원 외교안보연구소, 2015), p. 25.

200 Jane Chan, "Singapore and the South China Sea: Being an Effective Coordinator and Honest Broker," *Asia Policy*, No. 21 (January 2016), pp. 42-43.

영유권 주장을 반박하는 상설중재재판소의 판정에 대해서도 지지 입장을 밝힌 바 있다.[201] 이러한 싱가포르의 행보는 핵심이익 논리를 앞세워 남중국해에서의 독점적 · 배타적인 관할권을 주장하려는 중국의 입장과 충돌하는 것이다. 이는 말라카 해협을 비롯한 남중국해 일대의 해양, 공중 공간을 자유롭게 접근 및 이용하는 것이 싱가포르의 경제, 안보에서 필수적인 비중을 차지하고 있음을 반영하는 한편으로, 중국이 동남아시아 국가들을 상대로 압도적인 힘의 우위를 행사하려는 것을 견제하기 위한 노력으로 평가할 수 있다. 말하자면 싱가포르가 전통적으로 추구해 온 세력균형 외교 원칙에 따른 것이다.

2019년 9월에 실시된 미국과 아세안 회원국들의 첫 다국적 해군 훈련. 싱가포르도 참가하였다.

뿐만 아니라 싱가포르는 남중국해에서의 중국의 전략적 영향력 강화에 맞서기 위해 미국과의 안보 협력도 동맹에 준하는 수준으로 강화하는 추세다.[202] 중국이 동남아시아 국가들에 대해 차지하고 있는 힘의 우위를 견제, 상쇄할 수 있는 가장 유력한 세력은 바로 초강대국 미국이기 때문이다. 먼저 2013년부터 2019년 사이에 미 해군의 배수량 2,300톤급 '연안전투함'(LCS: Littoral Combat Ship)이 싱가포르에서 순환배치 형식으로 4차례

201 Tim Huxley and William Choong eds, *Asia-Pacific Regional Security Assessment 2017* (London, UK: International Institute for Strategic Studies, 2017), p. 60.

202 미국은 2010년대 이래 '항행의 자유', '국제법의 준수' 원칙을 강조하면서 중국의 남중국해 영유권 강화 움직임에 맞서고 있다. 특히 2015년부터는 미국의 해군 함정, 공군 항공기 등이 남중국해에서 중국이 건설하고 있는 인공섬을 향해 접근을 시도하는 '항행 자유 작전'(FONOP: Freedom-of-Navigation Operations), 남중국해에서 미국과 동맹, 우방 국가들의 해상 훈련이 실시되고 있다. 이는 미국이 남중국해에 대한 중국의 영유권 주장 논리를 무력화하고, 중국의 일방적 · 강압적인 행태로부터 남중국해에서의 군사적인 안정, 균형을 관철하기 위한 군사력의 동원 능력과 의지를 과시하기 위한 것이다. Huxley and Choong eds(2019), pp. 133-135.

주둔하였다. 2015~2016년에는 미 해군의 P-8 '포세이돈' 해상초계기도 싱가포르에 3차례 순환배치되었다. 싱가포르는 2019년 9월 2~6일 실시된 미국과 아세안 회원국들의 사상 첫 다국적 해군 훈련에도 주력함인 포미더블급 호위함을 비롯해 다수의 군 인원을 참가시켰다.[203] 그리고 2019년 9월 23일에는 미국과 싱가포르가 지난 1990년 체결되었던 양국간의 군사시설 이용에 관한 양해각서를 15년 연장하는 데 합의했다.[204] 이로써 미국은 오는 2035년까지 싱가포르의 군사 기지, 시설을 이용할 수 있는 권리를 제공받게 되었다.

그러나 남중국해 분쟁에서 싱가포르가 일방적으로 미국의 편에 기울어지고, 중국과는 대립 일변도를 지향하는 것만은 아니다. 싱가포르는 아세안 회원국의 일원으로서, 역내 국가들이 남중국해 분쟁에 관해 단합된 입장을 정립하도록 독려하는 가운데, 외교를 중심으로 하는 평화적인 해결책을 강조하고 있다.[205] 또한 중국과도 신뢰 구축을 위해 다방면의 노력을 기울이는 중이다. 2018년 10월 중국과 아세안 회원국들 사이에 실시된 최초의 다국적 해군 훈련에 싱가포르가 참가했던 것도 이러한 노력의 일환으로 풀이된다.[206] 이러한 싱가포르의 행보는 세력균형과 더불어 자국 외교의 3대 원칙인 비동맹, 실용주의에 따른 것이라고 할 수 있다.

---

203 Lim Min Zhang, "First ASEAN-US Maritime Exercise Begins in International Waters in South-East Asia," *Straits Times,* (September 3, 2019).

204 해당 협정은 앞서 2005년에 한차례 연장된 바 있다. Lim Min Zhang and Charissa Yong, "PM Lee, Trump Renew Key Defence Pact on US Use of Singapore Air, Naval Bases," *Straits Times,* (September 24, 2019).

205 Chan(2016), p. 44.

206 당시 훈련에는 남중국해 영유권 문제로 중국과 분쟁 중인 필리핀, 베트남도 해군 함정을 참가시켰다. Huxley and Choong eds(2019), pp. 205-206.

2) 제3세대 군사력을 향하여

1989년 베를린 장벽의 붕괴, 동유럽을 비롯한 세계 각국의 공산 정권 몰락, 그리고 1991년 소련의 해체 등으로 현실화된 냉전 체제의 종식은 제2차 세계대전 이후 반세기 가까이 전 세계에서 지속되었던 정치 · 이념적인 대립, 군사적 경쟁을 큰 폭으로 해소시키는 전환점을 마련했다. 하지만 아시아 · 태평양 지역에서는 냉전의 종식이 평화의 계기로 이어지는 데 한계를 나타냈다. 소련의 위협은 사라졌지만, 급속한 경제성장을 바탕으로 군사력의 증강에 나선 중국이 역내 국가들에게 새로운 안보 도전으로 등장하였기 때문이다.[207]

특히 동남아시아에서는 냉전 시절 필리핀의 수빅만, 베트남의 캄란만에서 대치했던 미국과 소련의 군사력이 1990년대 이래 철수하면서 일종의 '세력공백'(power vacuum) 상태가 형성되었다. 이는 중국이 동남아시아 국가들을 상대로 힘의 우위를 누리는 가운데, 공세적인 외교 및 군사상의 행태를 가능토록 하는 배경으로 작용하게 되었다.[208] 오늘날 남중국해에서 전개되고 있는 중국의 강압적 행보는 이를 여실히 보여주고 있는 증거다.

중국에 의한 외교, 군사 부문에서의 강압이 심화되면서, 동남아시아 지역에서 안보 측면의 위협 인식과 경각심도 점차 높아졌다. 이에 따라 동남아시아의 여러 국가들이 방위력을 확충, 발전시키기 위한 노력을 강조하는 추세다.[209] 특히 동남아시아 국가들이 그동안 영토 및 국경의 방어, 내

---

207 중국은 냉전 시대에도 동남아시아 일대의 공산주의 반군(叛軍) 세력 지원, 캄보디아의 크메르 루주(Khmer Rouge) 공산 정권 후원, 1979년 베트남과의 전쟁 등을 통해 동남아시아에 대한 정치 · 군사적 개입, 영향력 행사를 실시해 왔다. 이는 역내 국가들이 중국을 소련에 버금가는 공산주의 위협으로 규정하고, 반공(反共)의 기조 아래 단결하는 계기로 작용했다. 윤진표 (2016), p. 47.

208 Denny Roy, "Assessing the Asia-Pacific 'Power Vacuum'," *Survival*, Vol. 37, No. 3 (Autumn 1995), p. 45; pp. 52-53.

209 최현호, "서태평양 지역 국가들의 최근 전략증강 분석: 해상분쟁을 대비한 해상 및 항공전력 증강 경쟁,"「국방과 기술」, (2016년 5월), pp. 34-39.

부의 반(反)체제 세력 진압을 위한 육군력 중심의 군사력 건설에 머물지 않고, 점차 해양관할권의 수호를 뒷받침할 수 있도록 해 · 공군력의 강화를 의욕적으로 추진하고 있다는 점은 주목할 만하다.[210] 싱가포르와 인접한 말레이시아, 인도네시아도 예외는 아니다.

말레이시아는 프랑스에서 설계된 배수량 3,100톤급의 신형 호위함 6척의 도입을 진행하고 있다. 주요 무장으로 57mm 함포, 8발의 대함미사일, VLS를 통해 척당 16발을 탑재, 운용하는 사거리 약 20km의 단거리 함대공미사일 등을 포함하며, 선체 설계에 스텔스 기술을 적용하여 말레이시아 해군의 기존 수상전투함들보다 기술적으로 상당한 발전을 이룬 것이 특징이다.[211] 이들의 전력화는 오는 2020년대 초반까지 완료될 계획이다. 또한 기존의 주력 전투기인 러시아제 MIG-29를 대체할 신형 전투기의 도입도 모색 중이다.

인도네시아의 경우, 2024년을 목표로 '필요 최소한도의 방위력'(MEF: Minimum Essential Force)을 건설한다는 방침 아래 전력의 확충을 추진하고 있다.[212] 이에 따라 2017년부터 네덜란드가 설계, 제작한 배수량 2,300톤급의 일명 '시그마'(SIGMA: Ship Integrated Geometrical Modularity Approach)

---

210 동남아시아 지역의 방위력 확충 추세에 힘입어, 이들 국가에 대한 한국의 방위산업 수출도 활기를 띄고 있다. 구체적으로는 해군의 잠수함(인도네시아), 수상전투함(필리핀, 태국), 공군의 훈련기 및 공격기(필리핀, 인도네시아, 태국) 등이 수출되었다. 이를 통해 한국은 미국, 러시아, 프랑스 등에 이어 동남아시아에서의 주요 무기 수출국으로 도약했다. Wezeman(2019), pp. 14-18; Jon Grevatt, "Eastern Promise: Southeast Asian Opportunities and Challenges," *Jane's Defence Weekly*, (October 12, 2016), pp. 24-28.

211 이러한 특징들은 이집트가 채택한 프랑스제 '고윈드'(배수량 2,500톤)급 호위함에서 유래한 것이다. 고윈드급은 루마니아, 아랍 에미리트에서도 도입할 예정이다. Wezeman(2019), pp. 29-31; Dzirhan Mahadzir, "Meeting the Requirements of the Malaysian Armed Forces," *Military Technology*, Vol. 40, No. 4 (April 2016), p. 36.

212 이와 같은 인도네시아의 계획은 2014년 취임한 조코 위도도 대통령이 밝힌 '태평양과 인도양을 연결하는 전 세계적인 해양 주축(Global Maritime Fulcrum)'이라는 구상을 뒷받침하고, 동남아시아와 아시아 · 태평양 지역에서의 국제적 위상을 강화하려는 노력의 일환으로 평가된다. Jon Grevatt, "Slow and Steady: Indonesian Armed Forces Modernisation," *Jane's Defence Weekly*, (July 31, 2019), pp. 24-26.

형 호위함을 전력화하기 시작했다. 시그마형은 말레이시아가 도입하고 있는 신형 호위함과 대체로 비슷한 무장, 성능을 보유한다. 현재까지 2척의 시그마형 호위함이 건조되었고, 향후 추가 도입이 이루어질 전망이다.[213] 여기에 인도네시아 해군은 한국제 장보고급 잠수함을 추가 도입하여 수중 전력도 강화할 방침이다. 그리고 인도네시아는 공군력의 강화를 위해 미국제 F-16의 개량형 32대, 러시아제 Su-35 11대의 도입 계획을 표명하고 있다.[214]

물론 위와 같은 말레이시아, 인도네시아의 군사력 발전 계획이 전적으로 싱가포르를 겨냥하거나 위협하려는 목적에 따라 진행되는 것이라고 단언하기는 어렵다. 하지만 싱가포르와 인접한 양국의 전력 강화, 특히 해 · 공군력 분야의 질적 강화는 싱가포르에 대한 군사력의 격차를 좁히는 결과로 이어질 것임에 분명하다. 영토와 인구를 비롯한 국력 총량에서의 절대적인 열세를 경제력, 그리고 이를 기반으로 하는 군사력의 질적 우세로 극복해 온 싱가포르에게는 전쟁 억지 태세의 유지를 비롯한 방위 전략의 근간에 상당한 도전이 될 수 있는 문제다.

뿐만 아니라 싱가포르는 내부적으로도 장래 방위력의 유지, 발전을 위협할 수 있는 요인에 직면하고 있다. 바로 인구 구조의 변화다. 2017년 기준으로 싱가포르의 출산율은 약 1.2명으로 세계에서 가장 낮은 수준이며, 인구 구조의 고령화가 사회적 문제로 부각되는 추세다.[215] 이는 오늘날 세계 여러 국가들이 공통적으로 직면한 문제지만, 싱가포르는 인구의 수가

---

213 현재 모로코, 멕시코에서도 시그마형을 기반으로 설계된 배수량 2,000톤급의 수상전투함 도입을 진행 중이다. Wezeman(2019), pp. 25-27.

214 또한 인도네시아는 한국의 '한국형 전투기'(KF-X: Korean Fighter eXperimental) 독자개발 사업에도 전체 예산의 약 20%를 제공하는 형식으로 참여하고 있다. KF-X는 2021년 시제기 제작, 2026년 양산 및 실전배치 착수를 목표로 개발이 진행 중이다. Jon Grevatt, "Indonesia Signals Intention to Buy F-16Vs," *Jane's Defence Weekly*, (November 13, 2019), p. 8.

215 싱가포르 외에도 한국, 일본, 대만 등 여러 동아시아 국가들의 출산율이 세계 최하위권인 1.2~1.4명 이하에 그치고 있는 것으로 나타난다. 외교부 남아시아태평양국 동남아과(2018), p. 86.

주변 국가보다 월등히 적기 때문에 더욱 타격이 클 수밖에 없다. 군사 부문에서도 저출산, 고령화는 병력 충원에 막대한 장애를 야기할 것임에 분명하다. 싱가포르 정부는 현재의 인구 추세대로라면, 정규군의 병력 규모가 오는 2030년까지 현재의 2/3로 축소될 것으로 전망하고 있다.[216]

이러한 국내외의 도전 속에서도, 싱가포르는 동남아시아에서 기술적으로 가장 우월한 군사력을 유지, 확보한다는 정책 노선을 고수하고 있다.[217] 이는 ① 말레이시아, 인도네시아 등 인접 국가들에 대한 군사력의 양적 열세를 극복 및 상쇄할 수 있는 질적 우위를 보장하고, ② 저출산과 고령화에 따른 병력 규모의 감소 추세에서도 전쟁의 억지, 승리를 달성하는데 필요한 방위 역량과 태세를 확보하기 위하여 최신 군사기술이 제공하는 효과의 극대화에 주력할 것임을 나타낸다. 싱가포르가 2000년대를 기점으로 표방하고 있는 '제3세대 군사력'(3G SAF: 3rd Generation Singapore Armed Forces)도 이러한 노력을 반영하고 있다.

싱가포르는 건국 직후인 1960~1970년대까지, 육 · 해 · 공 각 군별로 영토 방어를 위한 기본적인 능력을 도입, 확보했던 시기를 '제1세대 군사력'으로 규정한다. 그 뒤를 이어 1980~1990년대에 해당하는, 육 · 해 · 공군이 각자의 전력 확충을 통하여 영토 방어를 넘어서는 성격의 임무를 수행할 수 있도록 발전된 시기가 '제2세대 군사력'이다. 그리고 2000년대 이후, 첨단 군사기술을 기반으로 육 · 해 · 공 3군이 공통의 전략적 역할을 수행하는 합동 전력으로 진화된 것이 제3세대 군사력이라는 설명이다.[218]

싱가포르의 제3세대 군사력 건설에서 중심을 차지하는 개념은 '통합 지식기반 지휘통제'(IKC2: Integrated Knowledge-based Command and

---

216 Kor Kian Beng, "SAF Confident of Coping with Tighter Manpower Resources, Thanks to Increased Automation and Motorisation: Ng Eng Hen," *Straits Times*, (July 1, 2017).

217 Jon Grevatt, "Island Intent: Singapore's Procurements," *Jane's Defence Weekly*, (January 29, 2014), p. 26.

218 Raska(2016), p. 146.

Control)다. IKC2는 2003년 미국의 이라크 공격으로 촉발된 제2차 걸프 전쟁을 통해 기술적 효용성이 입증된 '네트워크 중심전'(NCW: Network-Centric Warfare)에 기반을 두고 있다. 고성능의 정보수집, 통신 기술을 바탕으로 개별 공간에 배치된 각 병력들이 적보다 빠르고, 폭넓으며 정확하게 전장 상황을 인식, 판단할 수 있는 능력을 제공하고, 화력과 기동을 비롯한 작전 수행의 정밀성을 향상시켜 신속하고 결정적인 승리를 달성할 수 있도록 보장하는 것이다.[219]

아울러 싱가포르는 2010년대 후반부터 전 세계적인 주목을 받고 있는 소위 '4차 산업혁명'(4IR: 4th Industrial Revolution)이 제공하는 기술의 군사적 활용에도 주목하고 있다. 구체적으로는 ① 인공지능(artificial intelligence), ② 지능화된 무인 무기체계, ③ 빅 데이터(big data) 기술을 이용한 정보의 융합 및 분석 등에 관한 기술의 개발, 적용을 추진 중이다.[220] 이에 따라 싱가포르 공군은 주요 기지의 정비, 감시 및 방호 업무에 이들 4차 산업혁명 기술을 적용하는 '지능형 기지'(Smart Airbases) 계획을 제시한 바 있다. 싱가포르 해군도 최신 군함인 인디펜던스급 초계함에 자동화 기술을 바탕으로 하는 통합 함정 관리체계를 도입하여 전투 임무뿐만 아니라 기능 장애, 화재, 침수 등의 긴급 사태에 신속히 대응할 수 있는 기능을 강화시켰다. 덕분에 인디펜던스급은 척당 승조원의 수가 23명(장교 5명, 수병 18명)으로 동급의 군함들에 비해서 대폭 감소되었다.[221]

---

219 NCW는 '관찰(Observe) → 판단(Orient) → 결심(Decide) → 행동(Act)'으로 이어지는 4단계의 의사결정 과정(일명 OODA 주기)에 소요되는 시간을 최대한 단축시켜 전장에서 적보다 빠르고 결정적인 대응 능력을 발휘하고, 이를 통해서 전쟁 수행의 주도권을 차지하는 것을 추구한다. Raska(2016), pp. 150-151; Alexander Sullivan, *Autonomous Power? Securing Singapore's Interests in the 21st Century* (Washington, D.C: Center for a New American Security, 2014), pp. 7-8.

220 Jon Grevatt, "Smart Moves: Fourth Industrial Revolution Technologies in Asia," *Jane's Defence Weekly*, (January 9, 2019), p. 31.

221 이러한 인디펜던스급 초계함의 척당 승조원 수는 교체 대상이자 선체의 규모, 무장 능력에서 소규모인 피어리스급 경비정의 37명보다도 적다. Kelvin Wong, "Full Spectrum: Singapore Launches Independence-class Littoral Mission Vessel," *Jane's International Defence Review*,

이러한 4차 산업혁명 관련 기술의 군사적 활용은 주요 군사 시설, 무기체계의 운영 및 관리를 보다 효율적으로 수행하여 인적, 물적 자원을 대폭 절약하는 데 기여할 것이다. 아울러 전장에서 보다 신속하고 정확하며, 결정적으로 전투력을 운용하기 위한 정보 우위를 확보하고, 장병들의 생존성을 강화하는 효과도 기대된다. 특히 인구 구조의 고령화 추세로 인한 병력 규모의 감소에 대비하여, 싱가포르가 중 · 장기적으로 적정 방위력을 유지, 확보하기 위한 기술적인 대안을 제공한다는 점에서 큰 의의를 갖는다.

동남아시아에서의 군사기술적 우위를 유지, 강화하려는 싱가포르의 야심찬 구상은 2019년 3월 응엥헨(黃永宏) 국방장관이 발표한 '다음 세대의 싱가포르군: 2030년 이후를 향하여'(Next-Gen SAF: 2030 and Beyond)라는 구상에서도 확인되고 있다.[222] 이에 따르면, 싱가포르 육군은 2020년대에 신형 장갑차, 차륜형 자주포를 도입하여 노후화된 M113 장갑차와 155mm 견인포를 각각 대체한다. 뿐만 아니라 각 대대급 부대는 정찰 및 통신, 타격 등의 임무를 수행하는 지상, 공중 배치형 무인 무기체계를 보유하는 유 · 무인 협동부대로 재편될 것이다.[223]

한편 싱가포르 공군은 기존의 주력 전투기인 F-16에 AESA 위상배열 레이더를 탑재하는 등의 성능 개량을 실시하고, 오는 2030년까지 운용할 계획이다. 2030년 이후에는 F-35 스텔스 전투기의 도입을 본격화하여 F-16을 대체하게 된다. 그리고 2020년대 중으로 현재의 헤론, 헤르메스-450을 대체할 동급 이상의 신형 무인정찰기도 새로이 도입한다는 방침이다.

싱가포르 해군도 상당히 의욕적인 발전 계획을 제시하고 있다. 기존

(September 2015), p. 36.

222 해당 계획은 지난 2014년에 처음 제시된 바 있다. Teo Jing Ting and Thrina Tham, "A Strong SAF for the Next Generation," *Pioneer,* (April 2019).

223 이러한 구상은 한국 육군에서 추진하고 있는 '드론봇(drone-bot) 전투체계'의 개발, 전력화와 비슷하다.

싱가포르가 제시하는 2030년까지의 군사력 발전 계획(출처: 싱가포르 국방부)

의 빅토리급 초계정을 대체하기 위해 2020년대 중반부터 전력화될 '다목적 전투함정'(MRCV: Multi-Role Combat Vessel)이 대표적이다. 싱가포르 해군의 MRCV는 호위함급 규모로 제작되며, 각종 무장뿐만 아니라 수상, 수중, 그리고 공중에서의 정찰, 호위 등의 다양한 임무를 수행하는 무인 무기체계를 탑재 및 운용하는 일종의 '모선'(母船: mothership) 역할을 할 것이다. 이를 통해 MRCV는 연안과 원해(遠海)를 포함하는 광범위한 해역에서 초계, 해상교통로의 보호, 전투 수행을 비롯한 각종 임무를 보다 효과적으로 수행할 수 있다.

또한 싱가포르 해군은 인듀어런스급 상륙함의 후속함으로서, 2030년까지 '합동 다목적함'(JMMS: Joint Multi-Mission Ship)을 건조, 배치할 계획이다. JMMS는 인듀어런스급의 뒤를 잇는 싱가포르 해군의 최대 군함이 될 전망이며, 보다 대규모의 상륙 병력과 헬기, 상륙정 등을 수송할 수 있도록 개발될 것이다. 이는 싱가포르의 해군력 투사(投射) 규모, 범위를 확장시켜 상륙을 통한 반격, 해외 군사활동 등의 수행 능력을 강화할 것으로 기대된다.[224] MRCV와 JMMS도 인디펜던스급 초계함처럼 함정 운용, 통제를 위한 자동화 기술을 적극 도입하여 동급의 군함들보다 척당 승조원의 수를 대폭 축소시킨다는 계획이다.

싱가포르는 건국 과정과 그 이후를 포함하는 지난 수십 년 동안, 국내외의 숱한 난관과 도전들을 극복하였으며, 오늘날 전 세계가 인정하는 경제적 번영과 정치 · 사회적인 안정을 이룩해냈다. 이 과정에서 싱가포르는 스스로의 번영, 안정을 지키기 위한 토대로서 군사력의 강화 및 발전에도 많은 노력을 기울였다. 주변 국가들보다 절대적으로 부족한 군사력의 양적 규모를 풍부한 경제력, 기술적인 우위로 상쇄시키고, 동남아시아에서 가장 첨단화된 군사력을 건설하는 데 성공한 것이다. 앞으로도 싱가포르는 동남아시아, 더 나아가 세계에서 '작지만 강한 나라'로 생존, 발전하기 위한 핵심적인 수단으로서 강력한 군사력의 가치를 강조할 것이다.

---

224 일각에서는 싱가포르 해군의 JMMS가 헬기뿐만 아니라 고정익 전투기의 탑재, 운용을 위해 연장된 비행갑판을 보유하는 배수량 1만톤급 이상의 상륙모함으로 개발되고, 잠재적인 소형 항공모함으로 운용될 가능성을 제기한다. 현재 싱가포르 공군이 항공모함에서의 이착륙이 가능한 F-35B 스텔스 전투기의 도입을 추진하고 있다는 점도 이러한 관측을 뒷받침하고 있다. Sullivan(2014), pp. 8-9.

Ⅳ. 호주

역전의 용사

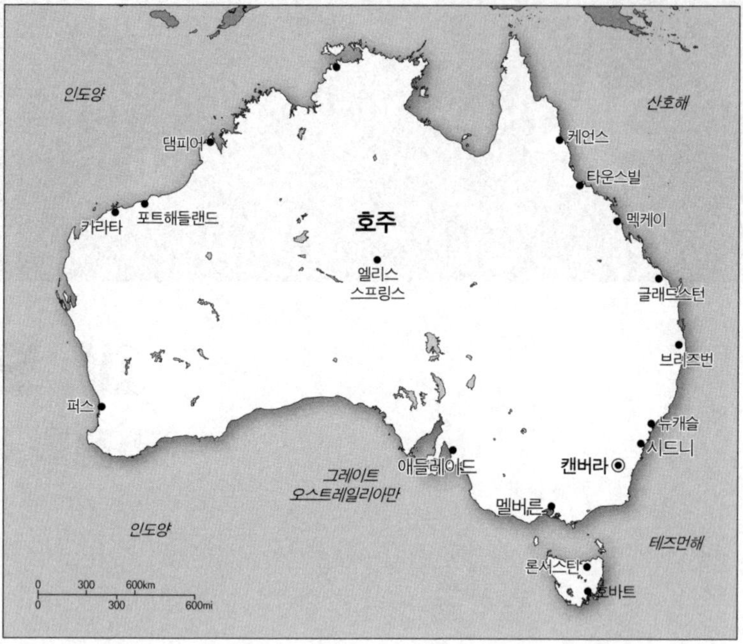

인도양
산호해
댐피어
케언스
타운스빌
카라타
포트해들랜드
호주
멕케이
엘리스
스프링스
글래드스턴
브리즈번
퍼스
뉴캐슬
시드니
애들레이드
캔버라
그레이트
오스트레일리아만
멜버른
인도양
테즈먼해
론서스턴
호바트
0 300 600km
0 300 600mi

호주(濠洲: Australia)는 적도(赤道) 이남인 태평양의 남쪽에 위치하는 거대한 섬이자 대륙이다. 호주의 영토는 768만 2,300km^{2}로 남위 10~43도, 동경 113~153도에 걸친 광활한 면적을 차지한다.[1] 동서 방향의 거리는 약 4,000km, 남북 방향으로는 약 3,680km나 될 정도다. 영토 내부는 ① 서부, ② 북중부, ③ 남중부, ④ 북동부의 '퀸즈랜드'(Queensland), ⑤ 남동부의 '뉴 사우스 웨일즈'(New South Wales)와 '빅토리아'(Victoria) 등으로 구분된다. 또한 남동부에 위치한 최대의 섬 '태즈매니아'(Tasmania), 북동부의 산호해 제도(Coral Sea Islands)를 비롯한 도서 지역들도 호주의 영토에 속한다.[2]

이처럼 넓은 호주의 영토는 러시아, 캐나다, 중국, 미국, 브라질의 뒤를 잇는 세계 6위의 규모다. 좀 더 간단히 설명하자면, 호주의 영토는 한반도의 무려 35배에 달하고, 세계 최대의 섬인 북유럽의 그린란드(Greenland. 덴마크 자치령)보다 3배 이상 크며, 알래스카 등지를 제외한 미국의 본토 면적과 거의 대등한 면적을 차지한다. 심지어 유럽, 동남아시아 지역 국가들의 면적을 합친 것보다도 넓을 정도다.

호주가 속한 남반구(南半球: Southern Hemisphere) 지역은 육지보다 바다가 훨씬 큰 면적을 차지한다. 이러한 지리적 특성으로 인해, 호주는 지상의 국경을 통해 인접하는 국가가 없다. 대신 북쪽 방향의 해역을 경유하여 동남아시아의 도서 지역들과 연결되는 위치에 놓여있다. 구체적으로는 북서쪽으로 인도네시아의 자바, 수마트라 섬 등지와 이어지며, 북쪽으로는 토레스 해협(Torres Strait)을 통해 세계에서 2번째로 큰 섬인 뉴기니(New Guinea) 섬을 마주하고 있다.[3] 또한 호주의 서부 해안은 인도양과 접하며,

1 외교부 남아시아태평양국 서남아태평양과, 『호주 개황』(서울: 외교부, 2014), p. 3.

2 이들 지역 가운데 6개(서부, 남중부, 태즈매니아 섬, 빅토리아, 퀸즈랜드, 뉴 사우스 웨일즈)가 호주의 연방을 구성하는 주(州)로 지정되어 있다. 호주 인구의 대다수는 동부 지역에 거주하며, 시드니(Sydney)와 멜버른(Melbourne)을 비롯한 대도시, 그리고 수도 캔버라(Canberra)도 동부에 위치한다. 외교부 남아시아태평양국 서남아태평양과(2014), pp. 3-4.

3 뉴기니 섬은 동경 141도를 경계로 서부가 네덜란드의 식민지였고, 동부는 호주의 신탁통치를

동부 해안은 태평양과 접하고 있다. 다시 말해서 호주는 태평양, 인도양이라는 두 대양과 동시에 만나는 위치에 놓여있는 것이다.

위와 같은 지리적인 특징들을 고려하면, 언뜻 호주는 다른 지역이나 국가들에서 벌어진 전쟁의 영향권에서 벗어난 평화로운 국가처럼 여겨질 수도 있다. 하지만 역사상으로 호주는 지난 20세기 이래 발생했던 수많은 주요 전쟁에 참전한 '역전(歷戰)의 용사(勇士)'다. 여기에는 제1 · 제2차 세계대전뿐만 아니라, 냉전 시절 한반도에서의 6.25 전쟁, 베트남 전쟁도 포함되어 있다. 냉전이 종식된 후에도 호주는 1991년과 2003년 미국 주도의 제1 · 제2차 걸프전쟁에 참전하였고, 세계 각 지역의 다양한 무력 분쟁에 전투 및 비(非)전투 병력을 파견해 왔다.

그리고 오늘날 아시아 · 태평양 지역이 세계 제1 강대국의 지위를 놓고 미국, 중국이 치열하게 벌이는 전략적 경쟁의 각축장으로 주목받으면서, 호주도 나름의 대안을 모색해야 할 입장에 놓이게 되었다. 여기서 과연 호주의 군사력은 어떠한 역할을 해낼 수 있을 것인가?

받았다. 이후 뉴기니 섬 서부는 1969년 인도네시아의 영토로 편입되었다. 1975년에는 동부가 호주의 신탁통치에서 벗어나 파푸아 뉴기니로 독립하였고, 영(英)연방의 일원이 되었다.

1. 호주의 역사

1) 식민지 개발에서 독립까지

역사상으로 호주의 존재가 알려지기 시작한 것은 1600년대로 거슬러 올라간다. 당시 인도양과 태평양을 경유하여 아시아로 항해, 교역을 실시했던 포르투갈, 스페인, 네덜란드 등 유럽의 선박들이 호주를 대상으로 탐험에 나섰던 것이었다. 그러나 호주에는 이보다 훨씬 앞선 시기부터 다수의 원주민(일명 '에버리진'(Aborigine))이 거주하고 있었다. 호주의 원주민들은 빙하기 시절인 수만 년 전 아시아 대륙에서 이주해 온 것으로 추정되며, 유럽 등지에 존재가 드러나기 전까지도 인도네시아를 비롯한 동남아시아 지역 주민들과 무역 활동을 벌여온 것으로 나타났다.[4]

호주에 대한 본격적인 탐험은 1770년 영국의 항해사 제임스 쿡에 의해 이루어졌다. 당시 영국은 1756~1763년 사이에 벌어진 일명 '7년 전쟁'(Seven Year's War)에서의 승리로 유럽 최강의 해군력을 보유하게 되었고, 이를 발판으로 해외 식민지를 확보하려는 경쟁에서도 우위를 차지하기 시

4 외교부 남아시아태평양국 서남아태평양과(2014), p. 9; 양승윤 외, 『호주 · 뉴질랜드』(서울: 한국외국어대학교 출판부, 2006), pp. 26-27.

호주의 초대 총독 아서 필립의 초상화(왼쪽)와 1788년 필립 일행의 호주 상륙을 묘사한 그림(오른쪽)

작했다.[5] 쿡을 대장으로 하는 영국의 항해단이 남태평양으로 파견된 것도 이러한 배경에 따른 것이었다. 쿡의 항해단은 1768년 영국을 출발해 이듬해인 1769년 타히티, 뉴질랜드 등지에 도달하였다. 그리고 1770년 4월에는 호주 동부 해안에 상륙했다.[6] 이는 현재 호주의 6개 주들 가운데 하나인 뉴 사우스 웨일즈의 기원이 되었다. 이때부터 호주는 영국의 영향권에 편입되기 시작하였다.

영국이 호주의 식민지화를 본격적으로 추진한 것은 쿡의 상륙으로부터 10여 년이 더 지난 1780년대 말부터의 일이다. 앞선 1783년 북아메리카의 13개 주가 영국과의 독립전쟁에 승리하여 새로운 주권 독립국가 미국으로 재탄생했으며, 영국은 또 다른 식민지의 상실을 막으려 고심하고

---

5 7년 전쟁은 독일 프로이센의 슐레지엔 지방 병합에 반발한 오스트리아의 공격을 발단으로 시작되었는데, 뒤이어 영국과 프랑스, 러시아, 스웨덴, 스페인 등 유럽의 주요 국가들까지 참전하는 대전쟁으로 확대되었다. 영국은 프로이센의 편을 들어 전쟁에 가담하였으며, 오스트리아를 도와 참전한 프랑스 등에 승리를 거두면서 인도와 북아메리카의 식민지에서 세력을 확장하는 성과를 거두었다. 양승윤 외(2006), p. 29.

6 쿡은 7년 전쟁에서 캐나다 등지의 전투에 참전했으며, 1760년대에는 북아메리카 해안 지역의 지도 제작에 기여하여 항해사로서의 능력을 인정받았다. 이에 쿡은 1770년대 말까지 여러 차례의 항해를 통해 태평양의 여러 섬들에 대한 탐험을 이끌었다. 그러던 1779년 하와이에서 원주민들에게 50세의 나이로 피살당했다. 양승윤 외(2006), p. 30.

있었다. 이러한 노력의 일환으로, 영국은 호주에 대한 식민 지배를 확대, 강화할 필요성을 인정하게 되었다. 그 결과 1788년 1월 26일 아서 필립이 이끄는 11척의 영국 선박이 약 1,500명을 태우고 현재의 시드니 항에 도착했다.[7] 호주는 영국의 식민지로 정식 선포되었고, 필립이 초대 총독으로 임명되었다.

초대 총독 필립을 비롯한 첫 이주민들의 도착 이후, 영국은 호주에 대한 지배 영역을 확장하는 데 많은 노력을 기울였다. 호주의 다른 연안, 내륙에 대한 탐사를 적극적으로 진행하였고, 1830년대 후반까지는 동부뿐만 아니라 중 · 서부 지역까지 식민지로 개발되면서 많은 수의 인구가 정착했다.[8] 호주의 광활한 토지는 모직(毛織) 의류의 원료인 양모(羊毛)를 생산하는 면양(綿羊)의 사육에 이상적인 조건을 제공하였고, 많은 이주민들이 양떼를 치는 목축업에 종사했다.

초기에는 호주로 이주해 온 영국인들의 대다수가 유배된 죄수들이었지만, 1840년대를 기점으로 자유민들을 중심으로 하는 자발적인 이민자들의 수가 증가하였다.[9] 특히 1850년대에 뉴 사우스 웨일즈, 빅토리아 등 남동부 지역을 중심으로 대규모의 금광이 발견, 개발되면서 호주로의 이민이 폭발적으로 늘어나게 되었다. 이러한 '골드 러쉬'(gold rush) 현상으로 1850년 40만 명 정도였던 호주의 인구가 1861년에는 그 3배에 가까운 117만 명으로 증가했던 것이다.[10] 하지만 이러한 식민지 개발 과정에서 원주민들이 백인 이주민들의 박해를 받는 오점도 남겼다.[11]

---

7 필립 일행이 상륙한 1월 26일은 호주의 건국 기념일로 지정되어 있다.

8 외교부 남아시아태평양국 서남아태평양과(2014), p. 10.

9 호주로 유배된 영국 죄수들 가운데는 살인, 강도 등의 중범죄자뿐만 아니라, 경제적인 착취, 빈곤에 시달리다가 절도죄를 저지른 농민이나 노동자, 노동 및 민권 운동에 참여한 지식인 출신의 정치범 등 다양한 배경의 사람들이 포함되어 있었다. 양승윤 외(2006), pp. 33-34.

10 양승윤 외(2006), p. 36.

11 호주의 원주민 수는 한때 약 100만 명에 달했지만, 식민지 개발에 따른 생활 터전의 축소, 백인 이주민들과의 물리적 충돌에 따른 집단 학살, 전염병의 유입 등으로 인해 20세기 초까지 10만

1901년 호주 연방정부의 초대 수상으로 취임한 에드먼드 바튼

한편으로 호주 내부에서는 19세기 중·후반부터 식민지를 구성하는 각 지역들을 통합하고, 단일 정부로서 영국으로부터 자치권을 획득하는 연방(聯邦: federation) 정부의 수립을 요구하는 주장이 제기되기 시작했다. 그동안 영국은 호주의 넓은 면적을 6개의 개별적인 식민지로 규정하고, 별개의 총독을 임명하여 통치하고 있었다. 그러나 호주의 인구 증가, 경제 성장이 이루어지면서 호주 내부의 각 식민지들이 이민, 무역, 토지, 관세 등의 정책들에 관해 이견을 나타냈고, 내분(內紛)의 위험성을 높이게 되었다.[12] 급기야 영국 정부까지 이러한 문제에 주목하기에 이르렀다.

이에 따라 1891년 호주 내부의 식민지들로 구성된 총회에서 연방 헌법의 초안이 작성되었고, 이후 영국 의회의 개입을 거쳐 수정된 헌법이 1900년 통과되었다. 그리고 이듬해인 1901년의 첫날인 1월 1일을 기하여 영국으로부터 자치권을 인정받은, 기존의 지역별 식민지들이 동참하는 호주의 연방정부가 공식적으로 출범했다.[13] 연방정부의 형태는 영국과 비슷한 의원내각제가 채택되었고, 초대 수상으로 에드먼드 바튼이 취임하였다.

명 미만으로 줄어들기도 했다. 오늘날 원주민의 수는 약 70여만 명으로 호주 전체 인구의 4%에도 미달하는 소수민족에 지나지 않는다. 이후 2008년에야 케빈 러드 당시 수상이 과거 원주민들에게 가해졌던 박해에 대해 공식적으로 사과했다.

12 양승윤 외(2006), pp. 38-39.

13 1901년 호주의 연방정부 출범을 계기로 영국도 단일 연방총독을 임명하기 시작했다. 오늘날 호주는 캐나다, 뉴질랜드 등의 일부 영(英)연방 국가들과 함께 영국 국왕이 국가 원수의 지위를 차지하는 연합 왕국 형식의 입헌군주제 국가이며, 연방총독은 영국 국왕의 대리인 역할을 수행한다. 하지만 호주의 연방총독은 호주 수상의 추천을 받은 인사가 영국 국왕의 승인을 받는 방식으로 임명되며, 주로 상징적인 권한만을 행사할 수 있다. 외교부 남아시아태평양국 서남아태평양과(2014), pp. 19-20; 신봉섭, 『호주사 다이제스트 100』(서울: 가람기획, 2016), pp. 190-191.

하지만 외교권은 여전히 영국 정부가 행사했으며, 호주 연방정부는 내정에 관한 권한만을 보유할 뿐이었다. 그로부터 30년 후인 1931년, 영국 의회가 해외 자치령의 독자적인 외교권을 인정하는 『웨스트민스터 헌장』(*Statute of Westminster 1931*)을 통과시키면서 호주는 비로소 독립국가로 인정받게 되었다.

2) 제1차 세계대전과 호주

영국은 19세기 후반부터 재정 부담의 축소를 위해서, 해외 식민지가 각자의 방어를 책임지도록 정책을 수정했다. 이에 따라 1860년부터 10년 동안 호주에 배치되었던 영국의 육군 병력이 모두 철수하였고, 호주에서는 영국군의 역할을 대신할 현지 출신 주민들의 군대가 육성되기 시작했다.[14] 호주 출신의 병사들은 1884~1885년 영국의 수단 공격, 1899년 남아프리카에서 발발한 '보어 전쟁'(Boer War)에서 영국과 캐나다, 뉴질랜드 등 다른 식민지 병력들과 연합군을 구성해 참전하기도 했다.[15]

1901년 연방정부가 출범한 이후, 호주는 독자적인 외교권 행사의 제약에도 불구하고 자체 군사력의 건설을 의욕적으로 추진하기 시작했다. 그 시작으로 1911년 나이 12세 이상의 모든 남성들이 정부 명부에 등록하고, 25세가 될 때까지 시간제 군사훈련을 받도록 의무화했다.[16] 또한 같은 시기에 영국이 호주에 남아있던 해군 병력까지 철수시키자, 호주는 태평양에 배치 중이었던 영국 해군의 군함 일부를 인수했다. 이로써 호주는 독자적인 해군력도 갖추게 되었다.

---

14 양승윤 외(2006), pp. 43-44.

15 보어 전쟁이 일어났을 당시에는 호주 주민들로 구성된 정규 병력이 1,500명 정도에 불과했지만, 모국인 영국을 지원한다는 일념으로 그 10배인 1만 5,000여 명이 지원하여 3년 동안 싸웠다. 신봉섭(2016), p. 189.

16 호주가 의무 군사훈련 제도를 처음 도입한 1911년에는 15만 5,000명이 신병으로 등록했고, 그 가운데 9만 2,000명이 군사훈련을 이수했다. 신봉섭(2016), p. 200.

제1차 세계대전에 참전한 호주군 장병들

그러던 1914년 7월 오스트리아의 페르디난트 황태자가 세르비아의 과격 민족주의자에게 피살당했고, 1개월 후인 8월부터는 유럽의 주요 국가들이 앞 다투어 전쟁에 나섰다. 이는 제1차 세계대전의 시작이었다. 당시 영국은 러시아, 프랑스 등과 연합하여 독일, 오스트리아에 맞섰다. 이에 호주도 영국을 지지하면서 참전에 나섰다. 호주로 이주해 온 백인들의 대다수가 영국 출신이었으며, 그들은 영국의 전쟁이 곧 자신들의 전쟁이라고 여겼던 것이다. 먼저 호주군은 개전 후 2개월 사이에 남태평양에서 독일이 식민지로 차지하고 있던 뉴기니 등의 도서 지역들을 점령했다.[17]

1914년 11월에는 호주군 병력이 유럽 전선을 향해 출항했다. 당시 호주는 역시 남반구의 영(英)연방 일원이었던 뉴질랜드와 함께 2만 명 규모의 연합 군단, 즉 '안작'(ANZAC: Australian and New Zealand Army Corps)을

17 당시 전투에서 호주군이 손실한 병력은 10명 미만에 불과했다. 제1차 세계대전 당시 독일의 전쟁 수행은 유럽 전선에 집중되어 있었고, 해외 식민지에 대한 방어는 상대적으로 부족했기 때문에 호주군은 수월하게 태평양의 독일 식민지들을 점령할 수 있었던 것이다. 신봉섭(2016), pp. 203-204.

구성해 참전하였다.[18] 이들 병력은 해를 넘겨 1915년 2월 이집트에 도착했고, 수에즈 운하에서 독일, 오스트리아의 동맹으로 참전한 오스만 투르크 제국과 전투를 벌였다. 이는 호주군이 유럽 전선에서 수행한 첫 번째 전투였다. 비록 호주군 병사들의 대다수는 전투 경험이 없다시피 했지만, 장교와 부사관 등의 간부들은 보어 전쟁을 비롯한 영국과의 연합 작전을 통해 경험을 쌓은 바 있었다.

제1차 세계대전이 계속되면서 호주군은 악전고투를 거듭했다. 유럽에 도착한 지 2개월만인 1915년 4월 25일, 호주군은 영국군 등의 연합군과 함께 다르다넬스 해협의 갈리폴리(Gallipoli) 반도로의 상륙 작전에 투입되었다. 하지만 그곳에는 오스만 투르크군의 견고한 요새가 기다리고 있었고, 호주군을 비롯한 연합군 병력은 초반부터 막대한 피해를 입었다. 8개월 동안 계속된 전투 끝에, 연합군은 무려 30만 명에 달하는 사상자를 낸 채 1916년 1월 퇴각해야만 했다. 여기에는 호주, 뉴질랜드 양국의 전사자 8,100여 명도 포함되어 있었다.[19]

이후 호주군은 1916년 4월부터 프랑스로 이동, 영국군 사령관의 지휘 아래 독일군과 직접 전투를 치르게 되었다. 당시 서부전선에서는 영국, 프랑스 중심의 연합군과 독일군이 견고한 참호를 구축한 채 서로 대치 중이었다. 병사들의 진격은 상대방의 참호에서 대량으로 쏟아지는 기관총탄과 포탄 세례, 독가스 앞에서 무력하게 좌절되기 일쑤였다. 전선이 교착된 상태로, 양측에서 연일 수많은 장병들이 허무하게 죽어가는 참호전(塹壕戰: trench warfare)의 비극이 장기화되고 있었던 것이다.

이는 호주도 예외가 아니었다. 1916년 7월 말부터 9월 초까지 40일 이상 프랑스 포지에르(Pozières)에서 벌어진 전투에서는 호주군을 포함한

---

18 신봉섭(2016), pp. 204-205.

19 호주와 뉴질랜드는 갈리폴리 전투가 개시된 4월 25일을 공동의 국경일인 '안작 데이'(ANZAC Day)로 지정, 제1차 세계대전과 이후의 전쟁들에서 전사한 장병들을 기리고 있다. 신봉섭(2016), p. 206.

제1차 세계대전 말기에 호주 군단의 사령관으로 활약한 모나쉬 장군(왼쪽)과 1917년 베르셰바 전투 승리의 주역인 호주 기병대(오른쪽)

안작 군단의 장병 2만 3,000명이 목숨을 잃었을 정도였다.[20] 유럽에서 계속되는 전쟁의 참상은 호주에도 알려지게 되었고, 호주 내부에서는 점차 전쟁 지속에 대한 회의감이 높아졌다. 참전을 위해 자발적으로 입대하는 이들의 수도 줄어들었다. 급기야 1916~1917년 사이에는 유럽으로의 병력 동원을 위한 징병제의 실시 여부가 국민투표에서 2차례나 부결되었다.

제1차 세계대전의 막바지에 호주군은 의미있는 군사적 성장을 달성했다. 1917년 11월 1일 5개 사단으로 구성되는 독자적인 '호주 군단'(Australian Corps)이 창설된 것이었다. 사령관에는 존 모나쉬 중장이 임명되었다.[21] 이로써 호주군은 영국군이 주도하는 연합 부대의 일부로서, 영국군 사령관의 지휘를 받는 수준에서 벗어나, 스스로 군령권을 행사할 수 있게 되었다. 같은 시기인 10월 31일에는 호주, 뉴질랜드의 안작 군단 기병대가 팔레스타인 남부 네게브 사막의 베르셰바(현재 이스라엘 영토)에서 오스만

20 당시 전투는 연합군의 승리로 끝났고, 전투에 참가한 호주군 2개 사단은 영국으로부터 무공훈장을 수여받았다. 신봉섭(2016), pp. 208-209.

21 모나쉬 장군은 멜버른 태생의 유태인으로 갈리폴리 전투를 시작으로 제1차 세계대전의 여러 주요 전투에 참전했다. 특히 전쟁 막바지에 호주 군단의 사령관으로서 몽생 캉탱 전투의 승리를 이끌어 호주군의 명성을 대내외에 드높였고, 일약 전쟁 영웅으로 인정받았다. 모나쉬는 1931년에 향년 66세로 타계했고, 그의 장례식은 국장으로 거행되었다. 신봉섭(2016), pp. 212-214.

투르크군을 격파하는 승리를 거두었다. 이 베르셰바 전투를 계기로 연합국은 1개월 후 예루살렘을 점령했고, 중동에서 군사적 우위를 차지했다. 호주도 2년 전 갈리폴리 전투에서의 뼈아픈 패배를 설욕할 수 있었다.[22]

유럽에서도 1918년 봄 미국의 참전이 본격화되었으며, 이제 연합국은 전세를 역전시킬 기회를 마련하게 되었다. 그리하여 연합군은 같은 해 8월 초부터 독일군에 대한 전면적인 반격, 즉 '100일 공세'(Hundred Days Offensive)에 돌입했다. 호주 군단도 8월 31일에서 9월 3일 사이에 벌어진 프랑스 몽생 캉탱(Mont Saint-Quentin)에서의 전투에서 독일군을 격파, 연합군의 총반격에 일익을 담당했다. 그리고 2개월 후인 11월 11일, 독일이 항복하면서 제1차 세계대전은 4년여만에 끝났다.

제1차 세계대전에서 40만 명에 가까운 호주군 장병들이 참전했다. 그 가운데 무려 6만 명이 목숨을 잃고 말았다.[23] 하지만 그들의 희생은 결코 헛되지 않았다. 호주는 전쟁이 끝난 후에 승전국들의 주도로 개최된 각종 평화회의에서 영국 자치령의 일원으로서, 독자적인 자격을 갖추고 참석할 수 있었다. 1920년 1월 국제연맹이 창설되었을 때도, 호주는 42개 창설국의 일원으로 가입했다. 호주는 제1차 세계대전의 참전, 연합국 승리에의 기여를 통해 국제사회에서 명실상부한 주권 독립국가로 인정받는 계기를 마련했던 것이다.

---

22 그로부터 100년 후인 2017년 10월 31일 이스라엘 현지에서는 호주의 말콤 턴불 수상과 제1차 세계대전 참전용사의 자손들이 참석한 가운데, 당시의 전투를 재현하는 기병 행진이 포함된 베르셰바 전투 100주년 기념식이 거행되었다. Rami Amichay, "A Century on, Charge of the Australian Light Cavalry Remembered in Israel," *Reuters,* (November 1, 2017).

23 양승윤 외(2006), p. 46.

3) 제2차 세계대전과 호주

제1차 세계대전의 종전으로부터 불과 20년 후, 세계는 다시금 전쟁의 소용돌이로 빠져들었다. 1939년 9월 1일, 히틀러의 독일이 폴란드를 침략하면서 제2차 세계대전이 발발한 것이었다. 이번에도 호주는 영국과 함께 즉각적인 참전을 선언했다. 하지만 호주의 전쟁 준비는 매우 불충분한 상태였다. 1911년 이래 시행되었던 의무 군사훈련이 1930년부터 중단되어 자발적 훈련으로 대체되었고, 각 군의 무장 태세도 부족하기는 마찬가지였다. 결국 호주는 1940년에 들어서야 의무 군사훈련을 재개했고, 유럽 전선으로의 파병도 지연될 수밖에 없었다.[24] 이 무렵 유럽은 이미 프랑스를 비롯한 다수의 국가들이 독일에게 항복, 점령된 상태였고, 영국만이 홀로 독일과 맞서야만 했다.

뿐만 아니라 제2차 세계대전은 호주 스스로의 안전에도 직접적인 위협을 가하고 있었다. 일본이 1930년대 이래 만주사변, 중일전쟁을 일으키면서 일찌감치 아시아 · 태평양 지역을 장악하려는 야심을 드러내고 있었던 것이다. 특히 일본은 제2차 세계대전의 발발 2년째인 1940년 9월에 독일, 이탈리아와 동맹을 맺어 아시아에서 영국, 프랑스 등 서양 국가들의 식민지를 차지하려 들었다. 당시 호주 육군의 3개 사단을 비롯한 병력이 영국을 지원하기 위해서 북아프리카 등지에 파병된 상태였지만, 이제 호주는 태평양 일대를 노리는 일본의 정복 야욕으로부터 자국 영토를 방어하는 것이 보다 시급해졌다.

그러던 1941년 12월 7일, 일본이 하와이 진주만의 미 해군 기지를 기습적으로 공습했다. 이 진주만 공습을 시작으로, 일본은 아시아 · 태평양의 전역(全域)을 겨냥하여 대대적인 공격을 감행했다. 이른바 남방작전(南方作戰)이라고 불린 일본의 공격으로 1942년 5월까지 인도차이나와 말레이 반

---

24 신봉섭(2016), p. 227.

The Argus.

DARWIN HEAVILY BOMBED IN 2 RAIDS

ATTACKS BY 93 PLANES: 4 SHOT DOWN

DAMAGE "CONSIDERABLE": CASUALTIES UNKNOWN

DARWIN WAS HEAVILY BOMBED BY 93 JAPANESE PLANES IN TWO RAIDS YESTERDAY.

MOBILISATION OF ALL LABOUR AND PROPERTY

PRESSURE ON MR. CHURCHILL

AUSTRALIA

INDIAN OCEAN

SOVIET

1942년 2월 일본의 다윈 공습을 보도한 신문 기사

호주 공습에 동원된 일본 항공기

도, 싱가포르, 인도네시아, 필리핀 등 동남아시아의 대부분이 함락되었다. 당초 호주는 태평양에 주둔 중이던 영국의 군사력에 기대를 걸었지만, 이들은 일본군에게 무력하게 제압당했다. 설상가상으로 말레이 반도, 싱가포르에서 일본군의 포로가 된 8만여 명의 영국 주도 연합군 중에는 다수의 호주군 병력도 포함되어 있었다.

한편 싱가포르가 일본에게 함락된 지 4일 후인 1942년 2월 19일, 항공모함과 지상 기지에서 출격한 수백대의 일본군 항공기들이 호주 북부의 다윈(Darwin)을 공습했다. 이곳에 배치된 미국과 호주의 해 · 공군력을 파괴하는 것이 일본의 목적이었다. 그로 인해 호주의 상선과 미 해군의 군함, 호주군과 미군의 항공기 20여 대가 파괴당했으며, 약 240명의 사상자가 발생했다.[25] 이로써 일본에 의한 호주 영토의 직접 공격이 현실화되었다. 같은 시기에 일본은 호주 북부의 뉴기니 섬 해안에 대한 공격을 실시했으며, 뉴기니 동북부의 라바울(Rabaul)을 점령, 요새화했다.

1942년 3월에는 일본군의 공격으로 필리핀에서 퇴각한 미 육군 극동사령부의 사령관 더글라스 맥아더 장군이 호주 동부의 브리즈번(Brisbane)에 도착했다. 뒤이어 맥아더의 지휘 아래, 미국과 영국, 호주, 뉴질랜드 등

25 당시 일본은 진주만 공습에서 사용했던 것보다도 많은 규모의 폭탄을 다윈 공습에 동원했다. John Robertson, *Australia Goes to War 1939-1945* (Sydney, AU: Doubleday, 1988), pp. 93-94.

의 육·해·공군 병력으로 구성되는 연합군 사령부가 설치되었다. 태평양 남서부에서 호주 영토와 인접한 섬들을 일본의 공격으로부터 방어하고, 일본에게 점령된 동남아시아의 주요 도서 지역들을 탈환하기 위한 반격을 준비하는 것이 이들의 임무였다.[26] 이로써 호주는 태평양에서 미국 등 연합국의 반격 거점으로 탈바꿈했으며, 일본과 정면으로 군사적 대결을 벌이게 되었다.

이후에도 일본은 1943년 말까지 호주의 북부, 서부를 겨냥하여 크고 작은 공습을 100차례 이상 실시하였다. 아울러 일본 해군의 항공모함과 중·대형 수상전투함, 잠수함도 지속적으로 호주의 항구, 군함 및 민간 선박들을 습격했다. 대표적인 사례로는 ① 1942년 5월 31일에서 6월 8일까지 계속된 시드니 항 공격, ② 1943년 5월 14일 퀸즈랜드 연안에서 출항한 병원선 '센타우로'에 대한 일본 잠수함의 어뢰 공격 등이 있다. 호주 내부에서는 일본의 전면 침공 가능성에 대한 공포가 광범위하게 조성되었다.[27]

태평양에서의 전황이 악화되면서, 1942년 1월 영국을 지원하기 위해 북아프리카에 파병했던 3개의 호주 육군 사단 가운데 2개 사단의 철수가 확정되었다. 영국도 이를 받아들일 수밖에 없었다. 3~4월에는 호주 각지에서 총 27만 명 이상의 병력이 동원되어 일본의 침공에 대비했다.[28] 그러던 1942년 6월, 미 해군이 미드웨이 해전에서 일본 해군의 항공모함 4척을 격침시키는 승리를 거두었다. 이를 계기로 일본은 태평양에서 공세를 지속할 수 있는 능력에 심각한 타격을 입었다. 덕분에 호주에 대한 일본의 공격 위협도 상당 수준 약화되었다.

한편 호주군은 뉴기니 섬에서 일본군을 이기는 성과를 거두기도 했

26 Robertson(1988), pp. 110-111.

27 그러나 정작 일본은 호주 영토로의 전면적인 침공에 대해 소극적이었다. 대신 일본은 태평양 남서부의 도서 지역들에 대한 점령을 확대하여 미국이 호주에 대규모의 병력을 배치, 집결하는 것을 견제 및 저지하는 데 주력했다. Robertson(1988), pp. 98-99.

28 Robertson(1988), p. 100.

제2차 세계대전 당시 호주의 대표적 승리인 코코다 트랙 전투에 참전한 호주군 병사들의 모습

다. 1942년 8~9월 뉴기니 섬의 최대 도시인 포트 모르즈비(Port Moresby)를 점령하려는 일본군에 맞서, 90km가 넘는 거리의 핵심 통로 코코다 트랙(Kokoda Track) 일대를 중심으로 치열한 전투를 벌였던 것이다. 결국 일본군은 3만 5,000명 규모의 병력 가운데 60% 이상을 잃고 퇴각했다.[29] 이 승리로 일본이 호주 영토에서 불과 150km 떨어진 뉴기니 섬 전체를 장악하고, 호주에 대한 공격 거점으로 삼으려는 시도는 저지될 수 있었다. 또한 호주가 미국과의 연합 작전을 통해 승리한 첫 사례이기도 했다.

미국이 주도하는 연합국은 1944년부터 유럽, 태평양에서 독일과 일본에 대한 본격적인 반격에 나섰다. 호주군도 미군 등 연합군과 함께 여러 전장에서 반격 작전을 수행했다. 그리하여 유럽에서는 1945년 5월 2일 히틀러의 자살, 베를린 함락으로 독일이 연합국에 항복하였다. 일본도 히로시마, 나가사키에 원자폭탄이 투하된 직후인 8월 15일에 항복했다. 9월 2일

29 한편으로는 호주군도 2,160명 이상의 전사, 3,350명의 부상을 포함하는 인명 손실을 입었다. 신봉섭(2016), pp. 233-234.

1945년 9월 2일, 일본의 항복 조인식에 참석한 호주군의 대표단. 가운데 인물이 총사령관 블레이미 장군

도쿄(東京) 앞바다에 정박한 미 해군 전함 '미주리'의 함상에서 거행된 일본의 항복 조인식에는 호주도 연합국의 일원으로 참석해 승리의 영광을 누렸다. 제2차 세계대전은 이렇게 끝났다.

6년 동안의 전쟁을 통틀어, 약 2만 7,000명의 호주군 장병들이 유럽과 태평양의 전선에서 죽거나 부상을 입었다. 이들 가운데 60%가 넘는 1만 7,000여 명의 사상자는 태평양에서 일본과의 여러 전투를 통해 발생한 것이었다. 특히 말레이 반도, 싱가포르 등지에서 영국군과 함께 억류당한 수많은 호주군 포로들이 일본군의 가혹 행위로 목숨을 잃었다. 제2차 세계대전을 계기로, 호주는 자국의 안전이 아시아 · 태평양 지역의 안보질서와 불가분(不可分)의 관계임을 확인했다. 또한 종주국인 영국이 더 이상 아시아에서 충분한 수준의 군사력을 유지, 동원하기 어려울 정도로 세력이 약화되었다는 점도 분명해졌다. 이에 호주는 스스로의 안전을 보장하기 위해 새로운 대안을 모색해야 할 필요성에 직면했다.

4) 냉전과 그 이후

호주는 제2차 세계대전에서의 경험을 통해 국제질서를 주도하는 제1의 강대국으로서 영국의 시대가 막을 내렸으며, 대신 미국이 새로운 초강대국으로 등장했음을 깨달았다. 여기에 세계 각국이 이념을 기준으로 갈라져 대치하는 냉전 체제가 현실화되면서, 호주는 소련을 중심으로 하는 공

6.25 전쟁에 참전한 호주군 병사들(왼쪽)과 부산 UN군 묘지에 세워진 호주군 추모비(오른쪽)

산 진영에 맞서기 위해 자유 진영의 주도 세력인 미국과의 협력을 더욱 절실히 추구하게 되었다. 그리하여 1951년 9월 1일, 미국과 호주, 뉴질랜드 3개국을 포함하는 『태평양 안전보장 조약』, 일명 '앤저스(ANZUS: Australia, New Zealand, United States) 조약'이 체결되었다.[30]

이보다 앞선 1950년 6월 25일, 한반도에서 북한의 침략으로 6.25 전쟁이 발발했다. 이에 미국을 포함한 16개 UN 회원국들의 병력으로 UN군이 결성되었고, 호주도 그 일원으로 참전하였다. 소련을 위시한 공산 진영의 아시아 장악에 대항하기 위한 국제사회, 자유 진영의 노력에 기여하겠다는 의지를 반영한 것이었다. 동시에 호주는 아시아 · 태평양 지역에서 미국이 주도하는 전쟁에 참전함으로써, 향후 미국과의 동맹 관계를 수립, 발전시키는 계기를 마련하려 했다.[31]

30 이후 1985년 뉴질랜드가 미 해군 함정이 자국의 항구에 기항하는 조건으로 핵무기의 탑재 여부 공개를 요청했지만, 미국이 거부하면서 양국의 군사동맹 관계는 단절되었다. 이에 따라 앤저스 조약은 호주와 뉴질랜드, 미국과 호주의 양국간 동맹에 관한 사항만이 효력을 유지하고 있다. 박재적, "미국 · 호주 동맹 현황: 호주의 관점에서," 「주요국제문제분석」, No. 2012-31 (2012년 10월 25일), pp. 2-3.

31 신봉섭(2016), p. 241.

호주가 주력 부대로 한반도에 파병한 육군 1개 보병 대대는 영국과 뉴질랜드, 캐나다, 인도 등 영(英)연방 국가들의 병력으로 편성된 연합 여단(1951년 사단으로 확장)에 배속되어 싸웠다. 특히 1951년 4월 23~25일 호주군을 포함한 영(英)연방군의 연합 여단은 경기도 가평에서 병력 규모가 무려 5배나 많은 중국군의 공격에 필사적으로 맞섰으며, 3일 동안이나 방어선을 유지하는 데 성공했다. 이 가평 전투는 중국, 북한 공산군의 서울 함락 시도를 좌절시키는 데 기여했으며, 6.25 전쟁에서 호주군의 대표적인 승리로 기록되었다.[32] 제2차 세계대전 이후 승전국이자 영(英)연방 점령군의 일원으로 일본에 배치되어 있던 호주의 해군 수상전투함, 공군 전투기도 UN군을 위한 지상 화력지원 등의 임무를 수행했다.

이후 1953년 7월 27일 휴전이 성립되기까지, 연인원 1만 7,000여 명의 호주군 장병들이 6.25 전쟁에 참전했다. 사상자의 수는 약 1,500명에 달했고, 이들 가운데 20%가 넘는 340명 이상은 전사자였다. 부산의 UN군 묘지에는 한국을 지키기 위해 목숨을 바쳐 싸운 호주군 전몰자 280여 명의 유해가 안장되어 있다.

1960년대에 들어서 미국은 베트남에서의 군사 분쟁에 깊숙이 개입하기 시작했고, 호주도 동맹국으로서 미국의 군사적 노력을 지원했다. 초기에는 북베트남의 공산 정권과 대치하는 남베트남에 군사 고문단, 수송기를 파견하는 정도의 소극적인 수준에 국한되었다. 하지만 1964년 8월 북베트남의 어뢰정이 미 해군의 구축함을 공격한 사건을 계기로, 미국이 베트남에 대한 공습을 강화하고, 육군을 포함한 대규모의 전투 병력을 본격적으로 투입하게 되었다. 베트남 전쟁이 시작된 것이었다.

미국은 베트남에서의 전쟁 수행에 대한 국제적인 지지를 확보하기 위해, 여러 동맹 및 우방 국가들에게 참전을 요청하였다. 아시아에서 공산주

---

32 가평 전투의 마지막날인 4월 25일은 제1차 세계대전 기간인 1915년의 갈리폴리 전투에서 전사한 호주군 장병들을 추모하는 안작 데이였다. 이 점에서 가평 전투의 승리는 호주에게 더욱 큰 의미를 갖게 되었다. 양승윤 외(2006), p. 50.

베트남 전쟁에 참전한
호주군 병사들

의 확대를 저지하는 데 자유 진영의 국가들이 단결해야 한다는 명분을 내세운 것이었다. 이에 한국, 필리핀, 태국, 뉴질랜드 등에서 호응하고 나섰다. 호주도 1965년 4월 베트남에 전투 부대를 파병한다는 결정을 내렸다. 여기에는 육군의 1개 보병 대대, 특수전 부대 1개 중대, 그리고 전투 및 수송 임무를 담당하는 소수의 해군 전투함정, 공군 항공기가 포함되었다.

1개 보병 대대를 주축으로 하는 호주군의 전투 병력은 1965년 6월 베트남에 도착했다. 1966년부터는 장갑차를 보유한 1개 기계화보병 중대, 1개 포병 대대도 추가로 파견되었다. 여기에 뉴질랜드군의 1개 보병 중대, 1개 포병 대대가 합류하면서, 총 4,500명의 병력을 보유하는 여단급 규모의 '호주 임무부대'(ATF: Australian Task Force)가 편성되었다.[33] 이들은 주로 울창한 정글에서 북베트남의 지원을 받는 공산 게릴라(통칭 '베트콩'(Viet Cong))에 대한 수색, 소탕을 위한 소규모 전투를 벌였다. 1966년 8월 18일 롱탄(Long Tan)에서 벌어진 전투에서는 호주군 1개 중대가 무려 200명이 넘는 베트콩, 북베트남 정규군을 사살하는 승리를 거두기도 했다.[34]

---

33 베트남 전쟁에 동원된 호주군의 병력 규모는 1969년 5월에 6,900명 이상으로 최대치에 이르렀다. Peter Edwards, *Australia and the Vietnam War* (Sydney, AU: University of New South Wales Press, 2014), p. 137; p. 289.

34 신봉섭(2016), p. 251; Edwards(2014), pp. 150-152.

하지만 호주 내부에서 베트남 전쟁 참전은 많은 정치 · 사회적 논란을 일으켰다. 그동안 호주는 해외 파병의 대상을 자발적인 지원자에 한정했지만, 이번에는 징병제를 도입하여 베트남으로 투입될 장병들을 선발했던 것이다.[35] 여기에 1968년 1월 말에서 2월 초까지 남베트남 전역에서 벌어진 베트콩 등 공산군의 '구정(舊正) 공세'(Tet Offensive)를 계기로 미국의 베트남 전쟁 수행에 대한 국내외의 의구심이 높아지면서, 호주 내부에서도 반전(反戰) 여론이 거세어졌다.

결국 미국이 베트남에서의 병력 철수를 본격적으로 모색하면서, 호주도 베트남 전쟁에 대한 개입을 축소하게 되었다. 그리하여 1971년 9월 21일 북베트남군 1개 연대를 상대로 벌어진 전투를 마지막으로, 호주군은 베트남에서 철수하기 시작했다. 호주군 병력의 철수는 같은 해 12월에 마무리되었다. 6년 동안 총 6만 명이 넘는 호주군 장병들이 베트남을 거쳐 갔으며, 520명이 넘는 전사자와 3,000명 이상의 부상자가 발생했다. 호주에게 베트남 전쟁 참전은 제2차 세계대전 이후 최대 규모의 해외 군사작전이었다.

베트남 전쟁 이후, 호주는 한동안 영토 밖에서의 군사 분쟁 개입에 소극적인 입장을 취했다. 그로부터 약 20년 후, 호주는 냉전이 종식된 후 발생한 최초의 대규모 국제 분쟁인 제1차 걸프전쟁에 참전하였다. 1990년 8월 후세인의 이라크가 쿠웨이트를 침략한 것에 대항하여 결성된 미국 중심의 다국적군에 동참한 것이었다. 이 전쟁은 1991년 1월 17일 이라크에 대한 대대적인 공습으로 개시되었고, 2월 24~28일 사이의 약 100시간 동안 벌어진 지상전을 통해 이라크군 격멸이 성공하면서 쿠웨이트를 탈환하는 것으로 마무리되었다. 당시 호주는 해군의 수상전투함 2척, 지원 함정을 비롯한 장병 1,800여 명을 페르시아만으로 파견해서 이라크에 대한 해상 봉쇄, 다국적군 함정의 호위 임무 등을 수행했다.[36]

---

35 Edwards(2014), pp. 275-277.

36 David Horner, *Australia and the New World Order: From Peacekeeping to Peace Enforcement 1988-1991* (Cambridge, UK: Cambridge University Press, 2011), pp. 319-322; pp. 400-409;

2000년대 아프가니스탄,
이라크에 파병된 호주군 병사들

2000년대에 들어서 호주군의 해외 파병은 다시금 활발해졌다. 이는 2001년 미국 뉴욕의 세계무역센터 건물을 겨냥한 항공기 자살 공격, 즉, 9.11 테러 사태로 촉발된 '테러와의 전쟁'(War on Terror)에 따른 것이었다. 먼저 테러의 주범인 오사마 빈 라덴의 알 카에다를 비호하는 탈레반 정권을 응징하기 위해 2001년 10월부터 아프가니스탄 공격이 개시되면서, 호주는 공군의 해상초계기와 수송기, 공중급유기를 보내어 미국 주도 다국적군의 작전을 지원했다.

또한 아프가니스탄 내에서의 지상 작전이 본격화되자, 호주군은 육군 전투 병력도 파견하였다. 이에 따라 4개의 병과별 중대를 포함한 혼성 대대 1개, 특수전 부대 1개 중대, 수송헬기 2대 등을 포함하여 한때 1,500명 이상의 호주군 병력이 아프가니스탄에 배치되어 미군 등과 함께 다양한 작전을 수행했다.[37] 이후 호주는 2014년 말까지 전투 병력을 철수시켰다.

pp. 441-451.

37 Saad B. Johan, "ADF: Bear Any Burden?" *Asian Defence Journal*, (July & August 2006), p. 10.

그동안 아프가니스탄에 파병된 호주군 병력은 연인원 2만 6,000여 명에 달했으며, 전사자 41명을 포함해 300명 이상의 인명 손실이 발생했다. 현재 호주군의 아프가니스탄 배치 규모는 약 400명으로 축소되었고, 군사적 역할도 현지 병력에 대한 자문 등의 비(非)전투 임무에 국한된다. 아프가니스탄 전쟁은 호주 역사상 최장기간의 해외 파병으로 기록되고 있다.

2003년 3월 20일에는 이라크의 후세인 정권 제거를 목적으로 미국이 주도하는 제2차 걸프전쟁이 발발했다. 호주는 영국, 폴란드 등과 더불어 육·해·공군의 전투 부대를 파견해 참전하였다. 여기에는 ① 특수전 부대 1개 중대와 각종 지원 부대들로 구성된 약 500명의 육군 병력, ② 해군의 수상전투함 2척과 수송선, 기뢰 제거 임무를 위한 특수전 부대, 그리고 ③ 공군의 전투기와 수송기 등이 포함되었다. 개전 3주일만인 2003년 4월 9일 이라크의 수도 바그다드(Baghdad)가 미군에게 함락되었고, 후세인 정권은 무너졌다.[38]

바그다드의 함락으로 이라크에서의 전투 임무가 완료되자, 호주는 파병된 병력의 대부분을 철수시켰다. 하지만 그 이후부터 미군 등 점령군에 대한 반미(反美) 성향 무장 세력들의 저항, 습격이 도리어 증가하면서 이라크는 극심한 불안정 상태에 빠졌고, 미국의 동맹, 우방국들을 중심으로 이라크의 전후 재건을 지원하기 위한 병력의 파병이 이어졌다. 여기에는 한국, 일본, 이탈리아, 네덜란드 등이 포함되었다. 결국 호주도 2005년부터 각 1개씩의 보병 및 차량화보병 중대를 주력으로 하는 500명가량의 육군 병력을 다시금 이라크로 파견했다.

이들 호주군 병력은 1년 동안 이라크 남부의 무탄나(Muthanna) 주에 배치되었고, 인근에서 재건 지원 임무를 수행하는 약 600명 규모의 일본 자위대(自衛隊) 병력을 호위하는 역할을 담당했다.[39] 이후 2006년 7월부터

38 후세인은 바그다드가 함락된 지 8개월 후인 2003년 12월 13일 미군에 의해 체포되었고, 전쟁 후에 수립된 신생 이라크 정부에 의해 재판을 받아 2006년 12월 사형에 처해졌다.

39 Johan(2006), p. 10.

는 남부 디카르(Dhi Qar) 주로 옮겨서 이라크 현지 병력의 치안 집행을 지원하기 위한 정찰, 증원 역할을 수행하였다. 한편으로 호주군은 2006년 9월 26일, 2007년 4월 23~24일 무장 세력과의 교전을 벌이기도 했지만, 사상자는 없었다. 호주군 병력은 2008년 6월 이라크에서 모두 철수했다.

2. 호주의 안보환경

역사상으로 호주는 영국을 비롯한 서양의 백인 이민자 출신이 세운 국가이며, 지금도 백인 주민들이 인구의 대다수를 차지하고 있다. 이 점에서 호주는 역사, 문화를 비롯한 정치 · 사회적인 가치 측면에서 미국, 유럽 등 서양과 보다 높은 동질성을 나타낸다고 할 수 있다.[40] 그러나 지정학적으로 호주는 엄연히 아시아 · 태평양 지역에 속한다. 이는 호주의 국가안보가 동아시아, 태평양 일대의 정치 · 군사적인 안정 여부에 직접적인 영향을 받고 있음을 뜻한다.

호주도 이 점을 잘 알고 있다. 비록 양대 정당인 노동당(Labor Party), 자유당(Liberal Party. 현 집권당)의 정책 지향점에 일정한 차이는 존재하지만, 호주는 20세기 후반 이래 대외정책에서 아시아 · 태평양 지역과의 교류, 협력 강화가 차지하는 비중을 강조하는 추세다.[41] 이는 동아시아 국

---

40 호주는 19세기 말부터 유색인종, 특히 아시아계의 이민을 엄격히 제한하는 '백호주의'(白濠主義: White Australia Policy)를 고수했으며, 1901년에 제정된 『이민제한법』을 통해 제도화되었다. 그러나 백호주의는 인종차별적 정책이라는 비판을 받았고, 1975년 『인종차별 금지법』의 제정으로 폐지되었다. 양승윤 외(2006), pp. 114-117.

41 노동당은 호주가 영(英)연방 등 서양에서 벗어나 아시아 · 태평양 지역의 일원이 되어야 한다는 정책 기조를 추구하고 있다. 반면 자유당은 아시아 · 태평양과의 관계를 강화, 발전시키되, 어디까지나 호주가 영(英)연방, 미국과의 동맹 관계로 대표되는 서양 세계의 일원임을 전제

가들이 호주와 지리적으로 인접함은 물론, 무역을 비롯한 경제 부문에서도 그 중요성이 점차 높아지고 있는 현실을 반영한 것이다.[42] 그 결과 호주는 1990년대 이래 아시아 · 태평양 지역에서 결성된 다수의 역내 다자(多者: multilateral) 외교안보 회의체, 기구들에도 참가하고 있다. 여기에는 아시아 · 태평양 경제협력체(APEC: Asia-Pacific Economic Cooperation), 동아시아 정상회의(EAS: East Asia Summit), 아세안 지역안보 포럼(ARF: ASEAN Regional Forum), 아세안 확대 국방장관회의(ASEAN Defence Ministers' Meeting(ADMM)-Plus) 등이 포함된다.

호주 국방부는 지난 2016년에 최신판 『국방백서』(*Defence White Paper*)를 발간한 바 있다. 이 백서에 따르면, 호주의 국방과 직결되는 전략적 이익은 다음의 3가지로 구체화된다. 첫째, 다양한 군사적, 혹은 비(非)군사적 위협으로부터 호주의 영토와 주변 해 · 공역의 안전을 달성하는 것이다. 둘째, 지리적으로 호주 영토와 가까운 지역과 주변 해역에서 정치, 경제, 사회, 군사 등 각 부문의 안정을 유지하는 것이다. 여기에는 남태평양(예: 파푸아 뉴기니, 피지, 동티모르)과 동남아시아의 도서 국가들(예: 필리핀, 인도네시아)이 포함된다. 그리고 셋째, 태평양과 인도양을 망라하는 아시아 지역에서 국제적 규범을 기반으로 하는 질서를 관철하고, 특히 역내의 주요 해역에 대한 항행 자유를 보장하는 것이다.[43]

로 해야 한다는 입장을 나타낸다. 이러한 자유당의 노선은 "아시아 유일이 아닌, 아시아 우선"(Asia first, but not Asia only)이라는 존 하워드(1996~2007년 호주 수상)의 말에서도 나타난다. 양승윤 외(2006), p. 100; 문경희, "호주의 아시아 관여 정치: 국제정치경제의 변동과 호주 정당 간의 경쟁적 대 아시아 관점," 「세계지역연구논총」, 제28집 제3호 (2010년 12월), pp. 170-178.

42 2013년 기준으로 호주의 수출 시장에서 동아시아 국가들의 비중은 무려 69.9%에 달했다. 구체적으로는 중국이 35.7%로 가장 큰 비중을 차지하며, 그 다음으로 일본(17.8%), 동남아시아 국가들(9.1%), 그리고 한국(7.3%) 등이다. 외교부 남아시아태평양국 서남아태평양과(2014), p. 61.

43 호주 국방부의 『국방백서』는 지난 1976년에 처음 발간되었으며, 이후 6차례(1987, 1994, 2000, 2009, 2013, 2016) 부정기적으로 발간되고 있다. Department of Defence, *2016 Defence White Paper* (Canberra, AU: Commonwealth of Australia, 2016a), pp. 68-70.

한편으로 호주 국방부의 2016년도판 『국방백서』는 오는 2035년까지의 장기적인 안보환경이 다양한 도전 요인들에 직면하게 될 것이라는 전망을 제시했다. 구체적으로는 ① 미국과 중국 두 강대국의 전략적 경쟁 심화, ② 규범에 입각한 기존 국제질서의 동요, ③ 테러와 정치 · 사회적인 극단주의의 확산, ④ 주요 국가들의 군비경쟁, 그리고 ⑤ 비(非)군사적 요인(예: 조직범죄, 자연 재해)에 따른 각국 내부의 안정 위협 등이 여기에 해당한다.[44] 그렇다면 호주의 안보에 직접적인 위협을 가할 수 있는 세력은 누구인가?

가장 먼저 거론될 수 있는 것은 바로 인도네시아다. 인도네시아는 동남아시아에서 최대의 영토, 인구를 보유한 대국이며, 호주의 인접 국가들 가운데 단연 월등한 수준의 국력을 갖추고 있다. 또한 인도네시아의 영토는 태평양과 인도양에 걸쳐 분포하는 다수의 섬들로 이루어졌으며, 호주를 비롯한 여러 아시아 · 태평양 지역 국가들의 주요 해상교통로가 인도네시아 주변 해역을 경유하고 있다. 만약 인도네시아가 호주와 우호적이라면 방어상의 완충 공간을 제공할 수 있겠지만, 그 반대로 인도네시아가 호주에게 적대적인 경우에는 주요 해상교통로를 차단, 봉쇄하거나, 호주 영토를 직접 공격할 수도 있다.[45] 이 점에서 호주는 인도네시아를 잠재적인 안보 위협으로 인식할 근거가 충분하다.

이미 호주는 역사상으로도 인도네시아와 적지 않은 정치 · 군사적인 대립을 경험한 바 있다. 먼저 독립의 영웅이자 초대 대통령인 수카르노가 집권했던 1950년대부터 1960년대 중반까지, 인도네시아는 공산 진영과의

---

44 특히 호주는 자국과 지리적으로 가까운 남태평양, 동남아시아의 도서 국가들이 내부적으로 테러, 극단주의 등의 위협에 쉽게 노출될 수 있다는 우려를 나타내고 있다. 9.11 테러 사태 이듬해인 2002년 10월 12일 인도네시아의 휴양지 발리(Bali)에서 이슬람 과격 세력이 자행한 폭탄 테러가 대표적 사례다. 당시 사망한 202명 중에는 88명의 호주 국민들도 있었는데, 이는 당사국인 인도네시아를 제외하고 가장 많은 피해 규모였다. 또한 호주 역사에서 전쟁을 제외하고 가장 많은 자국민이 피살당한 사건이기도 했다. Department of Defence(2016a), pp. 39-53.

45 Paul Dibb and Richard Brabin-Smith, "Indonesia in Australian Defence Planning," *Security Challenges*, Vol. 3, No. 4 (November 2007), pp. 67-68.

협력 관계를 강화했으며, 소련의 지원 아래 군사력의 강화를 추구하였다. 심지어 말레이시아와 싱가포르를 비롯한 역내 친(親)서방, 반공 국가들을 상대로 노골적인 공격을 가하여 불안정을 부추겼다.[46] 영(英)연방의 일원이자 미국의 동맹국인 호주와의 관계도 악화되었다.

특히 인도네시아가 1962년 뉴기니 섬의 서부를 무력으로 점령하면서, 호주와 인도네시아 사이의 갈등은 더욱 높아졌다. 그로부터 30여 년 후인 1999년, 양국은 동티모르의 독립을 놓고 다시금 대립하였다. 1년 앞선 1998년에 수카르노의 후임자로서 장기 집권을 지속했던 수하르토가 퇴진한 것을 계기로 동티모르가 인도네시아로부터 분리 독립을 요구하였고, 이 과정에서 호주가 동티모르의 독립을 옹호하면서 인도네시아의 반발을 초래했던 것이다.[47] 결국 1999년 8월 UN의 감독 아래 실시된 주민투표를 통해 동티모르의 독립이 확정되면서, 이 문제는 일단락되었다.

오늘날 호주와 인도네시아는 이웃나라로서 외견상 협력 관계를 유지하고 있다. 양국은 지난 2006년 상대방에 대한 주권, 영토 통합성의 존중을 명시하는 『롬보크 조약』(*Lombok Treaty*)을 체결한 바 있다. 또한 2010년대에

---

46 수카르노는 1963년 종신 대통령에 추대되었지만, 1965년 9월 공산주의자들의 쿠데타 시도를 계기로 지도력이 약화되었으며, 이듬해 실각했다. 뒤이어 쿠데타의 진압 과정에서 실권을 장악한 수하르토 장군이 1967년 후임 대통령에 취임했다. 수하르토는 반공 노선을 수용하여 서방 국가들의 지원을 확보하였고, 이를 바탕으로 경제개발을 추진했다. 그러나 한편으로는 친인척의 권력 독점, 철권통치, 부정부패로 국내외의 비판을 받았다. 결국 1997년 한국, 태국 등이 포함된 동아시아 금융 위기로 인도네시아도 경제 위기에 빠지면서 수하르토의 권력 기반은 치명적인 타격을 입었고, 수하르토는 이듬해인 1998년 5월 퇴진했다. 양승윤 외(2006), pp. 130-131.

47 동티모르는 본래 포르투갈의 식민지였으나 1974년 포르투갈 정부가 일체의 해외 식민지를 포기하면서 독립의 길로 들어섰다. 이후 내부의 세력 경쟁에서 승리한 공산주의 성향의 무장 세력 '동티모르 독립혁명전선'(FRETELIN)이 1975년 11월(베트남의 공산화 통일로부터 약 7개월 후) 독립을 선언했지만, 1개월만에 인도네시아가 침공하면서 강제 병합당했다. 당초 호주를 비롯한 서방 국가들은 '동남아시아에서의 공산주의 확산 방지'를 명분으로 인도네시아의 동티모르 점령을 용인하였다. 그러나 동티모르에 대한 인도네시아의 강압적인 통치 실상이 드러나면서, 호주 내부의 여론, 정치권은 점차 동티모르의 독립에 동조하는 입장으로 바뀌었다. 아울러 호주가 동티모르의 독립을 지원한 배경에는 동티모르 연안에 매장된 석유, 천연가스의 개발에 참여하려는 경제적 동기도 작용했다. 양승윤 외(2006), pp. 132-137.

들어서는 외교, 경제, 국방 등의 주요 부문들에서 관계를 발전, 심화시키는 '포괄적인 전략적 동반자'(comprehensive strategic partnership) 관계를 지향하는 중이다.[48] 하지만 이후에도 호주와 인도네시아는 외교, 군사 부문에서 크고 작은 마찰들을 경험하고 있다. 요컨대 호주의 국가안보 측면에서, 인도네시아는 기회와 도전의 가능성이 혼재된 불확실한 세력인 것이다.[49]

또한 갈수록 팽창일로에 있는 중국의 군사력도 호주의 국가안보에 심각한 도전으로 부각되고 있다. 2018년 기준으로 중국의 연간 군사비 지출 규모는 무려 1,682억 달러에 달했다.[50] 이는 미국에 이어 세계 2위이자 아시아에서는 단연 최대 규모다. 역내의 다른 국가들과 비교하면, 그 격차는 더욱 분명해진다. 중국은 2017년을 기준으로 아시아 · 태평양 지역에서 지출된 군사비의 40.9%를 점유한 것으로 나타났다. 이는 역내 2~4위인 인도, 일본, 한국의 군사비를 합친 것보다도 많은 규모다.[51] 이러한 대규모의 군사비 지출을 바탕으로, 중국은 자국의 영토 방어뿐만 아니라 주변의 해 · 공역에서, 공격적인 임무를 수행할 수 있는 군사력의 투사(投射) 능력을 강화 및 발전시키고 있다.[52]

현재 중국이 남중국해 분쟁을 비롯한 역내 주변 국가들과의 외교, 군사 부문 대립에서 점차 일방적 · 강압적인 태도를 나타나고 있는 것도 이러한 군사력의 강화, 발전 추세를 빼놓고는 생각할 수 없다. 호주도 점차 중국의 군사력 강화와 그에 따른 아시아 · 태평양 지역의 안보질서 불안정

---

48 외교부 남아시아태평양국 서남아태평양과(2014), pp. 51-52.

49 Hugh White, *How to Defend Australia* (Melbourne, AU: La Trobe University Press, 2019), pp. 43-45.

50 IISS, *Military Balance 2019* (London, UK: Routledge, 2019), p. 21.

51 아울러 중국의 군사비 지출 규모(2018년 기준)는 인도의 2.9배, 일본의 3.6배, 그리고 한국의 4.3배에 달한다. IISS(2019), p. 226.

52 중국의 군사력 발전 동향에 관해서는 Office of the Secretary of Defense, *Military and Security Developments Involving the People's Republic of China 2019* (Washington, D.C: Department of Defense, 2019), pp. 31-67을 참고.

연합 군사훈련에 참가한 호주, 미국의 장병들

에 경계감을 나타내고 있다. 한 보기로 호주 국방부의 2016년도판『국방백서』는 중국이 남중국해에서 진행하고 있는 인공섬 건설, 군사기지 조성에 대해 공개적으로 우려를 표시했다. 아울러 "경제력과 군사력의 강압적인 사용은 호주를 비롯한 역내 국가들이 각자의 국익을 추구하는 데 필요한 행동의 자유를 위협한다"는 내용을 포함시킨 것도 중국의 정치 · 군사적 강압을 염두에 둔 것으로 해석되고 있다.[53]

이러한 안보 도전들에 맞서기 위해, 호주는 다양한 정책적인 노력을 기울이고 있다. 그 가운데 하나는 동맹 미국과의 군사적 협력 관계를 강화, 발전시키는 것이다. 앞서 설명했듯이, 호주는 냉전 시절인 1951년에 체결된 앤저스 조약을 통해 60년 이상 미국과의 동맹 관계를 유지하고 있다. 이에 따라 호주는 지난 수십 년 동안 한국, 베트남, 아프가니스탄, 이라크 등지에서 미국과 함께 다수의 군사 임무들을 수행했다. 또한 2005년부터는 호주, 미국 양측에서 약 1~2만 명 규모의 병력이 참가하는 연합 군사훈련 '행운의 검'(Talisman Sabre)을 2년 간격으로 실시하고 있다.[54]

---

53 다만 호주 국방부의 2016년도판『국방백서』는 '경제력과 군사력의 강압적인 사용'(coercive use of economic and military power)의 주체로서 중국을 직접적으로 명시하지는 않았다. Department of Defence(2016a), p. 46; p. 58.

54 2015년도 '행운의 검' 훈련에서는 호주, 미국을 합쳐 총 3만 3,000여 명의 병력과 항공기 200대, 군함 21척 등이 참가했다. 또한 일본, 뉴질랜드의 병력도 처음으로 참가해 4개국의 다국적 훈련으로 규모가 확대되었다. Tim Huxley and William Choong eds, *Asia-Pacific Regional*

호주 북부의 다윈에는 2012년부터 2,500명 규모의 미 해병대 병력이 순환배치 형식으로 주둔 중이다. 여기에는 1개 보병 대대, 10여 대의 기동 및 공격 헬기를 보유하는 1개 항공 대대 등이 포함된다.[55] 이는 태평양 일대에서 발생할 수 있는 다양한 분쟁, 위기 상황에 미국과 호주 양국이 공동으로, 보다 신속하고 효과적으로 대응할 수 있는 군사적 능력을 제공할 것이다. 그리고 호주에는 미국이 운영하는 군용 레이더, 통신 기지가 설치되어 있다.[56]

하지만 이러한 미국과의 군사 부문 협력은 호주 영토의 방어에 직접적으로 기여할 정도에는 못 미치는 제한적인 수준이다. 이는 수만 명의 미군 병력이 배치되어 있는 한국, 일본, 독일 등과 비교하면 더욱 두드러진다. 때문에 호주는 자국의 방어를 위한 핵심적인 수단으로서 독자적인 군사력의 유지, 발전에도 많은 노력을 기울이고 있는 것이다.

Security Assessment 2017 (London, UK: International Institute for Strategic Studies, 2017), p. 84.

55 Huxley and Choong eds(2017), pp. 84-85; Department of Defense, *Indo-Pacific Strategy Report: Preparedness, Partnerships, and Promoting a Networked Region* (Washington, D.C: Department of Defense, 2019), p. 27.

56 특히 호주 중부의 앨리스 스프링스(Alice Springs)에 위치하는 '합동 방위시설'(Joint Defence Facility. 일명 '파인 갭'(Pine Gap))은 냉전 시절인 지난 1966년에 설치된 이래 중앙정보국(CIA: Central Intelligence Agency), 국가보안국(NSA: National Security Agency)을 비롯한 미국의 주요 정보기관 인력들이 세계 각 지역을 대상으로 각종 신호정보, 통신의 수집 및 감청을 실시하는 것으로 알려져 있다. 때문에 세계에서 가장 비밀스러운 정보 시설로 불린다. Huxley and Choong eds(2017), p. 85

3. 호주의 군사력 현황

1) 일반적 사항

그렇다면 오늘날 호주는 어느 정도의 군사력을 보유하고 있는가? 영국 IISS가 발행하는 『밀리터리 밸런스』 연감 2019년도판에 따르면, 정식 명칭이 '호주 방위군'(ADF: Australian Defence Force)인 호주의 정규군 병력은 총 5만 7,000여 명이다. 여기에는 ① 육군 2만 9,000명, ② 해군 1만 3,650명, 그리고 ③ 공군 1만 4,400명이 포함되어 있다.[57] 호주의 전체 인구가 2,347만 명가량임을 고려하면, 호주가 보유한 정규군 규모는 인구 대비 0.2% 정도에 불과한 것이다.

호주는 베트남 전쟁에서 병력을 철수시킨 직후인 1972년부터 징병제를 폐지했으며, 모든 장교와 병사들을 지원자로만 선발, 충원하는 전면 모병제를 채택하고 있다. 이는 호주의 지리적 조건이 제공하는 방어상의 유리함을 반영한 결과로 해석할 수 있다. 호주는 남반구에 위치하여 중국을 비롯한 동아시아의 주요 국가들과는 태평양을 통해 수천km가량 분리되어 있으며, 영토 인근에는 인도네시아를 제외하면 국력 수준이 뒤떨어지는 국

57 IISS(2019), p. 248.

호주 방위군(ADF)의 문장

호주군 병사들의 모습

가들(예: 남태평양의 군소(群小) 도서들)만이 존재하고 있을 뿐이다. 덕분에 호주는 아시아 · 태평양 지역의 다른 국가들에 비해서 영토, 국경의 방어에 요구되는 부담이 적은 편이며, 인구 대비 1%에 미달하는 규모의 병력을, 자발적인 지원자에 한정하여 충원 및 유지하는 방식을 선택할 수 있는 것이다.

한편으로 호주는 정규군의 37%에 해당하는 약 2만 1,000명 규모의 예비전력도 보유하고 있다. 이들은 육군 1만 3,200명, 해군 2,800명, 그리고 공군 5,050명을 포함한다. 숫자상으로 다수를 차지하는 육군 예비전력은 5개의 여단으로 편성되며, 사단급 사령부의 지휘를 받는다. 각 예비 여단은 2~4개의 보병 대대를 주축으로 정찰, 공병, 지원 부대를 보유한다.[58] 또한 예비전력의 전투 지원을 위한 각 1개씩의 포병 및 신호정보 연대, 예비전력의 교육을 담당할 1개 훈련 여단도 편성되어 있다. 그리고 호주의 실질적인 국경이라고 할 수 있는 북부, 북서부 연안에서의 경계, 순찰 임무를 수행하는 '지역 경계단'(Regional Force Surveillance Group)도 대대급 이상의 예비 보병 부대 3개로 구성된다.

호주군 예비전력의 기본적 임무는 유사시 정규군 병력의 보충 역할을 담당하는 것이다. 이를 위해서 2개 이하의 예비 여단이 육군의 지정된 1개 정규 여단과 함께 작전을 수행하도록 되어있다. 아울러 예비전력은 호주

58 IISS(2019), p. 249.

영토 내부에서 국가안보에 위협을 가할 수 있는 군사적, 혹은 비(非)군사적 위기(예: 자연재해)에 대처하기 위해서도 동원될 수 있다.[59] 예비전력의 대다수를 차지하는 일반 예비역(active reserve)은 매달 1차례의 주말 기간, 매년 2주일 동안의 단체 훈련을 포함하는 최소한의 의무 교육만을 이수한다. 반면 소수의 상근 예비역(standby reserve)은 보다 전문적인 기능, 임무를 담당하도록 되어 있다.[60]

2) 지휘통제 구조

호주는 건국 이래 수십 년 동안 육 · 해 · 공 3군에 대한 총괄적인 지휘통제 체계를 확립하지 않았다. 육군과 해군, 공군은 평시에 독자적인 군정 및 군령권을 보유했으며, 전쟁이나 그에 준하는 군사적 위기에만 한시적으로 3군의 병력을 통합 지휘하는 단일 총사령부를 설치 및 운영했다. 말하자면 3군 병립(竝立) 체제를 채택했던 것이다. 이후 베트남 전쟁의 종식 직후인 1976년에야 호주군의 상설 본부가 설치되었고, 비로소 호주 육 · 해 · 공군의 병력 전체를 대상으로 상시적인 지휘통제권을 행사하는 체계가 정립되었다.

오늘날 호주군의 최고 군령권자는 군부의 수장이자 유일한 대장 계

59 최근의 사례로는 2019년 9월부터 빅토리아, 뉴 사우스 웨일즈 등 호주 남동부 해안 지역을 중심으로 수개월 동안 계속된 대규모 산불 대응을 위해 3,000명 규모의 1개 예비 여단이 동원되어 피해 지역의 주민 철수, 구호물자 수송, 도로 복구 등의 임무를 지원했다. Will Ziebell, "Australian Government Deploys Army Reservists, Third Navy Ship to Support Firefighters," *Reuters,* (January 4, 2020).

60 호주군의 일반 예비역은 과거 영국의 식민지 시절, 건국 초기에 운영되었던 주민들의 자발적 민병대로부터 유래한 것이며, 일종의 '시간제 예비전력'이라고 할 수 있다. 이에 비해 상근 예비역은 정규군에서 복무 후 퇴역한 장병들을 대상으로 한다. Alexander von Rosenbach ed, *Jane's World Armies 2010* (Surrey, UK: Jane's Information Group, 2010), p. 34.

캔버라에 위치한 호주 국방부, 호주군 본부 청사

현직 국방총장 캠벨(육군 대장)

급인 국방총장(Chief of Defence Force)이다.[61] 본래 제2차 세계대전 이후인 1958년에 각 군의 총장들로 구성되는 군 참모위원회(Chiefs of Staff Committee)의 의장직에서 유래한 것인데, 당시에는 명목상으로 군부를 대표하면서 국방부 등에 군사상의 자문을 제공하거나 육 · 해 · 공 3군의 의견을 조율하는 소극적인 역할만을 수행했다. 이후 1976년부터 호주 육 · 해 · 공군 병력에 대한 총괄적인 지휘통제 체계가 수립되면서 참모위원회 의장은 국방참모장(Chief of Defence Force Staff)으로 개칭되었고, 최고 군령권자로서 보다 강화된 권한을 부여받았다. 현재의 직위명인 국방총장은 1984년부터 쓰이고 있다.

호주군의 역대 국방총장은 과거 군 참모위원회 의장을 포함해서 총 19명이 재직해 왔다. 이들 가운데 2018년에 취임한 앵거스 캠벨 현직 국방총장을 포함하여 10명이 육군 출신으로 임명되었다. 해군 출신은 5명이었고, 나머지 4명이 공군 출신이다. 3군 최고 군령권자로서의 권한을 보유한 1976년부터를 기준으로는 육군과 해군, 공군 출신의 비율이 9: 3: 3으로 나

61 호주군 역사상 원수(元帥. 5성 장군) 계급을 보유했던 사례는 제2차 세계대전에서 호주군 총사령관을 역임했던 토머스 블레이미 장군이 유일하다. Rosenbach ed(2010), p. 33.

뉜다. 그리고 1993년부터 최근 20여 년 동안에는 특정 군종에서 국방총장을 연임하지 않고, 다른 군종 출신으로 임명되는 추세가 유지되고 있다. 이는 호주군의 지휘통제 체계에서 3군 균형을 정착시키기 위한 노력의 일환으로 해석할 수 있다.

또한 호주군은 국방총장의 평시 보좌역으로서 중장 계급의 국방차장도 임명한다. 국방차장은 호주군 본부의 각종 기획, 행정 업무를 총괄적으로 관장하는 역할을 수행하고 있다. 이에 따라 호주군 본부에 설치된 여러 기능별(예: 군수지원, 교육훈련, 의료, 예비전력) 참모부서들이 국방차장의 관할 아래에 있는 것이다. 이들은 ① 현재 진행되고 있는 각 군의 임무를 지원, 조정하는 '전략 임무부', ② 주요 안보 정책상의 목적에 기여하기 위한 군사력의 운용 방침을 담당하는 '전략 기획부', ③ 각 군이 보유하고 있는 현존 전력의 개선, 발전을 구상하는 '전력 통합부', 그리고 ④ 중·장기적인 군사적 도전에 대응하기 위한 미래 방위력의 특징, 수준을 제시하는 '전력 설계부' 등으로 나뉜다.

한편 2004년부터는 호주군의 주요 작전부대들에 대한 직접적인 지휘통제를 책임지는 합동작전사령부(Joint Operations Command)가 설치, 운영되고 있다. 합동작전사령부는 국방총장의 전시 보좌역을 담당하는 중장 계급의 사령관이 지휘하며, 호주 영토에 배치되는 육·해·공군 전력뿐만 아니라 해외에 파병된 부대들의 지휘통제도 담당한다.[62] 이에 따라 육군과 해군, 공군의 각 작전사령부(소장 계급의 사령관이 지휘)는 합동작전사령부의 지휘를 받고 있다.[63] 호주 육군의 특수전 사령부, 합동 군수사령부, 해양 경비사령부 등도 합동작전사령부가 지휘통제한다.

---

62 호주군 합동작전사령부는 2004년에 설치될 당시에는 국방차장이 사령관을 겸직했지만, 3년 후인 2007년부터 별도의 사령관을 임명하고 있다. 현재까지 총 6명의 합동작전사령관이 임명되었으며, 이들 가운데 과반수인 4명(그렉 빌튼 현직 사령관 포함)이 육군 출신으로 임명되었다. 나머지 2명은 해군과 공군 출신 각 1명이었다.

63 Rosenbach ed(2010), pp. 33-34.

대조적으로 호주 육 · 해 · 공군의 총장들은 자신들이 보유한 주요 작전부대들의 지휘통제 구조에서 제외되어 있다. 중장 계급인 각 군 총장들의 임무는 소속 병력의 선발 및 모집, 교육훈련, 무기체계의 획득을 비롯한 군사력의 유지, 발전에 국한된다.[64] 각 군의 본부들도 해당 업무의 수행을 위해 조직되어 있다. 이러한 호주군의 지휘통제 구조는 앞서 살펴본 스웨덴과 비슷한 통합군 형태로 평가할 수 있다.

3) 각 군별 전력

지난 2018년을 기준으로 호주는 총 266억 달러의 군사비를 지출했다.[65] 비록 GDP 기준으로는 약 1.9%에 해당하는 수준이지만, 금액의 규모는 세계 12위이자 아시아 · 태평양 지역에서 한국 다음으로 많은 5위를 차지한다. 이를 통해서 호주는 작은 병력 규모에도 불구하고, 아시아 · 태평양 지역에서 상당한 수준의 군사력을 투사(投射)할 수 있는 역량을 확보, 발전시키고 있다. 그렇다면 현재 호주는 어느 정도의 군사력을 보유하고 있는가?

(1) 육군

오늘날 호주 육군은 2개의 사단급 사령부를 중심으로 편성되어 있다. 이들 가운데 1개가 현역 정규 부대의 대부분을 운용하는 육군 작전사령부(Forces Command)다. 해당 사령부는 병력 규모가 약 3,500명인 전투 여단 3개를 주축으로 항공 여단 1개, 방공 및 공병, 군수지원, 의료 부대 등을 포함하는 전투지원 여단 2개, 상륙 임무에 특화된 보병 대대 1개 등을 지휘통

64 외교부 남아시아태평양국 서남아태평양과(2014), p. 99.

65 IISS(2019), p. 248.

호주 육군의 미국제 에이브람스 탱크. 현존하는 세계 최강의 탱크 중 하나로 평가받는다.

제한다.[66] 나머지 1개는 육군 예비전력의 병력을 관할, 운용하는 제2사단이다.

본래 호주 육군의 주력 3개 여단은 각자 경보병, 기계화보병, 차량화보병 여단으로 특화된 형태였다. 그러나 2011년에 발표된 부대 구조 개편, 즉 '베르셰바 계획'(Plan Beersheba)을 통하여 이들 3개의 여단은 2017년까지 모두 유사한 형태의 '혼성 다목적 전투 여단'(combined-arms multirole combat brigade)으로 재편성되었다.[67] 각 전투 여단은 공통적으로 ① 탱크를 보유하는 1개 기갑 연대, ② 장갑차로 기동하는 1~2개 차량화 및 기계화보병 대대, ③ 화력 지원을 담당하는 1개 포병 연대, 그리고 ④ 기타 기능별(공병, 신호정보 등) 연대 등을 보유한다.[68]

이를 통해서 각 여단은 균형잡힌 기동, 화력을 갖추어 전투력을 향상시켰고, 3개 여단이 1년 단위로 '재정비(reset) → 투입 준비(readying) → 투입(ready)'의 단계에 따라 교대가 가능하도록 보장받는다.[69] 그 결과 호주

---

66 본래 3개 여단을 포함한 호주 육군의 주요 작전 부대들은 제1사단 소속이었지만, 2009년에 설치된 육군 작전사령부로 소속이 전환되었다. 현재 호주 육군의 제1사단은 사령부 예하에 신호정보 연대 1개만을 보유하고 있다. IISS(2019), p. 249.

67 제1차 세계대전에서 호주군의 대표적인 승리 가운데 하나인 1917년 베르셰바 전투에서 유래한 명칭이다. Julian Kerr, "Country Briefing: Australia - Adapting to New Threats," *Jane's Defence Weekly*, (February 6, 2019), pp. 24-25.

68 IISS(2019), p. 249.

69 Tim Fish, "Australian Land Forces," *Military Technology*, Vol. 42, No. 9 (September 2018), p. 27.

육군은 언제든지 최소 1개의 전투 여단을, 국내외에서 벌어지는 실전 임무에 동원할 수 있는 대비 태세를 유지하고 있는 것이다.

호주 육군의 기동 전력을 구성하는 대표적인 무기로는 미국제 M1A1 '에이브람스' 탱크가 있다. 에이브람스는 지난 1991년과 2003년의 제1·제2차 걸프전쟁에서 미 육군 기갑 부대의 주력으로 대활약하여 세계적인 명성을 떨쳤으며, 독일제 레오파르트-2와 함께 현존하는 세계 최강의 탱크들 가운데 하나로 평가받고 있다.[70] 주요 무장은 120mm 활강포이며, 1,500마력의 가스터빈 엔진을 탑재하여 최고 속도가 시속 66km 이상, 주행 거리는 약 460km에 달한다.

호주 육군은 지난 1970년대에 도입했던 독일제 레오파르트-1 탱크를 교체하기 위해 2007년부터 미국에서 에이브람스 탱크를 도입했으며, 현재 59대를 보유하고 있다. 이들은 3개 전투 여단에 각 1개씩 편성된 기갑 연대에 나뉘어 배치된다. 현재 호주 육군은 기존 에이브람스 탱크의 성능 개량을 실시하거나, 30대가량을 추가 도입하는 방안에 대해 검토 중이다.[71]

하지만 호주 육군의 기동 전력에서 다수를 차지하는 것은 차량화보병, 기계화보병 부대의 장갑차다. 현재 호주 육군이 보유하고 있는 장갑차는 3종류로 나뉜다. 첫째, 430여 대의 미국제 구형 M113 장갑차다. 둘째, 약 250대를 보유하고 있는 '호주형 경(輕)장갑차'(ASLAV: AuStralian Light Armoured Vehicle)다. ASLAV는 캐나다에서 개발된 LAV-25 8륜 장갑차를 기반으로 제작되었으며, 대당 7명의 병력이 탑승한다. 주요 무장에는 25mm 기관포와 7.62mm 기관총이 있다.[72] 또한 275마력의 디젤 엔진을 사용하여 최고 시속 100km의 속도, 660km의 주행 거리로 기동하며, 수중에

70 현재 미국 외에 이집트, 쿠웨이트, 사우디아라비아, 모로코 등 중동의 친미 국가들이 에이브람스 탱크를 보유하고 있다. 제2차 걸프전쟁 이후 창설된 현재의 이라크군도 에이브람스 탱크를 도입, 운용 중이다.

71 Kerr(2019), p. 25.

72 Samuel Cranny-Evans et al eds, *Jane's Land Warfare Platforms: Armoured Fighting Vehicles 2018-2019* (Surrey, UK: IHS Markit, 2018), pp. 754-755.

호주 육군 기동 전력의 다수를 차지하는 ASLAV 경(輕)장갑차(왼쪽)와 부시마스터 보병 수송차량(오른쪽)

서도 시속 10km의 속도로 주행하여 상륙 임무를 수행할 수 있다.

그리고 셋째, 1,020대의 자국산 '부시마스터' 4륜 보병 수송차량이다. 부시마스터는 대당 8명의 분대급 병력을 수송하며, 300마력의 디젤 엔진을 사용하여 최고 시속 100km의 속도, 800km의 주행 거리로 기동할 수 있다.[73] 주요 무장으로는 12.7mm 기관총, 40mm 대(對)전차 유도무기 등을 탑재, 운용한다. 아울러 지뢰나 폭발물 위협에 대응하기 위해 차체에 다양한 장갑을 장착할 수 있다. ASLAV 경(輕)장갑차와 부시마스터 보병 수송차량은 1990년대부터 배치되었으며, 아프가니스탄과 이라크를 비롯한 다수의 해외 분쟁지역에 파병된 호주군 병력의 기동, 방호 능력을 제공하는 역할을 담당했다.

이들 가운데 ASLAV 경(輕)장갑차는 2020년대 중으로 유럽제 8륜 장갑차 '복서'로 교체될 예정이다. 호주 육군은 총 200대가 넘는 복서 장갑차의 도입을 진행하고 있다. 또한 기술적으로 노후화된 M113 장갑차의 교체 사업도 추진 중이다. M113의 뒤를 이을 차기 장갑차는 오는 2021년까지 결정될 것이며, 도입 수량은 450대로 계획되어 있다.[74]

---

73 Cranny-Evans et al eds(2018), p. 758.

74 호주 육군의 차기 장갑차 사업에는 독일 라인메탈 사(社)의 KF31 '링스', 한국 육군의 K-21 보병전투용 장갑차를 기반으로 제작된 AS-21 '레드백'이 최종 후보로 선정된 상태다.

호주 육군의 타이거 정찰 · 공격용 헬기(왼쪽 위), 치누크 대형 기동 헬기(오른쪽 위), NH-90 중형 기동 헬기(아래)

호주 육군의 화력 지원을 담당하는 포병 전력은 다음 2개로 분류된다. 첫째, 전투 여단에 소속된 포병 연대의 견인포다. 이들은 영국제 M777 155mm 견인포 54문을 보유하고 있다. 그리고 둘째, 보병 부대의 단거리 화력 지원을 위한 185문의 81mm 박격포다.[75] 이들 외에 호주 육군은 미국제 FGM-148 '제블린' 대(對)전차 미사일, 스웨덴제 칼 구스타프 휴대용 대(對)전차 로켓을 화력 지원용으로 보유 중이다.

호주 육군은 1개 항공 여단 소속으로 100대가 넘는 헬기를 보유, 운용하고 있다. 이들은 ① 정찰 및 공격 능력을 겸비하는 유럽제 '타이거' 22대, ② 대당 30~50여 명의 소대급 규모 병력과 동급의 물자를 수송할 수 있는 미국제 CH-47 '치누크' 대형 기동 헬기 10대, 그리고 ③ 대당 10~20명의 병력, 혹은 동급 규모의 물자를 수송하는 각 30여 대의 유럽제 NH-90, 미

Kerr(2019), p. 25.

75 IISS(2019), p. 249.

호주 육군의 특수전 부대원들

국제 UH-60 '블랙호크' 중형 기동 헬기로 구분된다.[76]

그리고 호주 육군은 약 2,000명의 병력을 보유한 특수전 부대도 운용하고 있다. 이들 부대는 육군 특수전 사령부의 지휘를 받으며, 국내뿐만 아니라 해외 분쟁지역을 포함하는 다양한 전장에서 정찰, 적진 침투 및 타격, 인질 구출, 테러 진압 등의 각종 임무를 수행한다. 주력은 최정예 부대인 공수 특전연대(Special Air Service Regiment), 2개의 특공 연대, 그리고 대(對)테러 임무에 특화된 전술타격단(Tactical Assault Group) 등이다.[77] 호주 육군의 각 특수전 부대는 2개 이상의 중대를 주축으로 정보, 군수지원 부대 등이 포함되는 구조로 편성된다. 또한 유사시에는 신속한 기동, 투입을 위해 항공 여단에 소속된 1개 대대로부터 기동 헬기를 지원받는다.

(2) 해군

남반구에 위치한 대륙 면적의 도서 국가로서, 호주는 태평양을 비롯

76 이들 기종 가운데 유럽제 타이거 정찰 · 공격용 헬기, NH-90 중형 기동 헬기는 호주 육군이 도입을 결정한 후 배치, 전력화하는 과정이 수년에서 10년이나 경과되어 비판을 받기도 했다. 호주 육군은 2020년대 중으로 타이거를 교체할 방침이다. Kerr(2019), p. 27.

77 호주 육군의 2개 특공 연대 가운데 하나는 상근 예비역 장병들을 주축으로 구성된다. Rosenbach ed(2010), p. 35; IISS(2019), p. 249.

한 주변 해역의 안전을 국가안보의 핵심적인 과제로 인식하고 있다. 호주를 겨냥한 외부 세력의 침략은 필연적으로 바다를 통해 시도될 것이며, 무역과 주요 자원의 수급이 이루어지는 해상교통로에 대한 차단, 봉쇄도 호주의 국가안보에 치명적인 위협으로 이어질 것임에 분명하기 때문이다. 이에 따라 호주는 해군력의 강화, 발전에 많은 노력을 기울이고 있는 것이다.

현재 호주 해군의 수상 전력에서 숫자상의 주력의 역할을 담당하는 것은 1990년대 이래 총 8척이 건조된 '안작'(만재배수량 3,700톤)급 호위함이다.[78] 안작급은 독일에서 제작된 메코(MEKO: MEhrzweck-KOmbination. 다목적) 200 계열 호위함을 기반으로 설계, 건조되었으며, 수상과 수중, 공중의 위협으로부터 생존성을 확보할 수 있는 입체적인 교전 능력을 추구한 것이 특징이다.

하지만 초기의 안작급 호위함은 기술적으로 매우 취약했다. 예산 부족으로 인해 무장 능력이 127mm 함포, VLS에서 척당 8발씩 탑재, 운용되는 사거리 15km의 미국제 시 스패로우 단거리 함대공 미사일, 대잠 헬기 등으로 제한되었던 것이다. 대함 미사일이 없어서 적 군함에 대한 원거리 교전이 불가능했고, 2차원 방공 레이더는 적 공중 표적(예: 항공기, 대함 미사일)의 방향, 거리 정보만을 제공할 수 있어서 함대공 미사일의 효과적인 운용을 보장하기 어려웠다.

이에 따라 호주 해군은 2000년대부터 안작급의 성능 개량을 실시, 2017년까지 8척 전체의 개량을 완료했다. 대함 교전 능력의 강화를 위해 사거리 100km 이상의 미국제 하푼 대함 미사일을 척당 8발씩 탑재하고, 함대공 미사일은 시 스패로우의 개량형인 ESSM으로 교체했다. ESSM은 시 스패로우보다 크기가 작지만 사거리는 약 50km로 3배가량 증대되었고, VLS에서의 탑재, 운용 수량도 32발로 시 스패로우보다 4배 늘어났다.[79]

---

78 안작이라는 함명은 제1차 세계대전과 이후의 여러 전쟁에서 결성된 호주, 뉴질랜드 양국의 연합 군단에서 유래했다. 뉴질랜드 해군도 2척의 안작급 호위함을 도입했다.

79 이는 ESSM의 직경이 시 스패로우의 절반으로 축소되어 VLS에서 시 스패로우 1발만을 수납할

호주 해군의 주력 수상전투함인 안작급 호위함

최근 퇴역이 완료된 아델레이드급 호위함

그리고 200km 이상의 범위에서 접근하는 다수의 적 공중 표적을 방향, 거리에 더하여 고도까지 포함하는 정보를 파악하여 동시에 탐지, 추적할 수 있는 자국산 CEA-FAR 3차원 위상배열 레이더를 탑재했다. 이러한 성능 개량을 통해 안작급 호위함의 전투력은 양적, 질적으로 대폭 강화될 수 있었다.

호주 해군은 1980년대부터 총 6척의 '아델레이드'(만재배수량 4,200톤)급 호위함을 건조, 배치했다. 아델레이드급은 본래 미 해군이 1970년대에 전력화한 '올리버 해저드 페리'급 호위함을 기반으로 개발된 것이며, 1991년과 2003년의 제1 · 제2차 걸프전쟁에서 이라크에 대한 해상 봉쇄, 다국적군 함정의 호위 임무를 위해 중동으로 파견되기도 했다. 특히 아델레이드급은 사거리가 100km를 상회하는 미국제 SM-2 장거리 함대공 미사일을 탑재, 운용하여 원거리의 적 공중 표적을 요격 및 견제할 수 있었다. 호주 영토로부터 멀리 떨어진 원해(遠海)에서 다른 수상전투함들의 생존성을 보장, 엄호하는 '함대 방공'(fleet air defense) 기능을 수행했던 것이다.

아델레이드급 호위함은 2019년까지 6척 모두의 퇴역이 완료되었다. 이미 호주 해군은 아델레이드급을 대체하기 위해, 지난 2000년대부터 '방

수 있는 공간에 4발의 ESSM을 탑재, 운용할 수 있기 때문이다. 이러한 제작 방식을 '쿼드 팩'(quad-pack)이라고 한다. Nick Brown et al eds, *Jane's Fighting Ships 2018-2019* (Surrey, UK: IHS Markit, 2018), p. 32.

호주 해군의 가장 강력한 수상전투함인 호바트급 이지스 구축함

공 구축함'(AWD: Air Warfare Destroyer) 도입 사업을 추진해 왔다. 그 결과물이 바로 '호바트'(만재배수량 6,300톤)급 구축함이다. 호바트급은 스페인 해군이 2000년대 초부터 총 5척을 전력화한 '알바로 데 바잔'급 구축함을 기반으로 개발된 것이다.

호바트급 구축함은 미국 록히드 마틴 사(社)가 개발한 세계 최고 수준의 함대 방공 체계인 이지스(Aegis) 전투체계를 기반으로 설계, 제작되었다. 500~1,000km 이내의 360° 전(全)방향에 위치하는 다수의 적 공중, 수상 표적을 동시에 탐지, 추적할 수 있는 AN/SPY-1 레이더를 중심으로, 다양한 대함, 대공, 대잠 무장을 동시 · 통합적으로 운용할 수 있는 것이 특징이다.[80] 주요 무장은 척당 8발의 하푼 대함 미사일, VLS를 통해 탑재, 운용하는 ESSM 중 · 단거리 함대공 미사일 64발과 SM-2 장거리 함대공 미사일 32발 등을 포함한다.[81] 여기에 척당 1대의 미국제 MH-60 시 호크 대잠 헬기도 탑재, 운용할 수 있다.

호주 해군은 총 3척의 호바트급 이지스 구축함을 전력화할 계획이다. 이들 가운데 2척은 이미 정식으로 배치되었다. 나머지 1척도 2018년에 진수되어 시험 항해를 진행하고 있으며, 2020년 중으로 전력화를 마무

---

80 이지스 전투체계는 제작국인 미국의 '알레이 버크'(배수량 8,000톤 이상)급 구축함과 '타이콘데로가'(배수량 9,600톤)급 순양함, 일본의 '공고'(배수량 7,500톤)급 및 '아타고'(배수량 7,700톤)급 구축함, 스페인의 알바로 데 바잔급 구축함, 노르웨이의 프리티오프 난센급 호위함, 그리고 한국의 '세종대왕'(배수량 8,500톤)급 구축함 등에서 탑재, 운용한다. Julian Kerr, "Even Keel: Australia's AWD Programme," *Jane's Defence Weekly*, (September 13, 2017), pp. 25-29.

81 호바트급은 SM-2 함대공 미사일을 기준으로 척당 48발 규모의 VLS를 설치하는데, 그 가운데 32발이 SM-2의 탑재를 위해 할당된다. 나머지 16발의 공간은 쿼드 팩 방식을 적용하여 ESSM 64발을 탑재, 운용한다. Brown et al eds(2018), p. 30.

리할 예정이다. 호바트급은 2018년 11월 미 해군 이지스 구축함과의 훈련을 통해 타 군함으로부터 수집, 확보된 전술 정보를 실시간으로 공유하고, 이를 바탕으로 적 표적과 교전하는 '협동적 교전능력'(CEC: Cooperative Engagement Capability)을 구현한 바 있다.[82] 이는 호주 해군의 함대 방공 기능을 담당하는 주력함으로서, 호바트급의 기술적 우수성을 대내외에 입증했다는 의미를 갖는다.

호주 해군의 힘을 보여주는 또 다른 사례로는 2010년대에 전력화된 총 2척의 '캔버라'(배수량 2만 7,000톤)급 상륙모함이 있다. 호주 해군이 보유한 최대 규모의 군함인 캔버라급은 앞서 스페인 해군이 2010년부터 배치한 '후안 카를로스 1세'급 상륙모함을 기반으로 제작, 건조된 것이다. 1척에 1,000~1,500명의 연대급 병력, 약 150대의 차량, 4척의 소형 상륙정 등을 수송할 수 있다. 또한 6대의 중 · 대형 헬기가 동시에 이착륙할 수 있는 대형 갑판을 보유하며, 내부 격납고까지 포함해서 최대 18대의 헬기를 탑재한다.[83] 이를 통해서 적의 연안에서 떨어진 안전한 해역에서, 헬기를 통해 상륙 부대와 물자를 신속하게 투입할 수 있는 능력을 제공한다.

캔버라급 상륙모함의 전력화는 호주 해군이 아시아 · 태평양, 혹은 그보다 먼 지역을 대상으로 상륙 부대를 비롯한 해군력을 투사(投射)하기 위한 수단을 확보했다는 의미를 갖는다. 또한 캔버라급은 기술적으로 수직이착륙 항공기(예: F-35B)를 탑재, 배치하는 항공모함으로서의 잠재력도 갖추었다는 평가를 받고 있다.[84] 이는 대형 갑판, 중 · 소형 항공모함에서 주로 설치되는 스키점프(ski-jump)대를 비롯한 캔버라급의 특징에서도 나

82 Gabriel Dominguez, "Australia, US Jointly Test CEC," *Jane's Defence Weekly*, (November 14, 2018), p. 16.

83 Brown et al eds(2018), p. 35.

84 호주 해군은 제2차 세계대전 후인 1950년대부터 영국에서 건조된 배수량 2만톤 이하의 항공모함 2척을 도입, 운용한 바 있다. 이들은 6.25 전쟁과 베트남 전쟁을 비롯한 아시아 · 태평양 지역에서의 전투 임무에도 동원되었다. 그러나 1980년대 초에 후속함을 확보하지 못하면서, 호주 해군은 항공모함 보유를 포기하였다.

호주의 해군력 투사(投射) 능력을 강화시킨 캔버라급 상륙모함

타난다.[85]

호주 해군의 수중 전력은 지난 1990년대부터 건조된 6척의 '콜린스'(수중배수량 3,400톤)급 잠수함으로 구성된다. 콜린스급은 지난 1970년대에 도입한 영국제 '오베론'(수중배수량 2,400톤)급 잠수함을 대체하기 위하여 개발되었다. 기본적인 특징은 스웨덴의 코컴스 사(社)가 1980년대에 건조했던 배수량 1,200톤의 재래식 잠수함을 기반으로 호주에서 제작, 건조된 확장형이다. 다만 콜린스급은 비슷한 시기에 코컴스 사(社)가 스웨덴 해군의 고틀란트급 잠수함에서 세계 최초로 실용화한 AIP 추진체계를 채택하지 않았으며, 대신 디젤 기관, 축전지를 비롯한 기존의 재래식 추진체계를 탑재했다. 콜린스급은 처음 건조될 당시에는 재래식 잠수함으로는 드물게 배수량 3,000톤급 이상의 대형 선체를 채택하여 주목을 받기도 했다.[86]

콜린스급 잠수함은 척당 6문의 발사관에서 533mm 대함 중(重)어뢰

85 한때 호주 정부는 캔버라급 상륙모함에서의 탑재, 운용을 위하여 수직 이착륙이 가능한 미국제 F-35B 스텔스 전투기의 도입을 검토하기도 했다. 그러나 이에 필요한 캔버라급의 개조에 요구되는 기술적인 어려움, 과도한 비용 부담 등의 문제들로 인해 취소되었다. Richard Scott, "Back in the Big Time: Australia's LHDs Sail into View," *Jane's International Defence Review*, (September 2015), p. 58.

86 이후 일본 해상자위대가 콜린스급보다 대형화된 수중배수량 4,000톤 이상의 소류급 잠수함을 건조, 배치하였다. 2018년 9월에 1번함이 진수된 한국 해군의 '도산 안창호'급 잠수함도 배수량 3,000톤이 넘으며, 사거리 수백~1,000km급의 국산 지대지 미사일을 척당 6발씩 탑재, 운용한다. 한국 해군은 향후 개량형을 포함하여 총 9척의 안창호급 잠수함을 확보할 계획이다.

를 탑재, 운용한다. 또한 어뢰 발사관을 이용해서 하푼 대함 미사일을 수중에서 발사할 수도 있다. 대함 미사일과 어뢰의 탑재 수량은 척당 22발에 달한다.[87] 콜린스급은 호주의 기지로부터 2,500해리 이내의 거리에서, 2척이 상시적으로 초계 활동을 수행하도록 운용된다.[88] 이러한 특징은 세계에서 6번째로 긴 2만 5,000km가 넘는 호주의 방대한 해안선, 그리고 주변 해역에서의 지속적인 항해 능력 필요성을 반영한 것이다. 콜린스급의 선체 규모 확장도 이러한 측면에서 이해될 수 있다.

호주 해군의 수중 전력을 대표하는 콜린스급 잠수함. 전력화 과정에서 여러 문제점을 겪었다.

하지만 호주 해군은 콜린스급 잠수함을 전력화하는 과정에서 많은 어려움을 겪었다. 1996년에 배치된 1번함을 시작으로 지나친 항해 소음, 추진체계의 신뢰성 부족, 잠망경 등 주요 부품들의 균열을 비롯한 다수의 결함이 발생하여 물의를 빚었던 것이다.[89] 그로 인해 콜린스급은 한때 국내외에서 '잠수함 개발의 대표적인 실패 사례'로 낙인찍히는 굴욕을 겪기도 했다. 이후 호주 해군은 다양한 성능 개량, 개선 작업을 통해서 콜린스급의 기술적인 결함들을 해결하였고, 콜린스급은 비로소 정상적인 배치, 운용이 가능해졌다.

그럼에도 불구하고 콜린스급 잠수함에서 드러난 기술적 문제들은 지속적인 운용에 필요한 신뢰성에 악영향을 주었다. 결국 호주 해군은 콜린

87 Brown et al eds(2018), p. 28.

88 이는 남태평양, 동남아시아의 도서 지역 일대뿐만 아니라 대만해협, 인도양의 일부 해역까지 포함하는 거리다. Andrew Davies, "Strategic Ambitions: Australia's Future Submarine," *RUSI Defence Systems*, Vol. 11, No. 2 (October 2008), p. 37.

89 Davies(2008), pp. 38-39.

스급을 30년 동안 배치, 운용하려던 당초의 방침을 수정하여 차기 잠수함의 도입 계획을 앞당겼다. 호주 해군의 차기 잠수함 사업에는 독일, 프랑스, 스웨덴, 일본 등이 경쟁을 벌였는데, 2016년 프랑스제 잠수함을 기반으로 하는 제작, 건조 방안이 채택되었다.[90]

콜린스급을 대체할 차기 잠수함은 현재 프랑스 해군이 전력화를 진행 중인 '쉬프랑'(수중배수량 5,300톤. 일명 '바라쿠다')급 원자력 잠수함에서 추진 기관을 재래식으로 교체하는 형태로 제작된다.[91] 함명은 '어택'(Attack. 공격)급으로 붙여지며, 콜린스급보다 확대된 배수량 약 4,500톤으로 건조될 것이다. 또한 연료전지 방식의 AIP 추진체계를 탑재하고, 척당 28발의 대함 미사일, 어뢰를 533mm 어뢰 발사관 8문에서 발사하도록 무장 능력을 강화한다. 호주 해군은 2020년대 초부터 어택급 차기 잠수함의 건조를 시작하며, 오는 2050년대까지 총 12척을 전력화할 계획이다.

그리고 호주 해군은 2020년대 이후 기존의 안작급을 대체할 차기 호위함의 도입 사업도 진행하고 있다. 도입 대상은 영국제 26형(Type-26) 호위함이며, 호주 해군에서의 함명은 '헌터'급으로 정해졌다.[92] 헌터급 차기 호위함은 배수량이 약 7,000톤으로 안작급의 2배에 달하며, 무장 능력은 127mm 함포에 척당 8발의 대함 미사일, 함대공 무장으로 VLS에서 탑재되는 ESSM 64발과 SM-2 32발 등을 포함한다. 또한 개량형 안작급의 것보다 성능이 향상된 신형 방공 레이더를 탑재, 호바트급 이지스 구축함에 필적하는 전투력을 갖출 것으로 기대된다. 호주 해군은 오는 2027년부터

---

90 Tim Fish, "Smooth Sailing Assured: Australia Thoroughly Modernises its Seaborne Forces," *Military Technology*, Vol. 43, No. 9 (September 2019), p. 111.

91 프랑스 해군은 2019년 7월에 쉬프랑급 원자력 잠수함의 1번함을 진수시켰으며, 총 6척을 보유할 예정이다. 브라질이 2020년대 말을 목표로, 프랑스와의 기술 협력을 통해 개발하고 있는 원자력 잠수함도 쉬프랑급과 비슷한 기술적 특징들을 갖출 것으로 전망된다.

92 헌터급의 원형인 26형 호위함은 제작국인 영국에서 8척을 건조하며, 캐나다도 15척을 도입할 예정이다. 이에 따라 2020년대 이후 영(英)연방 국가들의 해군에서 공통적으로 운용하는 주력 수상전투함이 될 전망이다. Kerr(2019), p. 27.

호주 해군이 도입을 추진 중인 프랑스제 어택급 차기 잠수함(왼쪽)과 영국제 헌터급 차기 호위함(오른쪽)

헌터급 차기 호위함의 도입을 시작하고, 총 9척을 확보할 계획이다.

(3) 공군

남반구에 위치한 도서 국가로서, 호주는 자국 영토의 방어를 위해 해군뿐만 아니라, 공군의 강화, 발전에도 상당한 노력을 기울이고 있다. 전투함정보다 빠른 속도로, 더욱 먼 거리를 이동할 수 있는 항공기는 영토 주변의 해역에서 아측의 해군력을 엄호하고, 바다를 통해 침공하는 적의 군사력을 제압하는 데 핵심적인 역할을 담당하기 때문이다. 이에 따라 호주는 규모에 비하여 전투력의 질적 수준, 투사(投射) 범위가 상당히 넓은 공군을 보유하고 있다.

현재 호주 공군의 주력 기종은 미국제 F/A-18 '호넷' 전투기다. F/A-18은 본래 미 해군의 항공모함 탑재용 전투기로 운용하기 위해 개발된 기종이다. 호주에서는 1960년대 이래 사용된 110여 대의 프랑스제 미라지-Ⅲ 전투기를 대체하기 위해 1984년부터 도입되었다.[93] 터보팬 방식의 추력 5톤급 제트 엔진 2개를 탑재하여 최고 비행속도가 마하 1.8에 달하며, 작전 반경은 700km 이상이다. 대당 탑재할 수 있는 무장 규모는 약

93 호주 외에도 캐나다, 핀란드, 스위스, 말레이시아, 스페인, 쿠웨이트 등에서 F/A-18 전투기를 도입, 운용하고 있다.

호주 공군의 주력 기종인 미국제 F/A-18 전투기

6톤이다. 주요 무장으로는 ① 공중전을 위한 사거리 25km의 영국제 '발전형 단거리 공대공 미사일'(통칭 '아스람'(ASRAAM: Advanced Short Range Air-to-Air Missile)과 사거리 50km 이상의 미국제 암람 자동 유도식 중거리 공대공 미사일, ② JDAM을 비롯한 각종 공대지 유도폭탄, ③ 적 군함을 공격할 수 있는 하푼 공대함 미사일, 그리고 ④ 사거리가 300km에 달하는 미국제 JASSM 공대지 순항미사일 등을 포함한다.[94]

이처럼 다양한 F/A-18 전투기의 무장 탑재, 운용 능력은 호주 공군이 방어에서 공격에 이르는 광범위한 임무들을 효과적으로 수행하도록 뒷받침할 것이다. 호주 공군이 보유한 F/A-18은 총 95대이며, 이들은 1990년까지 도입된 71대의 초기형과 2010년대에 추가 도입된 24대의 개량형(일명 '수퍼 호넷')이다. 초기형은 3개 비행대대, 개량형은 1개 비행대대로 나뉘어 편성, 배치 중이다.[95] 호주 공군은 이라크, 시리아 등지에서 준동하는 테러 집단 '이슬람 국가'(IS: Islamic State)의 진압을 위한 다국적 군사 작전의 일환으로 2014년 9월부터 '공중 임무단'(ATG: Air Task Group)을 파견했는데, 여기에 6대가량의 F/A-18도 포함되어 2017년 말까지 IS 무장 병력에 대한 다수의 공습 임무를 수행했다.[96]

한편으로 호주는 스텔스 전투기의 확보도 진행하고 있다. 세계의 주

94 Julian Kerr, "Auspicious Ambitions: Australian Air Force Capabilities," *Jane's Defence Weekly*, (February 8, 2017), p. 26.

95 개량형 F/A-18은 추력이 약 6톤으로 늘어난 터보팬 엔진 2개를 탑재, 1,000km 안팎의 작전 반경을 비행한다. 무장 탑재규모도 8톤 수준으로 확대되었다. IISS(2019), p. 250.

96 Kerr(2017), p. 31.

호주 공군용으로 제작된 F-35 스텔스 전투기의 비행 모습. 총 72대가 도입될 예정이다.

요 국가들, 특히 중국을 비롯한 아시아 · 태평양 지역의 군사 강국들이 앞다투어 스텔스 전투기를 도입하고 있는 추세를 고려할 때, 앞으로의 공중전에서 기술적인 균형을 보장받기 위해서는 스텔스 전투기를 보유해야 할 필요성이 더욱 높아질 것이기 때문이다. 이에 따라 호주는 총 72대의 미국제 F-35 스텔스 전투기를 도입, 기존의 초기형 F/A-18 전투기를 대체할 계획이다.

호주 공군에 제공될 F-35는 현재 10대 정도가 생산되었으며, 2018년 12월에는 첫 2대가 호주에 도착했다. 계획대로라면, 오는 2020년대 중으로 호주가 보유하는 전투기들 가운데 스텔스 전투기가 차지하는 비중은 75%에 달할 것이다.[97] 이는 미국이나 러시아, 중국 등 세계적인 군사 강국들의 공군조차 아직 실현하지 못하고 있는 매우 독특한 사례다.

호주 공군은 정보 수집, 수송 등의 기능을 담당하는 우수한 비(非)전투지원용 항공기들도 상당수를 보유하고 있다. 먼저 정보 수집 능력의 경우, 2009년부터 총 6대의 미국제 E-737 '웨지테일' 공중 조기경보통제기를 도입, 운용 중이다. E-737은 미국 보잉 사(社)의 B-737 중형 항공기를 기반으로 제작되었으며, 360° 전(全)방향에서 약 360km 이내에 위치하는 3,000개 이상의 해상, 공중 표적들을 동시에 탐지 및 추적할 수 있는 다기능 위

97 아울러 호주 공군이 24대의 개량형 F/A-18까지 교체하기 위해 F-35를 추가 도입할 가능성도 충분하다. 이 경우, 호주 공군은 오직 스텔스 전투기만을 보유하는 세계 최초의 사례가 될 것이다. Kerr(2019), p. 29.

호주 공군의 정보 우위를 제공하는 E-737 공중 조기경보통제기(왼쪽), EA-18 전자전기(오른쪽)

상배열 레이더를 탑재한다.[98] 기체 내부에는 10명의 관제(管制) 요원들이 탑승해 전투기에 대한 정보 제공, 지휘통제 장비의 운용을 담당한다. 이를 통하여 공중전에서 적보다 신속하고 효과적으로 대응할 수 있는 능력을 제공하는 것이다.

호주 공군이 2017년까지 12대의 미국제 EA-18 '그라울러' 전자전기를 도입한 것도 눈여겨볼 대목이다. EA-18은 F/A-18 전투기에 고출력의 방해전파를 방사하는 전자공격(electronic attack) 장비를 탑재하여 주변의 적 지상 전력, 항공기 등이 사용하는 레이더 및 각종 정보수집 자산, 통신기기를 교란, 마비시킬 수 있다.[99] 이는 E-737 공중 조기경보통제기로 대표되는 정보 수집 기능과 더불어, 전자전 수행 능력을 적극 활용하여 공중 작전에서의 정보 우위를 달성하겠다는 호주 공군의 의도를 반영한다.

한편으로 호주는 아시아 · 태평양 지역, 혹은 그 이상의 범위로 공군

98 E-737 공중 조기경보통제기는 한국, 터키에서도 2010년대 초반에 각 4대를 도입했으며, 2018년에는 영국 공군이 총 5대의 도입을 결정하였다. 한국 공군에서는 '피스 아이'(Peace Eye. 평화의 눈)라는 기종명으로 불린다. Kerr(2017), p. 28.

99 EA-18은 미 해군의 항공모함 탑재 전투기들을 지원하는 기존의 전자전 항공기를 대체하기 위해 2000년대 중 · 후반부터 생산, 배치되기 시작했다. 기본적인 공대공 무장, 적 레이더의 공격에 특화된 사거리 150km의 AGM-88 '고속 대(對)전파 미사일'(통칭 HARM: High-speed Anti-Radiation Missile) 등을 탑재, 운용한다. Richard Scott, "Electronic Attack Down Under: RAAF Prepares to Bring Growler into Service," *Jane's International Defence Review*, (December 2017), pp. 57-58.

력을 투사(投射)할 수 있는 능력의 확대에도 진전을 나타내는 중이다. 예를 들어 호주 공군이 보유한 50여 대의 수송기들 중에는 2000년대부터 도입된 총 8대의 미국제 C-17 '글로브 마스터' 대형 수송기도 포함되어 있다.[100] C-17은 추력 18톤급의 터보팬 엔진 4대를 이용하여 대당 100명이 넘는 병력, 1대의 탱크, 3~6대의 장갑차를 비롯한 77톤가량의 화물을 수송 가능하며, 항속 거리는 8,000km를 넘는다. 다시 말해서 세계 어느 지역으로든 신속하게, 일정 수준의 전투력을 투입할 수 있는 능력을 갖춘 것이다.

또한 호주 공군은 1980년대에 미국제 B-707 항공기를 기반으로 제작된 구형 공중급유기를 교체하기 위해 유럽제 A330 MRTT 공중급유기를 KC-30이라는 기종명으로 도입 중이다. 이를 통해 전투기를 비롯한 주요 항공기들이 보다 오랫동안 체공하면서, 원거리에서도 임무를 수행할 수 있도록 지원하는 것이다. KC-30은 현재까지 6대가 전력화되었고, 추가 도입의 가능성도 검토되고 있다.[101] IS의 진압을 위해 중동에 파견된 호주 공군의 ATG에도 KC-30 공중급유기 1대가 포함되어 있다.[102]

그리고 호주 공군은 2016년부터 미국제 P-8 '포세이돈' 해상초계기를 도입하고 있다. 교체 대상인 15대의 기존 P-3 '오라이언' 초계기가 프로펠러를 이용하여 비행하는 것과는 달리, P-8은 추력 12톤급의 터보팬 엔진 2대로 비행한다. 이를 통해서 P-3보다 30% 이상 빠른 시속 440노트로 비행속도를 유지하면서, 같은 시간 동안 보다 넓은 해역을 대상으로 수상, 수중의 표적에 대한 감시, 교전을 수행할 수 있다. 여기에는 1,200해리 이내를

100 C-17 대형 수송기는 이를 개발한 미국 외에 호주, 캐나다, 영국, 인도, 카타르, 아랍 에미리트 등에서 보유하고 있다. IISS(2019), p. 250.

101 호주 공군 외에 A330 MRTT 공중급유기를 보유, 도입하는 국가로는 한국과 싱가포르, 영국, 프랑스, 사우디아라비아 등이 있다.

102 현재 호주 공군의 ATG는 F/A-18 전투기를 모두 철수시켰지만, 각 1대씩의 KC-30 공중급유기, E-737 공중 조기경보통제기를 여전히 아랍 에미리트에 배치해 미국, 영국, 프랑스 등 다국적군의 IS 소탕 작전을 지원하고 있다. 또한 이라크 현지 병력의 교육, 훈련을 지원하기 위해서 300여 명의 호주 육군 병력도 파견되어 있다. IISS(2019), p. 251.

호주의 공군력 투사(投射) 능력 강화를 대표하는 C-17 대형 수송기(왼쪽 위), KC-30 공중급유기(오른쪽 위), P-8 해상초계기(아래)

4시간 동안 지속적으로 체공하면서 적 잠수함을 탐지, 추적, 소탕하는 능력도 포함된다.[103]

그 결과 P-8 해상초계기는 호주가 남태평양, 동남아시아 도서 지역 일대를 비롯한 주변 해역에서, 지속적이고 광범위한 초계 활동을 수행함으로써 해군의 수상, 수중 전력과 함께 적 해군력(특히 잠수함)의 침범을 원거리에서 견제, 차단할 수 있는 능력을 제공할 것이다.[104] 현재까지 호주 공군은 12대의 P-8을 도입했으며, 총 15대를 확보할 계획이다. 그리고 2025년까지는 미국제 MQ-4 '트리톤' 고(高)고도 무인 해상 정찰기도 6대가 도입될 예정이다.[105] P-8과 MQ-4의 전력화는 호주의 해상 감시, 정찰 능력을

103 현재 제작국인 미국 외에 P-8 해상초계기를 도입, 보유하고 있는 국가로는 영국, 인도, 뉴질랜드, 노르웨이 등이 있다. 한국도 북한 잠수함의 위협에 관한 대응 능력을 강화하기 위해서, 오는 2022년까지 총 6대의 P-8을 도입할 계획이다. Jon Lake, "Eyes in the Sky: Military Maritime Patrol Aircraft Overview," *Military Technology*, Vol. 41, No. 11 (November 2017), p. 27.

104 호주군은 고정익 해상초계기를 공군에서 보유, 운용하고 있지만, 해군의 수상전투함에서 탑재되는 대잠 헬기는 해군 소속으로 운용 중이다. 현재 호주 해군은 24대의 미국제 시 호크 대함 헬기를 보유하며, 1개 비행대대로 편성된다. IISS(2019), p. 250.

105 MQ-4는 미 공군의 고(高)고도 무인정찰기 RQ-4 '글로벌 호크'를 해상 초계용으로 개조한 것이다. 최대 17km의 고도에서 30시간 동안 체공하며, 1만 5,000km 이상의 거리를 비행할 수 있다. Kerr(2019), p. 29.

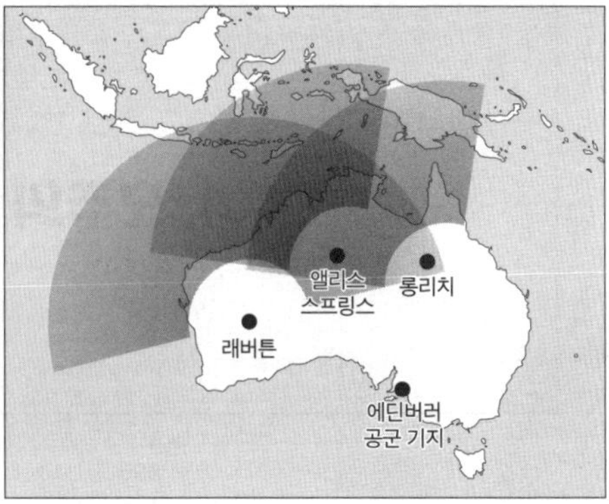

호주 공군이 지휘통제하는 진달리 초수평선
레이더(왼쪽)와 감시 범위(오른쪽)

비약적으로 강화시킬 것으로 기대된다.

이들 외에도 호주 공군은 사실상의 국경이자 전방 지대에 해당하는 북부 해 · 공역에서의 광역 감시를 위한 '진달리'(Jindalee) 초수평선(over-the-horizon) 레이더를 운용하고 있다. 5~30MHz(메가헤르츠) 대역의 단파(短波)를 사용하여 남태평양, 동남아시아의 도서 지역 일대를 포함하는 1,000~3,000km 이상 범위의 해상, 공중 표적을 탐지 및 추적할 수 있는 것이 특징이다.[106] 진달리 초수평선 레이더를 주축으로 하는 '진달리 레이더 네트워크'(JORN: Jindalee Operational Radar Network)는 1980년대에 호주 국방부의 국방과학 · 기술국(Defence Science and Technology Organisation) 주관으로 개발, 제작되기 시작했고, 2003년부터 운용 중이다. 레이더 시설들은 호주 북부, 서부의 내륙 지대에 설치되어 있으며, 남부의 호주 공군 기지에서 지휘통제를 담당하고 있다.

106 호주뿐만 아니라 미국, 러시아, 프랑스, 중국 등에서 초수평선 레이더를 개발, 운용하고 있다. 주요 기능은 적의 탄도미사일 공격에 대한 조기경보, 스텔스 전투기의 탐지, 추적이다. 임정수, "지상 조기경보레이더의 발전 방향,"「국방과 기술」, (2007년 4월), pp. 68-69.

4. 호주의 군사전략

호주 국방부의 2016년도판 『국방백서』는 국방상의 전략적 이익들을 보장하기 위해 다음 3가지의 국방 목표를 제시하고 있다. 첫째, 호주의 영토와 주요 이익들에 대한 공격, 위협을 억지 및 거부, 격퇴하는 것이다. 둘째, 남태평양과 동남아시아의 도서 국가들을 비롯한 주변 지역들의 안보를 지원하는 데 필요한 군사적 기여를 수행하는 것이다. 그리고 셋째, 태평양을 비롯한 국제적 안보질서의 유지, 안정에 필요한 동맹 및 우방 국가들과의 군사적 노력에 동참하는 것이다.[107] 그렇다면 호주는 이러한 목표들을 구현하기 위해 군사력을 어떻게 운용하고 있는가?

건국 이래 호주에서는 군사전략에 관하여 크게 2개의 노선이 경쟁을 벌여왔다. 하나는 강력한 동맹국과의 연합 작전을 중심으로, 해외에서의 군사 임무 수행을 강조하는 '전방 개입' 전략이다. 그리고 다른 하나는 호주의 독자적인 역량을 중심으로, 스스로의 영토와 그 주변의 해 · 공역을 겨냥한 적의 군사적 위협에 대응하는 것을 추구하는 '본토 방위' 전략이다.[108] 말하자면 이들 두 노선은 '동맹 대(對) 자주국방'의 구도를 나타내고

107 Department of Defence(2016a), pp. 71-77.

108 이들 두 전략은 각각 '전진 방어'(Forward Defence), '호주 방어'(Defence of Australia)라는 명

있는 것이다.

먼저 전방 개입 전략은 다음의 2가지 사항을 전제로 한다. 첫째, 호주의 국가안보는 아시아 · 태평양 지역, 더 나아가 전 세계적 차원의 안보질서와 매우 밀접한 관계가 있다. 그리고 둘째, 영토의 면적에 비해서 아시아 · 태평양의 주요 국가들(예: 중국, 일본)보다 인구와 상비군의 규모가 작은 호주의 입장을 고려할 때, 독자적인 역량에 전적으로 의존하는 방위는 비현실적이다. 이는 호주가 ① 안보를 비롯한 고도의 전략적 이익을 공유하고, ② 바람직한 정치 체제와 국제질서의 특징, 역사 · 문화적인 정체성 등의 핵심 가치에 관하여 뜻을 같이 하는(like-minded), 그리고 ③ 충분한 군사력을 갖춘 강대국과의 동맹에 바탕을 둔 군사전략을 추구해야 한다는 결론으로 이어진다.[109]

전방 개입 전략에 따르면, 호주의 군사력이 주력해야 할 역할은 2가지로 나뉜다. 첫째, 아시아 · 태평양 지역의 무력 분쟁을 예방, 안정시키는 것이다. 그리고 둘째, 호주와 동맹, 우방 국가들이 지향하는 것과 상반되는 전략적 이익, 국제질서를 추구하려는 강대국이 역내에서 정치 · 군사적인 주도권, 압도적 세력 우위를 차지하는 것을 저지하기 위한 군사상의 임무 및 노력에 기여하는 것이다. 다시 말해서 영토 밖에서 발생하는 무력 분쟁의 예방, 해결에 적극 참여함으로써 호주의 안보환경을 개선하고, 궁극적으로는 호주 영토의 안전을 달성한다는 전략이다.

이러한 전방 개입 전략은 기본적으로 호주의 군사력이 동맹 관계에 놓인 강대국과의 연합 전력에 소속되는 것을 전제로, 영토 밖의 분쟁에 투입되어 전투 및 비(非)전투 임무를 수행할 수 있는 원정(遠征: expeditionary) 작전 능력을 요구한다. 구체적으로는 일정 규모의 육군 병력을 중심으로,

---

칭으로도 불린다. 박재적(2012), pp. 2-3; Paul Kirk, "Conceptualising 'Defence of Australia' in the 21st Century," *Australian Defence Force Journal*, Issue 197 (July-August 2015), p. 80.

109 Peter Edwards, *Learning from History: Some Strategic Lessons from the 'Forward Defence' Era* (Canberra, AU: Australian Strategic Policy Institute, 2015), pp. 6-11.

이들을 해외의 분쟁 지역으로 수송 및 호위하는 해 · 공군력이 뒷받침하는 구조로 전력을 확보, 발전시키는 것이다. 호주가 냉전 시절인 1950~1960년대의 6.25 전쟁, 베트남 전쟁에 미국과 함께 참전한 것은 동아시아에서 소련, 중국을 위시한 공산주의 세력의 확장을 저지하는 데 일익을 담당하겠다는 전방 개입 전략을 반영한 결과였다.[110]

그러나 호주의 전방 개입 전략은 1970년대에 들어서 타격을 입었다. 미국이 베트남 전쟁의 지속을 포기하면서 뒤이어 호주도 베트남에서 병력을 철수했고, 호주 내부에서는 영토 밖에서의 무력 분쟁 개입에 대한 비판이 높아졌던 것이다. 이보다 앞선 1969년 7월 25일에는 리처드 닉슨 당시 미국 대통령이 아시아 · 태평양 지역의 동맹, 우방 국가들에게 독자적인 방위 책임의 증대를 촉구하는 '닉슨 독트린'(Nixon Doctrine)을 발표하기도 했다.[111] 동아시아 국가들은 이를 미국의 방위 공약 약화로 인식하며 우려를 나타냈는데, 호주도 예외는 아니었다. 그리고 영국이 1971년부터 싱가포르를 비롯한 동남아시아 일대에 배치했던 군사력을 모두 철수시킨 것도 호주에게 충격을 주었다.

이에 따라 1970년대 베트남 전쟁의 종식을 전후로, 호주는 과거보다 해외의 무력 분쟁 개입에 소극적인 입장으로 선회했다. 대조적으로 호주의 군사력 건설, 운용에서 자국 영토와 주변 공간의 방어가 보다 주목받기 시작했다. 1976년에 발간된 호주 국방부의 첫 『국방백서』에서 국방 부문의 자립(self-reliance)이 강조된 것도 이를 반영하고 있다.[112] 바야흐로 본토 방위 전략의 시대가 열린 것이었다. 여기에 1986년 3월 호주국립대학

110 박재적(2012), p. 4.

111 이러한 닉슨 독트린의 일환으로, 한국에서도 1971년 6월에 병력 2만 명 규모의 주한 미 육군 1개 사단이 철수했다. 이는 1970년대에 박정희 당시 대통령을 비롯한 한국 정부가 자체 군사력의 증강, 방위산업의 육성 등을 포함하는 자주국방 노력을 강화하는 배경이 되었다. White(2019), p. 50.

112 Department of Defence, *Australian Defence* (Canberra, AU: Australian Government Publishing Service, 1976), pp. 10-11.

호주 본토 방위 전략을 대표하는
1986년의 방위력 평가 보고서(왼쪽)와
저자 폴 딥(오른쪽)

교의 폴 딥 교수가 국방부의 의뢰로 작성, 제출한 『호주 방위력 평가 보고서』(*Review of Australia's Defence Capabilities*)는 본토 방위 전략에 관한 호주 내부의 논의를 더욱 촉진시키는 계기를 마련했다.[113]

이 보고서에서 폴 딥은 적이 영토 주변의 해 · 공역을 위협하거나, 영토에 직접 침범하고, 정치적 굴복을 강요하려는 것을 예방할 수 있는 군사적 역량의 필요성을 역설했다.[114] 또한 이를 실현하기 위한 핵심적인 군사 전략 개념으로 '거부 전략'(Strategy of Denial)을 제시했다. 도서 국가로서 호주의 방어가 지리적으로 가장 인접한 남태평양, 동남아시아 일대의 도서 지역과 영토 사이에 존재하는 '해 · 공역의 간격'(sea-air gap)에 달려 있으며, 적의 군사력이 해당 공간을 경유하여 호주 영토를 위협하지 못하도록

---

113 저자의 이름을 따서 '딥 보고서'(Dibb Report)라고도 불린다. 폴 딥은 1980년대에 호주 국방부 산하의 합동정보본부(Joint Intelligence Organisation)에서 본부장을 역임했으며, 공직을 떠난 후에는 호주국립대학교의 교수 및 전략 · 방위연구소(Strategic and Defence Studies Centre) 소장으로 재직하였다. 박재적(2012), p. 5.

114 Paul Dibb, *Review of Australia's Defence Capabilities: Report to the Minister for Defence* (Canberra, AU: Australian Government Publishing Service, 1986), p. 3.

군사력을 건설, 운용해야 한다는 것이다.[115]

이러한 거부 전략은 4단계로 진행된다. 첫째, 호주 주변의 해 · 공역으로 접근하는 적의 군사력을 조기에 식별, 추적한다. 둘째, 적의 군사력을 북부의 해 · 공역을 비롯한 영토 밖에서 분쇄하고, 이들을 배치 및 지원하는 기지와 시설들도 제압한다. 셋째, 상륙을 시도하는 적 군사력을 영토 인근의 해역에서 격멸한다. 그리고 넷째, 호주 영토에 침입한 적의 군사력이 주요 도시, 핵심 시설들을 파괴 및 점령하려는 시도를 저지하고, 궁극적으로는 적을 영토에서 몰아낸다.[116]

폴 딥의 보고서는 다분히 본토 방위에 입각한 군사전략을 지향하는 것이었다. 호주의 군사력이 동맹국(특히 미국)과의 연합 전력 일부로서, 영토 밖에서 벌어지는 분쟁에 동원되는 것보다는 독자적인 역량을 기반으로, 영토와 주변 공간을 방어하는 데 주력해야 함을 강조했기 때문이다.[117] 아울러 군사력의 건설에서도 해외 분쟁 지역으로 투입되는 지상 전력보다 호주의 영토, 주변 해 · 공역을 중심으로 임무를 수행하는 해군과 공군 전력의 비중이 강화되는 전환점을 마련했다. 이러한 내용들은 이듬해인 1987년에 발간된 호주 국방부의 2번째 『국방백서』에서도 상당 부분이 반영되었다.[118]

그러나 1990년대 냉전의 종식을 계기로, 호주는 다시금 전방 개입 전략에 주목하게 되었다. 지리적으로 인접한 남태평양, 동남아시아 도서 지역의 국가들이 다양한 내부 문제들(예: 부정부패, 경제적 불평등, 종족 갈등)로 인

115 Dibb(1986), p. 50.

116 폴 딥의 보고서는 이를 '단계별 방어 전략'(layered strategy of defence)이라고 지칭했다. Dibb(1986), p. 51; Keith D. Suter, "Australia's Defence Debate: The Dibb Report," *RUSI Journal*, Vol. 132, No. 4 (December 1987), pp. 58-59.

117 Stephan Frühling, "Australian Defence Policy and the Concept of Self-reliance," *Australian Journal of International Affairs*, Vol. 68, No. 5 (October 2014), pp. 537-540.

118 다만 폴 딥이 제시한 '거부 전략'이라는 용어는 '종심방어(defence in depth) 전략'으로 대체되었다. Suter(1987), pp. 61-62; Department of Defence, *The Defence of Australia 1987* (Canberra, AU: Australian Government Publishing Service, 1987), pp. 31-32.

동티모르에서 평화유지 임무를 수행하는 호주군 병사들

한 정치 · 사회적 불안정, 분쟁에 취약해지면서 자칫 호주의 국가안보에 부정적인 영향을 가할 수 있다는 점이 부각된 것이다.[119] 다시 말해서 이들 국가가 테러리즘이나 국제 범죄의 소굴로 전락하거나, 아시아 · 태평양 지역에서 보다 확장된 정치 · 군사적 세력을 추구하려는 역내 강대국의 영향권에 편입될 위험성이 높아질 것임을 뜻한다.

이에 따라 호주가 인접 도서 지역에서의 치안 회복, 재건 지원을 통해서 분쟁을 안정, 해결할 수 있는 군사적 개입 능력을 확보 및 발전시켜야 할 필요성이 인정받게 되었다. 호주가 1990년대 말부터 동티모르, 피지, 솔로몬 제도, 파푸아 뉴기니 등지에서 발생한 분쟁에 독자적, 혹은 UN을 비롯한 국제사회의 평화유지 노력에 기여하는 방식으로 개입하고 있는 것도 이를 배경으로 한 결과였다.[120] 특히 이들 지역으로 신속히 투입되어 효과적으로 전투, 혹은 비(非)전투 임무를 수행할 수 있는 지상 및 상륙 전력의 역할, 가치도 다시금 강화되었다.[121]

119 Peter Brown, "Australian Influence in the South Pacific," *Australian Defence Force Journal*, Issue 189 (November-December 2012), pp. 67-68.

120 Brown(2012), pp. 69-70; Sinclair Dinnen and Abby McLeod, "The Quest for Integration: Australian Approaches to Security and Development in the Pacific Islands," *Security Challenges*, Vol. 4, No. 2 (Winter 2008), pp. 28-31.

121 1999년 동티모르에서 분리 독립을 지지하는 주민들을 겨냥한 친(親)인도네시아 민병대의 학살로 유혈 사태가 발생하면서, 한국을 비롯한 20여 개 UN 회원국의 병력으로 구성된 평화유

그리하여 호주 국방부의 2000년도판 『국방백서』는 호주의 군사력 건설, 운용이 추구해야 할 전략적 목적으로 '영토 방어'와 더불어, '영토 인접 지역의 안보에 대한 기여', 그리고 '동맹과 우방, 국제사회와의 군사적 노력 동참'을 제시하였다. 아울러 영토 방어를 넘어서는 군사상의 임무 수행에 육 · 해 · 공 3군의 전력이 모두 동원될 수 있음을 밝혔다.[122] 이는 호주가 육군뿐만 아니라, 해 · 공군력까지 포함하는 보다 강화된 수준의 전방 개입 전략을 추구할 가능성을 나타냈다는 의미를 갖는다. 이후 실시된 아프가니스탄, 이라크 등지로의 병력 파견은 호주가 다시금 전방 개입 중심의 군사전략을 추구하고 있음을 보여준다.[123]

지군이 1999년 9월부터 2000년 2월까지 배치, 활동했다. 당시 호주는 가장 많은 5,000명 이상의 병력을 동티모르에 파견했으며, 평화유지군의 사령관도 호주 육군의 피터 코스그로브(이후 국방총장 역임) 장군이 담당했다. 그러나 동티모르에 대한 병력 파견에 착수했을 당시, 호주 육군은 불과 2개 대대 규모의 병력만을 전투 임무에 투입할 수 있었을 정도로 대비 태세가 부족한 상태였다. Alan Dupont, "Transformation or Stagnation? Rethinking Australia's Defence," *Australian Journal of International Affairs*, Vol. 57, No. 1 (April 2003), pp. 65-66.

122 White(2019), p. 58; Department of Defence, *Defence 2000: Our Future Defence Force* (Canberra, AU: Commonwealth of Australia, 2000), pp. 46-52.

123 한편으로 호주 국방부의 2000년도판 『국방백서』는 "우리 군은 타국의 전투력에 의존하지 않으면서 영토를 방어할 수 있어야 한다"는 방위력의 자립 원칙을 포함시켰다. 이는 호주가 군사전략에서 전방 개입의 비중을 강화하되, 본토 방위의 특징을 완전히 배제하지는 않을 것임을 나타낸다. Department of Defence(2000), p. 46.

5. 호주의 방위산업

오늘날 호주는 세계 10위권인 1조 4,000억 달러 이상의 GDP, 5만 6,000달러가 넘는 1인당 국민소득 등을 자랑하는 경제대국이다. 이는 호주가 석탄, 천연가스, 우라늄, 철광석 등의 주요 지하자원들을 풍부하게 보유하고 있는 것에 힘입은 결과다.[124] 대조적으로 호주 경제에서 제조업이 차지하는 비중은 GDP 기준으로 약 6%에 불과할 정도로 미약한 실정이다. 이러한 제조업의 부진은 호주의 방위산업에도 부정적인 영향을 가하고 있다.

호주에서 방위산업에 종사하는 인구는 총 2만 5,000명에 달하는 것으로 나타난다. 그러나 이들 인력의 50%가량은 외국계 기업에 고용되어 있다.[125] 2010년대 초를 기준으로 호주군의 무기 획득 사업에서 70%를 차지하는 8대 주요 업체들 가운데 6개가 외국 기업이나 자회사일 정도다. 나머지 30%의 사업은 3,000개 안팎에 달하는 호주 내부의 중소 방위산업체가

---

124 특히 호주의 석탄, 철광석, 우라늄 매장 및 생산량은 세계 정상권으로 평가된다. 2012년 기준으로 이들 지하자원은 호주 수출의 22%를 차지했다. 외교부 남아시아태평양국 서남아태평양과(2014), pp. 68-72.

125 국방기술품질원, 『2018 세계방산시장 연감』(진주: 국방기술품질원, 2018), p. 1285.

점유하고 있다.[126] 호주 경제에서 제조업의 비중이 약화된 상태일 뿐만 아니라, 호주군의 작은 병력 규모로 인해 방위산업이 경제적으로 상당히 부진한 상태임을 보여준다.

2000년대 초 · 중반까지만 해도, 호주 방위산업은 소수의 국내 업체들이 주도하는 양상을 나타냈다. 여기에는 ① 공영 업체 '호주 방위공사'(ADI: Australian Defence Industries), ② 대형 설비의 건축, 중공업 부문을 본업으로 하는 민간 기업 테닉스(Tenix), 그리고 ③ 국영 조선업체 ASC 등이 포함되었다.[127] 먼저 ADI는 호주 국방부의 '방위제조실'(Office of Defence Production)을 모체로 1989년 5월 출범했으며, 이전까지 국방부가 직접 수행했던 주요 무기들(예: 탄약, 총포, 지상차량, 군함)의 설계 및 개발, 생산 기능을 국영 기업으로서 담당하였다.

테닉스는 1988년 '호주 해양기술공사'(AMEC: Australian Marine Engineering Corporation)의 인수를 계기로 방위산업에 진출했고, 안작급 호위함을 비롯하여 1990년대 호주 해군의 주력 수상전투함 건조에서 주도적인 역할을 수행했다. 또한 호주군의 대표적인 광역 정보수집 자산인 진달리 초수평선 레이더의 개발, 제작에도 참여했다. ASC는 1990년대 호주 해군의 콜린스급 잠수함 제작, 건조를 위해 설립된 국영 업체 '호주 잠수함 공사'(Australian Submarine Corporation)에서 유래했다. 현재의 명칭은 2000년대부터 쓰이고 있다.

이들 가운데 ADI는 2000년대 초 호주 정부가 보유했던 일부 지분을 프랑스의 탈레스 사(社)에 매각했는데, 2007년에는 나머지 지분까지 매각하여 완전히 탈레스의 자회사로 전환되었다. ADI를 인수한 탈레스 호주 지사는 호주 육군의 기동 전력에서 가장 많이 배치된 1,020대의 부시마스

---

126 Robert Wylie, "Defence Industry and Innovation Policy," *Security Challenges*, Vol. 9, No. 2 (2013), p. 111.

127 Ian Bostock, "Hard Drive: Australian Defence Industry," *Jane's Defence Weekly*, (March 9, 2005), pp. 24-27.

호주의 육군용 기동 차량 생산 모습

호주 조선소에서 건조되는 수상전투함

터 보병 수송차량을 제조했고, 현재 육군의 신형 4륜 고(高)기동 전술차량 '호카이'(Hawkei)를 생산 중이다. 호카이의 생산 수량은 총 1,100대에 달할 예정이다.

테닉스의 방위사업 부문도 2008년 영국 BAE 시스템즈에 매각되었으며, 이후 호바트급 이지스 구축함과 캔버라급 상륙모함 등 2000년대 호주 해군이 도입하고 있는 주력함들의 건조에 참여했다. BAE 호주 지사는 2020년대 호주의 새로운 주력 수상전투함이 될 헌터급 차기 호위함의 건조도 담당할 것이다. 그리고 미국 제너럴 다이내믹스 사(社)의 지상 무기체계 부문 계열사인 GDLS 호주 지사는 호주 육군의 주력 장갑차 ASLAV를 생산, 공급하였다.

그나마 호주의 방위산업에서 국내 업체가 건재한 분야는 해군 전투함정의 개발, 건조를 담당하는 조선 사업이다. ADI와 테닉스의 매각으로 사실상 호주 최대의 국내 방위산업체로 남은 ASC가 대표적이다.[128] ASC는 1990년대 콜린스급 잠수함에 이어서 호바트급 이지스 구축함 3척을 건조했으며, 2020년대에 프랑스와의 기술 협력을 통해 진행될 어택급 차기 잠

128 Peter Hall and Robert Wylie, "The Revolution in Military Affairs and Australia's Defence Industry Base 1996-2006," *Security Challenges*, Vol. 4, No. 4 (Summer 2008), p. 63.

수함의 건조도 담당할 예정이다.[129]

또한 미국과의 자본 합작으로 1988년 설립된 '오스탈'(Austal)은 2000년대 호주 해군에 '아르미데일'(배수량 300톤)급 연안 경비정 10여 척을 건조, 제공했고, 그 후속함인 '아라푸라'(배수량 1,600톤)급 초계함 12척도 건조한다. '포르각'(Forgacs)은 해군의 각종 함정들에 대한 수리, 정비를 담당하고 있다.[130] 안작급 호위함의 개량 사업에서 고성능의 방공 레이더를 개발, 제공하는 등 해군용 정보수집, 지휘통제 장비의 제작 및 생산에 특화된 CEA 테크놀로지도 호주의 유력한 국내 방위산업체다.

한편으로 호주 정부는 자국 내부의 방위산업 기반을 유지, 발전시키기 위한 정책적인 노력을 기울이고 있다. 주력 무기체계의 도입, 생산을 전적으로 외국 기업에 의존한다면, 충분한 수준의 방위력을 유지, 발전시키는 데 필요한 주도권이 약화되고, 자칫 타국에게 정치 · 외교적인 자주성이 위협받는 결과로 이어질 수 있기 때문이다. 비록 호주의 취약한 제조업 기반으로 인해 각 군의 주요 무기들을 국내에서 모두 개발, 생산하는 것은 어렵겠지만, 적어도 이들 무기의 수리, 정비, 개량 등을 독자적으로 수행할 수 있는 능력만큼은 유지한다는 것이 호주 정부의 방침이다.[131]

이에 따라 호주는 2016년에 발간된 국방부의 『방위산업정책서』(*Defence Industry Policy Statement*)를 통해서 호주 군사력의 유지 및 발전에 필수적인 '독자적인 방위산업 역량'(sovereign industrial capabilities)을 식별, 관리할 것임을 밝혔다.[132] 특히 호주의 국내 업체들이 상대적으로 경쟁력을 유지하고 있는 해군 전투함정의 제작, 건조 능력을 지속적으로 유지 및 강화

---

129 국방기술품질원(2018), p. 1295.

130 호주의 조선 업체들과 해군 전투함정 제작, 건조 능력의 현황에 관해서는 John Birkler et al, *Australia's Naval Shipbuilding Enterprise: Preparing for the 21st Century* (Santa Monica, CA: RAND, 2015), pp. 8-10; p. 18을 참고.

131 국방기술품질원(2018), p. 1285.

132 Department of Defence, *2016 Defence Industry Policy Statement* (Canberra, AU: Commonwealth of Australia, 2016b), pp. 23-25.

하는 데 총력을 기울이겠다는 방침도 나타냈다.[133] 이에 따라 호주 해군의 새로운 주력함이 될 헌터급 차기 호위함, 어택급 차기 잠수함도 호주의 조선소에서 건조될 예정이다.[134]

---

133 Department of Defence(2016a), pp. 113-115.

134 그러나 한편으로는 호주에서 건조될 해군의 신형 주력함들이 적시(適時)에 전력화될 수 있을지의 여부에 회의적인 전망이 제기되고 있다. 이는 호주 최대의 조선업체인 ASC가 건조했던 콜린스급 잠수함이 배치, 전력화 과정에서 여러 기술적인 문제점을 드러냈으며, 역시 ASC가 수행한 호바트급 이지스 구축함의 건조에도 당초 계획보다 많은 비용, 시간이 소요되었던 전례를 근거로 한다. 단적인 예로 호바트급의 척당 건조 비용은 한국, 미국, 일본, 스페인 등이 보유한 동급의 이지스 구축함보다도 높은 것으로 나타났다. Birkler et al(2015), p. 118.

6. 도전과 응전

1) 태평양을 뒤덮는 중국의 그림자

21세기에 들어선 지 20년째를 맞이하는 현재, 중국은 경제대국을 넘어서 외교, 군사 부문에서도 세계적인 강대국으로 도약했다. 특히 아시아 · 태평양 지역에서는 중국에게 단독으로 맞설 수 있는 국가를 찾아보기 어려울 정도로 중국의 세력 우위가 명백해진 상황이다. 중국은 단순히 영토 주변의 국가들을 상대로 군사적 우위를 차지하는 것을 넘어, 자국 영토에서 멀리 떨어진 태평양 일대의 지역까지 자신들의 전략적 영향력을 투사(投射)할 수 있는 수준으로 군사력을 발전시키고 있는 것이다. 이는 지리적으로 역시 태평양에 속해있는 호주에게도 실질적인 안보 위협이 될 수 밖에 없다.

중국은 세계 최대 규모인 200만 명 이상의 병력을 보유하고 있을 뿐만 아니라, 1990년대 이래 계속되어 온 대규모의 군사비 지출에 힘입어, 군사력의 질적 수준에서도 괄목할 만한 발전을 이루었다. 이 점은 영토 너머에서의 전쟁 수행을 위한 해 · 공군력의 발전 추세에서 두드러지게 나타난다. 1990년대 말까지만 해도, 중국은 자국 영토와 연안에서의 방어적 임무

군사 퍼레이드에 등장한 중국의 탄도미사일(위)과 사거리 현황(아래. 「중앙일보」, 2019년 10월 25일)

만을 수행할 수 있는, 단거리 무장 위주의 수상전투함, 잠수함, 전투기가 대다수를 차지했다. 하지만 그로부터 약 20년이 지난 현재의 중국은 영토를 넘어선 원거리의 해 · 공역에서, 보다 공세적인 성격의 임무 수행이 가능한, 장거리 무장 능력을 갖춘 수상전투함, 잠수함, 전투기들이 다수를 차지하는 구조로 해군과 공군의 전력을 고도화했다.[135]

중국의 군사력 강화에서 눈여겨 볼 점은 해 · 공군력의 발전뿐만이 아니다. 중국은 자국 영토 주변에 배치된 타국의 전력, 군사 기지들을 신속하

---

135 1999년 기준으로 중국 해군에서 원거리 무장, 작전 수행 능력을 갖춘 수상전투함과 잠수함의 비중은 각각 전무(全無), 5% 미만이었으며, 공군의 전투기는 2%에도 미달했다. 하지만 2019년을 기준으로는 중국 해군의 수상전투함 55%, 잠수함 65%, 그리고 공군 전투기의 53%가 원거리 무장, 작전 수행 능력을 보유하고 있다. 해당 전력의 보유 수량도 20년 만에 해군 수상전투함은 0 → 48척, 잠수함은 3 → 36척, 전투기는 52 → 837대로 늘어났다. 이는 한국, 일본, 동남아시아 국가를 비롯한 다른 동아시아 국가들의 것보다 많은 규모다. Ashley Townshend et al, *Averting Crisis: American Strategy, Military Spending and Collective Defence in the Indo-Pacific* (Sydney, AU: United States Studies Centre at The University of Sydney, 2019), p. 16.

게 파괴 및 제압할 수 있는 지상 공격용 미사일 전력도 양적, 질적으로 증강시키는 중이다. 2004년에서 2019년 사이의 15년 동안, 중국의 지대지 미사일 전력은 발사대 기준으로 248 → 570대로 약 2.3배 늘어났다. 구체적으로는 ① 주변 국가의 영토 대부분을 공격하는 사거리 1,000~2,000km의 준(準)중거리(medium-range) 탄도미사일과 순항미사일이 38 → 240대(순항미사일 90대 포함)로 6배 이상, ② 아시아 · 태평양 지역 일대를 공격권에 포함시키는 사거리 3,000km 이상의 중거리(intermediate-range) 탄도미사일은 10 → 80대로 8배 증가했다.[136] 전력의 구성에서도 2004년에 사거리 수백km급의 단거리(short-range) 탄도미사일이 전체 80% 이상을 차지했던 반면, 15년 후인 2019년에는 사거리 1,000km를 넘는 중 · 장거리 지대지 미사일의 비중이 60%를 넘어설 정도로 원거리 타격 능력이 강화되었다.

이러한 중국의 군사력 강화 추세는 역내의 주변 국가들보다 양적, 질적으로 우월한 수준의 군사력을 보유하겠다는 목적에만 국한되지 않는다. 더 나아가 그동안 아시아 · 태평양 지역에서 정치 · 군사적인 우위를 차지해 왔으며, 이를 바탕으로 역내의 안보질서와 전략적 안정을 뒷받침해 온 미국에 대한 도전을 본격화하겠다는 의도를 담고 있다. 한국과 일본, 서태평양의 미국령 괌(Guam)을 포함하여 중국 주변에 배치된 미군 전력, 군사기지들을 신속히 무력화하고, 유사시 미국이 항공모함 전투단 등을 중심으로 동아시아에 군사력을 증원, 투사(投射)할 수 있는 능력까지 차단 및 분쇄하겠다는 것이다.[137] 이는 '반(反)접근 · 지역거부'(A2/AD: Anti-Access/Area

136 중국의 탄도 · 순항미사일 전력은 '둥펑'(東風)이라는 명칭으로 불린다. Townshend et al(2019), p. 17.

137 중국이 개발, 배치하고 있는 중 · 장거리 탄도미사일의 일부는 미 해군의 항공모함까지 공격할 수 있을 정도의 정밀타격 능력을 갖춘 것으로 알려진다. 이는 '대함 탄도미사일'(ASBM: Anti-Ship Ballistic Missile)이라고 불린다. Office of the Secretary of Defense(2019), p. 44; 이윤상 · 최정소, "중국의 DF-21D 대함 탄도미사일 개발 동향,"「국방과학기술정보」, (2013년 1 · 2월), pp. 125-129.

Denial)라고 불린다.[138]

물론 그동안의 전력 강화에도 불구하고, 아직 중국의 군사력은 세계 최강을 자랑하는 미국을 추월할 정도의 수준에는 도달하지 못하고 있다. 그러나 미국은 아시아 · 태평양 지역뿐만 아니라 유럽, 중동을 비롯한 세계 각국의 동맹, 우방 국가들에 대한 방위 공약을 책임지고 있는 입장이다. 다시 말해서 미국의 막강한 군사력 전체가 중국만을 상대하기 위해 집중 동원되는 것은 기대하기 어렵다.[139] 특히 미국은 지난 2000년대 초 · 중반 테러와의 전쟁을 위하여 많은 병력과 재원(財源)을 이라크, 아프가니스탄 등지에서의 작전에 투입, 소모했으며, 그로 인해 동아시아에서 중국의 군사적 성장을 견제하기 위한 전력 태세가 약화되는 상황에 직면하게 되었다.[140]

이러한 점을 고려하면, 중국이 주한(駐韓) · 주일(駐日) 미군을 비롯해서 아시아 · 태평양 지역에 배치되어 있는 7만여 명의 기존 미군 병력을 기습적으로 공격, 제압하거나, 유사시 동아시아에 대한 미국 해 · 공군력의 증원을 차단, 저지하는 것은 결코 불가능한 일이 아니다.[141] 이를 통해 중국

---

138 중국의 반(反)접근 · 지역거부는 ① 적의 군사력이 특정한 작전 공간, 영역으로 진입하는 것을 원천적으로 좌절시키는 반(反)접근, ② 특정한 작전 공간, 영역에 진입한 적 군사력의 활동을 지속적으로 교란, 약화시켜 행동의 자유를 제한하고, 궁극적으로 후퇴하도록 강요하는 지역거부로 나뉜다. Office of the Secretary of Defense(2019), pp. 54-58; 김태호, "중국의 '反접근 전략'과 동아시아 안보환경 변화: 역내 유사 및 전략적 대비를 중심으로," 「Strategy 21」, 제15권 제1호 (2012년 여름), pp. 131-135.

139 2018년 11월 미국 의회 산하의 국방전략위원회가 발표한 보고서도 미국이 유럽과 서태평양을 비롯한 2개 이상의 세계 주요 지역에서, 중국 및 러시아와의 무력 분쟁에 동시 대응하는 데 필요한 군사적 우위가 심각하게 약화된 상태임을 지적한 바 있다. National Defense Strategy Commission, *Providing for the Common Defense: The Assessment and Recommendations of the National Defense Strategy Commission* (Washington, D.C: United States Institute of Peace, 2018), pp. 22-25.

140 White(2019), pp. 59-60.; Townshend et al(2019), pp. 9-12.

141 일부 평가에서는 미국이 아시아 · 태평양 지역에 배치 중인 공군력의 약 70%가 중국의 탄도 · 순항미사일 공격으로 개전 초기에 파괴당할 위험에 놓여있다는 주장을 제기한다. Townshend et al(2019), p. 56.

은 미국이 아시아·태평양 지역에서 발생하는 무력 분쟁에 개입할 수 있는 능력을 약화시키고, 자신들의 승리를 기정사실화하는 데 결정적으로 유리한 조건을 확보하려 들 것이다. 궁극적으로는 중국이 미국의 군사적 지원을 보장받지 못하는 동아시아의 주변 국가들을 상대로 정치·군사적 우위를 차지하고, 중국의 패권(霸權)을 전제로 하는 새로운 지역 질서가 정립되는 결과로 이어질 것이다.

위와 같은 중국의 군사적 성장과 그로 인한 아시아·태평양 지역의 안보질서 불안정 문제는 호주에게도 결코 남의 일이 아니다. 이미 중국의 전략적 영향력이 호주와 인접한 남태평양 도서 지역까지 확장되고 있기 때문이다. 중국은 2011년 이래 파푸아 뉴기니, 피지, 바누아투 등 남태평양의 11개 도서 국가들에게 13억 달러의 차관, 원조를 제공하였다.[142] 이는 호주에 이어 2번째로 많은 경제 지원 규모다. 심지어는 중국이 바누아투에 군사 기지의 건설을 추진할 것이라는 관측까지 제기되었다. 만약 성사된다면, 중국이 태평양에서 처음으로 해외 군사기지를 구축하는 사례가 될 것이다.[143] 이러한 현상들은 남태평양에서 중국의 영향력이 경제뿐만 아니라 외교, 군사 부문으로 확대 및 심화될 가능성을 시사한다.

중국의 영향력이 호주를 직접 겨냥하는 현상들도 나타나고 있다. 2017년 기준으로 중국은 호주 전체 수출액의 약 30%를 차지하는 최대 시장이며, 호주의 주력 수출품인 지하자원도 일본보다 2배 이상으로 많은 610억 달러를 수입했다.[144] 호주 수출에서 3번째로 큰 비중을 차지하는 해

---

142 하지만 남태평양 국가들에 대한 중국의 경제 원조는 상당 부분이 차관 형식으로 제공되고 있으며, 그로 인해 당사국들의 경제적 부담을 가중시키는 부작용을 일으키고 있다. 이는 중국이 2010년대 초부터 야심차게 추진하고 있는 경제적 영향권의 대외 확대 사업, 즉 '일대일로'(一帶一路: Belt and Road Initiative)에서 공통적으로 나타나는 문제점이다. 윤완준, "남태평양에서 불붙은 中-서방 외교전쟁," 「동아일보」, (2018년 8월 31일).

143 중국은 2017년 8월 동아프리카의 지부티에 최초의 해외 군사기지를 건설한 바 있다. 김문성, "中, 아프리카 이어 남태평양에 군사기지 물색…美·호주 '긴장'," 「연합뉴스」, (2018년 4월 10일).

144 추가영, "반중으로 돌아선 호주, 미국과 '반(反)일대일로' 연합전선," 「한국경제」, (2018년 2월 26일).

외 유학생 유치에서도 중국 출신은 15만 명가량으로 전체 유학생의 40%를 점유하고 있다.[145] 그리고 중국은 2007년에서 2016년 사이의 10년 동안 총 900억 달러를 호주에 투자했는데, 이는 같은 기간에 1,000억 달러를 투자한 미국의 뒤를 잇는 2위 규모다.[146]

이처럼 경제 부문에서 중국의 비중이 높아지면서, 호주가 경제력을 앞세운 중국의 강압적인 영향력 행사에 취약해지고 있다는 우려가 제기되는 상황이다. 한 보기로 2017년 호주의 한 국회의원이 중국으로부터 기부금을 받은 대가로 남중국해 분쟁에서 중국의 입장을 두둔한 것이 드러나 사퇴하고, 호주 정부가 정당 및 로비단체에 대한 외국의 기부 금액을 제한하는 법안을 마련하자 중국이 반발하여 외교 마찰을 빚은 바 있다. 당시 중국은 호주에 대한 유학생을 축소시키고, 자국 내부에서 호주 제품에 대한 불매 운동을 부추겨 경제적 손실을 강요했다.[147] 이는 호주 내부에서 중국에 비판적인 정책, 여론이 형성되는 것을 억제하고, 궁극적으로는 호주가 동맹 미국보다는 중국의 전략적 영향권으로 편입되도록 강요하려는 의도를 반영한 것이라는 의구심을 높이고 있다.

급기야 2019년 6월 3일에는 호주를 겨냥한 중국의 영향력 행사에 군사력까지 동원되는 일이 벌어졌다. 중동 해역에서 마약 단속 임무를 수행하고 귀환 중이던 중국의 해군 함정 3척(호위함, 상륙함, 군수지원함 각 1척)이 호주 최대의 도시이자 항구인 시드니에 사전 공지도 없이 입항, 4일 동안 머물렀던 것이다.[148] 이러한 중국 해군 함정의 기습적인 방문은 중국이 해군

---

145 Peter Harrell et al, *China's Use of Coercive Economic Measures* (Washington, D.C: Center for a New American Security, 2018), p. 10.

146 중국의 투자는 주로 광산을 비롯한 호주의 주요 지하자원 개발권, 사회간접자본 운영권을 대상으로 하고 있다. 특히 2015년에는 중국 기업이 미 해병대 병력의 주둔지이기도 한 호주 북부 다윈의 항구를 장기간 임대하여 국내외의 논란을 빚었다. 추가영(2018); 김기성, "중국업체, 호주 다윈항 운영권 논란…중국군 연계 의혹," 「연합뉴스」, (2015년 11월 16일).

147 Harrell et al(2018), pp. 48-49.

148 안승섭, "호주 시드니 시민들, 예고 없는 中 군함 3척 입항에 '깜짝'," 「연합뉴스」, (2019년 6월 4일).

2019년 6월 호주 시드니 항을 기습적으로 방문한 중국 해군 함정들

력을 비롯한 자신들의 군사력을 언제든지 호주로 투사(投射)할 수 있음을 과시하려는 무력시위로 해석되었다. 이 점에서 호주 내부뿐만 아니라, 국제적으로도 큰 파장을 일으켰다.

2) 갈림길: 동맹 강화, 혹은 독자 방위

중국이 군사력 등 주요 국력 부문에서 아시아 · 태평양 지역의 새로운 지배 세력으로 부각되고 있는 오늘날, 역내의 여러 국가들이 대응책을 마련하는 데 고심 중이다. 이들 국가의 상당수는 미국의 동맹, 우방이며, 중국 군사력의 성장으로 인해 동아시아에 대한 미국의 군사적인 개입 능력이 약화, 위협받을 가능성을 경계하고 있다. 이 점은 호주도 예외가 아니다. 호주에게는 제2차 세계대전에서 동남아시아, 태평양 일대를 석권한 일본과 대치했던 시절 이후, 70여 년 만에 가장 위협적인 안보환경이 도래한 것이다. 그렇다면 과연 호주는 이러한 도전을 극복하기 위해 어떠한 군사적 대안을 준비하고 있는가?

호주 국방부는 2016년도판 『국방백서』에서 오는 2026년까지 총 4,476억 달러 이상의 국방 예산을 투입하여 방위력의 강화, 발전을 추진한다는 10개년 계획을 제시하였다. 여기에는 연간 군사비를 2021년까지 약

424억 달러로 증액, 군사 부문의 지출을 GDP 대비 2% 이상으로 인상한다는 계획도 포함되어 있다.[149] 이는 차기 호위함과 잠수함, F-35 스텔스 전투기를 비롯해서 호주군이 진행 중인 신형 무기들의 도입 사업을 재정적으로 뒷받침하기 위한 것이다.

한편으로 호주는 여전히 미국과의 동맹을 강조하는 입장을 견지하고 있다. 이 점은 "강력하고 심화된 동맹 관계는 호주의 안보, 국방 계획에서 핵심적인 역할을 한다. 미국은 앞으로도 전 세계에서 가장 우월한 군사적 세력이자 호주의 가장 중요한 전략적 동반자로 남을 것이다"라고 밝히면서, 미국과의 동맹 관계를 확대, 심화시키겠다는 호주 국방부의 2016년도판 『국방백서』 내용에서도 드러난다.[150] 여기에는 아시아 · 태평양 지역의 안보질서를 유지, 수호하기 위한 미국의 노력을 지원하는 데 호주도 동참하는 것을 포함한다. 말하자면 전방 개입 전략의 강화, 발전을 추구한다는 의미로 해석될 수 있다.

미국과의 동맹 강화, 발전에 관한 호주의 노력을 드러내는 대표적인 사례는 2010년대 후반부터 가시화되고 있는 '인도-태평양(Indo-Pacific) 구상' 참여다. 이는 미국이 도널드 트럼프의 대통령 취임 첫해인 2017년을 기점으로, 그동안 동아시아 국가들에 초점을 두었던 아시아 · 태평양 지역과의 협력 관계 범위를 인도양까지 포함하도록 확장하고, 이를 바탕으로 역내에서 중국의 전략적 영향력 확대를 견제, 상쇄시킬 것임을 천명한 것에 배경을 두고 있다. 또한 태평양과 인도양을 동시에 접하고 있는 국가로서, 호주가 지난 2010년대 초반부터 두 대양의 전략적인 연계성, 상호 의존 관계를 강조하는 외교안보 정책을 추구해온 점을 반영한 것이다.[151]

---

149 Department of Defence(2016a), pp. 177-180.

150 Department of Defence(2016a), p. 15.

151 호주 정부는 2010년대 이래 발간된 국방부, 외교통상부 등의 주요 정책 백서들에서 태평양과 인도양을 통합된 지리적 공간으로 규정하는 입장을 견지하고 있다. 김재엽, "'인도-태평양' 구상: 배경과 현황, 그리고 함의," 「국가안보와 전략」, 제18권 제4호 (2018년 겨울), pp. 19-21.

이에 따라 호주는 미국, 인도, 일본과 함께 인도-태평양 구상을 주도하는 주요 4개국(일명 '쿼드'(QUAD))의 일원으로 참가하고 있다. 이들 4개국은 아시아 · 태평양 지역에서 중국의 외교 · 경제 · 군사적 세력이 확장되는 것에 관한 위협 인식을 공유하며, 이에 대응하기 위하여 "자유롭고 개방된 인도-태평양"(Free and Open Indo-Pacific)의 기치 아래, 광범위한 협력 관계의 발전, 강화를 추구하는 중이다. 여기에는 4개국들 사이의 군사 훈련, 남중국해 등 역내 분쟁 지역에 대한 군사 활동의 참여 확대를 비롯한 군사 부문에서의 제휴, 협력도 포함되어 있다.

호주의 경우, 2010년대에 들어서 다수의 해군 함정들을 남중국해로 전개시켜 항행 자유를 달성하고, 중국의 독점적 · 배타적인 관할권 주장을 무력화하기 위한 노력에 기여하고 있다. 구체적으로는 2014년에 43일 동안 5척의 호주 해군 함정들이 전개되었고, 2017년에는 254일에 걸쳐 8척을 전개시켰다. 그리고 2018년에는 60일만에 호주 해군의 함정 8척이 남중국해에서 활동했다.[152] 또한 2017년부터는 '인도-태평양 장정'(Indo-Pacific Endeavour)이라는 명칭 아래, 상륙모함과 호위함 등으로 구성된 호주 해군의 기동 전투단이 인도양에서 태평양에 걸친 해역으로 매년 약 2개월 동안 항해를 실시하고, 역내 국가들의 해군과 훈련을 수행 중이다.[153] 이는 호주가 인도-태평양 구상을 뒷받침하기 위한 군사적 역량, 특히 해군력의 원거리 투사(投射) 능력을 과시한다는 점에서 상당한 의미를 갖는다.

아울러 호주는 인도-태평양 구상에 동참하는 미국 이외의 우방국들(즉, 인도와 일본)과도 군사 훈련을 적극화하는 추세다. 먼저 인도와는 2015년부터 2년 간격으로 '오스인덱스'(AUSINDEX: AUStralia INDia EXercise)라

---

152 이미 호주는 냉전 시절인 1980년대부터 '관문'(Gateway)이라는 작전명으로 인도양, 동남아시아 해역에서 해군 함정, 해상초계기를 이용한 초계 활동을 수행해 왔다. Tim Huxley and William Choong eds, *Asia-Pacific Regional Security Assessment 2019* (London, UK: International Institute for Strategic Studies, 2019), p. 134.

153 Huxley and Choong eds(2019), p. 206.

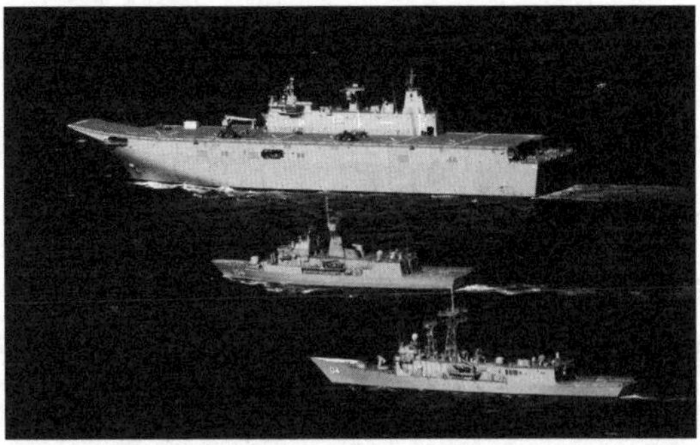

인도양에서 항해 중인 호주 해군의 기동 전투단

는 명칭의 합동 해군 훈련을 실시한다. 일본은 호주와 미국의 '행운의 검' 연합 군사훈련에 2015년부터 참가하기 시작했고, 참가 병력의 규모도 증대되고 있다.[154] 그리고 호주에서 매년 짝수해에 실시되는 다국적 공군력 훈련 '암흑 공방'(Pitch Black)에는 인도가 2018년 처음으로 참가했으며, 향후 일본도 참가할 예정이다.[155]

그러나 호주 내부에서는 미국과의 동맹 강화를 중심으로 하는 전략의 실효성에 대해 의구심을 나타내는 주장도 제기되고 있다. 아시아 · 태평양 지역에서 미국과 중국 사이의 군사력 격차가 좁혀지고, 중국이 반(反)접근 · 지역거부 전력을 통해 동아시아에 대한 미국의 군사적 개입 능력에 타격을 가할 수 있음을 고려할 때, 미국의 군사적 우위를 전제로 하는 전략은 더 이상 유효하지 않다는 것이다. 이러한 관점에 따르면, 호주가 역내 분쟁(예: 남중국해)에서 동맹 미국과 우방 국가들을 지원하기 위하여 해군력

---

154 가장 최근인 2019년의 '행운의 검' 훈련에는 일본에서 배수량 1만 3,000톤급 헬기구축함과 배수량 약 9,000톤급의 상륙함, 2018년에 창설된 육상자위대 소속의 여단급 상륙부대 '수륙기동단'(水陸機動團) 부대원 330명 등을 포함한 500여 명의 자위대 병력이 참가했다. Caitlin Doornbos, "Talisman Sabre Flexed Coalition Power in the Indo-Pacific, Experts Say," *Stars and Stripes*, (August 2, 2019).

155 호주도 2019년 9~10월 일본에서 실시된 '무사도(武士道)의 수호자'(Bushido-Guardian)라는 명칭의 합동 공군력 훈련에 참가했다. 당시 훈련에는 호주 공군의 F/A-18 전투기와 KC-30 공중급유기, 수송기 등이 동원되었다. Huxley and Choong eds(2019), p. 207; Seth Robson, "Japan and Australia to Hold Regular Air Force Training in Each Other's Countries," *Stars and Stripes*, (November 20, 2019).

등의 원거리 투사(投射) 능력을 강조하는 것은 비효율적인 자원의 낭비일 뿐이라는 비판이 가능하다.[156]

더 나아가 이러한 비판은 중국의 군사적 성장으로 인해서, 이제 미국의 군사적 우위와 그것을 바탕으로 하는 아시아 · 태평양 지역의 기존 안보질서가 더 이상 당연하게 여겨질 수 없으며, 앞으로는 호주가 스스로의 역량에 의지해서 역내 강대국(특히 중국)의 군사적 위협을 억지, 격퇴할 수 있어야 한다는 독자 방위 주장으로 이어지고 있다. 미국을 제외한 역내 국가들의 대부분은 스스로를 방어하는 것조차 힘겨운 입장이어서 선불리 이웃나라를 돕기 위해 군사력의 지원을 제공하기 어렵고, 때문에 동아시아 지역의 국가들이 중국에 맞서 군사적으로 단결하는 집단방위(collective defense)의 성립은 기대하기 어렵다는 것이다.[157] 이러한 주장은 지난 1980년대를 전후로 강조되었던 본토 방위 전략의 연장선상에 있다고 할 수 있다. 그렇다면 이를 달성하기 위한 방안은 과연 무엇인가?

현 시점에서 주목할 만한 제안으로는 '전진 종심방어'(forward defence in depth) 전략이 있다. 호주의 유력 외교안보 연구기관인 호주 전략 · 정책 연구원(ASPI: Australian Strategic Policy Institute)의 말콤 데이비스 박사가 제시한 이 전략은 그동안 호주가 누려왔던 방어상의 이점, 즉 태평양에 의한 동아시아 주요 국가들과의 지리적인 분리 상태가 더 이상 유효하지 않다는 점을 전제로 한다. 중국이 해 · 공군력의 강화, 중 · 장거리 지대지 미사일 등을 통하여 아시아 · 태평양 지역 일대로의 군사력 투사(投射) 능력을 확장, 강화하고 있으며, 호주도 그러한 위협으로부터 자유롭지 못하기 때문이다.[158]

이에 따라 데이비스는 호주 영토와 남태평양, 동남아시아 도서 지역

---

156 White(2019), pp. 60-63.

157 White(2019), p. 40.

158 Malcolm Davis, *Forward Defence in Depth for Australia* (Canberra, AU: Australian Strategic Policy Institute, 2019), p. 2; pp. 4-5.

사이의 해 · 공역에 집중되었던 방어 임무의 공간을 남중국해, 필리핀 주변 해역 등을 포함하도록 보다 확장할 것을 주장한다. 이를 통하여 ① 적이 호주를 겨냥해 장거리 타격 능력을 사용하려는 기회를 저지하고, ② 적의 해 · 공군력이 호주 주변의 해역, 공역으로 접근할 위험성을 원거리에서 차단하며, ③ 태평양과 인도양에 걸친 호주의 주요 해상교통로를 보호하여 무역, 주요 자원의 원활한 수급을 보장받아야 한다는 것이다.[159] 강력한 반(反)접근 · 지역거부 능력을 보유한 적으로부터 호주가 방어상의 시공간적 여유를 유지, 확보하기 위한 방안이라고 요약될 수 있다.

이러한 전진 종심방어 전략이 실효성을 갖기 위해서는, 이를 뒷받침할 수 있는 수준의 군사력이 반드시 요구된다. 이에 따라 데이비스는 호주군이 영토와 주변 해 · 공역을 넘어서는 범위에서, 육 · 해 · 공에 배치되는 적의 원거리 투사(投射) 능력을 분쇄할 수 있는 방위력의 강화, 발전이 필요하다고 강조한다. 여기에는 기존의 해 · 공군력, 광역 감시정찰 능력에 더하여, 미사일 방어와 정밀타격 능력의 신규 확보가 포함된다. 특히 오늘날 공군의 F/A-18 전투기에서 탑재, 운용되는 사거리 300km의 JASSM 공대지 순항미사일로 한정된 호주의 장거리 정밀타격 수단을 지상 기지, 해군의 수상전투함과 잠수함 등에서 탑재 가능한 미사일로 다양화할 것을 주장하여 주목을 받았다.[160] 말하자면 호주도 독자적인 반(反)접근 · 지역거부 능력을 갖춰야 한다는 주장이다.

호주국립대학교의 휴 화이트 교수는 보다 놀라운 주장을 내놓았다. 2019년 출간된 저서 『호주를 어떻게 지킬 것인가?』(*How to Defend Australia*)에서 호주의 핵무장 가능성을 제기하고 나선 것이다.[161] 호주는 지난 1952

---

159 Davis(2019), pp. 5-6.

160 호주 국방부도 2016년도판 『국방백서』를 통해 지상 배치형 대함 미사일의 도입 의향을 나타낸 바 있다. Department of Defence(2016a), p. 96; Davis(2019), pp. 9-13.

161 휴 화이트는 호주 국방부의 정보 · 전략 부문 차관으로 재직했으며, 2000년도판 호주 『국방백서』의 편찬을 실무적으로 주도하였다. 공직을 떠난 후에는 호주국립대학교의 교수로 활동 중이며, 호주 전략 · 정책연구원의 초대 원장을 역임하기도 했다. Harriet Alexander, "Nuclear

전진 종심방어를 제시한 말콤 데이비스(왼쪽)와 호주의 핵무장 가능성을 주장한 휴 화이트(오른쪽)

년 10월 3일 영국이 최초로 실시한 핵실험의 장소로 북서부의 몬테벨로(Monte Bello) 섬을 제공한 바 있었다. 이후에도 영국은 1955~1963년 사이에 호주 남부의 마리링가(Maralinga)에서 7차례의 핵실험을 실시했다. 뿐만 아니라 호주는 냉전 초기에 공군의 항공기로 탑재, 투하될 수 있는 핵무기를 영국에서 도입하는 방안을 검토하기도 했다.[162]

그러나 내부적인 논의 끝에, 호주 정부는 핵무기의 개발, 도입을 포기하기로 결정하였다. 이에 따라 호주는 1973년에 NPT를 비준했고, 지금까지 국제적인 대량살상무기 비확산 질서의 일원으로 남아있다.[163] 심지어 호주는 세계 최대의 우라늄 생산국이지만, 단 하나의 원자력 발전소도 건설, 운영하지 않고 있다.[164] 이러한 호주의 비핵(非核) 노선은 세계 최강의 핵보

Arsenal Must Be on Australia's Agenda, Argues Defence Expert," *Sydney Morning Herald*, (July 2, 2019).

162 Aiden Warren, "Rethinking Australia's Middle-Power Nuclear Paradox," *Arms Control Today*, Vol. 49, No. 4 (May 2019), p. 18.

163 호주가 NPT를 비준한 이듬해인 1974년, 호주 국방부 일각에서는 "핵무기를 보유한 강대국의 위협에 맞서기 위하여, 호주도 '최소한도의 신뢰성을 갖춘 핵 역량'을 보유해야 한다"는 주장이 제기되기도 했다. 하지만 이 주장은 국방부의 내부 검토 단계에서 기각되었고, 이후에도 정부 차원에서 공식적으로 논의되지 않았다. White(2019), pp. 232-233.

164 대신 호주는 1958년부터 오직 1기의 연구용 원자로만을 보유 중이다. 호주 최초의 연구용 원자로는 10MW 용량으로 개발되었고, 2007년에 가동을 중단했다. 지금은 그 뒤를 이어 건설된 20MW 용량의 연구용 원자로가 운영되고 있다. 외교부 남아시아태평양국 서남아태평양과(2014), p. 76.

유국인 동맹 미국이 제공하는 방위 공약에 바탕을 둔 것이었다.

휴 화이트가 제기하는 호주의 핵무장 가능성은 중국의 군사력 강화로 미국이 아시아 · 태평양 지역에 개입할 수 있는 정치 · 군사적인 능력이 약화되고, 그로 인해 호주 등 역내의 동맹, 우방 국가들을 위한 미국의 방위 공약 이행 의지마저 위축될 수 있다는 우려를 반영한다. 미국은 과거 냉전 시대에 소련을 위시한 공산 진영과 대치하는 서유럽 국가들의 안전이 자국의 안전과 직결된다고 인식했고, 이에 따라 소련의 가공할 만한 핵무기 위협에도 불구하고 서유럽을 위한 방위 공약을 지속하였다. 하지만 과연 미국이 현재 아시아 · 태평양에서 나타나는 중국의 도전을 냉전 당시 소련이 서유럽에게 가했던 것과 같은 수준의, 자국 안보에 대한 직접적 · 실재적인 위협으로 여기는지는 의문이라는 것이 휴 화이트의 주장이다.[165]

이에 따라 휴 화이트는 아시아 · 태평양 지역에서 방위 공약을 실행하기 위한 미국의 능력, 의지가 현저히 약화된 상태에서, 호주가 핵무기를 포함한 중국의 군사적 위협에 직접 노출될 가능성을 배제할 수 없다고 우려한다. 예를 들어 호주 영토 주변에서 호주, 중국의 재래식 무력 분쟁이 발생하고, 그 과정에서 중국이 핵무기의 사용 가능성을 공개적으로 위협하면서 호주에게 굴복을 강요할 수 있다는 것이다.[166] 이 점을 들어서, 휴 화이트는 호주에게 핵무장이 군사적 측면에서 충분히 선택 가능한 대안이 되어야 한다고 주장한다.

휴 화이트는 호주가 중국 등 핵무기를 보유한 역내 강대국의 위협을 억지하기 위해서는, 다음 3가지의 특징에 입각한 핵무장 능력이 요구된다고 제시하고 있다. 첫째, 적이 핵무기를 이용해 도발을 시도하려는 의도를 분쇄하기 위한 최소한도의 능력으로서, 적의 수도를 비롯한 소수의 대도시를 초토화할 수 있는 수량의 핵무기를 확보한다. 둘째, 적의 기습 공격으로

165 White(2019), pp. 236-237.

166 White(2019), p. 238.

부터 안전하게 핵 보복을 가할 수 있도록 생존성이 높은 탑재 수단을 보유한다. 그리고 셋째, 적의 영토를 공격권 내에 포함하며, 빠른 비행 속도를 앞세워 적의 방어를 돌파할 수 있는 타격 수단을 사용한다.[167] 이들 조건을 가장 잘 충족시킬 수 있는 선택은 바로 잠수함에서 탑재, 발사되는 중 · 장거리 탄도미사일이다.

한편으로 휴 화이트는 핵무장이 호주에게 야기할 수 있는 부정적인 영향들도 인정한다. 먼저 핵무기와 탑재, 발사 수단을 개발, 확보하기 위해서는 지금보다 훨씬 많은 군사비가 요구될 수밖에 없다. 뿐만 아니라 역내 국가들을 포함한 국제사회는 호주를 더욱 위협적인 세력으로 인식할 것이다. 그리고 호주가 핵 공격의 표적이 될 위험성도 높아질 것임에 분명하다.[168] 하지만 휴 화이트는 미국에 의한 방위 공약이 더 이상 당연하게 여겨질 수 없는 상황이 현실화된다면, 호주가 국가안보를 위한 최후 수단으로서 핵무장을 배제하기 어려울 것이라고 주장한다.[169]

위와 같은 동맹 강화, 혹은 독자 방위 가운데 어느 쪽이 호주에게 보다 바람직한 선택이라고 할 수 있을지는 아직 단언하기 어렵다. 하지만 적어도 한 가지만큼은 분명하다. 바로 지금까지 호주의 국가안보에서 든든한 버팀목이었던 지리상의 이점, 미국과의 동맹이 과거와 같은 효력을 발휘하기 어려워지고 있다는 점이다. 오늘날 아시아 · 태평양 지역에서 안보질서의 불안정성이 가중되는 추세로 인해, 호주도 나름의 대안을 모색해야 할 필요성이 높아지고 있다. 그리고 이 과정에서 호주 스스로의 군사력 강화, 발전도 큰 중요성을 차지하게 될 것이다.

---

167 이는 냉전 이래 영국과 프랑스가 채택하고 있는, '최소억지'(minimum deterrence) 개념에 입각한 핵전략과 유사하다. White(2019), pp. 241-244.

168 White(2019), pp. 247-248.

169 특히 휴 화이트는 북한 핵무기의 위협으로 한국, 일본 내부에서 독자 핵무장을 요구하는 주장이 강화되고 있음을 주목하면서, "만약 한국과 일본이 핵무장을 결심한다면, 호주의 핵무장 가능성도 더욱 높아질 것"이라는 견해를 피력했다. White(2019), p. 246.

V. 대만

대륙에 맞서다

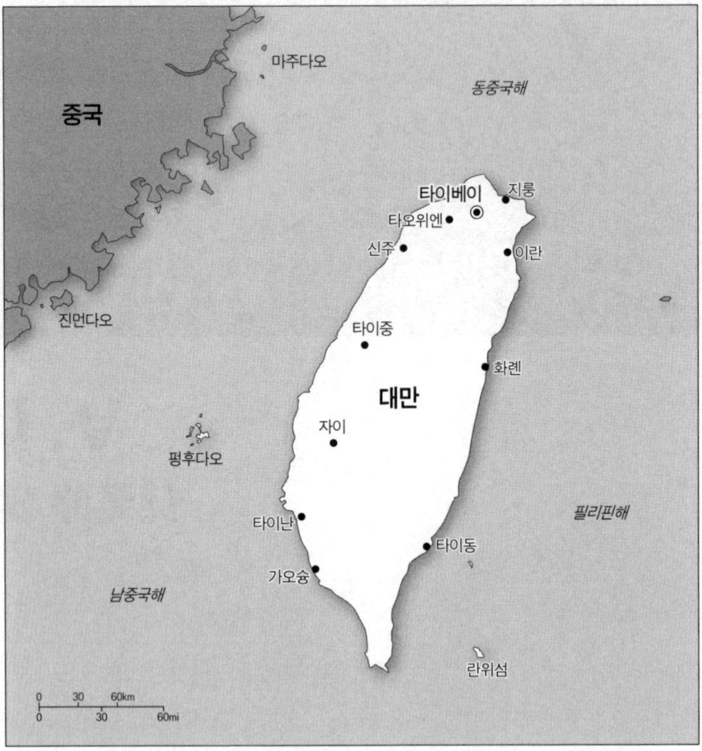
마주다오
동중국해
중국
타이베이
지룽
타오위엔
신주
이란
진먼다오
타이중
화롄
대만
자이
펑후다오
필리핀해
타이난
타이둥
가오슝
남중국해
란위섬
0 30 60km
0 30 60mi

대만(臺灣: Taiwan)은 중국의 동남부 지역과 마주하고 있는 섬으로 북위 21~25도, 동경 120~121도에 걸쳐 위치한다. 영토의 전체 면적은 약 3만 6,000km²로 한국의 경상 남 · 북도와 비슷하다. 또한 남북으로 390km, 동서로는 140km가량 뻗어있는 형태다.[1] 영토 대부분을 차지하는 본도(本島) 외에 서쪽 해역의 진먼다오(金門島)와 마주다오(馬祖島), 펑후다오(澎湖島)를 비롯한 주변 도서 지역들도 대만의 영토에 속한다.[2]

중국 동남부의 연안과 인접한 진먼다오, 마주다오 등지를 제외하면, 대만 영토의 대부분은 바다를 통해 주변의 다른 국가들과 분리되어 있다. 대만은 북쪽으로 동중국해(東中國海: East China Sea)를 통해 한반도, 일본과 이어진다. 서쪽으로는 저장(浙江), 푸젠(福建), 광둥(廣東) 성(省)을 비롯한 중국 본토의 동남부 지역과 대치하고 있다. 남쪽으로는 남중국해를 통하여 동남아시아 지역으로 연결된다. 그리고 동쪽으로는 필리핀 동북부의 필리핀해(Philippine Sea)를 거쳐서 태평양을 향해 나아간다.[3] 말하자면 대만의 지리적 위치는 동아시아 지역에서 한국과 중국, 일본을 비롯한 동북아시아, 그리고 동남아시아 사이의 교차로에 해당하는 것이다.

오늘날 대내외적으로 대만을 대표하는 정치적 실체는 지난 1911년 중국에서 수립된 '중화민국'(中華民國: Republic of China) 정부다. 지금으로부터 71년 전인 1949년 중국 국공내전(國共內戰)에서 현재의 공산정권, 즉 '중화인민공화국'(中華人民共和國: People's Republic of China)이 승리하여 본토를 석권하였고, 여기서 패배한 중화민국 정부가 대만으로 후퇴했기 때문이다. 다시 말해서 대만은 불과 180km 정도 너비의 대만해협(臺灣海峽: Taiwan

---

1 외교부 동북아시아국 동북아2과, 『대만 개황』(서울: 외교부, 2016), p. 4.

2 진먼다오는 대만 본도에서 200km 떨어져있는 반면, 중국 본토 동남부의 샤먼(廈門)과 불과 2km 이내에 위치한다. 마주다오도 대만 본도와의 거리는 190km 정도나 되지만, 중국 본토로부터는 약 20km 떨어져있을 뿐이다. 그리고 펑후다오는 대만 본도에서 약 50km 떨어져있다.

3 York W. Chen, "Taiwan's Geostrategic Significances: From the Past to US Contemporary Pivot Strategy," in Peter C. Y. Chow ed, *The U.S Strategic Pivot to Asia and Cross-Strait Relations: Economic and Security Dynamics* (New York, NY: Palgrave Macmillan, 2014), p. 180.

Strait)을 경계로, 70년이 넘도록 중국 본토의 공산정권과 정치 · 군사적인 대립을 지속하고 있는 것이다. 이러한 중국, 대만 양측의 관계는 '양안 관계'(兩岸關係: Cross-Strait Relations)라고도 불린다. 여기에 동아시아의 각 지역들과 주변 해역을 통하여 전(全)방위적으로 연결되는 지리적 특징으로 인해, 대만은 단순히 중국과의 관계를 넘어서, 아시아 · 태평양 지역의 안보질서에서도 중요한 비중을 차지하는 존재로 인정받고 있다.

1. 대만의 역사

1) 이방인들의 지배

역사상으로 대만의 존재는 중국의 여러 황조(皇朝)들이 남긴 기록에서 확인되고 있다. 중국 최초의 통일국가인 진(秦)의 등장 이후, 위(魏) · 촉(蜀) · 오(吳)의 삼국시대와 수(隋)를 비롯한 황조에서 대만에 군 병력을 파견했다는 내용의 문헌이 남아있는 것이다.[4] 하지만 당시만 해도 중국은 대만에서 탐험, 정찰을 실시했을 뿐, 본격적인 통치의 대상으로 여기지는 않았다. 때문에 대만은 매우 오랫동안 중국의 정치적인 영향권에서 벗어난 상태를 유지했다.

오히려 대만에서의 지배권을 처음으로 차지한 것은 서양 세력이었다. 15세기 이후 중국의 지배자가 된 명(明) 황조와 교역을 하고 있던 유럽 국가들이 중국과 인근 해역을 항해하는 과정에서 대만의 존재를 확인했고, 그 지리적인 가치에도 주목하기 시작한 것이었다. 1590년 무렵에는 아시아 해역을 항해하던 포르투갈의 선박이 대만을 '포모사'(*Ilha Formosa*: 아름다운

4 이후 14세기에는 몽골 제국이 중국을 정복하면서 등장한 원(元) 황조가 평후다오를 공식 행정구역으로 편입했다. 김영신, 『대만의 역사』(서울: 지영사, 2001), pp. 42-43.

섬)라고 명명했고, 이는 대만이 서양에 소개되는 기원이 되었다.[5]

17세기에 들어서 네덜란드, 스페인이 대만의 지배권을 놓고 경쟁을 벌였다. 먼저 네덜란드가 1622년 펑후다오를 점령했고, 1624년에는 대만 남부에 상륙하여 식민 지배를 시작하였다. 앞서 포르투갈과 스페인이 마카오(澳門: Macao), 필리핀을 각각 식민지로 점유하고 있었는데, 아시아에서의 무역 경쟁에 뒤늦게 합류한 네덜란드는 중국과 인접한 대만을 무역 거점으로 확보하여 그동안의 세력 열세를 만회하려 했던 것이다. 이후 1626년 스페인도 대만 북부에 상륙, 중국과 일본으로의 기독교 포교를 위한 거점으로 삼고자 했다. 그러나 필리핀에서 계속되는 반(反)식민지 저항으로 스페인은 대만에서의 통치에 좀처럼 집중하기 어려웠고, 결국 16년 후인 1642년 스페인의 세력은 네덜란드에 의해 완전히 축출되고 말았다. 이로써 네덜란드가 대만 전체의 지배권을 차지하였다.[6]

한편 중국에서는 1644년 만주족의 청(淸) 황조가 명 황조를 멸망시켰다. 몽골 제국의 원(元) 황조 이후, 다시금 유목민족이 중국 대륙을 지배하게 된 것이었다. 그러나 상당수의 명 황조 출신 유민(遺民)들은 중국 남부로 후퇴, '반청복명'(反淸復明: 청 황조에 맞서 명 황조를 재건한다)의 기치 아래 청 황조를 상대로 저항을 지속했다. 그들 가운데 한명이 정청궁(鄭成功)이었다. 1647년 이래 10년이 넘도록 계속된 청 황조와의 대결이 좀처럼 성과를 내지 못하자, 정청궁은 새로운 거점의 확보를 모색하게 되었다. 보다 장기간의 항전을 수행하는 데 적합하고, 동시에 대륙 탈환을 위한 역량의 강화도 모색할 수 있는 근거지를 필요로 했던 것이다. 정청궁은 대만이 이러한 조건들을 만족시키는 데 가장 적합하다고 판단했다.

그리하여 1661년 4월 정청궁이 이끄는 2만 5,000여 명의 병력이 펑후다오를 거쳐 대만에 상륙했고, 네덜란드와 전투를 벌였다. 9개월 동안의

5 지금도 '포모사'는 서양에서 대만을 일컫는 별칭들 가운데 하나로 쓰이고 있다. 외교부 동북아시아국 동북아2과(2016), p. 8; 허영섭, 『대만, 어디에 있는가』(서울: 채륜, 2011), p. 279.

6 외교부 동북아시아국 동북아2과(2016), p. 8.

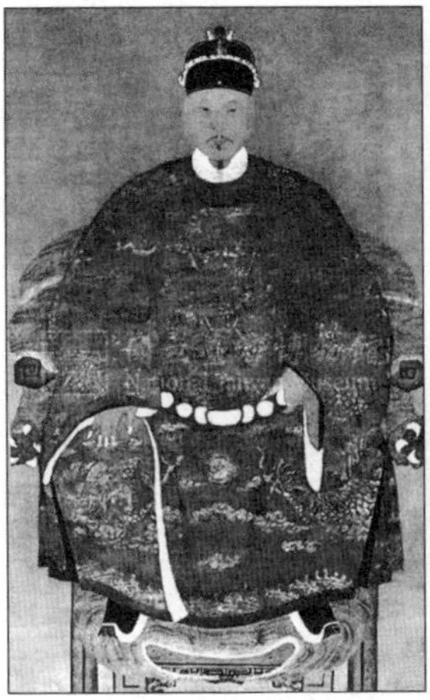

17세기 대만에서 명(明) 황조 부흥 운동을 펼친 정청궁(왼쪽)과 정청궁이 점령해낸 대만 남부의 네덜란드 요새(오른쪽)

전투 결과, 1662년 2월 네덜란드군이 항복하여 대만을 떠났다.[7] 이로써 네덜란드의 대만 지배는 38년 만에 끝났고, 사상 처음으로 중국 본토 출신이 대만을 지배하게 되었다. 애석하게도 승리의 주역인 정청궁은 불과 4개월 후인 같은 해 6월, 39세를 일기로 타계했다. 오늘날 정청궁은 대만이 역사상 처음으로 독자적인 정치 세력, 실체로서 등장하는 계기를 마련한 주인공으로 높이 평가받고 있다.

정청궁의 후예들은 대만을 '동녕'(東寧)으로 개칭했으며, 이후 20여 년 동안 중국 동남부로 세력을 확장하면서 청 황조에 대항하였다. 하지만 1680년대 초에 이르러 청 황조가 동녕이 확보했던 중국 동남부 지역들을 탈환했고, 동녕의 지배층은 큰 충격과 내분에 휩싸였다. 이를 기회로 삼은 청 황조는 과거 정청궁의 부하 출신으로 투항한 시랑(施琅)을 사령관으로 임명, 대만 정복을 명령했다. 시랑이 지휘하는 6만여 명의 청군 병력은 2년 동안의 준비를 거쳐 1683년 7월 펑후다오를 점령했고, 2개월 후 동녕은 시

7 김영신(2001), pp. 77-79; 최창근 외, 『대만: 우리가 잠시 잊은 가까운 이웃』(서울: 대선, 2012), p. 110.

1895년 대만을 점령한 일본군을 묘사한 그림. 이후 대만은 50년 동안 일본의 식민 지배를 받았다.

랑의 청군에게 항복했다.[8] 결국 정청궁이 상륙한지 22년 만에, 대만은 청 황조의 지배 아래에 놓였다.

그로부터 200여 년이 흐른 19세기 후반, 청 황조의 대만 지배는 외부의 위협에 직면했다. 아편전쟁을 통해 서양 제국주의 국가들에 대한 청 황조의 군사적인 열세가 드러났고, 중국을 겨냥한 이들 열강(列强)의 침범이 보다 빈번해진 것이었다. 대만도 1874년과 1884~1885년에 일시적이나마 일본, 프랑스의 공격을 받았다. 사태의 심각성을 인식한 청 황조는 그동안 푸젠 성의 일개 지역이었던 대만을 독립된 성(省)으로 승격시켰고, 대만에서의 방어 시설도 확충했다.

하지만 1894년 7월 시작된 청일전쟁(淸日戰爭)에서 청 황조는 일본에 패배했고, 이듬해인 1895년 4월 17일 체결된 『시모노세키 조약』(下関条約)으로 대만과 펑후다오가 일본에게 할양되었다.[9] 이로써 청 황조는 대만의

8 최창근 외(2012), pp. 113-114.

9 허영섭(2011), p. 280.

지배권을 상실했다. 대만 내부에서는 5월 25일 '대만민주국'(臺灣民主國)이라는 이름의 공화 정부를 선포, 일본의 지배에 저항하려는 움직임도 있었다. 그러나 4일 후인 5월 29일 일본군이 대만 북부에 상륙하기 시작했고, 3만 명 이상의 규모로 증강된 일본의 점령군은 무장 능력의 우세를 앞세워 대만 전역의 저항 세력들을 차례로 진압하였다. 결국 같은 해 10월 21일, 남부의 마지막 저항 거점마저 함락당하면서 대만 전체가 일본의 점령 아래에 놓였다.

이듬해인 1896년 일본은 대만에 총독부를 설치했고, 본국에서 파견된 총독이 강력한 권한을 행사하는 식민 지배체제를 정립하였다. 이후에도 대만 내부에서 일본의 식민 지배에 반대하는 산발적인 저항이 벌어졌지만, 대다수의 대만 주민들은 세력이 우세한 일본에 저항하기보다는 순응하는 편을 택했다. 일본도 대만을 자국 영토의 일부분으로 규정, 대우하는 '내지연장'(內地延長) 원칙 아래 온건한 통치를 펼치면서 대만인들을 회유하는 데 주력했다.[10]

1930년대에 들어서 일본이 중국 등 동아시아 지역에 대한 군사적 침략을 확대하면서, 대만도 그에 따른 영향을 받게 되었다. 대만인들은 언어, 종교, 문화 등의 다방면에서 일본과의 동화를 강요받았고, 전쟁을 지원하기 위한 물자와 노동력의 강제 징발도 이루어졌다. 일본의 진주만 공습으로 태평양 전쟁이 본격화된 1942년부터는 대만에서도 병력 동원이 시작되었다. 중일전쟁이 시작된 1937년 이래 8년 동안, 20만 7,000명이 넘는 대만 주민들이 일본군 병사 혹은 군속(軍屬)으로 참전했다.[11] 제2차 세계대전

10 이러한 점들로 인해 대만에서는 일본의 식민 지배를 '외세의 침탈'보다는 '근대화, 발전의 시기'로서 긍정적으로 평가하는 시각이 적지 않으며, 일본에 대한 인식도 우호적인 편이다. 이는 똑같이 일본의 식민 지배를 겪었던 한국과 매우 대조적인 현상이다. 최창근 외(2012), pp. 127-131.

11 이들 가운데 일본군으로 참전한 대만인은 약 39%인 8만 400여 명에 달했다. 대만 출신으로 일본군에 동원된 이들은 대부분 동남아시아, 남태평양 등지에서 복무했다. 최창근 외(2012), pp. 132-133.

이 막바지에 이른 1945년 5월 31일에는 대만 북부의 일본 총독부와 인근 지역이 미군 폭격기의 공습을 받아 3,000명이 넘는 사망자, 수만 명의 부상자 및 이재민이 발생하기도 했다.

한편 1943년 11월 27일, 프랭클린 루즈벨트 미국 대통령과 윈스턴 처칠 영국 수상, 그리고 장제스(蔣介石) 중화민국 총통(總統)은 이집트 카이로에서 일본과의 전쟁 수행에 관한 공동의 방침을 담은 『카이로 선언』(*Cairo Declaration*)을 채택하였다. 이들 연합국의 세 정상은 일본이 "제1차 세계대전이 발발한 1914년 이후 무력 점령한 태평양 일대의 지역", "중국으로부터 빼앗은 영토 전체"를 포기해야 한다고 밝혔다.[12] 이로써 청일전쟁의 결과로 일본에 병합된 대만과 펑후다오가 중국(당시 중화민국 정부)으로 귀속되는 것이 연합국의 공동 입장으로 선포되었다.

1945년 8월 15일, 마침내 일본이 연합국에 항복했다. 대만에서 50년 동안 계속된 일본의 식민 지배가 끝나는 순간이었다. 그로부터 2개월 후인 10월 25일, 중화민국 정부는 대만에서 정식으로 일본의 항복을 접수했고, 대만의 통치권을 반환받았다. 뒤이어 중국 본토의 관료, 병력들이 대만에 도착했다. 처음에 이들 외성인(外省人)은 대만 현지의 본성인(本省人)들로부터 동포로서 환영을 받았다. 하지만 오래지않아 본성인들의 환영, 기대는 실망으로 바뀌었다. 외성인이 주요 관직과 일자리를 독차지한 반면, 대만 인구의 대다수를 차지하는 본성인은 노골적 차별과 강압적인 통치에 시달렸다.[13] 동포라고 여겼던 외성인들도 단지 '또 다른 외부 출신의 지배자'에 불과했던 것이다. 대만 내부에서는 물가 폭등과 실업자의 증가로 인한 경제난, 부정부패가 만연했으며, 주민들의 불만은 높아져만 갔다. 결국 이러

---

12 또한 『카이로 선언』은 역시 일본의 식민 지배를 받고 있던 한국에 대해서도 '적절한 절차'(in due course)를 거쳐서 자주, 독립을 인정한다는 내용을 포함했다. 이는 한국의 독립이 처음으로 국제사회의 공식적인 보장을 얻었다는 점에서 큰 의미를 갖는다. 김영신(2001), p. 313.

13 이를 두고 당시 대만 주민들은 "개(일본)가 떠나니 돼지(외성인)가 왔다"(狗去豬來)라는 표현으로 실망감을 나타냈다. 김영신(2001), pp. 317-320.

1945년 10월 대만의 중화민국 귀속을 기념하는 모습(왼쪽)과 1947년 2.28 사태 당시의 학살을 묘사한 그림(오른쪽)

한 현상들은 대만 역사상 최악의 비극인 '2.28 사태'(二二八事件)로 이어지고 말았다.

사건의 발단은 1947년 2월 27일, 대만 최대의 도시 타이베이(臺北)에서 정부 단속관이 밀수 담배를 판매하던 한 과부에게 폭행을 가하는 것에 군중들이 항의하였고, 경찰의 발포로 학생 1명이 죽은 것에서 비롯되었다. 다음날인 2월 28일부터는 타이베이를 비롯한 대만의 각 지역에서 반(反)정부 봉기가 광범위하게 벌어졌다. 이에 본토의 중화민국 정부는 병력 1개 사단을 대만으로 투입, 시위대와 지도 인사들을 무자비하게 학살했다.[14] 3월 말까지 진행된 유혈 진압으로 대만 전역에서 수많은 사상자가 발생했으며, 이들 가운데는 현지의 지식인과 여론 주도층도 다수 포함되어 있었다.

2.28 사태는 대만 역사에서 가장 비극적인 사건이었지만, 동시에 중요한 전환점이기도 했다. 그동안 대만의 지배자들은 모두 외부에서 온 이방인이었고, 대만인들은 그들의 지배를 당연한 것으로 받아들였다. 스스로를

14 2.28 사태로 사망한 대민 주민들의 수는 약 1~3만 명으로 추산된다. 이후 2.28 사태는 오랫동안 대만 내부에서 공개적으로 거론되는 것이 금기시되었으며, 대만 정부는 1995년에야 희생자 유가족들에게 공식 사과했다. 김영신(2001), pp. 325-327.

외부 세력과는 별개의, 독립적인 존재로 인식하는 주체성도 희박했다. 하지만 동포라고 믿었던 이들로부터 잔인한 학살을 겪으면서, 대만인들은 외부 세력의 지배에 불신, 회의를 품게 되었다. 그 결과 대만 내부에서는 자신들의 안전과 가치를, 스스로의 힘과 노력을 통해 지켜야 한다는 자각(自覺)이 높아졌다. 이는 내부적으로 대만의 정치 · 사회적 민주화에 관한 열망을 뒷받침했고, 외부적으로는 대만이 중국과는 엄연히 다른 독자 세력임을 강조하는 움직임에 힘을 실어주었다.

2) 중화민국의 마지막 보루(堡壘)

그동안 중국 본토에서는 제2차 세계대전이 끝난 이듬해인 1946년 7월부터 장제스의 중국국민당(中國國民黨. 이하 국민당)이 이끄는 중화민국 정부, 마오쩌둥(毛澤東)이 영도하는 중국공산당(中國共產黨. 이하 공산당) 사이의 국공내전이 재개된 상황이었다. 과거 양측은 중화민국의 국부이자 국민당의 지도자인 쑨원(孫文)이 중국 각지의 군벌(軍閥)들을 타도하기 위해 수용한 1924년의 제1차 국공합작(國共合作)으로 제휴하기도 했지만, 이듬해 쑨원이 타계하면서 갈등이 표면화되었다. 쑨원의 뒤를 이어 중화민국 정부와 국민당의 지도자로 등장한 장제스는 1927년 4월을 기점으로 공산당에 대한 숙청, 탄압을 본격화했고, 국공합작은 깨어졌다.[15] 이때부터 국공내전이 시작되었다.

중화민국 정부의 지도세력인 국민당은 1926년 7월부터 장제스가 지휘하는 북벌(北伐)을 통해 대부분의 군벌들을 진압하였고, 1928년 말에 이

---

15 장제스는 제1차 국공합작이 이루어진 1924년에 설립된 국민당의 장교 양성기관인 황푸군관학교(黃埔軍官學校. 현재 대만 육군사관학교의 모체)의 초대 교장으로 재직했으며, 1926년에는 국민당이 지휘통제하는 국민혁명군(國民革命軍. 통칭 '국민당군')의 총사령관에 취임했다. 이를 통해 장제스는 쑨원의 사후 국민당, 중화민국 정부의 지도자가 될 수 있었다.

르러 중국을 사실상 통일하는 위업을 달성했다. 1930년 12월부터는 공산당을 겨냥한 국민당의 소탕 작전이 본격적으로 전개되었다. 계속되는 국민당의 공세로 타격을 입은 공산당의 병력은 1934년 10월을 시작으로 1년 동안 약 1만 2,000km를 퇴각했고, 내륙의 산시(陝西) 성 북부 옌안(延安)에 새로운 근거지를 마련하였다.[16] 이것이 그 유명한 대장정(大長征)이다.

2년 후인 1937년 중일전쟁이 발발하면서, 국공 양측은 항일의 기치 아래 다시금 힘을 합치기로 했다. 제2차 국공합작이 성사된 것이었다.[17] 1945년 8월 일본의 항복으로 제2차 세계대전이 끝나면서, 양측은 내전의 종식 및 공동정부 구성 등을 놓고 여러 차례의 협상을 갖기도 했다. 그러나 끝내 양측의 입장 차이는 좁혀지지 못했고, 중국 대륙의 지배권이 걸린 마지막 일전이 시작되었다.

국공내전이 재개될 당시, 전력의 우위를 차지한 것은 국민당이었다. 국민당군의 병력 규모는 430만 명(정규군 200만 명 포함)에 달했으며, 중일전쟁 당시 일본으로부터 노획하거나 미국에서 지원받은 다수의 무기, 군용 장비들을 갖추고 있었던 것이다. 여기에 국민당은 주요 대도시를 포함한 중국 전 지역의 3/4, 인구 3억 명을 대상으로 통치권을 행사했다. 이에 비해 공산당이 보유한 병력은 120만 명(정규군 60만 명 포함)으로 국민당군보다 3배 이상 열세였고, 1억 명 정도의 인구만을 장악하고 있을 뿐이었다.[18]

그러나 양측의 대결이 재개되면서, 전세는 점차 공산당에게 유리해졌다. 국민당군은 점령 지역을 확대하는 과정에서 불가피하게 병력이 분산되었고, 개전 1년째를 맞은 1947년에는 주로 인구가 많은 도시 지역만을 차

---

16 신승하, 『중화민국과 공산혁명』(서울: 대명출판사, 2001), pp. 425-434.

17 이보다 앞선 1936년 12월, 시안(西安)을 방문한 장제스가 반일(反日) 성향의 동북군 사령관 장쉐량(張學良)에게 감금당하는 사건이 발생했다. 당시 장쉐량은 장제스에게 1931년의 만주사변으로 시작된 일본의 침략에 맞서기 위한 공산당과의 연합전선 구축을 요구한 바 있었다. 신승하(2001), pp. 450-453.

18 국공내전의 재개 직후인 1947년부터 공산군의 명칭은 홍군(紅軍)에서 '인민해방군'(人民解放軍)으로 바뀌었다. 이는 지금도 중국의 정규군 명칭으로 사용되고 있다. 신승하(2001), p. 571.

지할 수 있었다. 농촌을 근거지로 삼아 저항하는 공산군은 이들 도시를 포위하여 국민당군의 부대들을 각개격파(各個擊破)해 나갔다.[19] 또한 공산군은 항복한 국민당군의 병력, 무기를 흡수하여 전력을 더욱 강화시켰다.

이에 따라 1948년 6월 국민당군의 병력이 365만 명으로 줄어든 것과 대조적으로 공산군은 280만 명으로 급증했고, 5개월 후인 11월에는 공산군의 병력 규모가 300만 명에 이르면서 290만 명의 국민당군을 추월하기에 이르렀다.[20] 뿐만 아니라 공산군은 같은 해 9월부터 4개월 동안 계속된 뤄양(洛陽), 화이하이(淮海), 선양(瀋陽) 등 중국 동북부의 대규모 전투에서도 국민당군을 격파했다. 1949년에 이르러 공산당은 전면 공세로 전환, 중국의 주요 대도시들을 차례로 손아귀에 넣었다. 2월 베이징(北京)에 공산군이 입성했고, 4월에는 중화민국 정부의 수도 난징(南京)이 함락되었다. 공산군은 5월 중국 최대의 도시 상하이(上海)까지 점령했다.

같은 해 6월에 이르자 공산군의 병력 규모는 400만 명에 달했고, 국민당군은 불과 149만 명으로 줄어들었다.[21] 전세가 완전히 공산당의 우세로 기울어진 것이다. 10월 1일에는 마오쩌둥을 위시한 공산당이 베이징에서 중화인민공화국의 수립을 공식 선포하기에 이르렀다. 그리고 공산당은 광저우(廣州), 충칭(重慶), 청두(成都) 등의 서 · 남부 지역들도 연말까지 모두 장악했다. 20년이 넘도록 계속된 국공내전이 공산당의 승리로 끝난 것이었다. 지난 2019년은 국공내전의 종식과 함께 중국 공산정권이 수립된 지 70주년이 되는 해였다.

국공내전에서 패배한 장제스와 국민당, 중화민국 정부는 중국 본토에서의 세력을 상실하고 말았다. 이에 장제스는 바다를 통해 본토로부터 분리된 대만으로 후퇴한다는 결정을 내렸다. 약 300년 전의 정청궁처럼, 대

---

19 김행복 외, 『20세기 地球村戰爭』(서울: 병학사, 1996), p. 425.

20 국방군사연구소, 『中國人民解放軍史』(서울: 국방군사연구소, 1998), p. 163.

21 국방군사연구소(1998), p. 163.

만을 근거지로 삼아 재기(再起)를 모색하겠다는 것이었다. 이미 1949년 10월 광저우의 함락을 계기로 중화민국 정부의 일부 각료들이 대만으로 건너가기 시작했으며, 12월에는 장제스도 대만에 도착했다. 100만 명 이하로 줄어든 국민당군의 남은 병력들도 대만으로 건너갔다. 이때부터 '대만의 중화민국'(中華民國在臺灣: Republic of China on Taiwan) 시대가 열렸고, 대만은 중화민국 정부의 마지막 보루가 되었다.

대만으로 후퇴한 후, 공식 석상에 등장한 장제스

장제스와 국민당이 대만에서 맞이한 대내외의 상황은 낙관적이지 못했다. 1947년의 2.28 사태에서 드러났듯이, 대만 인구의 대부분을 차지하는 현지의 본성인들은 장제스를 비롯한 본토 출신의 외성인 지배 세력에게 깊은 불신, 반감(反感)을 품고 있었던 것이다. 이는 대만 내부에서 심각한 정치 · 사회적 불안정을 야기할 수 있는 문제였다. 뿐만 아니라 본토를 석권한 중국 공산정권이 대만을 침공할 가능성도 큰 위협으로 작용했다.

이에 따라 국민당은 자신들이 독점적으로 차지한 물리력의 우위에 의존하여 대만에서의 통제권을 확보, 강화하는 데 주력하였다. 대만 전역에는 1949년 5월 20일부터 계엄령(戒嚴令)이 선포되었고, 사회질서와 안정의 유지를 명목으로 일반인의 출입국 제한, 해안 및 산악 지역의 출입 통제, 각종 출판물의 검열, 인신(人身) · 집회 · 결사의 자유 제한 등을 실시했다.[22] 또한 정당, 언론사의 신규 설립도 금지시켜 장제스와 국민당 등의 집권 세력에 대한 일체의 도전을 용납하지 않았다. 이보다 앞선 1948년 4월에는 『동원감란시기 임시조관』(動員戡亂時期臨時條款)이 제정되어 총통 임기의 제

22 김영신(2001), pp. 329-330; 신승하, 『당대중국: 중화인민공화국과 대만』(서울: 대명출판사, 2006), pp. 90-91.

한이 없어지고, 총통의 권한도 대폭 강화되었다.

이 와중에 1950년 한반도에서 북한의 전면 침략으로 6.25 전쟁이 발발했다. 개전 3일째인 6월 27일 미 해군의 제7함대가 대만해협으로 급파되어 대만 방어를 위한 임무를 수행하였다. 무엇보다도 미국은 6.25 전쟁의 발발을 계기로, 아시아에서 공산주의에 맞서기 위한 우군(友軍)으로서 대만의 가치에 주목하게 되었다. 이에 따라 대만은 미국으로부터 군함, 항공기를 비롯한 각종 무기들의 원조를 제공받았다.

또한 미국과 중화민국 정부는 1954년 12월 2일 『중미 공동방어조약』(中美共同防禦條約: *Mutual Defense Treaty Between the United States and the Republic of China*)을 체결, 군사동맹 관계를 맺었다. 이듬해인 1955년에는 대만 방어를 위해서 배치, 동원되는 미군 전력을 지휘통제하는 대만방위사령부(美軍協防臺灣司令部: U.S. Taiwan Defense Command)도 창설되었다.[23] 이러한 미국과의 외교 · 군사적인 협력 관계 강화는 중화민국 정부가 국공내전에서 패배한 직후의 대내외적 충격과 불안정을 극복하고, 대만의 방어를 보장받는 데 기여했다.

3) 본토 수복 노선의 시대

국공내전에서 패퇴한 이래, 장제스와 국민당은 대만에서 정치 및 사회 부문의 안정, 통제권을 확립하는 동시에, 개발독재 방식의 경제건설을 의욕적으로 추진했다. 그 결과 1950~1960년대에 대만 경제는 빠른 속도의 성장을 달성할 수 있었다.[24] 하지만 장제스는 단순히 대만을 부흥, 발전

23 미국 대만방위사령부의 사령관은 미 해군의 제7함대 사령관이 겸직했다. 신승하(2006), pp. 104-108; 國防部史政編譯處, 『精銳勁旅: 慶祝中華民國建國一百年專輯』(臺北: 國防部史政編譯室編譯處, 2011), pp. 154-155.

24 대만은 1953년부터 4개년 단위의 경제 건설계획을 실시했는데, 제2차(1957~1960) 계획에서

시키는 것으로 만족하지 않았다. 그의 궁극적인 목적은 마오쩌둥 등의 공산정권을 몰아내고, 중국 전체를 되찾는 '본토 수복'이었다.[25] 대만에서의 정치 · 사회적인 안정, 경제 발전은 단지 본토 수복을 준비 및 뒷받침하기 위한 내부 기반의 조성, 확보에 불과할 뿐이었다.

본토 수복 구호를 담은 장제스 시대 대만의 선전 포스터

비록 국공내전의 패배로 대만으로 퇴각한 상태였지만, 중화민국 정부는 여전히 자신들이 중국 전체를 대표하는 정통 합법정부라는 입장을 고수했다. 또한 중화민국은 제2차 세계대전의 승전국이자 UN 회원국이었고, UN 안전보장이사회에서 거부권을 행사할 수 있는 5대 상임이사국의 일원으로서 국제사회에서도 상당한 지위를 차지하고 있었다. 본토 수복 노선은 이러한 대내외적 방침의 연장선상에서 비롯된 것이었다.

한편 1950~1960년대에 들어서 중국은 대약진운동(大躍進運動)의 실패, 문화대혁명(文化大革命)으로 극심한 정치 · 경제 · 사회적인 혼란을 겪었다. 장제스와 국민당은 이를 본토 수복을 위한 기회로 인식하였다. 대만에서 이룩한 정치 · 사회적인 안정, 경제 발전, 그리고 동맹 미국의 외교 · 군사적인 지원 등을 기반으로 충분히 공산정권을 타도하고, 중국 본토를 재탈환할 수 있다고 판단했던 것이다. 이에 따라 중화민국 정부는 중국 본토를 군사적으로 점령 및 재탈환하기 위한 공격 지향적인 군사전략을 수립,

---

는 연평균 경제성장률 7.5%를 기록하였다. 그 뒤를 이은 제3차(1961~1964) 계획은 연평균 경제성장률을 9.5%로 더욱 높였다. 또한 1964년에는 대만의 대외 무역이 처음으로 적자에서 흑자로 전환되었다. 신승하(2006), pp. 264-265.

25 당시 국민당과 중화민국 정부는 '반공대륙'(反攻大陸: 대륙에 반격한다), '반공복국'(反共復國: 공산주의에 맞서 조국을 되찾는다) 등을 구호로 중국 본토의 재탈환 의지를 강조했다.

개발하고, 이를 뒷받침할 군사력의 건설, 확보를 추구하였다.[26]

당시 대만이 중국을 겨냥하여 수립했던 군사 작전의 유형은 3가지로 나뉘었다. 첫째, 중국 동남부 지역의 도서, 연안 지역에 소수의 상륙 및 특수전 부대를 침투시켜 본토 내부의 반공(反共) 의식을 고취시키고, 향후 본토 수복을 위한 정보와 작전 경험을 습득하는 '기습 공작'(突擊作戰)이다. 둘째, 일정 규모의 병력이 본토의 일부 지역에 상륙하여 교두보를 마련하고, 본토 주민들의 무장 항쟁을 지원함으로써 공산정권을 타도하는 '제한적 공격'(有限目標攻擊)이다. 그리고 셋째, 전면적인 상륙 및 총공격을 통해 중국 본토를 재탈환하는 '전면 반격'(大規模反攻)이다.[27]

본토 수복을 위한 장제스와 국민당의 군사적 노력은 1960년대에 추진된 '국광 계획'(國光計劃)을 통해 정점에 이르렀다. 1961년 4월 국방부 내부에 200여 명의 군 정예 요원들로 구성된 작전계획실을 설치하고, 육 · 해 · 공 3군에서도 상륙, 특수전, 공수 등의 세부 기능별로, 중국 본토에서 수행할 총 26개항의 작전계획을 수립했던 것이다.[28] 당시 장제스와 국민당은 "전쟁 준비를 확대하고, 본토에서 군사적 근거지를 개척하고, 공산정권에 대한 본토 내부의 저항을 지원하고, 반격의 때를 기다린다"(擴大戰力, 開拓基地, 應援抗爆, 即時反攻)는 전략 지침 아래, 공공연히 본토 수복 의지를 강조하였다.[29]

---

26 Alexander C. Huang, "A National Defense Strategy for Taiwan in the New Century," in Peter C. Y. Chow ed, *The "One China" Dilemma* (London, UK: Palgrave Macmillan, 2008), p. 258.

27 Chih-heng Yang, "The Evolution and Adaptation of Taiwan's Military Strategy," in Martin Edmonds and Michael M. Tsai eds, *Defending Taiwan: The Future Vision of Taiwan's Defence Policy and Military Strategy* (London, UK: RoutledgeCurzon, 2003), pp. 18-25; pp. 28-30; 陳鴻獻, "1950年代蔣中正的軍事反攻計畫," 黃克武 編, 『蔣中正總統與中華民國發展 (II): 1950年代的臺灣』(臺北: 國立中正紀念堂管理處, 2012), p. 610.

28 彭大年 編輯,『塵封的作戰計畫: 國光計畫-口述歷史』(臺北: 國防部史政編譯室, 2005), pp. 48-50; pp. 194-197.

29 中華民國建國一百週年軍事史編纂小組, 『中華民國一百年軍制史: 1911~2012』(新北: 老戰友工作室, 2012), p. 616.

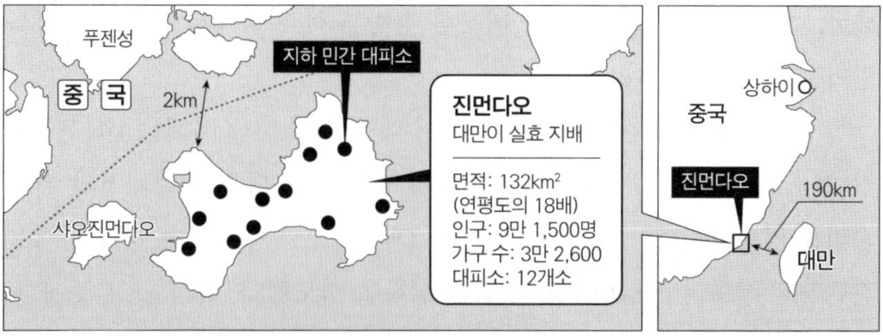

진먼다오의 지리적 위치(출처: 「중앙일보」, 2010년 12월 8일)

이러한 본토 수복 노선은 대만의 군사력 건설에도 영향을 주었다. 국공내전 이후 대만은 총 60만 명 이상의 병력을 보유했는데, 이들 가운데 70%인 42만 명이 육군 소속이었다. 여기에는 총 37개의 사단도 포함되어 있었다.[30] 상륙 임무에 특화된 해군 육전대(海軍陸戰隊. 해병대에 해당)의 규모도 증강되었다. 중국 본토를 점령, 재탈환하는 임무의 주축을 담당할 육군, 상륙 부대 등의 지상 전력이 높은 우선순위를 차지하고 있음을 반영한 것이었다.

특히 대만은 진먼·마주다오 등 중국 본토와 가까운 전방 도서 지역에 육군 10개 사단을 배치했다. 이들 병력의 수는 약 10만 명으로, 당시 대만 육군 전체의 1/3에 육박하는 규모였다. 본토로부터 불과 10~20km 이내에 위치한 이들 지역에 상당 규모의 병력을 배치하여 중국의 침공 위협을 사전에 감시, 차단하고, 중국 본토의 동남부 지역을 공략하기 위한 전진기지로 활용한다는 것이었다.[31] 이는 국공내전 직후인 1950~1960년대에

30 대조적으로 해군, 공군의 전력 강화는 당시 대만의 군사력 건설에서 낮은 비중을 차지했다. 이는 유사시 미국과의 군사동맹을 통해 제7함대를 주축으로 하는 해·공군력의 지원을 보장받을 수 있다는 기대에 따른 것이었다. 中華民國建國一百週年軍事史編纂小組(2012), pp. 610-612.

31 서상문, "중국 國·共내전시기 金門전투와 그 역사적 의의," 「中國近現代史硏究」, 제22집(2004년 6월), pp. 62-65.

중국, 대만 양안이 진먼다오를 비롯한 전방 도서 지역에서 다수의 전투를 벌이는 배경이 되었다.

중국과 대만이 전방 도서 지역에서 대결한 첫 번째 사례는 1949년 10월 25~28일에 벌어진 구닝터우(古寧頭) 전투였다. 당시 국공내전의 완전 승리를 앞두고 있던 중국 공산정권은 2개 사단, 1만 7,000여 명의 병력을 진먼다오 서쪽의 구닝터우로 투입해 상륙을 시도했다. 하지만 그 곳에 배치된 3개 사단 소속, 3만 5,000명의 대만군 병력은 56시간 동안의 전투 끝에 공산군 8,000명을 사살하고, 7,000명을 생포하는 대승리를 거두었다.[32] 대만군은 9개월 후인 1950년 7월 26일에도 진먼다오 남서쪽의 다단다오(大膽島)에서 상륙을 시도한 중국군을 패퇴시켰다. 이들 두 전투의 승리는 국민당, 중화민국 정부가 국공내전의 패배로 실추된 군사적 자신감을 회복하고, 대만을 방어하는 데 보다 유리한 여건을 확보하는 계기를 마련했다.

1958년에는 더욱 치열한 전투가 벌어졌다. 같은 해 8월 23일부터 중국이 푸젠 성 연안 지역에 배치된 340여 문의 야포를 동원하여 진먼다오에 대규모의 포격을 개시한 것이다. 이날 하루 동안에만 중국군은 무려 5만 7,000발이 넘는 포탄을 진먼다오로 발사했다.[33] 중국은 이후에도 연일 진먼다오를 겨냥하여 다수의 포격을 지속했고, 포격 5일째인 8월 27일에는 항복을 권고하기까지 했다.

그러나 진먼다오에 배치된 대만군은 중국의 압도적인 포격 속에서도 병력 손실을 최소화하면서 반격을 가하였다. 뿐만 아니라 중국의 포격이 시작된 지 하루만인 8월 24일부터 미국도 다수의 항공모함, 군함, 전투기, 그리고 상륙 부대 등을 포함한 대규모 전력을 대만해협으로 집결시켜 중

---

32 김행복 외(1996), pp. 435-436; 國防部史政編譯處(2011), pp. 147-149.

33 이보다 앞선 1958년 7월에는 이라크에서 반(反)서방 성향의 쿠데타가 발생했으며, 이에 대응하여 미국이 요르단과 레바논에 병력을 파견하였다. 중국은 미국이 중동으로의 병력 투입으로 대만해협에 군사적으로 개입할 여력이 없을 것이라고 판단했고, 이를 기회로 진먼다오 공격을 감행했던 것이다. 嚴紀民, "回顧「八二三砲戰」堅苦卓絕的教戰精神 , 開啟兩岸和平的新世紀," 「陸軍學術雙月刊」, 第45卷 第506期 (2009年 8月), p. 31.

국을 견제했다.[34] 여기에 대만의 해 · 공군력은 진먼다오 주변에서 벌어진 일련의 해전, 공중전에서 중국을 상대로 우세를 차지하였다.[35] 특히 1958년 9월 24일에는 대만 공군의 미국제 F-86 '세이버' 전투기가 미국제 단거리 공대공 미사일로 중국의 소련제 MIG-17 전투기를 격추하는 전과를 올렸다. 이는 공중전에서 미사일을 사용하여 전투기를 격추한 세계 최초의 사례로 기록되었다.

덕분에 대만은 진먼다오 일대에서의 제해 · 제공권을 확보하는 데 성공했고, 중국의 포격이 진먼다오에 대한 상륙, 점령으로 이어지지 못하도록 막았다. 결국 중국은 전투가 시작된 지 40여일째가 되던 10월 6일에 일방적으로 포격 중지를 발표하였고, 10월 말에 이르러서는 "홀수 날에만 포격할 것"(單打雙不打)임을 선언했다.[36] '8.23 포격전'(八二三砲戰)으로 불리는 당시의 전투 기간 동안, 진먼다오는 총 44만 4,000발이 넘는 중국군의 포격을 받았다. 그럼에도 불구하고 대만군은 다수의 해전 및 공중전에서 중국의 전투함정 28척, 항공기 45대를 파괴했으며, 다시금 진먼다오를 방어하는 데 성공하였다.[37]

4) 좌절된 본토 수복

장제스와 국민당이 의욕적으로 추진한 본토 수복 노선은 대만에서의 세력 강화뿐만 아니라, 동맹 미국의 협력을 필수적으로 요구했다. 하지만

34 이규원, "중국의 대만 도서지역 포격사건에 대한 미국의 억제전략 분석," 「국방정책연구」, 제27권 제2호 (2011년 여름), pp. 210-211.

35 국방군사연구소(1998), pp. 206-207; 國防部史政編譯處(2011), pp. 164-169.

36 이후 중국은 약 20년 동안 진먼다오에 이틀 간격으로 상징적인 포격만을 실시했다. 중국의 포격은 미국과의 대사급 외교관계를 수립한 1979년 1월 1일부터 완전히 중지되었다. 신승하(2006), p. 258.

37 嚴紀民(2009), p. 32.

냉전 시절 미국은 유럽에서 소련과의 외교 · 군사적인 대립, 경쟁을 최우선적인 과제로 인식했으며, 동아시아에서는 대규모의 전쟁이 일어나는 것을 원치 않았다. 특히 6.25 전쟁에서 중국과 2년 이상의 직접적인 무력 대결을 경험했던 것도, 이러한 미국의 입장을 더욱 강화시켰다. 때문에 미국은 대만과의 동맹 관계에도 불구하고, 대만의 중화민국 정부가 영토 방어를 넘어 중국 본토에 대해 공격적인 군사적 행동을 추구하는 것을 지지하지 않았다.[38]

이러한 미국의 소극적인 태도는 장제스와 국민당이 추구하는 본토 수복을 위한 군사력 건설, 운용의 실효성을 약화시켰다. 설상가상으로 1960년대에 들어서 대만군이 중국 본토를 겨냥해 실시했던 일련의 비밀, 특수작전들도 차례로 실패했다. 결국 1966년 1월, 장제스는 "재건을 위한 근거지를 공고히 하고, 공산정권에 대한 본토 내부의 저항을 독려하고, 대만해협에 대한 통제력을 확보하고, 군사적 대비를 강화하고, 본토 수복의 때를 기다린다"(鞏固復興基地, 導發匪區抗暴, 控制臺灣海峽, 加強軍事戰備, 及時反攻大陸)는 새로운 전략 지침을 제시했다.[39] 군사력에 의한 중국 본토의 재탈환이 현실적으로 어려워졌음을 인정하고, 국방전략의 중심을 대만 자체의 방어로 옮기겠다는 뜻을 밝힌 것이었다.

1970년대에 들어서면서, 상황은 더욱 악화되었다. 여기에는 미국의 정책 변화가 결정적인 영향을 가했다. 미국은 1969년 리처드 닉슨의 대통령 취임을 계기로 베트남 전쟁의 종식과 더불어 공산 진영과의 외교 · 군사적 긴장 완화, 즉 데탕트(Détente)를 추구했으며, 그 일환으로 중국과의 관계 개선을 적극 추진하기 시작했던 것이다. 미국과 중국의 관계 개선 움직임은 1971년 7월 15일 양국 정부가 닉슨의 중국 방문 계획을 발표하면서 가시화되었다. 그로부터 7개월 후인 1972년 2월에는 닉슨이 미국 대통

38 Yang(2003). p. 56.

39 Yang(2003). p. 57; 中華民國建國一百週年軍事史編纂小組(2012). p. 620.

령으로는 처음 중국을 방문하여 마오쩌둥을 비롯한 공산정권의 수뇌부와 회동했다.

한편 닉슨의 중국 방문이 발표된 지 3개월 후인 1971년 10월 25일에는 제26차 UN 총회에서 중화인민공화국의 대표권을 승인하는 '총회 결의 2758호'(General Assembly Resolution 2758)가 131개 UN 회원국들 가운데 과반수인 76개국의 찬성으로 통과되었다.[40] 중화민국 정부는 결의안이 총회에서 표결되기 직전, UN에서의 자진 탈퇴를 선언했다. 그동안 중화민국 정부가 차지해 온 UN 안전보장이사회의 상임이사국 지위도 중화인민공화국에게 넘어갔다. 이로써 본토의 공산정권, 즉 중화인민공화국이 국제사회에서 중국을 대표하는 정통 정부로 인정받게 되었다.

이러한 일련의 사건들은 대만에게 심각한 정치·외교적 타격을 가했다. 그동안 대만의 중화민국 정부가 고수해 왔던 '중국 전체를 대표하는 합법정부'로서의 정통성이 크게 약화되었을 뿐만 아니라, 본토의 중국 공산정권과 수교(修交)하기 위해 대만과는 단교하는 국가들의 수가 증가했기 때문이다.[41] 심지어는 동맹 미국마저 1979년 1월 1일을 기하여 중국 본토의 공산정권과 공식적으로 대사급 외교 관계를 수립하는 동시에, 대만과는 국교(國交)를 단절하고 말았다.[42] 대만이 국제사회의 고아(孤兒)로 전락하고

---

40 당시 통과된 UN 총회 결의의 공식 명칭은 '국제연합에서 중화인민공화국의 적법한 권리의 회복'(Restoration of the Lawful Rights of the People's Republic of China in the United Nations)이다. 내용을 보면 "중화인민공화국의 모든 권리를 회복시켜 그 정부의 대표가 UN에 주재하는 중국의 유일 합법대표임을 승인한다. 동시에 장제스의 대표(즉, 중화민국)를 즉각 UN과 그 부속조직에서 축출한다"고 명시되어 있다. 신승하(2006), p. 467.

41 중화민국이 UN에서 축출된 1971년 한 해 동안에만 오스트리아, 멕시코, 이란, 터키 등 12개국이 대만과 단교했으며, 닉슨이 중국을 방문한 1972년에는 일본, 그리스, 아르헨티나, 호주, 뉴질랜드 등 14개국도 뒤를 이었다. 그 결과 1971년 초를 기준으로 66개국이었던 대만의 수교국은 1972년 말까지 39개국으로 격감하였다. 1974년에는 브라질, 베트남, 말레이시아, 태국, 필리핀 등 12개국이 대만과 추가로 단교했다. 과거 중화민국과 더불어 동아시아 반공(反共) 진영의 맹방(盟邦)이었던 한국도 1992년 8월, 중국과의 수교를 위해 대만과 단교하였다. 김영신(2001), p. 375.

42 미국과 대만의 국교 단절로 1979년 4월 미군 대만방위사령부가 해체되었고, 1980년 1월에는 『중미 공동방어조약』도 폐기되었다.

만 것이었다.

이처럼 대외적인 환경이 악화되면서, 장제스와 국민당이 추구해 온 기존의 본토 수복 노선은 실현 불가능한 구호로 전락했다. 특히 국공내전의 패배 이후 20년이 넘도록 대만의 안보를 뒷받침해 온 미국과의 동맹, 외교적 관계가 종식된 것은 대만 내부에서 위기감을 더욱 고조시켰다. 중화민국이 UN에서 축출된 이듬해인 1972년에는 본토 수복을 위한 대만의 군사계획으로서 1960년대 초부터 진행되던 국광 계획도 중지되었다. 그러던 1975년 4월 5일, 장제스가 끝내 본토 수복의 염원을 이루지 못한 채 향년 89세로 서거(逝去)했다.

장제스가 타계한 지 3년 후인 1978년, 그의 아들 장징궈(蔣經國)가 후임 총통으로 취임했다.[43] 장징궈는 1981년 3월 개최된 국민당의 제12차 전국대표대회에서 '삼민주의(三民主義)에 의한 중국 통일'(貫徹以三民主義統一中國案)을 공식적인 양안 정책 원칙으로 채택했다.[44] 이 원칙은 대만의 중화민국 정부가 주도하는 통일을 추구한다는 점에서 외견상 장제스 시절의 본토 수복 노선과 연장선상에 있었다. 그러나 실제로는 중국 본토를 군사력으로 재탈환하는 것이 더 이상 가능하지 않다는 현실을 인정하고, 대만 스스로의 생존, 발전을 추구하는 가운데, 본토를 차지한 중국 공산정권과의 체제 경쟁에 임하겠다는 의미를 담고 있었던 것이다. 이

장제스의 아들 장징궈.
1970~1980년대에 대만을 통치했다.

43 장징궈는 국공내전 이후 대만에서 국방부장(1965~1969), 행정원장(1972~1978) 등의 요직을 지냈으며, 부친 장제스의 사망 당시 부(副)총통이었던 옌자간(嚴家淦)이 권한대행으로서 3년 동안의 잔여 임기를 수행한 후 간접 선거를 통해 총통으로 선출되었다.

44 삼민주의란 쑨원이 1906년에 제시한 '민생'(民生), '민권'(民權), '민족'(民族)의 3대 원칙을 뜻하며, 오늘날까지 국민당과 대만 정부의 공식 강령(綱領)으로 인정되고 있다. 김영신(2001), p. 390.

대만이 핵무기 개발을 위해 캐나다에서 도입한 NRX 연구용 원자로

는 무력을 통한 중국 공산정권의 타도를 추구했던 종전의 본토 수복 노선이 평화적인 통일의 지향으로 수정되었음을 뜻했다.

본토 수복 노선의 약화는 대만의 군사력 건설, 운용에도 변화를 가져왔다. 장제스 시절의 군사전략이 중국 본토를 겨냥하는 공격, 점령에 치중했던 것과는 달리, 대만을 방어하기 위한 군사력의 배치, 대비 태세를 보다 강조하는 동시에, 공격적인 군사 임무를 수행할 수 있는 능력을 유지 및 발전시켜 공격과 방어의 균형을 달성한다는 것이었다. 이는 '공수일체'(攻守一體) 전략이라고 불렸다.[45] 공격 임무의 유형, 성격도 '중국 본토의 점령'보다는 '중국의 연안, 주변 지역에 대한 상륙, 특수작전, 육 · 해 · 공 타격'을 통해 중국이 대만을 침공하려는 시도를 무력화하는 것으로 범위가 축소 및 제한되었다.[46]

한편으로 대만은 비밀리에 매우 중대한 군사적 계획을 진행하고 있었다. 바로 핵무기의 독자적인 개발이었다. 1964년 10월 중국이 첫 핵실험을

---

45 여기서 '공수일체'라는 명칭은 1982년 쑹창즈(宋長志) 대만 국방부장이 제시했다. 당시 쑹창즈는 공수일체 전략을 설명하면서 "오늘의 방어는 미래의 공격을 위한 것이다"(今天我們的守是為了將來的攻), "방어적인 전략을 취하는 가운데서도, 언제든지 공격이 가능하도록 준비를 해야 한다"(在戰略守勢態勢之下, 隨時要作攻勢準備)라고 말했다. 庫桂生, 『臺灣軍事力量透析』(北京: 國防大學出版社, 2000), p. 16.

46 庫桂生(2000), p. 17.

실시하여 핵무장국의 대열에 합류하였고, 대만은 중국에 대한 군사력의 균형을 보장받기 위해서 핵무기의 확보가 필요하다고 판단했다.[47] 이에 대만은 정부 산하의 '원자력 연구소'(核能研究所)를 설치하여 핵무기 개발을 위한 연구에 착수하였다.[48] 또한 1969년에는 캐나다제 '국립 실험 원자로'(NRX: National Research eXperimental)를 도입, '대만 연구용 원자로'(TRR: Taiwan Research Reactor)라고 명명했다. TRR은 40MW 용량의 중수로형 원자로였으며, 북부 타오위안(桃園)의 원자력 연구소 내부에 건설되어 1973년부터 가동을 시작했다.[49] 아울러 핵무기의 기폭에 사용되는 고성능 폭약(high-explosive) 장치의 실험, 플루토늄을 비롯한 무기급 핵물질을 생산하는 사용 후 핵연료의 재처리 등을 위한 시설들도 건설되었다.

1971년 UN에서의 축출과 그로 인한 국제적인 고립의 악화는 대만이 보다 절박하게 핵무기 개발을 추구하는 동기를 제공했다. 특히 1979년 동맹이었던 미국과의 외교 관계마저 단절되면서, 중국의 위협에 대응하기 위한 수단으로 핵무기의 가치는 더욱 부각되었다. 대만은 1980년대 중 · 후반까지 40MW 연구용 원자로에서 생성된 사용 후 핵연료를 이용, 연평균 약 10kg(핵무기 1~2개 분량)의 플루토늄을 생산할 수 있는 능력을 확보했다.[50]

---

47 David Albright and Andrea Stricker, *Taiwan's Former Nuclear Weapons Program: Nuclear Weapons On-Demand* (Washington, D.C: Institute for Science and *International Security*, 2018), pp. 9-10.

48 초기에 대만의 핵무기 개발 계획은 대만 최초의 소형 연구용 원자로가 설치된 북부의 도시 신주(新竹)에서 유래한 '신주 계획'(新竹計畫)이라는 명칭으로 불렸다. 이후 원자력 연구소, 핵무기 개발을 위한 핵심 시설들이 위치하게 된 타오위안의 이름을 딴 '타오위안 계획'(桃園計畫)으로 명칭이 바뀌었다. Albright and Stricker(2018), pp. 17-18.

49 당시 대만이 캐나다에서 도입한 NRX 연구용 원자로는 이후 1974년 인도가 최초의 핵실험에서 사용한 플루토늄을 생산한 것과 같은 종류였다. 한국도 1970년대 박정희 대통령 시절에 추진된 핵무기 개발 계획의 일환으로 NRX를 도입하려고 했지만, 미국의 압력으로 무산되었다. 대신 한국은 역시 플루토늄 생산을 위한 사용 후 핵연료의 생성이 가능한 700MW 용량의 '캐나다형 중수로'(CANDU: CANada Deuterium Uranium) 4기를 도입했고, 경상북도 월성의 원자력 발전소에서 운영 중이다. 이들 가운데 1기는 2018년에 가동 중단이 결정되었다. Albright and Stricker(2018), pp. 50-59.

50 Albright and Stricker(2018), pp. 149-154.

또한 항공기와 미사일을 이용해 탑재, 운용되는 핵탄두의 설계, 제작을 위한 기술력도 발전시켰다.[51] 정부의 결정만 있다면, 수개월 내에 핵무기의 생산이 가능할 정도의 기술적 준비를 갖춘다는 것이 당시 대만의 목표였다. 이른바 "핵무기의 제조 능력은 보유하되, 실제 제조는 하지 않는다"(我們有能力, 但絕不製造核武)는 원칙이었다.

하지만 대만의 핵무기 개발 계획은 1988년 1월에 그만 중단되고 말았다. 대만 원자력 연구소의 부소장이자 현역 육군 대령이었던 장셴이(張憲義)가 미국으로 망명, 대만의 핵무기 개발 계획과 관련 정보들을 폭로한 것이었다.[52] 이 사건으로 대만은 지난 20년이 넘도록 진행시켜 온 핵무기 개발 계획의 존재를 미국과 국제사회에 인정해야만 했다. 연구용 원자로를 포함하여 핵무기 개발을 위해서 설치, 운영되고 있던 시설들도 미국의 철저한 사찰을 받으면서 폐쇄, 해체되었다.[53]

5) 민주화 이후: 통일 대(對) 독립

1988년 1월 13일, 장징궈가 77세를 일기로 서거했다. 총통으로 취임한 지 10년 만이었다. 그의 뒤를 이어, 부총통 리덩후이(李登輝)가 총통직을 승계하였다.[54] 그는 중화민국 정부가 대만으로 퇴각한 후, 대만 현지의 본

---

51 Albright and Stricker(2018), pp. 163-166; 최창근, "대만 비밀 核개발 전모: 中핵실험 3년 후 핵무장 시작…CIA 간첩 軍장교 배신해 무산," 「신동아」, (2018년 1월), pp. 234-235.

52 장셴이는 1976년 미국 테네시 대학교에서 원자력공학 박사 학위를 취득했는데, 유학 시절 미국의 정보기관에 포섭된 것으로 알려졌다. 당시 장셴이의 망명은 장징궈 총통의 건강이 악화되면서 본토 수복을 옹호하는 국민당, 군부의 강경 세력이 대만의 실권을 장악해 핵무기의 전력화를 본격화하고, 그로 인해 중국과 대만의 무력 충돌이 현실화될 가능성을 경계한 미국의 공작이었던 것으로 해석된다. 이후 장셴이도 비슷한 논리로 자신의 망명, 폭로가 정당했음을 강변했다. Albright and Stricker(2018), pp. 180-183; 최창근(2018), pp. 235-237.

53 Albright and Stricker(2018), pp. 185-190.

54 공교롭게도 장징궈의 사망은 장셴이가 미국으로 망명, 대만의 핵무기 개발 계획을 폭로한 직

1990년대 대만의 민주화, 독자성 강조를 주도한 리덩후이

성인 출신으로 총통에 취임한 최초의 인물이었다. 당시 대만에서는 장징궈가 타계하기 직전인 1987년 7월 15일, 국공내전의 종식 이래 무려 38년 동안이나 지속된 계엄령이 해제되면서 정치 · 사회적 민주화의 계기를 마련하고 있었다. 리덩후이는 이러한 정책 기조를 이어받아 대만의 개혁, 민주화를 더욱 촉진하는 데 주력했다.

특히 1991년 4월 30일 리덩후이가 『동원감란시기 임시조관』의 폐지를 선언한 것은 매우 의미심장했다. 이를 통해 국민당이 중화민국 정부를 실질적으로 통제, 장악하여 40년이 넘도록 집권했던 '당국'(黨國: party-state) 체제가 막을 내리고, 앞선 1987년의 계엄령 해제와 함께 대만의 정치 · 사회적 민주화를 위한 제도적인 기반이 강화되었기 때문이다. 동시에 리덩후이는 "공산당의 본토 지배를 인정하며, 국제사회에서 공산정권과의 정통성 경쟁을 중단한다"고 밝혔다.[55] 이로써 중화민국 정부의 본토 수복 노선은 40여 년 만에 공식적으로 종식되었다.

본토 수복 노선의 종식을 계기로, 대만은 중국과의 양안 관계를 새롭게 정립해야 할 필요성에 직면했다. 이에 관한 대만 내부의 입장은 2개로 나뉘었다. 하나는 국민당과 외성인 출신을 중심으로 하는 '범람'(泛藍: Pan-Blue) 진영으로, 대만과 중국의 일체성을 강조하는 입장이다. 이들은 쑨원의 '삼민주의'에 명시된 민족(民族) 원칙에 의거하여 대만이 역사, 정치, 문화 등의 여러 부문에서 중국과 결코 분리될 수 없는 관계에 있다고 주장한

후의 일이었다. 리덩후이는 2년 동안 총통 권한대행으로서 장징궈의 잔여 임기를 수행한 후, 1990년 신임 총통에 선출되어 정식으로 취임했다. 그는 1996년 대만 역사상 처음으로 실시된 총통 직접 선거에도 출마, 당선되었다. 김영신(2001), pp. 345-346.

55 김영신(2001), p. 392.

다.[56] 이에 따라 국민당 등 범람 진영은 중국과의 관계를 개선하고, 경제와 사회, 문화를 비롯한 다방면에서 교류, 협력을 증대시키며, 궁극적으로는 통일을 지향하는 양안 정책을 추구한다.

반면 대만 인구의 대다수를 차지하는 본성인 출신, 그리고 이들을 기반으로 민주화 이후 국민당에 맞서는 양대 정당으로 등장한 민주진보당(民主進步黨. 이하 민진당) 중심의 '범록'(泛綠: Pan-Green) 진영은 다른 입장을 나타낸다.[57] 이들 세력은 과거 장제스, 장징궈 부자(父子) 총통과 국민당으로 대표되는 외성인 출신의 권력 독점, 강압적인 통치에 맞서 대만의 민주화를 요구하는 데 앞장섰다. 특히 이들은 과거 국민당이 본토 수복을 내세워 장기 집권을 획책하고, 대만에서 정치 · 사회적인 억압(예: 2.28 사태, 계엄 통치)을 강요했던 것에도 반대해 왔으며, 중국과의 통일은 대만의 필요, 의지와 무관한 것이라는 입장을 나타낸다.

그 결과 민진당 등 범록 진영은 대만이 중국과는 별개의 정치적 실체이며, 중국과의 통일보다는 국제사회에서 대만의 자주 · 독립적인 지위 확립, 그리고 궁극적인 분리 독립을 지향하는 탈(脫)중국 성격의 양안 정책을 추구한다.[58] 민진당이 1991년 10월의 전당대회에서 "주권을 갖춘 독립 · 자주적인 대만공화국을 건설한다"(建立主權獨立自主的臺灣共和國)는 내용의 「대만독립 강령」(臺獨黨綱)을 채택한 것이 대표적이다.

흥미롭게도 1990년대 대만의 민주화 과정에서, 리덩후이 당시 총통은 상당히 이중적인 행보를 나타냈다. 중화민국 정부의 총통이자 국민당의 지도자로서, 리덩후이는 본토 수복 노선의 종식을 계기로 공식적으로는 중국과의 대화 및 교류, 평화통일을 표방했다. 이에 따라 1990년 7월 총통부 직

56 '범람'이라는 별칭은 중화민국의 국기이자 국민당의 상징인 청천백일기(青天白日旗)의 청색에서 유래했다. 지은주, 『대만의 독립문제와 정당정치』(파주: 나남, 2009), pp. 135-141.

57 민진당의 녹색 당기(黨旗)에서 유래한 별칭이다. 민진당은 대만에서 아직 계엄령이 발효 중이던 1986년 9월 28일에 창당되었는데, 장징궈 당시 총통의 자유화 방침에 따라 묵인되었다. 최창근 외(2012), pp. 152-153.

58 지은주(2009), pp. 151-155.

속으로 양안 관계에 관한 정책 자문을 담당하는 국가통일위원회(國家統一委員會)가 설치되었고, 1991년 1월에는 행정원(行政院. 내각) 산하에 양안 정책의 최고 집행, 실무 기관인 대륙위원회(大陸委員會. 한국의 통일부에 해당)도 출범했다.[59]

하지만 대만 출신의 본성인으로서, 리덩후이는 대만과 중국이 각자 분리된 통치 영역에서, 서로 다른 정치, 경제, 사회 체제를 유지하는, 2개의 동등한 정치적 실체로서 공존하고 있음을 역설하였다. 이 점은 1991년 3월 채택된 대만 「국가통일강령」(國家統一綱領)의 4대 원칙들 가운데 하나인 "본토와 대만은 모두 중국의 영토"(大陸與臺灣均是中國的領土)라는 표현을 통해 간접적으로 나타났다.[60] 더 나아가 리덩후이는 총통 퇴임을 1년 앞둔 1999년 7월, 독일 언론과의 인터뷰에서 중국과의 양안 관계를 "특수한 '국가 대(對) 국가'의 관계"(特殊的國與國的關係)로 규정하는 '양국론'(兩國論) 발언으로 대내외에 큰 논란을 일으켰다.[61]

리덩후이 이후 대만의 양안 정책은 총통, 집권당의 노선에 따라서 부침(浮沈)을 거듭해 왔다. 먼저 2000년 3월 대만 역사상 2번째로 실시된 총통 직접 선거에서 반세기만에 국민당의 독주 시대를 끝낸 민진당의 천수이볜(陳水扁)은 공개적으로 대만의 분리 독립을 주창하고 나섰다. "대만과 중국 양안에는 각자의 국가가 존재한다"(臺灣跟對岸中國一邊一國)는 것이 그의 지론이었다.[62] 2004년에 재선된 후, 천수이볜은 더욱 급진적인 독립 노

59 문홍호, 『대만문제와 양안관계』(서울: 폴리테이아, 2007), p. 54.

60 이는 중국이 본토, 대만으로 각각 분리되어 있음을 명시하여 대만이 중국 본토와 분리된 통치권을 갖는 정치적 실체임을 부각시키려는 의도를 반영하고 있다. 문홍호(2007), p. 102.

61 리덩후이는 2000년 총통직을 퇴임한 이후 다수의 저작, 공개 활동을 통해 대만의 분리 독립을 지지하는 주장을 펼쳐 논란의 대상이 되었다. 김영신(2001), pp. 393-394.

62 이는 '일변일국론'(一邊一國論)이라고 불리는데, 2002년 8월 3일 일본에서 개최된 세계 대만동향회 연합회(世界臺灣同鄉會聯合會)의 제29차 연례 총회 개막식을 위한 천수이볜의 화상중계 연설에서 처음 등장했다. 당시 천수이볜의 발언은 대만의 현직 총통이 대만을 중국과 분리된 별개의 주권국가로 선언한 최초의 사례였다. 지은주(2009), p. 221; 김옥준, "민진당 정부의 대만 독립노선과 양안관계," 「평화학연구」, 제10권 제1호 (2009년 3월), p. 222.

2000년대 이후의 대만 총통들.
천수이볜(왼쪽 위, 2000~2008),
마잉주(오른쪽 위, 2008~2016),
차이잉원(아래, 2016~현재)

선을 추구했다. 리덩후이 총통 시절인 1990년대 초부터 유지되었던 국가통일위원회, 「국가통일강령」에 대해 2006년 2월 '효력 중지'(終止)를 선언한 것이 대표적이다.[63] 이는 대만이 더 이상 중국과의 통일을 추구하지 않을 것임을 뜻했다. 그리고 천수이볜의 퇴임을 1년 앞둔 2007년 7월에는 대만 정부가 '중화민국'이 아닌, '대만' 국호(國號)로 UN에 재가입을 신청하기까지 했다.[64]

2008년 국민당의 마잉주(馬英九)가 천수이볜의 후임 총통으로 당선, 취임했다. 마잉주는 "중국과의 통일, 대만의 분리 독립, 무력 대결에 반대한다"(不統, 不獨, 不武), "경제 등 쉬운 문제부터 먼저, 정치 등 어려운 문제는 나중에"(先易後難, 先經後政)라는 양안 관계 원칙을 제시했다.[65] 이는 대만

63 외교부 동북아시아국 동북아2과(2016), p. 14.

64 대만은 지난 1993년부터 UN에 '중화민국' 국호로 매년 재가입을 신청해 왔는데, '대만' 국호로 UN 가입을 신청한 것은 2007년이 처음이었다. 김옥준(2009), p. 224.

65 최창근 외(2012), p. 426; 楊澤軍 · 周睿, "馬英九大陸政策研究," 「世界經濟與政治論壇」, 第四期

과 중국 양안의 교류, 협력을 촉진시키는 계기를 마련하였다. 그 시작으로 마잉주의 취임 첫해인 2008년 12월 양안의 직접적인 무역, 교통, 우편 활동을 포함하는 3통(三通)이 전면 허용되었다.[66] 또한 2010년 6월에 타결된 『양안 경제협력 기본협정』(海峽兩岸經濟合作架構協定)은 양안을 인구 14억 명 규모의 단일 경제권으로 통합시켰다.[67] 그리고 마잉주는 총통 퇴임을 앞둔 2015년 11월 7일, 싱가포르에서 시진핑(習近平) 중국 국가주석과 사상 최초의 양안 정상회담을 가졌다. 국공내전 이후 66년 만의 일이었다.

마잉주와 국민당이 추진한 적극적인 양안 교류, 협력 발전은 중국과의 정치 · 외교적인 평화, 안정을 실현했다는 찬사를 받았다. 그러나 한편으로는 중국에 대한 경제적 의존이 심화되면서 대만의 주권, 자주성을 약화시켰다는 비판에 직면했다. 특히 2014년 3~4월 중국과의 『양안 서비스 무역협정』(海峽兩岸服務貿易協議)이 강행 비준되자 다수의 청년층이 참여하며 3주일이 넘도록 계속된 입법원(立法院. 국회) 점거 시위, 같은 해 9~12월의 홍콩 민주 시위에서 드러난 중국의 강압적인 태도는 이러한 인식을 더욱 강화시켰다.[68] 이는 2016년 1월의 총통 선거에서 민진당의 차이잉원(蔡英文)이 당선되는 결과로 이어졌다.

민진당 출신의 2번째 총통이자 대만 최초의 여성 총통이 된 차이잉원은 '현상유지'(維持現狀)를 추구하는 양안 관계 노선을 제시했다.[69] 구체적으

(2010年 8月), pp. 39-40.

66 중국은 미국과의 국교를 수립한 1979년 1월 1일, 전국인민대표대회 상무위원회(全國人民代表大會常務委員會) 명의로 발표된 「대만 동포에게 보내는 글」(告臺灣同胞書)을 통해서 처음 3통을 제안한 바 있다. 그동안 대만은 이를 중국의 위장 평화공세로 규정, 거부해 왔는데, 마잉주의 집권을 계기로 29년 만에 실현된 것이다.

67 ECFA(Economic Cooperation Framework Agreement)라는 영문 약칭으로도 알려져 있다. 윤근노, "중국 · 대만 관계: 양안 ECFA의 정치경제적 시사점," 「주요국제문제분석」, No. 2013-34 (2013년 12월 9일), pp. 4-5.

68 구자선, "대만 대선 전망과 함의 분석," 「주요국제문제분석」, No. 2015-45 (2016년 1월 13일), pp. 11-14.

69 차이잉원은 앞선 2012년 총통 선거에서 재선에 도전한 국민당의 마잉주와 대결했지만, 6%의 득표율 차이로 낙선하였다. 김원곤 · 박정수, "차이잉원 당선 이후 당면과제와 전망: 양안관계

로는 ① 대만의 자유 · 민주적인 생활양식을 유지하고, ② 양안이 서로 평화롭고 안정적인 관계를 유지하며, ③ 본토 수복 노선이 종식된 1990년대 이래 지속되어 온 협상, 교류를 바탕으로 중국과의 관계 발전을 추구할 것임을 밝힌 것이다. 과거 천수이볜의 집권 시절과 같은 공개적 · 급진적인 분리 독립 주장은 지양하되, 독자적 정치 실체로서 대만의 존재, 지위를 인정받겠다는 점에서 민진당의 탈(脫)중국 노선을 이어받은 것이라고 할 수 있다.

를 중심으로," 「대한정치학회보」, 제24집 제2호 (2016년 5월), pp. 139-140.

2. 대만의 안보환경

국공내전이 종식된 지 70년이 지났지만, 대만에게 중국과의 정치 · 군사적인 대립은 여전히 사실상의 유일한, 최대의 안보 위협으로 존재하고 있다. 오늘날 중국은 대만을 상대로 압도적인 세력 우위를 차지하고 있다. 이는 세계 최대인 13억 명 이상의 인구, 세계 3위의 영토 규모뿐만 아니라, 세계 2위이자 아시아 1위를 자랑하는 경제력, 총병력 200만 명이 넘는 세계 최대 규모의 군사력, 그리고 UN 안전보장이사회의 5대 상임이사국으로 대표되는 정치 · 외교적 지위 등으로 나타난다.

그럼에도 불구하고 중국은 더 이상의 대등한 경쟁 상대가 되지 못하는 대만을 자국 영토의 일부분인 동시에, 하루빨리 자신들의 통치 아래로 돌아와야 할 '일개 반란 · 분리지역'(叛離的一省)으로 규정하고 있다.[70] 더 나아가 중국은 대만이 별개의 국가로 분리 독립하거나, 국제사회에서 독자적인 정치 세력, 실체로 인정받으려는 어떠한 가능성도 결코 용인할 수 없다

70 이러한 중국의 입장은 현행 『중화인민공화국 헌법』(中華人民共和國憲法)의 서언(序言)에서 "대만은 중화인민공화국의 신성한 영토의 일부분이다. 조국의 완전한 통일 대업을 달성하는 것은 대만에 거주하는 동포들을 포함한 모든 중국 인민의 신성한 책무다"(臺灣是中華人民共和國的神聖領土的一部分°完成統一祖國的大業是包括臺灣同胞在內的全中國人民的神聖職責)라고 밝힌 것에서도 나타난다. 외교부 동북아시아국 동북아2과(2016), p. 45.

는 완강한 자세를 고수하고 있다. 그렇다면 중국이 대만을 포기하지 않으려는 이유는 무엇인가?

첫째, 대만은 영토의 통일성을 회복, 달성하려는 중국의 노력에서 핵심적인 비중을 차지한다. 중국은 국공내전에서 승리한 이후부터 고수해 온 '하나의 중국'(一個中國: One China)이라는 원칙 아래, 영토의 통일성 유지와 소수 민족들의 분리 독립 저지를 중요한 국가안보 목적으로 강조해 왔다. 지난 1997년과 1999년에 홍콩, 마카오를 각각 영국과 포르투갈로부터 반환받은 이후, 중국은 대만과의 통일을 '하나의 중국' 완성을 위한 마지막 숙원(宿願)으로 인식하고 있는 것이다.[71] 중국이 대만과의 양안 관계를 자신들의 내정(內政) 사안으로 규정하고, 타국이 대만을 지원하거나 양안 관계에 개입하려는 것이 자신들의 주권에 대한 직접적인 침해, 위협이라고 인식하며 강력히 반대하는 입장을 견지하는 것도 이를 반영한다.

둘째, 중국의 민족주의적 열망이다. 서양 제국주의 열강과 일본 등의 침탈, 전쟁으로 점철되었던 지난 19세기 중반에서 20세기 전반까지의 굴욕적인 역사(일명 '100년의 치욕'(百年國恥))를 일소하고, 중화(中華) 민족의 자긍심을 회복하기 위해서도 대만과의 통일이 필요하다는 것이 중국의 입장이다. 과거 중국이 청일전쟁의 패배로 대만을 일본에게 빼앗겼으며, 국공내전 이후 미국의 정치 · 군사적 개입으로 중국과 대만이 서로 분리되어 있다는 점도 이를 뒷받침한다.[72] 다시 말해서 중국과 대만의 통일이 이루어지지 못하는 이상, 중국은 여전히 외세에 의한 침략과 혼란, 굴욕에서 벗어나지 못한 것이라는 논리다.

셋째, 대만이 중국의 안보를 위협하려는 외부 세력의 도구로 이용될

---

71 중국은 본토의 공산정권(즉, 중화인민공화국)에 대한 대표권을 인정한 1971년의 UN 총회 결의 2758호 등을 근거로, '하나의 중국' 원칙과 그에 입각한 대만의 중국 귀속이 국제적으로도 공인된 사항이라고 강변한다. 蔣復華, "從中共地緣政治觀點: 探討臺灣戰略價值,"「國防雜誌」, 第25卷 第4期 (2010年 8月), pp. 131-132.

72 Lowell Dittmer, "Taiwan as a Factor in China's Quest for National Identity," *Journal of Contemporary China*, Issue. 49 (November 2006), pp. 676-677; p. 685.

가능성이다.[73] 만약 대만이 독립 주권국가로서 중국과 적대 및 경쟁 관계에 놓인 국가(예: 미국, 일본)와 동맹, 혹은 그에 준하는 정치, 외교, 군사 부문의 협력 관계를 맺는다면, 이들 국가가 유사시 대만해협으로 군사적 개입을 시도할 가능성은 높아질 것이다. 또한 평시에도 외국의 군사력이 대만에 배치, 주둔할 수 있다. 대만과 중국 본토 사이의 거리가 불과 180km 정도임을 고려할 때, 중국은 이를 자국의 안전에 대한 직접적인 위협으로 인식할 여지가 충분하다. 요컨대 대만이 중국 영토를 겨냥하는 '침몰하지 않는 항공모함'(不沉的航空母艦. unsinkable aircraft carrier)이 될 가능성을 배제할 수 없는 것이다.

넷째, 대만의 존재가 중국 내부의 체제 안전에 위협으로 작용할 가능성이다. 대만은 국공내전의 종식 이후, 지난 70년 동안 정치와 경제, 사회 등의 주요 부문에서 중국 본토와는 엄연히 다른 성격의 체제, 질서를 정립 및 유지하고 있다. 특히 1990년대의 민주화 이후 제도화된 대만의 자유 선거, 평화적 · 수평적인 정권교체 실현은 공산당 우위의 1당 지배체제가 계속되고 있는 중국과 명백한 대조를 나타낸다. 이처럼 중국의 통제권 밖에서, 자유롭고 민주적인 정치, 사회 체제를 기반으로 존속하고 있는 대만의 존재는 티벳(西藏: Tibet), 신장 위구르(新疆維吾爾) 등 중국 내부 소수민족의 분리주의, 반(反)체제 세력의 민주화 운동을 고취시킬 수 있다.[74] 중국 공산 정권은 바로 이 점을 경계하고 있는 것이다.

그리고 다섯째, 대만의 지정학적 가치다. 중국은 1980년대 이래, 2개의 도련(島鍊: island chain) 개념에 입각한 해양력의 확대, 강화를 추구해 왔다. 이들은 ① 일본 남 · 서부와 오키나와(沖繩), 필리핀 서부, 남중국해를 비롯해 중국 연안에서 200해리 이내의 해역을 포함하는 '제1도련', 그리고 ② 일본 동부에서 미국령 괌, 마리아나 제도, 호주 서부 등 중국으로부터

---

73 彭光謙, 『中國國防』(北京: 五洲傳播出版社, 2004), pp. 110-111.

74 彭光謙(2004), p. 113; Shelley Rigger, *Why Taiwan Matters: Small Island, Global Powerhouse* (Lanham, MD: Rowman & Littlefield Publishers, 2011), pp. 174-175.

600해리 떨어진 서태평양 일대의 해역까지 확대된 '제2도련'으로 구분된다.[75] 자국 영토에서 상대적으로 가까운 제1도련 이내를 확고히 통제하는 가운데, 그 외곽인 제2도련에서 외부 세력의 군사적 개입을 차단한다는 중국의 의도를 반영하고 있는 것이다.[76]

지리적으로 대만은 제1도련의 중앙부에 해당하며, 그로 인해 제1도련에 포함되는 다른 해역들과 서로 이어지는 연결고리와도 같은 위치에 놓여있다. 만약 중국이 대만을 차지한다면, 중국은 제1도련 이내의 해역 전체를 자신들의 전략적인 내해(內海)로 장악하고, 제2도련을 비롯한 원양(遠洋)으로 보다 손쉽게 해군력 등의 군사력을 투사(投射)할 수 있을 것이다. 하지만 대만이 중국의 지배에서 벗어나 자주(自主)적인 세력으로 존속하는 이상, 중국은 제1도련 이내에서조차 군사적 통제 능력의 우위를 보장받기 어려운, 전략적인 봉쇄 상태에 놓일 수밖에 없다.[77] 이는 중국이 동아시아에서의 정치 · 군사적 패권을 확보하기 위한 거점으로서 대만에 눈독을 들이려는 동기를 제공한다.

기본적으로 중국은 대만과의 평화적인 통일을 지향하는 입장이다. 대만이 '하나의 중국' 원칙 아래 중국의 지배에 편입되는 방식의 통일을 수용한다면, 현재 '특별행정구'(特別行政區: Special Administrative Region) 지위를 인정받고 있는 홍콩, 마카오처럼, 대만에 외교 및 국방을 제외한 다른 부문들(예: 경제, 사회, 문화)의 행정 기능에 관하여 고도의 자치권(高度自治)을 보장

75 이러한 중국의 2개 도련 개념은 1982~1988년 중국 해군의 총사령관을 역임한 류화칭(劉華清) 제독이 제시한 것에서 유래했다. 김덕기, 『21세기 중국 해군』(서울: 한국해양전략연구소, 2000), p. 115.

76 앞서 살펴본 중국의 반(反)접근 · 지역거부 전략도 바로 2개의 도련 개념에서 유래한 것이다. 다시 말해서 ① 반(反)접근이 제2도련을 비롯한 원거리에서 적의 군사력 투사를 좌절시키는 것이라면, ② 지역거부는 제1도련에 진입한 적 군사력을 지속적으로 교란, 지연시켜 전력의 소모 및 약화를 강요하고, 궁극적으로는 몰아내는 것이다. Evan Braden Montgomery, "Contested Primacy in the Western Pacific: China's Rise and the Future of U.S. Power Projection," *International Security*, Vol. 38, No. 4 (Spring 2014), pp. 129-131.

77 彭光謙(2004), pp. 111-112; Toshi Yoshihara and James Holmes, "Command of the Sea with Chinese Characteristics," *Orbis*, Vol. 49, No. 4 (Fall 2005), pp. 684-685.

할 수 있다는 것이다. 이를 '일국양제'(一國兩制: One Country, Two Systems)라고 한다.[78]

그러나 한편으로 중국은 만약 대만이 끝내 '하나의 중국' 원칙과 이를 전제로 하는 통일을 거부하거나, 분리 독립의 강행에 나선다면, 영토의 통일성을 수호하기 위한 최후의 수단으로 군사력의 사용도 배제하지 않을 것임을 공공연히 밝히고 있다.[79] 지난 2005년 3월 중국 전국인민대표대회의 제10기 3차 회의에서 통과된 『반(反)분열국가법』(反分裂國家法)이 대표적 사례다. 대만의 분리 독립을 저지하기 위한 '비(非)평화적 방식의 필요 조치'(非和平方式及其他必要措施)를 합법화한 것이 주요 특징이다.[80]

중국이 대만을 상대로 군사력을 동원할 수 있는 상황들은 다음과 같다. 첫째, 대만이 중국과의 통일을 전제로 하는 대화, 협상을 무기한으로 거부하는 것이다. 둘째, 대만이 공식적으로 중국과의 통일 거부, 분리 독립을 선언하고, 이를 실현하기 위해 무제한적 행동에 돌입하는 것이다. 셋째, 타국이 대만의 내정에 개입하거나, 군사력을 대만에 배치하는 것이다. 넷째, 대만이 핵무기를 확보하는 것이다. 그리고 다섯째, 대만 내부에서 정치 · 사회적 불안정이 발생하는 것이다.[81]

대만을 겨냥한 중국의 군사력 사용 위협이 부각되었던 대표적 사례는 지난 1995~1996년의 대만해협 위기다. 1995년 6월 리덩후이 당시 총통이 미국을 방문하자, 중국은 이를 격렬히 비난했다. 리덩후이가 미국 방문을 통해 '하나의 중국' 원칙과 그에 입각한 통일을 거부하고, 대만의 분리

---

78 일국양제는 지난 1980년대에 중국이 홍콩의 반환을 놓고 영국과의 협상을 진행하면서 처음 제시되었다. 彭光謙(2004), pp. 113-117; Brendan Taylor, *Dangerous Decade: Taiwan's Security and Crisis Management* (London, UK: Routledge, 2019), p. 96.

79 彭光謙(2004), pp. 118-119.

80 廖文義, "中共的《反分裂國家法》及其影響之分析," 「國防雜誌」, 第21卷 第1期 (2006年 1月), pp. 64-65.

81 Office of the Secretary of Defense, *Military and Security Developments Involving the People's Republic of China 2019* (Washington, D.C: Department of Defense, 2019), p. 83.

독립을 추구하려는 의도를 드러냈다는 것이다.[82] 그로부터 1개월만인 7월 21~28일, 대만해협을 향해 다수의 중국 탄도미사일이 시험 발사되었다. 뒤이어 중국은 8월 15~25일, 11월 15~25일에도 대만해협 인근 해역에서 해상 기동훈련과 합동 상륙훈련을 차례로 실시했다.[83] 하지만 위기는 그것으로 끝나지 않았다.

이듬해인 1996년 3월, 중국은 사상 최초의 총통 직접 선거를 앞둔 대만을 상대로 보다 강도 높은 무력시위를 벌였다. 그 시작으로 중국은 3월 8~15일 사이의 1주일 동안, 대만해협에서 탄도미사일 발사 훈련을 진행했다.[84] 뿐만 아니라 3월 12~20일 동·남중국해에서는 다수의 해군 전투함정, 공군 항공기를 동원해 해상 실사격 및 기동 훈련을 실시했다. 그리고 총통 선거 당일(3월 23일)을 전후로 한 3월 18~25일에는 동부 푸젠 성 연안에서 대규모 합동 상륙훈련이 진행되었다.[85] 이를 통해 중국은 대만 영토를 직접 공격, 점령할 수 있는 능력을 과시하여 대만해협에서의 정치·군사적 긴장을 극대화하고, 리덩후이를 비롯한 대만 내부의 탈(脫)중국, 독립 진영의 정치적 입지를 약화시키려 했던 것이다.

그렇다면 대만을 노리는 중국의 군사력은 어느 정도인가? 중국의 육·해·공 정규군은 5개(동부, 서부, 남부, 북부, 중부)의 전구(戰區)로 나뉘어 배치, 운용되고 있다.[86] 이들 가운데 대만을 직접적으로 겨냥하는 것은 대

82 당시 리덩후이의 미국 방문은 명목상 모교 코넬 대학교의 초청에 따른 개인 자격으로 이루어졌다. 그러나 이는 국공내전 이후 대만의 현직 총통이 미국을 방문한 최초의 사례였으며, 이 점에서 큰 정치·외교적 의미를 갖고 있었다. 김영신(2001), p. 383.

83 姚宏毅, "危機與武力使用: 1995-1996年臺海危機的再省思," 『國防雜誌』, 第20卷 第11期 (2005年 11月), p. 10.

84 비록 실제 탄두가 장착되지는 않았지만, 당시 중국이 발사한 탄도미사일들은 대만의 주요 항구인 남부의 가오슝(高雄), 북부의 지룽(基隆)으로부터 불과 30~50km 떨어진 해역까지 도달하여 대만에 큰 충격을 주었다. 姚宏毅(2005), p. 10.

85 Bernard D. Cole, *Taiwan's Security: History and Prospects* (London, UK: Routledge, 2006), p. 29.

86 본래 중국은 군사력을 7개 군구(軍區)로 배치, 운용했는데, 2016년 1월에 발표된 군 개편에 따라 현재의 5개 전구 체제로 전환되었다. 최현호, "중국, 군사굴기를 드러내다: 중국 국방 개혁의

중국의 상륙부대 병력(왼쪽)과 단거리 탄도미사일(오른쪽). 대만 공격을 위한 주요 수단들이다.

만해협 바로 너머의 중국 동남부 지역에 배치된 동부 전구의 병력이다. 여기에는 ① 3개의 육군 집단군(集團軍: 군단급)과 2개의 해군 상륙여단을 중심으로 하는 지상 전력, ② 30여 척의 수상전투함과 17척의 잠수함, 20여 척의 상륙함정을 보유한 해군 동해함대(東海艦隊), 그리고 ③ 12개의 비행 여단과 3개의 폭격기 연대 등으로 편성된 공군 전력이 포함된다.[87] 뿐만 아니라 총 6개 여단, 약 200대의 발사대로 구성되는 중국군의 사거리 수백km급 단거리 탄도미사일도 대다수가 대만을 겨냥하여 배치 중이다.

유사시 중국이 대만을 겨냥하여 군사력을 동원, 사용할 수 있는 방식은 다음과 같이 예상될 수 있다. 첫째, 해 · 공군력을 중심으로 하는 '대만해협 봉쇄'다. 이는 무역을 비롯한 대만의 경제 활동을 마비시키고, 직접적인 영토 공격을 시도하지 않고도 대만을 굴복시키기 위한 것이다. 둘째, 소수의 특수전 병력이나 비대칭적 수단(예: 사이버전)을 이용하여 대만 내부의 특정 표적들(예: 정치 지도부 및 요인(要人), 국가 핵심시설)을 공격하는 '교란 공작'이다. 이를 통해 대만 내부의 혼란, 공포, 불안 심리를 조성하여 중국에 대한 저항 의지를 약화시키고, 항복을 이끌어낸다는 것이다. 셋째, 공군력과

의미," 「국방과 기술」, (2016년 3월), p. 39.

87 동부 전구에 배치되는 중국군 병력은 대만뿐만 아니라, 동중국해에서 일본 자위대에 맞서는 역할도 수행한다. Office of the Secretary of Defense(2019), pp. 69-72; IISS, *Military Balance 2019* (London, UK: Routledge, 2019), pp. 262-263.

지대지 미사일 전력을 이용하여 대만의 군사력, 정부의 지휘통제 시설을 파괴, 제압하는 '정밀 타격'이다. 그리고 넷째, 대규모의 지상, 상륙 전력을 투입하여 대만 영토를 점령하는 '직접 침략'이다.[88]

이처럼 대만은 중국의 가공할 만한 군사 위협에 직면하고 있지만, 이에 맞서기 위한 능력을 외부로부터 지원받기 매우 어려운 입장에 놓여있다. 1971년 UN에서 축출된 이래, 국제적인 고립을 면치 못하고 있기 때문이다. 오늘날 세계 주요 국가들은 경제뿐만 아니라 정치, 군사 부문에서도 명실상부한 강대국인 중국이 요구하는 '하나의 중국' 원칙을 감히 거부하지 못하고 있으며, 그 결과 대만과의 외교 관계를 단절해야만 했다.[89] 2019년 말을 기준으로 대만의 중화민국 정부를 승인한 공식 수교국은 중·남부 아메리카의 9개국(파라과이, 과테말라, 온두라스, 니카라과 포함), 남태평양의 4개국(팔라우, 투발루, 나우루 포함), 아프리카의 스와질랜드, 그리고 유럽의 바티칸 등 15개국뿐이다. 이들은 모두 국제사회에서 발언권, 영향력이 극히 미약한 군소(群小) 국가이며, 대만의 안보에 실질적 도움을 제공하지 못하고 있다.

그나마 대만이 국가안보에 관한 도움을 기대할 수 있는 세력은 바로 세계 최강대국인 미국이다. 비록 미국은 1979년 1월 중국과의 외교 관계 수립을 위해 대만과 단교했지만, 3개월만인 같은 해 4월 『대만관계법』

---

88 중국의 대만 영토 점령은 ① 대만 본도를 완전히 석권하기 위한 전면적인 공격, ② 중국 동남부와 인접한 진먼·마주다오 등의 전방 도서 지역에 한정된 제한적인 공격으로 나뉜다. 이들 가운데 후자는 중국과 대만의 무력 분쟁이 전면 전쟁으로 확대될 가능성을 회피하고, 신속하게 목적을 달성하여 대만과 국제사회가 군사적 대응에 나설 기회를 박탈하는 데 유리하다. 또한 중국이 대만의 영토 주권, 방어 능력에 타격을 가하여 분쟁 이후의 정치·군사적 주도권을 차지하는 효과를 제공할 수 있다. 이는 지난 2014년 러시아의 전격적인 크림 반도 병합과 비슷하다. Office of the Secretary of Defense(2019), pp. 84-85; 國防部國防報告書編纂委員會, 『中華民國108年國防報告書』(臺北: 國防部, 2019), pp. 40-41.

89 대신 대만은 단교한 세계 50여 개 국가들(예: 한국, 미국, 일본)에서 '타이베이 대표부'(臺北辦事處: Taipei Representative Office)라는 명칭의 비공식적 대사관을 설치, 운영하고 있다. 또한 대만은 세계무역기구(WTO), 국제올림픽위원회(IOC), 아시아 개발은행(ADB)을 비롯한 여러 국제기구에서 '중화 타이베이'(中華臺北: Chinese Taipei) 등의 명칭으로 가입, 활동 중이다. 외교부 동북아시아국 동북아2과(2016), pp. 69-72.

(*Taiwan Relations Act*)을 제정했다. 여기서 미국은 "대만 관련 문제를 비(非)평화적인 방법으로 해결하려는 어떠한 시도든지 '서태평양 지역의 평화, 안정에 대한 위협'이자 '중대한 우려 사항'으로 규정될 것"이며, "군사력 등의 강압적인 수단으로 대만인들의 안전, 사회 및 경제 체제를 위협하는 것에 대항할 수 있는 능력을 유지할 것"임을 명시하고 있다.[90]

이러한 『대만관계법』의 내용들은 미국이 대만과 비공식적이나마 정치 · 외교적인 유대 관계를 지속하고, 군사적인 지원을 제공할 수 있는 근거를 제공하고 있다. 다시 말해서 미국은 중국과의 외교 관계 정상화에도 불구하고, 지난 40년 동안 대만을 위한 안보 지원이 동아시아 지역에 대한 방위 공약의 일부임을 인정해 온 것이다. 2019년 6월에 발간된 미 국방성의 『인도-태평양 전략 보고서』(*Indo-Pacific Strategy Report*)에서 "부강하고 번영된, 민주적인 대만의 존재는 미국의 이익인 '규범 기반의 국제질서(rule-based international order) 옹호'에 포함된다", "대만이 중국의 강압으로부터 안전을 보장받고, 중국과 평화적 · 건설적으로 관계를 형성, 유지할 수 있도록 뒷받침할 것"이라고 밝힌 점도 이를 반영한다.[91]

미국이 대만 방위 공약을 직접적으로 실행에 옮겼던 대표적 사례는 바로 1996년 3월의 대만해협 위기다. 당시 중국이 대만을 겨냥하여 탄도미사일 발사 훈련 등의 고(高)강도 무력시위를 감행하자, 미 해군의 항공모함 전투단 2개가 대만해협 인근으로 투입되어 대만 방위를 지원했던 것이다.[92] 아울러 미국은 아시아 · 태평양 지역의 주요 해역에서 중국의 독점

---

90 Steve Tsang, "The U.S. Military and American Commitment to Taiwan's Security," *Asian Survey*, Vol. 52, No. 4 (July-August 2012), pp. 777-778.

91 해당 보고서는 대만을 싱가포르, 뉴질랜드, 몽골과 함께 태평양 및 인도양 지역에서 미국의 주요 우방으로 규정하였다. 특히 이들을 '4개국'(All four countries)으로 지칭하면서 미국이 대만을 주권 국가로 인정하고 있음을 드러냈다는 지적을 받기도 했다. Department of Defense, *Indo-Pacific Strategy Report: Preparedness, Partnerships, and Promoting a Networked Region* (Washington, D.C: Department of Defense, 2019), pp. 30-31.

92 이러한 미국의 군사적 지원은 당시 중국의 무력시위로 인한 정치 · 군사적 충격을 상쇄시키는 데 기여했다. 총통 선거에서 중국의 경계 대상이었던 리덩후이가 과반수의 득표로 당선된 것도

적 · 배타적인 관할권 주장을 무력화하기 위한 노력의 일환으로, 대만해협과 주변의 해 · 공역에 대한 군함, 군용 항공기의 투입, 통과를 실행하는 추세다.[93]

그러나 미국의 방위 공약에도 분명 한계는 존재한다. 미국 본토, 혹은 아시아 · 태평양 지역 이내의 미군 기지에서 대만해협은 지리적으로 상당히 멀리 떨어져 있으며, 이에 따라 대만해협으로의 미군 전력 동원은 불가피하게 적지 않은 시일이 소요될 수밖에 없다. 이른바 '거리의 횡포'(tyranny of distance) 문제가 발생하는 것이다.[94] 여기에 중국이 동아시아 지역에서 미국의 군사력 개입을 저지하기 위한 반(反)접근 · 지역거부 능력을 확보, 강화하는 추세도 염두에 두어야 한다. 때문에 대만은 스스로의 안전을 위해 방위력의 강화, 발전을 결코 소홀히 할 수 없는 것이다.

이를 반영하였다. Douglas Porch, "The Taiwan Strait Crisis of 1996: Strategic Implications for the United States Navy," *Naval War College Review*, Vol. 52, No. 3 (Summer 1999), pp. 20-21.

93 2019년의 경우, 미 해군은 1~3월과 5~7월, 9월, 그리고 11월에 1차례씩, 총 8차례나 대만해협으로 군함을 통과시켰다. 2020년에는 대만 총통 선거 직후인 1월 17일에 미 해군 순양함이 처음 대만해협을 통과했다. Caitlin Doornbos, "Navy Sends Guided-missile Cruiser through Taiwan Strait in Eighth Transit There This Year," *Stars and Stripes*, (November 13, 2019).

94 한반도, 대만해협을 비롯한 동아시아 연안 지역으로 미국의 군사력 증원에 소요되는 기간은 ① 오키나와에서 2~3일, ② 괌에서 3~5일, ④ 하와이에서 10~16일, 그리고 ④ 미국 서부에서 13~21일로 나타난다. Dakota L. Wood ed, *2020 Index of US Military Strength* (Washington, D.C: Heritage Foundation, 2019), p. 179.

3. 대만의 군사력 현황

1) 일반적 사항

그렇다면 오늘날 대만은 어느 정도의 군사력을 보유하고 있는가? 영국 IISS가 발행하는 『밀리터리 밸런스』 연감 2019년도판에 따르면, 정식 명칭이 '중화민국 국군'(中華民國國軍)인 대만의 정규군 병력은 총 16만 3,000명이다. 여기에는 ① 육군 8만 8,000명, ② 해군 4만 명(육전대 1만 명 포함), 그리고 ③ 공군 3만 5,000명이 포함되어 있다.[95] 대만의 전체 인구가 2,350만 명가량임을 고려할 때, 대만은 인구 대비 0.7%보다 적은 규모의 정규군을 보유하고 있는 것이다. 1990년대 초반을 기준으로 대만의 병력 규모는 약 50만 명에 달했지만, 그로부터 20여 년이 지난 현재는 1/3 수준으로 축소되었음을 보여준다.

대만은 국공내전 직후인 1951년부터 18세 이상의 성인 남성에게 병역 의무를 부과하는 징병제를 실시해 왔다. 한때 3년에 달했던 의무 복무 기간은 1990년에 들어서 2년으로 줄었다. 하지만 이후의 정치 · 사회적 민주화, 군 내부의 부조리와 반(反)인권적 악습들에 대한 비판 여론의 고조

95 IISS(2019), p. 308.

중화민국 국군(대만군)의 문장

대만군 병사들의 모습

등을 반영하여, 대만 병사들의 의무 복무 기간은 2000년대 이래 지속적으로 단축되어 왔다. 이에 따라 1993년과 그 이전에 출생한 이들은 1년 동안 군 복무를 했는데, 해당 연령의 병사들은 지난 2018년 12월 26일에 모두 현역 복무를 끝냈다.

그 결과 1994년 이래 출생한 대만 남성들은 4개월 동안의 군사훈련만을 수료하는 것으로 병역 의무를 마치며, 이후에는 예비전력으로 편입된다. 이러한 점을 들어서 일각에서는 대만이 징병제를 사실상 폐지하고 전면 모병제로 전환한 것으로 평가하기도 한다.[96] 대만 정부는 궁극적으로 전면 모병제를 지향한다는 목표 아래 2000년대 초부터 지원병의 비중을 확대해 왔으며, 2016년 9월을 기준으로 지원병이 전체 병사의 75% 이상을 차지하고 있다.[97] 그러나 여전히 존재하는 중국의 군사적 위협, 지원병의 확충에 필요한 추가적인 재정 부담 등으로 인해, 대만이 전면 모병제를 채택하기까지는 여전히 많은 어려움이 있을 것으로 전망된다.[98]

---

96 하지만 대만 국방부는 4개월의 의무 군사훈련이 여전히 존재하므로 현행 병역 제도는 '모병과 징병의 병행'(募徵併行)일 뿐, 징병제가 폐지되었다는 주장은 사실이 아니라고 밝혔다. 涂鉅旻, "實施67年 徵兵制走入歷史 末代義務役 26日退伍,"「自由時報」, (2018年 12月 17日).

97 외교부 동북아시아국 동북아2과(2016), p. 86; pp. 88-89.

98 대만의 모병제 시행, 현황에 관한 논의 및 평가는 임민혁 · 강원석, "한국군의 모병제 전환 가능성 모색: 해외의 병역제도 전환 사례에 대한 동태적 SWOT 분석을 중심으로,"「한국군사학논

한편 대만은 후방 지역의 방어를 위해 동원되는 총 165만 7,000명 규모의 예비전력도 보유, 편성하고 있다. 예비전력의 90%가 넘는 150만 명이 육군이며, 나머지는 6만 7,000명의 해군과 9만 명의 공군이다. 이들 예비전력의 지휘는 국방부 직속인 후방경비사령부(後備指揮部)가 담당하며, 사령관은 중장 계급이다. 숫자상으로 절대 다수인 육군 출신의 예비전력은 여단급 이하의 보병 부대 21개로 편성된다.[99] 각 예비 부대는 소장급의 사령관이 지휘하는 3개(북부, 중부, 남부)의 지역별 경비사령부를 주축으로, 주요 도시와 현(縣), 도서 지역 단위로 배치되고 있다.

예비군은 의무 복무를 이수한 병사들을 대상으로 충원되는데, 활동 연령은 보통 30세까지다. 이들은 2년 간격으로 5~7일 동안의 집체 소집 훈련을 받는다.[100] 주로 사격과 개인별 전투, 부대 단위의 임무 수행, 그리고 재난 대응 등에 관한 능력을 유지, 배양하기 위한 훈련이 실시된다. 예비군의 훈련센터(訓練中心)는 각 지역별 경비사령부에서 1개씩, 총 3개를 설치, 운용하고 있다. 이들 예비전력은 유사시 미리 지정된 방어 진지에 배치되거나, 후방의 중요 시설들(예: 도로, 항구, 공항, 터널, 도심지, 교량)을 대상으로 고정적인 방어 임무를 수행한다.[101]

2) 지휘통제 구조

오늘날 대만의 육 · 해 · 공군 병력에 대한 지휘통제권을 보유, 행사하는 주체는 대만군의 최고위 선임 장성이자 군부의 대표인 참모총장(參謀總

집」, 제74권 제3호 (2018년 10월), pp. 48-50을 참고.

99 IISS(2019), p. 308; Ian Easton et al, *Transformation of Taiwan's Reserve Force* (Santa Monica, CA: RAND, 2017), pp. 11-12.

100 國防部國防報告書編纂委員會(2019), p. 84.

101 Easton et al(2017), p. 21.

타이베이에 위치한 대만 국방부 및 참모본부 청사(왼쪽)와 대만군 참모본부의 합동작전지휘센터 내부(오른쪽)

長)이다. 대만군 참모총장은 대장 계급으로 임명되며, 중장 계급의 참모장(副參謀總長) 2명으로부터 군령 부문에 관해 보좌를 받는다. 제2차 세계대전 직후인 1946년부터 현재까지 재직한 역대 참모총장은 총 28명이다. 이들 가운데 육군 출신이 11명으로 가장 많지만, 전체 40% 이하에 그쳤다. 한편으로는 해군에서 후앙수광(黃曙光) 현 참모총장을 포함해 9명, 공군에서는 8명을 각각 배출했다.[102] 이는 특정 군종에서 전체 군사력에 대한 군령권을 독점하는 것을 지양하고, 지휘통제 체계에서 육 · 해 · 공 3군의 균형을 반영하는 데 긍정적으로 작용할 수 있다.

이러한 참모총장의 업무를 뒷받침하기 위해, 대만군은 상설 군사참모 기구로서 참모본부(參謀本部)를 설치, 운영하고 있다. 대만군 참모본부는 국방부와 함께 수도 타이베이에 위치하며, 내부에는 중장 계급의 차장들이 관장하는 기능별 참모실이 편성된다. 여기에는 ① 인사, ② 정보, ③ 훈련, ④ 작전 · 계획, ⑤ 군수지원, 그리고 ⑥ 통신 · 전자 · 정보가 포함된다.[103] 이들 참모실의 운영은 참모본부의 2인자이며, 참모총장과 같은 대장 계급의 참모차장(副參謀總長執行官)이 총괄한다. 그리고 참모본부는 직속 기구로

102 전임 참모총장 선이밍(沈一鳴. 공군 대장)은 2020년 1월 2일 헬기 추락 사고로 순직했으며, 해군 사령관이었던 후앙수광이 2주일 후인 1월 16일 후임 참모총장에 임명되었다.

103 외교부 동북아시아국 동북아2과(2016), p. 87; 國防部國防報告書編纂委員會(2019), p. 61.

군사정보국, 정보통신 발전실 등을 운영 중이다.

또한 대만군 참모본부는 육 · 해 · 공의 합동 전력을 효과적으로 지휘하기 위해 합동작전지휘센터(聯合作戰指揮中心)를 직속으로 설치, 운영하고 있다.[104] 소장급의 센터장이 관할하는 이 기구는 유사시 육군의 지역별 군단, 전방 도서 지역의 병력, 해군의 함대 및 육전대 사령부, 그리고 공군의 작전사령부 등에 최고 군령권자인 참모총장의 지시를 전달하여 각 작전 부대들의 임무를 지휘통제하는 역할을 담당한다.[105] 이를 통해서 참모총장이 각 군의 주요 부대들을 보다 신속하게, 유기적 · 통합적으로 운용할 수 있도록 뒷받침하는 것이다.

한편으로 대만 육 · 해 · 공 3군의 사령부는 인사, 정보, 통신, 계획, 군수지원, 훈련, 감찰 등 다양한 실(室) · 처(處)급의 기능별 참모 조직들을 보유한다.[106] 각 군의 수장인 사령관에는 참모총장과 같은 대장 계급의 장성이 임명된다. 대만 육 · 해 · 공군 사령부는 소속 전력의 유지, 발전 기능과 더불어, 평시에는 영토와 영해, 영공의 경계, 방호, 그리고 긴급 사태(예: 자연재해, 테러) 대응을 위해 각자의 작전 부대들을 지휘통제한다. 하지만 전쟁이나 그에 준하는 정치 · 군사적 위기에서는 참모총장이 합동작전지휘센터를 통해 각 군의 작전 부대들에 대한 지휘권을 직접 행사한다.[107] 이 점에서 대만은 합동군 형태에 가까운 지휘통제 구조를 채택하고 있는 것이다.

---

104 대만군 합동작전지휘센터는 국방부 및 참모본부 청사의 외부에 위치하며, 유사시 중국의 공격으로부터 생존성을 확보하기 위해 요새화된 지하 시설로 조성되었다. 일명 '형산 지휘소'(衡山指揮所)라는 별칭으로도 알려져 있다. 羅添斌 · 涂鉅旻, "首次視導衡山指揮所: 蔡掌握共軍動態,"「自由時報」, (2016年 6月 8日).

105 國防部國防報告書編纂委員會, 『中華民國壹百年國防報告書』(臺北: 國防部, 2011), p. 117.

106 國防部國防報告書編纂委員會(2019), p. 62.

107 Cole(2006), p. 60; 國防部國防報告書編纂委員會(2019), pp. 48-49.

3) 각 군별 전력

지난 2018년을 기준으로 대만은 110억 달러의 군사비를 지출했다.[108] 앞서 살펴본 싱가포르와 비슷한 규모지만, GDP에서 차지하는 비중은 약 1.8% 정도다. 중국의 군사적 위협에 직접 맞서고 있는 입장임을 고려할 때, 충분하다고 평가하기에는 어려운 수준이다. 그렇다면 현재 대만은 어느 정도의 군사력을 보유하고 있는가?

(1) 육군

오늘날 대만 육군의 전력은 3개 군단을 중심으로 편성되어 있다. 이들 군단은 대만 본도의 북부와 중부, 남부에 각 1개씩 배치 중이다. 또한 진먼 · 마주다오, 펑후다오를 비롯한 전 · 후방의 5개 거점 지역에도 방위사령부를 설치하고 있다.[109] 중국 동남부와 인접한 진먼 · 마주다오 등의 전방 도서 지역은 대만을 겨냥한 중국의 군사적 움직임을 감시하고, 대만 본도에서 본격적인 방어 태세를 준비하기 위한 조기경보를 제공한다. 대만해협 중앙의 펑후다오는 중국 해군의 전투함정, 상륙함이 대만으로 접근하는 것을 차단 및 지연시키는 해상 요새의 역할을 할 수 있다.[110]

지난 1980년대까지만 해도, 대만 육군은 보병 중심의 전력 구조를 유지해 왔다. 그러나 1990년대에 본토 수복 노선이 공식적으로 종식되면서, 대만 육군은 유사시 중국의 침공을 신속하고 결정적으로 격퇴, 저지할 수 있도록 전력 구조의 전환을 추진했다. 이에 따라 일반 보병보다 기동력과

---

108 IISS(2019), p. 307.

109 과거 대만은 본토 수복 노선의 일환으로 진먼다오를 비롯한 전방 도서 지역에 최대 수만 명 규모의 병력을 배치하기도 했다. 그러나 1990년대에 본토 수복 노선이 공식적으로 종식되면서, 현재는 이들 지역에 소수의 중대 및 대대 규모의 방어 부대들이 배치되고 있다. Ian Easton, *The Chinese Invasion Threat: Taiwan's Defense and American Strategy in Asia* (Arlington, VA: Project 2049 Institute, 2017), pp. 309-310.

110 Easton(2017), p. 115; pp. 119-120.

화력이 우세한 기갑, 기계화보병, 항공 부대 등의 비중이 강화되었다.[111] 아울러 대만 육군을 구성하는 주요 작전 부대들도 병력 약 1만 명 규모의 사단 중심에서 병력 약 5,000~8,000명의 여단 중심으로 축소, 전환되었다.[112]

이러한 방침은 1990년대 이래 지속적으로 유지되었으며, 이후 대만의 병력 규모가 육군 등 지상 전력을 중심으로 꾸준히 감축되는 결과로 이어졌다. 구체적으로는 ① 리덩후이 총통 시절의 『병력 정비, 건설 10개년 계획』(十年兵力整建規劃. 1993~1996)에 따라 병력 규모가 49만 명에서 45만 명으로, ② 『정실안』(精實案. 1997~2001)을 통해 38만 명으로, ③ 천수이볜 총통 시절에 착수된 『정진안』(精進案. 2004~2010)의 결과 27만 명으로, 그리고 ④ 마잉주 총통의 집권기에 실행된 『정수안』(精粹案. 2011~2014)에 의해 21만 명까지 줄어든 것이다.[113]

대만 육군은 기동 전력의 주력 무기로서 총 560여 대의 탱크를 보유 중이다. 이들 가운데 1990년대 초부터 자체 생산된 360대 이상의 CM-11/12 '용후'(勇虎. 용맹스러운 호랑이) 탱크가 가장 많은 수를 차지한다. CM-11/12 탱크는 냉전 시대에 미 육군이 사용했던 M48 '패튼' 계열 탱크를 기반으로 제작된 개량형이며, 주요 무장으로 105mm 주포, 7.62mm 기관총 등을 탑재한다. 또한 750마력의 디젤 엔진을 사용하여 최고 속도가 시속 48km, 주행거리는 490km가 넘는다.[114] 나머지 200대는 지난 1990년대 중반 미국에서 직도입한 M60 탱크인데, 무장과 기동 능력을 비롯한 주요 성능은 CM-11/12 탱크와 비슷한 편이다.

대만 육군의 탱크들은 총 4개의 기갑 여단(각 2개의 기갑 및 기계화보병 대

---

111 國防部史政編譯處(2011), pp. 178-179.

112 김재엽, "대만의 국방개혁: 배경, 과정, 그리고 평가," 「中蘇硏究」, 제35권 제2호 (2011년 여름), p. 157.

113 中華民國建國一百週年軍事史編纂小組(2012). pp. 704-706.; 國防部國防報告書編纂委員會, 『中華民國106年國防報告書』(臺北: 國防部, 2017), pp. 59-61.

114 林書豪 外, 『國軍現役武器圖鑑』(臺北: 知兵堂, 2012), pp. 150-155.

대만 육군의 탱크. 미국제 M48/60 계열을 바탕으로 하고 있다.

대 포함)을 중심으로 배치, 운용 중이다. 이들 가운데 2개는 북부의 군단에 소속되며, 중부와 남부의 군단도 각 1개의 기갑 여단을 보유한다. 한편으로 대만은 과거 미국에서 도입한, 70mm급 주포를 탑재하는 경(輕)탱크 620대 이상을 예비전력으로 유지하고 있다.[115] 하지만 이들 탱크는 화력, 방호 기능을 비롯한 전투력의 기술적인 수준이 세계 주요 국가들의 주력 탱크보다 상당히 뒤떨어지는 것으로 평가받는다.[116]

이러한 기갑 전력의 한계를 극복하기 위해, 대만 육군은 장갑차를 중심으로 하는 기계화보병 전력의 확충, 발전에 많은 노력을 기울이고 있다. 현재 대만 육군이 보유한 장갑차는 1,440대가 넘는다. 이들 가운데 병력수송용 장갑차가 대다수인 84%를 차지하는데, 과거 미국에서 도입한 M113 궤도형 장갑차가 650대로 가장 많다. M113은 대당 약 10명의 보병이 탑승하며, 275마력의 디젤 엔진으로 최고 시속 67km의 속도, 480km의 주행 거리로 기동한다. 주요 무장은 12.7mm 기관총으로 한정된다. 또한 대만은 1980년대 초부터 M113을 자체 개량한 CM-21 장갑차를 제작, 생산했는데, 현재 220대 이상을 배치하여 보병전투용 장갑차로 운용 중이다. CM-21은 대당 보병 6~8명을 수송 가능하며, 기동 능력은 M113과 비슷

115 IISS(2019), p. 308.

116 Cole(2006), pp. 95-96.

대만 육군 기계화보병 부대의 주력인 CM-21(왼쪽), CM-32 '윤파오' 장갑차(오른쪽)

하다.[117]

2010년대에 들어서는 '윤파오'(雲豹. 표범)라는 별칭이 붙은 CM-32 차륜형 장갑차도 생산, 전력화되고 있다. CM-32는 8륜형의 차체로 제작되었으며, 410마력의 디젤 엔진을 사용하여 최고 시속 120km의 속도, 800km의 주행 거리로 기동한다. 주요 무장은 7.62mm 기관총, 25mm급 기관포로 기존의 M113, CM-21보다 강화되었다.[118] 대당 수송 병력의 규모는 6명이다. 현재 CM-32는 대만 육군의 기계화보병 부대를 중심으로 270여 대가 배치 중이며, 각종 파생형을 포함해 생산대수가 추후 650대가량까지 늘어날 전망이다. 이들 장갑차를 운용하는 기계화보병 여단(기계화보병 대대 3개, 기갑 대대 1개 포함)은 총 3개이며, 북부와 중부, 남부의 지역별 군단에서 각 1개씩 보유한다.[119]

117 대만 육군은 CM-21을 기반으로 개발된 20~30mm급 기관포, 박격포, 대(對)전차 미사일 무장형 장갑차와 정찰, 공병 임무 수행을 위한 파생형 장갑차도 배치하고 있다. Samuel Cranny-Evans et al eds, *Jane's Land Warfare Platforms: Armoured Fighting Vehicles 2018-2019* (Surrey, UK: IHS Markit, 2018), pp. 691-692.

118 대만은 지난 2000년대 초부터 CM-32의 개발을 시작했지만, 개발 과정에서 발생한 여러 기술적 결함으로 인해 2010년대에 들어서야 비로소 생산, 배치에 착수할 수 있었다. Cranny-Evans et al eds(2018), pp. 1106-1108.

119 아울러 대만 육군은 6개의 보병 여단(보병 대대 5개, 포병 대대 1개 포함)을 편성 중이다. 이들 가운데 2개가 북부, 3개는 중부, 그리고 나머지 1개는 남부의 군단에 소속되어 있다. 中華民國建國一百週年軍事史編纂小組(2012). pp. 717-718; Easton(2017), pp. 306-308.

아울러 대만 육군은 2,500문이 넘는 포병 전력을 보유하고 있다. 여기에는 소규모 보병의 단거리 화력 지원을 위한 박격포 320여 문, 연안 방어를 위해 배치되는 해안포 50여 문도 포함된다. 실질적 화력 지원을 위한 사거리 수십km급의 야포는 1,060문 이상의 견인포, 480여 문의 자주포, 그리고 330문의 다연장 로켓포가 있다.[120] 이들 가운데 견인포와 자주포는 구경 105/155/203mm로 구성되며, 대다수가 미국에서 도입되었거나, 이를 모방하여 생산한 것이다.

대만 육군은 포병 전력의 새로운 주력으로 다연장 로켓포의 비중을 강화하고 있다. 차량을 이용해 기동성과 생존성이 높으며, 단시간 내에 상당 규모의 화력을 퍼부어 적 병력을 해안과 내륙에서 신속하게 파괴, 제압할 수 있기 때문이다. 특히 기갑, 기계화보병 부대와 함께 이동하면서 화력 지원 임무를 수행하는 데 적합하다. 그 시작으로 1980년대 초에 자국산 '쿵펑'(工蜂. 일벌) 6호가 전력화되었다. 쿵펑 6호는 6륜형 차량으로 기동하며, 23초 이내에 사거리 15km의 117mm 로켓을 대당 45발 발사할 수 있다.[121] 현재 120문이 배치 중이다.

또한 2000년대 초부터는 보다 강화된 레이팅(雷霆. 번개)-2000 다연장 로켓포가 개발, 생산되었다. 레이팅-2000은 8륜 차량으로 기동하며, 자동화된 사격통제장치를 갖추어 배치 후 2분 이내에 사격을 완료할 수 있다. 장착 가능한 로켓탄의 유형은 ① 사거리 15km의 117mm(대당 60발), ② 사거리 30km의 180mm(대당 27발), 그리고 ③ 사거리 45km의 227mm(대당 12발)로 나뉜다.[122] 이를 통해 보다 원거리에서, 광범위한 화력 지원의 제공이 가능해졌다.

---

120 IISS(2019), p. 308.

121 이보다 앞선 1970년대에는 사거리 약 10km의 126mm 다연장 로켓포 쿵펑 4호가 60문 도입되었다. 林書豪 外(2012), pp. 216-217.

122 林書豪 外(2012), pp. 218-221; 김용, "지대지 무기 운용현황과 발전추세: 다련장 체계를 중심으로," 「국방과 기술」, (2010년 11월), p. 50.

대만 육군 포병의 주력인 자국산 쿵펑 6호(왼쪽), 레이팅-2000 다연장 로켓포(오른쪽)

대만 육군의 주력 항공 전력인 코브라(왼쪽), 아파치 공격 헬기(오른쪽)

현재 대만 육군은 150문의 레이팅-2000 다연장 로켓포를 도입했으며, 추가 생산의 가능성도 있다. 아울러 정밀 타격을 위한 유도로켓의 개발, 사거리 연장 가능성을 검토 중이다. 대만 육군의 포병 전력은 3개 지역 군단에서 화력 지원 임무를 위해 각 1개씩 보유하는 여단급의 포병단(견인 · 자주포 대대 3개, 다연장 로켓포 대대 1개 포함)을 중심으로 편성, 운용되고 있다.

대만 육군의 기동 전력에는 헬기를 이용한 항공 전력도 포함된다. 지상의 기갑, 기계화보병 부대보다 빠른 속도로 이동하고, 강력한 화력을 앞세워 적의 지상 병력에 대응할 수 있는 것이 강점이다. 현재 대만 육군이 보유한 헬기의 대부분은 미국에서 도입되었다. 여기에는 30여 대의 OH-58 '카이오와' 무장 · 정찰 헬기, 60대가 넘는 AH-1 '코브라' 공격 헬기, 그리고 29대의 AH-64 '아파치' 공격 헬기 등이 포함된다. 이들 가운데 카이

헬기로 긴급 투입되는 대만 육군의 특수전 부대원(위)과 헌병사령부의 대(對)테러 부대원(아래)

오와, 코브라는 1990년대에, 아파치는 2010년대에 각각 전력화되었다.[123]

그리고 대만 육군은 특수작전사령부(特種作戰指揮部) 소속으로 각종 특수 임무의 수행을 위한 신속 기동부대도 편성, 운용하고 있다. 이들 부대는 다음 3개 유형으로 나뉜다. 첫째, 헬기를 이용해 주요 거점 지역을 신속히 확보하며, 적의 침투 병력을 격퇴하는 총 5개의 공중강습 대대다. 둘째, 헬기와 수송기를 비롯한 항공 기동 수단으로 전 · 후방에 은밀히 침투하고, 적의 주요 표적에 대한 정보 수집, 습격을 실행하는 공수 특공중대(高空特種勤務中隊)다. 그리고 셋째, 진먼 · 마주다오 등의 전방 도서 지역에서 정찰, 해상 침투 및 타격, 구조 등의 임무를 수행하는, 4개 중대로 편성된 상륙 정찰대대(兩棲偵察營)다.

이들 부대의 임무 수행을 지원하기 위해 약 110대의 다양한 기동 헬

123 본래 대만 육군은 미국에서 총 30대의 아파치 공격 헬기를 도입했지만, 2014년 4월의 추락 사고로 1대를 손실했다. IISS(2019), p. 308; Gavin Phipps, "Country Briefing: Taiwan - Island Endeavour," *Jane's Defence Weekly*, (March 30, 2016), pp. 25-26.

기가 배치, 운용된다. 대만 육군의 특수전, 기동 헬기 부대는 항공 · 특수전 사령부(航空特戰指揮部)에서 통합 지휘한다.[124] 그리고 국방부 직속인 헌병사령부(憲兵指揮部)에 소속된 중대급의 헌병 특공대(憲兵特勤隊)도 후방에서의 대(對)테러 작전, 인질 구출, 요인 경호 등을 담당하고 있다.[125]

(2) 해군

앞서 살펴보았듯이, 대만은 중국 본토와 너비 180km의 대만해협을 통해 지리적으로 분리되어 있다. 이는 대만해협을 비롯한 대만 주변 해역의 통제 여부가 대만 영토 전체의 성공적인 방어를 위한 전제조건임을 보여준다. 때문에 대만은 해군력의 강화, 발전에 많은 노력을 기울이고 있다. 특히 본토 수복 노선이 종식된 1990년대를 기점으로, 대만의 해군력은 상당한 수준으로 성장했다.[126] 현재 대만 해군이 보유하고 있는 주력 군함들의 대부분도 이 시기에 전력화된 것이다.

먼저 대만 해군에서 연안 방어를 담당하는 소형 수상 전투함정으로 12척의 '진장'(錦江. 배수량 500톤)급 연안 경비정이 있다. 진장급은 1990년대에 건조, 배치되었으며, 76mm 함포와 사거리 100km 이상의 자국산 '슝펑'(雄風. 용감한 바람) 대함 미사일을 척당 4발씩 탑재, 운용한다. 또한 '광화 6호'(光華六號. 배수량 150톤)급 미사일정도 2010년대 초까지 31척을 전력화했다. 척당 4발의 대함 미사일을 탑재하며, 선체 제작에 스텔스 기술을 적용한 것이 특징이다. 이를 통해 적의 탐지, 추적을 회피하여 생존성을 높이고, 기습적인 해상 타격을 가하는 데 유리하다.[127]

---

124 대만 육군은 4개(공격 헬기 2개, 정찰 헬기 1개, 기동 헬기 1개)의 비행 대대로 구성되는 항공여단을 2개 보유한다. Easton(2017), pp. 310-311.

125 대만군 헌병사령부는 군 내부의 기강 유지, 방첩(防諜) 임무뿐만 아니라, 경(輕)무장과 신속 기동능력을 바탕으로 폭동 진압을 비롯한 국내 치안 유지의 지원, 국가 핵심시설 방어 등을 포함하는 광범위한 임무를 수행한다. Cole(2006), pp. 99-100.

126 Cole(2006), p. 121.

127 현재 광화 6호급은 대만 남부 가오슝의 쭤잉(左營) 항, 동북부 이란(宜蘭) 현의 쑤아오(蘇

스텔스 기술을 적용한 대만 해군의 광화 6호급 미사일정(왼쪽)과 투오장급 초계정(오른쪽)

2014년 12월에는 '투오장'(沱江. 만재배수량 560톤)급이라는 신형 초계정의 1번함이 취역했다. 투오장급은 쌍동선(catamaran) 구조의 선체로 제작, 건조되었으며, 워터제트 추진기관을 이용해 최고 시속 40노트가 넘는 고속으로 항해할 수 있다. 아울러 광화 6호급처럼 선체 설계에 스텔스 기술을 적용했고, 척당 탑재 무장도 76mm 함포에 대함 미사일 16발 등으로 대폭 강화되었다.[128] 이는 해전에서 높은 생존성과 기습 능력, 그리고 기동성까지 함께 발휘할 수 있도록 할 것이다. 대만 해군은 향후 투오장급의 배치 수량을 12척까지 증대시킬 계획이다.

하지만 이러한 소형 전투함정들은 작전의 수행 범위가 연안 이내의 단거리로 한정되며, 대만해협 일대와 주변 해역에서의 지속적인 통제 능력을 제공, 보장하는 데 어려움이 많다. 이에 따라 대만 해군은 다수의 중·대형 수상전투함도 보유, 운용하고 있다. 이들은 미국에서 도입된 '녹스'(배수량 3,000톤)급 호위함과 '올리버 해저드 페리'(배수량 3,200톤. 이하 '페리')급 호위함, '키드'(배수량 7,100톤)급 구축함, 그리고 프랑스에서 도입된 '라파예트'(배수량 3,100톤)급 호위함이다.

현재 대만 해군이 보유한 녹스급 호위함은 지난 1970년대 미국에서

澳) 항에 나뉘어 배치되고 있다. 林書豪 外(2012), pp. 352-361; Nick Brown et al eds, *Jane's Fighting Ships 2018-2019* (Surrey, UK: IHS Markit, 2018), p. 827.

128 Brown et al eds(2018), p. 827.

대만 해군의 주력 수상전투함인 미국제
녹스급(왼쪽 위), 페리급(오른쪽 위) 호위함과
프랑스제 라파예트급 호위함(아래)

건조, 전력화된 것이며, 대만은 1990년대에 이들을 '치양'(濟陽)급이라는 명칭으로 총 8척 도입했다. 이들 가운데 2척이 2015년 퇴역하면서 현재 6척만을 운용 중이다. 주요 무장으로 127mm 함포, 척당 8발인 사거리 100km 이상의 미국제 하푼 대함 미사일, 척당 10발인 사거리 40km 이상의 SM-1 중거리 함대공 미사일을 탑재, 운용한다. 특히 최대 사거리가 10km인 '애스록'(ASROC: Anti-Submarine ROCket) 대잠 로켓을 보유하며, 이를 통해 원거리에서 적 잠수함을 공격할 수 있다.[129] 덕분에 녹스급은 잠수함의 추적, 소탕을 위한 대잠 작전의 수행에 유리한 것으로 평가된다.

대만 해군의 페리급 호위함은 총 10척이며, 이들 가운데 8척은 1990년대에 페리급을 기반으로 대만에서 건조된 것이다. '청궁'(成功)급으로 불리는 이들 8척은 76mm 함포, 척당 8발의 자국산 슝펑 대함 미사일, 척당 40발의 SM-1 중거리 함대공 미사일 등을 주요 무장으로 탑재, 운용한

---

129 대만 해군의 녹스급 호위함은 후방에 해당하는 동북부의 쑤아오 항에 배치 중이다. 林書豪 外(2012), pp. 342-345; Brown et al eds(2018), p. 826.

대만 해군의 함대 방공 기능을 담당하는 키드급 구축함

다.[130] 나머지 2척은 미 해군에서 퇴역한 페리급을 2017년에 직도입한 것이다.[131] 대함 미사일로 미국제 하푼을 사용하지만, 그 외의 기술적인 특징은 대체로 청궁급과 비슷하다.

대만 해군은 총 6척의 라파예트급 호위함을 보유하며, '캉딩'(康定)급으로 불린다. 이들은 1990년대에 프랑스에서 건조된 후, 다시 대만에서 주요 무장을 탑재하는 방식으로 전력화되었다. 주요 무장으로 76mm 함포, 척당 8발의 자국산 슝펑 대함 미사일, 척당 4발인 사거리 10km 미만의 미국제 '시 차파렐' 단거리 함대공 미사일 등을 탑재, 운용한다. 라파예트급은 대만 해군이 도입한 군함들 가운데 스텔스 기술을 선체 설계에 적용한 최초의 사례가 되었다. 하지만 함대공 무장의 양적, 질적 수준이 지나치게 부족한 것은 약점이다.[132]

그리고 대만 해군은 지난 2005~2006년에 4척의 키드급 구축함을 도입했다. 이들은 본래 1980년대 초반 미 해군에서 건조, 운용했던 것이며,

---

130 대만 해군의 청궁급 호위함은 펑후다오에 배치 중이다. 林書豪 外(2012), pp. 332-336; Brown et al eds(2018), p. 824.

131 당시 대만 해군의 페리급 추가 도입은 2015년 퇴역한 2척의 녹스급 호위함을 대체하기 위한 것이었다. Gabriel Dominguez, "Taiwan Receives Two ex-US Guided-Missile Frigates," *Jane's Defence Weekly*, (May 24, 2017), p. 17.

132 林書豪 外(2012), pp. 338-341; Brown et al eds(2018), p. 825.

대만에서의 명칭은 '지룽'(基隆)급이다. 주요 무장으로 127mm 함포, 척당 4발의 하푼 대함 미사일 등을 보유한다. 무엇보다도 키드급은 최대 사거리가 160km에 달하는 미국제 SM-2 장거리 함대공 미사일을 척당 60발 이상 탑재, 운용한다. 이러한 원거리 함대공 교전 능력을 바탕으로, 키드급은 다른 수상전투함들에 대한 공중 위협을 저지, 차단하는 함대 방공 임무를 수행하고 있다.[133]

지금까지 살펴보았듯이, 대만 해군이 보유한 26척의 호위함 및 구축함은 모두 대함, 대공, 대잠의 입체적인 교전 능력을 보유하며, 이를 통해 대만해협과 주변 해역에서 지속적인 통제권을 유지, 확보하기 위한 임무를 수행할 수 있다.[134] 그러나 이들 군함은 VLS를 이용한 함대공 무장의 탑재, 운용 능력이 없으며, 때문에 서로 다른 방향에서 접근하는 다수의 적 항공기, 대함 미사일을 동시에 요격, 방어하는 데 상당히 불리하다.[135] 이 점은 대만 해군의 수상 전력에서 가장 큰 기술적인 약점으로 지적될 수 있다.

이러한 수상 전력에 비해, 대만 해군의 수중 전력은 양적, 질적으로 매우 부족한 실정이다. 먼저 보유하고 있는 잠수함의 수량이 4척에 불과하다. 게다가 이들 가운데 절반인 2척은 제2차 세계대전 시절인 1945년 미 해군에서 건조, 진수된 '구피'(배수량 1,900톤)급이다. 대만은 이들 2척을 1973년에 도입했으며, '하이시'(海獅. 바다의 사자)급이라는 명칭으로 불린다.[136] 건조된 지 무려 70년이 넘은 구피급은 대만 해군에서조차 실전 임무

---

133 대만 해군의 키드급 구축함은 라파예트급 호위함과 함께 남부의 쭤잉 항에 배치 중이다. 林書豪 外(2012), pp. 346-351; Brown et al eds(2018), p. 823.

134 대만 해군의 호위함과 구축함은 모두 대잠 헬기의 탑재, 운용이 가능하며, 이를 위해 총 30대의 중 · 소형 대잠 헬기를 보유한다. 이들 헬기는 3개 비행 대대로 편성된다. Cole(2006), p. 124; IISS(2019), p. 309.

135 구체적으로 녹스급 호위함의 함대공 미사일은 2대의 3연발 발사대에서 탑재, 발사되며, 페리급 호위함은 불과 1발의 함대공 미사일을 탑재하는 발사대 1대만을 보유한다. 그리고 키드급 구축함은 함대공 미사일의 탑재, 발사를 위해 2연발 발사대 2대를 사용한다. IISS(2019), pp. 308-309.

136 Brown et al eds(2018), p. 823.

대만의 구형 구피급(왼쪽)과 하이룽급 잠수함(오른쪽). 수중 전력의 부족은 대만 해군의 대표적인 약점이다.

에서 퇴역했고, 지금은 훈련용으로만 유지되고 있다.

그나마 대만 해군이 보유한 잠수함 가운데 정상적인 작전 운용이 가능한 것은 1980년대 네덜란드에서 도입한 2척의 '즈바르드비스'(수중배수량 2,700톤)급으로 한정된다. 대만에서의 명칭은 '하이룽'(海龍, 바다의 용)급이다. 하이룽급은 척당 6문의 발사관에서 533mm 대함 중(重)어뢰, 하푼 대함 미사일을 탑재, 발사할 수 있다.[137] 만약 충분한 수량이 갖춰진다면, 잠수함 특유의 은밀성과 기습성을 바탕으로 적 해군력의 침범을 견제, 거부하는 데 상당한 효과를 발휘할 수 있을 것이다. 하지만 대만 해군의 잠수함 보유 척수가 워낙 적어서 적의 해군력을 상대로 조직적 · 체계적인 임무를 수행하기 어려울 것으로 평가된다.

대만 해군은 상륙 임무의 수행을 위한 지상전 부대, 즉 육전대도 보유하고 있다. 과거 장제스와 국민당의 장기 집권 시절, 대만 해군의 육전대는 본토 수복을 위한 선봉 부대로서 육성되었으며, 한때는 2개 사단 소속의 병력 3만 명을 보유하기도 했다. 그러나 1990년대 본토 수복 노선이 종식되면서, 육전대는 육군과 함께 병력의 대폭적인 감축을 경험하였다. 육전대의 임무도 ① 주요 해군 기지의 방어, ② 진먼 · 마주다오를 비롯한 주

137 대만 해군의 잠수함 4척은 모두 남부의 쭤잉 항에 배치 중이다. 林書豪 外(2012), pp. 328-331; Brown et al eds(2018), p. 822.

상륙 임무를 담당하는 대만 해군의 육전대

요 도서 지역과 대만 본도(특히 수도 타이베이 주변)의 해안을 방어 및 탈환하는 신속 기동, 증원으로 전환되었다.[138]

현재 대만 해군 육전대의 병력 규모는 1만 명 이하이며, 2개 여단(상륙 대대 3개, 기갑 및 포병 대대 각 1개 포함)을 중심으로 구성된다.[139] 또한 육전대 소속으로 정찰, 수색 임무에 특화된, 5개 중대 규모의 특수전 대대도 편성 중이다. 주요 무장으로는 상륙 기동을 위한 약 200대의 장갑차, 소수의 탱크와 공병 차량, 그리고 견인포와 대전차 무기 등을 보유한다. 대만 해군은 육전대의 상륙 임무를 지원하기 위하여 척당 200~400명가량의 대대급 병력을 수송할 수 있는 중형 상륙함 9척, 소형 상륙정 40여 척 등을 운용하고 있다.[140]

---

138 Cole(2006), p. 130; Michael S. Chase, *Taiwan's Security Policy: External Threats and Domestic Politics* (Boulder, CO: Lynne Rienner Publishers, 2008), p. 113.

139 이들 2개 여단은 대만의 남부, 북부에 각각 배치되어 신속 기동 부대로 운용된다. 그리고 남부 쭤잉 항에 위치한 대만 최대의 해군 기지를 방어하는 여단급의 경비 부대(경비 대대 2개, 방공 대대 1개 포함) 1개가 편성되어 있다. Easton(2017), p. 313; IISS(2019), p. 309.

140 IISS(2019), p. 309.

(3) 공군

역사상으로 대만이 군사력의 기술적 수준에서 중국보다 우위를 차지해 온 대표적인 분야는 바로 공군력이다. 국공내전 직후인 1950~1960년대에 진먼 · 마주다오 인근을 중심으로 벌어진 다수의 공중전에서 대만이 승리를 거두었던 점도 이를 증명하고 있다.[141] 특히 1990년대에 본토 수복 노선이 종식된 것을 계기로, 대만은 해군력과 더불어 공군력의 강화, 발전을 방위력의 핵심으로서 강조하게 되었다.

현재 대만 공군이 보유한 전투기의 수량은 약 410대 정도다. 그러나 이들 가운데 21%인 80여 대는 기술적으로 구형화된 미국제 F-5 전투기이며, 예비 전력으로 밀려난 상태다. 때문에 남은 320대가량의 전투기가 대만 공군의 실질적인 주력이라고 할 수 있다. 여기에는 ① 50여 대의 프랑스제 '미라지-2000', ② 140대가 넘는 미국제 F-16, 그리고 ③ 대만이 독자 개발한 120여 대의 '징궈'(經國)가 포함된다. 이들은 모두 1990~2000년대에 도입, 확보된 것들이다.[142]

미라지-2000은 터보팬 방식의 추력 9.7톤급 제트 엔진 1개를 사용하여 최고 마하 2.2의 속도로 비행하며, 작전 반경은 1,200km에 달한다. 주요 무장으로 단거리 교전을 위한 사거리 15km의 프랑스제 '매직', 원거리 교전을 위한 최대 사거리 80km의 프랑스제 '미카' 공대공 미사일 등을 탑재, 운용한다.[143] 대만 공군의 미라지-2000은 공중전 수행을 위한 무장만을 보유하고 있다. 이들은 3개 비행 대대로 편성되며, 북부의 신주에 배치 중이다.[144]

141 김행복 외(1996), p. 436.

142 조문곤, "억눌린 항공력의 恨 대만,"「월간 항공」, (2014년 3월), pp. 84-86.

143 미라지-2000은 제작국인 프랑스에서 310대 이상을 생산, 배치했으며, 인도와 그리스, 아랍에미리트 등지에 200대가 넘는 수량이 수출되었다. 대만은 총 60대의 미라지-2000을 도입했지만, 이후 추락사고 등으로 일부를 손실했다. 林書豪 外(2012), pp. 26-31.

144 Easton(2017), p. 314.

대만 공군의 주력 전투기인 미라지-2000(왼쪽 위), F-16(오른쪽 위), 징궈(아래)

대만 공군이 도입한 F-16은 1980년대 초반에 개발된 초기형(통칭 F-16A/B)이며, 최대 추력 10톤급의 터보팬 제트 엔진 1개로 최고 속도 마하 2, 작전 반경 1,100km 이상의 비행 능력을 발휘한다. 단거리 교전을 위한 사이드와인더, 원거리 교전을 위한 사거리 50km 이상의 암람 공대공 미사일, 지상 화력 지원을 위한 매버릭 단거리 공대지 미사일, 그리고 적 군함을 타격할 수 있는 하푼 대함 미사일 등의 각종 미국제 정밀유도무기를 탑재, 운용한다.[145] 덕분에 미라지-2000보다 다양한 임무를 수행할 수 있다. 대만 공군의 F-16은 6개 비행 대대로 편성되며, 남서부의 자이(嘉義) 현과 동부의 화롄(花蓮) 현에 나뉘어 배치 중이다.[146] 현재 대만은 F-16에 미국제 AESA 위상배열 레이더의 탑재를 포함하는 성능 개량을 진행하고 있으며, 오는 2022년까지 완료될 계획이다.[147]

---

145 林書豪 外(2012), pp. 20-25.

146 Easton(2017), p. 314.

147 Gavin Phipps, "Taiwan Takes Delivery of Its First F-16V," *Jane's Defence Weekly*, (October 31, 2018), p. 12.

징궈 전투기는 1979년 미국과의 단교 직후에 착수된 '국산 방위전투기'(自製防禦戰機) 사업으로 개발되었으며, 1989년 시제기의 비행 성공을 거쳐서 양산, 배치를 시작했다.[148] 징궈는 최대 추력 4.2톤급의 터보팬 제트 엔진 2개를 사용해 최고 마하 1.8의 속도로 비행한다. 또한 '톈첸'(天劍. 하늘의 검) 중 · 단거리 공대공 미사일, 슝펑 대함 미사일 등 대당 8톤가량의 자국산 정밀유도무기를 탑재, 운용하여 공중전과 지상 및 해상 타격을 비롯한 다양한 임무 수행이 가능하다.[149] 대만 공군은 징궈 전투기를 5개 비행대대로 편성 중이며, 중부의 타이중(臺中), 남부의 타이난(臺南)에 배치하고 있다.[150]

유사시 대만 공군은 공중전에 특화된 미라지-2000을 대만해협 상공에서의 고(高)고도 요격 임무에 투입, 영토 밖에서 적의 공중 침투를 격퇴한다. 다음으로는 F-16이 대만 연안의 중(中)고도에서 제공권을 확보하고, 필요할 경우 적의 지상 및 해상 전력을 제압하는 임무를 수행한다. 그리고 징궈 전투기는 영토 후방인 대만 내륙의 저(低)고도에서 방공, 공대지 화력 지원 등을 담당한다.[151] 이를 통해서 대만 공군은 3단계의 방어선을 구축하는 것이다.

대만 공군은 비(非)전투 지원용 항공기의 확보, 발전에도 상당한 노력을 기울이고 있다. 먼저 정보 수집 부문에서, 대만 공군은 1990년대 중 · 후

---

148 전투기의 명칭은 개발 사업을 지시한 장징궈 당시 총통을 기념하는 의미에서 붙여졌다. 본래 징궈 전투기의 개발은 같은 시기에 대만이 개발 중이던 핵무기의 탑재, 운용 수단을 확보하려는 목적도 포함한 것이었다. 당초 대만은 총 250대의 징궈 전투기를 양산할 계획이었지만, 프랑스와 미국에서 미라지-2000, F-16을 도입하면서 절반 수준인 130대로 축소되었다. 林書豪 外(2012), pp. 10-15.

149 톈첸 공대공 미사일은 ① 사거리 20km 이하의 단거리 톈첸 1호, ② 최대 사거리 100km의 중 · 장거리 톈첸 2호로 나뉜다. 이들의 기술적인 특징은 각각 미국제 사이드와인더, 암람 공대공 미사일과 비슷하다. 林書豪 外(2012), pp. 126-127; pp. 132-133.

150 그리고 대만 공군은 노후화된 F-5 전투기 80여 대를 3개 비행 대대로 편성, 후방 동남부의 타이둥(臺東) 현에 배치하고 있다. Easton(2017), p. 314.

151 Robert Karniol, "Country Briefing: Taiwan - Strong and Self-reliant," *Jane's Defence Weekly*, (July 8, 1998), pp. 24-25.

대만 공군의 대표적 비(非)전투 지원용 항공기인 E-2 공중 조기경보기(왼쪽)와 P-3 해상초계기(오른쪽)

반에 미국제 E-2 '호크아이' 공중 조기경보기 4대를 도입하였고, 2000년대에는 2대를 추가 도입했다.[152] E-2 공중 조기경보기는 기체 상부에 설치되는 AN/APS-145 레이더를 이용해 550km 이내의 공중 표적 600개가량을 동시에 탐지, 추적하고, 이들 가운데 40개에 대한 요격 임무를 지휘통제할 수 있다. 이를 통해 공군력을 이용한 적의 기습 침공을 저지하고, 보다 효과적으로 공중전을 수행할 수 있는 정보 우위를 제공하는 것이다. 이들 외에도 대만 공군은 C-130 수송기를 개조한 전자전 항공기 1대, F-5 전투기를 개조한 단거리 정찰기 7대 등을 보유 중이다.[153]

2010년대에는 미국제 P-3 '오라이언' 해상초계기 12대가 대만에 도입되었다. 대만의 P-3 도입은 대만해협과 주변 해역에 대한 지속적인 감시 능력을 확보하고, 잠수함의 부족으로 인한 대잠 작전 능력의 공백을 극복하기 위한 것이었다.[154] P-3는 4개의 터보프롭 엔진을 이용하여 최고 시속 760km로, 16시간을 지속 비행하면서 적의 수상, 수중 위협을 탐지 및 추적, 소탕할 수 있다. 이를 위해서 대잠 어뢰 및 폭뢰, 대함 미사일 등을 탑재, 운용한다. 그리고 대만 공군은 병력과 군용 물자의 수송을 위해 30대

---

152 林書豪 外(2012), pp. 40-43.

153 IISS(2019), p. 310.

154 대만은 P-3의 도입을 계기로 구형 S-2 '트래커' 해상초계기를 퇴역시켰다. 또한 그동안 해군이 담당했던 해상초계기의 지휘통제권도 공군으로 이양되었다.

대만 공군의 미국제 PAC-3 요격 미사일(왼쪽)과 자국산 톈궁 지대공 미사일(오른쪽)

이상의 중·소형 수송기, 10여 대의 헬기도 보유 중이다. 이들 비(非)전투 지원용 항공기는 대부분 남부의 핑둥(屛東) 현에 배치되고 있다.[155]

한편으로 대만 공군은 적의 항공기, 미사일 위협을 방어하기 위한 지상 방공 전력의 운용도 담당하고 있다. 특히 1995~1996년의 대만해협 위기로 중국의 탄도미사일 위협이 부각되면서, 대만은 미사일 방어 능력의 확보에도 많은 노력을 기울이게 되었다. 이에 따라 대만 공군은 항공기 요격을 위한 13개 포대(100기) 규모의 미국제 호크 중거리 지대공 미사일뿐만 아니라, 탄도미사일 방어에 특화된 미국제 PAC-3 요격 미사일도 4개 포대(24기)를 도입, 배치하였다.[156]

대만은 지상 방공 전력에서 자국산 무기의 비중도 강화하는 추세다. 이미 대만은 1980년대부터 '톈궁'(天弓. 하늘의 활)이라는 사업명으로 호크 미사일을 대체하기 위한 지대공 미사일의 독자 개발을 시작했는데, 1993년부터는 사거리 100km 이하의 중거리 지대공 미사일 톈궁 1호를 양산, 배치하였다. 또한 중국과의 대만해협 위기를 계기로 탄도미사일 요격 기능까지 겸비하는, 사거리가 200km를 넘는 톈궁 2호도 개발되어 2000년대

155 Easton(2017), pp. 314-315.

156 앞서 대만은 중국과의 대만해협 위기를 겪은 직후인 1990년대 말 미국으로부터 제1차 걸프전쟁에 사용된 PAC-2 요격 미사일을 도입했으며, 이들은 2010년대에 PAC-3로 교체 및 개량되었다. 林書豪 外(2012), pp. 299-301; IISS(2019), p. 310.

이후 생산, 배치 중이다.[157] 이들 톈궁 계열의 지대공 미사일은 6개 포대(500기) 규모로 배치되어 있다.[158] 대만은 2000년대 이후 탄도미사일 방어 기능을 강화시킨 톈궁 3호 요격 미사일을 개발, 공개했으며, 향후 양산 및 배치될 전망이다.

대만의 지대공 미사일 부대는 북부와 중부, 남부 지역의 군사 기지와 대도시 인근을 중심으로 배치 중이다.[159] 이들 전력의 지휘통제는 공군의 방공 · 미사일사령부(防空暨飛彈指揮部)에서 담당한다.[160] 그 외에 대만이 중국의 침공 위협에 대한 조기경보를 제공할 수 있는 전략 차원의 정보 수집 자산들을 독자적으로 보유, 운용하고 있는 것도 주목할 점이다. 이들은 장거리 조기경보 레이더, 다목적 관측 위성이다.

대만은 지난 2000년대에 미국에서 '정밀 표적 획득용 위상배열 조기경보 체계'(통칭 PAVE PAWS: Precision Acquisition Vehicle Entry Phased Array Warning System)로 불리는 AN/FPS-115 장거리 조기경보 레이더를 도입, 북서부의 해발 2,600m가 넘는 낙산(樂山) 정상에 2011년부터 설치했다. 이 레이더는 미국이 냉전 시절 소련의 장거리 탄도미사일 위협에 대응하기 위해 개발된 것이며, 420~450MHz 대역의 극초단파(UHF: Ultra High Frequency)를 사용하여 탐지, 추적 범위가 최대 4,000km를 넘는다. 이를 통해 중국 내륙 지역에서 발사 및 출격하는 탄도 · 순항미사일과 항공기,

---

157 톈궁 계열 지대공 미사일은 탐지 범위가 450km를 넘는 '창바이'(長白) 위상배열 레이더의 지원을 받아서 요격 임무를 수행한다. 林書豪 外(2012), pp. 292-297; Oscar Widlund et al eds, *Jane's Land Warfare Platforms: Artillery & Air Defence 2018-2019* (Surrey, UK: IHS Markit, 2018), pp. 794-796.

158 IISS(2019), p. 310.

159 Easton(2017), pp. 315-316; Ian Easton, *Able Archers: Taiwan Defense Strategy in an Age of Precision Strike* (Arlington, VA: Project 2049 Institute, 2014), pp. 39-41.

160 대만은 1979년에 육군 소속으로 지대공 미사일의 지휘통제를 위한 사령부를 처음 설치했다. 2000년대에 육 · 해 · 공군의 방공 전력을 통합 지휘하는 미사일 사령부(飛彈司令部)가 참모본부 직속으로 설치되었고, 이후 지대공 미사일 전력은 공군 관할로 변경되었다. 현재의 편제는 2017년 9월에 성립된 것이다. 呂欣憓, "重層嚇阻 臺灣空軍成立防空暨飛彈指揮部," 「中央社」, (2017年 9月 1日).

대만의 전략적 정보 수집 기능을 담당하는 장거리 조기경보 레이더(왼쪽)와 다목적 관측 위성(오른쪽)

심지어는 스텔스 전투기까지 포착 가능하다.[161] 또한 대만이 1990년대 말부터 '포모사 위성'(통칭 FORMOSAT: FORMOsa SATellite)이라는 사업명으로 개발, 운영하는 다목적 관측 위성도 잠재적인 정찰위성으로 활용 가능하다. 2017년에 발사된 FORMOSAT 5호는 해상도 2m의 영상 정보를 제공할 수 있다.[162]

161 대만의 AN/FPS-115 레이더 도입은 제작국인 미국을 제외하면 최초의 사례다. 이를 통해 대만은 중국의 군사 위협에 대한 감시는 물론, 한반도에서 북한의 각종 중 · 장거리 탄도미사일 시험 발사도 탐지, 포착하고 있다. Easton(2014), pp. 27-28; 羅添斌, "耗資409億 長程預警雷達成軍,"「自由時報」, (2013年 2月 3日).

162 FORMOSAT 계열 위성의 개발, 운영은 대만 과학기술부 산하의 국립우주센터(國家太空中心)에서 담당한다. 1999년과 2004년에 각각 발사된 FORMOSAT 1호, 2호는 현재 운영이 종료되었다. 류정엽, "대만 독자 개발 관측위성 발사 성공…차이잉원 "10년 노력 결실","「연합뉴스」, (2017년 8월 25일).

4. 대만의 군사전략

중국의 군사적 위협에 직면하고 있는 입장에서, 유사시 대만이 달성해야 할 방어상의 과제는 다음의 2가지로 요약할 수 있다. 첫째, 전쟁 초기에 중국의 대규모 기습 공격으로부터 물리적 · 체계적인 전쟁 수행 능력, 인구 대다수의 안전을 포함하는 생존성을 보장한다. 그리고 둘째, 중국이 의도하는 정치 · 군사적인 목적(예: 대만 영토의 점령, 대만의 군사적 저항 능력 제거)을 거부, 좌절시킨다.[163] 그렇다면 대만은 이를 구현하기 위해 어떠한 군사전략을 준비하고 있는가?

현재 대만이 채택, 실행하고 있는 군사전략은 장징궈의 총통 재임 시절인 지난 1980년대에 대만 군부의 명실상부한 수장이었던 하오보춘(郝柏村. 육군 대장) 전 참모총장으로부터 상당 부분 유래했다.[164] 당시 대만에서는

---

163 Andrew N. D. Yang, "The Alternative to Peace: War Scenarios," in Steve Tsang ed, *Peace and Security Across the Taiwan Strait* (London, UK: Palgrave Macmillan, 2004), pp. 168-169.

164 하오보춘은 1938년 중일전쟁에 포병 장교로 참전하면서 군 생활을 시작했고, 1958년의 8.23 포격전에서 사단장으로 참전, 진먼다오의 방어에 공헌했다. 그는 1981년 장징궈 총통에 의해 대만군 참모총장으로 임명되어 8년 동안 재직했으며, 당시 비밀리에 진행 중이던 대만의 핵무기 개발 계획에서도 주도적인 역할을 담당했다. 이후 리덩후이 총통 시절인 1989~1995년에는 국방부장, 행정원장(국무총리격), 집권 국민당의 부(副)주석 등을 차례로 역임하며 정계에서 활동하였다. 그리고 2020년 3월 30일, 향년 101세로 타계했다. 김철문, "중국과의 진먼 포격전

장제스 시절부터 추구했던 본토 수복 노선의 실효성이 현저히 약화되고 있었으며, 중국 본토의 무력 탈환보다는 대만의 자체 방어가 실질적인 군사 과제로 인식되기 시작했다. 이에 하오보춘은 방어적인 성격이 보다 강조된 군사전략의 수립에 주력했던 것이다.

대만 군사전략의 정립에 공헌한 하오보춘 전 참모총장

당시 하오보춘은 대만의 방어를 위한 군사전략 원칙으로 '전략지구, 전술속결'(戰略持久, 戰術速決)을 제시했다. 중국이 대만을 침공할 경우, ① 개별 전투에서 유리한 시기, 장소, 수단을 적극적으로 포착 및 선택하여 중국의 공격을 신속하고 결정적으로 격퇴하되, ② 전반적인 전쟁 수행에서는 전력을 최대한 유지, 보존하는 데 주력해야 함을 뜻한다.[165] 이는 중국보다 병력 규모가 훨씬 적은 대만이 전쟁 초기부터 성급하게 중국과의 결전을 시도한다면, 도리어 방어에 필요한 능력을 조기에 소모, 상실하여 패배할 위험성이 높아질 수 있음을 반영한 것이다.

이에 따라 하오보춘은 대만이 전쟁 초기에는 중국과의 결전을 회피하면서 방어 능력의 지속성, 생존성을 최대한 확보하고, 이후 대만이 중국에 대해 군사적인 우위를 차지할 수 있는 시기, 장소를 선택하여 생존한 전력을 총동원해 중국의 침략을 결정적으로 격퇴해야 한다고 역설했다.[166] 방위력의 유지, 보존에 관한 강조는 1980년대에 대만군이 추진한 주요 군사 시설들의 대대적인 요새(要塞)화에도 반영되었다. 합동작전지휘센터를 비롯한 대만의 핵심적인 전쟁 지휘소들을 지하에 구축하고, 동부 일대의 산악

서 '대만 수호 공훈' 하오보춘 별세," 「연합뉴스」, (2020년 3월 31일).

165 郝柏村, 『教戰記』(臺北: 軍事迷文化, 1998), pp. 113-119.

166 中華民國建國一百週年軍事史編纂小組(2012). p. 627.

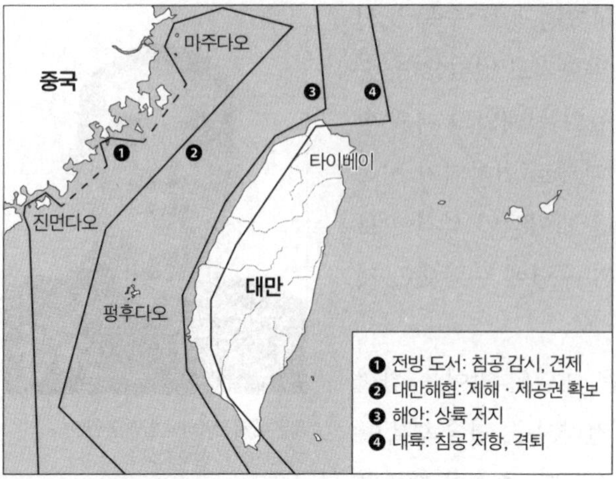

대만의 4단계 방어 전략(출처: Alexander C. Huang, "Taiwan's View of Military Balance and the Challenge It Presents," in James R. Lilly and Chuck Downs eds, *Crisis in the Taiwan Strait* (Washington, D.C: National Defense University Press, 1997), p. 287.)

지대에 항공기 등의 주요 무기들을 수용, 보관할 수 있도록 다수의 지하 격납고를 건설했던 것이다.[167]

또한 하오보춘은 중국의 침략으로부터 대만을 방어하기 위한 핵심 임무로서 ① 제해 · 제공권의 확보(制空, 制海), ② 상륙 저지(反登陸)의 중요성을 강조하였다. 그 가운데서도 하오보춘은 상륙 저지야말로 대만 방어의 성패를 좌우하는 데 결정적인 비중을 차지한다고 역설했다. 중국이 대만 영토를 점령하는 데 반드시 거쳐야 할 해안에서의 상륙 시기를 취약점으로 공략하고, 육 · 해 · 공군의 전력을 집중 동원하여 중국의 침략을 결정적으로 분쇄한다는 것이었다.[168] 이를 '해안결전'(灘岸決戰)이라고 한다. 이 전

---

167 이들 지하 군사 시설의 건설은 1990년대 초까지 진행되었다. 특히 대만 동부의 산악 지대에서 실시된 항공기의 지하 격납고 건설은 '가산 계획'(佳山計劃)이라는 사업명으로 알려져 있다. Easton(2014), pp. 49-52; 蘇進強, 『全球化下的台海安全』(臺北: 揚智文化, 2003), p. 13.

168 蘇進強(2003), p. 12; York W. Chen, "The Evolution of Taiwan's Military Strategy: Convergence and Dissonance," *China Brief*, Vol. 9, Issue 23 (November 19, 2009), p. 9.

략에 따르면, 대만 해 · 공군은 전쟁 초기에 중국과의 해전, 공중전에 따른 전력 손실을 최소화하면서 신속히 후방으로 피신하고, 해안에서 중국의 상륙 시도를 격퇴하기 위한 육군과의 합동 작전에 동원될 방침이었다.

본토 수복 노선이 공식적으로 종식된 1990년대에 들어서, 대만의 군사전략에는 또 다른 원칙이 추가되었다. 바로 '방위고수, 유효억지'(防衛固守, 有效嚇阻)다. 앞서 등장한 '전략지구, 전술속결'이 대만의 군사전략 실행에 관한 것이라면, '방위고수, 유효억지'는 대만 군사전략이 추구하는 목적과 이를 뒷받침할 군사력의 건설, 발전을 규정하는 보다 상위의 성격이라고 할 수 있다. 전자가 중국의 위협과 침공으로부터 대만이 통제, 점유하고 있는 물리적인 공간(즉, 영토와 영해, 영공)을 반드시 방어하겠다는 정치 · 군사적인 의지를 나타낸 것이라면, 후자는 중국의 대만 침공 시도, 의지를 원천적으로 예방 및 분쇄할 수 있는 군사적 역량을 확보, 유지, 발전시킨다는 방침을 명시한 것이다.[169] 이들 두 원칙은 대만 국방부의 1996년도판 『국방보고서』(中華民國 國防報告書)를 통해 채택되었다.[170]

그렇다면 '방위고수, 유효억지'와 '전략지구, 전술속결' 원칙에 입각한 대만의 군사전략은 어떻게 적용, 실행되는가? 먼저 진먼 · 마주다오 등 전방 도서 지역에서 중국의 침공을 감시, 견제한다. 다음으로 대만해협에서 중국 해 · 공군력의 침범을 거부, 차단하여 중국의 대만 상륙, 점령 시도를 원천적으로 좌절시킨다. 이후 대만 해안에서 상륙을 시도하는 중국의 군사력을 저지, 분쇄한다. 그리고 대만 내륙에서 예비전력을 포함한 모든 병력으로 중국의 침략에 저항하고, 궁극적으로는 이를 격퇴한다.[171] 요컨대 중

169 Alexander C. Huang, "Taiwan's View of Military Balance and the Challenge It Presents," in James R. Lilly and Chuck Downs eds, *Crisis in the Taiwan Strait* (Washington, D.C: National Defense University Press, 1997), pp. 284-285.

170 대만 국방부의 『국방보고서』는 타국의 국방백서에 해당하는 정책 문서다. 리덩후이 총통의 집권 시절인 1992년에 처음 발행되었으며, 이후 약 2년 주기로 발표되고 있다. 國防部國防報告書編纂委員會, 『中華民國八十五年國防報告書』(臺北: 國防部, 1996), pp. 62-63.

171 Huang(1997). pp. 286-288.

국 연안에서 대만해협, 대만 본도 및 내륙에 이르는 지리적 범위를 대상으로, 총 4단계로 나뉘어 실시되는 일종의 종심방어 전략인 것이다.[172]

이러한 군사전략은 대만의 군사력 건설, 발전에도 영향을 주었다. 중국의 군사적 위협을 대만해협의 해상과 상공, 대만의 해안 및 내륙에서 저지, 격퇴할 수 있는 전력의 확보가 강조된 것이다. 그 결과 대만 육군은 1990년대 이래 기갑, 기계화보병, 항공, 특수전 부대를 비롯한 여단급의 '타격부대'(打擊旅)를 유사시 중국의 상륙, 공중 침투에 신속히 대응하기 위한 핵심 전력으로 편성, 운용하고 있다.[173] 또한 대만이 같은 시기에 신형 군함, 전투기의 도입을 중심으로 해 · 공군력의 강화를 촉진하는 계기를 마련했다. 대만해협에서의 제해 · 제공권 확보는 ① 중국의 군사력이 대만을 봉쇄하거나 침략, 점령할 기회를 박탈하여 영토의 안전을 보장하고, ② 대만해협을 건너오려는 중국군의 손실을 극대화시켜 대만군이 해안, 내륙에서 보다 유리하게 방어 작전을 수행할 수 있도록 뒷받침하기 때문이다.[174]

이후 대만의 역대 정부들은 각자의 국방 · 군사전략 원칙을 수립, 제시해 왔다.[175] 하지만 이들 대부분은 지난 1980년대에 하오보춘이 제시했던 '전략지구, 전술속결'과 1990년대의 '방위고수, 유효억지' 원칙을 바탕으로 보완 및 발전되는 양상을 나타내며, 큰 틀에서는 거의 벗어나지 않고

---

172 이러한 4단계의 대만 방어 전략은 본래 장제스 총통 시절인 지난 1954~1965년 최장기 국방부장으로 재임했던 유다웨이(俞大維)의 지침에서 유래한 것이다. 당시 유다웨이는 "전방에서 적을 억제하고, 대만해협을 건너오는 적을 요격하고, 해안에서 적을 제압하고, 내륙에서 적을 전멸시킨다"(制敵彼岸, 擊敵半渡, 摧敵灘頭, 殲敵陣內)는 4단계의 방위작전 수행 개념을 강조했다. 高天倫, "政府遷臺後國軍思想之演進,"「中華軍史學會會刊」, 第七期 (2002年 4月), p. 182.

173 Arthur S. Ding and Alexander C. Huang, "Taiwan's Military in the 21st Century: Redefinition and Reorganization," in Larry M. Wortzel ed, *The Chinese Armed Forces in the 21st Century* (Darby, PA: Diane Publishing Co, 1999), pp. 276-277.

174 이 점은 대만 방어에서 육군 중심의 상륙 저지 임무를 강조했던 하오보춘의 해안결전 구상보다 해 · 공군의 역할을 강조한 것이다. 때문에 '해상 · 공중 결전'(海空決戰) 구상이라고도 불린다. 中華民國建國一百週年軍事史編纂小組(2012). p. 630.

175 1990년대 이후 역대 대만 정부의 국방 · 군사전략 변천에 관해서는 國防部國防報告書編纂委員會(2017), p. 56; 김종하 · 김재엽, "냉전(冷戰) 이후 대만 국방전략의 변천, 특징,"「한국군사학논집」, 제72권 제1호 (2016년 2월), pp. 108-128을 참고.

한광 연례 훈련에 참가한 대만
육 · 해 · 공군의 모습

있다. 대만군이 '한광'(漢光) 연례 군사훈련을 통하여 제해 · 제공권 확보, 상륙 저지 임무의 수행 능력을 강화, 발전시키는 데 주력하고 있는 것도 이 점을 반영한다.[176]

176 한광 훈련은 컴퓨터 시뮬레이션을 이용한 가상 전쟁 지휘, 육 · 해 · 공 합동 전력의 실제 기동으로 나뉘어 진행된다. 첫 훈련은 1984년에 하오보춘 당시 참모총장의 주관으로 실시되었다. 이는 1979년 미국과의 단교로 인해, 미 해군 제7함대를 포함하는 미군과의 연합 군사훈련이 중단된 것을 대체하기 위한 목적이었다. 國防部國防報告書編纂委員會(2019), p. 84.

5. 대만의 방위산업

오늘날 대만은 아시아뿐만 아니라, 세계적으로도 손꼽히는 수준의 경제력을 자랑한다. 2015년 기준으로 총 5,200억 달러 이상의 GDP 규모, 2만 3,000달러가 넘는 1인당 국민소득, 총 2,800억 달러 이상의 수출, 그리고 총 4,200억 달러가 넘는 외환보유고 등을 기록하고 있다.[177] 일반적인 경우라면, 독자적인 방위산업을 육성하거나 외국에서 주요 무기를 구매, 도입하여 상당 수준의 방위력을 확보하는 데 충분한 조건을 갖추고 있는 것이다.

하지만 1970년대 이래 계속되고 있는 외교적 고립으로 인해, 대만은 주요 무기의 도입, 획득에서 심각한 어려움을 겪고 있다. 대만의 최대 위협 세력인 중국이 '하나의 중국' 원칙을 내세워 타국에서 대만에 무기를 제공하려는 것을 강력히 반대하고 있기 때문이다. 세계 각국은 거대 시장을 보유한 중국과의 관계 악화, 경제적인 기회의 손실 및 제약을 두려워한 나머지, 감히 대만에 무기를 수출할 엄두조차 내지 못하고 있다.

한 보기로 지난 1981년 네덜란드가 대만에 잠수함을 판매하자, 중국은 주(駐)네덜란드 대사를 소환하고, 3년 동안 네덜란드와의 외교 관계를

177 이러한 대만의 경제력은 GDP 규모에서 세계 20위권, 수출 규모로는 세계 10위권, 그리고 외환 보유고는 세계 5위에 해당한다. 외교부 동북아시아국 동북아2과(2016), pp. 3-4.

격하했다. 또한 중국은 1991~1992년 프랑스가 라파예트급 호위함, 미라지-2000 전투기의 대만 수출을 차례로 승인한 것에 대응하여 광저우(廣州)의 프랑스 총영사관을 폐쇄하였고, 프랑스와 체결한 지하철 및 원자력발전소 등의 주요 건설 계약, 그리고 프랑스제 대형 항공기의 구매도 취소했다.[178] 결국 네덜란드, 프랑스는 대만에 더 이상의 무기를 판매하지 않는다는 조건 아래, 중국과의 관계를 정상화할 수 있었다.

현재 대만에게 무기를 제공할 수 있는 사실상의 유일한 국가는 미국이다. 지난 1979년 미국이 제정한 『대만관계법』에서 대만의 독자적인 방위 능력 유지를 지원하기 위한 '방어적인 무기(arms of a defensive character)'의 제공을 명시하고 있기 때문이다. 한 보기로 대만은 지난 2008~2015년 사이의 8년 동안 미국에서 총 75억 달러 금액의 무기를 수입한 것으로 기록되었다. 이는 같은 기간에 미국에서 무기를 구매한 비(非)서방권 중소국가들(developing nations) 가운데 10위에 해당한다.[179] 최근에는 2019년 7~8월에 미국이 M1 에이브람스 탱크 100여 대, 개량형 F-16 전투기(통칭 F-16V) 60여 대의 대만 판매를 승인한 바 있다.[180]

그러나 이러한 미국의 무기 제공에도 한계는 존재한다. 미국이 대만에 제공할 수 있는 무기의 유형을 '방어적' 성격으로 한정시키고 있기 때문이다. 다시 말해서 미국이 대만에 제공하는 무기의 종류, 수량은 대만의 군사적인 필요보다는 미국의 정치 · 외교적 의지, 선택을 반영하여 결정되

---

178 Lotta Danielsson ed, *Chinese Reactions to Taiwan Arms Sales* (Arlington, VA: US-Taiwan Business Council | Project 2049 Institute, 2012), p. 16; p. 22.

179 Catherine A. Theohary, "Conventional Arms Transfers to Developing Nations: 2008-2015," *CRS Report for Congress*, R44716, (December 19, 2016), p. 48.

180 에이브람스 탱크는 1991년의 제1차 걸프전쟁 이후 미 육군의 주력으로 운용 중이며, 구형화된 대만 육군의 기존 탱크들보다 화력, 기동, 방호 능력 등이 훨씬 우수하다. 또한 개량형 F-16 전투기는 AESA 위상배열 레이더의 탑재를 포함하여 현재 대만 공군이 진행하고 있는 기존 F-16의 성능 개량과 기술적 특징이 비슷하다. 대만 공군은 오는 2020년대 후반까지 개량형 F-16의 도입을 완료해 구형 F-5 전투기를 대체할 계획이다. Jon Grevatt, "US Confirms Abrams MBT Deal with Taiwan," *Jane's Defence Weekly*, (July 17, 2019), p. 5; 涂鉅旻, "F-16V特別預算付委 2023年首批交機二架,"「自由時報」, (2019年 11月 13日).

대만 중산과학연구원의 문장

는 것이다. 이에 따라 미국이 중국과의 관계를 고려하여 특정 무기의 대만 판매를 거부 내지 지연시킬 가능성은 충분히 존재하며, 이는 대만의 방위력 건설, 발전 계획에 불확실성을 높이는 등의 부정적인 영향을 가할 수밖에 없다.[181] 그 결과 대만은 외국에서의 수입보다 독자적인 연구개발과 제작, 생산을 통해 주요 무기를 획득, 확보할 수 있는 능력의 필요성을 절실히 깨닫게 되었다.

대만의 방위산업, 특히 주요 무기체계의 연구, 개발에서 중추적인 역할을 담당하고 있는 것은 국방부 산하의 군사기술 연구기관인 중산과학연구원(國家中山科學研究院)이다. 지금으로부터 약 50년 전인 1969년 북부의 타오위안에 설립된 중산과학연구원은 현재까지 대만이 독자적으로 제작, 생산한 자국산 무기들의 대부분을 연구개발해 왔다.[182] 내부에는 6개(항공, 유도무기, 화학, 소재 및 광학, 정보통신, 전자체계)의 분야별 연구부서가 운영되고 있다.

대만 경제에서 제조업의 비중은 약 30%를 차지하고 있다. 그 가운데

---

181 예를 들어 대만은 지난 2000년대 초반 미국에 탄도미사일의 해상 탐지, 요격 능력을 갖춘 이지스 구축함의 도입 의향을 밝혔지만, 중국과의 관계 악화를 우려한 미국이 거부하여 무산되었다. 그 대안으로 도입된 것이 바로 4척의 키드급 구축함이었다. 또한 개량형 F-16 전투기의 도입도 본래 2000년대부터 대만이 판매를 요청해 왔지만, 미국이 지난 10여 년 동안 동의하지 않으면서 늦춰져 온 것이다. Phipps(2016), p. 21; Jon Grevatt, "US Formally Approves F-16 Sale to Taiwan," *Jane's Defence Weekly*, (August 28, 2019), p. 14.

182 연구소의 명칭은 중화민국의 국부 쑨원의 아호 '중산'(中山)에서 유래했다. 특히 대만이 비밀 핵무기 개발 계획을 진행 중이던 1960~1980년대에는 중산과학연구원이 원자력 연구소를 관리, 감독하기도 했다. 이후 1988년 대만의 핵무기 개발 계획이 폭로, 중단되면서, 원자력 연구소는 중산과학연구원에서 분리되었다. Cole(2006), pp. 68-69; Richard A. Bitzinger, "The Eclipse of Taiwan's Defense Industry and Growing Dependencies on the United States for Advanced Armaments: Implications for U.S.-Taiwan-Chinese Relations," *Issues & Studies*, Vol. 38, No. 1 (March 2002), pp. 109-111.

서도 대만은 전자, 정보통신을 비롯한 소위 경박단소(輕薄短小) 산업 부문에서 강세를 나타낸다. 컴퓨터와 주변기기(예: 모니터), 반도체, 주요 부품의 설계 및 제작, 생산 등의 점유율이 세계적으로도 높은 수준이기 때문이다. 그 결과 2015년 기준으로 전자, 정보통신 제품은 대만의 전체 수출품들 중에서 가장 많은 42%에 달했다.[183]

하지만 대만은 전체 사업체의 95% 이상, 고용 인원의 78%가량을 약 130만개의 중소기업이 담당하고 있다. 이는 대만이 자랑하는 전자, 정보통신 부문도 마찬가지여서 대부분의 생산품들이 외국의 다국적 기업을 위한 위탁생산(OEM: Original Equipment Manufacturer) 방식으로 제작, 수출되고 있다.[184] 때문에 상당한 규모의 시설과 자본을 요구하는 조선, 철강, 자동차, 기계공업 등의 중후장대(重厚長大) 산업은 발전이 부진한 편이다. 그렇다면 이러한 대만 제조업의 특징은 방위산업의 발전에 어떠한 기회, 도전을 가져올 것인가?

먼저 긍정적인 측면에서는 첨단기술이 요구, 적용되는 무기의 제작과 생산에서 자급 능력을 높이는 데 유리하다. 대만의 세계적인 전자, 정보통신 부문의 기술 역량을 적극적으로 활용할 수 있기 때문이다. 여기에는 정밀유도무기, 감시 및 정찰을 위한 정보수집 자산이 포함된다. 항공기와 탄도미사일 요격을 위한 지대공 미사일 톈궁, 적 수상 전력을 공격하는 대함 미사일 슝펑, 그리고 공중전에서 사용되는 공대공 미사일 톈첸 등이 대표적이다.[185] 이들 무기는 대만이 중국에 대한 병력의 양적 열세를 극복하고,

---

183 외교부 동북아시아국 동북아2과(2016), p. 100.

184 이러한 대만의 중소기업 중심 산업 구조는 국가 강령인 삼민주의에 포함된 민생(民生) 원칙을 근거로, 경제적 부(富)의 독점과 편중을 야기할 수 있는 대기업 육성을 지양하는 경제 정책에 따른 것이다. 외교부 동북아시아국 동북아2과(2016), pp. 98-99.

185 대만 최초의 자국산 대함 미사일인 슝펑 1호는 지난 1970년대에 이스라엘제 가브리엘 대함 미사일을 모방하여 개발되었으며, 사거리는 40km다. 이후 미국제 하푼 대함 미사일과 성능이 유사한 사거리 100km 이상의 슝펑 2호가 개발되었으며, 1990년대부터 대만 해군의 주력 군함에서 탑재, 운용 중이다. 林書豪 外(2012), pp. 430-434; 박재찬, "세계의 항공우주산업: (1) 대만,"「항공우주」, (2010년 봄), pp. 56-57.

대만의 자국산 정밀유도무기들.
텐첸 계열 공대공 미사일(왼쪽 위),
텐궁 3호 요격 미사일(오른쪽 위),
슝펑 2호 대함 미사일(아래)

기술력을 통해 군사력의 균형을 유지, 달성하기 위한 전력 승수 효과를 향상시키는 데 기여할 것이다.

반면 부정적으로는 육 · 해 · 공군의 기동 전력을 구성하는 탑승체계의 개발, 생산 능력에 상당한 제약을 가하고 있다. 그로 인해 대만에서 탱크와 장갑차, 해군 함정, 그리고 공군 항공기의 제작 및 생산은 소수의 국영 기관, 공영 기업에서만 수행한다. 먼저 대만 육군의 군수사령부(後勤指揮部)에 소속된 병기정비개발센터(陸軍兵工整備發展中心)는 현재 배치, 운용되고 있는 탱크와 장갑차들의 생산, 유지를 담당하고 있다.

한편 해군 함정의 건조는 대만 최대의 조선 업체인 대만국제조선(臺灣國際造船)에서 대다수를 담당하고 있다. 대만국제조선은 진장급 연안 경비정과 광화 6호 미사일정, 대만에서 건조된 8척의 페리급(즉, 청궁급) 호위함, 그리고 지난 2013년에 진수된 대만 최대의 군함 '판시'(盤石. 배수량 2만톤)급 군수지원함 등을 건조했다.[186] 그리고 대만을 대표하는 항공 업체 한상항공

186 본래 대만국제조선은 1973년 국영 업체로 설립되었지만, 2008년에 주식을 민간에 매각하면서

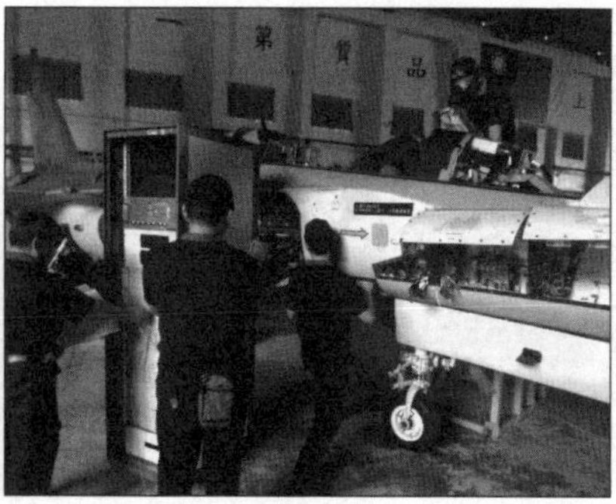

대만 조선소에서의 해군 함정 건조(왼쪽), 자국산 징궈 전투기의 조립 모습(오른쪽)

공업(漢翔航空工業股份有限公司)은 공군 항공기의 제작, 생산을 담당한다. 대만 최초의 자국산 전투기인 징궈, 각종 훈련기가 바로 한상항공공업에서 제작된 것이다.[187] 현재는 징궈 전투기의 발전형인 고등 훈련기 '융잉'(勇鷹. 용맹한 독수리)의 개발, 대만 공군의 F-16 전투기에 대한 성능 개량 등을 진행하고 있다.

현재 대만은 무인 무기체계의 개발에도 적극적으로 나서고 있다. 앞서 살펴본 정밀유도무기처럼 대만의 우수한 전자, 정보통신 기술을 활용하는 데 유리하며, 일반적인 육 · 해 · 공군의 탑승체계보다는 기술적인 복잡성, 제약이 상대적으로 낮기 때문이다. 2010년대 초반에 개발, 생산한 정찰용 저고도 무인항공기 '뤄옌'(銳鳶. 날카로운 연)은 대만 육 · 해군에서 약 30대가 배치, 운용되고 있다.[188] 또한 2015년에는 10km 이상의 고도에서 보다 장기간 체공하면서 감시, 정찰 임무를 수행할 수 있는 '텅윈'(騰雲. 구름을 타는 자) 중고도 무인항공기도 공개되었으며, 2020년대 중으로 공군에서 운

공영 업체로 전환되었다. Bitzinger(2002), pp. 112-113.

187 한상항공공업도 본래 국영 업체로 설립되었는데, 2014년에 단행된 주식의 민간 매각을 통해 공영 업체로 전환된 상태다. 외국 민간 항공기에서 사용되는 부품들도 제작, 생산하고 있다. 박재찬(2010), pp. 55-56.

188 뤄옌 저고도 무인항공기의 비행 속도는 시속 180km이며, 4km 이하의 저고도에서 12시간 동안 임무를 수행한다. 林書豪 外(2012), pp. 56-59.

대만이 개발, 운용하고 있는 정찰용 무인항공기

용될 전망이다.[189]

뿐만 아니라 대만은 그동안 해외 의존도가 높았던 주요 탑승체계의 자체 제작, 생산에도 보다 의욕적인 자세를 나타내고 있다. 대표적인 분야는 해군 전투함정이다. 이른바 '군함의 독자적인 개발, 건조'(國艦國造)라는 방침 아래, 주력 군함들을 대만에서 자체적으로 확보, 전력화한다는 것이다. 그 시작으로 대만은 오는 2025년을 목표로 배수량 2,500톤급의 잠수함을 건조, 배치하며, 총 6척 이상을 확보하는 계획을 진행하고 있다.[190] 또한 장기적으로는 호위함급 이상의 중 · 대형 수상전투함, 상륙함 등을 대만에서 제작, 건조할 것임을 밝혔다.

---

189 덩윤 중고도 무인항공기는 정찰 기능뿐만 아니라, 폭탄과 단거리 공대지 미사일 등의 무장까지 탑재, 운용할 수 있도록 개발될 계획이다. 이러한 특징은 미 공군의 주력 무인항공기인 MQ-9 '리퍼'와 비슷한 것으로 평가된다. Kelvin Wong, "Taiwan's CSIST Debuts New Long-endurance UAV Prototype," *Jane's International Defence Review*, (October 2015), p. 20.

190 대만이 건조할 국산 잠수함은 중산과학연구원, 대만국제조선의 협력으로 설계, 제작될 예정이다. 國防部國防報告書編纂委員會(2019), pp. 91-92; 王承中, "潛艦專用廠房動土 總統：國造是唯一的路,"「中央社」, (2019年 5月 9日).

6. 도전과 응전

1) 가중되는 중국의 압력

앞서 지적했듯이, 중국과 대만 양안의 세력 격차는 이미 돌이킬 수 없을 정도로 커졌다. 이는 군사력 부문에서도 여실히 드러나고 있다. 먼저 정규군의 병력 규모에서 중국은 200만 명 이상으로 대만보다 무려 10배가 넘는 압도적인 우위를 차지한다. 군사비의 경우, 2018년 기준으로 중국은 1,682억 달러를 지출하여 110억 달러인 대만과는 비교하는 것조차 무의미할 정도다. 요컨대 대만은 이제 중국과의 대등한 군비경쟁이 더 이상 불가능한 입장인 것이다.

비교 대상을 중국군 가운데 대만을 직접 겨냥하는 세력, 즉 동부 전구로 한정시킨다고 해도, 대만은 여전히 중국에 대한 군사적인 열세를 면치 못하고 있다. 먼저 중국 동부 전구에 소속된 지상 전력은 전투 여단 29개(기갑 5개, 기계화보병 4개, 보병 5개, 포병 3개, 항공 3개, 상륙 6개, 특수전 3개)를 보유한다.[191] 대만 육군이 보유하는 여단급 전투부대 20개(기갑 4개, 기계화보병 3개, 보

191 여기에는 중국 육군 소속의 상륙 여단 4개, 해군 육전대가 보유하는 여단 2개가 포함된다. 중국 동부 전구에 소속된 3개 집단군에는 공통적으로 포병, 항공, 특수전, 공병, 방공 여단이 각 1개

병 6개, 포병 3개, 항공 2개, 상륙 2개)보다도 많은 것이다.

여기에 지리적으로 동부 전구와 가까운 남부 전구의 육군 및 해군 육전대까지 동원된다면, 유사시 중국은 총 40만 명 이상의 지상 병력을 대만 침략에 투입할 수 있다.[192] 이들 두 전구의 병력만으로도 중국이 대만 육군을 4배 이상 앞서는 것이다. 그리고 중국 공군에 소속된 총병력 3만여 명의 공수 군단도 대만 후방 지역으로의 침투를 위해 동원될 수 있다.[193]

해군 전력은 어떠한가? 중국군 동부 전구가 지휘통제하는 해군 동해함대는 중 · 대형 수상전투함 34척(호위함 24척, 구축함 10척 포함), 잠수함 17척 등을 보유하고 있다.[194] 대만 해군이 보유한 호위함 22척, 구축함 4척, 잠수함 4척을 양적으로 앞서는 수준이다. 뿐만 아니라 중국 해군은 2000년대 이래 대함, 대공, 대잠의 입체적인 해전 수행 능력을 갖춘 고성능의 수상전투함을 차례로 전력화했으며, 이들은 동해함대에서도 이미 다수를 차지하고 있다. 이들 군함이 대만 해군의 수상전투함이 아직 갖추지 못한 함대공 무장의 VLS 탑재, 운용 능력을 보유하여 생존성을 향상시켰다는 점에도 주목할 필요가 있다.[195] 이는 중국의 해군력이 양적 기준뿐만 아니라, 질적 수준에서도 대만보다 우위를 차지하고 있음을 뜻하기 때문이다.

공군 전력에서도 상황은 마찬가지다. 중국군의 동부, 남부 전구는

씩 편성되어 있다. IISS(2019), pp. 262-263.

192 중국군 남부 전구는 동남아시아, 남중국해에서의 군사 작전을 담당하며, 해군 남해함대(南海艦隊)를 지휘통제한다. Office of the Secretary of Defense(2019), p. 115.

193 본래 중국 공군의 공수 군단은 3개의 사단으로 구성되었는데, 2018년에 6개 여단으로 재편성되었다. Defense Intelligence Agency, *China Military Power: Modernizing a Force to Fight and Win* (Washington, D.C: Defense Intelligence Agency, 2019), p. 89.

194 IISS(2019), p. 262.

195 중국 해군이 보유한 총 84척의 중 · 대형 수상전투함들 가운데 VLS를 이용한 함대공 무장의 탑재, 운용이 가능한 것은 45척(호위함 28척, 구축함 17척)으로 약 54%에 달한다. 이는 대만 해군이 보유한 동급의 수상전투함보다 73% 이상 많은 수량이다. Defense Intelligence Agency(2019), pp. 69-71; IISS(2019), pp. 258-259.

중국의 수상전투함(왼쪽 위)과 러시아제 Su-27/30 계열 전투기(오른쪽 위), 자국산 J-10 전투기(아래). 중국의 군사력이 질적 수준에서도 대만보다 우위를 차지하고 있음을 보여준다.

총 600대의 전투기를 배치하고 있다.[196] 이는 대만 공군이 보유한 전투기 약 320대의 2배에 해당하는 규모다. 무엇보다도 중국은 미라지-2000과 F-16, 징궈 등 대만 공군의 주력 전투기와 동급 이상의 성능을 갖춘 전투기들을 확충하는 추세다. 여기에는 ① 1990년대부터 도입, 생산하고 있는 러시아제 Su-27/30 계열, ② 미국제 F-16과 대등한 성능을 갖춘 자국산 J-10 전투기 등이 포함된다.[197] 이들은 모두 중·장거리 공대공 미사일과 지상, 수상 표적의 타격을 위한 정밀유도무기를 탑재, 운용하여 우수한 원거리 교전, 다목적 임무 수행 능력을 보유한다. 동부 전구에 소속된 중국 공군의 비행 여단 14개 가운데 과반수인 8개가 두 신형 기종을 운용 중이다.[198] 남부 전구의 공군 전력까지 포함하면, 대만해협 주변에 배치된 총 25

196 Office of the Secretary of Defense(2019), p. 117.

197 중국 공군은 Su-27/30 계열, J-10을 비롯한 신형 전투기를 600대 이상 보유 중인 것으로 평가된다. 이는 대만뿐만 아니라 한국, 일본, 인도 등 중국 주변의 각국이 보유한 동급의 전투기보다 많은 수량이다. 그리고 중국이 독자 개발, 생산한 J-20 스텔스 전투기 10여 대도 현재 시험 중이다. Defense Intelligence Agency(2019), pp. 85-86.

198 여기에는 해군 동해함대에 소속된 비행 여단 2개가 포함된다. IISS(2019), p. 262.

개의 비행 여단 중에서 70%에 육박하는 17개가 신형 기종의 운용 능력을 갖추고 있는 것이다.[199]

아울러 중국 공군은 대만해협에서의 공중전 수행을 위한 정보 우위를 제공하고, 작전 시간과 범위를 증대시킬 수 있는 각종 비(非)전투 지원용 항공기도 확보, 배치하고 있다. 구체적으로는 동부 전구에 공중 조기경보통제기 연대 2개를, 남부 전구에는 역시 공중 조기경보통제기 연대 1개와 공중급유기 연대 1개를 배치 중이다.[200] 다시 말해서 중국이 보유하는 해당 항공기들의 대다수가 대만해협 인근에 배치되고 있는 것이다.

뿐만 아니라 중국 동부 전구에 배치된 4개의 방공 여단은 상당수가 러시아제 S-300 장거리 지대공 미사일을 보유하고 있다. S-300은 사거리가 150~200km이며, 대만해협과 가까운 중국 동남부 연안에서 타이베이, 타이중을 비롯한 대만 북 · 중부의 영공까지 도달 가능하다.[201] 이를 통해 대만 공군 전투기의 원활한 작전을 위축, 제약하는 일종의 준(準)공격용 무기로 운용될 수 있다.

지난 1990년대와 2000년대 초반까지만 해도, 대만은 중국에 대한 병력 규모의 열세를 군사력의 질적 수준, 특히 해 · 공군력의 기술적인 우세로 상쇄하여 중국의 군사적 위협에 맞설 수 있다는 평가를 받아왔다.[202] 하

---

199 IISS(2019), p. 263.

200 중국 공군은 러시아제 대형 수송기 IL-76 '일류신'을 기반으로 제작된 KJ-2000 대형 공중 조기경보 통제기 4대, 그리고 이보다 규모가 작은 KJ-200/500 중 · 소형 공중 조기경보기 9대를 개발, 배치하였다. 또한 중국은 H-6 폭격기를 개조한 중형 공중급유기 10대를 보유하며, 보다 대형화된 러시아제 IL-78 '마이다스' 공중급유기 3대의 도입도 진행 중이다. IISS(2019), p. 261; pp. 262-263.

201 1개 여단 규모의 S-300 지대공 미사일은 총 16대의 이동식 발사대(대당 3~4발)를 보유한다. Office of the Secretary of Defense(2019), p. 87; Richard D. Fisher Jr., "Capability Upgrade: China Bolsters Anti-missile Capabilities with Russian SAMs," *Jane's Intelligence Review*, (July 2019), pp. 30-31; p. 43.

202 당시 중국이 보유했던 군함, 전투기의 대다수는 자국 영토와 연안에서 방어적 임무를 수행하기 위한 단거리 무장을 탑재, 운용했으며, 이들은 같은 시기에 대만이 도입했던 것보다 기술적으로 뒤떨어졌다. 1990년대 중국과 대만 양안의 군사력 균형에 관한 평가는 Chong-Pin Lin, "The Military Balance in the Taiwan Straits," *China Quarterly*, No. 146 (June 1996), pp. 578-

지만 이후 중국은 막대한 군사비의 지출을 통해 대만과 동급 이상의 우수한 군함, 전투기들을 다수 확보하였고, 대만이 차지하고 있던 질적 우위는 잠식되기 시작했다.[203] 그 결과 2010년대에 들어서는 대만의 군사력이 양적, 질적으로 모두 중국보다 열세에 놓여있다는 우려가 높아지는 추세다.

이러한 상황 속에서, 중국은 2016년부터 대만을 겨냥하여 전(全)방위적인 공세, 강압을 진행하고 있다. 중국과의 교류, 협력 발전을 추구했던 마잉주의 후임 총통으로 민진당의 차이잉원이 당선되어 대만이 다시금 탈(脫)중국 노선을 추구하려는 움직임을 나타내면서, 이를 좌시하지 않겠다는 입장을 드러낸 것이다. 먼저 같은 해 5월 20일 차이잉원이 총통으로 취임한 직후, 중국은 "대만이 '하나의 중국' 원칙을 인정해야만 양안 사이의 연락, 소통이 유지될 수 있을 것"이라고 밝혔다.[204] 1개월 후부터는 마잉주 총통 시절에 수립된 대만 대륙위원회, 중국 국무원 대만사무판공실(國務院臺灣事務辦公室) 사이의 양안 당국간 접촉이 중국의 일방적인 거부로 중단되었다. 그러나 이것은 시작에 불과했다.

중국은 국제사회에서 대만의 외교적인 고립을 더욱 획책하고 나섰다. 예를 들어 세계보건기구(WHO), 국제민간항공기구(ICAO), 국제형사경찰기구(통칭 '인터폴'(INTERPOL))를 비롯한 주요 국제기구들의 총회에서 대만 대표단의 참석이 중국의 반대로 거부당했다.[205] 뿐만 아니라 차이잉원의 집권 이후, 대만의 기존 수교국들 가운데 1/3에 해당하는 7개국이 중국과의 외교 관계 수립을 위해 대만과 단교하였다. 이들은 중앙아메리카의 3개국(파

593을 참고.

203 Office of the Secretary of Defense(2019), p. 90.

204 신경진, "중국 "차이잉원, 하나의 중국 인정해야 대화"," 「중앙일보」, (2016년 5월 23일).

205 중국은 양안 교류, 협력에 동조적인 국민당의 마잉주 총통이 집권했던 시기에는 대만의 대표단이 이들 국제기구의 총회에 옵서버(observer. 비(非)회원 참관국) 자격으로 참석하는 데 동의했다. Taylor(2019), pp. 62-64; Tim Huxley and William Choong eds, *Asia-Pacific Regional Security Assessment 2019* (London, UK: International Institute for Strategic Studies, 2019), pp. 63-64.

2016년 12월 중국 항공모함 전투단의 대만 주변 해역 항해도(왼쪽. 「연합뉴스」, 2017년 1월 3일)와 중국 폭격기의 요격을 위해 출격한 대만 전투기(오른쪽)

나마, 엘살바도르, 도미니카 공화국), 아프리카의 2개국(상투메 프린시페, 부르키나파소), 그리고 남태평양의 2개국(솔로몬 제도, 키리바시)이었다.

또한 중국은 대만을 직접적으로 압박하는 것도 서슴지 않았다. 그 가운데 하나는 바로 경제력이었다. 마잉주의 집권 시절에 진행된 양안의 경제적인 교류, 협력 확대로 대만이 투자, 무역 등에서 중국에 더욱 의존하게 된 것을 취약점으로 이용하겠다는 의도였다.[206] 대표적인 사례로 중국은 2016년 차이잉원의 총통 취임을 계기로 대만으로의 단체 관광을 불허했다. 그 결과 대만에서 중국인 관광객의 수는 1년 만에 22%나 감소하였다.[207]

대만을 상대로 하는 중국의 무력시위도 가시적으로 강화되는 추세다. 대만해협과 주변의 해 · 공역에서 중국군 군함, 항공기들이 실시한 훈련과 기동 횟수는 2016년 5차례였는데, 2017년에는 22차례로 4배 이상 늘어났

206 차이잉원이 총통에 당선되기 직전인 2015년을 기준으로, 중국(홍콩 포함)은 대만의 전체 수출에서 39%를 차지하였다. 또한 대만이 중국에 투자한 금액도 103억 922만 달러로 기타 국가에 대한 투자액의 95%를 넘었다. 요컨대 중국은 대만의 최대 수출, 투자 대상인 것이다. 외교부 동북아시아국 동북아2과(2016), pp. 105-108.

207 Peter Harrell et al, *China's Use of Coercive Economic Measures* (Washington, D.C: Center for a New American Security, 2018), p. 45.

다.[208] 여기에는 중국 해군의 항공모함 전투단이 대만해협, 혹은 서태평양을 경유하여 남중국해로 전개되는 사례도 포함되어 있다.[209] 심지어 2019년 3월 31일에는 중국 공군의 Su-27 전투기 2대가 양안의 실질적인 군사 경계선으로 여겨져 온 대만해협의 중간선(海峽中線)을 침범하여 대만 공군에서 다수의 전투기를 긴급 출격시키는 일이 발생했다.[210] 이들은 대만의 전 · 후방에 걸쳐 군사력을 투사(投射)하고, 대만 주변의 해역과 공역에 대한 봉쇄, 직접적인 공격 및 점령 등을 수행할 수 있는 능력을 과시하려는 중국의 의도를 반영한 것이다.

이처럼 외교, 경제, 군사 등의 각 부문에서 중국의 압력이 가중되면서, 대만해협은 다시금 정치 · 군사적으로 높은 긴장, 불안정에 놓였다. 대만 내부에서도 중국과의 관계 악화에 대한 책임을 집권 민진당과 차이잉원 총통의 탈(脫)중국 노선에 돌리고, 이를 비판하는 주장이 높아졌다. 그리하여 2018년 11월에 실시된 대만의 지방 광역단체장 선거에서는 전국 22개 지역의 단체장 가운데 과반수인 15개 지역에서 국민당이 당선되었다. 여기에는 가오슝, 타이중을 비롯한 6대 도시의 절반인 3곳을 포함한 것이었다.[211] 이러한 결과는 민진당과 차이잉원에게 큰 정치적 타격을 가했으며, 차이잉원은 선거 직후 민진당 주석을 사퇴하기까지 했다.

득의양양해진 중국은 2019년에 들어서 대만을 더욱 압박하고 나섰다.

---

208 國防部國防報告書編纂委員會(2017), p. 38.

209 중국은 지난 2000년대에 우크라이나에서 고철로 방치된 러시아제 미완성 항공모함 '바리야그'를 인수, 복원하여 2012년 최초의 항공모함 '랴오닝'(遼寧. 배수량 5만 3,000톤)으로 취역시켰다. 랴오닝급 항공모함은 척당 40대 이상의 항공기(Su-27/30 계열 전투기 20여 대 포함)를 탑재, 운용한다. 2017년 4월에는 중국이 라오닝급을 참고로 독자 개발, 건조한 항공모함이 진수되었고, 2019년 12월에 취역했다. Taylor(2019), pp. 59-60; Huxley and Choong eds(2019), p. 66.

210 Gabriel Dominguez, "Taipei Scrambles Aircraft to Intercept Two Chinese Fighters in Taiwanese Airspace," *Jane's Defence Weekly*, (April 10, 2019), p. 6.

211 특히 전통적으로 탈(脫)중국, 민진당 지지 성향이 강한 남부 가오슝에서도 국민당의 한궈위(韓國瑜) 후보가 시장으로 당선되어 많은 화제를 모았다. 인현우, "독립보다 경제 택한 대만…민진당 지방선거 참패," 「한국일보」, (2018년 11월 26일).

먼저 시진핑 국가주석이 신년 담화를 통해 "조국은 반드시 통일되어야 하고, 또 필연적으로 통일될 것이다"(祖國必須統一, 也必然統一)라고 말하여 대만과의 통일 의지를 강조했다. 이 자리에서 시진핑은 '일국양제를 통한 평화적 통일'(和平統一, 一國兩制) 원칙을 앞세우는 동시에, "외부 세력의 간섭, 대만의 분열 세력에 맞서 무력을 동원할 가능성도 배제하지 않을 것"(不承諾放棄使用武力, 保留採取一切必要措施的選項, 針對的是外部勢力干涉和極少數臺獨分裂分子及其分裂活動)이라고 밝혔다.[212] 군사력의 사용 가능성을 공개적으로 드러내 대만 내부에 공포, 불안을 조성하고, 대만인들이 중국의 우위를 전제로 하는 통일을 수용하도록 유도하겠다는 속셈이었다.

그러나 이러한 중국의 협박은 도리어 역효과를 내기 시작했다. 시진핑의 담화 직후, 차이잉원 총통이 "대만은 결코 일국양제를 수용할 수 없다. 절대다수의 대만인들도 일국양제에 반대하며, 이는 대만의 공통된 인식"(臺灣絕不會接受「一國兩制」, 絕大多數臺灣民意也堅決反對「一國兩制」, 而這也是「臺灣共識」)이라고 반박한 것이다.[213] 대만은 이미 지난 수십 년 동안 중국 본토와는 엄연히 다른 정치, 경제, 사회 체제를 정립해 왔으며, 대만 내부에서도 스스로를 중국의 일부가 아닌 자주적 실체로 규정하는 인식이 강화되는 추세다.[214] 일국양제를 내세운 중국의 통일 요구는 정치 · 사회적인 자유, 민주주의로 대표되는 대만의 독자적인 가치와 체제, 그리고 이를 가능토록

---

212 Huxley and Choong eds(2019), p. 64; 鍾麗華, "「不承諾放棄使用武力」習對臺提5點和平統一主張," 「自由時報」, (2019年 1月 3日).

213 2개월 후인 2019년 3월 대만 대륙위원회가 1,090여 명의 응답자를 대상으로 실시한 여론조사 결과에서도 ① 79%가 중국이 요구하는 일국양제 방식의 통일에 반대하며, ② 87% 이상은 대만의 장래가 대만인들의 의지에 따라 결정되어야 한다고 답한 것으로 나타났다. Huxley and Choong eds(2019), p. 65.

214 대만 국립정치대학 산하 선거연구중심(選舉研究中心)의 여론조사에 따르면, 지난 1992년부터 2007년까지는 스스로의 정체성을 '대만인이자 중국인'이라고 응답하는 비율이 40% 이상으로 '중국인', 혹은 '대만인'이라고만 응답하는 비율보다 높았다. 그러나 2008년부터는 스스로를 '대만인'이라고 응답하는 비율이 '대만인이자 중국인'이라는 응답을 줄곧 앞지르고 있다. 특히 2010년대 들어서는 스스로를 '대만인'이라고 응답하는 비율이 과반수를 차지하는 것으로 나타난다. 구자선(2016), pp. 10-11.

2019년 홍콩의 반(反)중국, 민주화 시위(왼쪽)와 홍콩 시위를 지지하는 대만인들(오른쪽)

해주는 대만의 주권과 자주성을 정면으로 부정, 위협하는 것으로 여겨질 수밖에 없었다.

여기에 2019년 6월 시작된 홍콩의 반(反)중국, 민주화 시위는 대만에서 중국에 대한 위협 인식을 더욱 고조시켰다. 홍콩 자치정부가 중국의 사법당국에서 기소한 홍콩의 범죄인을 본토로 이송할 수 있도록 기존 '도주범 조례'(逃犯條例)의 개정을 추진하자, 홍콩 시민들의 광범위한 반대를 촉발시킨 것이었다.[215] 그로 인해 발생한 홍콩 민주화 시위는 중국이 대만과의 통일 원칙으로 요구하는 일국양제의 허구성을 명백히 드러냈다. 대만이 중국의 일개 지역으로 흡수, 병합되는 것을 전제로 하는 일국양제는 중앙정부로서 우월한 지위를 차지하는 중국의 일방적인 결정, 의지에 따라서 얼마든지 무력화될 수 있음이 입증되었기 때문이다.[216]

---

215 홍콩 자치정부의 도주범 조례 개정은 홍콩에서 활동하는 민주화, 인권 운동가 등 중국 공산정권에 반대하는 세력이 중국으로 강제 송환되는 데 악용될 것이라는 비판을 받았다. 시위 3개월째인 2019년 9월, 홍콩 자치정부는 도주범 조례 개정을 철회한다고 발표했다. 그러나 시위대가 민주적 선거의 실시, 시위자의 체포 및 구속 취하 등을 요구하면서 충돌이 계속되고 있다. 이장훈, "홍콩 시위는 일국(一國) 대 양제(兩制)의 대결,"「주간동아」, (2019년 6월 21일), pp. 52-53.

216 앞서 중국은 2014년 6월 국무원 신문판공실(國務院新聞辦公室) 명의로 발표된『홍콩 특별행정구의 일국양제 실천』(一國兩制在香港特別行政區的實踐) 백서를 통해 "중앙정부가 홍콩에 대한 전면적인 관할권을 갖는다"(中央政府對包括香港特別行政區在內的所有地方行政區域擁有全面管治權), "일국양제에서 '일국'은 '양제'의 대전제이며, '양제'는 일국에 종속된다"("一國"是實行"兩制"的前提和基礎, "兩制"從屬和派生於"一國"), "'일국'과 '양제'는 동등

결국 2020년 1월 11일에 실시된 대만 총통 선거에서는 차이잉원이 재선에 성공했다.[217] 홍콩 민주화 시위를 계기로 확대된 중국의 위협에 관한 대만 내부의 경각심, 그리고 홍콩에서 그 실상이 확인된 일국양제를 전제로 하는 중국과의 통일은 용납할 수 없다는 대만인들의 의지가 반영된 결과였다. 차이잉원 총통과 집권 민진당은 재선을 통해 중국의 위협으로부터 대만의 자유, 민주주의, 주권을 수호한다는 정책 기조에 대하여 광범위한 지지를 확인받았다. 그러나 앞으로 더욱 심화될 위험성이 높은 중국의 강압에 대응해야 한다는 과제도 함께 요구받게 될 것이다.

2) '혁신적인 비대칭' 방위력의 추구

만약 중국이 대만을 겨냥한 무력 침략, 정복을 실행에 옮긴다면, 그 방식은 다음의 3단계로 진행될 것으로 예상된다. 먼저 제1단계로 대만 침략의 성공을 보장하기 위한 군사적인 여건을 조성한다. 여기에는 ① 미사일을 비롯한 장거리 화력, 전자전 및 사이버전 등을 통해 대만에 위치하는 주요 군사 기지, 핵심 국가시설, 지휘통제 체계를 파괴, 제압하여 대만의 전쟁 수행 능력을 무력화하고, ② 대만해협과 주변에서 제해·제공권을 장악하는 것이 포함된다.[218] 다음 제2단계는 대만의 해안과 항구, 공항 등지에

한 가치가 아니다"("一國"之內的"兩制"並非等量齊觀)라고 밝혔다. 이는 일국양제가 약속하는 고도의 자치권이 중국 공산정권에 의해 일방적으로 제약, 침해될 수 있음을 인정한 것이다. Taylor(2019), pp. 96-98.

217 당시 선거에서 차이잉원은 817만표 이상(득표율 57.1%)을 득표하여 국민당 후보로 출마한 한궈위 가오슝 시장보다 18%가 넘는 득표 차로 압승했다. 이는 전임자인 마잉주가 2008년 선거에서 기록했던 것보다 많은, 대만 총통 선거 역사상 최다 득표 기록이다. 김진방, "'재선 성공' 차이잉원, 중국에 경고…"위협에 굴복 안 해"," 「연합뉴스」, (2020년 1월 11일).

218 중국군은 '합동 도서 지역 공격 작전'(聯合島嶼進攻戰役)이라는 명칭으로 대만 공격을 위한 작전계획을 수립, 발전시키고 있는 것으로 알려진다. Yang(2004), pp. 172-184; Easton(2017), pp. 97-113.

선봉(先鋒) 부대를 투입시켜 본격적인 대만 침략의 거점을 확보한다.[219] 그리고 마지막 제3단계로 대만 내륙으로 진격하여 대만군의 잔존 병력과 저항 세력들을 분쇄, 진압하여 대만의 무력 정복을 완료한다.[220]

현재 중국과 대만 사이에 존재하는 압도적인 세력 격차, 특히 군사력에서도 중국이 대만보다 양적, 질적으로 우위를 차지하고 있는 현실을 고려하면, 중국은 손쉽게 대만을 무력으로 정복할 수 있을 것처럼 여겨질지도 모른다. 그러나 군사력을 앞세운 중국의 대만 침략, 병합은 결코 성공이 보장된 것이 아니다. 다시 말해서 중국이 보유한 막강한 군사력에도 불구하고, 대만이 중국의 침략으로부터 영토를 지키고 생존할 수 있는 기회는 여전히 존재한다. 그렇다면 그 근거는 무엇인가? 상대방보다 우월한 군사력을 보유하는 것과 상대방의 영토를 무력으로 점령, 정복하는 것은 전혀 다른 성격의 과제다. 단순히 상대방의 군사력을 파괴, 분쇄하는 것뿐만 아니라, 자신들에게 적대적인 주민들의 저항을 제압하고, 그들의 터전을 물리적으로 장악하는 능력까지 요구되기 때문이다. 지난 1960~1970년대 미국의 베트남 전쟁, 1980년대 소련의 아프가니스탄 전쟁, 그리고 2000년대 이라크에 대한 미국의 제2차 걸프전쟁 등은 아무리 우세한 병력 규모, 전투력을 보유한 국가라고 해도 타국의 영토를 점령 및 통제하는 것이 매우 어렵다는 사실을 보여준다.

중국의 대만 침략이 결코 쉽지 않을 것임을 예상할 수 있는 또 다른 근거는 대만의 지리적인 특징이다. 앞서 지적했듯이 중국과 대만은 바다를 통해 180km가량 분리되어 있으며, 중국이 대만을 점령할 지상 전력을 투입하려면, 먼저 대만해협과 주변 해 · 공역의 통제권을 장악해야만 한다.

219 중국이 대만으로 가장 먼저 투입할 선봉 부대로는 육군의 상륙 부대, 해군 육전대, 특수전 부대, 공수 부대 등을 포함한다. 이들의 병력 규모는 2만~6만 명가량이 될 것으로 추산된다. Yang(2004), pp. 184-185; Easton(2017), pp. 114-131; pp. 174-175.

220 Easton(2017), pp. 132-142.

심지어 대만에서 상륙을 감행할 수 있는 해안의 수도 한정되어 있다.[221] 때문에 이들 지역으로의 상륙, 침투를 시도하는 중국군 병력은 대만이 미리 구축해놓은 요새와 방어 진지, 긴급히 동원된 대만군 병력의 집중적인 반격에 노출될 가능성이 매우 높다.[222]

이러한 점들을 고려하면, 대만이 중국의 가공할 만한 군사력에 맞서 방어를 성공시키는 것은 결코 불가능하지 않다. 이를 위해서는 ① 전쟁 초기에 중국의 대규모 기습 공격으로 발생하는 인적, 물적 피해를 최소화하고, ② 중국이 대만해협과 주변 해 · 공역의 통제권을 장악하기 위한 능력을 약화, 소모시키며, ③ 전 · 후방의 주요 거점에 대한 상륙, 침투를 감행하는 중국군 선봉 부대를 신속히 격퇴하며, ④ 외부 세력(특히 미국)의 군사적 지원이 이루어질 때까지 중국이 단기간 내에 대만을 점령, 장악하려는 시도를 거부 및 좌절시킬 수 있어야 한다.[223]

대만은 방어의 성공을 위해 중국의 거대한 군사력 전체를 섬멸, 제거해야 할 필요가 없다. 단지 중국에게 일정 수준 이상의 군사적인 손실, 비용을 강요하여 침략을 포기하도록 유도할 수 있다면 충분한 것이다.[224] 특히 대만 침략의 주력으로 동원될 가능성이 높은, 지리적으로 대만과 가까운 동부 전구의 중국군 병력을 분쇄, 격멸하는 데 방위 역량을 집중시킬 필

221 대만 본도는 후방에 해당하는 동부, 남부를 중심으로 75%의 면적이 산악 지형이며, 북부와 남서부의 해안 14곳 정도만이 상륙 작전을 수행하기에 적합한 것으로 나타난다. Easton(2017), pp. 148-157.

222 중국 해군은 척당 200명이 넘는 중대 및 대대 규모의 병력을 수송하는 중 · 대형 상륙함을 54척 보유하며, 동부 전구에 소속된 해군 동해함대는 이들 가운데 약 44%인 24척을 지휘통제한다. IISS(2019), pp. 259-260; p. 262; Michael Beckley, "The Emerging Military Balance in East Asia: How China's Neighbors Can Check Chinese Naval Expansion," *International Security*, Vol. 42, No. 2 (Fall 2017), pp. 87-90.

223 대만이 중국의 침략으로부터 얼마나 오래 저항할 수 있는가에 대해서는 평가가 엇갈린다. 차이더셩(蔡得勝) 전 국가안전국(國家安全局. 대만의 국가정보 기구) 국장과 가오화추(高華柱) 전 국방부장은 약 2주일로 평가했고, 옌밍(嚴明) 전 국방부장은 1개월 동안 저항을 지속할 수 있다고 주장하였다. 楊孟立, "兩岸若開戰 臺灣至少要撐2周,"「中國時報」, (2019年 2月 20日).

224 Easton(2017), pp. 264-266; 김태호, 『동아시아 주요 해양 분쟁과 중국의 군사력』(서울: 한국해양전략연구소, 2015), p. 131.

요가 있다. 이는 대만이 중국의 침략 위협을 억지, 격퇴하는 데 단연 핵심적인 조건이라고 할 수 있다.

관건은 대만이 병력 규모, 군사비 지출 등에서 월등히 우세한 중국의 군사적 위협을 보다 효과적으로 억지 및 격퇴하기 위하여 방위력을 어떻게 건설, 발전시킬 것인가에 달려있다. 이에 대만은 2010년대 이래 '혁신적인 비대칭'(創新/不對稱) 개념에 입각한 방위력의 유지, 확보를 추구하고 있다.[225] 대만의 안보를 위협하려는 적 군사력의 중심, 취약점을 공략할 수 있는 능력을 개발 및 확충하여 적의 침략 역량을 약화, 마비시키고, 보다 유리한 조건에서 방어를 수행할 수 있는 기회를 창출한다는 것이다. 이 점에서 대만군이 보유하고 있는 기존 무기체계의 추가 도입, 성능 개량보다 훨씬 적극적인 성격을 나타낸다고 할 수 있다.

대만의 군사력 건설, 발전에서 '혁신적인 비대칭' 개념이 두드러지게 나타나는 분야는 해군력이다. 2010년대 이래 개발, 배치되고 있는 광화 6호 미사일정과 투오장급 초계함은 스텔스 기술을 적용하여 제작, 건조되어 생존성이 높으며, 대만 해군이 보유하는 기존의 중 · 대형 수상전투함들보다 작은 선체 크기를 이용해 높은 기동성을 발휘한다. 아울러 다수의 대함 미사일을 탑재 및 운용하여 선체 규모와 무장이 우세한 중국 해군의 주력 군함들을 기습적으로 공격, 파괴할 수 있는 능력을, 보다 효율적으로 제공할 것이다.[226] 대만이 향후 상당한 기간, 비용의 투입을 감수하면서 잠수함을 자체 개발 및 건조하려는 것도 수중에서의 은밀성을 이용해 우수한 생존성, 기습 능력을 갖춘 잠수함이 중국에 대한 해군력의 양적 열세를 상쇄

---

225 대만은 마잉주의 총통 재선 이듬해인 2013년에 발간된 국방부의 『4년 주기 국방총검토』(四年期國防總檢討)를 통해 '혁신적인 비대칭'을 방위력 건설, 발전의 중심 개념으로 처음 제시했다. 김종하 · 김재엽(2016), pp. 127-128; 國防部四年期國防總檢討編纂委員會, 『中華民國102年四年期國防總檢討』(臺北: 國防部, 2013), p. 30.

226 William S. Murray, "Asymmetric Options for Taiwan's Deterrence and Defense," in Ming-chin Monique Chu and Scott L. Kastner eds, *Globalization and Security Relations across the Taiwan Strait: In the Shadow of China* (New York, NY: Routledge, 2015), pp. 68-69.

대만의 초음속 대함 미사일(왼쪽)과 공격용 무인항공기(오른쪽). '혁신적인 비대칭' 개념을 반영한다.

하는 데 효과적이라는 기대 때문이다.[227]

정밀유도무기를 비롯한 화력 부문에서도 '혁신적인 비대칭' 개념은 적용되고 있다. 역시 대만 해군에서 2010년대부터 전력화 중인 슝펑 3호 초음속 대함 미사일이 대표적인 사례다. 슝펑 3호는 사거리가 약 130km이며, 비행 속도가 음속 이하인 일반적인 대함 미사일보다 빠른 마하 2.5 이상의 속도로 비행할 수 있는 것이 특징이다.[228] 이를 통해 적 군함의 함대공 요격을 돌파 및 무력화하여 명중, 격침시킬 가능성을 높일 수 있다.

대만은 슝펑 3호를 비롯한 대함 미사일을 해군의 전투함정뿐만 아니라, 지상 기지에서도 배치, 운용하고 있다.[229] 이들 대함 미사일의 사거리를 200~300km 이상으로 연장시키는 계획도 진행 중이다. 이를 통해 대만과 주변 해역을 침범하려는 중국 해군의 전투함정을 보다 원거리에서, 다양한

---

227 대만 해군은 향후 건조, 배치될 잠수함들을 중국의 해상 봉쇄, 포위를 저지 및 분쇄하기 위한 임무에 운용한다는 계획이다. 김철문, "차이잉원 "잠수함으로 적국 군함의 대만 포위 저지할 것"," 「연합뉴스」, (2019년 5월 10일).

228 대만 외에 초음속 대함 미사일을 개발, 보유하는 국가로는 러시아, 인도, 중국, 일본 등이 있다. 한국도 2010년대부터 초음속 대함 미사일의 개발을 진행해 왔으며, 2020년대 중으로 전력화한다는 계획이다. 林書豪 外(2012), pp. 435-437; 최현호, "세계 각국의 최근 대함미사일 현황: 더 멀리 또는 더 빠르게…전략에 따라 달라지다," 「국방과 기술」, (2019년 3월), pp. 44-45.

229 대만 해군은 7개 중대로 편성된 지대함 미사일 부대를 운용한다. 이들은 동부와 남부, 북부, 그리고 펑후다오에 배치 중이며, 고정 진지와 차량 형태의 이동식 발사대에서 탑재, 발사된다. Easton(2017), pp. 224-225; p. 312.

수단을 이용하여, 전(全)방위적으로 차단, 저지할 수 있도록 한다는 것이다. 말하자면 대만이 중국의 해군력을 상대로 일종의 역(逆) 반(反)접근 · 지역 거부를 실행하려는 것으로 평가할 수 있다.

공격용 무인항공기의 개발도 주목된다. 대만은 2017년 '첸샹'(劍翔. 하늘을 나는 검)이라는 이름의 자국산 무인항공기를 공개하였다. 첸샹은 최고 시속 180km 이상의 속도로 비행하며, 장시간 체공하면서 지상에 노출된 적의 표적을 감시, 추적하거나 자폭 공격을 감행한다. 이 점에서 정찰기, 순항미사일을 결합한 형태의 무기라고 할 수 있다.[230] 특히 이동식 차량에서 대당 12대를 탑재, 출격시켜 집단적인 운용이 가능하다. 이를 통해 레이더 기지를 비롯한 적의 방공 부대, 해안에서 상륙을 시도하는 적 지상 병력을 파괴, 제압하는 데 효과적일 것으로 기대된다.

그리고 대만은 중국 영토를 겨냥하여 반격을 가할 수 있는 장거리 정밀타격 능력의 확보, 발전까지 추구하고 있다. 지난 2000년대에 슝펑 2호 대함 미사일을 기반으로 개발, 제작된 슝펑 2E호 순항 미사일이 대표적인 성과물이다. 슝펑 2E호는 사거리가 300~600km 이상으로 탄두 중량은 0.4톤가량이며, 중국 동남부의 주요 군사 기지, 도시를 공격권 내에 포함시킬 수 있다.[231] 현재 슝펑 2E호는 다른 지대공 미사일 부대들과 함께 공군의 방공 · 미사일사령부가 지휘통제를 담당하며, 2개 대대에 소속된 5개 이상의 중대에서 배치, 운용하고 있는 것으로 알려진다.[232]

또한 대만은 '완첸'(萬劍. 칼날 조각)으로 명명된 공대지 순항미사일도 개

---

230 이러한 첸샹의 기술적인 특징은 이스라엘이 개발한 공격용 무인항공기 '하피', '해롭' 등과 비슷한 것으로 평가된다. Gavin Phipps, "Taiwanese MND Showcases Its Latest Weapon Systems," *Jane's Defence Weekly*, (August 28, 2019), p. 8.

231 슝펑 2E호는 천수이볜이 총통으로 재임했던 2004년 개발에 성공했으며, 이후 마잉주 총통의 집권 시기인 2011년부터 '화력제압용 연안 배치 전술 미사일'(戰術性岸置火力制壓飛彈)이라는 명칭으로 전력화를 시작했다. 林書豪 外(2012), p. 433; Richard D. Fisher Jr., "Devising Deterrence: Taiwan Reviews Its Missile Programmes," *Jane's Intelligence Review*, (May 2018), p. 48.

232 Easton(2017), p. 315.

슝펑 2E호 순항미사일의 원형인 슝펑 2호의 발사 모습(왼쪽)과 완첸 공대지 순항미사일(오른쪽)

발, 배치하는 중이다. 완첸은 사거리 200km 이상으로 0.3톤 중량의 소형 자탄(子彈)들을 다수 장착하며, 공군의 징궈 전투기에서 탑재, 발사한다. 이를 통해서 적의 군사 기지, 특히 공군용 활주로와 지상 방공 전력을 광범위하게 파괴, 제압할 수 있는 것이 특징이다.[233] 완첸의 양산, 배치는 2010년대 초·중반부터 시작되었다. 대만이 슝펑 2E호의 사거리를 1,000km 이상으로 연장시키고, 동급 이상의 사거리와 더불어 훨씬 빠른 비행 속도를 통해 중국의 미사일 방어를 돌파할 수 있는 탄도미사일을 개발하여 중국 내륙의 주요 도시들(예: 베이징)까지 공격할 수 있는 능력을 확보하고 있다는 일부 언론의 보도, 주장도 있지만, 확인된 바는 없다.[234]

이러한 반격 능력은 대만이 중국의 침략에 맞서 소극적으로 방어를 실시하는 것에 그치지 않고, 방어의 성공과 직결되는 보다 적극적인 임무의 수행을 위한 능력을 제공할 수 있다. 여기에는 ① 중국의 군사력, 군사 시설을 비롯한 물리적인 침략 능력을 직접적으로 파괴, 제거하고, ② 중국이 일정 수준의 군사력을 대만의 반격에 대응하기 위한 방어 임무에 투입

233 완첸과 기술적으로 특징이 비슷한 무기로는 영국, 프랑스 등에서 도입한 유럽제 '스톰 섀도우' 공대지 순항미사일이 있다. Fisher Jr.(2018), p. 50.

234 만약 대만이 실제로 탄도미사일을 개발, 보유하고 있다면, 톈궁 계열 지대공 미사일을 기반으로 개조, 변형된 형태일 가능성이 높을 것으로 여겨진다. 대만 국립우주센터가 2000년대부터 제작, 발사하고 있는 연구용 로켓(일명 '대만형 관측 로켓'(臺灣探空火箭. 발사 고도 최대 300km)도 톈궁 계열을 변형시킨 것이다. Easton(2014), pp. 39-40.

하도록 강요하여 대만을 겨냥한 공격의 규모, 강도를 약화시키며, ③ 대만 침략을 위한 주요 군사 임무의 수행을 교란, 지연시켜 대만을 신속히 점령 및 장악하려는 중국의 의도를 거부하는 것이 포함된다.[235] 그리고 기존의 육·해·공 전력을 통해 영토와 주변 공간에서 중국의 침략을 격퇴하는 능력과 더불어, 분쟁 이전부터 중국의 침략 위협을 억지하기 위한 대만의 역량을 강화시킬 것으로 기대된다.[236]

그렇다면 '혁신적인 비대칭' 개념에 입각한 방위력의 확보, 발전은 대만의 군사전략에 어떠한 영향을 줄 것인가? 이에 관해서는 현재 대만 정부가 추구하는 국방전략을 살펴볼 필요가 있다. 차이잉원의 총통 취임 이듬해인 2017년 대만 국방부가 발간한 『4년 주기 국방총검토』는 국방전략의 상위 원칙으로 '방위고수, 다층억지'(防衛固守, 重層嚇阻)를 제시했다.[237] 전자는 대만이 군사력을 포함한 국력 요소의 총동원, 지리적인 이점의 활용 등을 통해서 적의 침략으로부터 영토를 방어하기 위한 시공간적 여유를 확보하고, 방위력의 지속성을 유지, 강화한다는 의미다. 그리고 후자는 지상, 해상, 공중, 그리고 사이버스페이스를 포함하는 다양한 영역에서 적이 군사적 위협을 가할 수 있는 능력을 거부 및 약화시켜 전쟁 억지를 달성할 것

---

235 흥미롭게도 중국군 내부의 평가, 문헌에서도 대만의 장거리 정밀타격 전력과 반격 능력 강화를 주목하고 있으며, 자신들의 대만 공격 수행에 상당한 제약을 가할 가능성이 있음을 인정하는 것으로 나타난다. Easton(2014), pp. 40-41; Easton(2017), pp. 221-223.

236 비록 대만 국방당국에서 공식적으로 인정한 바는 없지만, 대만의 정치권과 학계 일각에서는 중국의 군사 위협에 대한 억지 효과의 증대를 위해 ① 중국에 대한 선제공격, 혹은 ② 중국의 주요 도시와 비(非)군사 핵심 시설 등을 겨냥한 대량 보복을 공식 전략으로 채택해야 한다고 주장한다. 이러한 주장은 민진당을 비롯한 탈(脫)중국, 독립 성향의 인사들로부터 제기되고 있다. Chase(2008), pp. 116-121; Chen(2009), pp. 9-10; Alexander C. Huang, "Homeland Defense with Taiwanese Characteristics: President Chen Shui-Bian's New Defense Concept," in Andrew Scobell ed, *The Costs of Conflict: The Impact on China of a Future War* (Carlisle, PA: U.S. Army War College Strategic Studies Institute, 2001), pp. 137-146.

237 대만 국방부의 『4년 주기 국방총검토』는 마잉주가 총통에 취임한 이듬해인 2009년에 중기(中期) 단위의 국방정책 계획서로서 처음 발간된 것이다. 이후 2013년, 2017년에도 발간되었다. 國防部四年期國防總檢討編纂委員會, 『中華民國106年四年期國防總檢討』(臺北: 國防部, 2017), pp. 24-25.

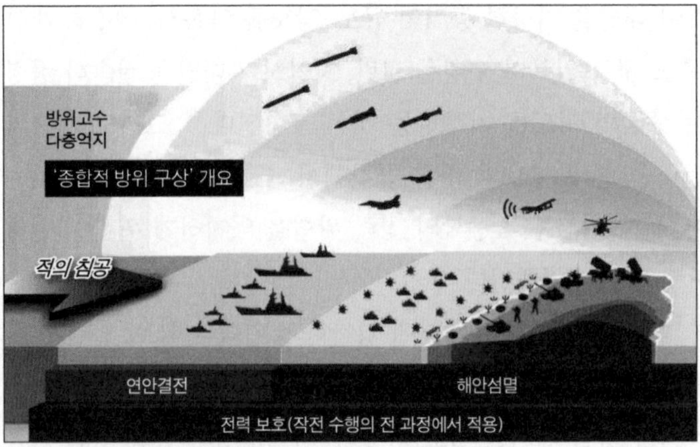

대만의 다층억지 전략 개념도(출처: 國防部國防報告書編纂委員會, 『中華民國108年國防報告書』(臺北: 國防部, 2019), p. 59)

임을 뜻한다.[238]

아울러 대만은 '방위고수, 다층억지'를 실행하기 위한 방위 전략 지침도 제시하였다. 이는 '종합적 방위 구상'(整體防衛構想)이라고 불리며, 다음의 3단계로 진행된다.[239] 첫째, 적의 초기 공격으로 인한 피해를 신속히 복원하고, 생존성을 확보하여 이후의 방어를 수행하기 위한 능력을 지속하는 '전력 보호'(戰力防護)다. 둘째, 대만해협과 주변의 특정 해 · 공역에서 우세한 수준의 전력을 동원, 집중시켜 적의 침공 능력을 결정적으로 약화 및 소모시키는 '연안결전'(濱海決勝)이다. 그리고 셋째, 대만 해안에서 상륙을 시도하는 적의 병력을 육 · 해 · 공군의 합동 전력으로 격멸하는 '해안섬멸'(灘岸殲敵)이다.[240] 대만 영토 밖에서의 작전을 통해 전쟁 수행의 주도권을 차지

---

238 國防部國防報告書編纂委員會(2019), p. 58.

239 대만군의 '종합적 방위 구상'은 리시밍(李喜明. 해군 대장)의 참모총장 재임 시절에 수립되었다. 楊孟立, "李喜明建構臺版ODC 兩岸不做軍備競賽," 「中國時報」, (2019年 3月 3日).

240 앞서 대만 국방부는 2017년도판 『4년 주기 국방총검토』에서 "전방에서 적을 억지하고, 해상에서 적을 요격하고, 연안에서 적을 제압하고, 해안에서 적을 섬멸한다"(拒敵於彼岸, 擊敵於海上, 毀敵於水際, 殲敵於灘岸)는 4단계의 방위 전략 지침을 제시했는데, 이후 3단계로 수정된 것이다. 國防部四年期國防總檢討編纂委員會(2017), p. 25; 國防部國防報告書編纂委員會(2019), p.

하고, 적의 침략을 내륙이 아닌 해안에서 최종적으로 제압, 분쇄한다는 점에서 상당히 적극적 · 공세적인 전략이라고 평가할 수 있다.

이러한 '방위고수, 다층억지' 원칙과 '종합적 방위 구상'에 입각한 군사전략을 뒷받침하기 위해, 대만은 다양한 부문에서의 전력 강화, 발전을 추진하고 있다. 여기에는 ① 감시와 정찰, 조기경보를 포함한 정보 수집, ② 방공 및 미사일 방어, ③ 주요 군사시설의 생존성 강화와 복구 능력 향상, ④ 전자 및 사이버 부문의 방호 강화, ⑤ 고속 기동 능력을 갖춘 소형 전투함정, ⑥ 적의 지상, 수상 표적을 제압하기 위한 정밀타격, ⑦ 상륙을 시도하는 적 병력을 해안에서 신속히 격멸할 수 있는 지상, 공중 화력 등이 포함된다.[241] 이들 대부분은 '혁신적인 비대칭' 개념을 반영한 것이다. 2017년 7월 대만군 참모본부 직속으로 사이버전의 수행을 위한 정보통신 · 전자전 사령부(資通電軍指揮部)가 창설된 것도 그 연장선상에 있다.[242]

오늘날 대만이 중국으로부터 직면한 위협은 대만 혼자만의 문제가 아니다. 정도의 차이만이 있을 뿐, 대부분의 동아시아 국가들이 공통적으로 당면하고 있는 안보 도전인 것이다. 특히 동북아시아와 동남아시아를 연결하는 해양 거점으로서의 지정학적 특성, 동아시아에서 정치 · 사회적 자유와 민주주의, 경제적 번영을 함께 달성해낸 대표적인 사례라는 상징성 등은 대만이 동아시아 지역의 안보질서에서 차지하는 중요성을 더욱 높이고 있다. 만약 중국의 위협으로 인해 대만의 생존, 번영이 위태로워진다면, 다른 역내 국가들의 안전에도 치명적인 결과를 가져올 것임에 분명하다. 바로 이 점에서 강대국 중국에 맞선 대만의 투쟁은 결코 외롭지 않다.

59.

241 國防部國防報告書編纂委員會(2019), pp. 65-66.

242 대만군의 정보통신 · 전자전 사령부 창설은 2016년 총통 선거에서 민진당이 사이버전 수행을 전담하는 독립 군종의 창설을 공약으로 제시한 것에서 유래했다. 涂鉅旻 · 鍾麗華, "資通電軍成軍 蔡總統: 捍衛數位國土,"「自由時報」, (2017年 6月 30日).

[에필로그]

한국 국방에 대한 시사점

지금까지 필자는 이스라엘, 스웨덴, 싱가포르, 호주, 대만 등 5개국의 군사력에 관하여 각자의 역사와 안보환경, 군사력의 현황, 군사전략, 방위산업, 그리고 현재와 장래의 군사적 도전들을 중심으로 서술했다. 필자가 이들 5개국을 이 책의 주제로 선택한 이유는 단순히 한국과는 아무 상관이 없는 나라들의 특수한 사례를 소개하기 위해서가 아니다. 이들은 모두 한국과 유사한 수준의 국력, 국제적인 지위를 차지하는 소위 '중견국가'다. 또한 인구와 영토를 비롯한 국력의 총량, 병력 규모 등이 우월한 주변 국가들을 상대로, 오랫동안 정치 · 군사적인 대립, 분쟁을 경험하고 있다는 점에서 한국과 매우 비슷한 안보환경에 놓여있다.

그러나 한편으로 이들 5개 중견국가는 강력한 국가와의 동맹에 안보를 전적으로 의존하기보다는 독자적인 방위력의 유지, 발전을 통한 자주국방을 강조 및 실천하고 있다. 이는 6.25 전쟁 이후의 지난 70년 동안 미국과의 동맹을 국가안보의 근간으로 지속해 온 한국에게 시사하는 바가 크다. 현재 한국도 전시 작전통제권(이하 전작권)의 전환으로 대표되는 자주국방의 구현, 달성을 위해 다양한 정책적인 노력들을 의욕적으로 기울이고 있기 때문이다.

그렇다면 오늘날 한국이 직면하고 있는 북한의 군사적 위협, 그리고 앞으로 보다 심각한 도전으로 다가올 중국과 일본, 러시아 등 주변 강대국에 의한 잠재적인 위협으로부터 스스로의 생존, 평화, 자유를 보장받기 위해서 추구해야 할 자주국방 차원의 과제는 무엇인가? 그리고 한국은 이 책을 통해 살펴본 5개 중견국가들의 경험, 사례로부터 어떠한 교훈을 얻을 수 있는가?

주요 교훈과 한국에의 적용

이 책에서 나타난 5개 중견국가들의 경험, 사례를 통해 도출할 수 있는 군사 부문의 교훈은 다음의 5가지로 나뉜다.

먼저 첫 번째, 국민과 영토의 안전을 효과적으로 보장하기 위한 능동적인 군사전략이다. 기존의 국경 및 방어선을 유지, 고수(固守)하거나 영토 이내에서 적 군사력의 침략에 저항하는 것뿐만 아니라, ① 군사력을 영토 주변의 해 · 공역, 혹은 상대방의 영토를 향해 투사(投射)하여 방어에 필요한 시공간적인 여유를 충분히 확보하며, ② 적 영토를 겨냥한 반격까지 수행하는 것이 주요 특징이다. 이를 통하여 단순히 적의 침략을 영토 밖으로 몰아내는 것으로 만족하지 않고, 전쟁 이후에도 국가안보를 보장하는 데 유리한 정치 · 군사적 조건, 즉 최종상태(end-state)의 달성을 추구하는 것이다.

이는 한국에게도 큰 중요성을 갖는다. 주지하듯이 한국은 6.25 전쟁 이래 70년 동안 현존하는 군사 위협인 북한과 약 250km의 휴전선(休戰線)을 경계로 대치하고 있다. 특히 한국의 인구와 경제력, 그리고 정치 · 사회적 주요 기능들이 밀집되어 있는 서울 등의 수도권 지역은 휴전선으로부터 불과 약 40km 이내에 위치한다. 아울러 한국의 지리적 터전인 한반도는 동 · 서 · 남쪽의 3면이 바다로 이어지며, 북쪽으로는 압록강과 두만강을 경계로 만주(滿洲), 연해주(沿海州)를 접한다. 이를 통해 역내의 주요 강대

한국 국방의 최전선들. 서해의 연평·백령도(왼쪽 위), 남해의 이어도(오른쪽 위), 그리고 동해의 독도(아래)

국인 중국, 일본, 러시아와 마주하고 있다.[1] 요컨대 한국은 북쪽의 휴전선에서 북한과 맞서는 동시에, 나머지 3면으로는 바다를 경유하여 주변 강대국들을 상대해야 하는 방어상의 취약성에 놓여있는 것이다.

만약 한국이 북한, 주변국의 침략에 맞서 휴전선 일대의 방어선을 유지하거나 영토 내부에서의 저항에 초점을 두는 수동적인 방어 전략에 의존한다면, 유사시 영토의 대부분이 적의 공격에 노출되고, 단기간 내에 다수 인구의 살상과 정치·경제·사회적 국력 기반들의 파괴, 손실로 이어질 위험성이 높다. 그 결과 적의 침공을 몰아낼 수는 있어도, 전쟁 이후의 생존, 번영은 기대하기 힘든 불리한 조건을 강요받을 수밖에 없다. 뿐만 아니라 적의 해·공군력에 의해 영토 주변이 봉쇄당하고, 주요 도서 지역(예: 독도(獨島))과 한반도 주변의 해양관할권이 위협을 받으면서 안보에 심각한 타격이 가해질 것이다.

따라서 한국은 적의 침략을 영토로부터 최대한 외부, 주변에서 저지

1 김종하·김재엽, 『국가안보전략, 어떻게 수립해야 하나?』(대전: 글누리, 2012), pp. 88-97; pp. 116-120.

및 분쇄하고, 무력 분쟁의 초기부터 방어와 반격을 동시에, 통합적으로 수행하는 능동적 · 공세적인 군사전략을 수립, 실행할 수 있어야 한다.[2] 이는 인구 대다수와 영토의 안전을 보다 효과적으로 보장하면서, 신속하게 전쟁 수행의 주도권을 회복, 확보하여 유리한 조건으로 전쟁을 끝내는 '생존과 번영이 보장되는 승리'를 달성하기 위한 것이다. 한국 국방부가 가장 최근에 발간한 2018년도판 『국방백서』에서 "'최단 시간 내의 최소 피해'로 전쟁을 조기에 종결하고, 승리를 달성한다"는 군사전략 목표를 명시한 것도 이러한 필요성을 반영한 결과다.[3]

두 번째, 능동적인 군사전략의 수행을 뒷받침할 수 있는 군사력의 건설, 확보다. 구체적으로는 ① 적의 기습적인 침략 시도를 저지, 분쇄하기 위한 조기경보를 제공하는 광역 정보수집 능력, ② 적의 침략에 맞서 신속하고 결정적인 반격을 가할 수 있는 장거리 정밀타격 능력, ③ 영토 너머로 군사력을 투사(投射)하기 위한 육 · 해 · 공 3군의 원거리 기동 능력, 그리고 ④ 적의 치명적인 공격(특히 대량살상무기) 위협으로부터 영토의 광범위한 안전을 제공할 수 있는 전략 차원의 방호 능력(예: 미사일 방어) 등이 포함된다.

한국은 지난 20세기 말까지만 해도 북한의 침략으로부터 수도권과 가까운 휴전선 일대의 전방 지역을 방어, 고수하기 위한 재래식 군사력의 건설에 치중해 왔다. 그러나 2000년대부터는 한반도 전체와 주변의 해역, 공역을 대상으로 군사력을 투사(投射)할 수 있는 능력까지 확보, 발전시키는데 주력하고 있다.[4] 이 점은 2018년도판 『국방백서』에서 제시된 "북한 및 잠재적 위협(특히 주변국의 군사력)을 포함한 전(全)방위 안보 위협에 유연하

---

2 김재엽, "한국형 공세방어 전략의 모색," 「국방연구」, 제56권 제2호 (2013년 6월), pp. 140-144.

3 국방부, 『국방백서 2018』(서울: 국방부, 2018), p. 36.

4 Robert Czulda, "Spotlight on the Republic of Korea: Modernising Armed Forces and Improving Interoperability," *Military Technology*, Vol. 41, No. 10 (October 2017), pp. 46-49.

게 대응할 수 있는 군사력의 건설" 방침에서도 나타난다.[5]

세 번째, 병력 구성의 정예화, 운용의 분업화다. 이는 주변의 정치 · 군사적인 분쟁 당사국들보다 인구, 병력의 규모가 작은 입장에서, 잠재적인 방위 역량을 최대한 발휘하기 위한 선택이다. 현역 정규군은 장교, 부사관 등의 간부급을 비롯한 직업군인을 중심으로 편성하고, 예비 전력은 일정 수준의 숙련도를 유지하는 가운데 유사시 신속하게 동원될 수 있는 다수의 병사들이 주축을 이루는 것이 특징이다. 이를 통해서 정규군은 영토의 외부, 주변을 포함하는 전방에서의 공세적인 임무 수행에 주력하여 평시의 전쟁 억지, 전쟁 초기의 신속한 승리를 달성한다. 한편으로 예비 전력은 영토 내부의 후방에서 방어 임무를 수행하여 적의 침략을 격퇴하고, 전방 병력의 손실을 보충해 장기간의 전쟁 지속 능력을 보장하는 것이다.

이러한 병력의 구성, 운용 방식은 한국에게도 유효한 방안이 될 수 있다. 한국 역시 저출산, 고령화 추세로 인한 병력의 감축이 불가피한 상황이기 때문이다. 이미 2018년 말을 기준으로 한국의 정규군 규모는 59만 9,000명까지 줄어든 상태다.[6] 지난 수십 년 동안 유지되었던 병력 60만 명대의 시대가 끝난 것이다. 심지어 정부는 오는 2020~2022년 사이에 현역 병사로 입대하는 대상자(주로 20세 남성 인구)의 수가 33만 3,000명에서 25만 7,000명으로 약 8만 명 감소하며, 그 결과 당장 2년 후인 2022년부터는 병력 규모가 총 50만 명으로 축소될 수밖에 없다고 밝힌 바 있다.[7]

이에 따라 한국도 국방개혁의 일환으로 병력의 구성, 운용 방식에 대한 개선을 추진하는 중이다. 예를 들어서 현재 군 병력에서 약 34%를 차지하는 간부급의 비중을 오는 2024년까지 이스라엘, 싱가포르와 비슷한

---

5 국방부(2018), pp. 35-36.

6 국방부(2018), p. 244.

7 뿐만 아니라 한국 여성의 1명당 출산율은 최근 2년(2018~2019) 연속으로 1명 미만을 기록, 세계에서 가장 낮은 수준으로 나타났다. 이는 한국이 장기적으로 적정 규모의 병력을 유지하기 위한 인적 자원을 확보하는 데 심각한 도전으로 작용할 것이다. 국방부(2018), p. 87; 윤병노, "가파른 인구 감소…병력 줄이고 전력 키운다,"「국방일보」, (2019년 11월 7일).

40% 이상으로 높이고, 특히 장기간 복무하는 중간 간부 인력을 확충한다는 것이다.[8] 또한 전쟁 초기에 전방 현역 부대의 병력 보충을 위해 우선적으로 소집되는 1급 예비 전력, 즉 '동원 예비군'의 대상자를 전역 후 4년에서 3년 이내로 조정하고, 전체 인원을 130만 명에서 95만 명으로 축소 및 정예화할 방침이다.[9] 그리고 2018년 4월에는 이들 동원 예비군의 전투 대비 태세를 유지 및 보장하고, 신속한 편성을 담당하는 육군 동원전력사령부가 창설되었다.[10]

네 번째, 육 · 해 · 공군의 합동성(Jointness)에 입각한 지휘통제 구조다. 국가의 생존 터전인 지상을 확보함으로써 결정적인 전과를 달성하는 육군, 군사력을 영토 밖까지 지속적이고 신속하게 투사(投射)하는 해군과 공군의 역할은 어느 쪽도 소홀히 할 수 없다. 때문에 육 · 해 · 공 3군의 전문성과 자율성을 보장하는 동시에, 전쟁 및 그에 준하는 정치 · 군사적 위기에서 이들 전력을 유기적이고 통합된 형태로 운용할 수 있는 지휘통제 체계는 전쟁의 억지, 승리를 달성하는 데 매우 중요한 역할을 하는 것이다. 이는 ① 군사력의 건설, 운용에 관한 의사결정이 특정 군종에 독점되지 않도록 예방하는 제도적인 장치, 그리고 ② 최고위 선임 장성(예: 이스라엘의 총참모장, 스웨덴의 총사령관, 싱가포르 · 호주의 국방총장, 대만의 참모총장)을 보좌하거나, 직접적인 지휘, 감독을 받는 방식으로 육 · 해 · 공군의 주요 작전 부대

---

8 이에 따라 군 당국은 현재 19만 8,000명가량인 간부급 인력을 20만 2,000명으로 확충한다는 방침이다. 그 가운데 3~4년 이하의 기간만 복무하는 하사급의 단기 · 초임 간부는 1만 1,000명 축소하는 대신, 장기간 복무하는 중 · 상사급의 중간 간부를 1만 5,000명 추가할 계획이다. 국방부(2018), p. 88; 국방부 국방개혁실, "국방개혁 2.0을 말한다: (4) 병력구조 개혁," 「국방일보」, (2019년 9월 26일).

9 아울러 전역 후 4~8년이 경과된 장병들은 후방 지역의 방어를 위한 일반 예비군(통칭 '향토 예비군')으로 편성된다. 일반 예비군은 주로 전방 지역 이남의 각 도(道)별로 배치된 예비 사단들을 구성하며, 육군 제2 작전사령부가 관할한다. 이들을 포함한 한국군 예비 전력의 전체 규모는 275만 명으로 현역 정규군의 4배 이상이다. 김철환, "동원자원, 규모 '최적화' 전투력 '최정예'로," 「국방일보」, (2018년 8월 10일).

10 국방부(2018), p. 104; 김철환, "육군동원전력사령부 창설…예비군 역사의 새로운 50년 시작," 「국방일보」, (2018년 4월 9일).

2019년 12월의 주요 지휘관 회의에 참석한 국방장관과 합참의장, 육 · 해 · 공군 참모총장. 지휘통제 체계의 합동성은 3군 균형의 제도적인 보장을 필요로 한다.

들에 대한 지휘통제를 전담하는 별도의 합동 지휘기구, 사령관을 필요로 한다.

한국도 3면이 바다로 둘러싸인 반도 국가로서, 육 · 해 · 공 3군의 합동성이 국가안보에서 갖는 중요성은 매우 크다. 그러나 6.25 전쟁 이래 북한의 군사적 위협에 대응하기 위한 노력이 강조되면서, 한국의 군사력 건설, 운용이 최대 군종인 육군에 편중되어 왔음은 부정할 수 없다. 역대 국방장관과 최고위 선임 장성인 합동참모의장(이하 합참의장)의 대다수가 육군 출신이었고, 방위력의 개선 및 발전을 위한 예산, 무기 도입에서도 육군이 높은 우선순위를 차지해온 것이다. 이는 오랫동안 한국군의 군사력 운용, 투사(投射) 범위를 한반도 이내로 한정시키고, 독자적인 전쟁 억지, 승리 능력의 발전을 저해하는 결과로 이어졌다.

이에 한국은 국방개혁의 주요 과제로서 지휘통제 구조를 포함한 군사 부문의 의사결정에 관한 합동성, 특히 육 · 해 · 공 3군 균형의 제도적인 보장을 강조하는 추세다. 합참의장을 비롯하여 합동참모본부(이하 합참) 내부의 주요 참모부서, 국방부 직할부대의 장성급 지휘관에 동일 군종 출신이 연속으로 임명되는 것을 금지하고, 합참의 주요 부서에서 장성 및 대령급

보직의 군별 구성을 1 : 1 : 1로 동일하게 조정한다는 것이 대표적이다.[11] 그리고 전작권의 전환 이후, 합참의장과는 별도로 육 · 해 · 공군의 주요 작전 부대들을 총괄적으로 지휘통제할 대장 계급의 사령관이 임명될 계획이다.[12] 앞으로 한국은 이러한 노력들을 기반으로 '합동군 사령부'(Joint Forces Command)를 중심으로 하는 합동 지휘통제 체계를 확립할 필요가 있다.

그리고 다섯 번째, 주요 무기체계를 독자적으로 연구 및 개발, 생산하는 방위산업 역량이다. 외부의 정치적 환경, 영향력에 좌우되지 않으면서, 스스로의 군사적 필요를 충족시키는 무기를 확보할 수 있는 능력은 자주적으로 군사력을 건설, 운용하는 데 필요한 기반을 제공하기 때문이다. 또한 주요 무기의 자체 연구개발, 생산을 포함한 방위산업의 수준은 정치 · 군사적인 적대, 경쟁 세력들과의 군사력 우열을 결정짓는 요인이 될 수도 있다. 이 점에서 독자적인 방위산업 역량이 갖는 안보 측면의 중요성은 더욱 커지는 것이다.

한국도 지금으로부터 50년 전인 1970년 국방과학연구소(ADD: Agency for Defense Development)의 설립을 시작으로 방위산업을 꾸준히 발전시켜 왔다. 특히 전자 및 정보통신, 조선, 자동차, 기계 공업을 비롯하여 세계적인 수준을 자랑하는 제조업을 바탕으로, 한국의 방위산업은 상당한 성장을 이룩해냈다. 오늘날 한국은 보유하고 있는 주요 무기의 70% 이상을 자체 개발, 생산하고 있으며, 군사 부문의 과학기술력은 세계 최강인 미국의 80%에 해당하는 세계 9위로 평가받는다.[13]

뿐만 아니라 한국의 방위산업 부문 수출은 지난 2006년의 2억 5,000만 달러에서 2017년 31억 2,000만 달러로 10배가 넘는 성장을 기록했다.

---

11 윤병노, "합참 · 국직, 육 · 해 · 공 동일 비율 편성…동일 군 연속 보직 금지," 「국방일보」, (2018년 7월 30일).

12 김귀근 · 이준삼, "한미, 미래연합군사령관 한국군 대장 임명 승인…연합사 평택 이전," 「연합뉴스」, (2019년 6월 3일).

13 국방기술품질원, 『국가별 국방과학기술 수준조사서』(진주: 국방기술품질원, 2018), pp. 22-29.

유럽에 수출된 K-9 자주포(왼쪽 위), 동남아시아에 수출된 '장보고'급 잠수함(오른쪽 위), 중동에 수출된 T-50 고등훈련기(아래). 한국 방위산업의 성장을 대표하고 있다.

2015~2019년 사이의 최근 5년 동안에는 한국이 세계 무기 수출의 2.1%를 점유해 세계 10위의 무기 수출국으로 도약하였다. 다시 말해서 한국의 무기 수출 규모는 앞선 2010~2014년 사이에 기록했던 것보다 무려 143%나 성장했으며, 이는 같은 기간 동안의 10대 무기 수출국들 가운데 단연 최고의 성장률이다.[14] 무기 수출의 대상도 동남아시아, 인도, 중동, 유럽, 남아메리카 등지로 확대되어 한국 방위산업의 경쟁력을 과시하였다.

그러나 한편으로는 여러 과제도 남아있다. 주요 무기체계 가운데 항공기, 감시 및 정찰 자산을 비롯한 일부 군사기술 부문에서는 여전히 미국, 유럽 등지의 군사 선진국들과 상당한 격차를 나타내고 있는 것이다.[15] 그 결과 한국은 해당 분야의 무기체계를 대부분 수입에 의존하는 입장이다. 뿐만 아니라 앞으로의 전쟁에서 그 중요성이 더욱 높아질 신종 특수 기술(예: 인공지능, 스텔스)에서도, 한국과 군사 선진국들 사이에는 엄연히 격차가 존재하고 있다. 한국은 현재와 장래의 전쟁 수행에서 핵심적인 비중을 차

14 국방부(2018), pp. 101-102; Pieter D. Wezeman et al, "Trends in International Arms Transfers 2019," *SIPRI Fact Sheet*, (March 2020), pp. 2-3.

15 국방기술품질원(2018), pp. 30-33.

지하게 될 이들 부문에 대한 기술력의 개선, 발전을 보다 적극적으로 추구해야 할 필요성이 절실한 것이다.

전작권 단상(斷想): 자주국방의 본질은 무엇인가?

"정신력은 체력의 보호 없이는 구호에 불과할 뿐이다."
- 드라마 〈미생〉(未生. 2014) 중에서

오늘날 한국의 국방, 군사 부문에서 가장 주목받는 정책 현안들 가운데 하나는 전작권 전환이다. 북한의 침략으로 6.25 전쟁이 발발한 직후인 1950년 7월 14일, 이승만 당시 대통령의 한국 정부는 더글라스 맥아더 미 육군 원수가 지휘하는 미군 중심의 UN군 사령부(UNC: United Nations Command)에 한국군의 작전지휘권을 위임하였다. 이후 오늘날까지 한반도에서 전쟁, 혹은 그에 준하는 정치 · 군사적 위기가 발생할 경우에는 주한미군 사령관(미 육군 대장)이 한국군과 주한미군에 대한 총괄적인 군령권을 행사하도록 되어 있다.[16] 지난 70년 동안 지속되어 왔던 이러한 미국 주도의 군 지휘통제 체계를 한국이 주도하는 형태로 재구축하는 것이 전작권 전환의 궁극적인 지향점이다.

지난 2018년 10월 31일에 개최된 제50차 한미 연례 안보협의회의(SCM: Security Consultative Meeting)에서는 정경두 한국 국방장관, 제임스 매티스 당시 미 국방장관이 승인한 양국의 『연합방위지침』이 채택되었

16 1953년 휴전 이후에도 주한미군 사령관이 UN군 사령부의 사령관 자격으로 한국군과 주한미군의 평 · 전시 지휘권을 모두 행사하는 체제는 지속되었다. 이후 1978년 11월 현재의 한미 연합사령부(CFC: Combined Forces Command)가 창설되어 UN군 사령부로부터 한국군, 주한미군의 지휘권을 이양받았다. 이에 따라 주한미군 사령관은 ① 한국군과 주한미군을 함께 지휘통제하는 한미 연합사령관, ② 한반도에서의 휴전 체제를 유지, 감독하는 UN군 사령관의 역할을 동시에 수행하고 있다. 그리고 1994년 12월에는 한국군 합참이 평시 작전통제권을 회복하였다. 장삼열 외, 『한미동맹 60년사』(서울: 국방부 군사편찬연구소, 2013), pp. 273-277.

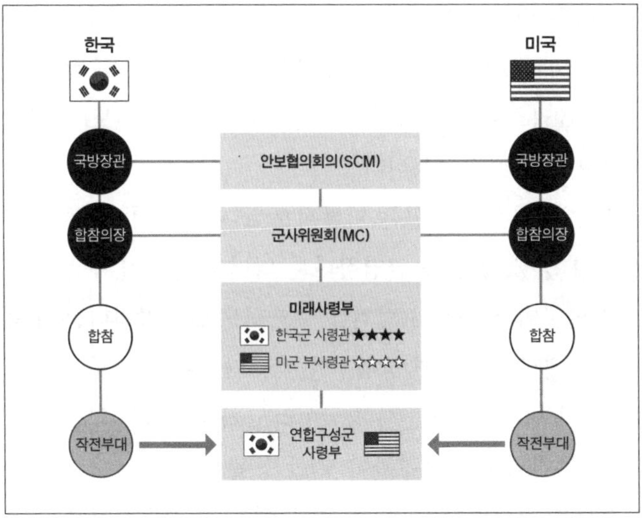

전작권 전환 이후의 한미 연합 지휘체계 구조도(출처: 국군 합동참모본부 홈페이지)

다. 한미 연합사령부로 대표되는 한국군, 주한미군의 연합 지휘체계를 유지하되, 이들 병력에 대한 작전통제권을 행사하는 연합사령관에 대장 계급의 한국군 장성을 임명한다는 것이 핵심 내용이다.[17] 아울러 한미 양국은 '한국군 주도-미군 지원' 형태의 새로운 연합 지휘체계를 적용한 지휘소연습(CPX: Command Post eXercise) 방식의 연합 군사훈련을 실시, 전작권 전환을 위한 한국군의 군사적 역량을 검증하는 계획에도 합의했다. 이에 따라 2019년 8월 11~20일에 1단계 관문인 '기본 작전능력'(IOC: Initial Operational Capabilities) 검증을 위한 한국군 주도의 한미 연합훈련이 진

17 앞서 설명했듯이, 전작권의 전환 이후에 임명될 한국인 연합사령관은 한국군 합참의장과는 별개의 장성이 맡을 예정이다. 주한미군 사령관은 앞으로도 대장 계급의 미군 장성이 임명되지만, 그 역할은 한국군이 주도할 새로운 연합사령부의 부사령관으로 바뀐다. 한편으로 한미 양국의 『연합방위지침』에는 주한미군의 지속 주둔, 미국의 방위 공약 이행을 재확인하는 내용도 포함되었다. 이는 전작권 전환이 한미 동맹의 약화로 이어질 가능성에 대한 일각의 우려를 불식시키기 위한 것이다. 국방부(2018), pp. 283-284; 이철재, "전작권 전환하면 한국군 대장이 사령관을, 미 대장이 부사령관 맡는다," 「중앙일보」, (2018년 11월 1일).

행되었고, 성공적이라는 평가를 받았다.[18] 앞으로는 2단계인 '완전 작전능력'(FOC: Full Operational Capabilities), 그리고 3단계로 '완전 임무수행능력'(FMC: Full Mission Capabilities)을 검증하기 위한 한미 연합훈련도 차례로 실시하여 전작권 전환을 진행할 예정이다.

현재 진행되고 있는 전작권 전환은 기본적으로 지난 수십 년 동안 한국이 이룩한 군사력의 성장, 발전을 반영한다는 의미로 풀이될 수 있다.[19] 또한 주권 국가로서 한국이 스스로의 방위를 주도적으로 책임진다는 대의(大義)에 부합한다는 점에서도 충분히 당위성을 갖는다.[20] 아무리 미국이 한국의 유일한 동맹국이자 세계 제1의 군사 강국이라고 해도, 병력 규모가 2만 8,000여 명에 불과한 주한미군의 사령관이 50만 명을 넘는 한국군 전체까지 연합사령관 자격으로 지휘한다는 것은 국민들에게 좀처럼 설득력을 얻기 어렵기 때문이다. 그러나 오늘날 한국이 직면하고 있는 엄중한 안보환경, 특히 북한에 의한 군사적 위협의 특징을 고려한다면, 전작권 전환의 진행은 단순히 대의명분만을 내세우는 것 이상의 노력을 필요로 한다.

북한은 세계 4위인 약 128만 명(육군 110만 명, 해군 6만 명, 공군 11만 명 포함) 규모의 정규군을 보유하고 있다. 주요 무기의 보유 수량에서도 북한은 탱크 4,300여 대, 장갑차 2,500여 대, 야포 1만 4,100여 문, 수상 전투함정 430여 척, 잠수함정 70여 척, 그리고 전투임무기 810여 대 등으로 한국보

---

18 당시 훈련은 한미 연합사령부의 부사령관인 한국군 대장이 임시 사령관을 맡아 진행되었다. 또한 한국군 합참차장과 주한미군 부사령관(미 공군 중장, 주한 미 제7공군 사령관 겸직)을 공동단장으로 하는 수십명 규모의 연합검증단도 참가했다. 박성진, "한・미 전작권 전환 검증 위한 '연합지휘소훈련' 돌입 · · · 한국군 대장이 사령관,"「경향신문」, (2019년 8월 12일).

19 김경환, "전작권 전환은 왜 필요한가?"「合參」, 제71호 (2017년 4월), pp. 104-105.

20 지난 2016~2018년에 주한미군 사령관을 역임한 빈센트 브룩스 미 육군 예비역 대장도 2019년 10월 한국에서 열린 세미나에 참석하여 "한국의 국방을 책임지는 세력은 주한미군이 아니다. 주한미군은 지원자일 뿐이며, 한국을 지키는 것은 한국군의 장병들임을 깨달아야 한다"고 역설했다. 이준삼, "브룩스 전 주한美사령관 "韓, 자주국방 · 동맹 사이서 진퇴양난","「연합뉴스」, (2019년 10월 15일).

다 양적으로 우세를 나타낸다.[21] 그러나 북한의 육 · 해 · 공군이 보유한 주요 재래식 무기들은 대부분이 한국군의 것보다 기술적으로 훨씬 노후화된 구식이다. 지난 2004년 8월 국방부 산하의 한국국방연구원(KIDA)이 발표한 남북한 재래식 군사력의 비교, 분석 지수에 따르면, 육군의 경우 한국이 북한의 80%, 해군은 90%로 다소 열세하거나 백중세이며, 공군은 103%로 북한을 앞서는 것으로 나타났다.[22] 남북한 군사력의 양적 격차를 고려한다면, 이는 한국의 재래식 군사력이 북한보다 질적으로 우월함을 반영한다.

여기에 경제력을 비롯하여 한국과는 비교가 안될 정도로 뒤떨어진 북한의 전반적인 국력 수준을 고려하면, 한국은 북한을 상대로 명백히 전쟁 수행 능력의 우위를 차지하는 것으로 평가된다.[23] 앞서 2019년에 실시된 한미 연합훈련을 통해 한국군 주도의 기본 작전능력이 충분한 것으로 검증된 점도 한국의 군사적인 저력을 반영한 결과라고 할 수 있다. 이러한 점들로만 판단한다면, 한국은 이미 전작권 전환을 위한 조건을 충족시킨 것처럼 여겨질 수 있을지도 모른다.

하지만 불행히도 북한이 한국을 상대로 가할 수 있는 군사상의 위협은 '규모는 크지만 낡아빠진' 재래식 군사력이 전부가 아니다. 북한은 한국에게 여전히 치명적인 수준의 인적, 물적 피해를 강요하거나, 그 가능성을 위협하여 정치 · 외교적인 굴복을 요구할 수 있는, 보다 위협적이고 가공할 만한 군사적 수단을 보유하고 있기 때문이다. 바로 대량파괴 능력이다.

---

21 구체적으로 북한은 한국보다 탱크가 약 1.9배, 야포는 약 2.4배, 수상 전투함정에서 4.3배, 잠수함정은 7배, 그리고 공군 전투임무기는 1.9배 이상을 많이 보유한 것이다. 북한 재래식 군사력의 현황에 관해서는 국방부(2018), pp. 22-25; p. 244; James Hackett and Mark Fitzpatrick eds, *The Conventional Military Balance on the Korean Peninsula* (London, UK: The International Institute for Strategic Studies, 2018), pp. 15-21을 참고.

22 이후에도 한국군이 각종 신형 무기들을 도입, 전력화한 것을 고려하면, 2020년 현재 시점에는 북한에 대한 재래식 군사력 지수의 격차가 더욱 좁혀졌거나 역전되었을 가능성이 매우 높다. 황대일, "南, 北에 비해 공군은 우세. 육 · 해군은 열세,"「연합뉴스」, (2004년 8월 30일).

23 2018년 기준으로 한국은 북한보다 인구 규모에서 2.1배, GDP에서 53.1배, 1인당 국민소득에서 25.7배, 무역 총규모에서 401배, 그리고 전력 발전(發電)량에서 22.9배의 우세를 나타내고 있다. 통계청,『2019 북한의 주요통계지표』(대전: 통계청, 2019), p. 12.

먼저 북한은 휴전선 일대의 전방 지역에 사거리 40~60km 이상의 장거리포 600여 문을 배치 중이다. 이들은 ① 170mm 자주포, ② 240mm 방사포(다연장 로켓포의 북한식 명칭), ③ 최대 사거리 150km의 300mm 방사포, 그리고 ④ 개량형 122mm 방사포 등으로 나뉜다.[24] 이를 통해 북한은 이론적으로 시간당 수만발의 포탄을 한국 인구의 절반이 거주하며, 정치 · 경제 · 사회 등의 주요 국가 기능이 집중된 수도권에 퍼부어 순식간에 대규모의 파괴, 살상을 일으킬 수 있는 것이다.

뿐만 아니라 북한은 탄도미사일을 비롯한 대량살상무기의 개발, 확보에도 골몰하고 있다. 현재 북한의 탄도미사일 전력은 발사대 수량을 기준으로 100여 대 규모로 추산된다.[25] 이들 가운데 휴전선 이남의 한국 영토 전체, 일본에 위치하는 주요 표적들을 공격할 수 있는 사거리 수백~1,200km가량의 '스커드', '로동' 계열 중 · 단거리 탄도미사일이 대다수를 차지한다. 심지어 북한은 2010년대 후반에 이르러 서태평양 지역에 배치된 미군 전력, 더 나아가 태평양 너머의 미국 영토까지 공격권에 포함하는 사거리 수천~1만km 이상의 장거리 탄도미사일을 차례로 시험 발사하여 세계를 놀라게 했다.[26] 이들은 북한이 개발, 보유하고 있는 핵무기와 화학 · 생물무기 등 각종 대량살상무기의 발사 수단으로 동원될 것이다.[27]

최근 북한이 한국을 직접 겨냥하는 대량파괴 능력의 기술적인 수준을

---

24 북한은 실전 배치를 진행 중인 소수의 300mm 방사포 외에 170mm 자주포, 240mm 방사포를 1,000문 이상 보유한 것으로 추산되며, 이들 가운데 330여 문이 수도권을 직접 공격할 수 있는 위치에 전진 배치된 상태다. 여기에 2016년부터는 사거리가 40km로 연장된 개량형 122mm 방사포가 휴전선 전방에 300여 문 배치되었다. 김두승 외, 『2016 동북아 군사력과 전략동향』 (서울: 한국국방연구원, 2017), pp. 145-146.

25 북한은 2010년대 초반부터 탄도미사일 전력을 관할하는 독립 군종으로 '전략군'을 창설, 운용하고 있으며, 병력 규모는 1만 명으로 알려져 있다.

26 북한의 탄도미사일은 ① 지상 배치형인 '화성'(火星) 계열, ② 2010년대 중반부터 그 존재가 공개된 잠수함 발사형 '북극성'(北極星) 계열로 구분된다. 북한 탄도미사일 전력의 현황, 평가에 관해서는 국방부(2018), pp. 25-26; SIPRI, *SIPRI Yearbook 2019: Armaments, Disarmament and International Security* (Oxford, UK: Oxford University Press, 2019), pp. 344-348을 참고.

27 북한의 핵무기 개발 능력에 관한 기술적인 평가, 논의는 SIPRI(2019), pp. 341-343을 참고.

2019년에 공개된 북한의 신형 탄도미사일 KN-23(왼쪽)과 KN-24(가운데), 대구경 방사포 KN-25(오른쪽). 한국을 겨냥한 대량파괴 위협의 기술적 진화를 보여준다.

발전시키고 있는 것도 주목해야 할 점이다. 이는 2019년 북한이 두 종류의 신형 탄도미사일, 400~600mm급 이상의 신형 대구경 방사포를 공개하고, 여러 차례의 시험 발사를 실시한 것에서도 나타난다. 이들 무기는 모두 사거리 300~600km 이상으로 한국 영토의 대부분을 공격할 수 있으며, 고체연료를 사용하여 신속하고 기습적인 공격 능력을 강화한 것이 특징이다.[28] 만약 북한이 이들을 동시 다발적으로 운용한다면, 한국의 방어 능력은 심각한 타격을 입을 것으로 우려된다.[29]

이러한 북한의 대량파괴 능력은 한반도에서 전쟁의 억지, 승리를 달성하기 위한 한국의 노력을 정면으로 위협하는 군사적 도전이다. 한국이 국력 총량의 압도적인 격차, 재래식 군사력의 우수한 질적 수준 등을 기반으로 차지하고 있는 북한에 대한 전쟁 수행 능력의 우위를 단기간 내에 무력화하고, 그리하여 북한의 무력 침략이 성공할 위험성을 높이기 때문이

28 스커드와 로동을 비롯하여 북한이 보유한 기존의 탄도미사일들은 액체 연료를 사용한다. 때문에 발사를 위한 준비 시간이 오래 소요되며, 그 과정에서 한미 연합 전력의 선제공격에 노출될 위험성이 높다. 북한의 신형 탄도미사일은 바로 이러한 약점을 최소화했다는 특징을 갖는다.

29 특히 2019년 5월과 7월에 시험 발사된 북한의 신형 탄도미사일(통칭 KN-23)은 지상 표적으로의 하강 단계에서 활공, 상승 등의 변칙적인 기동을 통해 요격 회피를 시도할 수 있는 것으로 확인되었다. 이 점에서 한국군과 주한미군이 배치하고 있는 미사일 방어 전력에 상당한 위협을 가할 것이라는 평가를 받는다. 권용수, "북한의 신형 전술유도무기(KN-23) 위협과 시사점," 「안보현안분석」, 제158호 (2019년 8월 31일), pp. 2-4.

다. 뿐만 아니라 북한이 한국을 상대로 기습적 · 제한적인 재래식 군사 도발(예: 2010년의 천안함 피격 사건, 연평도 포격전)을 가한 후에도, 한국에게 확전으로 인한 추가적인 대규모 파괴, 살상의 위험 부담을 강요하여 반격, 응징을 포기하도록 압박하는 데 악용될 수 있다. 그 결과 북한이 평시부터 한반도에서의 정치 · 군사적 주도권을 장악하고, 한국은 북한에게 '평화'로 포장된 굴종을 통해 자비를 애걸해야 하는 불리한 처지를 강요받을 것이다. 이는 탱크나 군함, 전투기와 같은 기존의 재래식 무기를 추가로 확보하는 방식으로는 결코 극복할 수 없는 성격의 위협이다.

그동안 한국은 북한의 대량파괴 위협을 억지, 분쇄하기 위한 군사적 능력의 대부분을 세계 최강의 군사력을 자랑하는 동맹 미국의 방위 공약에 의존해 왔다. 여기에는 ① 북한이 보유한 대량파괴 관련 전력의 동향을 감시, 추적하여 조기경보를 제공하는 고성능의 정보 수집 자산, ② 대량파괴 능력의 사용을 앞세운 북한의 군사적 도발, 침략에 신속하고 결정적인 반격 및 응징을 가할 수 있는 장거리 타격 전력(예: 항공모함, 원자력 잠수함, 폭격기), 그리고 ③ 휴전선 이북의 북한 영토로 진격하여 북한 정권을 제거하고, 한국 주도의 통일을 달성할 수 있는 대규모의 병력 증원 등을 포함한다.[30]

한국이 지난 70년 동안 '군사 주권, 자주성의 침해'라는 비판에도 불구하고, 미국 주도의 연합 지휘체계를 수용해 왔던 것도 이를 배경으로 한 결과였다. 다시 말해서 주한미군 사령관이 유사시 한미 연합사령관의 자격으로 한국군 병력 전체에 대한 군령권을 행사하는 대가로, 미국에게 북한의 군사적 위협(특히 대량파괴 능력)을 억지, 격퇴하기 위해 압도적인 수준의 군사력을 동원해야 할 책임도 함께 부과한 것이다. 그런데 앞으로 전작권의 전환에 따라 '한국군 주도-미군 지원' 형태의 연합 지휘체계가 성립된다

30 한반도 유사시에 미국이 동원할 수 있는 육 · 해 · 공군 증원 전력의 규모는 최대 69만 명 수준인 것으로 알려진다. 여기에는 군함 160여 척, 항공기 2,000여 대 등이 포함된다. 국방부(2018), p. 46.

면, 한반도에서 전쟁 억지, 승리를 보장할 수 있는 수준의 군사력을 제공하기 위한 미국의 정치적인 책임, 의지가 이전보다 약화되고, 그로 인해 미국의 한반도 방위 공약 제공에 대한 불확실성도 높아지는 것이 불가피하다.[31] 한국은 전작권 전환으로 그러한 위험 부담, 대가를 감수해야 한다는 점을 반드시 유념해야 할 것이다.

따라서 한국의 전작권 전환은 지금까지 북한에 의한 위협, 특히 장거리포와 탄도미사일을 비롯한 대량파괴 능력에 맞서기 위해 미국에게 의존해 왔던 군사상의 주요 역량을 한국이 독자적으로 확보, 운용하는 것을 전제로 진행되어야 한다. 단순히 재래식 군사력 차원에서 북한의 침략을 방어, 격퇴할 수 있는 수준으로 만족하거나, 그 정도면 충분히 전작권 전환이 이루어질 수 있다고 안심해서는 결코 안된다. 한미 양국이 지난 2014년 10월 23일 제46차 SCM에서 합의한 '조건에 기초한 전작권 전환' 원칙에 "북한의 대량살상무기 위협에 대한 한국군의 대응 능력 확보"가 주요 조건으로 포함된 것도 이 점을 반영하고 있다.[32]

이미 한국은 지난 2000년대 후반부터 비핵(非核) 전력을 중심으로, 북한의 대량파괴 위협을 독자적으로 억지 및 분쇄하기 위한 능력의 발전, 강화를 추구하고 있다.[33] 이들 전력은 다음의 3개 분야로 구성된다. 첫째, 북한이 보유한 대량살상무기 관련 전력을 신속하고 지속적으로 탐지, 식별,

31 임길섭 외, 『국방정책 개론』(서울: 한국국방연구원, 2020), p. 476.

32 또한 "한국군이 연합 방위를 주도할 수 있는 핵심적인 군사 능력의 구축", "전작권 전환의 안정적인 이행에 부합하는 한반도와 지역 안보환경의 조성"도 주요 조건에 포함되었다. 이들 가운데 전자는 재래식 군사력을 기반으로 하는 전쟁 수행 능력을, 후자는 한반도 비핵화의 진전을 비롯하여 전작권 전환 과정에서의 정치 · 외교적 안정을 각각 뜻한다. 김정수, "전시작전통제권과 한미동맹의 변화," 「국방연구」, 제59권 제1호 (2016년 3월), pp. 37-38.

33 미국은 지난 1978년의 제11차 SCM을 통해 한반도에서의 전쟁 억지를 위한 핵 보복 능력의 동원, 즉 '핵우산'(核雨傘: nuclear umbrella)을 제공할 것임을 처음 공식화했으며, 이후에도 이 점을 재확인해 왔다. 아울러 한국은 1991년의 「한반도 비핵화 선언」을 통해 핵무기의 제조, 보유, 저장, 배치, 사용을 배제한다는 정책 기조를 유지하고 있다. 이러한 점들 때문에, 한국은 북한의 대량살상무기 위협에 대응하기 위한 군사적 노력에서 비핵 전력의 역할을 강조하고 있는 것이다. 김재엽, 『한국의 핵무장』(파주: 살림, 2017), pp. 104-113.

추적하면서 표적 정보를 제공하는 광역 정보수집 능력이다. 둘째, 북한의 대량파괴 능력과 이를 운용하는 지휘통제 체계를 파괴, 제거하기 위한 장거리 정밀타격 능력이다. 그리고 셋째, 탄도미사일을 비롯한 북한의 대량파괴 위협으로부터 국민 대다수와 영토의 생존성을 보장하고, 피해를 최소화할 수 있는 미사일 방어 등 전략 차원의 방호 능력이다.[34]

이들 가운데 한국은 장거리 정밀타격 능력의 증강, 발전에서 상당한 성과를 달성해냈다. 한국은 최근 수년 동안 '현무'(玄武)라는 명칭의 국산 미사일을 개발, 배치 중이다. 여기에는 ① 사거리 300~800km의 탄도미사일, ② 사거리 500~1,000km 이상의 순항미사일이 포함된다. 또한 사거리가 300km에 달하는 유럽제 '타우러스' 공대지 순항미사일도 도입하고 있다.[35] 이는 휴전선에서 멀리 떨어진 한반도 중 · 남부 지역에서도, 북한 내부에 위치하는 다수의 대량살상무기 관련 표적들을 신속히 제거하여 유사시 한국이 전쟁 수행의 주도권을 조기에 확보할 수 있는 능력을 제공할 것이다.

한국군은 이들 미사일을 육군의 지상 발사대 60여 대, 해군이 보유한 구축함급 수상전투함과 잠수함, 그리고 공군의 F-15K '슬램 이글' 전폭기 59대 등을 사용하여 동시 다발적으로 탑재, 발사할 수 있다.[36] 이는 북

---

34 해당 전력은 ① 북한의 대량살상무기 관련 전력을 찾아내어 신속히 제거하는 '킬 체인'(Kill Chain), ② 북한에서 발사된 탄도미사일을 요격하는 '한국형 미사일 방어체계'(KAMD: Korea Air and Missile Defense), 그리고 ③ 북한의 정치 · 군사 지도부를 직접 제압하는 '한국형 대량응징보복 체계'(KMPR: Korea Massive Punishment and Retaliation)로 구분되며, 일명 '3축 체계'라고 불린다. 국방부는 2019년부터 3축 체계 대신 '핵 · 대량살상무기(WMD) 대응 체계'라는 용어를 사용하고 있으며, 킬 체인과 KMPR도 '전략적 타격 체계'라는 용어로 통합되었다. 국방부(2018), pp. 53-54; 이주원, "'킬 체인' 용어 7년 만에 사라져…전방위 '핵 · WMD 대응 체계'로," 「서울신문」, (2019년 1월 11일).

35 Hackett and Fitzpatrick eds(2018), pp. 36-37.

36 한국 해군은 VLS에서 척당 10여 발의 순항미사일을 탑재, 발사할 수 있는 '충무공 이순신'(배수량 4,400톤)급 구축함 6척, 역시 VLS를 통해 척당 30발 이상의 순항미사일 탑재, 운용 능력을 갖춘 세종대왕급 이지스 구축함 3척, 그리고 533mm 어뢰 발사관 8문에서 순항미사일을 탑재, 발사하는 '손원일'(수중배수량 1,800톤)급 잠수함 9척을 보유하고 있다. IISS, *Military Balance 2019* (London, UK: Routledge, 2019), pp. 284-286.

한이 보유한 탄도미사일 전력과 동급 내지 이상의 규모다. 아울러 한국은 수도권을 노리는 북한의 장거리포 위협에 대응하기 위해 육군의 자주포와 다연장 로켓포, 공군의 공대지 정밀유도무기 등을 적극적으로 확충하고 있다. 여기에는 갱도화된 휴전선의 북한 장거리포 진지를 파괴할 수 있는 강력한 관통 탄두를 장착한 '한국형 전술 지대지 미사일'(KTSSM: Korean Tactical Surface-to-Surface Missile)도 포함된다.[37] 이를 통해 유사시 북한 장거리포의 위협을 제거하는 데 소요되는 시간을 최대한 단축시킬 수 있을 것으로 기대된다.[38]

이러한 장거리 정밀타격 능력은 한국이 평시부터 북한에게 대량파괴 능력을 앞세운 군사적 도발, 침략이 성공할 수 없을 뿐만 아니라, 정권의 생존이 위협받을 정도의 강력한 응징 및 반격으로 이어질 것임을 확신시켜 독자적으로 전쟁의 억지, 승리를 달성하는 데 기여할 것이다. 하지만 장거리 정밀타격 능력의 유효성을 뒷받침하기 위해서 필수적으로 요구되는 광역 정보수집 능력, 그리고 북한의 탄도미사일 공격에 대한 방어 능력은 아직 미흡하다는 평가를 받는다. 이에 한국은 이들 2개 부문의 전력을 개선, 발전시키는 데 많은 노력을 기울이는 중이다.

광역 정보수집 능력의 경우, 한국은 미국제 RQ-4 '글로벌 호크' 고(高)고도 정찰용 무인항공기의 도입, 국산 중(中)고도 정찰용 무인항공기의 개발을 진행하고 있다.[39] 이들은 고도 10~20km 이상의 상공에서 24시간

---

37 2017년에 처음 공개된 KTSSM 미사일은 사거리가 200km 이하이며, 오는 2021년부터 실전배치에 돌입할 계획이다. 육군은 야전군급의 지상작전사령부(2019년에 종전의 제1, 제3 야전군사령부를 통합하여 창설) 직속으로 KTSSM 미사일을 운용하는 화력 여단을 편성, 북한의 장거리포 위협에 대응하는 임무를 수행할 계획이다. 김귀근, "軍, '장사정포 킬러' 전술 지대지 유도무기 2021년께 전력화,"「연합뉴스」, (2019년 8월 12일).

38 군 당국은 현재의 전력으로 북한이 전진 배치한 장거리포를 제압하는 데 2~3일가량이 소요될 것으로 평가하며, 이를 하루만에 완료할 수 있도록 관련 전력을 확충한다는 계획이다. 김민석, "미국의 대북 선제타격 시 한반도 가상 시나리오,"「중앙일보」, (2017년 7월 14일).

39 글로벌 호크는 SAR 레이더 등의 고성능 정보수집 장비를 탑재하여 약 200km 이내의 범위에서 해상도 0.3m 수준의 영상 정보를 실시간으로 수집 및 제공하며, 최대 30~40시간 이상을 체공할 수 있다. 한국 공군은 2019년 12월 미국에서 제작된 첫 번째 글로벌 호크를 인도받았으

한국이 도입하고 있는 미국제 고고도 정찰용 무인항공기 '글로벌 호크'(왼쪽)와 탄도미사일 요격을 위한 국산 중거리 지대공 미사일 '천궁'(오른쪽). 광역 정보수집, 미사일 방어 능력을 구성한다.

가량을 비행하면서 평양과 주변 지역, 그리고 휴전선 일대의 전방에 배치되는 북한 군사력의 움직임을 지속적으로 감시, 정찰할 수 있다. 또한 '아리랑' 계열로 알려진 기존의 다목적 실용위성 3개에 더하여, 총 5개의 군사 정찰위성을 개발 및 발사하는 '425 사업'도 진행 중이다.[40] 이를 통해 한국은 평양 이북의 후방을 포함한 북한의 전 지역에 배치된 주요 군사 표적들을, 주·야간과 날씨에 구애받지 않고 독자적으로 탐지, 식별, 추적하면서 장거리 정밀타격 임무의 수행을 지원하는 능력을 확보할 것이다. 한국은 이들 정보수집 자산을 2020년대 초·중반까지 전력화한다는 방침이다.

한국의 미사일 방어 능력 확보는 2000년대 후반 미국제 PAC-2 지대공 미사일의 도입으로 시작되었다. 현재 한국 공군은 PAC-2를 탄도미사일 요격 기능에 특화된 직격 파괴 방식의 PAC-3로 교체, 개량하는 계획을 진행하고 있다. 기존의 PAC-3보다 사거리가 증대된 개량형 PAC-3(일명

며, 2020년 중으로 총 4대의 도입을 완료할 계획이다. 김재한, "공군 글로벌 호크 인수. 정찰능력 대폭 강화 전망,"「월간 항공」, (2020년 1월), pp. 12-15.

40 아리랑 계열의 다목적 실용위성 개발 사업은 1999년 아리랑 1호의 발사로 시작되었으며, 현재 해상도 1m 이하의 영상정보를 수집할 수 있는 3개(전자광학 방식의 3호, 적외선 방식의 3A호, SAR 레이더 방식의 5호)의 위성이 운용 중이다. 425 사업으로 개발될 총 5개(SAR 레이더 방식 4개, 전자광학 및 적외선 방식 1개)의 정찰위성은 군 당국에서 직접 운용한다. 정성훈 외, "감시정찰용 지구관측위성 개발 동향 및 발전 방향,"「국방과 기술」, (2016년 4월), p. 84.

'진화식 요격 미사일'(MSE: Missile Segment Enhancement))의 도입도 결정되었다.[41] 아울러 국산 중거리 지대공 미사일 '천궁'(天弓)을 탄도미사일 방어용으로 개량, 발전시킨 요격 미사일의 개발에도 성공하여 양산 및 배치를 진행 중이다.[42] 그리고 2017년부터 주한 미 육군 소속으로 경상북도 성주에 배치된 THAAD와 동급의 사거리, 고고도 요격 능력을 갖추는 국산 장거리 지대공 미사일(L-SAM)의 개발을 추진하고 있다.[43]

이들 전력의 도입은 북한의 각종 탄도미사일을 요격할 수 있는 기술적인 기회, 가능성을 최대한 확보하여 방어의 성공을 보장하는 다층화된 미사일 방어 능력을 구현하기 위한 것이다. 한국은 중·저고도에서의 미사일 방어를 위한 PAC-3와 천궁의 탄도미사일 요격형을 2020년대 초반, 고고도 요격을 위한 L-SAM은 2020년 중·후반까지 각각 전력화할 계획이다.

한국 내에서 진보, 혹은 자주를 자처하는 상당수의 식자(識者)들은 미국이 주도하는 기존의 연합 지휘체계가 "한국의 군사 주권, 외교·안보 부문의 자주성을 제약하고, 독립 국가로서의 자긍심을 훼손하는 수치이자 비정상적인 상태"라고 비판하며, 전작권의 조속한 환수를 통해서 이를 바로

---

41 개량형 PAC-3 지대공 미사일의 사거리는 40km 이상으로 기존 PAC-3의 2배에 달하며, 이를 통해서 적의 탄도미사일을 보다 높은 고도에서 요격할 수 있다. 특히 미사일 방어에 대한 회피 기동을 시도할 수 있는 북한의 KN-23 신형 탄도미사일에 대응하기 위한 능력을 향상시킬 것으로 기대된다. 주한미군의 지대공 미사일 부대들도 개량형 PAC-3의 배치를 완료하였다. 변지희, "軍, 사거리 2배 더 긴 신형 PAC-3 구매한다," 「조선일보」, (2018년 11월 8일).

42 천궁 중거리 지대공 미사일은 노후화된 미국제 호크 미사일을 대체하기 위해 러시아의 기술을 도입하여 개발되었으며, 2010년대 중반 사거리 50km의 항공기 요격형을 양산, 배치하기 시작했다. 2016년부터는 탄도미사일 방어용으로 개발된 개량형 천궁의 실사격 요격 시험이 성공적으로 실시되었고, 2017년 개발 완료를 발표했다. 개량형 천궁도 미국제 PAC-3처럼 직격 파괴 방식으로 탄도미사일을 요격하며, 요격 고도는 PAC-3와 비슷한 약 20km다. 정윤식, "방공 유도무기의 발전 및 동향," 「국방과학기술정보」, (2018년 11·12월), p. 14.

43 L-SAM은 적의 탄도미사일을 PAC-3, 천궁보다 높은 50~150km의 고도에서 요격할 수 있도록 개발될 계획이다. 오는 2024년까지 L-SAM의 시제품을 제작하고, 2028년까지는 양산 및 배치를 완료하는 것이 군 당국의 목표다. 정윤식(2018), p. 14; 맹수열, "항공기·탄도탄 위협 방어…L-SAM 체계개발 '탄력'," 「국방일보」, (2019년 12월 5일).

잡아야 한다고 주장한다.[44] 그러나 필자의 견해는 다르다. 한국이 진정으로 부끄러워해야 할 일은 '외국인 사령관에게 군 전체의 지휘권을 맡기는 것'이 아니라, '전쟁의 억지, 승리를 위한 핵심적인 능력을 외국에 의존하고 있는 것'이다. 북한이 미국의 항공모함, 폭격기보다 한국의 군사력을 더욱 두려워하여 감히 한반도에서 전쟁을 일으키지 못하도록 만들 수 있다면, 전작권 전환이 지향하는 '자주적인 군 지휘통제 체계'는 아주 자연스럽게 실현될 것이다.

만약 일각의 주장처럼 군의 지휘통제에 관한 외국의 법적 · 제도적인 개입, 제약을 없애는 것이 자주국방의 핵심이라면, 과거 베트남 전쟁 말기의 남베트남도 자주국방을 했다고 말할 수 있을지 모른다. 1973년 미국이 북베트남과의 평화협정을 통해 베트남에서 모든 병력을 철수했고, 남베트남은 미국의 간섭 따위는 받을 필요도 없이 스스로 군을 지휘통제할 수 있었으니 말이다. 하지만 남베트남은 그로부터 채 2년도 안된 1974년 12월부터 시작된 북베트남의 침략으로 무력하게 붕괴되기 시작했고, 4개월 후인 1975년 4월 30일 패망하고 말았다.[45] 남베트남의 패망은 독자적인 전쟁 억지, 승리 능력을 전제로 하지 않는 자주국방이란 '신뢰할 수 있는 안보 · 국방전략'이 아닌 '공허한 정치 구호', 더 나아가 '국민과 국가의 안전을 담보로 하는 자해, 혹은 자살 행위'에 불과함을 명백히 보여준다.

자주국방의 실현을 위해 반드시 요구되는 핵심적인 요소(즉, '필요조건')

---

44 전작권 전환을 주권, 자주성 측면에서 접근 및 강조하는 관점과 논의로는 백종천, 『한반도 평화안보론』(성남: 세종연구소, 2006), pp. 208-212; 이종석, 『칼날 위의 평화: 노무현 시대 통일외교안보 비망록』(고양: 개마고원, 2014), pp. 70-72; pp. 140-141을 참고.

45 1973년 미국의 베트남 철수 당시, 남베트남은 총 57만 명 이상의 정규군을 포함하여 외견상 북베트남보다 우세한 군사력을 보유했다. 그러나 남베트남군은 미국으로부터 상당 규모의 무기를 넘겨받았을 뿐, 이를 효과적으로 운용하기 위한 군사전략이나 보급, 관리 체계를 갖추지 못하여 북베트남과의 전투에서 졸전을 거듭했다. 뿐만 아니라 내부의 정치 · 사회적인 불안정, 부정부패의 만연, 북베트남을 추종하는 공산 게릴라 '남베트남 민족해방전선'(통칭 '베트콩')의 준동 등도 남베트남의 패망에 결정적인 요인으로 작용했다. 최용호, 『한권으로 읽는 베트남 전쟁과 한국군』(서울: 국방부 군사편찬연구소, 2004), pp. 114-120; pp. 452-457.

1975년 4월 30일 남베트남의 패망 순간. 독자적인 전쟁 억지, 승리 능력의 뒷받침이 없는 자주국방은 허구일 뿐이다.

은 바로 '전쟁 억지, 승리 능력의 자립'이다. 이에 비하면 외국의 간섭을 받지 않는 군 지휘통제 체계의 확립은 자주국방을 구성하는 여러 요소들 가운데 하나(즉, '충분조건')일 뿐이다. 한국은 앞으로의 전작권 전환이 북한의 군사적 위협, 특히 대량파괴 능력을 독자적으로 억지, 분쇄할 수 있는 역량의 확보 및 발전 수준을 반영하여 검증, 진행될 수 있도록 보장해야 한다. 이들 능력의 확보가 완비(完備)되지 않은 상태에서 국내 정치적 동기, 혹은 이념적인 선입견을 앞세워 전작권의 전환 여부, 시기에 관한 결정이 이루어지는 일은 결코 없어야 할 것이다.

오늘날 전작권의 전환을 놓고 벌어지는 한국 내부의 논란, 비판은 이를 위한 정부와 군 당국의 정책적 노력들이 과연 충분한 준비를 토대로 진행되고 있는가에 대해 국민들에게 확신을 주지 못하고 있기 때문에 나타나는 현상이다. 북한의 군사적 위협에 대한 독자적인 억지, 승리 능력의 확보에 바탕을 둔 '준비된 전작권 전환'이라면, 반대하거나 두려워할 이유가 전혀 없다. "전작권을 가진 군대"를 원한다면, 먼저 "전작권을 감당할 수 있는 군대"부터 만들어야 한다.

'동맹 만능주의'의 환상에서 벗어나자

"독자적인 무력을 갖추지 못한 국가는 안전하지 못하다. 위기 상황에서 스스로를 지킬 능력이 없고, 전적으로 운에 의존해야 하기 때문이다."
"자국이 직접 통제할 수 있으며, 자국의 힘에 기반을 둔 방어책만이 효과적이고 확실하며, 믿을 수 있는 대안이다."

- 니콜로 마키아벨리의 『군주론』 제13장, 제24장 중에서

지금까지 한국의 국가안보에서 세계 최강대국인 미국과의 동맹이 매우 큰 비중을 차지해 왔음을 부정하는 이는 드물 것이다. 과거 19세기 말에서 20세기 초의 국권 침탈 과정과 비교하면, 이 점은 더욱 확연히 드러난다. 당시 한국은 믿을만한 동맹국 하나 없이 중국 청 황조, 제정(帝政) 러시아, 일본 등 주변 강대국의 세력 경쟁에 노출되었고, 청일전쟁(1894~1895)과 러일전쟁(1904~1905)에서는 이들의 전쟁터로 전락하는 수모를 겪었다. 그리고 1910년에는 끝내 일본에 병합당하면서 35년 동안 식민 지배를 받아야 했다.

반면 일본의 식민지에서 벗어난 지 5년, 대한민국 정부의 수립으로부터 불과 2년 후인 1950년 북한의 침략으로 발발한 6.25 전쟁에서 한국은 미국의 참전으로 간신히 살아남을 수 있었다. 또한 1953년의 휴전 직후에는 『한미 상호방위조약』(韓美相互防衛條約)의 체결로 한미 양국이 정식으로 군사 동맹 관계를 수립했으며, 주한미군의 배치를 포함하는 미국의 방위 공약이 지속되어 왔다.[46] 한국은 이러한 미국과의 동맹 관계를 기반으로 전후의 재건, 경제 건설에 주력하여 북한과의 체제 경쟁에서 승리했으며, 오늘날 세계 10위권의 경제력, 1인당 국민소득 3만 달러를 자랑하는 국제사회의 주요 국가들 가운데 하나로 도약할 수 있었다. 이는 한국의 안보, 번영에서 미국과의 동맹이 갖는 가치를 단적으로 보여준다.

---

46 『한미 상호방위조약』의 체결 과정에 대해서는 장삼열 외(2013), pp. 58-63을 참고.

혹자는 "왜 굳이 강대국과의 동맹에 얽매여 자주성을 희생시켜야 하는가? 차라리 비동맹, 중립을 통해 자주성과 안보를 함께 달성하는 편이 낫지 않은가?"라고 반문할지도 모른다. 언뜻 그럴듯하게 들릴 수 있는 주장이다. 이 책에 등장하는 스웨덴, 싱가포르의 사례처럼 비동맹, 중립 노선에 기반을 둔 외교 및 안보전략을 추구하고 있는 국가들도 분명 존재한다. 하지만 필자는 한국의 국가안보를 위한 선택으로서 비동맹, 중립 노선이 적합하지 않다고 믿는다. 그 이유는 무엇인가?

스웨덴이나 싱가포르를 비롯하여 비동맹, 중립 노선에 입각한 안보전략을 채택 및 유지하는 국가들은 공통적으로 다음 2가지의 안보환경에 놓여 있다. 첫째, 지리적으로 역내의 주요 강대국들과 멀리 떨어져 있으며, 그들의 전략적 경쟁에 직접 노출될 위험성이 낮다. 그리고 둘째, 유사시 영토 방어를 위한 완충 지대 역할을 할 수 있는 주변 국가들, 혹은 타국의 침략을 저지하는 데 유리한 자연적인 방어물(예: 산악 지형, 바다, 혹한)이 존재한다. 덕분에 이들 국가는 비동맹, 중립을 통한 '동맹 없는 세력균형'이 충분히 가능한 것이다.

대조적으로 한반도는 동아시아의 대표적 강대국인 중국, 일본, 러시아의 영토와 직접적으로 연결되는 지정학적 포위 상태에 놓여 있다. 뿐만 아니라 역사상으로 이들 강대국은 역내 패권을 차지하기 위한 경쟁의 연장선상에서 한반도를 자신들의 세력권으로 차지하려고 치열한 각축을 벌여왔다. 이러한 환경에서는 아무리 한국 혼자서 비동맹, 중립을 원한다고 해도, 주변 강대국들이 우월한 힘을 앞세워 무시해 버리면 그만일 뿐이다.[47] 심지어 공식적으로는 비동맹, 중립 노선을 추구하는 스웨덴과 싱가포르도 점차 심화되는 러시아, 중국의 위협에 맞서 미국과의 군사적 협력 관

---

47 한 보기로 러일전쟁에서 한국(당시 대한제국)은 개전을 앞둔 1904년 1월 중립을 선언했지만, 불과 1개월 후 무력을 앞세운 일본의 압력으로 『한일의정서』(韓日議定書)가 체결되었다. 그 결과 일본은 러시아와의 전쟁 기간 동안 한반도를 후방 군사 기지로 이용했고, 이를 통해 승리한 후 한반도 침탈을 본격화했다. 김연지, "완충체계 이론으로 본 청일 · 러일전쟁과 조선의 비극," 「평화연구」, 제22권 제1호 (2014년 4월), pp. 39-42.

계를 동맹에 준하는 수준으로 발전, 강화하는 추세다. 이 점에서 한국은 현재 당면하고 있는 북한의 위협뿐만 아니라, 통일 이후에도 주변 강대국들과의 세력 격차를 극복하기 위한 수단으로서 미국과의 동맹을 굳건히 유지, 발전시킬 필요가 있는 것이다.

그러나 한편으로 한국은 국가안보에서 미국과의 동맹을 유일한 대안이라고 여기거나, 모든 문제의 해결책이라고 맹신하는 '동맹 만능주의'의 환상에 빠져서는 안된다. '동맹 만능주의'에 사로잡힌 이들은 미국의 군사적인 우월함에 도취된 나머지, 한국이 군사적으로 미국에게 철저히 의존하는 것이 양국의 동맹 관계, 더 나아가 국가안보를 위해 최선이라고 믿는다. 뿐만 아니라 이들은 한국이 전작권 전환, 방위력의 확충 등을 통해서 군사적인 재량권과 자율성을 향상시키려는 노력을 "미국과의 동맹을 위태롭게 만들고, 국가안보에도 도움이 안 되는 무모한 짓"이라고 폄하한다. 이는 자주국방과 한미 동맹이 서로 양립할 수 없는, 양자택일의 성격이라는 이분법적 논리를 전제로 하고 있다. 그렇다면 이러한 '동맹 만능주의'는 왜 위험한 것인가?

첫째, 동맹을 통해 제공되는 군사력과 방위 공약은 자국의 요구와 통제력이 온전히 반영되기 어려운, 어디까지나 다른 나라의 힘일 뿐이라는 본질적인 한계를 갖는다. 아무리 동맹 미국의 군사력이 막강하다고 해도, 그것이 반드시 한국에서 필요로 하는 조건과 시기, 수준을 만족시킬 정도로 제공될 것이라는 보장은 없는 것이다. 여기에 미국은 한국뿐만 아니라 아시아 · 태평양, 유럽, 중동을 비롯한 세계 각 지역의 수많은 동맹, 우방국가들을 위해서도 군사상의 지원, 방위 공약을 제공해야 하는 입장이다.

만약 한반도 이외의 지역에서 전쟁이나 그에 준하는 정치 · 군사적 위기가 발생하여 미국의 군사적 개입이 요구된다면, 같은 시기에 미국이 한반도로 동원할 수 있는 군사력의 지원 규모가 축소 및 약화되는 것은 불가피하다. 여기에 한반도에서 아시아 · 태평양 지역의 주요 미군 기지, 그리고 태평양 너머 미국 본토까지의 지리적인 거리를 고려할 때, 한반도 유사시 미국의 군사력 동원은 신속성 측면에서 상당한 약점을 안고 있다. 따라서 한국은 ① 휴전선 일대의 전방과 후방 지역에서 감행되는 북한의 기습적 · 제한적인 군사 도발에 맞서고, ② 전쟁 초기 북한의 대규모 침략으로부터 영토를 성공적으로 방어하는 동시에, 전쟁 수행에 관한 주도권을 조속히 회복하기 위한 노력에서 미국이 제공하는 증원 전력보다 자체적인 군사력이 더 실질적이고 중요한 역할을 수행하게 될 것임을 명심해야 한다.

둘째, 미국이 동아시아 지역에서 스스로의 전략적 이해관계 때문에 한국을 지원하기 위한 군사적 개입, 방위 공약의 제공에 소극적인 태도를 나타낼 가능성도 있다. 대표적인 경우가 바로 한국과 일본 사이에 발생할 수 있는 군사 분쟁이다. 미국에게 일본은 냉전 이래 동아시아의 대표적인 동맹국이며, 5만 3,000여 명 규모의 주일미군(在日米軍: United States Forces Japan)을 주둔시키는 등 군사적인 협력 관계를 발전, 심화시켜 왔다.[48] 특히 미국은 중국의 정치 · 군사적 세력 확장에 대응하기 위해 일본이 보다 강화된 역할을 수행하는 것을 적극적으로 지지, 독려해 왔다. 이는 일본에서 2010년대 초 아베 신조(安倍晋三) 수상의 집권 이래, '적극적 평화주의'(積極的平和主義)를 명분으로 집단적 자위권(集團的自衛權)의 허용을 비롯한 군사력의 지리적 · 기능적인 임무 확대를 촉진하는 배경으로 작용하고 있다.[49]

한국과 일본은 모두 미국의 동맹국이지만, 아시아 · 태평양 지역에 대한 미국의 대외 전략에서 양국이 차지하는 가치, 우선순위에는 엄연히 차이가 존재한다. 이 점은 미국이 역내의 안보질서에서 일본과의 동맹 관계가 갖는 역할을 '주춧돌'(cornerstone)이라고 규정하는 반면, 한미 동맹은

---

48 주일미군 소속의 병력은 ① 해군 2만 250명, ② 공군 1만 2,500명, ③ 해병대 1만 8,800명, 그리고 ④ 육군 2,700명 등으로 구성된다. 아울러 수상전투함 14척(항공모함 1척, 구축함 10척, 순양함 3척 포함), 중 · 대형 상륙함 4척, 전투기 100여 대(해군 및 공군, 해병대 소속의 10개 비행대대 규모), 해상초계기 8대를 포함하는 강력한 무장 능력을 보유한다. IISS(2019), p. 280.

49 일본이 추구하는 군사력의 지리적 · 기능적인 임무 확대 배경, 추세에 관해서는 김재엽, "'보통국가' 일본의 군사적 함의: 집단적 자위권, 적 기지 공격론을 중심으로," 「국방연구」, 제62권 제2호 (2019년 6월), pp. 114-132를 참고.

'이음쇠'(linchpin. 바퀴와 수레를 연결하는 축)로 지칭하는 것에서도 드러난다.[50] 다시 말해서 미국은 역내의 동맹, 우방들 가운데 국력 총량과 군사력의 수준이 가장 우수하고, 역내 안보질서와 직결되는 주요 정치 · 군사적 현안에서 자신들과 공조할 정책적 의지가 강한 일본이 한국보다 중요하다고 인식하는 것이다.

이러한 미국의 입장을 고려할 때, 한국이 독도 영유권 등을 놓고 일본과 군사적으로 대립하는 상황에서 미국으로부터 방위 공약의 제공을 비롯한 군사상의 지원을 기대하는 것은 비현실적이다. 이 과정에서 미국의 역할은 한일 양국 분쟁의 사전 예방, 평화적인 해결을 위한 외교적 개입, 중재에 국한될 가능성이 높다.[51] 이는 자칫 일본에게 자신들이 미국의 방관 내지 용인 속에서 한국과 대결할 수 있다는 인식을 심어주고, 그로 인해 일본이 한국을 상대로 일방적인 정치 · 군사적 도발을 일으킬 위험성을 높일 수 있다. 마치 북한이 지난 수십년 동안 한국과 국제사회를 상대로 자행해 온 정치 · 군사적인 도발들의 배경에 북한 정권의 존속을 지지하는 중국, 러시아 두 강대국의 존재가 있는 것처럼 말이다. 만약 일본과의 무력 대결이 현실화된다면, 한국은 미국의 도움 없이 전적으로 스스로의 군사적 역량만으로 일본에 맞서야 하는 입장에 놓일 것이다.

셋째, 한반도의 안보질서를 유지, 확립하기 위한 한국의 주도권과 입지에 심각한 제약을 가할 수 있다. 국제사회의 안보질서에서 독자적인 영

---

50 미국은 한국과 일본 양국이 동아시아에서 민주주의, 자유 시장경제를 비롯한 전략적인 가치 및 이익을 공유하는 대표적 국가로서 동맹, 혹은 그에 준하는 수준으로 외교, 군사 부문의 협력을 강화하고, 궁극적으로는 이를 한 · 미 · 일의 3국 동맹 관계로 확대해야 한다고 주장한다. 한일 관계와 미국의 인식, 입장에 관해서는 Patrick M. Cronin, *The Cornerstone and the Linchpin: Securing America's Northeast Asian Alliances* (Washington, D.C: Hudson Institute, 2019)를 참고.

51 이는 1982년 영국, 아르헨티나의 포클랜드 전쟁에서 미국이 취했던 태도와도 비슷하다. 당시 미국은 아르헨티나가 영국령 포클랜드를 기습 점령하자 동맹 관계인 양국 사이에서 중재 외교를 전개하여 평화적 해결을 모색했지만, 합의 도출에 실패하면서 강대국인 영국의 입장을 지지한다고 선언했다. 그 결과 영국은 포클랜드 전쟁에서 승리하는 데 유리한 입지를 차지할 수 있었다.

향력을 행사하고, 스스로의 입장을 관철시킬 수 있는 국가들은 공통적으로 '전쟁과 평화 여부를 결정할 수 있는 능력'을 보유한다. 다시 말해서 ① 타국의 안전에 감당하기 어려운 수준의 위해(危害)를 가하거나, ② 적어도 타국의 침략을 거부, 좌절시킬 수 있는 군사력을 갖추고 있는 것이다. 이는 자국의 정책, 행동이 다른 나라의 일방적인 요구나 강압이 아닌, 스스로의 이익과 필요, 의지에 기초하여 결정 및 실행될 수 있도록 보장받기 위한 조건이다. 아무리 경제력을 비롯한 다른 부문에서의 국력이 우월하다고 해도, 이를 보호할 수 있는 충분한 군사력의 뒷받침이 없다면 무력하게 빼앗길 수밖에 없기 때문이다.

한국이 북한과 주변국들에 의한 군사 위협을 억지, 분쇄하기 위한 핵심적 능력을 미국과의 동맹에 의존하는 이상, 한반도에서의 평화 정착, 통일을 논의 및 실천하기 위한 노력에서 한국 스스로의 이익과 의지를 반영시키고, 발언권을 행사할 수 있는 기회를 보장받기 어려울 것이다. 외세에 의해 전쟁, 식민 지배, 민족 분단을 강요받았던 지긋지긋한 역사에서 벗어나지 못하는 것이다. 북한이 자신들의 한반도 장악을 실질적으로 저지할 수 있는 군사력을 갖춘 미국과의 직접 대화, 협상을 통하여 미국의 한반도 방위 공약을 무력화(예: 주한미군 철수, 한미 연합 군사훈련의 중단)하는 데 골몰하고, 한국에 대해서는 단지 정권의 수명을 연장하기 위한 경제적 협력이나 '민족', '평화'의 이름으로 포장된 기만적인 선전들을 앞세워 내부 분열을 획책하려는 것도 이를 반영한 결과다.[52]

그리고 넷째, 미국도 더 이상 한국 등 여러 동맹, 우방 국가들의 안보 책임을 전적으로 부담하려는 것을 용인하지 않는다. 이 점은 2017년 '미국 우선주의'(America First)를 표방하는 트럼프의 미국 대통령 취임을 계기로 더욱 분명해지고 있다. 트럼프는 이미 집권 이전부터 한국, 서유럽의

52 이 점은 북한이 1990년대 이래 핵무기, 장거리 탄도미사일 등 대량살상무기의 개발을 통해 미국을 직접 위협할 수 있는 능력을 확보하려는 동기로 작용하고 있다. 구갑우, "북한 핵억제 담론의 심리학," 「한반도 포커스」, 제26호 (2013년 11 · 12월), p. 5.

2017년 11월 경기도 평택의 주한미군 기지를 방문한 트럼프 미 대통령. 미국은 동맹, 우방 국가들에게 자체적인 방위 책임의 증대를 요구하고 있다.

NATO 회원국을 비롯한 동맹, 우방 국가들이 스스로의 안보를 미국에게 지나칠 정도로 의존하는 '무임승차'(free-riding)를 하고 있다며 공공연히 비판했으며, 이를 더 이상 묵과하지 않을 것임을 공언해 왔다.[53] 트럼프가 "나는 미국의 대통령이지, 전 세계의 대통령이 아니다"라고 거듭 밝히고 있는 것도 동맹에 관한 미국의 입장 변화를 반영한다.[54]

이러한 현상은 미국이 지난 수십 년 동안 세계의 여러 동맹, 우방 국가들에게 제공해 왔던 방위 공약의 신뢰성과 이를 뒷받침하는 미국의 정

---

53 트럼프는 유럽의 20여 개 NATO 회원국들 가운데 대다수가 GDP 기준으로 2% 미만의 군사비만을 지출하고 있음을 공개적으로 비판했으며, 이들이 국방에 대한 책임을 강화하지 않는다면 유럽을 위한 미국의 방위 공약을 축소 내지 중단할 것이라는 위협까지 서슴지 않았다. 결국 트럼프의 집권 이후 NATO에서 GDP 대비 2% 이상의 군사비를 지출하는 회원국의 수는 4개국에서 9개국으로 늘어났다. 또한 NATO는 오는 2024년까지 모든 회원국들이 군사비 지출을 GDP 대비 2% 이상으로 확충한다는 원칙에도 합의했다. 박현영, "트럼프, 결국 나토에 방위비 이겼다…연말 韓 협상도 파장," 「중앙일보」, (2019년 12월 3일).

54 심지어 트럼프는 2020년 6월 13일의 웨스트포인트 미 육군사관학교 졸업식 연설에서 "미군의 임무는 '우리가 잘 알지도 못하는, 멀리 떨어진 지역에서 벌어지는 오랜 분쟁들'을 해결하는 것이 아니다. 우리는 세계의 경찰이 아니다"라고 선언했다. 이형민, ""난 세계 대통령 아니다"…깊어가는 트럼프식 미국 우선주의," 「국민일보」, (2019년 11월 29일).

치 · 군사적인 능력, 의지에 대한 의구심과 불확실성을 높이고 있다.[55] 미국에 의한 방위 공약이 더 이상 강대국이 약소국에게 일방적으로 베풀어주는 시혜(施惠)처럼 당연히 보장되는 것이 아님을 보여주는 것이다. 아울러 동맹의 강화, 발전을 명목으로 미국에 대한 군사적 의존도를 높이는 것이 도리어 미국과의 동맹 관계에 부정적인 결과로 이어질 수 있음을 나타낸다. 이제는 동맹의 장래를 위해서도 자주국방에 충실해야 하는 시대가 온 것이다.

여기서 필자는 앞서 인용했던 휴 화이트 호주국립대학교 교수의 저서 『호주를 어떻게 지킬 것인가?』에 나오는 한 대목을 소개한다. 해당 내용은 기본적으로 저자가 자신의 모국인 호주의 상황에 대해 쓴 것이지만, 오늘날 미국과의 동맹에 국가안보의 상당 부분을 의존하고 있는 한국 등 아시아 · 태평양 지역의 여러 국가들이 공통적으로 직면한 문제라고 해도 과언은 아닐 것이다.

> "그동안 우리나라에는 국가안보를 미국에게 의존하는 것을 비판 내지 분개하는 사람들이 있었고, 그들은 미국에 대한 의존이 끝나는 것을 환영할지도 모른다. 하지만 그것은 매우 큰 실수가 될 것이다. 우리가 지금까지 미국과의 동맹을 통해 보호받을 수 있었던 것은 진정으로 행운이었으며, 그것이 사라진다면 매우 뼈아픈 손실이 될 것이다. 미국이 아시아에서 신뢰할 수 있는 동맹으로서의 능력, 의지를 유지하는 이상, 우리가 먼저 미국과의 동맹을 끝내는 일은 절대 없어야 한다. 그러나 미국이 더 이상 그렇게 하지 못한다면, 우리는 어쩔 수 없이 다른 대안을 모색해야 할 것이다."[56]

한국에게 자주국방은 미국과의 동맹을 부정, 혹은 대체하려는 것이

55 박원곤 · 설인효, "트럼프 행정부 안보 · 국방전략 분석/전망과 한미동맹 발전 방향," 「국방연구」, 제60권 제4호 (2017년 12월), pp. 15-16.

56 Hugh White, *How to Defend Australia* (Melbourne, AU: La Trobe University Press, 2019), p. 16.

아니라, 동맹이 국가안보에 필요한 수준의 역할을 하지 못할 가능성에 대비하여 나름대로의 전략적 대안을 확보하고, 이를 통해 국가안보전략의 유효성과 신뢰성을 높이기 위한 것이다. 미국과의 동맹은 지난 70년 동안 한국의 국가안보에서 참으로 '많은' 것을 해냈으며, 앞으로도 그러할 것이다. 그러나 미국과의 동맹이 결코 '모든' 것을 해낼 수는 없음을 명심해야 한다. 아무리 동맹의 군사적 지원 능력과 의지가 막강하다고 해도, 자기 자신을 지키기 위한 스스로의 노력을 대신해줄 수는 없기 때문이다.

'새우'가 아닌 '범고래'를 향하여

한국의 안보환경에 관한 설명이 나올 때마다 "고래 싸움에 새우등 터진다"라는 표현이 자주 등장한다. 한국이 중국과 일본, 러시아라는 세계적으로 손꼽히는 강대국들과 지리적으로 인접할 뿐만 아니라, 이들의 전략적인 이해관계, 경쟁에 휘말리면서 역사상으로 수많은 전쟁과 식민 지배를 겪었고, 오늘날까지도 그 영향권에서 벗어나지 못하는 지정학적인 숙명에 놓여있음을 비유적으로 나타낸 것이다. 다시 말해서 주변 강대국이 덩치가 크고 힘센 고래라면, 한국은 작고 힘없는 새우에 지나지 않는다는 뜻이다.

하지만 필자는 그런 식의 비유에 동의하지 않는다. 바다에는 고래와 새우 두 종류의 생물만 있는 것이 아니다. 고래만큼 거대하지는 않더라도, 새우와는 달리 스스로를 지킬 수 있을 정도의 힘은 갖춘 생물들도 얼마든지 존재하고 있다. 이들 가운데 하나가 바로 범고래(killer whale)다. 범고래는 자신보다 덩치가 큰 고래에게도 치명적인 상처를 입힐 수 있는 날카로운 이빨을 갖고 있다. 때문에 비록 고래처럼 바다를 지배하는 강자가 될 수는 없지만, 새우와는 달리 바다에서 어느 누구도 함부로 대할 수 없는 존재로 인정받는다.

그렇다면 과연 한국은 새우와 같은 약소국인가? 수십 년 동안 외세의

한국군의 '세종대왕'급 이지스 구축함(왼쪽 위)과 국산 탄도미사일 '현무'(오른쪽 위), F-35 스텔스 전투기(아래). 군사력 측면에서 한국은 더 이상 약소국이 아니다.

침탈을 받았고, 천신만고 끝에 독립을 되찾은 지 얼마 안되어 동족상잔의 전쟁으로 전 국토가 초토화되었으며, 이후에도 국민들의 대다수가 절대적인 빈곤에 허덕였던 과거에는 분명 그랬을 것이다. 그러나 2020년 현재의 한국은 더 이상 그런 나라가 아니다. 경제력뿐만 아니라, 군사력 측면에서도 한국은 이미 약소국에서 벗어났다. 2018년 기준으로 한국의 연간 군사비 지출은 약 43조 2,000억원(미화(美貨) 392억 달러)으로 세계 10위, 아시아 4위에 올랐다.[57] 이는 영국과 프랑스, 독일 등 유럽의 주요 군사 선진국, 그리고 일본과 비교해도 70~80%에 해당하는 수준이다.

뿐만 아니라 한국은 세계에서 불과 소수의 군사 강국만이 보유하고 있는 고성능의 전략무기들도 확보, 배치 중이다. 여기에는 휴전선 이북의 북한 전 지역과 주변 강대국의 주요 도시들을 공격권 내에 포함하는 현무 탄도 · 순항미사일, 세계 최고 수준의 함대 방공 및 장거리 정밀타격 능력

57 한국의 연간 국방예산은 2017년 40조 3,347억원을 기록하였고, 2020년에는 50조 1,527억원으로 3년 만에 약 10조 원이 증액되었다. 이는 전작권 전환에 요구되는 독자적인 방위력의 강화, 발전을 뒷받침하기 위한 것이다. IISS(2019), p. 21.

을 탑재, 운용하는 세종대왕급 이지스 구축함, 그리고 미국제 F-35 스텔스 전투기 등이 포함된다.[58] 소형 항공모함으로 운용될 수 있는 신형 상륙모함(일명 '다목적 대형 수송함')도 오는 2030년대 초를 목표로 건조, 전력화할 계획이다.[59] 이런 나라가 어떻게 약소국이란 말인가?

한국이 경제, 군사 부문을 비롯한 국력 총량에서 중국과 일본, 러시아 등의 주변 강대국보다 열세를 나타내는 것은 어쩔 수 없는 일인지도 모른다. 하지만 그렇다고 해서 한국이 이들 강대국의 간섭, 압력에 힘없이 휘둘리는 약소국으로 머물러야 한다는 뜻은 결코 아니다. 비록 한국이 고래처럼 거대해질 수는 없겠지만, 고래의 부당한 횡포를 물리칠 수 있도록 '범고래의 이빨'을 갖추는 것은 충분히 가능하다. 다시 말해서 육 · 해 · 공군력의 질적 수준에서 주변 강대국과의 균형을 유지하고, 이들의 정치 · 경제 · 군사적 중심을 겨냥하여 신속하고 결정적인 반격, 보복을 실행할 수 있는 능력을 확보 및 발전시켜 독자적으로 전쟁의 억지, 승리를 달성하는 것이다. 이를 통해 한국은 적어도 스스로의 생존, 평화, 자유에 어긋나는 주변 강대국들의 일방적인 정치 · 군사적 요구, 강요를 거부 및 분쇄할 수 있어야 한다.

역사를 돌이켜볼 때, 한반도의 주권과 평화, 자유에 대한 위협은 동아시아, 더 나아가 세계 전체의 평화까지 깨뜨리는 결과로 이어졌다. 지금으로부터 100여 년 전 한반도는 청일전쟁과 러일전쟁에서 승리한 일본의 식민지로 전락하였고, 일본은 이를 발판으로 1930년대부터 중국과 동남아시아, 태평양 전체를 10년이 넘도록 전쟁의 참화로 몰아넣었다. 북한의 한반

---

58 한국 공군은 2019년 4월부터 미국에서 F-35를 인수하기 시작했으며, 2021년까지 총 40대를 도입할 계획이다. 향후 20대를 추가 도입하는 계획도 추진 중이다. 맹수열, "F-35A 2대 도착… 스텔스 전투기 보유국 반열 합류,"「국방일보」, (2019년 4월 1일).

59 한국 해군의 신형 상륙모함 획득 사업은 2019년 8월 발표된 국방부의『2020~2024년 국방중기계획』을 통해서 공식화되었다. 선체 규모는 배수량 3만톤급으로 배수량 2만톤 이하인 기존의 '독도'(2005년 진수)함, '마라도'(2018년 진수)함보다 확장될 계획이다. 장기적으로는 항공모함에서의 단거리 이륙 및 수직 착륙 기능을 갖춘 F-35B 스텔스 전투기를 약 20대 도입하는 방안도 추진될 전망이다. 유용원, "한국군의 차세대 무기들,"「주간조선」, (2019년 8월 26일).

도 장악 야욕으로 일어난 70년 전의 6.25 전쟁은 이후 40년 가까이 계속된 냉전 체제의 출발점이 되었으며, 세계는 극심한 이념 대립과 핵전쟁의 공포에 시달려야 했다. 그리고 핵무장에 대한 북한의 집착과 그로 인한 한반도에서의 정치 · 군사적 대립은 미국과 중국 두 강대국 사이의 불신, 경쟁을 부추길 뿐만 아니라, 일본이 군사대국화를 추구할 구실을 제공하여 동아시아와 세계의 평화를 위태롭게 만들고 있다.

무엇보다도 이러한 역사상의 비극, 현재의 난관들은 모두 한국이 스스로의 힘으로 전쟁의 억지, 승리를 달성하는 데 실패했던 시기와 정확히 일치하고 있음을 명심해야 한다. 다시 말해서 한국이 자주국방에 성공하느냐의 여부는 단순히 한국의 안전, 번영에만 국한되는 것이 아닌, 동아시아와 세계의 평화와도 직결되는 매우 중요한 과제인 것이다. 북한과 주변 강대국의 일방적인 선의나 자비심, 동맹 미국의 방위 공약에만 전적으로 의존하는 방식으로는 결코 한반도의 항구적인 평화와 번영, 통일을 실현할 수 없다.

한국에게 자주국방은 결코 불가능의 영역이 아니다. 단지 시간과 노력의 문제일 뿐이다. 오늘날 한국이 누리고 있는 주권과 자주 독립, 경제적 번영, 정치 · 사회적인 자유와 민주주의도 모두 한때는 불가능한 것이라고 여겨졌던 시절이 있었음을 기억해야 한다. 지금 해내지 못한다고 해서, 앞으로도 영원히 할 수 없는 것은 아니기 때문이다.

혹자는 필자에게 "대량살상무기로 무장한 북한, 주변 강대국들을 상대로 우리가 어떻게 자주국방을 할 수 있겠는가?"라는 냉소적인 질문을 던질지도 모른다. 그러나 필자는 이 책에서 소개한 5개 중견국가들의 경험, 사례들을 근거로 이렇게 되묻고 싶다. "이런 나라들도 해내고 있는데, 우리가 해내지 못할 이유가 무엇이란 말인가?"라고 말이다.

자주국방이란 생존, 평화, 자유로 대표되는 국가안보에 대한 해결책을 다른 누군가가 대신 마련해주기를 바라는 것이 아닌, 스스로의 능력과 의지, 노력을 통해서 만들겠다는 '주인의식'에 바탕을 두고 있다. 필자는 대한민국의 국군 장병들과 정부 당국, 그리고 국민 모두가 자주국방과 그 출발점인 주인의식의 가치, 필요성에 관하여 공감할 수 있기를 간절히 소망한다. 이 책이 그러한 노력에 조금이나마 기여할 수 있다면, 필자에게 그보다 큰 보람은 없을 것이다.

[참고문헌]

Ⅰ. 이스라엘

(1) 국내문헌/단행본

국방기술품질원. 『2018 세계방산시장 연감』, 진주: 국방기술품질원, 2018.

김상배. 『버추얼 창과 그물망 방패: 사이버 안보의 세계정치와 한국』, 파주: 한울아카데미, 2018.

김행복 외. 『20세기 地球村戰爭』, 서울: 병학사, 1996.

김희상. 『中東戰爭』, 서울: 전광, 1998.

노양규 외. 『미래 지상군 기본전술제대 편성 연구』, 서울: 한국국방발전연구원, 2012.

민진. 『한국의 군사조직』, 서울: 대영문화사, 2017.

소정현. 『격동의 이스라엘 50년』, 전주: 신아출판사, 2000.

양욱. 『그림자 전사, 세계의 특수부대: 그들의 성공과 실패의 역사』, 서울: 플래닛미디어, 2009.

외교부 아프리카중동국 중동1과. 『이스라엘 개황』, 서울: 외교부, 2015.

이강근. 『이스라엘 정치사』, 서울: 예영커뮤니케이션, 2008.

인남식. 『이스라엘-팔레스타인 평화협상의 추이와 향후 전망: 양(兩)국가 해법의 미래』, 서울: 국립외교원 외교안보연구소, 2018.

_____. 『시리아 안정화 프로세스: 국제정치 역학관계의 함의와 전망』, 서울: 국립외교원 외교 안보연구소, 2019.

장원준 외. 『주요국 방위산업 발전정책의 변화와 시사점』, 서울: 산업연구원, 2014.

전홍찬. 『팔레스타인 분쟁의 어제와 오늘』, 부산: 부산대학교 출판부, 2003.

정토웅. 『20세기 결전 30장면』, 서울: 가람기획, 1997.

최창모. 『이스라엘사』, 서울: 대한교과서 주식회사, 2005.

(2) 국내문헌 / 학술논문 및 기사

강병철. "이스라엘의 군사력 건설 사례 연구," 「週刊國防論壇」, 제1371호, 2011년 8월 1일.

강인석. "기동무기체계 발전 방향: 전차 체계," 「국방과 기술」, 2005년 7월.

고경환 · 김윤주. "이스라엘의 MD(Missile Defense) 개발 동향," 「국방과학기술정보」, 2010년 5 · 6월.

김춘택. "이스라엘의 레바논侵攻 作戰의 分析: 對시리아戰에서의 戰鬪技法을 中心으로," 「軍史」,

제6호, 1983년 8월.

박국희. "지중해 천연가스 덕에…자원貧國 이스라엘 '에너지 독립'," 「조선일보」, 2014년 7월 21일.

박민형. "상대적 약소국의 전쟁억제와 승리 요인: 예비전력과 전시동원체제," 「국제정치논총」, 제58집 제4호, 2018년 12월.

박수철. "이스라엘의 여군: 軍 34%가 여군…모든 보직 88% 근무 가능한 환경," 「국방일보」, 2019년 9월 16일.

박재찬. "세계의 항공우주산업: (11) 이스라엘," 「항공우주」, 통권 제116호, 2012년 가을.

부승찬. "이스라엘의 핵개발 결정과 핵전략," 「국가전략」, 제23권 제2호, 2017년 여름.

신완교. "이스라엘, 가자지구 군사작전 교훈," 「合參」, 제39호, 2009년 4월.

양욱. "700만 이스라엘이 1억 아랍을 제압하는 비밀: 必守必殺(국민은 끝까지 지키고 적은 철저히 보복)," 「월간중앙」, 2011년 1월.

이동찬. "이란 핵협상의 현재와 미래," 「국방과 기술」, 2019년 9월.

정성훈 외. "감시정찰용 지구관측위성 개발동향 및 발전방향," 「국방과 기술」, 2016년 4월.

정주성 · 안석기. "이스라엘의 군과 병역의무," 「週刊國防論壇」, 제866호, 2001년 11월 26일.

지일용 · 이상현. "방위산업 후발국의 추격과 발전패턴: 한국과 이스라엘의 사례연구," 「국방정책연구」, 제31권 1호, 2015년 봄.

최현수. "이스라엘, 살기 위해 만든 무기…이젠 세계시장 '큰 손'," 「국민일보」, 2016년7월 16일.

최현호. "이스라엘의 대공 방어용 미사일, 주목받는 이유는?" 「월간 항공」, 2013년 1월.

______. "확산되는 탄도미사일 위협에 대응하는 세계의 탄도미사일 방어 시스템," 「국방과 기술」, 2014년 8월.

(3) 국외문헌/단행본

Belfer Center for Science and International Affairs. *Deterring Terror: English Translation of the Official Strategy of the Israel Defense Forces*, Cambridge, MA: Harvard Kennedy School, 2016.

Black, Ian and Benny Morris. *Israel's Secret Wars: A History of Israel's Intelligence Services*, New York, NY: Grove Weidenfeld, 1991.

Bregman, Ahron. *Israel's Wars: 1947-93*, London, UK: Routledge, 2000.

Brown, Nick et al eds. *Jane's Fighting Ships 2018-2019*, Surrey, UK: IHS Markit, 2018.

Cohen, Raphael S. et al. *From Cast Lead to Protective Edge: Lessons From Israel's Wars in Gaza*, Santa Monica, CA: RAND, 2017.

Cordesman, Anthony H. *The Gaza War: A Strategic Analysis*, Washington, D.C: Center for Strategic & International Studies, 2009.

Cranny-Evans, Samuel et al eds. *Jane's Land Warfare Platforms: Armoured Fighting Vehicles 2018-2019*, Surrey, UK: IHS Markit, 2018.

Creveld, Martin van. *The Sword and the Olive: A Critical History of the Israeli Defense Force*, New York, NY: PublicAffairs, 2002.

Elleman, Michael and Mark Fitzpatrick. *Assessing Whether Iran's Ballistic Missiles Are Designed to be Nuclear-Capable*, London, UK: International Institute for Strategic Studies, 2018.

Futter, Andrew. *The Politics of Nuclear Weapons*, Los Angeles, CA: SAGE, 2015.

Hilberg, Raul. *The Destruction of the European Jews*, Teaneck, NJ: Holmes & Meier Publishers, 1985.

IISS. *Military Balance 2016*, London, UK: Routledge, 2016.

_____. *Military Balance 2019*, London, UK: Routledge, 2019.

_____. *Strategic Survey 2007*, London, UK: Routledge, 2007.

Johnson, David E. *Hard Fighting: Israel in Lebanon and Gaza*, Santa Monica, CA: RAND, 2011.

Lambeth, Benjamin S. *Air Operations in Israel's War Against Hezbollah*, Santa Monica, CA: RAND, 2011.

Levite, Ariel. *Offense and Defense in Israeli Military Doctrine*, Boulder, CO: Westview Press, 1990.

Rodman, David. *Defense and Diplomacy in Israel's National Security Experience: Tactics, Partnerships, and Motives*, Portland, OR: Sussex Academic Press, 2005.

Rosenbach, Alexander von ed. *Jane's World Armies 2010*, Surrey, UK: Jane's Information Group, 2010.

Watling, Jack. *Iran's Objectives and Capabilities: Deterrence and Subversion*, London, UK: Royal United Services Institute for Defence and Security Studies, 2019.

Widlund, Oscar et al eds. *Jane's Land Warfare Platforms: Artillery & Air Defence 2018-2019*, Surrey, UK: IHS Markit, 2018.

(4) 국외문헌/학술논문 및 기사

Bar-Joseph, Uri. "The Paradox of Israeli Power," *Survival*, Vol. 46, No. 4, Winter 2004/2005.

Binnic, Jeremy. "Israel Declares Arrow-3 Operational," *Jane's Defence Weekly*, January 25, 2017.

Blanford, Nicholas and Jonathan Spyer. "Bordering on Chaos," *Jane's Intelligence Review*, February 2018.

Cohen, Sophie. "Cyber Survivor: Cyber Preparedness Safeguards Israel," *Jane's Intelligence Review*, July 2017.

Collina, Tom Z. "Israel Has Nuclear-Armed Sub, Report Says," *Arms Control Today*, Vol. 42, No. 6, July-August 2012, p.34.

Correll, John T. "Air Strike at Osirak," *Air Force Magazine*, April 2012.

Davenport, Kelsey. "Israel Confirms Syria Reactor Strike," *Arms Control Today*, Vol. 48, No. 3, April 2018.

Felstead, Peter. "IDF Officially Declares David's Sling System Operational," *Jane's Defence Weekly*, April 12, 2017.

Fleurant, Aude et al. "The SIPRI Top 100 Arms-Producing and Military Services Companies 2018," *SIPRI Fact Sheet*, December 2019.

Hebert, Adam J. "The Wars of Eighty-Two," *Air Force Magazine*, April 2007.

Hoffman, Frank G. "Hybrid Warfare and Challenges," *Joint Forces Quarterly*, Issue 52, January 2009.

Israel, Isaac Ben and Deganit Paikowsky. "The Iron Wall Logic of Israel's Space Programme," *Survival*, Vol. 59, No. 4, August-September 2017.

Katz, Yaakov. "Israel Navy: Navy on a New Level," *Jane's Defence Weekly*, March 10, 2010.

Kogan, Eugene. "Israeli Industrial Solutions," *Military Technology*, Vol. 39, No. 5, May 2015.

Kristensen, Hans M. and Robert S. Norris. "Israeli Nuclear Forces 2014," *Bulletin of the Atomic Scientists*, Vol. 70, No. 6, November-December 2014.

Lambeth, Benjamin S. "Forging Jointness Under Fire: Air-Ground Integration in Israel's Lebanon and Gaza Wars," *Joint Forces Quarterly*, Issue 66, September 2012.

Lappin, Yaakov. "IDF Ground Forces Unveil Major Changes," *Jane's Defence Weekly*, March 7, 2018.

_____. "Israeli Adir Confirms as First F-35s to Perform Operational Missions," *Jane's Defence Weekly*, May 30, 2018.

_____. "IDF Buying More Guided Artillery Rockets," *Jane's Defence Weekly*, September 5, 2018.

Libel, Tamir and Emily Boulter. "Unmanned Aerial Vehicles in the Israel Defense Forces: A Precursor to a Military Robotic Revolution?" *RUSI Journal*, Vol. 160, No. 2, April-May 2015.

Lifshitz, Yaacov. "Defence Industries in Israel," in Andrew T.H. Tan ed, *The Global Arms Trade Handbook*, London, UK: Routledge, 2010.

Matthews, Matt M. "The Israeli Defense Forces Response to the 2006 War with Hezbollah: Gaza," *Military Review*, Vol. 89, No. 4, July-August 2009.

Norris, Robert S. et al. "Israeli Nuclear Forces 2002," *Bulletin of the Atomic Scientists*, Vol. 58 No. 5, September-October 2002.

Prial, Frank J. "Israeli Planes Attack P.L.O. in Tunis, Killing at Least 30; Raid 'Legitimate,' U.S. Says," *New York Times*, October 2, 1985.

Ripley, Tim. "From the Rubble: Syria's Military Regeneration," *Jane's Defence Weekly*, July 24, 2019.

Rubin, Uzi. "Israel's Defence Industries: an Overview," *Defence Studies*, Vol. 17, No. 3, September 2017.

Sullivan Jeremiah D. et al. "Technical Debate over Patriot Performance in the Gulf War," *Science & Global Security*, Vol. 8, 1999.

Wezeman, Pieter D. et al. "Trends in International Arms Transfer 2019," *SIPRI Fact Sheet*, March 2020.

White, Andrew. "Leading Edge: Israeli UAV Development," *Jane's Defence Weekly*, July 22, 2015.

Withington, Thomas. "Israeli Navy: Excellence, Quality and Determination," *Naval Forces*, Vol. 36, No. 3, 2015.

Ⅱ. 스웨덴

(1) 국내문헌/단행본

고재남. 『제3기 푸틴 정부의 신 외교 · 안보 전략과 실제』, 서울: 국립외교원 외교안보연구소, 2016.

박상섭. 『근대국가와 전쟁』, 파주: 나남, 1996.

변광수. 『북유럽사』, 서울: 대한교과서 주식회사, 2006.

외교부 유럽국 서유럽과. 『스웨덴 개황』, 서울: 외교부, 2019.

이우진 외. 『2014년 러시아의 우크라이나 개입: 군사적 개입의 정책 · 전략적 특징을 중심으로』, 계룡: 육군군사연구소, 2015.

이주영 · 김성형. 『현대 유럽의 역사: 제2차 세계대전부터 현재까지』, 서울: 삼지원, 2002.

임덕순. 『政治地理學 原理: 理論과 實際』, 서울: 법문사, 1997.

______. 『地政學: 理論과 實際』, 서울: 법문사, 1999.

정토웅. 『한 권으로 보는 전쟁사 101장면』, 서울 :가람기획, 1997.

(2) 국내문헌/학술논문 및 기사

강인석. "기동무기체계 발전 방향: 전차 체계," 「국방과 기술」, 2005년 7월.

고재남. "스웨덴의 외교 、안보정책," 김윤권 편저, 『스웨덴의 행정과 공공정책』, 파주: 법문사, 2008.

김성철. "우크라이나 사태 이후 발틱3국의 안보 딜레마: 러시아의 개입 가능성," 「中蘇硏究」, 제40권 제4호, 2016/2017년 겨울.

김인춘 · 김욱. "유럽통합과 스웨덴 중립노선: 역사, 성격, 진화," 「한국과 국제정치」, 제24권 제4호, 2008년 겨울.

김용빈. "무장중립국 스위스의 제2차 세계대전시 국가비상대비 사례와 교훈," 「전략연구」, 제25권 제1호, 2018년 3월.

김진호 · 강병철. "스웨덴과 핀란드의 중립화의 정치: 국제-지역-국내정치의 다이내믹스," 「유럽연구」, 제25권 제3호, 2007년 겨울.

박재찬. "세계의 항공우주산업: (10) 스웨덴," 「항공우주」, 2012년 여름.

서춘식. "북구 3국의 국방정책 비교연구: 억제와 방어를 중심으로," 「陸士論文集」, 제51집, 1996년 12월.

손영동. "잠수함 AIP 추진체계 개발 동향," 「국방과학기술정보」, 2007년 7 · 8월.

양모듬. "冷戰 끝난 이후 20년 내내 軍縮…푸틴 못 막는 '종이호랑이' 나토," 「조선일보」, 2014년

4월 18일.
양현모. "스웨덴의 인문ㆍ사회적 환경," 김윤권 편저, 『스웨덴의 행정과 공공정책』, 파주: 법문사, 2008.
우평균. "유라시아 분쟁에서의 러시아의 개입: 조지아 전쟁과 우크라이나 사태," 「국제정치연구」, 제17집 제2호, 2014년 12월.
유철종 외. "푸틴-젤렌스키, '우크라 동부 전면적 휴전 · 추가 포로교환' 합의," 「연합뉴스」, 2019년 12월 10일.
이창기 · 민세준. "장거리 공대지 유도탄의 발전 동향과 획득 필요성," 「週刊國防論壇」, 제1519호, 2014년 6월 16일.
이철재. "중립국 스웨덴, 전시 매뉴얼 배포한 까닭," 「중앙일보」, 2018년 5월 27일.
임상민. "무인전투기(UCAV) 개발동향 및 발전방향," 「국방과학기술정보」, 2007년 5 · 6월.
전성훈. "스웨덴의 안보 · 핵정책에 관한 연구," 「국가전략」, 제4권 제1호, 1998년 봄 · 여름.
최현호. "새롭게 주목받고 있는 차륜형 자주포 시장: 신속배치 능력과 저렴한 비용으로 확산 추세," 「국방과 기술」, 2013년 6월.

(3) 국외문헌/단행본

Brown, Nick et al eds, *Jane's Fighting Ships 2018-2019*, Surrey, UK: IHS Markit, 2018.
Conley, Heather A. et al. *Enhanced Deterrence in the North: A 21st Century European Engagement Strategy*, Washington, D.C: Center for Strategic and International Studies, 2018.
Cranny-Evans, Samuel et al eds. *Jane's Land Warfare Platforms: Armoured Fighting Vehicles 2018-2019*, Surrey, UK: IHS Markit, 2018.
Czarny, Ryszard M. Sweden: *From Neutrality to International Solidarity*, Cham, CH: Springer, 2018.
Dalsjö, Robert et al. *Bursting the Bubble: Russian A2/AD in the Baltic Sea Region, Stockholm*, SE: Swedish Defence Research Agency, 2019.
Defense Intelligence Agency. *Russia Military Power: Building a Military to Support Great Power Aspirations*, Washington, D.C.: Defense Intelligence Agency, 2017.
Dibb, Paul. *Why Russia is a Threat to the International Order*, Canberra, AU: Australian Strategic Policy Institute, 2016.
IISS. *Military Balance 1987-1988*, London, UK: International Institute for Strategic Studies, 1987.
_____. *Military Balance 2019*, London, UK: Routledge, 2019.
Malmborg, Mikael af. *Neutrality and State-building in Sweden*, New York, NY: Palgrave, 2001.
Rosenbach, Alexander von ed. *Jane's World Armies 2010*, Surrey, UK: Jane's Information Group, 2010.
Saxi, Håkon Lunde. *Nordic Defence Cooperation after the Cold War*, Oslo, NO: Norwegian Institute for *Defence Studies*, 2011.
Shlapak, David A. and Michael Johnson. *Reinforcing Deterrence on NATO's Eastern Flank: Wargaming the Defense of the Baltics*, Santa Monica, CA: RAND, 2016.

Wählback, Krister. *The Roots of Swedish Neutrality*, Stockholm, SE: Swedish Institute, 1986.

Widlund, Oscar et al eds. *Jane's Land Warfare Platforms: Artillery & Air Defence 2018-2019*, Surrey, UK: IHS Markit, 2018.

(4) 국외문헌/학술논문 및 기사

Andrén, Nils. "The Security and Defence of Sweden," *RUSI Journal*, Vol. 121, No. 2, June 1976.

_____. "Swedish Defense: Traditions, Perceptions, and Policies," in Joseph Kruzel and Michael H. Haltzel eds, *Between the Blocs: Problems and Prospects for Europe's Neutral and Nonaligned States*, Cambridge, UK: Cambridge University Press, 1989.

Blair, David. "Russian Forces Practised Invasion of Norway, Finland, Denmark and Sweden," *The Telegraph*, June 26, 2015.

Canby, Steven L. "Swedish Defence," *Survival*, Vol. 23, No. 3, May-June 1981.

Cole, Paul M. "Atomic Bombast: Nuclear Weapon Decision-making in Sweden, 1946-72," *Washington Quarterly*, Vol. 20, No. 2, Spring 1997.

Cowan, Gerrard. "Swedish Defence Strategy: Sweden Turns Territorial," *Jane's Defence Weekly*, July 26, 2017.

Deni, John R. "Is NATO's Enhanced Forward Presence Fit for Purpose?" *Orbis*, Vol. 63, No. 1, Winter 2019.

Devore, Marc R. "Arms Production in the Global Village: Options for Adapting to Defense-Industrial Globalization," *Security Studies*, Vol. 22, No. 3, July-September 2013.

_____. "Reinventing the Arsenal: Defense-Industrial Adaptation in Small States," *Korean Journal of Defense Analysis*, Vol. 28, No. 1, March 2016.

Dorschner, Jim. "Joint Effort: Europe's Gripen Fleets," *Jane's Defence Weekly*, May 11, 2016.

Duxbury, Charles. "Sweden Ratifies NATO Cooperation Agreement," *Wall Street Journal*, May 25, 2016.

Fiorenza, Nicholas. "NATO Strategy: Realigning the Alliance," *Jane's Defence Weekly*, March 13, 2019.

_____. "Swedish White Paper Calls for Doubling of Defence Effort," *Jane's Defence Weekly*, May 22, 2019.

Fleurant, Aude et al. "The SIPRI Top 100 Arms-Producing and Military Services Companies 2018," *SIPRI Fact Sheet*, December 2019.

Granholm, Niklas. "A Small Navy in a Changing World: The Case of the Royal Swedish Navy," in Michael Mulqueen et al eds, *Small Navies: Strategy and Policy for Small Navies in War and Peace*, Surrey, UK: Ashgate, 2014.

Hughes, Robin. "Norse Power: The RBS15 Forges ahead," *Jane's International Defence Review*, September 2018.

Jennings, Gareth and Richard Scott. "Swedish Redux: Sweden's Defence Posture," *Jane's Defence Weekly*, November 25, 2015.

Jones, Bruce. "Sweden to Reintroduce Conscription," *Jane's Defence Weekly*, March 8, 2017.

Koskinen, Jani. "Armed Forces Modernisation in Scandinavia," *Military Technology*, Vol. 36, No. 4, April 2012.

Kruzel, Joseph. "New Challenges for Swedish Security Policy," *Survival*, Vol. 30, No. 6, November-December 1988.

_____. "Sweden's Security Dilemma: Balancing Domestic Realities with the Obligations of Neutrality," in Bengt Sundelius ed, *The Committed Neutral: Sweden's Foreign Policy*, Boulder, CO: Westview Press, 1989.

Larrinaga, Nicholas de. "Meteor in Service on Sweden's Gripens," *Jane's Defence Weekly*, July 20, 2016.

Lok, Joris Janssen. "Northern Lights: Scandinavian Defence Industry," *Jane's Defence Weekly*, May 4, 2005.

Logue, John. "The Legacy of Swedish Neutrality," in Bengt Sundelius ed, *The Committed Neutral: Sweden's Foreign Policy*, Boulder, CO: Westview Press, 1989.

Nitschke, Stefan. "Stealth in Modern Naval Warfare," *Naval Forces*, Vol. 25, No. 6, 2004.

Osborne, Samuel. "Russian Live Missile Tests Force Latvia to Close Airspace over Baltic Sea: 'It's Hard to Comprehend'," *Independent*, April 5, 2018.

Ries, Tomas. "Sweden's Defense at the Crossroads," *International Defence Review*, December 1989.

Ripley, Tim. "Russian Carrier Sails for the Med," *Jane's Defence Weekly*, October 26, 2016.

_____. "Force Posture: Baltic States Face Uneven Threat from Russia's Western Military District," *Jane's Intelligence Review*, November 2019.

Salonius-Pasternak, Charly. "Cold Comfort: Finland and Sweden Bolster Military and Intelligence Capabilities," *Jane's Intelligence Review*, July 2018.

Sauerwein, Brigitte. "Norwegian Defence at Fjords' Length," *International Defence Review*, September 1989.

Tringham, Kate and Richard Scott. "Underwater Aspirations: European Conventional Submarine Programmes," *Jane's Defence Weekly*, October 22, 2014.

Widlund, Oscar. "Scandinavian Umbrella: Sweden's Ground-based Air-defence," *Jane's Defence Weekly*, February 27, 2019.

Willett, Lee. "Mutual Benefit: US-Sweden Co-operation in the Baltic," *Jane's Defence Weekly*, August 7, 2019.

Zulkarnaen, Isaak. "Swedish Defence Industry Remains Strong," *Asian Defence Journal*, April 2008.

Ⅲ. 싱가포르

(1) 국내문헌/단행본

강승문. 『싱가포르 역사 다이제스트 100』, 서울: 가람기획, 2017.

고길곤. 『싱가포르 다시 보기: 싱가포르의 정치 · 행정 시스템 분석』, 고양: 문우사, 2017.

국방기술품질원. 『2018 세계방산시장 연감』, 진주: 국방기술품질원, 2018.

김성진. 『리콴유: 작지만 강한 싱가포르 건설을 위해』, 파주: 살림, 2007.

김한식. 『동남아 정치 : 어제, 오늘 그리고 내일』, 서울: 모시는사람들, 2004.

배긍찬, 『미 · 중 경쟁과 ASEAN의 전략적 대응: 남중국해 분쟁을 중심으로』, 서울: 국립외교원 외교안보연구소, 2015.

양승윤 외. 『싱가포르: 동남아의 선진 복지국가』, 서울: 한국외국어대학교 출판부, 2004.

외교부 남아시아태평양국 동남아과. 『싱가포르 개황』, 서울: 외교부, 2018.

윤진표. 『현대 동남아의 이해』, 서울: 명인문화사, 2016.

이대우. 『남중국해 해양영토분쟁과 미중 갈등』, 성남: 세종연구소, 2014.

전제국. 『싱가포르: 도시국가에서 글로벌 국가로』, 서울: 봉명, 2002.

(2) 국내문헌/학술논문 및 기사

구자선. "남중국해 인공섬 관련 갈등 분석," 「주요국제문제분석」, No. 2015-22, 2015년 8월 20일.

김동욱. "'페드라 브랑카 판결'과 독도영유권," 「合參」, 제36호, 2008년 7월.

김재관. "남중국해 판결의 국제정치적 함의와 전망: 남중국해 판결 관련 핵심 쟁점을 중심으로," 「국제정치논총」, 제56집 제3호, 2016년 9월.

류동원. "중국의 남중국해 전략 변화: 새로운 확대전략의 실천과 특징," 「中蘇研究」, 제39권 제3호, 2015년 가을.

박민형. "전쟁 억제와 예비전력: 싱가포르 사례를 중심으로," 「국방연구」, 제61권 제3호, 2018년 9월.

변창구. "싱가포르의 실용주의적 안보외교: 전략적 특성과 함의," 「대한정치학회보」, 제20집 제2호, 2012년 10월.

유철종. "남중국해 남사군도(南沙群島) 영토분쟁에 관한 연구," 「정치 · 정보연구」, 제8권 제2호, 2005년 12월.

정갑용. "남중국해 해양분쟁의 국제법적 쟁점," 「海事法硏究」, 제27권 제2호, 2015년 7월.

조문곤. "동남아시아 항공력의 맹주 싱가포르," 「월간 항공」, 2013년 10월.

최현호. "서태평양 지역 국가들의 최근 전략증강 분석: 해상분쟁을 대비한 해상 및 항공전력 증강 경쟁," 「국방과 기술」, 2016년 5월.

현경숙. "'국부' 잃은 싱가포르…리콴유 전 총리 애도 물결," 「연합뉴스」, 2015년 3월 23일.

(3) 국외문헌/단행본

Brown, Nick et al eds. *Jane's Fighting Ships 2018-2019*, Surrey, UK: IHS Markit, 2018.

Cranny-Evans, Samuel et al eds. *Jane's Land Warfare Platforms: Armoured Fighting Vehicles 2018-2019*, Surrey, UK: IHS Markit, 2018.

Department of Defense, *Indo-Pacific Strategy Report: Preparedness, Partnerships, and Promoting a Networked Region*, Washington, D.C: Department of Defense, 2019.

Huxley, Tim. *Defending the Lion City: The Armed Forces of Singapore*, Crows Nest, AU: Allen & Unwin, 2000.

Huxley, Tim and William Choong eds. *Asia-Pacific Regional Security Assessment 2017*, London, UK: International Institute for Strategic Studies, 2017.

_____. *Asia-Pacific Regional Security Assessment 2019*, London, UK: International Institute for Strategic Studies, 2019.

IISS, *Military Balance 2019*, London, UK: Routledge, 2019.

Lee, Kuan Yew. *The Singapore Story: Memoirs of Lee Kuan Yew*, New York, NY: Prentice Hall, 1998

_____. *From Third World to First: The Singapore Story 1965-2000*, New York, NY: HarperCollins Publishers, 2000.

Ministry of Defence. *Defending Singapore in the 21st Century*, Singapore, SG: Ministry of Defence, 2000.

Raine, Sarah and Christian Le Mière. *Regional Disorder: The South China Sea Disputes*, London, UK: Routledge, 2013.

Raska, Michael. *Military Innovation in Small States: Creating a Reverse Asymmetry*, New York, NY : Routledge, 2016.

Rosenbach, Alexander von ed. *Jane's World Armies 2010*, Surrey, UK: Jane's Information Group, 2010.

Schwab, Klaus. *The Global Competitiveness Report 2019*, Geneva, CH: World Economic Forum, 2019.

Singh, Bilveer. *Arming the Singapore Armed Forces: Trends and Implications*, Canberra, AU: Aushalian National University, 2003.

Sullivan, Alexander. *Autonomous Power? Securing Singapore's Interests in the 21st Century*, Washington, D.C: Center for a New American Security, 2014.

Wezeman, Siemon T. *Arms Flows to South East Asia*, Solna, SE: Stockholm International Peace Research Institute, 2019.

Widlund, Oscar et al eds. *Jane's Land Warfare Platforms: Artillery & Air Defence 2018-2019*, Surrey, UK: IHS Markit, 2018.

Wu, Shang-Su. *The Defence Capabilities of Small States: Singapore and Taiwan's Responses to Strategic Desperation*, New York, NY: Palgrave Macmillan, 2016.

(4) 국외문헌/학술논문 및 기사

Baharudin, Hariz. "Digital Defence to be Sixth Pillar of Total Defence," *Straits Times,* February 15, 2019.

Chan, Jane. "Singapore and the South China Sea: Being an Effective Coordinator and Honest Broker," *Asia Policy,* No. 21, January 2016.

Czulda, Robert. "Transformation into a 21st Century Force: Defence for and from Singapore," *Military Technology*, Vol. 42, No. 2, February 2018.

Daly, Mark. "Singapore's Defence Industry Builds on a Tough-minded Approach to Procurement," *Jane's International Defence Review*, May 2005.

Deck, Richard A. "Singapore: Comprehensive Security - Total Defence," in Ken Booth and Russell Trood eds, *Strategic Cultures in the Asia-Pacific Region*, New York, NY: St. Martin's Press, 1999.

Dominguez, Gabriel and Ridzwan Rahmat. "TKMS Holds Launch Ceremony for RSN's First Type 218SG Sub," *Jane's Defence Weekly*, February 27, 2019.

Fleurant, Aude et al. "The SIPRI Top 100 Arms-Producing and Military Services Companies 2018," *SIPRI Fact Sheet*, December 2019.

Graham, Euan. "Maritime Security and Threats to Energy Transportation in Southeast Asia," *RUSI Journal*, Vol. 160, No. 2, April-May 2015.

Grevatt, Jon. "Island Intent: Singapore's Procurements," *Jane's Defence Weekly*, January 29, 2014.

_____. "Eastern Promise: Southeast Asian Opportunities and Challenges," *Jane's Defence Weekly*, October 12, 2016.

_____. "Smart Moves: Fourth Industrial Revolution Technologies in Asia," *Jane's Defence Weekly*, January 9, 2019.

_____. "Slow and Steady: Indonesian Armed Forces Modernisation," *Jane's Defence Weekly*, July 31, 2019.

_____. "Indonesia Signals Intention to Buy F-16Vs," *Jane's Defence Weekly*, November 13, 2019.

Koh, Swee Lean Collin. "Seeking Balance: Force Projection, Confidence Building, and the Republic of Singapore Navy," *Naval War College Review*, Vol. 65, No. 1, Winter 2012.

Kor, Kian Beng. "SAF Confident of Coping with Tighter Manpower Resources, Thanks to Increased Automation and Motorisation: Ng Eng Hen," *Straits Times,* July 1, 2017.

Kürsener, Jürg E. "Straits of Malacca and Singapore: Unique Choke Point," *Naval Forces*, Vol. 28, No. 2, 2007.

Lim, Min Zhang. "First ASEAN-US Maritime Exercise Begins in International Waters in South-East Asia," *Straits Times,* September 3, 2019.

Lim, Min Zhang and Charissa Yong. "PM Lee, Trump Renew Key Defence Pact on US Use of Singapore Air, Naval Bases," *Straits Times,* September 24, 2019.

Mahadzir, Dzirhan. "Meeting the Requirements of the Malaysian Armed Forces," *Military Technology*, Vol. 40, No. 4, April 2016.

Matthews, Ron and Nellie Zhang Yan. "Small Country 'Total Defence': A Case Study of Singapore," *Defence Studies*, Vol. 7, No. 3, September 2007.

Ong, Tiong Boon et al. "The Future of Singapore's Ground-Based Air Defense," *POINTER*, Vol. 40, No. 1, 2014.

Rahmat, Ridzwan. "Island Ambition: Singapore's Navy Charts Its Course amid an Increasingly Uncertain Future," *Jane's Navy International*, September 2017.

Roy, Denny. "Assessing the Asia–Pacific 'Power Vacuum'," *Survival*, Vol. 37, No. 3, Autumn 1995.

Tan, Andrew T. H. "Singapore's Defence Industry: Its Development and Prospects," *Security Challenges*, Vol. 9, No. 1, March 2013.

Teo, Jing Ting and Thrina Tham. "A Strong SAF for the Next Generation," *Pioneer*, April 2019.

Warnes, Alan. "Packing a BIG Punch: The Republic of Singapore Air Force Detailed," *Military Technology*, Vol. 42, No. 2, February 2018.

Wong, Kelvin. "Full Spectrum: Singapore Launches Independence-class Littoral Mission Vessel," *Jane's International Defence Review*, September 2015.

_____. "Full Spectrum Force: Singapore Army Kits up for Wider Challenges," *Jane's International Defence Review*, June 2017.

_____. "Phoenix Rising: Singapore's Air Force Strives to Maintain Technological Edge," *Jane's International Defence Review*, August 2018.

Yong, Charissa. "US Government Paves Way for Sale of F-35B Fighter Jets to Singapore," *Straits Times*, January 11, 2020.

Ⅳ. 호주

(1) 국내문헌/단행본

국방기술품질원. 『2018 세계방산시장 연감』, 진주: 국방기술품질원, 2018.

신봉섭. 『호주사 다이제스트 100』, 서울: 가람기획, 2016.

양승윤 외. 『호주 · 뉴질랜드』, 서울: 한국외국어대학교 출판부, 2006.

외교부 남아시아태평양국 서남아태평양과. 『호주 개황』, 서울: 외교부, 2014.

(2) 국내문헌/학술논문 및 기사

김기성. "중국업체, 호주 다윈항 운영권 논란…중국군 연계 의혹," 「연합뉴스」, 2015년 11월 16일.

김문성. "中, 아프리카 이어 남태평양에 군사기지 물색…美 · 호주 '긴장'," 「연합뉴스」, 2018년 4월 10일.

김재엽. "'인도-태평양' 구상: 배경과 현황, 그리고 함의," 「국가안보와 전략」, 제18권 제4호, 2018년 겨울.

김태호. "중국의 '反접근 전략'과 동아시아 안보환경 변화: 역내 유사 및 전략적 대비를 중심으로," 「Strategy 21」, 제15권 제1호, 2012년 여름.

박재적. "미국 · 호주 동맹 현황: 호주의 관점에서," 「주요국제문제분석」, No. 2012-31, 2012년 10월 25일.

문경희. "호주의 아시아 관여 정치: 국제정치경제의 변동과 호주 정당 간의 경쟁적 대 아시아 관점," 「세계지역연구논총」, 제28집 제3호, 2010년 12월.

안승섭. "호주 시드니 시민들, 예고 없는 中 군함 3척 입항에 '깜짝'," 「연합뉴스」, 2019년 6월 4일.

윤완준. "남태평양에서 불붙은 中-서방 외교전쟁," 「동아일보」, 2018년 8월 31일.

임정수. "지상 조기경보레이더의 발전 방향," 「국방과 기술」, 2007년 4월.

이윤상 · 최정소. "중국의 DF-21D 대함 탄도미사일 개발 동향," 「국방과학기술정보」, 2013년 1 · 2월.

추가영. "반중으로 돌아선 호주, 미국과 '반(反)일대일로' 연합전선," 「한국경제」, 2018년 2월 26일.

(3) 국외문헌/단행본

Birkler, John et al. *Australia's Naval Shipbuilding Enterprise: Preparing for the 21st Century*, Santa Monica, CA: RAND, 2015.

Brown, Nick et al eds, *Jane's Fighting Ships 2018-2019*, Surrey, UK: IHS Markit, 2018.

Cranny-Evans, Samuel et al eds. *Jane's Land Warfare Platforms: Armoured Fighting Vehicles 2018-2019*, Surrey, UK: IHS Markit, 2018.

Davis, Malcolm. *Forward Defence in Depth for Australia*, Canberra, AU: Australian Strategic Policy Institute, 2019.

Department of Defence. *Australian Defence*, Canberra, AU: Australian Government Publishing Service, 1976.

_____. *The Defence of Australia 1987*, Canberra, AU: Australian Government Publishing Service, 1987.

_____. *Defence 2000: Our Future Defence Force*, Canberra, AU: Commonwealth of Australia, 2000.

_____. *2016 Defence White Paper*, Canberra, AU: Commonwealth of Australia, 2016a.

_____. *2016 Defence Industry Policy Statement*, Canberra, AU: Commonwealth of Australia, 2016b.

Department of Defense. *Indo-Pacific Strategy Report: Preparedness, Partnerships, and Promoting a Networked Region*, Washington, D.C: Department of Defense, 2019.

Dibb, Paul. *Review of Australia's Defence Capabilities: Report to the Minister for Defence*, Canberra, AU: Australian Government Publishing Service, 1986.

Edwards, Peter. *Australia and the Vietnam War*, Sydney, AU: University of New South Wales Press, 2014.

_____. *Learning from History: Some Strategic Lessons from the 'Forward Defence' Era*, Canberra, AU: Australian Strategic Policy Institute, 2015.

Harrell, Peter et al. *China's Use of Coercive Economic Measures*, Washington, D.C: Center for a New American Security, 2018.

Horner, David. *Australia and the New World Order: From Peacekeeping to Peace Enforcement 1988-1991*, Cambridge, UK: Cambridge University Press, 2011.

Huxley, Tim and William Choong eds. *Asia-Pacific Regional Security Assessment 2017*, London, UK: International Institute for Strategic Studies, 2017.

_____. *Asia-Pacific Regional Security Assessment 2019*, London, UK: International Institute for Strategic Studies, 2019.

IISS. *Military Balance 2019*, London, UK: Routledge, 2019.

National Defense Strategy Commission. *Providing for the Common Defense: The Assessment and Recommendations of the National Defense Strategy Commission*, Washington, D.C: United States Institute of Peace, 2018.

Office of the Secretary of Defense. *Military and Security Developments Involving the People's Republic of China 2019*, Washington, D.C: Department of Defense, 2019.

Robertson, John. *Australia Goes to War 1939-1945*, Sydney, AU: Doubleday, 1988.

Rosenbach, Alexander von ed. *Jane's World Armies 2010*, Surrey, UK: Jane's Information Group, 2010.

Townshend, Ashley et al. *Averting Crisis: American Strategy, Military Spending and Collective Defence in the Indo-Pacific*, Sydney, AU: United States Studies Centre at The University of Sydney, 2019.

White, Hugh. *How to Defend Australia*, Melbourne, AU: La Trobe University Press, 2019.

(4) 국외문헌/학술논문 및 기사

Alexander, Harriet. "Nuclear Arsenal Must Be on Australia's Agenda, Argues Defence Expert," *Sydney Morning Herald*, July 2, 2019.

Amichay, Rami. "A Century on, Charge of the Australian Light Cavalry Remembered in Israel," *Reuters*, November 1, 2017.

Bostock, Ian. "Hard Drive: Australian Defence Industry," *Jane's Defence Weekly*, March 9, 2005.

Brown, Peter. "Australian Influence in the South Pacific," *Australian Defence Force Journal*, Issue 189, November-December 2012.

Davies, Andrew. "Strategic Ambitions: Australia's Future Submarine," *RUSI Defence Systems*, Vol. 11, No. 2, October 2008.

Dibb, Paul and Richard Brabin-Smith. "Indonesia in Australian Defence Planning," *Security Challenges*, Vol. 3, No. 4, November 2007.

Dinnen, Sinclair and Abby McLeod. "The Quest for Integration: Australian Approaches to Security and Development in the Pacific Islands," *Security Challenges*, Vol. 4, No. 2, Winter 2008.

Dominguez, Gabriel. "Australia, US Jointly Test CEC," *Jane's Defence Weekly*, November 14, 2018.

Doornbos, Caitlin. "Talisman Sabre Flexed Coalition Power in the Indo-Pacific, Experts Say," *Stars and Stripes*, August 2, 2019.

Dupont, Alan. "Transformation or Stagnation? Rethinking Australia's Defence," *Australian Journal of International Affairs*, Vol. 57, No. 1, April 2003.

Fish, Tim. "Australian Land Forces," *Military Technology*, Vol. 42, No. 9, September 2018.

_____. "Smooth Sailing Assured: Australia Thoroughly Modernises its Seaborne Forces," *Military Technology*, Vol. 43, No. 9, September 2019.

Frühling, Stephan. "Australian Defence Policy and the Concept of Self-reliance," *Australian Journal of International Affairs*, Vol. 68, No. 5, October 2014.

Hall, Peter and Robert Wylie. "The Revolution in Military Affairs and Australia's Defence Industry Base 1996-2006," *Security Challenges*, Vol. 4, No. 4, Summer 2008.

Johan, Saad B. "ADF: Bear Any Burden?" *Asian Defence Journal*, July & August 2006.

Kerr, Julian. "Auspicious Ambitions: Australian Air Force Capabilities," *Jane's Defence Weekly*, February 8, 2017.

_____. "Even Keel: Australia's AWD Programme," *Jane's Defence Weekly*, September 13, 2017.

_____. "Country Briefing: Australia - Adapting to New Threats," *Jane's Defence Weekly*, February 6, 2019.

Kirk, Paul. "Conceptualising 'Defence of Australia' in the 21st Century," *Australian Defence Force Journal*, Issue 197, July-August 2015.

Lake, Jon. "Eyes in the Sky: Military Maritime Patrol Aircraft Overview," *Military Technology*, Vol. 41, No. 11, November 2017.

Robson, Seth. "Japan and Australia to Hold Regular Air Force Training in Each Other's Countries," *Stars and Stripes*, November 20, 2019.

Scott, Richard. "Back in the Big Time: Australia's LHDs Sail into View," *Jane's International Defence Review*, September 2015.

_____. "Electronic Attack Down Under: RAAF Prepares to Bring Growler into Service," *Jane's International Defence Review*, December 2017.

Suter, Keith D. "Australia's Defence Debate: The Dibb Report," *RUSI Journal*, Vol. 132, No. 4, December 1987.

Warren, Aiden. "Rethinking Australia's Middle-Power Nuclear Paradox," *Arms Control Today*, Vol. 49, No. 4, May 2019.

Wylie, Robert. "Defence Industry and Innovation Policy," *Security Challenges*, Vol. 9, No. 2, 2013.

Ziebell, Will. "Australian Government Deploys Army Reservists, Third Navy Ship to Support Firefighters," *Reuters*, January 4, 2020.

V. 대만

(1) 국내문헌/단행본

국방군사연구소.『中國人民解放軍史』, 서울: 국방군사연구소, 1998.

김덕기.『21세기 중국 해군』, 서울: 한국해양전략연구소, 2000.

김영신.『대만의 역사』, 서울: 지영사, 2001.

김태호.『동아시아 주요 해양 분쟁과 중국의 군사력』, 서울: 한국해양전략연구소, 2015.

김행복 외.『20세기 地球村戰爭』, 서울: 병학사, 1996.

문흥호.『대만문제와 양안관계』, 서울: 폴리테이아, 2007.

신승하.『중화민국과 공산혁명』, 서울: 대명출판사, 2001.

______.『당대중국: 중화인민공화국과 대만』, 서울: 대명출판사, 2006.

외교부 동북아시아국 동북아2과.『대만 개황』, 서울: 외교부, 2016.

지은주.『대만의 독립문제와 정당정치』, 파주: 나남, 2009.

최창근 외.『대만: 우리가 잠시 잊은 가까운 이웃』, 서울: 대선, 2012.

허영섭.『대만, 어디에 있는가』, 서울: 채륜, 2011.

(2) 국내문헌/학술논문 및 기사

구자선. "대만 대선 전망과 함의 분석,"「주요국제문제분석」, No. 2015-45, 2016년 1월 13일.

김옥준. "민진당 정부의 대만 독립노선과 양안관계,"「평화학연구」, 제10권 제1호, 2009년 3월.

김용. "지대지 무기 운용현황과 발전추세: 다련장 체계를 중심으로,"「국방과 기술」, 2010년 11월.

김원곤 · 박정수. "차이잉원 당선 이후 당면과제와 전망: 양안관계를 중심으로,"「대한정치학회보」, 제24집 제2호, 2016년 5월.

김종하 · 김재엽. "냉전(冷戰) 이후 대만 국방전략의 변천, 특징,"「한국군사학논집」, 제72권 제1호, 2016년 2월.

김재엽. "대만의 국방개혁: 배경, 과정, 그리고 평가,"「中蘇硏究」, 제35권 제2호, 2011년 여름.

김진방. "'재선 성공' 차이잉원, 중국에 경고…"위협에 굴복 안 해","「연합뉴스」, 2020년 1월 11일.

김철문. "차이잉원 "잠수함으로 적국 군함의 대만 포위 저지할 것","「연합뉴스」, 2019년 5월 10일.

______. "중국과의 진면 포격전서 '대만 수호 공훈' 하오보춘 별세,"「연합뉴스」, 2020년 3월 31일.

류정엽. "대만 독자 개발 관측위성 발사 성공…차이잉원 "10년 노력 결실","「연합뉴스」, 2017년 8월 25일.

박재찬. "세계의 항공우주산업: (1) 대만,"「항공우주」, 2010년 봄.

서상문. “중국 國 · 共내전시기 金門전투와 그 역사적 의의,” 「中國近現代史硏究」, 제22집, 2004년 6월.

신경진. “중국 “차이잉원, 하나의 중국 인정해야 대화”,” 「중앙일보」, 2016년 5월 23일.

윤근노. “중국 · 대만 관계: 양안 ECFA의 정치경제적 시사점,” 「주요국제문제분석」, No. 2013-34, 2013년 12월 9일.

이규원. “중국의 대만 도서지역 포격사건에 대한 미국의 억제전략 분석,” 「국방정책연구」, 제27권 제2호, 2011년 여름.

이장훈. “홍콩 시위는 일국(一國) 대 양제(兩制)의 대결,” 「주간동아」, 2019년 6월 21일.

인현우. “독립보다 경제 택한 대만…민진당 지방선거 참패,” 「한국일보」, 2018년 11월 26일.

임민혁 · 강원석. “한국군의 모병제 전환 가능성 모색: 해외의 병역제도 전환 사례에 대한 동태적 SWOT 분석을 중심으로,” 「한국군사학논집」, 제74권 제3호, 2018년 10월.

조문곤. “억눌린 항공력의 恨 대만,” 「월간 항공」, 2014년 3월.

최창근. “대만 비밀 核개발 전모: 中핵실험 3년 후 핵무장 시작…CIA 간첩 軍장교 배신해 무산,” 「신동아」, 2018년 1월.

최현호. “중국, 군사굴기를 드러내다: 중국 국방 개혁의 의미,” 「국방과 기술」, 2016년 3월.

_____. “세계 각국의 최근 대함미사일 현황: 더 멀리 또는 더 빠르게…전략에 따라 달라지다,” 「국방과 기술」, 2019년 3월.

(3) 중국어 문헌/단행본

中華民國建國一百週年軍事史編纂小組. 『中華民國一百年軍制史: 1911~2012』, 新北: 老戰友工作室, 2012.

林書豪 外. 『國軍現役武器圖鑑』, 臺北: 知兵堂, 2012.

庫桂生. 『臺灣軍事力量透析』, 北京: 國防大學出版社, 2000.

郝柏村. 『教戰記』, 臺北: 軍事迷文化, 1998.

國防部史政編譯處. 『精銳勁旅: 慶祝中華民國建國一百年專輯』, 臺北: 國防部史政編譯室編譯處, 2011.

國防部四年期國防總檢討編纂委員會. 『中華民國102年四年期國防總檢討』, 臺北: 國防部, 2013.

_____. 『中華民國106年四年期國防總檢討』, 臺北: 國防部, 2017.

國防部國防報告書編纂委員會. 『中華民國八十五年國防報告書』, 臺北: 國防部, 1996.

_____. 『中華民國壹百年國防報告書』, 臺北: 國防部, 2011.

_____. 『中華民國106年國防報告書』, 臺北: 國防部, 2017.

_____. 『中華民國108年國防報告書』, 臺北: 國防部, 2019.

彭光謙. 『中國國防』, 北京: 五洲傳播出版社, 2004.

彭大年 編輯. 『塵封的作戰計畫: 國光計畫-口述歷史』, 臺北: 國防部史政編譯室, 2005.

蘇進強. 『全球化下的台海安全』, 臺北: 揚智文化, 2003.

(4) 중국어 문헌/학술논문 및 기사

王承中. "潛艦專用廠房動土 總統：國造是唯一的路,"「中央社」, 2019年 5月 9日.

呂欣憓. "重層嚇阻 臺灣空軍成立防空暨飛彈指揮部,"「中央社」, 2017年 9月 1日.

姚宏毅. "危機與武力使用: 1995-1996年臺海危機的再省思,"『國防雜誌』, 第20卷 第11期, 2005年 11月.

高天倫. "政府遷臺後國軍思想之演進,"「中華軍史學會會刊」, 第七期, 2002年 4月.

涂鉅旻. "實施67年 徵兵制走入歷史 末代義務役 26日退伍,"「自由時報」, 2018年 12月 17日.

_____. "F-16V特別預算付委 2023年首批交機二架,"「自由時報」, 2019年 11月 13日.

涂鉅旻 · 鍾麗華. "資通電軍成軍 蔡總統: 捍衛數位國土,"「自由時報」, 2017年 6月 30日.

陳鴻獻. "1950年代蔣中正的軍事反攻計畫," 黃克武 編,『蔣中正總統與中華民國發展 (II): 1950年代的臺灣』, 臺北: 國立中正紀念堂管理處, 2012.

楊孟立. "兩岸若開戰 臺灣至少要撐2周,"「中國時報」, 2019年 2月 20日.

_____. "李喜明建構臺版ODC 兩岸不做軍備競賽,"「中國時報」, 2019年 3月 3日.

楊澤軍 · 周睿. "馬英九大陸政策研究,"「世界經濟與政治論壇」, 第四期, 2010年 8月.

廖文義. "中共的《反分裂國家法》及其影響之分析,"「國防雜誌」, 第21卷 第1期, 2006年 1月.

蔣復華. "從中共地緣政治觀點: 探討臺灣戰略價值,"「國防雜誌」, 第25卷 第4期, 2010年 8月.

鍾麗華. "「不承諾放棄使用武力」習對臺提5點和平統一主張,"「自由時報」, 2019年 1月 3日.

羅添斌. "耗資409億 長程預警雷達成軍,"「自由時報」, 2013年 2月 3日.

羅添斌 · 涂鉅旻. "首次視導衡山指揮所: 蔡掌握共軍動態,"「自由時報」, 2016年 6月 8日.

嚴紀民. "回顧「八二三砲戰」堅苦卓絕的教戰精神，開啟兩岸和平的新世紀,"「陸軍學術雙月刊」, 第45卷 第506期, 2009年 8月.

(5) 해외문헌/단행본

Albright, David and Andrea Stricker. *Taiwan's Former Nuclear Weapons Program: Nuclear Weapons On-Demand*, Washington, D.C: Institute for Science and *International Security*, 2018.

Brown, Nick et al eds, *Jane's Fighting Ships 2018-2019*, Surrey, UK: IHS Markit, 2018.

Cole, Bernard D. *Taiwan's Security: History and Prospects*, London, UK: Routledge, 2006.

Chase, Michael S. *Taiwan's Security Policy: External Threats and Domestic Politics*, Boulder, CO: Lynne Rienner Publishers, 2008.

Cranny-Evans, Samuel et al eds. *Jane's Land Warfare Platforms: Armoured Fighting Vehicles 2018-2019*, Surrey, UK: IHS Markit, 2018.

Danielsson, Lotta ed. *Chinese Reactions to Taiwan Arms Sales*, Arlington, VA: US-Taiwan Business Council | Project 2049 Institute, 2012.

Defense Intelligence Agency. *China Military Power: Modernizing a Force to Fight and Win*, Washington, D.C: Defense Intelligence Agency, 2019.

Department of Defense. *Indo-Pacific Strategy Report: Preparedness, Partnerships, and Promoting a Networked Region*, Washington, D.C: Department of Defense, 2019.

Easton, Ian. *Able Archers: Taiwan Defense Strategy in an Age of Precision Strike*, Arlington, VA: Project 2049 Institute, 2014.

_____. *The Chinese Invasion Threat: Taiwan's Defense and American Strategy in Asia*, Arlington, VA: Project 2049 Institute, 2017.

Easton, Ian et al. *Transformation of Taiwan's Reserve Force*, Santa Monica, CA: RAND, 2017.

Harrell, Peter et al. *China's Use of Coercive Economic Measures*, Washington, D.C: Center for a New American Security, 2018.

Huxley, Tim and William Choong eds. *Asia-Pacific Regional Security Assessment 2019*, London, UK: International Institute for Strategic Studies, 2019.

IISS. *Military Balance 2019*, London, UK: Routledge, 2019.

Office of the Secretary of Defense. *Military and Security Developments Involving the People's Republic of China 2019*, Washington, D.C: Department of Defense, 2019.

Rigger, Shelley. *Why Taiwan Matters: Small Island, Global Powerhouse*, Lanham, MD: Rowman & Littlefield Publishers, 2011.

Taylor, Brendan. *Dangerous Decade: Taiwan's Security and Crisis Management*, London, UK: Routledge, 2019.

Widlund, Oscar et al eds. *Jane's Land Warfare Platforms: Artillery & Air Defence 2018-2019*, Surrey, UK: IHS Markit, 2018.

Wood, Dakota L. ed. *2020 Index of US Military Strength*, Washington, D.C: Heritage Foundation, 2019.

(6) 해외문헌/학술논문 및 기사

Beckley, Michael. "The Emerging Military Balance in East Asia: How China's Neighbors Can Check Chinese Naval Expansion," *International Security*, Vol. 42, No. 2, Fall 2017.

Bitzinger, Richard A. "The Eclipse of Taiwan's Defense Industry and Growing Dependencies on the United States for Advanced Armaments: Implications for U.S.-Taiwan-Chinese Relations," *Issues & Studies*, Vol. 38, No. 1, March 2002.

Chen, York W. "The Evolution of Taiwan's Military Strategy: Convergence and Dissonance," *China Brief*, Vol. 9, Issue 23, November 19, 2009.

_____. "Taiwan's Geostrategic Significances: From the Past to US Contemporary Pivot Strategy," in Peter C. Y. Chow ed, *The U.S Strategic Pivot to Asia and Cross-Strait Relations: Economic and Security Dynamics*, New York, NY: Palgrave Macmillan, 2014.

Ding, Arthur S. and Alexander C. Huang. "Taiwan's Military in the 21st Century: Redefinition and Reorganization," in Larry M. Wortzel ed, *The Chinese Armed Forces in the 21st Century*, Darby, PA: Diane Publishing Co, 1999.

Dittmer, Lowell. "Taiwan as a Factor in China's Quest for National Identity," *Journal of Contemporary China*, Issue. 49, November 2006.

Dominguez, Gabriel. "Taiwan Receives Two ex-US Guided-Missile Frigates," *Jane's Defence Weekly*, May 24, 2017.

_____. "Taipei Scrambles Aircraft to Intercept Two Chinese Fighters in Taiwanese Airspace," *Jane's Defence Weekly*, April 10, 2019.

Doornbos, Caitlin. "Navy Sends Guided-missile Cruiser through Taiwan Strait in Eighth Transit There This Year," *Stars and Stripes*, November 13, 2019.

Fisher Jr., Richard D. "Devising Deterrence: Taiwan Reviews Its Missile Programmes," *Jane's Intelligence Review*, May 2018.

_____. "Capability Upgrade: China Bolsters Anti-missile Capabilities with Russian SAMs," *Jane's Intelligence Review*, July 2019.

Grevatt, Jon. "US Confirms Abrams MBT Deal with Taiwan," *Jane's Defence Weekly*, July 17, 2019.

_____. "US Formally Approves F-16 Sale to Taiwan," *Jane's Defence Weekly*, August 28, 2019.

Huang, Alexander C. "Taiwan's View of Military Balance and the Challenge It Presents," in James R. Lilly and Chuck Downs eds, *Crisis in the Taiwan Strait*, Washington, D.C: National Defense University Press, 1997.

_____. "Homeland Defense with Taiwanese Characteristics: President Chen Shui-Bian's New Defense Concept," in Andrew Scobell ed, *The Costs of Conflict: The Impact on China of a Future War*, Carlisle, PA: U.S. Army War College Strategic Studies Institute, 2001.

_____. "A National Defense Strategy for Taiwan in the New Century," in Peter C. Y. Chow ed, *The "One China" Dilemma*, London, UK: Palgrave Macmillan, 2008.

Karniol, Robert. "Country Briefing: Taiwan - Strong and Self-reliant," *Jane's Defence Weekly*, July 8, 1998.

Lin, Chong-Pin. "The Military Balance in the Taiwan Straits," *China Quarterly*, No. 146 June 1996.

Montgomery, Evan Braden. "Contested Primacy in the Western Pacific: China's Rise and the Future of U.S. Power Projection," *International Security*, Vol. 38, No. 4, Spring 2014.

Murray, William S. "Asymmetric Options for Taiwan's Deterrence and Defense," in Ming-chin Monique Chu and Scott L. Kastner eds, *Globalization and Security Relations across the Taiwan Strait: In the Shadow of China*, New York, NY: Routledge, 2015.

Phipps, Gavin. "Country Briefing: Taiwan - Island Endeavour," *Jane's Defence Weekly*, March 30, 2016.

_____. "Taiwan Takes Delivery of Its First F-16V," *Jane's Defence Weekly*, October 31, 2018.

_____. "Taiwanese MND Showcases Its Latest Weapon Systems," *Jane's Defence Weekly*, August 28, 2019.

Porch, Douglas. "The Taiwan Strait Crisis of 1996: Strategic Implications for the United States Navy," *Naval War College Review*, Vol. 52, No. 3, Summer 1999.

Theohary, Catherine A. "Conventional Arms Transfers to Developing Nations: 2008-2015," *CRS Report for Congress*, R44716, December 19, 2016.

Tsang, Steve. "The U.S. Military and American Commitment to Taiwan's Security," *Asian Survey*, Vol. 52, No. 4, July-August 2012.

Wong, Kelvin. "Taiwan's CSIST Debuts New Long-endurance UAV Prototype," *Jane's International Defence Review*, October 2015.

Yang, Andrew N. D. "The Alternative to Peace: War Scenarios," in Steve Tsang ed, *Peace and Security Across the Taiwan Strait*, London, UK: Palgrave Macmillan, 2004.

Yang, Chih-heng. "The Evolution and Adaptation of Taiwan's Military Strategy," in Martin Edmonds and Michael M. Tsai eds, *Defending Taiwan: The Future Vision of Taiwan's Defence Policy and Military Strategy*, London, UK: RoutledgeCurzon, 2003.

Yoshihara, Toshi and James Holmes. "Command of the Sea with Chinese Characteristics," *Orbis*, Vol. 49, No. 4, Fall 2005.

에필로그

(1) 국내문헌

구갑우. "북한 핵억제 담론의 심리학," 「한반도 포커스」, 제26호, 2013년 11 · 12월.

국방기술품질원. 『국가별 국방과학기술 수준조사서』, 진주: 국방기술품질원, 2018.

국방부. 『국방백서 2018』, 서울: 국방부, 2018.

국방부 국방개혁실. "국방개혁 2.0을 말한다: (4) 병력구조 개혁," 「국방일보」, 2019년 9월 26일.

권용수. "북한의 신형 전술유도무기(KN-23) 위협과 시사점," 「안보현안분석」, 제158호, 2019년 8월 31일.

김경환. "전작권 전환은 왜 필요한가?" 「合參」, 제71호, 2017년 4월.

김귀근. "軍, '장사정포 킬러' 전술 지대지 유도무기 2021년께 전력화," 「연합뉴스」, 2019년 8월 12일.

김귀근 · 이준삼. "한미, 미래연합군사령관 한국군 대장 임명 승인…연합사 평택 이전," 「연합뉴스」, 2019년 6월 3일.

김두승 외. 『2016 동북아 군사력과 전략동향』, 서울: 한국국방연구원, 2017.

김민석. "미국의 대북 선제타격 시 한반도 가상 시나리오," 「중앙일보」, 2017년 7월 14일.

김재엽. "한국형 공세방어 전략의 모색," 「국방연구」, 제56권 제2호, 2013년 6월.

______. 『한국의 핵무장』, 파주: 살림, 2017.

______. "'보통국가' 일본의 군사적 함의: 집단적 자위권, 적 기지 공격론을 중심으로," 「국방연구」, 제62권 제2호, 2019년 6월.

김재한. "공군 글로벌 호크 인수. 정찰능력 대폭 강화 전망," 「월간 항공」, 2020년 1월.

김정수. "전시작전통제권과 한미동맹의 변화," 「국방연구」, 제59권 제1호, 2016년 3월.

김종하 · 김재엽. 『국가안보전략, 어떻게 수립해야 하나?』, 대전: 글누리, 2012.

김철환. "육군동원전력사령부 창설…예비군 역사의 새로운 50년 시작," 「국방일보」, 2018년 4월

9일.
김철환. “동원자원, 규모 ‘최적화’ 전투력 ‘최정예’로,” 「국방일보」, 2018년 8월 10일.
김연지. “완충체계 이론으로 본 청일 · 러일전쟁과 조선의 비극,” 「평화연구」, 제22권 제1호, 2014년 4월.
맹수열. “F-35A 2대 도착…스텔스 전투기 보유국 반열 합류,” 「국방일보」, 2019년 4월 1일.
_____. “항공기 · 탄도탄 위협 방어…L-SAM 체계개발 ‘탄력’,” 「국방일보」, 2019년 12월 5일.
박성진. “한 · 미 전작권 전환 검증 위한 ‘연합지휘소훈련’ 돌입 · · · 한국군 대장이 사령관,” 「경향신문」, 2019년 8월 12일.
박원곤 · 설인효. “트럼프 행정부 안보 · 국방전략 분석/전망과 한미동맹 발전 방향,” 「국방연구」, 제60권 제4호, 2017년 12월.
박현영. “트럼프, 결국 나토에 방위비 이겼다…연말 韓 협상도 파장,” 「중앙일보」, 2019년 12월 3일.
백종천. 『한반도 평화안보론』, 성남: 세종연구소, 2006.
변지희. “軍, 사거리 2배 더 긴 신형 PAC-3 구매한다,” 「조선일보」, 2018년 11월 8일.
장삼열 외. 『한미동맹 60년사』, 서울: 국방부 군사편찬연구소, 2013.
유용원. “한국군의 차세대 무기들,” 「주간조선」, 2019년 8월 26일.
윤병노. “합참 · 국직, 육 · 해 · 공 동일 비율 편성…동일 군 연속 보직 금지,” 「국방일보」, 2018년 7월 30일.
_____. “가파른 인구 감소…병력 줄이고 전력 키운다,” 「국방일보」, 2019년 11월 7일.
이종석. 『칼날 위의 평화: 노무현 시대 통일외교안보 비망록』, 고양: 개마고원, 2014.
이주원. “‘킬 체인’ 용어 7년 만에 사라져…전방위 ‘핵 · WMD 대응 체계’로,” 「서울신문」, 2019년 1월 11일.
이준삼. “브룩스 전 주한美사령관 “韓, 자주국방 · 동맹 사이서 진퇴양난”,” 「연합뉴스」, 2019년 10월 15일.
이철재. “전작권 전환하면 한국군 대장이 사령관을, 미 대장이 부사령관 맡는다,” 「중앙일보」, 2018년 11월 1일.
이형민. ““난 세계 대통령 아니다”…깊어가는 트럼프식 미국 우선주의,” 「국민일보」, 2019년 11월 29일.
임길섭 외. 『국방정책 개론』, 서울: 한국국방연구원, 2020.
정성훈 외. “감시정찰용 지구관측위성 개발 동향 및 발전 방향,” 「국방과 기술」, 2016년 4월.
정윤식. “방공 유도무기의 발전 및 동향,” 「국방과학기술정보」, 2018년 11 · 12월.
최용호. 『한권으로 읽는 베트남 전쟁과 한국군』, 서울: 국방부 군사편찬연구소, 2004.
통계청. 『2019 북한의 주요통계지표』, 대전: 통계청, 2019.
황대일. “南, 北에 비해 공군은 우세. 육 · 해군은 열세,” 「연합뉴스」, 2004년 8월 30일.

(2) 국외문헌

Cronin, Patrick M. *The Cornerstone and the Linchpin: Securing America's Northeast Asian Alliances*, Washington, D.C: Hudson Institute, 2019.

Czulda, Robert. "Spotlight on the Republic of Korea: Modernising Armed Forces and Improving Interoperability," *Military Technology*, Vol. 41, No. 10, October 2017.

Hackett, James and Mark Fitzpatrick eds. *The Conventional Military Balance on the Korean Peninsula*, London, UK: The International Institute for Strategic Studies, 2018.

IISS. *Military Balance 2019*, London, UK: Routledge, 2019.

SIPRI. *SIPRI Yearbook 2019: Armaments, Disarmament and International Security*, Oxford, UK: Oxford University Press, 2019.

Wezeman, Pieter D. et al. "Trends in International Arms Transfers 2019," *SIPRI Fact Sheet*, March 2020.

White, Hugh. *How to Defend Australia*, Melbourne, AU: La Trobe University Press, 2019.

[찾아보기]